科学出版社"十四五"普通高等教育本科规划教材

数学分析教程

（上册）

（第二版）

崔尚斌　编著

科学出版社

北　京

内 容 简 介

本书是科学出版社"十四五"普通高等教育本科规划教材,是作者总结多年教学实践经验,对教学讲义反复修改编写而成的.本书对传统数学分析教材的编排做了一些与时俱进的改革,内容做了适当缩减和增补,不仅重视传统教材对本课程基础知识和基本技巧的传授,同时也增加了许多在传统教材中没有涉及而对初学者来说可以毫无困难地接受的新内容.本书讲解十分清楚、浅显易懂,配有充足的例题和习题,清楚且引人入胜地交代数学分析各个组成部分的来龙去脉和历史发展.全书分上、中、下三册.本册为上册,讲授极限和一元函数的微分学,内容包括实数的性质、数列的极限、一元函数的极限和连续性、一元函数的导数及其应用、不定积分等.附录 A 介绍了实数的公理化定义.

本书可供综合性大学和师范院校数学类各专业本科一、二年级学生学习数学分析课程使用,也适合学生自学使用.

图书在版编目(CIP)数据

数学分析教程. 上册 / 崔尚斌编著. -- 2 版. -- 北京:科学出版社,2025.3.
(科学出版社"十四五"普通高等教育本科规划教材). -- ISBN 978-7-03-080687-1

I. O17

中国国家版本馆 CIP 数据核字第 2024LD3064 号

责任编辑:张中兴 姚莉丽 李 萍 / 责任校对:杨聪敏
责任印制:师艳茹 / 封面设计:蓝正设计

斜 学 出 版 社 出版

北京东黄城根北街 16 号
邮政编码:100717
http://www.sciencep.com

天津市新科印刷有限公司印刷

科学出版社发行 各地新华书店经销
*

2013 年 3 月第 一 版 开本:720×1000 1/16
2025 年 3 月第 二 版 印张:21 3/4
2025 年 3 月第十二次印刷 字数:502 000

定价:**79.00 元**
(如有印装质量问题,我社负责调换)

前 言

自 2013 年第一版出版以来, 本教材一方面得到了许多使用本书作为教材的教师学生的好评, 另一方面也得到一些问题的反馈. 我们根据过去十余年收到的教材使用的反馈意见、建议及教学实践过程中新的经验体会, 对第一版进行了细致的修订. 修订内容主要包括: 纠正了第一版中的错误, 对习题编排进行了较大的调整, 为便于读者学习增加了部分习题参考答案和提示. 此外, 我们还对部分内容进行了删减, 并根据学生的学习反馈对教材一些内容进行了补充.

下面, 我们对本教材的编写思想进行进一步说明.

改革开放四十多年来, 我国教育和科技领域发生了翻天覆地的变化, 科学技术也取得了诸多新进展. 习近平总书记在党的二十届三中全会上明确指出: "教育、科技、人才是中国式现代化的基础性、战略性支撑", 深刻阐述了教育、科技、人才对于国家发展的关键作用. 数学在现代科技中的作用更加凸显. 人工智能、量子计算、数据分析等领域的发展, 无一不依赖于数学的突破. 因此, 数学人才, 尤其是数学拔尖人才培养至关重要. 在数学人才培养过程中, 数学分析作为数学系最重要的专业基础课程, 其重要性不言而喻. 然而, 如今大学新生的知识水平已远超 20 世纪七八十年代的大学生, 国内高校目前使用的 "数学分析" 教材大多仍沿用过去的教学体系和教学深度, 这与我国当前教育和科技的发展水平不相匹配, 难以满足国家对基础学科拔尖人才培养的需求, 教材编写上的创新和改革迫在眉睫. 本套教材正是基于这一考虑而编写的, 尽管本教材的内容比其他同名教材内容更深入、习题难度更高, 我们在中山大学理学院使用这套教材的教学实践表明: 现在大学新生学习起来并无困难, 甚至比我们当年学习数学分析课程要轻松得多. 这充分说明当下学生具备更强的学习能力来应对更具挑战性的知识, 也凸显出本教材在适应新时代人才培养需求方面的优势, 能够更好地助力基础学科拔尖人才的培育.

关于如何使用本教材, 我们提供以下建议. 中山大学将数学分析课程分为数学分析 I、数学分析 II 和数学分析 III, 并安排相应课时, 其中数学分析 I 每周 6 学时, 数学分析 II 和数学分析 III 每周各 5 学时. 根据教学经验, 建议数学分析 I 讲授本教材的第 1 至第 8 章, 数学分析 II 讲授第 9 至第 15 章, 数学分析 III 讲授第 16 至第 23 章. 这样的安排可以确保每学期教学时间充足, 并在期末留出约一周时间进行复习. 建议每章结束后安排一次习题课, 分析讲解学生作业中的问题和难题 (配套的习题课教程即将交稿). 教材中的内容不必全部讲授; 有些章节, 如 2.3 节关于素数定理的部分以及 10.5.4 和 11.2.3 等小节, 可以留给学生自学. 讲授者可以根据课时情况做更多舍略.

在教材中保留这些内容的原因是: 一方面, 它们具有重要的理论意义, 学生可以毫无困难地掌握; 另一方面, 优秀的教材应为学有余力的学生提供深化理解和提升能力的材料. 需要指出的是, 为了保持理论体系的完整性和连贯性, 本教材对每个专题都进行了详尽阐述, 这可能导致内容难易程度分布不尽如人意. 因此, 建议讲授者在使用本教材时, 根据实际情况适当调整内容讲授的次序, 不必完全遵循教材编排的顺序. 例如, 3.4.2 小节讨论闭区间上连续函数的一致连续性 (康托尔定理), 如果按照教材编排顺序讲授, 可能会使第 3 章对函数连续性理论讲解过深, 同时学生可能因不了解该定理有何用处而兴趣不高, 影响学习效果. 因此, 建议将这一小节延后至 7.3 节讨论连续函数的可积性时再讲授. 尽管如此, 为了保持理论体系的完整性和连贯性, 我们仍然将这部分内容放在第 3 章. 此外, 本教材习题量较大, 建议在布置作业时只要求学生完成其中三分之一, 且不建议布置难题. 许多题目是对正文理论的补充, 有一定难度, 适合希望深入学习的学生自主选择完成.

我们衷心感谢兰州大学数学与统计学院的张国凤教授、赵培浩教授、王智诚教授, 首都师范大学数学科学学院的吴亚萍教授, 华中科技大学数学与统计学院的刘继成教授等多位专家, 以及我的一些前学生现学者们, 特别是伏升茂教授、周富军教授、吴俊德教授、庄跃鸿博士等, 他们为本教材提供了宝贵的修改意见和难题解法. 同时, 也感谢中山大学理学院的杨宜憬、乐绎华、廖奕之、卢城安、陈卫、李科、陈东悦、陈韦廷、李雅情等同学对第一版教材内容, 尤其是习题及其答案的质疑和补正. 这些反馈极大地提升了本书的质量. 我们还要感谢中山大学理学院与教务部领导对教材修订工作的大力支持. 特别感谢本书的责任编辑, 他们在本教材修订过程中给予了我许多帮助和支持. 还有许多其他也应感谢的人, 如果未能在此一一提及, 敬请谅解.

编 者

2024 年 7 月于中山大学深圳校区

第一版前言

　　数学分析是大学数学系最基础和最重要的一门课程. 数学专业的许多后续课程, 如常微分方程、复变函数、微分几何、偏微分方程 (又名数学物理方程)、实变函数、泛函分析等, 都是在数学分析课程的基础上展开的. 因此, 学好这门课程, 对于数学类各专业的每一位学生来说, 都是十分重要的.

　　本教程是根据编者多年讲授数学分析课程的心得, 在对讲稿进行整理的基础上重新编写而成的. 读者对象主要为综合性大学数学类各专业的本科生, 也适合师范院校、工科院校数学类各专业以及运用微积分知识比较多的其他如力学、理论物理、气象等专业的本科生做教学参考书. 在本教程的编写过程中, 我们借鉴了国内外许多同类教材的成功经验, 不仅吸收了我国一些传统数学分析教材讲解深入浅出、浅显易懂、重视对基础知识和基本技巧的传授、重视对数学分析课程各个组成部分的来龙去脉和历史发展的讲述这些优点, 同时也充分考虑到我国改革开放三十多年来中学教育水平已大幅度提高, 因而大学新生都已有相当好的中等数学知识的事实, 对传统数学分析教材的编排做了一些改革, 内容做了适当缩减和增补. 对此仅做以下说明:

　　一、对实数和极限理论, 我们不是如传统教材那样采取先对极限理论在课程一开始仅做初步的介绍, 等到学习完一元微积分的基本理论之后再回过头来系统地讨论实数的基本性质并进而建立极限的严格理论这样分两步走的方式处理, 而是采取了开门见山、一步到位的方法, 即在课程一开始就直接讨论实数的基本性质, 以学生比较容易接受的方式引出描述实数域完备性的戴德金原理, 并从这一原理出发推导出确界原理. 建立了确界原理, 极限理论的各个主要定理便都可以毫无困难地推导出来了. 这样处理的想法得益于邓东皋教授和尹小玲教授编著的《数学分析简明教程》(下称《简明教程》). 虽然《简明教程》对极限理论也是采用两步走的方式处理的, 但它在课程一开始就引出了戴德金原理. 由于对学生来说, 确界原理并不比戴德金原理更难于接受, 所以编者在讲授《简明教程》的授课实践中, 并没有如该教程那样对极限理论采用分两步走的方式处理, 而是把该书的第九章 "再论实数系" 分解到前面各章的相应环节进行讲授, 结果发现学生都能很好地接受, 而没有感觉到特别的困难. 基于这一实践经验, 我们在编写本教程的过程中, 便对实数和极限理论采取了一步到位的方式进行处理. 我们这样处理教材的理念基于以下两点认识: (一) 现今的大一新生数学基础都很好, 这样讲述极限理论他们都能很好地接受; (二) 这样的处理方式既保证了理论体系的连贯性, 又节省了授课时间.

　　二、和传统数学分析教材相比较, 本教程增加了许多新的内容, 如函数序列和函数级数的积分平均收敛、魏尔斯特拉斯逼近定理和阿尔泽拉-阿斯科利定理、零测集的定义和函数黎曼可积的勒贝格定理、矩阵范数和可逆矩阵的摄动定理以及应用这一定理推导隐函数定理、若尔当测度理论、函数的磨光与单位分解定理、向量场分解为无源场与无旋场之和的亥姆霍兹分解定理、微分形式和高维斯托克斯公式等. 增加这些内容的目的, 一方面是使本课程的理论体系更加完整, 能够更好地为后续课程服务, 另一方面也是使本课程的教学工作能够更加贴近当代数学的发展. 根据我们的教学经验, 这样的处理虽然使得本教程相对于传统的数学分析教材显得内容更加深入了一些, 但对现在的大学一、二年级本科生来说却都是能够不太困难地接受的. 事实上, 促成编者编写本教程的一个主要动因是: 我们在近几年的教学过程中, 发现所使用的一些传统数学分析教材内容过浅了一些, 以至于许多学生都感觉 "吃不饱". 这是编者经历三十多年学数学和教数学的生涯发现的一个颇有些感觉意外的变化. 记得在我读大学的那个时代 (1978—1982), 数学分析课程是我们感觉最困难的课程之一. 最初参加工作的几年里, 所教的学生也有和我们类似的认识. 然而现在的学生却普遍认为数学分析是最容易学的课程之一. 产生这种变化的原因, 显然是改革开放三十多年来, 我国的中学教育水平已有了大幅度的提高. 基于这种情况, 我们认为适当增加数学分析课程的教学内容, 适当提高这门课程的难度, 是很有必要的. 当然, 这样的思想并不是由我们首创的, 因为国内已有一些教材早已经这样做了.

三、仿照《简明教程》的做法, 我们在本教程中把万有引力定律的推导作为微积分的一个重要应用做了介绍, 并且还另外增选了一些其他重要的应用举例, 如素数定理的介绍、等周不等式的证明、齐奥尔科夫斯基公式的推导、马尔萨斯定律的推导、热传导方程的求解等. 同样仿照《简明教程》的做法, 我们对数学分析这门课程各个组成部分的来龙去脉和历史发展都做了一些必要的介绍. 后一方面内容的取材基本都以莫里斯·克莱因所著《古今数学思想》一书为根据. 这样做不仅是为了激发学生的学习兴趣, 更是为了使学生形成一个正确的科学认知观.

限于编者的水平, 本书中的错误肯定在所难免. 恳望读者对此给予最宽宏大度的谅解, 并真诚地希望随时得到批评指正. 编者谨在这里致以诚挚的感谢.

最后, 编者谨对本书编写和出版过程中给予过帮助的人们表示衷心的感谢.

编 者

2012 年 8 月于中山大学

目　录

第 1 章

实数域和初等函数

数学分析的研究对象是单个或多个实变量的函数. 所谓实变量, 是指在实数的某个集合上变化的变量. 因此, 要很好地研究这样的函数, 就必须对实数的性质有好的了解. 实数的性质包括代数性质和分析性质. 前者指实数的加、减、乘、除四则运算以及由这些运算演化而来的诸多性质; 后者则是指由实数与直线上的点可以建立一一对应关系这一特性所决定的实数的各种性质, 包括实数的大小比较、实数系的完备性以及由这些性质演化而来的其他诸多性质. 作为全书的开篇, 本章对实数的这些性质尤其是分析性质做最基本的讨论, 并在此基础上, 对几个基本初等函数的定义及其基本性质做一些回顾, 以便为后面各章内容的展开做一个严密的铺垫.

1.1 实数的运算与序

先介绍几个记号, 它们将在全书中一直使用.

$\mathbf{R}$: 由全体实数组成的集合.

$\mathbf{Q}$: 由全体有理数组成的集合.

$\mathbf{Z}$: 由全体整数组成的集合, 即 $\mathbf{Z} = \{\cdots, -2, -1, 0, 1, 2, \cdots\}$.

$\mathbf{Z}_+$: 由全体非负整数组成的集合, 即 $\mathbf{Z}_+ = \{0, 1, 2, \cdots\}$.

$\mathbf{N}$: 由全体正整数组成的集合, 即 $\mathbf{N} = \{1, 2, \cdots\}$.

$n!$: n 的阶乘, 即 $n! = 1 \times 2 \times \cdots \times n$. 规定 $0! = 1$.

$(2n-1)!!$: 奇数 $2n-1$ 的双阶乘, 即 $(2n-1)!! = 1 \times 3 \times \cdots \times (2n-1)$. 约定 $(-1)!! = 1$.

$(2n)!!$: 偶数 $2n$ 的双阶乘, 即 $(2n)!! = 2 \times 4 \times \cdots \times 2n$. 约定 $0!! = 1$.

$\binom{n}{k}$: n 关于 k 的组合数, 即 $\dfrac{n!}{k!(n-k)!}$. 有些书上也记作 C_n^k. 规定 $\binom{n}{0} = 1$.

再介绍一个以后经常使用的逻辑符号 $\forall$, 称为**全称量词**. 这个符号不能单独使用, 必须和一个集合中元素的变元符号及其所取范围的数学表述合起来使用, 其意义是指对跟在它后面的所有那些元素中的任意一个. 例如, "$\forall x \in \mathbf{R}$" 是指 "对任意的实数 x"; "$\forall x \geqslant 0$" 是指 "对任意的非负实数 x"; "$\forall x, y \in \mathbf{R}$" 则是指 "对任意的实

数 x 和任意的实数 y"; 等等. 即使是像 "$\forall x \in \mathbf{R}$" 这样的表述, 显然也没有完整的意义, 它必须和一个与跟在符号 $\forall$ 后面的变元相关的命题结合使用. 例如, "$\forall a, b \in \mathbf{R}$, $(a+b)^2 = a^2 + 2ab + b^2$" 才是一个完整的命题, 其意思是指 "对任意实数 a 和 b 都成立 $(a+b)^2 = a^2 + 2ab + b^2$". 为了突出命题的主体部分, 经常把如 "$\forall x \in \mathbf{R}$" 等限定性的表述写在命题的后半部分. 因此, 当把 $(a+b)^2 = a^2 + 2ab + b^2$ 作为一个公式对待时, 一般都写成下述形式:

$$(a+b)^2 = a^2 + 2ab + b^2, \qquad \forall a, b \in \mathbf{R}.$$

在初等数学中已经介绍过实数的概念. 本节对实数的运算与比较大小的基本规律做一简单的回顾.

实数的最基本性质是它们之间可以进行加、减、乘、除四则运算, 其中, 减法是加法的逆运算, 除法是乘法的逆运算. 因此加法和乘法是最基本的两种运算. 实数的加法运算满足下列规律.

(1) 加法结合律: $(x+y)+z = x+(y+z)$, $\forall x, y, z \in \mathbf{R}$.

(2) 加法交换律: $x+y = y+x$, $\forall x, y \in \mathbf{R}$.

(3) 加法运算有单位元 0: $x+0 = 0+x = x$, $\forall x \in \mathbf{R}$.

(4) 加法运算有逆运算减法, 或等价地说, 每个实数 x 都关于加法运算有逆元 $-x$ (x 的相反数): $x+(-x) = (-x)+x = 0$; 而减法定义为 $x-y = x+(-y)$.

乘法运算也满足类似的规律.

(5) 乘法结合律: $(xy)z = x(yz)$, $\forall x, y, z \in \mathbf{R}$.

(6) 乘法交换律: $xy = yx$, $\forall x, y \in \mathbf{R}$.

(7) 乘法运算有单位元 1: $x1 = 1x = x$, $\forall x \in \mathbf{R}$.

(8) 乘法运算有逆运算除法, 或等价地说, 每个非零实数 x 都关于乘法运算有逆元 x^{-1} (x 的倒数): $xx^{-1} = x^{-1}x = 1$; 而除法定义为 $x/y = xy^{-1}$ $(y \neq 0)$.

最后, 加法和乘法之间由下述运算规律相联系.

(9) 乘法对加法的分配律: $x(y+z) = xy + xz$, $(x+y)z = xz + yz$, $\forall x, y, z \in \mathbf{R}$.

对于一个至少含两个元素的集合, 如果它的元素间有两种运算, 并且这两种运算满足以上规律 (1)~(9), 就称该集合关于这两种运算构成一个**域**. 所以, 全体实数关于加法和乘法运算构成一个域, 称为**实数域**.

必须说明, 除了实数域, 还有很多其他的域, 如有理数域、复数域、二次数域 $\mathbf{Q}(\sqrt{p}) = \{a + b\sqrt{p}: \ a, b \text{ 是有理数}\}$ (其中, p 是无平方因子且不等于 1 的非零整数)、模素数 p 剩余类域 $\mathbf{Z}_p^{\text{①}}$ 以及在密码通信中起重要作用的更一般的伽罗瓦域等. 不过, 本书只在实数域上讨论问题. 所以不考虑除实数域和有理数域之外的其他域.

实数的另一基本性质是任意两个实数都可以比较大小. 实数的比较大小关系有四

————————

① $\mathbf{Z}_p$ 由全体整数模 p 的剩余类 $[0]_p$, $[1]_p$, $[2]_p$, $\cdots$, $[p-1]_p$ 组成, 这里对每个 $0 \leqslant m \leqslant p-1$, $[m]_p$ 表示由全体除以 p 后余数为 m 的整数组成的集合. 加法和乘法分别定义为 $[m]_p + [n]_p = [m+n]_p$, $[m]_p[n]_p = [mn]_p$, 其中 $[m+n]_p$ 和 $[mn]_p$ 分别表示整数 $m+n$ 和 mn 所在的剩余类.

种, 即小于或等于 "$\leqslant$", 严格小于 "$<$", 大于或等于 "$\geqslant$", 以及严格大于 "$>$". 由于这四种关系可以互相定义, 所以只需讨论其中一种. 考虑小于或等于关系 "$\leqslant$". 熟知实数的这种大小比较关系有下列性质.

(10) 自反性: $x \leqslant x, \forall x \in \mathbf{R}$.

(11) 反对称性: 如果 $x \leqslant y$ 且 $y \leqslant x$, 则必有 $x = y$.

(12) 传递性: 如果 $x \leqslant y$ 且 $y \leqslant z$, 则 $x \leqslant z$.

(13) 全序性: 对 $\forall x, y \in \mathbf{R}$, 两个关系 $x \leqslant y$ 和 $y \leqslant x$ 中至少有一个关系成立, 即任意两个实数都可比较大小.

(14) 与加法的相容性: 如果 $x \leqslant y$, 那么 $x + z \leqslant y + z, \forall z \in \mathbf{R}$.

(15) 与乘法的相容性: 如果 $x \leqslant y$, 那么 $xz \leqslant yz, \forall z \in \mathbf{R}_+ = \{z \in \mathbf{R}, 0 \leqslant z\}$.

一般地, 对于一个非空集合, 如果在它的元素间定义了一种满足上述条件 (10) $\sim$ (12) 的关系 "$\leqslant$", 就称该集合关于这种关系 "$\leqslant$" 构成一个**有序集**; 如果进一步这种关系还满足上述条件 (13), 则称为**全序集**. 如果一个域是一个全序集, 且序关系还满足与加法及乘法的相容性条件 (14) 和 (15), 即上述条件 (10)$\sim$(15) 都满足, 就称为**有序域**. 因此, 实数域是一个有序域. 注意全体有理数也关于加法和乘法构成一个域, 并且关于数的大小比较关系也构成一个有序域. 但是全体复数构成的域不是有序域.

实数之间能够进行大小比较是实数的一个十分重要的性质, 其重要性不亚于四则运算. 实数之所以能够在人们的现实生活与科学研究中被广泛地应用, 一个重要原因在于实数之间能够进行大小比较, 也就是说, 许多实数的应用问题涉及的正是实数之间的大小比较. 在分析数学领域, 经常需要应用实数的大小比较对一些难以准确掌握其精确值, 或者不必要准确掌握其精确值的量进行放大或缩小, 这样的过程叫做**估计**. 作估计所得到的数量关系就是**不等式**, 也称估计式. 所以不等式的建立在分析数学领域具有十分重要的作用. 一个常用的不等式是下述**平均值不等式**: 对任意实数 $x, y \geqslant 0$ 都成立

$$\sqrt{xy} \leqslant \frac{1}{2}(x + y), \tag{1.1.1}$$

等号成立当且仅当 $x = y$. 更一般地, 对任意实数 $x_1, x_2, \cdots, x_n \geqslant 0$ 都成立

$$\sqrt[n]{x_1 x_2 \cdots x_n} \leqslant \frac{1}{n}(x_1 + x_2 + \cdots + x_n), \tag{1.1.2}$$

等号成立当且仅当 $x_1 = x_2 = \cdots = x_n$. 这些不等式已经在初等数学中学习过, 所以这里略去它们的证明 (也可参考本节习题第 7 题). 下面给出另一个不等式的例子.

例 1 设 p 是不等于 1 的正数. 证明: 对任意正实数 a, b 成立下列不等式:

$$(a + b)^p < a^p + b^p, \quad \text{当 } 0 < p < 1, \tag{1.1.3}$$

$$(a + b)^p > a^p + b^p, \quad \text{当 } p > 1. \tag{1.1.4}$$

证明 先设 $0 < p < 1$. 记 $c = a + b$. 则 $0 < \dfrac{a}{c} < 1$ 且 $0 < \dfrac{b}{c} < 1$. 于是由

$0 < p < 1$ 有 $\dfrac{a}{c} < \left(\dfrac{a}{c}\right)^p$ 且 $\dfrac{b}{c} < \left(\dfrac{b}{c}\right)^p$. 因此

$$1 = \frac{a}{c} + \frac{b}{c} < \left(\frac{a}{c}\right)^p + \left(\frac{a}{c}\right)^p = \frac{a^p + b^p}{c^p},$$

由此立得 (1.1.3). (1.1.4) 的证明类似.　　　　　　　　　　　　　　　　　　　□

实数 x 的绝对值 $|x|$ 定义为

$$|x| = \begin{cases} x, & \text{当 } x \geqslant 0, \\ -x, & \text{当 } x < 0. \end{cases}$$

因此, 恒成立 $|x| \geqslant 0$, 而且显然地, $|x| = 0$ 当且仅当 $x = 0$. 下面的**三角不等式**是一个常用的不等式

$$|x + y| \leqslant |x| + |y|, \quad \forall x, y \in \mathbf{R}. \tag{1.1.5}$$

这个不等式的一个等价形式是

$$||x| - |y|| \leqslant |x - y|, \quad \forall x, y \in \mathbf{R}. \tag{1.1.6}$$

关于实数的四则运算、实数的大小比较以及实数的绝对值的各种运算规律和基本性质在初等数学中已经详细地讨论过, 这里不再一一回顾. 以后如果需要应用时将直接应用而不做更多说明.

我们知道, 对于一条有向直线 (即规定了方向的直线), 如果在其上取定一点作为**原点**, 通常用英文字母 O 表示, 并取定一个线段将其长度规定为单位长度, 那么这条直线上的全体点便可和全体实数建立一一对应关系: 原点 O 对应于实数 0, 原点 O 正向一侧与原点 O 形成长度为 $r > 0$ 的线段的另一端点对应于正实数 r, 负向一侧与原点 O 形成长度为 r 的线段的另一端点对应于负实数 $-r$. 规定了原点和单位长度并按此方法使其上的点与实数建立了一一对应关系的有向直线称为**数轴**. 实数的大小比较, 正是实数可以和数轴上的点建立一一对应关系这一事实的反映. 以后, 我们经常把实数叫做**点**, 即把每个实数与它所对应的数轴上的点作等同.

给定两个实数 a 和 b, 设 $a < b$. 记

$$(a, b) = \{x \in \mathbf{R} : a < x < b\},$$

$$[a, b] = \{x \in \mathbf{R} : a \leqslant x \leqslant b\},$$

$$(a, b] = \{x \in \mathbf{R} : a < x \leqslant b\},$$

$$[a, b) = \{x \in \mathbf{R} : a \leqslant x < b\},$$

它们分别称为**开区间**、**闭区间**、**左开右闭区间**和**左闭右开区间**. 引进一个符号 $+\infty$, 称为**正无穷大**, 它是一个假想的数, 表示 "比所有的正实数都大" 的量; 同样用 $-\infty$ 表示**负无穷大**, 它是另一个假想的数, 表示 "比所有的负实数都小" 的量. 因此,

$$(a, +\infty) = \{x \in \mathbf{R} : x > a\}, \quad [a, +\infty) = \{x \in \mathbf{R} : x \geqslant a\},$$

$$(-\infty, b) = \{x \in \mathbf{R} : x < b\}, \quad (-\infty, b] = \{x \in \mathbf{R} : x \leqslant b\},$$

等等. 特别地, 有 $\mathbf{R} = (-\infty, +\infty)$. 上面这九个实数集合都叫做**区间**, 其中, 前面四个叫做**有限区间**或**有界区间**, 后面五个叫做**无限区间**或**无界区间**. 对于前面八个区间, 实数 a 和 b 叫做它们的**端点**, 其中, a 叫做**左端点**, b 叫做**右端点**. 另外, (a, b), $(a, +\infty)$, $(-\infty, b)$ 和 $(-\infty, +\infty)$ 四个区间都叫做**开区间**, $[a, b]$, $[a, +\infty)$, $(-\infty, b]$ 和 $(-\infty, +\infty)$ 四个区间都叫做**闭区间**. 注意全数轴区间 $(-\infty, +\infty)$ 既是开区间又是闭区间. 这些叫法的缘由将在后面 2.4 节解释.

最后介绍两个以后经常使用的概念. 对任意实数 x_0 和任意正数 r, 开区间 $(x_0 - r, x_0 + r)$ 称为 x_0 的 r **邻域**, 通常忽略 r 而简称为 x_0 的**邻域**. x_0 的 r 邻域也经常用符号 $B_r(x_0)$ 表示, 即 $B_r(x_0) = (x_0 - r, x_0 + r)$. 显然 $x \in B_r(x_0)$ 当且仅当 $|x - x_0| < r$. 对于一个非空的实数集合 S 和点 $x_0 \in S$, 如果 x_0 有邻域完全含于 S, 即存在正数 r 使 $B_r(x_0) \subseteq S$, 则称 x_0 为 S 的**内点**. 显然对于区间而言, 其中不是端点的点都是内点.

习 题 1.1

1. 证明不等式:

(1) 设 $a < b < c$, 则 $|b| < \max\{|a|, |c|\}$;

(2) 设 $\dfrac{a}{b} < \dfrac{c}{d}$, 且 $b > 0$, $d > 0$, 则 $\dfrac{a}{b} < \dfrac{a+c}{b+d} < \dfrac{c}{d}$;

(3) 设 $p > 0$, 则 $|a + b|^p \leqslant 2^p \max\{|a|^p, |b|^p\}$;

(4) 对任意实数 a, b 都成立

$$\frac{|a+b|}{1+|a+b|} \leqslant \frac{|a|}{1+|a|} + \frac{|b|}{1+|b|}.$$

2. 证明:

(1) 当 $||x| - 2| \leqslant 1$ 时, $\max\{|x+1|, |x-1|\} \leqslant 4$;

(2) 当 $|x - 1| \leqslant 1$ 时, $|x^2 - 1| \leqslant 3|x - 1|$;

(3) 当 $0 < x < 1$ 时, $\max\left\{\dfrac{1}{x^p}, \dfrac{1}{(1-x)^p}\right\} \geqslant 2^p$, 这里 $p > 0$.

3. 设 m, n 都是正整数且 $m > n$. 证明:

(1) 对任意 $0 < x < \dfrac{m-n}{n}$ 成立不等式:

$$1 - x + \frac{n}{m}x^2 < \frac{1}{1+x} < \min\left\{1 - x + \frac{m}{n}x^2, 1 - \frac{n}{m}x\right\}.$$

(2) 对任意 $0 < x < \dfrac{m-n}{m}$ 成立不等式:

$$1 + x + \frac{n}{m}x^2 < \frac{1}{1-x} < \min\left\{1 + x + \frac{m}{n}x^2, 1 + \frac{m}{n}x\right\}.$$

4. 用 n 表示任意正整数. 应用数学归纳法证明下列不等式:

(1) $(x_1 + x_2 + \cdots + x_n)^2 \leqslant n(x_1^2 + x_2^2 + \cdots + x_n^2)$;

(2) $(1-x)^n \leqslant 1 - nx + \dfrac{1}{2}n(n-1)x^2$, 这里 $0 < x < 1$;

(3) $\underbrace{\sqrt{2 + \sqrt{2 + \cdots + \sqrt{2}}}}_{n\text{重根号}} < 2$;

(4) $\dfrac{1}{3}n^3 < 1^2 + 2^2 + \cdots + n^2 < \dfrac{1}{3}(n+1)^3$;

(5) $\left(\dfrac{n}{2}\right)^{\frac{n}{2}} < n! < \left(\dfrac{n+1}{2}\right)^n$, 这里 $n > 1$.

5. 用分拆或适当组合等方法证明下列不等式:

(1) $\dfrac{1}{1 \cdot 3} + \dfrac{1}{3 \cdot 5} + \dfrac{1}{5 \cdot 7} + \cdots + \dfrac{1}{(2n-1)(2n+1)} < \dfrac{1}{2}$;

(2) $1 + \dfrac{1}{2^2} + \dfrac{1}{3^2} + \cdots + \dfrac{1}{n^2} < 2$;

(3) $2(\sqrt{n+1} - 1) < 1 + \dfrac{1}{\sqrt{2}} + \dfrac{1}{\sqrt{3}} + \cdots + \dfrac{1}{\sqrt{n}} < 2\sqrt{n}$;

(4) $\dfrac{1}{2\sqrt{n}} \leqslant \dfrac{1 \times 3 \times 5 \times \cdots \times (2n-1)}{2 \times 4 \times 6 \times \cdots \times 2n} < \dfrac{1}{\sqrt{2n}}$.

6. 设 $0 < p < 1$. 证明: 对任意 $a, b > 0$ 都成立不等式 $|a^p - b^p| \leqslant |a - b|^p$, 并写出当 $p = \dfrac{1}{2}$ 和 $p = \dfrac{1}{3}$ 时的这个不等式.

7. 设 $x_1, x_2, \cdots, x_n$ 都是正数且 $x_1 x_2 \cdots x_n = 1$. 证明: $x_1 + x_2 + \cdots + x_n \geqslant n$, 并且等号成立当且仅当 $x_1 = x_2 = \cdots = x_n = 1$. 据此证明平均值不等式 (1.1.2).

8. 设 m 和 n 都是正整数且 $m < n$. 证明: 对任意实数 $x > -1$, $x \neq 0$ 成立

$$(1+x)^{\frac{m}{n}} < 1 + \dfrac{m}{n}x.$$

9. 设 $x > 0$, m, n 都是正整数. 证明下列不等式:

(1) $(1+x)^m (1 - mx) < 1$;

(2) $\dfrac{1}{m+1}[(n+1)^{m+1} - n^{m+1}] < (n+1)^m < \dfrac{1}{m+1}[(n+2)^{m+1} - (n+1)^{m+1}]$;

(3) $\dfrac{1}{m+1} < \dfrac{1^m + 2^m + \cdots + n^m}{n^{m+1}} < \dfrac{1}{m+1}\left(1 + \dfrac{1}{n}\right)^{m+1}$.

10. (1) 证明: $\left(1 + \dfrac{1}{n}\right)^{n+1} < \left(1 + \dfrac{1}{n-1}\right)^n$, $n = 2, 3, \cdots$.

(2) 已知 $\left(\dfrac{12}{11}\right)^{10} \approx 2.3872$. 证明: 当 $n \geqslant 11$ 时, $\left(1 + \dfrac{1}{n}\right)^n < 3\left(1 - \dfrac{1}{n}\right)$.

11. 设 $a_1 \leqslant a_2 \leqslant \cdots \leqslant a_n$. 对每个 $1 \leqslant k \leqslant n$, 用 $\mathcal{A}_k$ 表示由全体含这 n 个数中的 k 个数的集合组成的集合, 即 $A \in \mathcal{A}_k$ 当且仅当 $A = \{a_{i_1}, a_{i_2}, \cdots, a_{i_k}\}$, 其中 $a_{i_1}, a_{i_2}, \cdots, a_{i_k}$ 是 $a_1, a_2, \cdots, a_n$ 中 k 个足标不同的数. 证明:

$$a_k = \min_{A \in \mathcal{A}_k} \max_{x \in A} x = \max_{B \in \mathcal{A}_{n-k+1}} \min_{x \in B} x, \qquad k = 1, 2, \cdots, n.$$

或等价地, 对每个 $1 \leqslant k \leqslant n$, 用 $\mathcal{I}_k$ 表示由全体含 $1, 2, \cdots, n$ 这 n 个数中的 k 个不同的数的集合组成的集合, 即 $I \in \mathcal{I}_k$ 当且仅当 $I = \{i_1, i_2, \cdots, i_k\}$, 其中 $1 \leqslant i_1 < i_2 < \cdots < i_k \leqslant n$, 则

$$a_k = \min_{I \in \mathcal{I}_k} \max_{i \in I} a_i = \max_{J \in \mathcal{I}_{n-k+1}} \min_{j \in J} a_j, \qquad k = 1, 2, \cdots, n.$$

1.2 实数域的完备性

1.2.1 完备性的含义

在上一节我们看到, 全体实数可以和直线上的所有点建立一一对应关系. 这是实数的一个重要特性. 正是由于实数的这一重要特性, 它才能够在几何上刻画如长度、夹角、面积、体积等量, 在物理上刻画如时间、重量、密度、浓度、温度、电荷量、电流强度等量, 因为测量这些量的大小的问题都可以借助一定的数学手段或一定的物理仪器转化为测量某些线段的长度的问题. 例如, 测量重量可以借助杆秤, 测量温度可以使用温度计, 测量时间可以采用钟表等. 这些仪器都把所测量的大小的问题化归为测量一定线段 (或圆周上的弧线段——它可通过把弧线 "拉直" 的方法化归为直线段) 的长度的问题. 实数的这一特性使其在人们的实际生活和科学研究中具有十分广泛的应用.

人们最初认识到实数和直线上的点可以建立一一对应关系这一特性, 其实是出于一种误解. 实际上最初人们是认为全体有理数可以和直线上的所有点建立一一对应关系. 这一认识是与数的概念的形成过程相关并由古代人们对自然世界的认识水平所决定的. 人们对数的概念的形成过程为

正整数 → 分数 → 有理数 (正、负分数和零) → 实数 → 复数.

可见人们最先认识到的数是正整数, 它是刻画可以一个一个地数 "个数" 的量的数学概念. 然后有分数的概念, 这个概念是对正整数概念的扩充, 目的是用来描述那些不能整除而有 "零头" 的量. 然后有零和负数的概念, 而引入零和负数的主要目的是在数学上使减法运算通行无阻. 在 2500 年前的古希腊时期, 人们所认识到的最广泛的数, 是正分数、负分数和零的总和, 即现在人们所说的有理数. 那时的人们认为, 所有这样的数便足够刻画自然界中存在的各种各样需要进行运算和比较大小的量. 原因在于, 那时的人们朴素地认为, 自然界中的所有物质都是由称为 "原子" 的最小单位构成的. 于是, 如果要度量某个线段的长度, 只要计算出这个线段是由多少个 "原子" 构成的, 再计算出用于作单位长度的那条线段中所含 "原子" 的个数, 然后把二者相除, 得到的分数便是所需度量的线段的长度. 由于对任何物质都可类似地处理, 所以, 全体有理数便足够刻画自然界中各种各样的数量.

但实际上上述认识是错误的, 即全体有理数并不能与直线上的所有点建立一一对应关系. 原因在于, 有许多线段, 它们的长度是不能用有理数来表示的. 最简单的莫过于单位正方形的对角线长度了. 应用勾股定理可知, 单位正方形的对角线的长度是 $\sqrt{2}$, 而 $\sqrt{2}$ 不是有理数. 证明如下: 反证, 假设 $\sqrt{2}$ 是有理数. 则存在互素 (即没有

大于 1 的公因子) 的两个正整数 p 和 q, 使得 $\sqrt{2} = p/q$. 由此得 $2 = p^2/q^2$, 进而 $p^2 = 2q^2$, 因此 2 能够整除 p^2, 从而 2 必能整除 p, 即 $p = 2m$, 其中 m 为正整数. 这样就有 $4m^2 = 2q^2$, 从而 $q^2 = 2m^2$, 因此又推知 2 能够整除 q. 这意味着 p 与 q 有公因子 2, 这与最初的假设相矛盾. 所以 $\sqrt{2}$ 不可能是有理数.

由于全体有理数不能与直线上的所有点建立一一对应关系, 即这种对应在直线上留有空隙, 从而不能用有理数来刻画所有的数量, 这就迫使人们进一步扩充数的概念, 这样就形成了实数的概念. 因此, 实数是由扩充有理数得来的, 它区别于有理数的本质特性是全体实数可以填充直线上的所有点, 而不会在直线上留有空隙. 实数的这一特性称为实数域的**完备性**.

现在要讨论的问题是: 实数域的完备性如何用严谨的数学语言来表述? 因为, 只有给出了这一特性的严谨的数学表述, 才有可能把它作为正确推理的基础来应用. 这个问题曾经长期地被人们忽视. 直到 19 世纪后半叶, 才由德国数学家戴德金 (R. Dedekind, 1831~1916) 注意到并经过多年苦心的研究成功地解决. 戴德金认识到, 由于实数是和直线上的点一一对应的, 所以刻画实数域的完备性的问题等同于刻画直线上的点没有空隙即直线的连续性的问题. 戴德金的方法是把直线分成左右两部分, 进而把 "直线上没有空隙" 这一形象的表述转化为 "或者左边的部分有最大的点, 或者右边的部分有最小的点", 即 "一定存在一个分点" 这样数学化的表述. 形象地说就是如果拿一把刀切一条直线, 则刀刃必会触到一个点. 注意对于有理数系, 当作类似的分割时, 会出现 "左边的部分没有最大的点, 右边的部分没有最小的点", 即 (在有理数系中) 没有分点的情况.

下面介绍由戴德金给出的实数域完备性的数学表述.

1.2.2 戴德金原理

先引进下列概念.

定义 1.2.1   设 S 是一个非空的实数集. 如果存在 $a \in S$ 使对任意 $x \in S$ 都成立 $x \leqslant a$, 则称 a 为 S 中的**最大数**, 记作 $a = \max S$. 类似地, 如果存在 $b \in S$ 使对任意 $x \in S$ 都成立 $x \geqslant b$, 则称 b 为 S 中的**最小数**, 记作 $b = \min S$.

定义 1.2.2   设 A, B 是实数域 $\mathbf{R}$ 的两个子集, 它们满足以下三个条件.

(1) 不空: $A \neq \varnothing$ 且 $B \neq \varnothing$;

(2) 不漏: $A \cup B = \mathbf{R}$;

(3) 不乱: 对 $\forall x \in A$ 和 $\forall y \in B$ 都成立 $x < y$.

则称 (A, B) 为实数域的一个**戴德金分划**, 简称**分划**, 并称 A 为此分划的**下类**, 称 B 为**上类**.

例 1   以下给出的 (A, B) 都是实数域的戴德金分划:

(1) $A = (-\infty, 1)$, $B = [1, +\infty)$;

(2) $A = (-\infty, 1]$, $B = (1, +\infty)$;

(3) $A = (-\infty, 0] \cup \{x > 0 : x^2 < 2\}$, $B = \{x > 0 : x^2 \geqslant 2\}$;

(4) $A = (-\infty, 0] \cup \{x > 0 : x^2 \leqslant 2\}$, $B = \{x > 0 : x^2 > 2\}$.

从以上例子看到, 假如 (A, B) 是实数域的一个戴德金分划, 那么或者下类 A 中有最大数, 或者上类 B 中有最小数. 这个事实其实对实数域的任意一个戴德金分划都成立, 即成立

戴德金原理 (表述 1)   设 (A, B) 是实数域的一个戴德金分划. 则或者下类 A 中有最大数, 或者上类 B 中有最小数.

这个原理也可等价地表述为

戴德金原理 (表述 2)   设 (A, B) 是实数域的一个戴德金分划. 则存在实数 c 使成立:

$$x \leqslant c \leqslant y, \quad \forall x \in A, \quad \forall y \in B. \tag{1.2.1}$$

满足条件 (1.2.1) 的实数 c 称为分划 (A, B) 的**分点**. 不难看出, 分点是唯一的 (见本节习题第 4 题).

上述两种表述的等价性的证明很简单. 先设表述 1 成立. 如果下类 A 中有最大数, 记这个最大数为 c, 则有

$$x \leqslant c < y, \quad \forall x \in A, \quad \forall y \in B,$$

这个关系式蕴含条件 (1.2.1); 如果上类 B 中有最小数, 记这个最小数为 c, 则有

$$x < c \leqslant y, \quad \forall x \in A, \quad \forall y \in B,$$

这个关系式同样蕴含条件 (1.2.1). 这就证明了表述 1 $\Rightarrow$ 表述 2. 反过来, 设表述 2 成立. 如果 c 是分划 (A, B) 的分点, 那么根据分划的性质 (2), 或者 $c \in A$, 或者 $c \in B$. 在前一种情况下, c 是下类 A 中的最大数; 在后一种情况下, c 是上类 B 中的最小数. 因此, 分点 c 的存在性就保证了, 或者下类 A 中有最大数, 或者上类 B 中有最小数. 这就证明了表述 2 $\Rightarrow$ 表述 1. 故两种表述等价.

采用实数是 "整数以及整数与有限或无限的十进制小数的和" 的朴素定义, 可以给出戴德金原理 (表述 2) 的证明如下.

设 (A, B) 是实数域的一个戴德金分划. 由于 $A \neq \varnothing$, 必存在实数 $a \in A$. a 作为实数, 或者本身是一个整数, 或者是整数与一个有限或无限的十进制小数的和. 在前一种情况下取 $m = a$; 在后一种情况下去掉 a 的小数部分, 记所得整数为 m. 显然这样选取的整数 m 满足 $m \leqslant a$, 因此根据分划定义中的条件 (3), 应有 $m \in A$. 这就证明了下类 A 必含有整数. 同理可证明上类 B 也含有整数.

由于全体含于下类 A 的整数有上界 (任何含于上类 B 的整数都是它们的上界), 所以在所有含于 A 的整数中, 必有一个最大的整数, 记作 m_0. 由于 $m_0 + 1 \notin A$, 所以 $m_0 + 1 \in B$. 显然 $m_0 + 1$ 是全体含于上类 B 的整数中的最小者.

如果 m_0 是 A 中的最大数或者 $m_0 + 1$ 是 B 中的最小数, 那么令 $c = m_0$ 或 $c = m_0 + 1$, 则 c 是分划 (A, B) 的分点. 下设 m_0 不是 A 中的最大数, 并且 $m_0 + 1$ 也不是 B 中的最小数.

考虑下面十个数:

$$m_0, \quad m_0.1, \quad m_0.2, \quad \cdots, \quad m_0.9.$$

这十个数中必有一个, 它及排在它前面的都含于下类 A, 排在它后面的都含于上类 B (当然也有可能这十个数全都含于 A). 设这个数是 $m_0.m_1$, 这里 m_1 是一个大于或等于 0、小于或等于 9 的整数 ($m_1 = 0$ 意味着 $m_0.m_1 = m_0$).

如果 $m_0.m_1$ 是 A 中的最大数, 或者 $m_0.(m_1 + 1)$ 是 B 中的最小数 (根据前面的假定, 在后一种情形下必有 $m_1 + 1 \neq 10$, 即 $m_1 \neq 9$), 那么令 $c = m_0.m_1$ 或 $c = m_0.(m_1 + 1)$, 则 c 是分划 (A, B) 的分点. 下设 $m_0.m_1$ 不是 A 中的最大数, 并且 $m_0.(m_1 + 1)$ 也不是 B 中的最小数. 这时继续考虑下面十个数:

$$m_0.m_1, \quad m_0.m_11, \quad m_0.m_12, \quad \cdots, \quad m_0.m_19.$$

如此继续下去, 则或者在某有限步得到了 (A, B) 的分点, 或者根据数学归纳法得到了一个十进制无限小数

$$c = m_0.m_1m_2\cdots m_n\cdots,$$

它具有这样的性质: 对任何一个非负整数 n, $m_0.m_1m_2\cdots m_n$ 含于下类 A, $m_0.m_1 m_2\cdots(m_n + 1)$ 含于上类 B. 以下证明: c 是分划 (A, B) 的分点.

反证. 设 c 不是 (A, B) 的分点, 即 (1.2.1) 不成立. 则或者存在 $a \in A$ 使得 $a > c$, 或者存在 $b \in B$ 使得 $b < c$. 先考虑前一种情况. 设

$$a = l_0.l_1l_2\cdots l_n\cdots,$$

则存在一个非负整数 n 使得 $l_n > m_n$, 而对所有非负整数 $k < n$ 都有 $l_k = m_k$. 这意味着

$$l_0.l_1l_2\cdots l_n > m_0.m_1m_2\cdots m_n,$$

从而

$$a \geqslant l_0.l_1l_2\cdots l_n \geqslant m_0.m_1m_2\cdots(m_n + 1) \in B.$$

这就推出 $a \in B$. 这与 (A, B) 是分划相矛盾. 同理可证, 后一种情况也蕴含着矛盾. 因此, c 必是 (A, B) 的分点.

实数域是数系中的一种 (所以它的另一名称是**实数系**). 对于其他一些有序数系 (如整数系、有理数系等), 也可仿照定义 1.2.2 给出其戴德金分划的定义. 假如在一个有序数系中, 相应的戴德金原理成立, 就称这个有序数系是**完备的**, 否则就称它不完备. 从这个意义来看, 易知整数系是完备的, 但有理数系则不完备. 例如, 对有理数系 $\mathbf{Q}$ 作它的戴德金分划 (A, B) 如下:

$$A = \{x \in \mathbf{Q} : x \leqslant 0 \text{ 或 } x > 0 \text{ 且 } x^2 < 2\}, \quad B = \{x \in \mathbf{Q} : x > 0 \text{ 且 } x^2 > 2\}.$$

容易验证 (A, B) 满足不空、不漏和不乱三个条件, 但并不存在有理数 c 使关系 (1.2.1) 成立. 因此, 有理数系不完备.

1.2.3 确界原理

实数域的完备性除了可以用前述戴德金原理刻画之外, 还有许多其他等价的刻画方式. 下面介绍实数域完备性的另一等价的刻画: 确界原理, 它将在以后的讨论中发挥重要的作用.

如果一个实数集只含有限个元素, 则其中必有最大数和最小数. 但是由无限个实数组成的实数集, 就不一定有最大数和最小数. 例如, 考虑以下三个实数集:

$$S_1 = \{\text{全体正整数}\}, \quad S_2 = \left\{\frac{1}{n} : n \in \mathbf{N}\right\}, \quad S_3 = \left\{\pm\frac{n}{n+1} : n \in \mathbf{N}\right\}.$$

容易看出, S_1 中有最小数 1, 但没有最大数; S_2 中有最大数 1, 但没有最小数; S_3 中既没有最小数, 也没有最大数. S_1 和 S_3 虽然都没有最大数, 但 S_3 中的数都不大于 1, 即它有上界; 而对 S_1 而言, 不存在一个实数把它从上方界定, 即它没有上界.

定义 1.2.3 设 S 是一个非空的实数集. 如果存在 $a \in \mathbf{R}$ 使对任意 $x \in S$ 都成立 $x \geqslant a$, 则称 S **有下界**, 并称 a 为 S 的一个**下界**. 类似地, 如果存在 $b \in \mathbf{R}$ 使对任意 $x \in S$ 都成立 $x \leqslant b$, 则称 S **有上界**, 并称 b 为 S 的一个**上界**. 如果 S 既有下界又有上界, 则称 S **有界**.

显然, 如果 S 有下界, 那么它就有无穷多个下界: 当 a 是 S 的一个下界时, 所有比 a 小的数都是 S 的下界. 类似地, 如果 S 有上界, 那么它就有无穷多个上界: 当 b 是 S 的一个上界时, 所有比 b 大的数都是 S 的上界. 是否每一个有下界的实数集的所有下界中, 有一个最大的下界? 类似地, 是否每个有上界的实数集的所有上界中, 有一个最小的上界? 假如对一个有下界的实数集 S 而言有最大的下界存在, 那么这个最大的下界在一定程度上可以起到最小数的作用 (区别只在于, 这个最大的下界不一定在这个实数集 S 中). 同样地, 假如对一个有上界的实数集 S' 而言有最小的上界存在, 那么这个最小的上界也在一定程度上可以起到最大数的作用 (区别只在于, 这个最小的上界不一定在这个实数集 S' 中). 因此引进下述概念.

定义 1.2.4 设 S 是一个非空且有下界的实数集. 又设实数 $a \in \mathbf{R}$ 满足下面两个条件:

(1) 对任意 $x \in S$ 都成立 $x \geqslant a$, 即 a 是 S 的一个下界;

(2) 对 S 的任意一个下界 c 都成立 $c \leqslant a$, 即 a 是 S 的所有下界中的最大者, 则称 a 为 S 的**最大下界**或**下确界**, 记作 $a = \inf S$.

类似地可定义**最小上界**或**上确界**的概念, 留给读者自己写出. 实数集 S 的上确界记作 $\sup S$.

例如, 对前面引入的集合 S_2 和 S_3, 容易看出

$$\inf S_2 = 0, \quad \sup S_2 = \max S_2 = 1; \quad \inf S_3 = -1, \quad \sup S_3 = 1.$$

下确界定义中的条件 (2) 可以等价地表述成 "任何比 a 大的数都不是 S 的下界". 这句话也可等价地表述成 "如果实数 c 比 a 大, 则存在 $x \in S$ 使 $x < c$", 这又可进一步等价地表述成 "如果把 a 增大点, 则必存在相应的 $x \in S$ 使 x 小于这个增大了的

数", 即 "对任意 $\varepsilon > 0$, 都存在相应的 $x_\varepsilon \in S$ 使成立 $x_\varepsilon < a + \varepsilon$". 因此有下述判定一个实数是否为下确界的非常有用的命题.

命题 1.2.1　设 S 是一个非空的有下界的实数集. 则实数 a 是 S 的下确界的充要条件是它满足下面两个条件:

(1) 对任意 $x \in S$, 都成立 $x \geqslant a$;

(2)′ 对任意 $\varepsilon > 0$, 都存在相应的 $x_\varepsilon \in S$ 使成立 $x_\varepsilon < a + \varepsilon$.

证明　只需证明 (2) ⇔ (2)′. 先证 (2) ⇒ (2)′. 如果 a 是 S 的所有下界中的最大者, 则任何比 a 大的实数都不会是 S 的下界. 由于对任意 $\varepsilon > 0$, $a + \varepsilon$ 都比 a 大, 故 $a + \varepsilon$ 不可能是 S 的下界, 因此必存在相应的 $x_\varepsilon \in S$ 使成立 $x_\varepsilon < a + \varepsilon$. 这就证明了 (2) ⇒ (2)′. 反过来, 条件 (2)′ 表明任何比 a 大的实数都不可能是 S 的下界 (因为任何比 a 大的实数 x 都可写成 $a + \varepsilon$ 的形式, 其中 $\varepsilon = x - a > 0$), 所以条件 (2)′ 保证了 a 是 S 的最大的下界, 即 (2)′ ⇒ (2). □

对于上确界, 也有类似的命题.

命题 1.2.2　设 S 是一个非空的有上界的实数集. 则实数 b 是 S 的上确界的充要条件是它满足

(1) 对任意 $x \in S$, 都成立 $x \leqslant b$;

(2) 对任意 $\varepsilon > 0$, 都存在相应的 $x_\varepsilon \in S$ 使成立 $x_\varepsilon > b - \varepsilon$.

下面的定理给出了实数域完备性的一个等价刻画.

定理 1.2.1 (确界原理 1)　任何非空的有下界的实数集都有下确界.

证明　设 S 是一个非空的有下界的实数集. 定义两个集合 A 与 B 分别如下:

$$A = \{a \in \mathbf{R} : \text{对任意 } x \in S \text{ 有 } x > a\}, \qquad B = \mathbf{R} \backslash A,$$

即 A 由所有比 S 中的全部数都小的实数组成, 而 B 则为 A 的余集. 下证 (A, B) 是实数域的一个戴德金分划.

(1) 不空: 由于 S 有下界, 可设实数 M 是 S 的一个下界, 然后令 $a = M - 1$. 则显然 a 小于 S 中的所有数, 从而 $a \in A$, 所以 $A \neq \varnothing$. 又易见 S 中的所有数都不在 A 中, 因而都在 B 中, 说明 $S \subseteq B$, 所以由 S 是非空集可知 $B \neq \varnothing$.

(2) 不漏: 这是显然的, 因为根据 A 与 B 的定义有 $A \cup B = \mathbf{R}$.

(3) 不乱: 设 $x \in A, y \in B$. 由 $y \in B$ 知 $y \notin A$, 从而存在 $z \in S$ 使 $z \leqslant y$. 而由 $x \in A$ 和 $z \in S$ 可知必有 $x < z$. 把 $x < z$ 和 $z \leqslant y$ 结合起来就得到 $x < y$, 即 A 中的数都比 B 中的数小. 因此, (A, B) 是实数域的一个戴德金分划.

这样, 根据戴德金原理知, 存在实数 c 使成立 $x \leqslant c \leqslant y, \forall x \in A, \forall y \in B$. 由于 $S \subseteq B$, 所以应用这个不等式中的后一半就得到 $c \leqslant y, \forall y \in S$, 这表明 c 是 S 的一个下界. 其次, 对任意 $\varepsilon > 0$, 由于 $c + \dfrac{\varepsilon}{2} > c$, 所以应用上述不等式中的前一半可知 $c + \dfrac{\varepsilon}{2} \notin A$, 因此必存在 $x_\varepsilon \in S$ 使成立 $x_\varepsilon \leqslant c + \dfrac{\varepsilon}{2} < c + \varepsilon$. 根据命题 1.2.1, 这意味着 c 是 S 的下确界, 从而证明了 S 有下确界. □

以上定理也可采用上确界来表述.

定理 1.2.2 (确界原理 2)　任何非空的有上界的实数集都有上确界.

显然, 定理 1.2.1 和定理 1.2.2 等价即可以互相推出, 它们合称**确界原理**.

必须说明, 确界原理和戴德金原理等价, 即从确界原理可以反过来推出戴德金原理 (见本节习题第 7 题). 因此, 确界原理给出了实数域完备性的一个等价刻画.

定义 1.2.5　设 S 是一个非空的实数集. 如果 S 无下界, 则记 $\inf S = -\infty$; 如果 S 无上界, 则记 $\sup S = +\infty$.

由此, 无论 S 是否有界, 只要它是非空数集, 记号 $\inf S$ 和 $\sup S$ 便都有意义. 从定义知, $\inf S = -\infty$ 当且仅当对任意正整数 n 都存在相应的 $x_n \in S$ 使得 $x_n < -n$; $\sup S = +\infty$ 当且仅当对任意正整数 n 都存在相应的 $y_n \in S$ 使得 $y_n > n$.

例 2　设 I 是一个至少含两个不同实数的实数集, 满足以下条件: 如果 $a, b \in I$ 且 $a < b$, 则 $[a, b] \subseteq I$. 证明: I 是一个区间.

证明　仅对 I 是有界集的情形证明, I 是无界集的情形留给读者证明.

记 $a = \inf I$, $b = \sup I$. 下证 $(a, b) \subseteq I$. 对任意 $x \in (a, b)$, 由 $x > a = \inf I$ 知 x 不是 I 的下界, 因此存在 $u \in I$ 使得 $u < x$. 同样由 $x < b = \sup I$ 知 x 不是 I 的上界, 因此存在 $v \in I$ 使得 $v > x$. 由 $u, v \in I$ 和显然地 $u < v$, 根据所设条件就有 $[u, v] \subseteq I$, 因此 $x \in I$. 这就证明了 $(a, b) \subseteq I$.

这样就有下面四种可能的情况: ① $a \in I$ 且 $b \in I$, 这时 $I = [a, b]$; ② $a \in I$ 但 $b \notin I$, 这时 $I = [a, b)$; ③ $b \in I$ 但 $a \notin I$, 这时 $I = (a, b]$; ④ $a \notin I$ 且 $b \notin I$, 这时 $I = (a, b)$. 无论哪种情况, I 都是一个区间. □

习 题 1.2

1. 证明: 对任意实数 a, b 都成立等式

(1) $\max\{a, b\} = \dfrac{a + b}{2} + \dfrac{|a - b|}{2}$;　　(2) $\min\{a, b\} = \dfrac{a + b}{2} - \dfrac{|a - b|}{2}$.

2. 设 $a_k, b_k \in \mathbf{R}$ 且 $b_k > 0$, $k = 1, 2, \cdots, n$. 记 $S = \left\{\dfrac{a_1}{b_1}, \dfrac{a_2}{b_2}, \cdots, \dfrac{a_n}{b_n}\right\}$. 证明:

$$\min S \leqslant \frac{a_1 + a_2 + \cdots + a_n}{b_1 + b_2 + \cdots + b_n} \leqslant \max S.$$

3. 设 (A, B) 是实数域的一个戴德金分划. 证明: 不可能出现既在下类 A 中有最大数, 又在上类 B 中有最小数的情况.

4. 设 (A, B) 是实数域的一个戴德金分划. 证明: 满足条件 (1.2.1) 的实数 c 唯一.

5. 令 $S = \{x : x \text{ 是正有理数且 } x^2 < 2\}$. 证明: $\sup S = \sqrt{2}$.

6. 设 A, B 是两个非空且有界的实数集.

(1) 记 $-A = \{-x : x \in A\}$. 证明: $\sup(-A) = -\inf A$;　$\inf(-A) = -\sup A$.

(2) 记 $A + B = \{x + y : x \in A, y \in B\}$. 证明:

$$\sup(A + B) = \sup A + \sup B, \qquad \inf(A + B) = \inf A + \inf B.$$

(3) 记 $AB = \{xy : x \in A, y \in B\}$. 证明: 如果 A, B 中的数都是非负的, 则

$$\sup(AB) = \sup A \sup B, \qquad \inf(AB) = \inf A \inf B.$$

(4) 证明: 如果 $A \subseteq B$, 则 $\sup A \leqslant \sup B$, $\inf A \geqslant \inf B$.

7. 应用确界原理证明戴德金原理.

8. 设 S 是一个由整数组成的非空集合. 应用确界原理证明: 如果 S 有下界, 则 S 中必有最小数; 如果 S 有上界, 则 S 中必有最大数.

9. 应用确界原理证明**阿基米德原理**: 给定一个正实数 a, 则对任意实数 x, 必存在唯一的整数 n, 使成立 $na \leqslant x < (n+1)a$.

10. 应用确界原理证明: 对任意两个实数 x 和 y, $x < y$, 必存在有理数 p 使成立 $x < p < y$.

11. 应用确界原理证明: 给定一个实数 $a > 1$, 则对任意正实数 x, 必存在唯一的整数 n 使成立 $a^{n-1} \leqslant x < a^n$.

12. 设 f 是区间 $[a, b]$ 上的单调递增函数, 且 $f(a) \geqslant a$, $f(b) \leqslant b$. 证明: 方程 $f(x) = x$ 在 $[a, b]$ 中有根.

1.3 初 等 函 数

1.3.1 幂的定义

初等数学里已经介绍过正数 a 的实数 x 次幂 a^x 的定义, 它是这样定义的:

(1) 当 $x = n$ 是正整数时, 定义 $a^n = a \cdot a \cdot \cdots \cdot a$ (n 个 a 相乘);

(2) 当 $x = \dfrac{1}{n}$, 其中 n 是正整数时, 定义 $a^{\frac{1}{n}} = \sqrt[n]{a}$ 为方程 $x^n = a$ 的唯一正根;

(3) 当 $x = \dfrac{m}{n}$, 其中 m, n 都是正整数时, 定义 $a^{\frac{m}{n}} = (a^m)^{\frac{1}{n}} = \sqrt[n]{a^m}$;

(4) 当 x 是正无理数时, 取一列有理数 p_n $(n = 1, 2, \cdots)$ 逼近 x, 如取 p_n 为 x 的小数点后前 n 位截断, 再令 a^x 是 a^{p_n} 所逼近的实数;

(5) 定义 $a^0 = 1$, 并对负实数 $x < 0$ 定义 $a^x = (a^{|x|})^{-1} = \dfrac{1}{a^{|x|}}$.

以上定义如果深究, 就会产生一些疑问, 主要在 (2) 和 (4). 对于 (2), 疑问在于方程 $x^n = a$ 是否一定有唯一正根? 初等数学里是这样解释的: 在平面直角坐标系 Oxy 中作出函数 $y = x^n$ 的图像, 可知它从原点开始随着 x 无限增大而向着右上方连续地无限上行, 因此与水平直线 $y = a$ 有唯一的交点, 该交点的 x 坐标就是方程 $x^n = a$ 的唯一正根. 学习过 1.2 节的内容之后, 自然会产生疑问: 怎么知道曲线 $y = x^n$ 是连续的, 即用水平直线 $y = a$ 去交曲线 $y = x^n$, 一定有唯一的交点吗? 对于 (4), 疑问在于 "逼近" 的确切含义是什么? 这实际上用到了极限的概念, 但是目前还未介绍极限的确切含义. 初等数学里之所以没有深究这些问题, 是因为当时的知识还不足以解决这些问题. 现在, 学习了实数域的完备性, 这些问题就可以圆满地解决了. 下面先给出 (2) 中所用结论 "方程 $x^n = a$ 有唯一正根" 的证明, 然后再给出 (4) 的确切定义.

定理 1.3.1 对任意正实数 a 和任意整数 $n \geqslant 2$, 方程 $x^n = a$ 有唯一的正根.

证明 唯一性显然: 如果方程 $x^n = a$ 至少有两个正根 x_1 和 x_2, 不妨设 $x_1 < x_2$. 则 $x_1^n < x_2^n$, 这与 $x_1^n = a = x_2^n$ 矛盾. 下面证明存在性.

令 S 为由全体满足条件 $x^n \leqslant a$ 的正实数 x 组成的集合

$$S = \{x > 0 : x^n \leqslant a\}.$$

该集合非空: 令 $x = \dfrac{a}{1+a}$, 则 $0 < x < 1$, 因此 $x^n < x = \dfrac{a}{1+a} < a$, 所以 $x \in S$. S 显然具有这样的性质: 如果 $x \in S$ 而 $0 < y < x$, 则 $y \in S$. 这是因为由 $0 < y < x$ 和 $x \in S$ 可得 $y^n < x^n \leqslant a$, 所以 $y \in S$. 据此可证明 S 有上界. 事实上, 令 $u = 1 + a$, 则 $u^n > u > a$, 从而 $u \notin S$, 所以由已证明的 S 的性质, 必对每个 $x \in S$ 都有 $x \leqslant u$, 说明 u 是 S 的上界.

这样根据确界原理, S 有上确界. 记 $x = \sup S$. 下证 $x^n = a$. 为此只需证明 $x^n < a$ 和 $x^n > a$ 都不可能.

由恒等式 $b^n - c^n = (b-c)(b^{n-1} + b^{n-2}c + \cdots + bc^{n-2} + c^{n-1})$ 可知, 当 $0 < c < b$ 时成立

$$b^n - c^n < (b-c)nb^{n-1}.$$

假如 $x^n < a$, 选取实数 $0 < h < 1$ 使 $h < \dfrac{a - x^n}{n(x+1)^{n-1}}$, 然后对 $b = x + h$ 和 $c = x$ 应用以上不等式, 得

$$(x+h)^n - x^n < hn(x+h)^{n-1} < a - x^n,$$

从而 $(x+h)^n < a$, 进而 $x + h \in S$. 这与 $x = \sup S$ 的定义相矛盾. 假如 $x^n > a$, 令 $\varepsilon = \dfrac{x^n - a}{nx^{n-1}}$. 则 $0 < \varepsilon < x$. 断言任意 $y \in S$ 都满足 $y < x - \varepsilon$. 若否, 则存在 $y \in S$ 使 $y \geqslant x - \varepsilon$, 从而

$$x^n - y^n \leqslant x^n - (x-\varepsilon)^n < \varepsilon nx^{n-1} = x^n - a,$$

由此得到 $y^n > a$, 进而 $y \notin S$, 这与 $y \in S$ 的假设相矛盾. 因此任意 $y \in S$ 都满足 $y < x - \varepsilon$, 而这与 $x = \sup S$ 的定义相矛盾.

因此, 数 $x = \sup S$ 满足方程 $x^n = a$, 从而证明了这个方程正根的存在性. □

以上定理也可应用戴德金原理证明, 留给读者 (见本节习题第 3 题).

定义 1.3.1 对任意正实数 a 和任意正整数 n, 定义 $a^{\frac{1}{n}} = \sqrt[n]{a}$ 为方程 $x^n = a$ 的唯一正根, 称为 a 的 **n 次方根**.

定理 1.3.2 方根运算具有以下性质: 设 a, b 都是正实数, m, n, p, q 都是正整数, 则成立

(1) 如果 $a > b$, 则 $a^{\frac{1}{n}} > b^{\frac{1}{n}}$;

(2) $(ab)^{\frac{1}{n}} = a^{\frac{1}{n}} b^{\frac{1}{n}}$;

(3) $(a^{\frac{1}{n}})^{\frac{1}{m}} = (a^{\frac{1}{m}})^{\frac{1}{n}} = a^{\frac{1}{mn}}$;

(4) $a^{\frac{1}{n}} a^{\frac{1}{m}} = (a^{m+n})^{\frac{1}{mn}}$;

(5) $(a^{\frac{1}{n}})^m = (a^m)^{\frac{1}{n}}$;

(6) 若 $\dfrac{m}{n} = \dfrac{p}{q}$, 则 $(a^m)^{\frac{1}{n}} = (a^p)^{\frac{1}{q}}$;

(7) 设 $\dfrac{m}{n} > \dfrac{p}{q}$, 则当 $a > 1$ 时 $(a^m)^{\frac{1}{n}} > (a^p)^{\frac{1}{q}}$, 而当 $0 < a < 1$ 时 $(a^m)^{\frac{1}{n}} < (a^p)^{\frac{1}{q}}$.

证明　和定理 1.3.1 不同, 这个定理所列各条因为只涉及代数运算, 所以在初等数学里都已经严格证明过了. 这里仅举几例以让读者回顾它们的证明.

(4) 记 $b = a^{\frac{1}{n}}$, $c = a^{\frac{1}{m}}$, $d = (a^{m+n})^{\frac{1}{mn}}$. 则 $b^n = a$, $c^m = a$, $d^{mn} = a^{m+n}$. 由前两个等式有

$$(bc)^{mn} = b^{mn} c^{mn} = (b^n)^m (c^m)^n = a^m a^n = a^{m+n}.$$

所以由方根的唯一性得 $bc = d$, 即 $a^{\frac{1}{n}} a^{\frac{1}{m}} = (a^{m+n})^{\frac{1}{mn}}$.

(6) 记 $b = (a^m)^{\frac{1}{n}}$, $c = (a^p)^{\frac{1}{q}}$. 则 $b^n = a^m$, $c^q = a^p$. 因此应用等式 $mq = np$ 得

$$b^{nq} = a^{mq} = a^{np} = c^{nq}.$$

进而由方根的唯一性得 $b = c$, 即 $(a^m)^{\frac{1}{n}} = (a^p)^{\frac{1}{q}}$.

(7) 记号同 (6). 当 $a > 1$ 时, 由 $mq > np$ 得 $a^{mq} > a^{np}$, 即 $b^{nq} > c^{nq}$, 所以 $b > c$. 而当 $0 < a < 1$ 时, 由 $mq > np$ 得 $a^{mq} < a^{np}$, 即 $b^{nq} < c^{nq}$, 所以 $b < c$. 　　□

根据以上定理的结论 (5) 和 (6) 以及熟知的负幂次的含义, 引进以下定义.

定义 1.3.2　对任意正实数 a 和任意有理数 r, 当 $r > 0$ 且 $r = \dfrac{m}{n}$ 时, 其中 m, n 为正整数, 定义

$$a^r = (a^{\frac{1}{n}})^m = (a^m)^{\frac{1}{n}};$$

当 $r < 0$ 时定义

$$a^r = \frac{1}{a^{|r|}};$$

当 $r = 0$ 时定义 $a^0 = 1$.

从定理 1.3.2 的 (1)~(4) 和 (7) 立刻得到以下定理.

定理 1.3.3　设 a, b 是正实数, 而 r, s 是有理数. 则

(1) $(ab)^r = a^r b^r$;　　　　(2) $(a^r)^s = a^{rs}$;　　　　(3) $a^r a^s = a^{r+s}$;

(4) 如果 $r > s$, 则当 $a > 1$ 时 $a^r > a^s$, 而当 $0 < a < 1$ 时 $a^r < a^s$;

(5) 如果 $a > b$, 则当 $r > 0$ 时 $a^r > b^r$, 而当 $r < 0$ 时 $a^r < b^r$.

现在便可对任意正实数 a 和任意实数 x 给出 a^x 的定义.

定义 1.3.3　对任意正实数 a 和任意实数 x, 当 $a = 1$ 时定义 $a^x = 1$; 当 $a > 1$ 时定义

$$a^x = \sup\{a^r : r \in \mathbf{Q}, \ r \leqslant x\};$$

当 $0 < a < 1$ 时定义

$$a^x = (a^{-1})^{-x}.$$

容易看出, 当 x 是有理数时, 按此定义给出的 a^x 没有改变 a^x 的已有定义. 而且应用定理 1.3.3 不难得到以下定理.

定理 1.3.4 设 a, b, c 都是正实数, x, y 都是实数. 则

(1) $(ab)^x = a^x b^x$;   (2) $(a^x)^y = a^{xy}$;   (3) $a^x a^y = a^{x+y}$;

(4) 如果 $x > y$, 则当 $a > 1$ 时 $a^x > a^y$, 而当 $0 < a < 1$ 时 $a^x < a^y$;

(5) 如果 $a > b$, 则当 $x > 0$ 时 $a^x > b^x$, 而当 $x < 0$ 时 $a^x < b^x$.

证明留给读者.

至此完成了任意正实数的任意实数次幂的定义工作. 表达式 a^x 中, a 称为**底数**或**底**, x 称为**指数**或**幂**.

例 1 证明: 对任意非零实数 $x > -1$, 成立下列**伯努利** (Bernoulli) **不等式**:

$$(1+x)^p < 1 + px, \qquad 当 \ 0 < p < 1; \tag{1.3.1}$$

$$(1+x)^p > 1 + px, \qquad 当 \ p > 1. \tag{1.3.2}$$

证明 先设 $0 < p < 1$. 对任意非零实数 $x > -1$ 和任意两个正整数 $m < n$, 由平均值不等式可知

$$(1+x)^{\frac{m}{n}} = [\underbrace{(1+x) \cdot \cdots \cdot (1+x)}_{m 个} \cdot \underbrace{1 \cdot \cdots \cdot 1}_{(n-m) 个}]^{\frac{1}{n}} < \frac{m(1+x) + (n-m)}{n} = 1 + \frac{m}{n}x,$$

即 (1.3.1) 在 p 是有理数时成立. 当 p 是无理数时, 如果 $x > 0$, 则由幂的定义和已证明的 p 为有理数时的不等式有

$$(1+x)^p = \sup_{\substack{0 < r \leqslant p \\ r \in \mathbf{Q}}} (1+x)^r < \sup_{\substack{0 < r \leqslant p \\ r \in \mathbf{Q}}} (1+rx) = 1 + px.$$

如果 $-1 < x < 0$, 则令 $y = (1+x)^{-1} - 1$, $q = 1 - p$, 根据已证明的情况我们有

$$(1+y)^q < 1 + qy.$$

把 y 和 q 的表达式代入上式并做适当变形, 即得 (1.3.1). $x = 0$ 的情况是显然的.

再设 $p > 1$. 对任意非零实数 $x > -1$, 当 $-1 < x \leqslant -\dfrac{1}{p}$ 时, (1.3.2) 显然成立. 当 $x > -\dfrac{1}{p}$ ($x \neq 0$) 时, 有 $px > -1$, $px \neq 0$, 所以由 (1.3.1) 得

$$(1+px)^{\frac{1}{p}} < 1 + x.$$

据此立得 (1.3.2). □

1.3.2 幂函数与指数函数

函数的概念已经在初等数学里学习过: **函数**是从实数域的一个非空子集 $S \subseteq \mathbf{R}$ 到实数域 $\mathbf{R}$ 的映射. 设这个映射即函数为 f. 则集合 S 称为 f 的**定义域**, 而像集 $f(S) = \{f(x) : x \in S\}$ 称为它的**值域**. 假如 f 具有性质: 对任意 $x, y \in S$, 由 $x < y$ 可推出 $f(x) \leqslant f(y)$, 则称 f 在 S 上是**单调递增**的, 简称 f 在 S 上**单增**. 如果由 $x < y$

可推出 $f(x) < f(y)$, 则称 f 在 S 上是**严格单调递增**的, 简称 f 在 S 上**严格单增**. 单调递减和严格单调递减是把函数值的不等式作反向来定义.

定义 1.3.4　对给定的实数 μ, 称定义在 $(0, +\infty)$ 上的函数 $x \mapsto x^\mu$ 为以 μ 为幂的**幂函数**. 如果 $\mu > 0$, 则定义 $0^\mu = 0$, 从而 x^μ 是定义在 $[0, +\infty)$ 上的函数.

以上是对 μ 是任意实数时幂函数 x^μ 的定义, 其定义域或者是含原点的闭区间 $[0, +\infty)$ (当 $\mu > 0$), 或者是不含原点的开区间 $(0, +\infty)$ (当 $\mu \leqslant 0$). 初等数学里已经学习过, 在以下两种情况下 x^μ 对所有 $-\infty < x < +\infty$ 都有定义:

(1) $\mu = n$ 是正整数;

(2) μ 是分母为奇数的正分数, 即 $\mu = \dfrac{m}{n}$, 其中 m, n 是互素的正整数且 n 是奇数.

又在以下两种情况下, x^μ 对所有非零实数 $x \neq 0$ 都有定义:

(3) $\mu = -n$, 其中 n 是正整数;

(4) μ 是分母为奇数的负分数, 即 $\mu = -\dfrac{m}{n}$, 其中 m, n 是互素的正整数且 n 是奇数.

因此, 在 (1) 和 (2) 两种情况下幂函数 x^μ 的定义域是整个数轴 $(-\infty, +\infty)$, 而在 (3) 和 (4) 两种情况下幂函数 x^μ 的定义域是挖去原点的数轴 $(-\infty, 0) \cup (0, +\infty)$. 由于每次都这样分情况讨论非常烦琐, 而读者对如何处理这些特殊情况是清楚的, 所以下面只考虑一般情况, 即幂函数 x^μ 中的幂 μ 为任意实数而自变量 $x > 0$ 的情况.

根据定理 1.3.4, 易见幂函数具有以下基本性质.

(1) 乘法规律: $(xy)^\mu = x^\mu y^\mu$, $\forall x, y > 0$. 如果 $\mu > 0$, 则当 x, y 两个数中有零出现时这个等式仍然成立.

(2) 单调性: 当 $\mu > 0$ 时 x^μ 在 $[0, +\infty)$ 上严格单增, 当 $\mu < 0$ 时 x^μ 在 $(0, +\infty)$ 上严格单减.

图 1-3-1 和图 1-3-2 分别给出了, 当 $\mu > 0$ 和 $\mu < 0$ 时幂函数 $y = x^\mu$ 的图像.

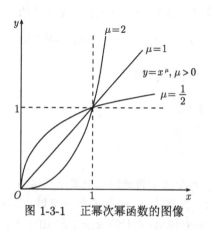

图 1-3-1　正幂次幂函数的图像

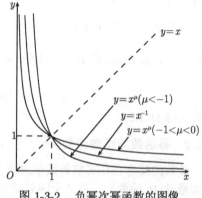

图 1-3-2　负幂次幂函数的图像

对两个函数 f 和 g, 设 f 的定义域为 S_1, g 的定义域为 S_2, 如果 f 的值域含于

g 的定义域, 即成立 $f(S_1) \subseteq S_2$, 则定义它们的**复合函数** $g \circ f$ 为函数 $x \mapsto g(f(x))$, $\forall x \in S_1$. 如果 $S_2 = f(S_1)$, $S_1 = g(S_2)$, 且 $g \circ f$ 为 S_1 上的恒等函数, $f \circ g$ 为 S_2 上的恒等函数, 即成立 $g(f(x)) = x$, $\forall x \in S_1$, 以及 $f(g(x)) = x$, $\forall x \in S_2$, 则称 g 为 f 的**反函数**, 记作 $g = f^{-1}$. 自然, f 也是 g 的反函数: $f = g^{-1}$. 因此 f 和 g 互为反函数.

根据定理 1.3.4, 易见对任意 $\mu, \nu \in \mathbf{R}$ 都成立 $(x^{\mu})^{\nu} = x^{\mu\nu}$, $\forall x > 0$. 这表明两个幂函数的复合仍然是幂函数. 特别有 $(x^{\mu})^{\frac{1}{\mu}} = (x^{\frac{1}{\mu}})^{\mu} = x$, $\forall x > 0$. 这说明幂函数 x^{μ} 的反函数为幂函数 $x^{\frac{1}{\mu}}$.

定义 1.3.5 对给定的实数 $a > 0$, $a \neq 1$, 称定义在 $(-\infty, +\infty)$ 上的函数 $x \mapsto a^x$ 为以 a 为底的**指数函数**.

根据定理 1.3.4, 易见指数函数具有以下基本性质.

(1) 加法公式: $a^{x+y} = a^x a^y$, $\forall x, y \in \mathbf{R}$;

(2) 单调性: 当 $a > 1$ 时 a^x 在 $(-\infty, +\infty)$ 上严格单增, 当 $0 < a < 1$ 时 a^x 在 $(-\infty, +\infty)$ 上严格单减.

图 1-3-3 和图 1-3-4 给出了指数函数 $y = a^x$ 的图像, 其中, 图 1-3-3 为底数 $a > 1$ 的情形, 图 1-3-4 为底数 $0 < a < 1$ 的情形.

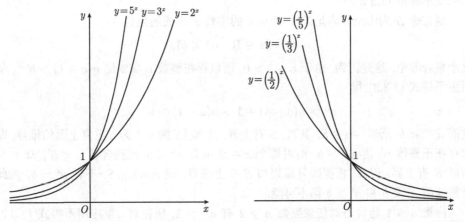

图 1-3-3 指数函数 $y = a^x(a > 1)$ 的图像　图 1-3-4 指数函数 $y = a^x(0 < a < 1)$ 的图像

1.3.3 对数的存在性和对数函数

在初等数学里学习过, 指数函数有反函数, 反函数就是对数函数. 但每个正实数都有对数, 即对任意 $a > 0$, $a \neq 1$ 和任意 $b > 0$, 方程 $a^x = b$ 有唯一的实数解这个事实, 在初等数学里是依据对函数 $y = a^x$ 的图像观察获知: 当 $a > 1$ 时, 这个函数的图像以 Ox 轴负向为水平渐近线, 并且当 x 向正的方向无限增大时, 其图像向右上方无限延伸. 因此对任意 $b > 0$, 水平直线 $y = b$ 都与曲线 $y = a^x$ 有唯一的交点, 即方程 $a^x = b$ 有唯一的实数解. 当 $0 < a < 1$ 时, 曲线 $y = a^x$ 则是从无穷远的左上方随 x 向正的方向无限增大而逐渐下降, 最后以 Ox 轴正向为水平渐近线, 所以对任意 $b > 0$, 水平直

线 $y = b$ 与曲线 $y = a^x$ 仍然有唯一的交点, 即方程 $a^x = b$ 有唯一的实数解. 但是如本节开始对幂函数 $y = x^n$ 所提出的疑问, 这里有类似的疑问: 怎么知道曲线 $y = a^x$ 是连续的, 即用水平直线 $y = b$ 去交曲线 $y = a^x$, 一定有交点吗? 下面应用确界原理, 给出这个事实的严格证明, 进而得到指数函数的反函数即对数函数的存在性.

定理 1.3.5　对任意 $a > 0$, $a \neq 1$ 和任意 $b > 0$, 方程 $a^x = b$ 有唯一的实数根.

证明　唯一性显然: 如果方程 $a^x = b$ 至少有两个实数根 x_1 和 x_2, 不妨设 $x_1 < x_2$. 则 $a^{x_1} < a^{x_2}$ (当 $a > 1$) 或 $a^{x_1} > a^{x_2}$ (当 $0 < a < 1$), 这都与 $a^{x_1} = b = a^{x_2}$ 矛盾. 下面证明存在性.

先看 $a > 1$ 的情况. 以下将多次用到伯努利不等式 (1.3.2) 的下述特殊情况 (仍然称伯努利不等式): 当 $a > 1$ 时, 对任意整数 $n \geqslant 2$ 有

$$a^n > n(a - 1) + 1. \tag{1.3.3}$$

这个不等式也可直接从平均值不等式推得: 根据平均值不等式有

$$a = (a^n \cdot \underbrace{1 \cdot 1 \cdot \cdots \cdot 1}_{n-1\text{个}})^{\frac{1}{n}} < \frac{a^n + (n-1)}{n},$$

适当变形即得 (1.3.3).

现在令 S 为由全体满足条件 $a^x \leqslant b$ 的实数 x 组成的集合

$$S = \{x \in \mathbf{R} : a^x \leqslant b\}.$$

这个集合非空. 这是因为, 由于 $a - 1 > 0$, 所以存在整数 $n \geqslant 2$ 使 $n(a-1) > b^{-1}$, 从而由不等式 (1.3.3) 得

$$a^n > n(a-1) + 1 > n(a-1) > b^{-1},$$

进而 $a^{-n} < b$, 所以 $-n \in S$. 其次, S 有上界. 事实上, 换 b^{-1} 为 b 重复上面的推导, 即知存在正整数 n' 使 $a^{n'} > b$. 而对每个 $x \in S$ 都有 $a^x \leqslant b$, 这蕴含着 $x < n'$, $\forall x \in S$, 所以 S 有上界. 因此, 根据确界原理知 S 有上确界. 记 $c = \sup S$. 下证 $a^c = b$. 为此只需证明 $a^c < b$ 和 $a^c > b$ 都不可能.

注意 $a > 1$ 蕴含着对任意整数 $n \geqslant 2$ 有 $a^{\frac{1}{n}} > 1$, 所以对 $a^{\frac{1}{n}}$ 应用不等式 (1.3.3) 即知

$$a > n(a^{\frac{1}{n}} - 1) + 1. \tag{1.3.4}$$

现在设 $a^c < b$. 则 $a^{-c}b > 1$, 所以存在整数 $n \geqslant 2$ 使 $n > \dfrac{a-1}{a^{-c}b-1}$. 再应用不等式 (1.3.4) 得

$$n(a^{-c}b - 1) > a - 1 > n(a^{\frac{1}{n}} - 1),$$

由此推知 $a^{c+\frac{1}{n}} < b$. 这意味着 $c + \dfrac{1}{n} \in S$, 而这与 $c = \sup S$ 的定义矛盾. 再设 $a^c > b$. 则 $a^c b^{-1} > 1$, 所以存在整数 $n \geqslant 2$ 使 $n > \dfrac{a-1}{a^c b^{-1} - 1}$, 即 $n(a^c b^{-1} - 1) > a - 1$. 因此

由不等式 (1.3.4) 得

$$n(a^c b^{-1} - 1) > a - 1 > n(a^{\frac{1}{n}} - 1),$$

由此推知 $a^{c-\frac{1}{n}} > b$. 这意味着 $c - \dfrac{1}{n}$ 是 S 的上界, 而这仍然与 $c = \sup S$ 的定义矛盾. 因此, $a^c < b$ 和 $a^c > b$ 都不可能, 从而只能 $a^c = b$.

对 $0 < a < 1$ 的情况, 对方程 $(a^{-1})^x = b$ 应用已证明的结论, 知该方程有实数根 c'. 令 $c = -c'$, 就得到了方程 $a^c = b$ 的根. □

以上定理也可应用戴德金原理证明. 我们留给读者 (见本节习题第 4 题).

定义 1.3.6 (1) 对任意 $a > 0$, $a \neq 1$ 和任意 $b > 0$, 方程 $a^x = b$ 的唯一实数根称为 b 的以 a 为底的**对数**, 记作 $\log_a b$;

(2) 对给定的实数 $a > 0$, $a \neq 1$, 称定义在 $(0, +\infty)$ 上的函数 $x \mapsto \log_a x$ 为以 a 为底的**对数函数**.

根据定义, 指数函数 a^x 和对数函数 $\log_a x$ 互为反函数:

$$a^{\log_a x} = x, \quad \forall x > 0; \qquad \log_a(a^x) = x, \quad \forall x \in \mathbf{R}.$$

据此易见对数函数具有以下基本性质.

(1) 乘法公式: $\log_a(xy) = \log_a x + \log_a y$, $\forall x, y > 0$;

(2) 单调性: 当 $a > 1$ 时 $\log_a x$ 在 $(0, +\infty)$ 上严格单增, 当 $0 < a < 1$ 时 $\log_a x$ 在 $(0, +\infty)$ 上严格单减.

图 1-3-5 和图 1-3-6 给出了对数函数 $y = \log_a x$ 的图像, 其中, 图 1-3-5 为底数 $a > 1$ 的情形, 图 1-3-6 为底数 $0 < a < 1$ 的情形.

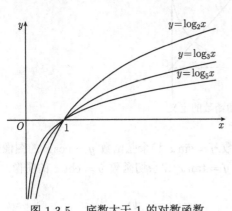
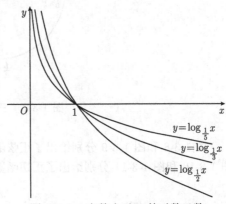

图 1-3-5　底数大于 1 的对数函数　　　　图 1-3-6　底数小于 1 的对数函数

1.3.4 三角函数和反三角函数

与幂函数、指数函数和对数函数不同的是, 三角函数是通过几何图形即单位圆周上的弧与弦等对象以及一些相关的三角形来定义的. 所以, 研究三角函数必须借助于几何图形.

为了得到三角函数, 需要对给定的实数 x, 当 $-2\pi < x < 2\pi$ 时, 在单位圆周 $x^2 + y^2 = 1$ 上从点 $A(1,0)$ 出发截取弧长为 $|x|$ 的圆弧, 当 $x > 0$ 时逆时针走向、当 $x < 0$ 时顺时针走向 (图 1-3-7), 当 $2k\pi \leqslant |x| < 2(k+1)\pi$ 而 k 为正整数时, 则需先环绕原点逆时针 (当 $x > 0$) 或顺时针 (当 $x < 0$) 旋转 k 圈, 再从点 $A(1,0)$ 出发按前述规则截取弧长为 $|x| - 2k\pi$ 的圆弧. 设这样得到的圆弧的另一端点为 B, 其坐标为 (a, b). 则定义

$$\sin x = b, \quad \cos x = a, \quad \tan x = \frac{b}{a}, \quad \cot x = \frac{a}{b}, \quad \sec x = \frac{1}{a}, \quad \csc x = \frac{1}{b}.$$

它们分别称为**正弦函数、余弦函数、正切函数、余切函数、正割函数**和**余割函数**. 显然这其中最基本的是正弦函数 $\sin x$ 和余弦函数 $\cos x$, 因为其他四个函数都可从这两个函数通过四则运算简单地表示出:

$$\tan x = \frac{\sin x}{\cos x}, \qquad \cot x = \frac{\cos x}{\sin x}, \qquad \sec x = \frac{1}{\cos x}, \qquad \csc x = \frac{1}{\sin x}.$$

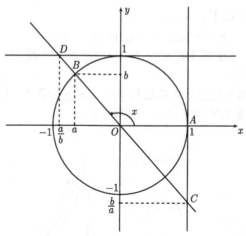

图 1-3-7   三角函数的定义

图 1-3-8 和图 1-3-9 分别给出了正弦函数 $y = \sin x$ 和余弦函数 $y = \cos x$ 的图像; 图 1-3-10 和图 1-3-11 分别给出了正切函数 $y = \tan x$ 和余切函数 $y = \cot x$ 的图像.

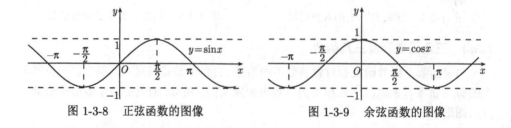

图 1-3-8   正弦函数的图像   图 1-3-9   余弦函数的图像

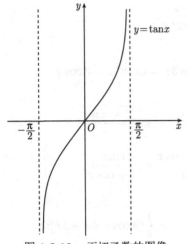

图 1-3-10 正切函数的图像

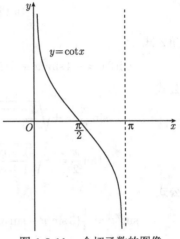

图 1-3-11 余切函数的图像

从三角函数的定义即知它们都是 2π 周期函数, 以正弦函数和余弦函数为例, 即成立

$$\sin(x + 2k\pi) = \sin x, \qquad \cos(x + 2k\pi) = \cos x$$

(k 为任意整数, x 表示任意实数, 下同). 根据圆周的对称性可得诱导公式

$$\sin(-x) = -\sin x, \quad \sin\left(\frac{\pi}{2} \pm x\right) = \cos x,$$

$$\sin(\pi \pm x) = \mp \sin x, \quad \sin\left(\frac{3\pi}{2} \pm x\right) = -\cos x,$$

$$\cos(-x) = \cos x, \quad \cos\left(\frac{\pi}{2} \pm x\right) = \mp \sin x,$$

$$\cos(\pi \pm x) = -\cos x, \quad \cos\left(\frac{3\pi}{2} \pm x\right) = \pm \sin x.$$

注意由诱导公式 $\sin(\pi + x) = -\sin x$ 和 $\cos(\pi + x) = -\cos x$ 可知正切函数和余切函数实际上都是 π 周期函数. 又根据勾股定理可知成立以下基本关系式:

$$\sin^2 x + \cos^2 x = 1.$$

另外, 熟知还成立下述加法公式:

$$\sin(x \pm y) = \sin x \cos y \pm \cos x \sin y,$$

$$\cos(x \pm y) = \cos x \cos y \mp \sin x \sin y,$$

$$\tan(x \pm y) = \frac{\tan x \pm \tan y}{1 \mp \tan x \tan y}.$$

从以上这些基本关系式出发, 可导出许多其他的三角公式, 如倍角公式

$$\sin 2x = 2\sin x \cos x, \qquad \cos 2x = \cos^2 x - \sin^2 x = 1 - 2\sin^2 x = 2\cos^2 x - 1,$$

$$\tan 2x = \frac{2\tan x}{1 - \tan^2 x};$$

三倍角公式

$$\sin 3x = -4\sin^3 x + 3\sin x, \qquad \cos 3x = 4\cos^3 x - 3\cos x;$$

半角公式

$$\sin \frac{x}{2} = \pm\sqrt{\frac{1 - \cos x}{2}}, \qquad \cos \frac{x}{2} = \pm\sqrt{\frac{1 + \cos x}{2}},$$

$$\tan \frac{x}{2} = \pm\sqrt{\frac{1 - \cos x}{1 + \cos x}} = \frac{1 - \cos x}{\sin x} = \frac{\sin x}{1 + \cos x};$$

立方公式

$$\sin^3 x = \frac{1}{4}(3\sin x - \sin 3x), \qquad \cos^3 x = \frac{1}{4}(3\cos x + \cos 3x);$$

和差化积公式

$$\sin x \pm \sin y = 2\sin \frac{x \pm y}{2} \cos \frac{x \mp y}{2},$$

$$\cos x + \cos y = 2\cos \frac{x + y}{2} \cos \frac{x - y}{2},$$

$$\cos x - \cos y = -2\sin \frac{x + y}{2} \sin \frac{x - y}{2};$$

积化和差公式

$$\sin x \sin y = -\frac{1}{2}[\cos(x + y) - \cos(x - y)],$$

$$\cos x \cos y = \frac{1}{2}[\cos(x + y) + \cos(x - y)],$$

$$\sin x \cos y = \frac{1}{2}[\sin(x + y) + \sin(x - y)];$$

等等.

在以后做三角函数的积分计算时, 将用到下述从倍角公式导出的**万能公式**:

$$\sin x = \frac{2\tan \frac{x}{2}}{1 + \tan^2 \frac{x}{2}}, \quad \cos x = \frac{1 - \tan^2 \frac{x}{2}}{1 + \tan^2 \frac{x}{2}}, \quad \tan x = \frac{2\tan \frac{x}{2}}{1 - \tan^2 \frac{x}{2}}.$$

下面从三角函数的定义出发推导一组不等式, 它们将在以后推导三角函数的一些分析性质时起到重要的作用.

定理 1.3.6　对任意 $0 < x < \dfrac{\pi}{2}$ 成立不等式

$$\sin x < x < \tan x. \tag{1.3.5}$$

证明　如图 1-3-12, 在以 O 为圆心的单位圆周上截取一段弧长为 x 的圆弧, 设两个端点为 A 和 B. 作圆周在点 A 的切线, 设其与从点 O 出发经过点 B 的射线交于

点 C, 并令 D 为从点 B 向线段 OA 所作垂线的垂足. 则 $|BD| = \sin x, |AC| = \tan x$. 由于

$$\triangle AOB\text{的面积} < \text{扇形}AOB\text{的面积} < \triangle AOC\text{的面积},$$

所以有

$$\frac{1}{2}\sin x < \frac{x}{2} < \frac{1}{2}\tan x.$$

消去共同的因子 $\dfrac{1}{2}$, 就得到了不等式 (1.3.5). □

反三角函数也需要借助于几何图形来得到 (图 1-3-13). 例如, 对任意 $-1 \leqslant x \leqslant 1$, 单位圆周 $x^2 + y^2 = 1$ 上纵坐标为 x 且位于右半平面的点 B 到点 $A(1,0)$ 的圆弧的有向弧长 (即当从 A 到 B 逆时针走向时弧长为正, 顺时针走向时弧长为负) 便是**反正弦函数** $\arcsin x$ 的值. 由此可见

$$-\frac{\pi}{2} \leqslant \arcsin x \leqslant \frac{\pi}{2}, \qquad \forall x \in [-1, 1].$$

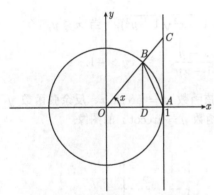 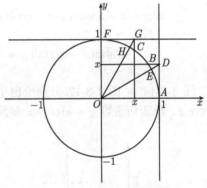

图 1-3-12　不等式 (1.3.5) 的图示　　　　图 1-3-13　反三角函数的定义

类似地, 对任意 $-1 \leqslant x \leqslant 1$, 单位圆周 $x^2 + y^2 = 1$ 上横坐标为 x 且位于上半平面的点 C 到点 $A(1,0)$ 的圆弧的弧长是**反余弦函数** $\arccos x$ 的值, 因而

$$0 \leqslant \arccos x \leqslant \pi, \qquad \forall x \in [-1, 1].$$

为了得到**反正切函数** $\arctan x$, 需要在单位圆周 $x^2 + y^2 = 1$ 点 $A(1,0)$ 的切线上找出纵坐标为 x 的点 D, 该点与坐标原点 O 的连线与单位圆周的交点 E 到点 $A(1,0)$ 的圆弧的有向弧长就是所求的 $\arctan x$ 的值. 因此

$$-\frac{\pi}{2} < \arctan x < \frac{\pi}{2}, \qquad \forall x \in (-\infty, +\infty).$$

类似地, 为了得到**反余切函数** $\text{arccot } x$, 需要在单位圆周 $x^2 + y^2 = 1$ 点 $F(0,1)$ 的切线上找出横坐标为 x 的点 G, 该点与坐标原点 O 的连线与单位圆周的交点 H 到点

$A(1,0)$ 的圆弧的弧长就是所求的 arccot x 的值. 因此

$$0 < \text{arccot}\, x < \pi, \qquad \forall x \in (-\infty, +\infty).$$

以上定义表明, 反正弦函数 arcsin x 与反余弦函数 arccos x 的定义域都是闭区间 $[-1,1]$, 但前者的值域是 $\left[-\dfrac{\pi}{2}, \dfrac{\pi}{2}\right]$, 而后者的值域则是 $[0, \pi]$. 类似地, 反正切函数 arctan x 与反余切函数 arccot x 的定义域都是整个数轴 $(-\infty, +\infty)$, 但前者的值域是 $\left(-\dfrac{\pi}{2}, \dfrac{\pi}{2}\right)$, 而后者的值域则是 $(0, \pi)$. 另外, 从以上定义还容易看出成立下列等式:

$$\arcsin(-x) = -\arcsin x, \quad \arccos(-x) = \pi - \arccos x,$$
$$\arctan(-x) = -\arctan x, \quad \text{arccot}\,(-x) = \pi - \text{arccot}\, x,$$
$$\arcsin x + \arccos x = \frac{\pi}{2}, \quad \arctan x + \text{arccot}\, x = \frac{\pi}{2}.$$

而应用三角函数的加法公式不难验证以下几个等式:

$$\arcsin x - \arcsin y = \arcsin(x\sqrt{1-y^2} - y\sqrt{1-x^2}), \quad \text{当 } xy \geqslant 0 \text{ 或 } x^2 + y^2 \leqslant 1,$$

$$\arccos x - \arccos y = \arccos(xy + \sqrt{1-x^2}\sqrt{1-y^2}), \quad \text{当 } x \leqslant y,$$

$$\arctan x - \arctan y = \arctan \frac{x-y}{1+xy}, \quad \text{当 } xy > -1.$$

图 1-3-14 ～ 图 1-3-17 分别给出了反正弦函数 $y = \arcsin x$、反余弦函数 $y = \arccos x$、反正切函数 $y = \arctan x$ 和反余切函数 $y = \text{arccot}\, x$ 的图像.

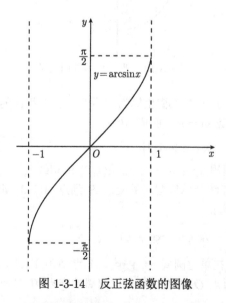

图 1-3-14　反正弦函数的图像

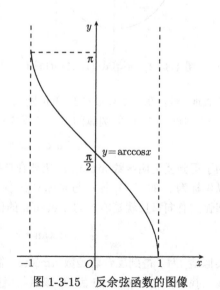

图 1-3-15　反余弦函数的图像

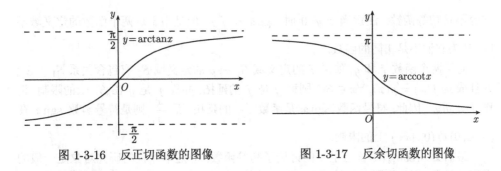

图 1-3-16　反正切函数的图像　　　　图 1-3-17　反余切函数的图像

1.3.5 初等函数

多项式函数 (包括常值函数)、幂函数、指数函数、对数函数、三角函数和反三角函数通称**基本初等函数**. 凡是由这些函数通过有限次加、减、乘、除和复合运算得到的函数, 称为**初等函数**. 初等函数的定义域规定为使得能够按照构成该函数的表达式合理地定义其值的点的全体所组成的集合.

例如, 下列函数都是初等函数 (其中 a, b, c 表示正常数):

$$\sqrt{x}\arctan\frac{1+\log_2(1-x)}{1-\log_2(1-x)}, \qquad \frac{a^{x^2}x\sin x-b^{x-2x^2}\cos x}{(1-x^2)^{\frac{3}{2}}c^x}, \qquad \frac{x}{|x|}, \qquad \log_3|x|.$$

其中, 第一个函数的定义域为区间 $[0,1)$; 第二个函数的定义域为区间 $(-1,1)$; 后面两个函数的定义域是 $x\neq 0$, 即 $(-\infty,0)\cup(0,+\infty)$. 后两个函数是初等函数的原因在于 $|x|=\sqrt{x^2}$, 即绝对值函数 $|x|$ 是初等函数.

狄利克雷函数

$$D(x)=\begin{cases} 1, & \text{当 } x \text{ 是有理数}, \\ 0, & \text{当 } x \text{ 是无理数}, \end{cases}$$

黎曼函数

$$R(x)=\begin{cases} \dfrac{1}{q}, & \text{当 } x=\pm\dfrac{p}{q}, \text{其中 } p,q \text{ 是互素的正整数}, \\ 0, & \text{当 } x \text{ 是无理数或零}, \end{cases}$$

以及非空集合 $S\subseteq \mathbf{R}$ 的**特征函数**

$$\chi_S(x)=\begin{cases} 1, & \text{当 } x\in S, \\ 0, & \text{当 } x\in \mathbf{R}\backslash S \end{cases}$$

等分情况给出表达式的函数一般都不是初等函数. 这种例子还有**符号函数**

$$\operatorname{sgn}x=\begin{cases} 1, & \text{当 } x>0, \\ 0, & \text{当 } x=0, \\ -1, & \text{当 } x<0, \end{cases}$$

它也不是初等函数. 注意当 $x \neq 0$ 时 $\operatorname{sgn} x = \dfrac{x}{|x|}$. 但是由于这两个函数的定义域不同, 认为它们不是相同的函数.

对于两个函数 f 和 g, 如果 f 的定义域 S_1 和 g 的定义域 S_2 有包含关系 $S_1 \subseteq S_2$, 并且成立 $f(x) = g(x), \forall x \in S_1$, 则称 g 是 f 的**延拓**, 并称 f 是 g 在 S_1 上的**限制**, 记作 $f = g|_{S_1}$. 因此, 符号函数 $\operatorname{sgn} x$ 是函数 $\dfrac{x}{|x|}$ 的延拓, 而 $\dfrac{x}{|x|}$ 则是符号函数 $\operatorname{sgn} x$ 在 $(-\infty, 0) \cup (0, +\infty)$ 上的限制.

最后必须说明, 尽管这里专门讨论了初等函数, 但是本课程的研究对象是一般的实变元函数, 而不仅限于初等函数. 除个别内容外, 本课程所讲述的理论基本都是针对一般的实变元函数展开的. 这里对初等函数做专门的讨论, 是因为通常碰到的函数绝大多数都是初等函数, 因而它们十分重要, 在数学中占有特殊的地位. 因此, 清楚它们的定义和基本性质是很必要的.

习　题　1.3

1. 证明定理 1.3.2 的结论 (1), (2), (3) 和 (5).

2. 证明定理 1.3.4.

3. 应用戴德金原理证明定理 1.3.1.

4. 应用戴德金原理证明定理 1.3.5.

5. 设 $a \geqslant 0$. 证明: 对任意给定的实数 b, 方程 $x^3 + ax = b$ 都有唯一的实数根.

6. 设 A 是非空且有上界的实数集, 而 $a > 1$. 证明: $\sup\{a^x : x \in A\} = a^{\sup A}$.

7. 设 n 为任意正整数. 证明下列不等式:
$$p(n+1)^{p-1} < (n+1)^p - n^p < pn^{p-1}, \quad \text{当 } 0 < p < 1;$$
$$pn^{p-1} < (n+1)^p - n^p < p(n+1)^{p-1}, \quad \text{当 } p > 1.$$

8. 证明下列不等式:

(1) $\cos x > 1 - \dfrac{1}{2}x^2 \left(0 < x < \dfrac{\pi}{2}\right)$;

(2) $\sin x > x - \dfrac{1}{4}x^3 \left(0 < x < \dfrac{\pi}{2}\right)$;

(3) $\cos x < 1 - \dfrac{1}{2}x^2 + \dfrac{1}{16}x^4 \left(0 < x < \dfrac{\pi}{2}\right)$;

(4) $x < \tan x < 2x \ (0 < x < 1)$;

(5) $\dfrac{x}{1 - \dfrac{1}{4}x^2} < \tan x < \dfrac{x}{1 - \dfrac{1}{2}x^2} \ (0 < x < \sqrt{2})$.

9. 不要使用反三角函数, 证明下列结论:

(1) 对每个 $a \in [-1, 1]$, 方程 $\sin x = a$ 在区间 $\left[-\dfrac{\pi}{2}, \dfrac{\pi}{2}\right]$ 上有唯一的根;

(2) 对每个 $a \in [-1, 1]$, 方程 $\cos x = a$ 在区间 $[0, \pi]$ 上有唯一的根;

(3) 对每个实数 a, 方程 $\tan x = a$ 在区间 $\left(-\dfrac{\pi}{2}, \dfrac{\pi}{2}\right)$ 上有唯一的根;

(4) 对每个实数 a, 方程 $\cot x = a$ 在区间 $(0, \pi)$ 上有唯一的根.

10. 设 $|\varepsilon| < 1$. 证明: 对任意实数 a, 方程 $x + \varepsilon \sin x = a$ 都有唯一的实数根.

11. **双曲正弦函数** $\sinh x$ 和**双曲余弦函数** $\cosh x$ 分别定义如下:

$$\sinh x = \frac{e^x - e^{-x}}{2}, \qquad \cosh x = \frac{e^x + e^{-x}}{2},$$

其中, e 是自然对数的底即 $e = 2.718281828459\cdots$. 证明:

(1) 成立下列恒等式:

$$\cosh^2 x - \sinh^2 x = 1,$$

$$\sinh 2x = 2 \sinh x \cosh x,$$

$$\cosh 2x = \sinh^2 x + \cosh^2 x,$$

$$\sinh(x \pm y) = \sinh x \cosh y \pm \cosh x \sinh y,$$

$$\cosh(x \pm y) = \cosh x \cosh y \pm \sinh x \sinh y,$$

$$(\cosh x \pm \sinh x)^n = \cosh nx \pm \sinh nx.$$

(2) 函数 $y = \sinh x$ 和 $y = \cosh x$ 的反函数分别为

$$x = \ln(y + \sqrt{y^2 + 1}), \quad -\infty < y < +\infty;$$

$$x = \pm \ln(y + \sqrt{y^2 - 1}), \quad y \geqslant 1.$$

12. 证明下列三角恒等式:

(1) $\sin(x + y + z) = \sin x \cos y \cos z + \cos x \sin y \cos z + \cos x \cos y \sin z - \sin x \sin y \sin z$;

(2) $\cos(x + y + z) = \cos x \cos y \cos z - \cos x \sin y \sin z - \sin x \cos y \sin z - \sin x \sin y \cos z$;

(3) $\tan(x + y + z) = \dfrac{\tan x + \tan y + \tan z - \tan x \tan y \tan z}{1 - \tan y \tan z - \tan z \tan x - \tan x \tan y}$;

(4) $\sin^3 x = \dfrac{1}{4}(3 \sin x - \sin 3x)$;

(5) $\cos^3 x = \dfrac{1}{4}(3 \cos x + \cos 3x)$.

13. 设 n 是正整数. 试借助于欧拉公式 $\sin x = \dfrac{1}{2i}(e^{ix} - e^{-ix})$, $\cos x = \dfrac{1}{2}(e^{ix} + e^{-ix})$ 证明下列三角恒等式:

(1) $\sin^{2n} x = \dfrac{1}{2^{2n-1}} \left[\sum\limits_{k=0}^{n-1} (-1)^{n+k} \dbinom{2n}{k} \cos(2n-2k)x + \dfrac{1}{2}\dbinom{2n}{n} \right]$;

(2) $\cos^{2n} x = \dfrac{1}{2^{2n-1}} \left[\sum\limits_{k=0}^{n-1} \dbinom{2n}{k} \cos(2n-2k)x + \dfrac{1}{2}\dbinom{2n}{n} \right]$;

(3) $\sin^{2n+1} x = \dfrac{1}{2^{2n}} \sum\limits_{k=0}^{n} (-1)^{n+k} \dbinom{2n+1}{k} \sin(2n-2k+1)x$;

(4) $\cos^{2n+1} x = \dfrac{1}{2^{2n}} \sum\limits_{k=0}^{n} \binom{2n+1}{k} \cos(2n-2k+1)x.$

14. 求 $\underbrace{f \circ f \circ \cdots \circ f}_{n\text{次}}$, 已知

(1) $f(x) = \dfrac{x}{\sqrt{1+x^2}};$　　　(2) $f(x) = \dfrac{1}{1-x};$　　　(3) $f(x) = |1+x| - |1-x|.$

15. 已知

$$f(x) = \begin{cases} 1-x^2, & \text{当 } |x| \leqslant 1, \\ |x|-1, & \text{当 } |x| > 1, \end{cases} \qquad g(x) = \begin{cases} 2^x, & \text{当 } x < 0, \\ x^2+1, & \text{当 } 0 \leqslant x \leqslant 2, \\ \log_2 x, & \text{当 } x > 2. \end{cases}$$

求 $g \circ f$ 和 $f \circ g$.

16. 求下列函数的反函数:

(1) $f(x) = \begin{cases} -\log_3(1+|x|), & \text{当 } x \leqslant 0, \\ \dfrac{1}{2}x^3, & \text{当 } 0 < x \leqslant 2, \\ 2\sqrt{2x}, & \text{当 } x > 2; \end{cases}$

(2) $f(x) = \begin{cases} 1 + \sqrt[3]{x}, & \text{当 } x \leqslant -1, \\ 2(1-x), & \text{当 } -1 < x < 1, \\ 2^{x+1}, & \text{当 } x \geqslant 1. \end{cases}$

17. 在处理一些初等函数的问题时, 需要把初等函数所涉及的基本初等函数及其运算与复合过程分析出来. 例如, 函数 $y = \arctan(x + \sqrt{1+x^2})$ 可分拆成

$$y = \arctan z, \quad z = u+v, \quad u = x, \quad v = \sqrt{w}, \quad w = 1+x^2.$$

求下列初等函数的这种分拆:

(1) $y = \arctan(\tan^2 x);$

(2) $y = \ln\left(\arccos \dfrac{1}{\sqrt{x}}\right);$

(3) $y = \arcsin\left(\dfrac{\sin a \sin x}{1 - \cos a \cos x}\right)$ (a 为常数);

(4) $y = \dfrac{a^{-x^2} \arcsin(a^{-x^2})}{\sqrt{1 - e^{-2x^2}}} + \dfrac{1}{2}\ln(1 - a^{-2x^2})$ (a 为正常数);

(5) $y = x^{x^a} + x^{a^x} + a^{x^x}$ (a 为正常数).

18. 作下列函数的图像:

(1) $y = \operatorname{sgn}(x+1) + \operatorname{sgn}(x-2);$

(2) $y = \arcsin \operatorname{sgn}(x^2 - 1);$

(3) $y = \operatorname{sgn} \sin x.$

第 2 章

数列的极限

数学分析研究的主要对象是函数. 函数是联系两个变量——自变量和因变量的数学对象. 因此函数问题的核心是 "变化": 随着自变量的变化, 因变量随之变化. 由于在变化的过程中, 无论是自变量还是因变量, 一般都要经历无穷多个数量而不是只取有限个量, 这就不可避免地涉及 "极限" 的问题: 当自变量在变化的过程中越来越接近一个实数时, 因变量有怎样的变化趋势? 所以, 为了有效地研究函数, 必须清楚 "极限" 的概念.

本章介绍数列的极限. 本章的目的是两方面的. 一方面, 数列极限的概念相比以后要学习的其他极限概念如函数的极限、积分和的极限等概念要容易接受, 因而把它作为学习极限概念的开路先锋; 另一方面, 数列的极限也有其独立的意义. 数学中的许多问题, 如用有理数逼近无理数、用逼近方法求方程的根、实数域完备性的各种刻画、把复杂的函数表示成一些简单形式的函数的无穷和等问题, 都涉及数列的极限. 因此, 只有学好这一章, 才能为学习后续各章奠定一个坚实的基础.

2.1 数列极限的定义

2.1.1 数列的概念

在数学上, 人们把能够与全体正整数一一对应并且按这种对应关系排定了前后次序的一组对象称为**序列**. 如果一个序列中的每个对象 (也称元素) 都是实数, 就称这个序列为**实数列**, 简称**数列**. 例如, 全体正整数按其自然顺序排成的数列为

$$1, 2, 3, \cdots, n, \cdots;$$

全体正偶数按其自然顺序排成的数列为

$$2, 4, 6, \cdots, 2n, \cdots;$$

全体正整数的倒数按其所对应正整数的顺序排成的数列为

$$1, \frac{1}{2}, \frac{1}{3}, \cdots, \frac{1}{n}, \cdots;$$

圆周率 π 即单位圆面积的近似值数列为

$$3, 3.1, 3.14, 3.141, 3.1415, 3.14159, \cdots;$$

按递推公式 $x_1 = 1$, $x_{n+1} = \dfrac{1}{2}\left(x_n + \dfrac{2}{x_n}\right)$ $(n = 1, 2, \cdots)$ 求 $\sqrt{2}$ 的近似值, 所得数列为

$$1,\ 1.5,\ 1.41\dot{6},\ 1.4142156862\cdots\left(\text{即}\ \frac{577}{408}\right),\ \cdots;$$

等等. 数列的例子无论在理论研究中还是在实际应用中, 都非常多, 不胜枚举.

　　本书采用小写英文字母 n, m, k, i, j 等表示任意的正整数, 而用 $\{x_n\}_{n=1}^{\infty}$, $\{y_n\}_{n=1}^{\infty}$ 或其简写形式 $\{x_n\}$, $\{y_n\}$ 等表示任意的数列, 其中 x_n 和 y_n 分别表示数列 $\{x_n\}$ 和 $\{y_n\}$ 的第 n 项 (称为**通项**). 注意符号 $\{x_n\}$ 虽然与表示只含有一个元素 x_n 的集合 $\{x_n\}$ 的符号相同, 但很容易从出现这个符号的上下文判断出它是表示一个数列, 还是表示只含一个元素 x_n 的集合, 所以不会引起混乱.

　　给出一个数列有多种多样的方法. 比较明显易接受的方法是如前面写出数列的逐项. 但这种方法的缺陷是只能写出数列的有限项且占篇幅. 通常采用以下三种方法给出一个数列: ① 写出通项 x_n 的表达式. 如前面列举的前三个数列的通项表达式分别为

$$x_n = n;\qquad x_n = 2n;\qquad x_n = \frac{1}{n}.$$

② 用递推公式借助于数学归纳法来给出数列. 如前面列举的第五个数列就是这样给出的. ③ 描述法, 即用语言描述出数列的各项所满足的条件. 前面列举的第四个数列就是这样给出的.

2.1.2　数列的极限及其定义

　　虽然在应用方面涉及数列的问题有多种多样, 但最经常出现因而最重要的问题是当项数 n 越来越大时, 数列的通项 x_n 的变化趋势如何. 或更确切地说是要考虑当项数 n 无限增大时, 通项 x_n 是否会无限地接近于一个实数.

　　大约 2500 年前, 古希腊著名学者欧多克索斯 (Eudoxus, 约公元前 408 ∼ 前 347) 为了证明圆的面积公式 $S = \pi R^2$ (其中 R 和 S 分别表示圆的半径和面积), 发明了 "穷竭法". 其思想是把半径为 R 和 1 的同心圆同时 n 等分, 就得到了这两个圆各自的内接正 n 边形 (图 2-1-1). 这两个正 n 边形可分别分解成 n 个互相全等的等腰三角形. 由于这两个正 n 边形分解所得的等腰三角形相似, 所以如果用 S_n 和 S_n^1, a_n 和 a_n^1 以及 h_n 和 h_n^1 分别表示这两个正 n 边形的面积、底边长和高, 则有

$$S_n = n \cdot \frac{1}{2}a_n h_n = n \cdot \frac{1}{2}Ra_n^1 \cdot Rh_n^1 = n \cdot \frac{1}{2}a_n^1 h_n^1 \cdot R^2 = S_n^1 R^2.$$

"穷竭法" 思想的核心是当 n 无限地增大时, S_n 和 S_n^1 分别无限地接近于 S 和 π, 因而由上式就得到了公式 $S = \pi R^2$. 我国魏晋时期的数学和天文学家刘徽在计算圆周率 π 时, 采用了类似的方法, 即 "割圆术". 它实际是计算单位圆周长 2π 的近似值数列 $\{na_n^1\}$ 当 $n = 6, 12, 24, \cdots$ 时的值. 刘徽所说 "割之弥细, 所失弥小. 割之又割, 以至于不可割, 则与圆周合体而无所失矣" 的意思就是, 当 $n = 6m$ 无限地增大时, na_n^1 无

限地接近于 2π.

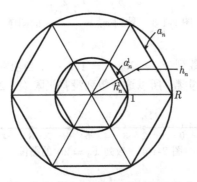

图 2-1-1　用穷竭法证明圆面积公式

又如, 对于无理数, 人们总是用其十进制无限小数的有限位截断来作为其近似值进行计算. 这样做的可行性在于随着截断的位数越多, 近似值的近似程度就越高. 当截断的位数无限增大时, 相应的有限位截断就无限地接近于这个无理数的精确值.

再如, 在用递推公式 $x_1 = 1, x_{n+1} = \dfrac{1}{2}\left(x_n + \dfrac{2}{x_n}\right) (n = 1, 2, \cdots)$ 求 $\sqrt{2}$ 的近似值时, 随着项数 n 越来越大, 通项 x_n 就越来越接近于 $\sqrt{2}$; 当项数 n 无限增大时, x_n 就无限地接近于 $\sqrt{2}$.

如果一个数列 $\{x_n\}$ 具有以上这种性质, 即随着项数 n 越来越大, 通项 x_n 越来越接近于一个实数 a, 并且当 n 无限地增大时, x_n 无限地接近于实数 a, 就称这个数列 $\{x_n\}$ 有极限或收敛, 并把实数 a 叫做数列 $\{x_n\}$ 的极限.

当然, 并非所有的数列都具备这种性质. 如果一个数列 $\{x_n\}$ 不具有这种性质, 就称这个数列 $\{x_n\}$ 不收敛或发散.

例 1　(1) 考虑数列 $x_n = \dfrac{1}{n}$, $n = 1, 2, \cdots$. 不难看出, 当项数 n 无限增大时, 通项 x_n 无限地接近于 0. 因此这个数列收敛并且其极限是 0(图 2-1-2).

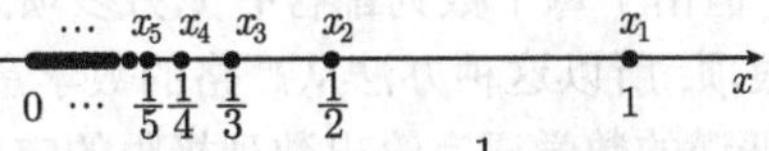

图 2-1-2　列 $x_n = \dfrac{1}{n}$ 的图像

(2) 考虑数列 $x_n = \dfrac{(-1)^n}{n}$, $n = 1, 2, \cdots$. 虽然这个数列的通项 x_n 随着 n 的变化时而为正时而为负, 但总的趋势仍然是当项数 n 无限增大时, 通项 x_n 无限地接近于 0. 因此这个数列收敛并且其极限也是 0 (图 2-1-3).

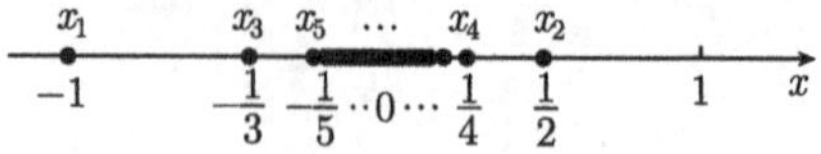

图 2-1-3　数列 $x_n = \dfrac{(-1)^n}{n}$ 的图像

(3) 由正偶数组成的数列 $x_n = 2n$, $n = 1, 2, \cdots$, 当项数 n 无限增大时, x_n 也无限地增大而不接近于任何实数. 所以这个数列没有极限 (图 2-1-4).

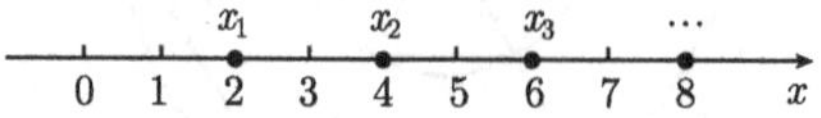

图 2-1-4　数列 $x_n = 2n$ 的图像

(4) 对于数列 $x_n = 1 + (-1)^n$, $n = 1, 2, \cdots$, 其通项在 0 和 2 之间摆动, 而不是随着项数 n 无限增大通项 x_n 无限地接近于某一个实数. 所以这个数列也没有极限 (图 2-1-5).

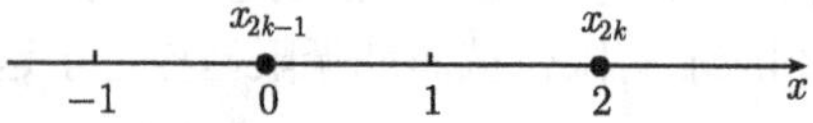

图 2-1-5　数列 $x_n = 1 + (-1)^n$ 的图像

前面只是形象地说明了数列极限的含义, 并没有给出数列极限的严格定义. 原因在于没有给出 "当 n 无限地增大时, x_n 无限地接近于实数 a" 这句话的数学表达. 因此在上面的例子中对这些数列是否有极限的讨论是比较含糊的. 这些数列都比较简单, 是否 "当 n 无限增大时, x_n 无限地接近于一个实数" 比较显而易见, 因而这种比较含糊的讨论不会引起歧义. 但是对于一些比较复杂的数列, 问题就没有这么简单了. 如数列 $x_n = \sqrt[n]{n}$ 是否有极限? 如何证明由迭代公式 $x_1 = 1$, $x_{n+1} = \dfrac{1}{2}\left(x_n + \dfrac{2}{x_n}\right)$ ($n = 1, 2, \cdots$) 得到的数列以 $\sqrt{2}$ 为极限? 到目前为止, 对于这类不是如 $x_n = \dfrac{1}{n}$ 那样极限性态一目了然的数列, 为了知道它们是否有极限, 只能计算这些数列的各项, 然后通过查看这些计算出来的各项是否 "随着 n 越来越大而越来越接近于一个实数" 来判断这些数列是否有极限. 但由于每个数列都含有无穷多项, 而这种计算在任何有限时刻都只能算出数列的有限项, 所以这种办法从严格的数学意义上说实际上并不是可行和可靠的. 因此, 必须用严谨的数学语言给出数列极限的定义. 而这只需给出 "当 n 无限地增大时, x_n 无限地接近于一个实数 a" 这句话的严谨的数学表述.

仔细分析 "当 n 无限地增大时, x_n 无限地接近于一个实数 a" 这句话, 就可看出它其实是指当 n 越来越大时, x_n 与实数 a 之间的距离越来越小, 而且要想使得 x_n 与 a 之间的距离有多小, 只要项数 n 足够大, 就可以使得 x_n 与 a 之间的距离达到那么小. 例如, 对数列 $x_n = \dfrac{1}{n}$, $n = 1, 2, \cdots$, 有

为使 x_n 与 0 之间的距离 $|x_n - 0| = \dfrac{1}{n} < 0.1$, 只需使项数 $n > 10$;

为使 $|x_n - 0| = \dfrac{1}{n} < 0.01$, 只需使 $n > 100$;

为使 $|x_n - 0| = \dfrac{1}{n} < 0.001$, 只需使 $n > 1000$.

一般地, 对任意给定的小正数 ε, 为使 x_n 与 0 之间的距离 $|x_n - 0| = \dfrac{1}{n} < \varepsilon$, 只需使项数 $n \geqslant \left[\dfrac{1}{\varepsilon}\right] + 1$. 这里 $\left[\dfrac{1}{\varepsilon}\right]$ 表示 $\dfrac{1}{\varepsilon}$ 的整数部分.

因此, 为了用数学语言来精确地表述 "当 n 无限地增大时, x_n 无限地接近于一个实数 a" 这句话, 需要引进两个量 ε 和 N, 前者用来刻画数列的通项 x_n 与极限 a 接近的程度, 后者用来刻画项数 n 应该有多大, 而这句话可以表述为对任意给定的一个小正数 ε, 都存在相应的项数 N, 使得数列中第 N 项以后各项, 即满足 $n > N$ 的 x_n, 都满足 $|x_n - a| < \varepsilon$. 因此给出以下定义.

定义 2.1.1 设 $\{x_n\}$ 是一个数列, a 是一个实数. 如果对任意给定的小正数 ε, 都存在相应的正整数 N, 使得数列中所有满足 $n > N$ 的项 x_n 都成立

$$|x_n - a| < \varepsilon, \tag{2.1.1}$$

则称数列 $\{x_n\}$ 以实数 a 为**极限**, 或称当 $n \to \infty$ (读作当 n 趋于无穷) 时 x_n **收敛于** a 或**趋于** a, 记作

$$\lim_{n \to \infty} x_n = a \quad \text{或} \quad x_n \to a \ (\text{当} \ n \to \infty) \ (\text{图 2-1-6}).$$

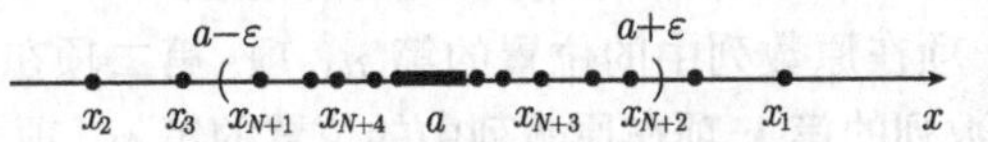

图 2-1-6 数列 $\{x_n\}$ 以 a 为极限

以上定义中, "任意给定的小正数 ε" 是指任意取自一个形如 $(0, c)$ 的区间里的实数 ε, 这里 c 是一个由所研究的极限问题所确定的正数, 可大可小, 如可取为 1, 也可取为 $\dfrac{1}{2}$ 等, 它的大小并不影响数列 $\{x_n\}$ 是否以 a 为极限. 原因在于上述定义主要关心的是当 ε 是 "非常非常小" 的正数时的情况, 因为如果对很小的 ε, 条件 (2.1.1) 都能满足的话, 那么显然对于比较大的 ε, 这个条件也肯定能够满足.

上述定义所采用的数学表述称为 "ε-N 语言". 如前所述, 这个表述中出现的两个数量 ε 和 N, 前者用来衡量数列的通项 x_n 与极限 a 的接近程度, 后者用来指明为了达到所需要的接近程度, 通项 x_n 的位置应该有多么靠后. ε 的任意性就反映了 x_n 与 a 可以任意接近, 即前面多次提到的 "无限接近". 必须强调的是, N 是依赖于 ε 的: 对于每一个给定的 $\varepsilon > 0$, 相应地存在一个 N. 当 ε 变了时 N 也随之变了. 一般来说, ε 越小则 N 越大. 另外必须注意的是, N 依赖于 ε 但不是由 ε 唯一确定的. 对于同一个 ε, N 只要存在就有多种选择. 不同的人在做同一个题目时往往会对相同的 ε 找到

不同的 N, 这是很正常的. 换言之, 在以上定义中, 我们关心的不是 N 的大小, 而是它的存在性.

由于如果对小的 $\varepsilon > 0$ 不等式 (2.1.1) 能够成立, 那么对大的 $\varepsilon > 0$, 这个不等式自然也能成立, 并且显然地, 如果不等式 (2.1.1) 能够对任意给定的 $\varepsilon > 0$ 都成立, 那么这个不等式自然也能够对任意给定的小的 $\varepsilon > 0$ 都成立, 所以上述定义中的 "对任意给定的小正数 ε" 可换为 "对任意给定的正数 ε", 即上述定义可等价地改写为如下定义.

定义 2.1.1′　设 $\{x_n\}$ 是一个数列, a 是一个实数. 如果对任意给定的正数 ε, 都存在相应的正整数 N, 使得数列中所有满足 $n > N$ 的项 x_n 都成立

$$|x_n - a| < \varepsilon,$$

则称数列 $\{x_n\}$ 以 a 为极限.

以后将根据需要, 选择应用上述两个互相等价的定义.

定理 2.1.1　$\lim\limits_{n\to\infty} x_n = a$ 的充要条件是 $\lim\limits_{n\to\infty} |x_n - a| = 0$.

证明　由于 $|x_n - a| = ||x_n - a| - 0|$, 所以 $|x_n - a| < \varepsilon$ 等价于 $||x_n - a| - 0| < \varepsilon$. 据此立得定理的结论. □

有极限的数列叫做**收敛数列**, 没有极限的数列叫做**发散数列**. 或者说, 如果一个数列有极限, 则称这个数列**收敛**; 如果一个数列没有极限即不以任何实数为极限, 则称这个数列**发散**.

对给定的一个数列 $\{x_n\}$, 任意取其中无穷多项不改变其前后次序地排成一个新的数列, 这样得到的新数列叫做原数列 $\{x_n\}$ 的一个**子数列**.

设子数列的第一项在原数列中的位置的第 n_1 项, 第二项在原数列中的位置的第 n_2 项, 一般地, 设子数列的第 k 项在原数列中的位置的第 n_k 项, 则这个子数列即为

$$x_{n_1}, \ x_{n_2}, \ \cdots, \ x_{n_k}, \ \cdots.$$

因此, 以后我们常用符号 $\{x_{n_k}\}$ 表示数列 $\{x_n\}$ 的任意一个子数列. 注意足标列 $\{n_k\}$ 必须满足条件:

$$n_1 < n_2 < \cdots < n_k < n_{k+1} < \cdots.$$

定理 2.1.2　设 $\lim\limits_{n\to\infty} x_n = a$. 则对 $\{x_n\}$ 的任意子数列 $\{x_{n_k}\}$ 都有 $\lim\limits_{k\to\infty} x_{n_k} = a$.

证明　对任意给定的 $\varepsilon > 0$, 由 $\lim\limits_{n\to\infty} x_n = a$ 知存在相应的正整数 N, 使对所有 $n > N$ 都成立

$$|x_n - a| < \varepsilon.$$

取正整数 K 使 $n_K \geqslant N$. 则当 $k > K$ 时必有 $n_k \geqslant N$, 从而当 $k > K$ 时

$$|x_{n_k} - a| < \varepsilon.$$

故 $\lim\limits_{k\to\infty} x_{n_k} = a$. □

2.1.3 例题

下面举例说明如何应用极限的定义来论证一些数列的极限.

例 2 设 p 为正数. 证明: $\lim\limits_{n\to\infty} \dfrac{1}{n^p} = 0$.

证明 需证明对任意给定的正数 ε, 存在相应的正整数 N, 使当 $n > N$ 时有

$$\left| \frac{1}{n^p} - 0 \right| < \varepsilon. \tag{2.1.2}$$

由于 $\left| \dfrac{1}{n^p} - 0 \right| = \dfrac{1}{n^p}$, 所以为使 (2.1.2) 成立只需 $\dfrac{1}{n^p} < \varepsilon$, 这只需 $n > \left(\dfrac{1}{\varepsilon} \right)^{\frac{1}{p}}$. 考虑到 $\left(\dfrac{1}{\varepsilon} \right)^{\frac{1}{p}}$ 不一定是整数, 所以只要取 N 为任意一个不小于这个数的正整数, 如可取 $N = \left[\left(\dfrac{1}{\varepsilon} \right)^{\frac{1}{p}} \right] + 1$. 因此证明如下:

对任意给定的正数 ε, 取 $N = \left[\left(\dfrac{1}{\varepsilon} \right)^{\frac{1}{p}} \right] + 1$. 则对任意 $n > N$, 由于 $N \geqslant \left(\dfrac{1}{\varepsilon} \right)^{\frac{1}{p}}$, 所以有

$$\left| \frac{1}{n^p} - 0 \right| = \frac{1}{n^p} < \frac{1}{N^p} \leqslant 1 \bigg/ \left(\frac{1}{\varepsilon} \right)^{\frac{1}{p} \cdot p} = \varepsilon.$$

因此 $\lim\limits_{n\to\infty} \dfrac{1}{n^p} = 0$. □

例 3 设 $0 < q < 1$. 证明: $\lim\limits_{n\to\infty} q^n = 0$.

证明 对任意给定的正数 ε, 为使 $|q^n - 0| = q^n < \varepsilon$, 只需 $n \ln q < \ln \varepsilon$, 这只需 $n > \dfrac{\ln \varepsilon}{\ln q}$ (注意 $\ln q < 0$), 故只要取 N 为任意一个不小于 $\dfrac{\ln \varepsilon}{\ln q}$ 的正整数. 考虑到如果 $\ln \varepsilon > 0$ 则 $\dfrac{\ln \varepsilon}{\ln q} < 0$, 所以限定 $0 < \varepsilon < 1$ 以保证 $\dfrac{\ln \varepsilon}{\ln q} > 0$, 从而只要取 $N = \left[\dfrac{\ln \varepsilon}{\ln q} \right] + 1$ 即可. 因此证明如下:

对任意给定的 $0 < \varepsilon < 1$, 取 $N = \left[\dfrac{\ln \varepsilon}{\ln q} \right] + 1$. 则当 $n > N$ 时, 由于 $N \geqslant \dfrac{\ln \varepsilon}{\ln q}$ 而 $0 < q < 1$, 所以有

$$|q^n - 0| = q^n < q^N \leqslant q^{\frac{\ln \varepsilon}{\ln q}} = \varepsilon.$$

因此 $\lim\limits_{n\to\infty} q^n = 0$. □

例 4 设 $a > 0$ 且 $a \neq 1$. 证明: $\lim\limits_{n\to\infty} \sqrt[n]{a} = 1$.

证明 只给出 $a > 1$ 情形的证明; 对 $a < 1$ 的情形, 只需对 $a > 1$ 情形的证明稍作修改, 所以留给读者.

对任意 $\varepsilon > 0$, 为使 $|\sqrt[n]{a} - 1| = \sqrt[n]{a} - 1 < \varepsilon$, 只需 $\sqrt[n]{a} < 1 + \varepsilon$, 这只需 $\frac{1}{n}\ln a <$ $\ln(1 + \varepsilon)$, 它等价于 $n > \dfrac{\ln a}{\ln(1 + \varepsilon)}$. 故只要取 N 为任意一个不小于 $\dfrac{\ln a}{\ln(1 + \varepsilon)}$ 的正整数. 因此证明如下:

对任意给定的 $\varepsilon > 0$, 取 $N = \left[\dfrac{\ln a}{\ln(1 + \varepsilon)}\right] + 1$. 则当 $n > N$ 时, 由以上推导可知

$$|\sqrt[n]{a} - 1| = \sqrt[n]{a} - 1 < \varepsilon.$$

因此 $\lim\limits_{n \to \infty} \sqrt[n]{a} = 1$. 　　　　　　　　　　　　　　　　　　　　　　　　□

例 5　证明: $\lim\limits_{n \to \infty} \sqrt[n]{n} = 1$.

证明　对于这个数列, 要直接从不等式 $|\sqrt[n]{n} - 1| = \sqrt[n]{n} - 1 < \varepsilon$ 确定 n 的范围很困难. 下面采用**放大法**来解决这个问题, 即先把 $\sqrt[n]{n} - 1$ 适当放大得到一个比较简单的含 n 的表达式, 使得从放大了的表达式小于 ε 能够比较容易地确定 n 的范围.

当 $n \geqslant 2$ 时, 根据平均值不等式有

$$\sqrt[n]{n} = \sqrt[n]{\sqrt{n} \cdot \sqrt{n} \cdot 1} \leqslant \frac{\sqrt{n} + \sqrt{n} + (n - 2)}{n} < \frac{2\sqrt{n} + n}{n} = \frac{2}{\sqrt{n}} + 1,$$

从而 $\sqrt[n]{n} - 1 < \dfrac{2}{\sqrt{n}}$. 因此, 对任意给定的 $\varepsilon > 0$, 为使 $|\sqrt[n]{n} - 1| = \sqrt[n]{n} - 1 < \varepsilon$, 只需 $n \geqslant 2$ 且 $\dfrac{2}{\sqrt{n}} < \varepsilon$, 这只需 $n \geqslant 2$ 且 $n > \left(\dfrac{2}{\varepsilon}\right)^2$. 因此证明如下:

对任意给定的 $\varepsilon > 0$, 取 $N = \left[\left(\dfrac{2}{\varepsilon}\right)^2\right] + 1$. 则当 $n > N$ 时, 由以上推导可知

$$|\sqrt[n]{n} - 1| = \sqrt[n]{n} - 1 < \frac{2}{\sqrt{n}} < \frac{2}{\sqrt{N}} \leqslant \varepsilon.$$

因此 $\lim\limits_{n \to \infty} \sqrt[n]{n} = 1$. 　　　　　　　　　　　　　　　　　　　　　　　　□

例 6　设数列 $\{x_n\}$ 由以下递推公式给出:

$$x_1 = 1, \quad x_{n+1} = \frac{1}{2}\left(x_n + \frac{2}{x_n}\right), \quad n = 1, 2, \cdots.$$

证明: $\lim\limits_{n \to \infty} x_n = \sqrt{2}$.

证明　本题仍然采用放大法.

先证明当 $n \geqslant 2$ 时有 $x_n > \sqrt{2}$. 显然有 $x_2 = \dfrac{3}{2} > \sqrt{2}$. 假设已知 $x_n > \sqrt{2}$, 则有

$$x_{n+1} - \sqrt{2} = \frac{1}{2}\left(x_n + \frac{2}{x_n} - 2\sqrt{2}\right) = \frac{(x_n - \sqrt{2})^2}{2x_n} > 0,$$

从而 $x_{n+1} > \sqrt{2}$. 因此根据数学归纳法知 $x_n > \sqrt{2}, \forall n \geqslant 2$.

应用上述结论得到下列递推不等式:

$$x_{n+1} - \sqrt{2} = \frac{(x_n - \sqrt{2})^2}{2x_n} = \frac{1}{2}(x_n - \sqrt{2}) \cdot \left(1 - \frac{\sqrt{2}}{x_n}\right) < \frac{1}{2}(x_n - \sqrt{2}), \quad n = 2, 3, \cdots,$$

进而得到

$$x_n - \sqrt{2} < \left(\frac{1}{2}\right)^{n-2} (x_2 - \sqrt{2}) < \left(\frac{1}{2}\right)^{n-2}, \quad n = 3, 4, \cdots.$$

这样就把 $x_n - \sqrt{2}$ 放大到 $\left(\dfrac{1}{2}\right)^{n-2}$ (当 $n \geqslant 3$).

应用以上放大, $\lim\limits_{n \to \infty} x_n = \sqrt{2}$ 的证明如下:

对任意给定的 $0 < \varepsilon < 1$, 取 $N = 3 + \left[\dfrac{-\ln \varepsilon}{\ln 2}\right]$. 则当 $n > N$ 时, 由以上推导可知

$$|x_n - \sqrt{2}| = x_n - \sqrt{2} < \left(\frac{1}{2}\right)^{n-2} < \left(\frac{1}{2}\right)^{N-2} \leqslant \left(\frac{1}{2}\right)^{-\frac{\ln \varepsilon}{\ln 2}} = \varepsilon.$$

因此 $\lim\limits_{n \to \infty} x_n = \sqrt{2}$. □

放大法是应用极限定义证明数列极限的一个基本技巧. 其思想是如果从期望成立的不等式 $|x_n - a| < \varepsilon$ 不能直接确定 n 的范围, 可以尝试先把 $|x_n - a|$ 放大即建立一个不等式 $|x_n - a| \leqslant A_n$, 而其中的 A_n 有比较简单的表达式, 再从 $A_n < \varepsilon$ 确定 n 的范围, 于是对这样确定范围内的 n 便成立 $|x_n - a| \leqslant A_n < \varepsilon$, 即得到了所期望的不等式. 在使用这个技巧时需要注意, 一方面要把 $|x_n - a|$ 放大得使 A_n 的表达式比较简单以便能够从 $A_n < \varepsilon$ 容易地确定 n 的范围; 另一方面, 一定要保证 A_n 是一个在 $n \to \infty$ 时趋于零的量. 初学者往往容易在推导过程中忘记后面这一要求而把 $|x_n - a|$ 放得太大, 以致 A_n 不是一个趋于零的量, 这样从 $A_n < \varepsilon$ 确定的 n 的范围就不可用.

例 7 已知 $\lim\limits_{n \to \infty} x_n = a$. 考虑数列 $\{y_n\}$ 如下:

$$y_n = \frac{x_1 + x_2 + \cdots + x_n}{n}, \quad n = 1, 2, \cdots.$$

证明: $\lim\limits_{n \to \infty} y_n = a$.

证明 需要证明对任意给定的 $\varepsilon > 0$, 都存在相应的 N, 使当 $n > N$ 时, $|y_n - a| < \varepsilon$. 先写出

$$y_n - a = \frac{(x_1 - a) + (x_2 - a) + \cdots + (x_n - a)}{n}, \quad n = 1, 2, \cdots.$$

对这个表达式分子中的各项, 由于 $\lim\limits_{n \to \infty} (x_n - a) = 0$, 所以当 n 充分大时, 靠后面的项都可任意小, 而靠前面的项则不会很小. 这时需要利用分母上的 n 能够充分大这一事实来达到整个分式的值能够任意小. 因此证明如下:

对任意给定的 $\varepsilon > 0$, 由 $\lim\limits_{n \to \infty} x_n = a$ 知存在正整数 N, 使当 $n > N$ 时, $|x_n - a| <$

$\dfrac{\varepsilon}{2}$, 从而当 $n > N$ 时,

$$|y_n - a| \leqslant \frac{|x_1 - a| + |x_2 - a| + \cdots + |x_N - a| + |x_{N+1} - a| + \cdots + |x_n - a|}{n}$$

$$< \frac{|x_1 - a| + |x_2 - a| + \cdots + |x_N - a| + (n - N) \cdot \dfrac{\varepsilon}{2}}{n}.$$

以上这个不等式是对所有的 $n > N$ 都成立的. 取定 N 之后, 由于

$$\lim_{n \to \infty} \frac{|x_1 - a| + |x_2 - a| + \cdots + |x_N - a|}{n} = 0,$$

所以又存在正整数 $N' > N$, 使当 $n > N'$ 时,

$$\frac{|x_1 - a| + |x_2 - a| + \cdots + |x_N - a|}{n} < \frac{\varepsilon}{2}.$$

这样当 $n > N'$ 时就有

$$|y_n - a| < \frac{|x_1 - a| + |x_2 - a| + \cdots + |x_N - a|}{n} + \left(1 - \frac{N}{n}\right) \cdot \frac{\varepsilon}{2} < \frac{\varepsilon}{2} + \frac{\varepsilon}{2} = \varepsilon.$$

所以 $\lim\limits_{n \to \infty} y_n = a$. □

以上这个例子采用的方法称为**分步取 N 法**, 它的思想是给定 $\varepsilon > 0$ 之后, 如果不能一次就取到合适的 N, 则可考虑先选取一个并非最终要取的 N, 以分析数列中所有那些满足 $n > N$ 的项的结构, 在此基础上找出一个新的比 N 更大的正整数 N', 使得当 $n > N'$ 时所要求的不等式能够成立. 在有些复杂的问题中, 可能需要做更多步的分析, 即对满足 $n > N$ 的项的结构的分析可能仍然不能一次就取到所需要的 N', 而需要在限定 $n > N'$ 的基础上继续分析以找出 N'' 等, 最终找到的 N 是经过多步获得的. 分步取 N 法是运用极限定义证明数列极限的一个常用方法, 希望读者给予足够的重视.

2.1.4 用逻辑语言表述极限定义

在有些理论问题的推导中, 需要用到数列不收敛于某个数或不收敛的数学表述. 为了得到这样的表述, 就必须把数列极限定义中的条件加以否定. 这并不是一件困难的事. 但是如果采用逻辑学的语言来表述数列极限定义中的条件, 那么其否定形式就很容易写出, 而且这种表述更加明晰清楚. 以后还将多次碰到类似的情况. 因此, 下面讨论数列极限定义中的条件如何用逻辑学的语言来表述.

先介绍另外一个逻辑学符号 $\exists$, 称为**存在量词**. 与全称量词符号 $\forall$ 一样, 这个符号不能单独使用, 而必须和一个集合中元素的变元符号及其所取范围的数学表述合起来使用, 其意义是指存在跟在它后面的那些元素中的某一个. 例如, "$\exists a \in \mathbf{R}$" 是指 "存在一个实数 a" 或 "对某个实数 a"; "$\exists \varepsilon_0 > 0$" 是指 "存在一个正数 ε_0" 或 "对某个正数 ε_0" 等. "$\exists N \in \mathbf{N}$" 是指 "存在一个正整数 N". 与符号 $\forall$ 类似, 即使是像 "$\exists x \in \mathbf{R}$" 这样的表述, 也没有完整的意义, 它必须和一个与跟在符号 $\exists$ 后面的变元相关的命题结

合使用. 例如, "$\exists a, b \in \mathbf{R}, a \neq b$" 才是一个完整的命题, 其意思是指 "存在两个实数 a 和 b, 它们不相等"(意指实数集合 $\mathbf{R}$ 含有不止一个元素). 再如 "$\exists x \in \mathbf{R}$, 使 $x \notin \mathbf{Q}$" 意思是指 "存在不是有理数的实数" 或 "某些实数不是有理数" 等.

只含有 $\exists$ 的命题显然只能是一些很简单的存在性命题. 如果把 $\forall$ 和 $\exists$ 结合起来使用, 就会形成各种各样的命题, 其中可以包括一些很复杂的命题. 例如命题

$$\forall x > 0, \ \exists n \in \mathbf{N}, \ \text{使} \ n > x, \tag{2.1.3}$$

意思是对任意正实数 x, 都存在相应的正整数 n 大于 x (阿基米德原理). 命题

$$\forall a \in \mathbf{R} \backslash \{0\}, \ \forall b \in \mathbf{R}, \ \exists x \in \mathbf{R}, \ \text{使} \ ax + b = 0, \tag{2.1.4}$$

意思是对任意非零实数 a 和任意实数 b, 方程 $ax + b = 0$ 都有实数解. 又如

$$\exists x \in \mathbf{R}, \ \forall y \in \mathbf{R}, \ \text{有} \ |y| \geqslant |x|,$$

意思是存在一个实数 x, 其绝对值最小. 再如当 A 是一个非空实数集合时, 命题

$$\exists x \in A, \ \forall y \in A, \ \text{有} \ y \leqslant x$$

意思是集合 A 中有最大数.

必须**特别强调**的是在命题的表述中, 全称量词 $\forall$ 和存在量词 $\exists$ 的前后位置不能随意交换. 从一个命题中交换这两个量词的前后位置将会得到另外一个意思完全不同的命题. 例如, 对前面的命题 (2.1.3), 如果交换两个量词的前后位置, 就得到了完全不同的另外一个命题:

$$\exists n \in \mathbf{N}, \ \forall x > 0, \ \text{有} \ n > x.$$

这个命题的意思是: 存在一个正整数, 它大于所有的正实数. 这显然是一个错误的命题. 因此, 读者在使用这两个逻辑符号时, 要注意正确地排列它们的前后位置.

与全称量词 $\forall$ 和存在量词 $\exists$ 不能随意互换位置不同, 任意两个全称量词 $\forall$, 只要它们之间没有出现存在量词 $\exists$, 便可交换它们的位置. 同样任意两个存在量词 $\exists$, 只要它们之间没有出现全称量词 $\forall$, 也可交换它们的位置. 例如, 命题 (2.1.4) 和

$$\forall b \in \mathbf{R}, \ \forall a \in \mathbf{R} \backslash \{0\}, \ \exists x \in \mathbf{R}, \ \text{使} \ ax + b = 0$$

表述的是同样的命题. 再如, 以下三个不同的写法表述的是相同的命题:

$$\exists x \in \mathbf{R}, \ \exists y \in \mathbf{R}, \ \exists z \in \mathbf{R}, \ \text{使} \ x + y \geqslant xz;$$
$$\exists y \in \mathbf{R}, \ \exists x \in \mathbf{R}, \ \exists z \in \mathbf{R}, \ \text{使} \ x + y \geqslant xz;$$
$$\exists z \in \mathbf{R}, \ \exists y \in \mathbf{R}, \ \exists x \in \mathbf{R}, \ \text{使} \ x + y \geqslant xz.$$

现在应用符号 $\forall$ 和 $\exists$ 把极限 $\lim\limits_{n \to \infty} x_n = a$ 的定义中, "对任意给定的 $\varepsilon > 0$, 存在相应的正整数 N, 使对所有满足 $n > N$ 的项都成立 $|x_n - a| < \varepsilon$" 这个条件用逻辑语言表述出来, 即为

$$\forall \varepsilon > 0, \ \exists N \in \mathbf{N}, \ \forall n > N, \ \text{有} \ |x_n - a| < \varepsilon. \tag{2.1.5}$$

例 8　证明命题 (2.1.5) 与以下几个表述互相等价:

$$\forall \varepsilon > 0, \ \exists N \in \mathbf{N}, \ \forall n > N, \ \text{有} \ |x_n - a| \leqslant \varepsilon; \tag{2.1.6}$$

$$\forall \varepsilon > 0, \ \exists N \in \mathbf{N}, \ \forall n \geqslant N, \ \text{有} \ |x_n - a| \leqslant \varepsilon; \tag{2.1.7}$$

$$\exists C > 0, \ \forall \varepsilon > 0, \ \exists N \in \mathbf{N}, \ \forall n \geqslant N, \ \text{有} \ |x_n - a| \leqslant C\varepsilon. \tag{2.1.8}$$

证明　显然有

$$(2.1.5) \Rightarrow (2.1.6), \qquad (2.1.7) \Rightarrow (2.1.8).$$

所以只需再证明 (2.1.6) $\Rightarrow$ (2.1.7) 和 (2.1.8) $\Rightarrow$ (2.1.5).

(2.1.6) $\Rightarrow$ (2.1.7) 的证明: 当一个数列 $\{x_n\}$ 满足条件 (2.1.6) 时, 对 $\forall \varepsilon > 0$, 令 $N' = N + 1$, 其中 N 为条件 (2.1.6) 所保证了的正整数, 则对 $\forall n \geqslant N'$, 因为这样的 n 必满足 $n > N$, 所以就有 $|x_n - a| \leqslant \varepsilon$. 这就得到了命题 (2.1.7). 因此 (2.1.6)$\Rightarrow$(2.1.7).

(2.1.8) $\Rightarrow$ (2.1.5) 的证明: 当命题 (2.1.8) 成立时, 为了得到命题 (2.1.5), 对 $\forall \varepsilon > 0$, 令 $\varepsilon' = (C + 1)^{-1}\varepsilon$, 则 $\varepsilon' > 0$, 因此 $\exists N \in \mathbf{N}$, 使对 $\forall n \geqslant N$ 有 $|x_n - a| \leqslant C\varepsilon'$. 而 $C\varepsilon' = C(C + 1)^{-1}\varepsilon < \varepsilon$, 且满足条件 $n > N$ 的 n 当然也满足 $n \geqslant N$, 所以即知 $\forall n > N$ 都有 $|x_n - a| < \varepsilon$. 因此 (2.1.8))$\Rightarrow$(2.1.5).　　　$\square$

在逻辑学中, 当 P 表示一个命题时, $\rceil P$ 表示这个命题的否定命题, 读作 "非 P". 如当 P 表示命题 "西安曾经是中国的都城" 时, $\rceil P$ 则是命题 "西安从来都不是中国的都城". 用 $P(x)$ 表示一个与 x 有关的命题即命题函数, 其中 x 代表某个集合中的变元. 则 "$\forall x \in A$, 成立 $P(x)$" 的意思是 "对集合 A 中的所有元素 x 命题 $P(x)$ 都成立", 而 "$\exists x \in A$, 成立 $P(x)$" 的意思是 "集合 A 中至少有一个元素 x 使命题 $P(x)$ 成立". 由于命题 "对集合 A 中的所有元素 x 命题 $P(x)$ 都成立" 的否定命题是 "集合 A 中至少有一个元素 x 使命题 $P(x)$ 不成立", 而 $P(x)$ 不成立等价于 $\rceil P(x)$ 成立, 所以有

$$\rceil(\forall x \in A, \ \text{成立} \ P(x)) = \exists x \in A, \ \text{成立} \ \rceil P(x).$$

类似地, 由于命题 "集合 A 中至少有一个元素 x 使命题 $P(x)$ 成立" 的否定命题是 "对集合 A 中的所有元素 x 命题 $P(x)$ 都不成立", 即 "对集合 A 中的所有元素 x 命题 $\rceil P(x)$ 都成立", 所以还有

$$\rceil(\exists x \in A, \ \text{成立} \ P(x)) = \forall x \in A, \ \text{成立} \ \rceil P(x).$$

因此, 当需要对一个含有量词 $\forall$ 和 $\exists$ 的命题进行否定时, 只需把 $\forall$ 换为 $\exists$, 把 $\exists$ 换为 $\forall$, 并把跟在它们后面的命题进行否定即可. 例如, 命题

$$\forall x \in \mathbf{R}, \ \text{有} \ x \in \mathbf{Q}$$

(所有的实数都是有理数) 的否定命题是

$$\exists x \in \mathbf{R}, \ \text{有} \ x \notin \mathbf{Q}$$

(有些实数不是有理数). 又如, 命题

$$\exists x \in \mathbf{R}, \ \forall y \in \mathbf{R}, \ \text{有} \ x \geqslant y$$

(存在一个最大的实数) 的否定命题是

$$\forall x \in \mathbf{R}, \ \exists y \in \mathbf{R}, \ \text{使} \ x < y$$

(每个实数都有比它更大的实数).

数列 $\{x_n\}$ 不以 a 为极限就是条件 (2.1.5) 不成立, 即命题 (2.1.5) 的否定成立. 按照上面所述, 命题 (2.1.5) 的否定是

$$\exists \varepsilon > 0, \ \forall N \in \mathbf{N}, \ \exists n > N, \ \text{使} \ |x_n - a| \geqslant \varepsilon. \tag{2.1.9}$$

这就是数列 $\{x_n\}$ 不收敛于 a 的条件, 它的意思是至少有一个正数 ε, 使对任意正整数 N, 无论它多么大, 都有数列 $\{x_n\}$ 中排在第 N 项后面的某一项 x_n, 该项与 a 的距离不小于 ε.

例 9 证明数列 $\{(-1)^n\}$ 发散.

证明 需证明数列 $\{(-1)^n\}$ 不以任何实数为极限. 事实上, 对任意实数 a, 如果 $a = 1$, 则取 $\varepsilon = 1$, 并对任意正整数 N, 取 $n = 2N + 1$, 便有 $n > N$, 且 $|(-1)^n - a| = |(-1) - 1| = 2 > \varepsilon$, 说明 $\{(-1)^n\}$ 不以 $a = 1$ 为极限; 而如果 $a \neq 1$, 则取 $\varepsilon = |a - 1|$, 有 $\varepsilon > 0$, 再对任意正整数 N, 取 $n = 2N$, 便有 $n > N$, 且 $|(-1)^n - a| = |1 - a| = \varepsilon$, 说明 $\{(-1)^n\}$ 也不以 a 为极限. 这就证明了: 数列 $\{(-1)^n\}$ 不以任何实数为极限, 所以它是发散数列. □

习 题 2.1

1. 应用数列极限的 ε-N 定义证明:

$$\lim_{n \to \infty} \frac{n}{2n - 1} = \frac{1}{2}.$$

并对 $\varepsilon = 0.1, \ 0.01, \ 0.001, \ 0.0001$, 写出使定义条件成立的 N 的具体数值.

2. 根据数列极限的 ε-N 定义证明以下极限:

(1) $\displaystyle\lim_{n \to \infty} \frac{2\sqrt{n} - 1}{3\sqrt{n} + 1} = \frac{2}{3}$;

(2) $\displaystyle\lim_{n \to \infty} \frac{4n + (-1)^n \sqrt{n}}{5n + 2} = \frac{4}{5}$;

(3) $\displaystyle\lim_{n \to \infty} \frac{2^n}{n!} = 0$;

(4) $\displaystyle\lim_{n \to \infty} \frac{n!}{n^n} = 0$;

(5) $\displaystyle\lim_{n \to \infty} \frac{n}{a^n} = 0 \ (a > 1)$;

(6) $\displaystyle\lim_{n \to \infty} n^2 q^n = 0 \ (0 < q < 1)$.

3. 下面关于 $\displaystyle\lim_{n \to \infty} \frac{n^2}{2^n} = 0$ 的证明是否正确:

$\forall \varepsilon > 0$, 为使 $\dfrac{n^2}{2^n} < \varepsilon$, 只要 $n^2 < 2^n \varepsilon$. 取对数得 $2\ln n < n \ln 2 + \ln \varepsilon$. 因为 $\ln n \geqslant 0$, 故从

$$2\ln n < n \ln 2 + \ln \varepsilon \ \text{推得} \ 0 < n \ln 2 + \ln \varepsilon, \ \text{解得} \ n > -\frac{\ln \varepsilon}{\ln 2} = \frac{\ln \frac{1}{\varepsilon}}{\ln 2}. \ \text{所以令} \ N = \left[\frac{\ln \frac{1}{\varepsilon}}{\ln 2} \right] + 1$$

(不妨设 $0 < \varepsilon < 1$ 以便 $N \geqslant 1$). 则当 $n > N$ 时就有 $\dfrac{n^2}{2^n} < \varepsilon$, 所以 $\displaystyle\lim_{n \to \infty} \frac{n^2}{2^n} = 0$.

4. 设 $x_n \leqslant a \leqslant y_n$, $n = 1, 2, \cdots$, 且 $\lim\limits_{n\to\infty} (y_n - x_n) = 0$. 证明: $\lim\limits_{n\to\infty} x_n = \lim\limits_{n\to\infty} y_n = a$.

5. 设存在常数 $0 < \lambda < 1$ 使得 $|x_{n+1}| \leqslant \lambda |x_n|$, $n = 1, 2, \cdots$, 证明: $\lim\limits_{n\to\infty} x_n = 0$.

6. 已知 $\lim\limits_{n\to\infty} x_n = a$, 证明:

(1) $\lim\limits_{n\to\infty} |x_n| = |a|$;

(2) $\lim\limits_{n\to\infty} \sqrt{x_n} = \sqrt{a}$ (假定 $a \geqslant 0$, $x_n \geqslant 0$, $n = 1, 2, \cdots$).

7. 证明: $\lim\limits_{n\to\infty} x_n = a$ 的充要条件是 $\lim\limits_{n\to\infty} x_{2n} = a$ 且 $\lim\limits_{n\to\infty} x_{2n-1} = a$.

8. 已知 $|b| < a$, 证明: $\lim\limits_{n\to\infty} \sqrt[n]{a^n + b^n} = a$.

9. 已知 $\lim\limits_{n\to\infty} x_n = a$, 证明: $\lim\limits_{n\to\infty} \dfrac{[nx_n]}{n} = a$.

10. 已知 $x_n \neq 0$, $n = 1, 2, \cdots$, 且 $\lim\limits_{n\to\infty} \left| \dfrac{x_{n+1}}{x_n} \right| = l < 1$, 证明: $\lim\limits_{n\to\infty} x_n = 0$.

11. 已知 $\lim\limits_{n\to\infty} |x_n| = l < 1$, 证明: $\lim\limits_{n\to\infty} x_n^n = 0$.

12. 已知 $\lim\limits_{n\to\infty} x_n = a$, 证明: $\lim\limits_{n\to\infty} \dfrac{x_1 + 2x_2 + \cdots + nx_n}{1 + 2 + \cdots + n} = a$.

13. 已知 $\lim\limits_{n\to\infty} (x_{n+1} - x_n) = a$, 证明: $\lim\limits_{n\to\infty} \dfrac{x_n}{n} = a$.

14. 用通俗易懂的语言描述满足下列各个条件的数列:

(1) $\exists N \in \mathbf{N}$, $\forall \varepsilon > 0$, $\forall n > N$, 有 $|x_n - a| < \varepsilon$;

(2) $\forall \varepsilon > 0$, $\exists N \in \mathbf{N}$, $\exists n > N$, 使 $|x_n - a| < \varepsilon$;

(3) $\forall \varepsilon > 0$, $\forall N \in \mathbf{N}$, $\forall n > N$, 有 $|x_n - a| < \varepsilon$;

(4) $\forall \varepsilon > 0$, $\forall N \in \mathbf{N}$, $\exists n > N$, 使 $|x_n - a| < \varepsilon$.

15. (1) 用逻辑语言写出实数 a 是非空有上界的实数集合 S 的上确界的条件;

(2) 用逻辑语言写出数列 $\{x_n\}$ 不收敛 (即没有极限) 的条件;

(3) 写出第 14 题各个条件的否定条件, 并用通俗易懂的语言描述满足这样条件的数列.

16. 证明下列数列 $\{x_n\}$ 没有极限:

(1) $x_n = (-1)^{1+2+\cdots+n}$;

(2) $x_n = a + (-1)^n b$, 这里 a, b 都是实数且 $b \neq 0$;

(3) $x_n = q^n$, 这里 q 是实数且 $|q| > 1$;

(4) $x_n = 1 + \dfrac{1}{\sqrt{2}} + \dfrac{1}{\sqrt{3}} + \cdots + \dfrac{1}{\sqrt{n}}$.

2.2　数列极限的性质

本节讨论数列极限的性质和运算规则.

定理 2.2.1 (极限的唯一性)　如果数列 $\{x_n\}$ 有极限, 则其极限唯一.

证明 (反证法)　设 $\lim\limits_{n\to\infty} x_n = a$, $\lim\limits_{n\to\infty} x_n = b$ 且 $a \neq b$. 不妨设 $a < b$. 令 $\varepsilon = \dfrac{b-a}{2}$. 则 $\varepsilon > 0$. 于是根据极限的定义, 由 $\lim\limits_{n\to\infty} x_n = a$ 推知存在正整数 N_1, 使当

$n > N_1$ 时, $|x_n - a| < \dfrac{b-a}{2}$, 进而当 $n > N_1$ 时,

$$x_n = a + (x_n - a) \leqslant a + |x_n - a| < a + \frac{b-a}{2} = \frac{a+b}{2}.$$

同样, 由 $\lim\limits_{n\to\infty} x_n = b$ 推知存在正整数 N_2, 使当 $n > N_2$ 时, $|x_n - b| < \dfrac{b-a}{2}$, 进而当 $n > N_2$ 时,

$$x_n = b + (x_n - b) \geqslant b - |x_n - b| > b - \frac{b-a}{2} = \frac{a+b}{2}.$$

令 $N = \max\{N_1, N_2\}$. 则当 $n > N$ 时, 既有 $x_n < \dfrac{a+b}{2}$, 又有 $x_n > \dfrac{a+b}{2}$. 这是个矛盾. 因此 $\{x_n\}$ 只能有唯一的极限. □

定义 2.2.1 对于一个数列 $\{x_n\}$, 如果存在实数 A 使成立

$$x_n \geqslant A, \quad n = 1, 2, \cdots,$$

则称它有**下界**, 并称实数 A 为它的一个**下界**; 如果存在实数 B 使成立

$$x_n \leqslant B, \quad n = 1, 2, \cdots,$$

则称它有**上界**, 并称实数 B 为它的一个**上界**. 如果数列 $\{x_n\}$ 即有下界又有上界, 则称它**有界**, 也称它为**有界数列**.

容易看出, 数列 $\{x_n\}$ 有界的充要条件是存在实数 M 使成立

$$|x_n| \leqslant M, \quad n = 1, 2, \cdots.$$

定理 2.2.2 (有界性) 如果数列 $\{x_n\}$ 有极限, 则它必有界.

证明 设 $\lim\limits_{n\to\infty} x_n = a$. 则根据极限的定义, 对 $\varepsilon = 1$ 存在相应的正整数 N, 使当 $n > N$ 时, $|x_n - a| < 1$. 因此

$$|x_n| = |(x_n - a) + a| \leqslant |x_n - a| + |a| < 1 + |a|, \quad n = N+1, N+2, \cdots.$$

令 $M = \max\{|x_1|, |x_2|, \cdots, |x_N|, 1 + |a|\}$. 则易见

$$|x_n| \leqslant M, \quad n = 1, 2, \cdots.$$

所以 $\{x_n\}$ 是有界数列. □

推论 2.2.1 如果数列 $\{x_n\}$ 无界, 则它没有极限.

定理 2.2.3 (定号性) 设 $\lim\limits_{n\to\infty} x_n = a$, 且 $a \neq 0$. 则有下列结论:

(1) 如果 $a > 0$, 那么存在正整数 N, 使当 $n > N$ 时有 $x_n > \dfrac{a}{2} > 0$;

(2) 如果 $a < 0$, 那么存在正整数 N, 使当 $n > N$ 时有 $x_n < \dfrac{a}{2} < 0$.

总之, 如果 $a \neq 0$, 那么存在正整数 N, 数列 $\{x_n\}$ 从第 N 项之后的各项都有相同的符号且与零保持正的距离: $|x_n| > \dfrac{|a|}{2} > 0$ (当 $n > N$).

证明　只证明结论 (1). 结论 (2) 的证明类似, 所以留给读者.

由于 $a > 0$, 所以由 $\lim\limits_{n\to\infty} x_n = a$ 知存在正整数 N, 使当 $n > N$ 时有 $|x_n - a| < \dfrac{a}{2}$ $\left(\text{取 } \varepsilon = \dfrac{a}{2}\right)$. 由此推知当 $n > N$ 时,

$$x_n = a + (x_n - a) \geqslant a - |x_n - a| > a - \frac{a}{2} = \frac{a}{2}.$$

这就证明了结论 (1). □

定理 2.2.4 (极限的四则运算)　设 $\lim\limits_{n\to\infty} x_n = a$, $\lim\limits_{n\to\infty} y_n = b$. 则有

(1) $\lim\limits_{n\to\infty} (x_n \pm y_n) = a \pm b$;

(2) $\lim\limits_{n\to\infty} (x_n y_n) = ab$;

(3) $\lim\limits_{n\to\infty} \dfrac{x_n}{y_n} = \dfrac{a}{b}$ (当 $b \neq 0$).

这个定理表明两个数列的和、差、积和商的极限分别对应地等于它们的极限的和、差、积和商, 也可写成

$$\lim_{n\to\infty} (x_n \pm y_n) = \lim_{n\to\infty} x_n \pm \lim_{n\to\infty} y_n,$$

$$\lim_{n\to\infty} (x_n y_n) = \lim_{n\to\infty} x_n \cdot \lim_{n\to\infty} y_n,$$

$$\lim_{n\to\infty} \frac{x_n}{y_n} = \frac{\lim\limits_{n\to\infty} x_n}{\lim\limits_{n\to\infty} y_n}.$$

但是需要注意, 这些等式的意思是如果右端的极限存在, 那么相应的左端的极限也存在, 且等式成立. 从这些等式可知, 极限运算和四则运算可以交换次序.

证明　(1) 对任意给定的 $\varepsilon > 0$, 由 $\lim\limits_{n\to\infty} x_n = a$ 知存在正整数 N_1, 使当 $n > N_1$ 时有

$$|x_n - a| < \frac{\varepsilon}{2}.$$

同样, 由 $\lim\limits_{n\to\infty} y_n = b$ 知存在正整数 N_2, 使当 $n > N_2$ 时有

$$|y_n - b| < \frac{\varepsilon}{2}.$$

令 $N = \max\{N_1, N_2\}$. 则当 $n > N$ 时, 以上两个不等式同时成立, 从而,

$$|(x_n \pm y_n) - (a \pm b)| = |(x_n - a) \pm (y_n - b)| \leqslant |x_n - a| + |y_n - b| < \frac{\varepsilon}{2} + \frac{\varepsilon}{2} = \varepsilon.$$

所以 $\lim\limits_{n\to\infty} (x_n \pm y_n) = a \pm b$.

(2) 先计算

$$|x_n y_n - ab| = |(x_n - a)y_n + a(y_n - b)| \leqslant |x_n - a||y_n| + |a||y_n - b|.$$

由数列 $\{y_n\}$ 有极限知它是有界数列, 因此, 存在 $M > 0$ 使对所有 $n \in \mathbf{N}$ 都有

$|y_n| \leqslant M$. 这样由上面的不等式得到

$$|x_n y_n - ab| \leqslant M|x_n - a| + |a||y_n - b|, \quad \forall n \in \mathbf{N}.$$

对任意给定的 $\varepsilon > 0$, 由 $\lim\limits_{n \to \infty} x_n = a$ 知存在正整数 N_1, 使当 $n > N_1$ 时,

$$|x_n - a| < \frac{\varepsilon}{2M}.$$

又由 $\lim\limits_{n \to \infty} y_n = b$ 知存在正整数 N_2, 使当 $n > N_2$ 时,

$$|y_n - b| < \frac{\varepsilon}{2|a| + 1}.$$

令 $N = \max\{N_1, N_2\}$. 则当 $n > N$ 时, 以上两个不等式同时成立, 从而

$$|x_n y_n - ab| \leqslant M|x_n - a| + |a||y_n - b| < M \cdot \frac{\varepsilon}{2M} + |a| \cdot \frac{\varepsilon}{2|a| + 1} \leqslant \frac{\varepsilon}{2} + \frac{\varepsilon}{2} = \varepsilon.$$

所以 $\lim\limits_{n \to \infty} (x_n y_n) = ab$.

(3) 先计算

$$\left| \frac{x_n}{y_n} - \frac{a}{b} \right| = \left| \frac{bx_n - ay_n}{by_n} \right| = \frac{|b(x_n - a) - a(y_n - b)|}{|b||y_n|} \leqslant \frac{|b||x_n - a| + |a||y_n - b|}{|b||y_n|}.$$

由于 $\lim\limits_{n \to \infty} y_n = b \neq 0$, 所以存在正整数 N_1, 使当 $n > N_1$ 时有 $|y_n| \geqslant \dfrac{|b|}{2}$. 这样当 $n > N_1$ 时就有

$$\left| \frac{x_n}{y_n} - \frac{a}{b} \right| \leqslant \frac{|b||x_n - a| + |a||y_n - b|}{\frac{1}{2}|b|^2} = \frac{2}{|b|}|x_n - a| + \frac{2|a|}{|b|^2}|y_n - b|.$$

对任意给定的 $\varepsilon > 0$, 由 $\lim\limits_{n \to \infty} x_n = a$ 知存在正整数 N_2, 使当 $n > N_2$ 时,

$$|x_n - a| < \frac{|b|\varepsilon}{4}.$$

又由 $\lim\limits_{n \to \infty} y_n = b$ 知存在正整数 N_3, 使当 $n > N_3$ 时,

$$|y_n - b| < \frac{|b|^2 \varepsilon}{4|a| + 1}.$$

令 $N = \max\{N_1, N_2, N_3\}$. 则当 $n > N$ 时就有

$$\left| \frac{x_n}{y_n} - \frac{a}{b} \right| \leqslant \frac{2}{|b|}|x_n - a| + \frac{2|a|}{|b|^2}|y_n - b| < \frac{2}{|b|} \cdot \frac{|b|\varepsilon}{4} + \frac{2|a|}{|b|^2} \cdot \frac{|b|^2 \varepsilon}{4|a| + 1} \leqslant \frac{\varepsilon}{2} + \frac{\varepsilon}{2} = \varepsilon.$$

所以 $\lim\limits_{n \to \infty} \dfrac{x_n}{y_n} = \dfrac{a}{b}$. $\qquad\qquad$ $\square$

推论 2.2.2 设 $\lim\limits_{n \to \infty} x_n = a$. 则对任意常数 c 成立

$$\lim_{n \to \infty} (cx_n) = ca.$$

证明 令 $y_n = c, n = 1, 2, \cdots$. 则 $\lim\limits_{n \to \infty} y_n = c$. 所以应用定理 2.2.4 结论 (2) 即得结论. $\square$

例 1 求极限 $\lim\limits_{n \to \infty} \dfrac{2n^3 + 3n^2 - 4n + 5}{3n^3 - 2}$.

解 由极限的四则运算有

$$\lim_{n \to \infty} \frac{2n^3 + 3n^2 - 4n + 5}{3n^3 - 2} = \lim_{n \to \infty} \frac{2 + 3n^{-1} - 4n^{-2} + 5n^{-3}}{3 - 2n^{-3}}$$

$$= \frac{\lim\limits_{n \to \infty} 2 + \lim\limits_{n \to \infty} (3n^{-1}) - \lim\limits_{n \to \infty} (4n^{-2}) + \lim\limits_{n \to \infty} (5n^{-3})}{\lim\limits_{n \to \infty} 3 - \lim\limits_{n \to \infty} (2n^{-3})}$$

$$= \frac{2 + 3 \cdot 0 - 4 \cdot 0 + 5 \cdot 0}{3 - 2 \cdot 0} = \frac{2}{3}.$$

定理 2.2.5 (极限的保序性) 设 $\lim\limits_{n \to \infty} x_n = a$, $\lim\limits_{n \to \infty} y_n = b$, 且从某项 n_0 之后即对所有的 $n > n_0$ 都有 $x_n \leqslant y_n$. 则 $a \leqslant b$.

这个定理也可写成

$$x_n \leqslant y_n, \forall n > n_0 \Rightarrow \lim_{n \to \infty} x_n \leqslant \lim_{n \to \infty} y_n.$$

即在非严格不等式中可以取极限. 注意由严格的不等式 $x_n < y_n$ 并不能推出严格的不等式 $\lim\limits_{n \to \infty} x_n < \lim\limits_{n \to \infty} y_n$, 而只能推出非严格不等式 $\lim\limits_{n \to \infty} x_n \leqslant \lim\limits_{n \to \infty} y_n$. 如 $\dfrac{1}{n} > -\dfrac{1}{n}$, $n = 1, 2, \cdots$, 但 $\lim\limits_{n \to \infty} \dfrac{1}{n} = 0 = \lim\limits_{n \to \infty} \left(-\dfrac{1}{n} \right)$.

证明 (反证法) 假设 $a > b$. 令 $\varepsilon = \dfrac{a - b}{2}$. 则 $\varepsilon > 0$. 于是根据极限的定义, 由 $\lim\limits_{n \to \infty} x_n = a$ 推知存在正整数 N_1, 使当 $n > N_1$ 时, $|x_n - a| < \dfrac{a - b}{2}$, 进而当 $n > N_1$ 时,

$$x_n = a + (x_n - a) \geqslant a - |x_n - a| > a - \frac{a - b}{2} = \frac{a + b}{2};$$

而由 $\lim\limits_{n \to \infty} y_n = b$ 推知存在正整数 N_2, 使当 $n > N_2$ 时, $|y_n - b| < \dfrac{a - b}{2}$, 进而当 $n > N_2$ 时,

$$y_n = b + (y_n - b) \leqslant b + |y_n - b| < b + \frac{a - b}{2} = \frac{a + b}{2}.$$

令 $N = \max\{n_0, N_1, N_2\}$. 则当 $n > N$ 时, 一方面, 由所设条件有 $x_n \leqslant y_n$; 另一方面, 关于 x_n 和 y_n 的以上两个估计都成立. 从而

$$x_n > \frac{a + b}{2} > y_n.$$

矛盾, 说明假设错误. 因此 $a \leqslant b$.

定理 2.2.6 (两边夹法则) 设三个数列 $\{x_n\}$, $\{y_n\}$ 和 $\{z_n\}$ 满足下列关系

$$x_n \leqslant y_n \leqslant z_n, \quad \forall n \in \mathbf{N},$$

且 $\lim_{n \to \infty} x_n = \lim_{n \to \infty} z_n = a$, 则 $\lim_{n \to \infty} y_n = a$.

证明 对任意给定的 $\varepsilon > 0$, 由 $\lim_{n \to \infty} x_n = a$ 知存在正整数 N_1, 使当 $n > N_1$ 时 $|x_n - a| < \varepsilon$. 由此特别得到

$$x_n > a - \varepsilon, \quad \forall n > N_1.$$

又由 $\lim_{n \to \infty} z_n = a$ 知存在正整数 N_2, 使当 $n > N_2$ 时 $|z_n - a| < \varepsilon$. 由此特别得到

$$z_n < a + \varepsilon, \quad \forall n > N_2.$$

令 $N = \max\{N_1, N_2\}$. 则当 $n > N$ 时, 以上两个不等式都成立, 从而

$$a - \varepsilon < x_n \leqslant y_n \leqslant z_n < a + \varepsilon.$$

可知当 $n > N$ 时, $|y_n - a| < \varepsilon$. 所以 $\lim_{n \to \infty} y_n = a$.

推论 2.2.3 设 $\lim_{n \to \infty} x_n = 0$, 而 $\{y_n\}$ 是有界数列: $|y_n| \leqslant M$, $\forall n \in \mathbf{N}$. 则 $\lim_{n \to \infty} (x_n y_n) = 0$.

证明 由 $|y_n| \leqslant M$ 推得 $|x_n y_n| \leqslant M|x_n|$, $\forall n \in \mathbf{N}$, 即

$$-M|x_n| \leqslant x_n y_n \leqslant M|x_n|, \quad \forall n \in \mathbf{N}.$$

而由 $\lim_{n \to \infty} x_n = 0$ 可知 $\lim_{n \to \infty} (-M|x_n|) = \lim_{n \to \infty} (M|x_n|) = 0$, 所以由两边夹法则即知 $\lim_{n \to \infty} (x_n y_n) = 0$.

例 2 设 $0 < \theta < 1$. 求 $\lim_{n \to \infty} [(n+1)^{\theta} - n^{\theta}]$.

解 因 $\theta < 1$ 且 $1 + \dfrac{1}{n} > 1$, 有 $\left(1 + \dfrac{1}{n}\right)^{\theta} < 1 + \dfrac{1}{n}$, 所以

$$0 < (n+1)^{\theta} - n^{\theta} = n^{\theta}\left[\left(1 + \frac{1}{n}\right)^{\theta} - 1\right] < n^{\theta}\left[\left(1 + \frac{1}{n}\right) - 1\right] = \frac{1}{n^{1-\theta}}.$$

又由 $\theta < 1$ 可知 $\lim_{n \to \infty} \dfrac{1}{n^{1-\theta}} = 0$, 所以由两边夹法则即知

$$\lim_{n \to \infty} [(n+1)^{\theta} - n^{\theta}] = 0.$$

例 3 偶数 $2n$ 和奇数 $2n - 1$ 的双阶乘 $(2n)!!$ 和 $(2n-1)!!$ 分别定义为

$$(2n)!! = 2 \cdot 4 \cdot 6 \cdot \cdots \cdot (2n), \quad (2n-1)!! = 1 \cdot 3 \cdot 5 \cdot \cdots \cdot (2n-1).$$

证明: $\lim_{n \to \infty} \sqrt[n]{\dfrac{(2n-1)!!}{(2n)!!}} = 1$.

证明　记 $x_n = \sqrt[n]{\dfrac{(2n-1)!!}{(2n)!!}} = \sqrt[n]{\dfrac{1 \cdot 3 \cdot 5 \cdot \cdots \cdot (2n-1)}{2 \cdot 4 \cdot 6 \cdot \cdots \cdot (2n)}}$. 显然 $x_n < 1$. 由平均值不等式得

$$3 = \frac{2+4}{2} > \sqrt{2 \cdot 4}, \quad 5 = \frac{4+6}{2} > \sqrt{4 \cdot 6}, \quad \cdots, \quad 2n-1 > \sqrt{(2n-2) \cdot (2n)},$$

所以

$$x_n = \sqrt[n]{\frac{1 \cdot 3 \cdot 5 \cdot \cdots \cdot (2n-1)}{2 \cdot 4 \cdot 6 \cdot \cdots \cdot (2n)}} > \sqrt[n]{\frac{1}{\sqrt{2}\sqrt{2n}}} \geqslant \sqrt[n]{\frac{1}{2n}} = \frac{1}{\sqrt[n]{2n}}.$$

这就证明了

$$\frac{1}{\sqrt[n]{2n}} < x_n < 1, \quad n = 1, 2, \cdots.$$

因为 $\lim\limits_{n\to\infty} \dfrac{1}{\sqrt[n]{2n}} = \lim\limits_{n\to\infty} \dfrac{1}{\sqrt[n]{2}\,\sqrt[n]{n}} = 1$, 所以由两边夹法则即知 $\lim\limits_{n\to\infty} x_n = 1$.　□

习　题　2.2

1. 根据数列极限的四则运算和已经掌握的极限求以下极限:

(1) $\lim\limits_{n\to\infty} \dfrac{3n^3 + 2n^2 - n - 2}{2n^3 - 3n + 1}$;

(2) $\lim\limits_{n\to\infty} \dfrac{2\sqrt[3]{n} - \sqrt{n} + 1}{5\sqrt[3]{n} + 3\sqrt{n} - 2}$;

(3) $\lim\limits_{n\to\infty} \dfrac{3^n + (-2)^n}{5^n + (-3)^n}$;

(4) $\lim\limits_{n\to\infty} \dfrac{3^n n^2 a + 2^n n^3 b}{3^n n^2 + 2^n n^3}$;

(5) $\lim\limits_{n\to\infty} (\sqrt{n+1} - \sqrt{n-1})$;

(6) $\lim\limits_{n\to\infty} (\sqrt{n^2 + n} - n)$;

(7) $\lim\limits_{n\to\infty} \left(\dfrac{1}{1 \cdot 2} + \dfrac{1}{2 \cdot 3} + \cdots + \dfrac{1}{n(n+1)} \right)$;

(8) $\lim\limits_{n\to\infty} \dfrac{1 + 3 + 5 + \cdots + (2n+1)}{n^2}$;

(9) $\lim\limits_{n\to\infty} \dfrac{1 + a + a^2 + \cdots + a^n}{1 + b + b^2 + \cdots + b^n}$ $(|a| < 1, |b| < 1)$;

(10) $\lim\limits_{n\to\infty} \left(1 - \dfrac{1}{2^2} \right) \left(1 - \dfrac{1}{3^2} \right) \cdots \left(1 - \dfrac{1}{n^2} \right)$;

(11) $\lim\limits_{n\to\infty} \left(1 + \dfrac{1}{2} \right) \left(1 + \dfrac{1}{4} \right) \cdots \left(1 + \dfrac{1}{2^{n-1}} \right)$;

(12) $\lim\limits_{n\to\infty} \left(\dfrac{1}{1 \cdot 2 \cdot 3} + \dfrac{1}{2 \cdot 3 \cdot 4} + \cdots + \dfrac{1}{n(n+1)(n+2)} \right)$.

2. 下述推理是否正确?

$$\lim_{n\to\infty} \left(\frac{1}{n^2} + \frac{2}{n^2} + \cdots + \frac{n}{n^2} \right) = \lim_{n\to\infty} \frac{1}{n^2} + \lim_{n\to\infty} \frac{2}{n^2} + \cdots + \lim_{n\to\infty} \frac{n}{n^2}$$

$$= 0 + 0 + \cdots + 0 = 0.$$

3. 下述推理是否正确?

$$\lim_{n\to\infty}\left(1+\frac{1}{n}\right)^n = \lim_{n\to\infty}\underbrace{\left(1+\frac{1}{n}\right)\left(1+\frac{1}{n}\right)\cdots\left(1+\frac{1}{n}\right)}_{n\uparrow}$$

$$= \lim_{n\to\infty}\left(1+\frac{1}{n}\right)\lim_{n\to\infty}\left(1+\frac{1}{n}\right)\cdots\lim_{n\to\infty}\left(1+\frac{1}{n}\right)$$

$$= 1\times 1\times\cdots\times 1 = 1.$$

4. 已知 $\lim\limits_{n\to\infty}(x_n - y_n) = 0$ 且 $\lim\limits_{n\to\infty}x_n = a$, 求证 $\lim\limits_{n\to\infty}y_n = a$. 下述推理是否正确?
因为 $0 = \lim\limits_{n\to\infty}(x_n - y_n) = \lim\limits_{n\to\infty}x_n - \lim\limits_{n\to\infty}y_n = a - \lim\limits_{n\to\infty}y_n$, 所以 $\lim\limits_{n\to\infty}y_n = a$.

5. 运用两边夹法则求以下极限:

(1) $\lim\limits_{n\to\infty}\sqrt{1-\frac{1}{n}}$; (2) $\lim\limits_{n\to\infty}\dfrac{\sin n!}{\sqrt{n}}$;

(3) $\lim\limits_{n\to\infty}\left(1-\frac{1}{\sqrt[n]{2}}\right)e^{\cos^2 n}$; (4) $\lim\limits_{n\to\infty}\sqrt[n]{n\log_2 n}$;

(5) $\lim\limits_{n\to\infty}\left(\dfrac{1}{\sqrt{n^2+1}}+\dfrac{1}{\sqrt{n^2+2}}+\cdots+\dfrac{1}{\sqrt{n^2+n}}\right)$;

(6) $\lim\limits_{n\to\infty}\left(\dfrac{1}{\sqrt{n^2+1}}+\dfrac{1}{\sqrt{n^2+2}}+\cdots+\dfrac{1}{\sqrt{(n+1)^2}}\right)$;

(7) $\lim\limits_{n\to\infty}\dfrac{1}{\sqrt[n]{n!}}$; (8) $\lim\limits_{n\to\infty}\sqrt[n^2]{n!}$;

(9) $\lim\limits_{n\to\infty}\sum\limits_{k=2}^{n}\left(\dfrac{1}{\sqrt[k]{n^k+1}}+\dfrac{1}{\sqrt[k]{n^k-1}}\right)$; (10) $\lim\limits_{n\to\infty}\sin(\pi\sqrt{n^2+1})$;

(11) $\lim\limits_{n\to\infty}(\sin\sqrt{n+1}-\sin\sqrt{n})$; (12) $\lim\limits_{n\to\infty}(-1)^n\sin(\pi\sqrt{n^2+n})$.

6. 已知 $\lim\limits_{n\to\infty}x_n = a$, $\lim\limits_{n\to\infty}y_n = b$. 证明:

(1) $\lim\limits_{n\to\infty}\min\{x_n, y_n\} = \min\{a, b\}$; (2) $\lim\limits_{n\to\infty}\max\{x_n, y_n\} = \max\{a, b\}$.

7. 设 $p > 0$. 证明: $\lim\limits_{n\to\infty}\dfrac{1^{p-1}+2^{p-1}+\cdots+n^{p-1}}{n^p} = \dfrac{1}{p}$.

8. 设 $a_1, a_2, \cdots, a_m$ 都是正实数. 求 $\lim\limits_{n\to\infty}\sqrt[n]{a_1^n + a_2^n + \cdots + a_m^n}$.

9. 已知 $x_n > 0$, $n = 1, 2, \cdots$, 且 $\lim\limits_{n\to\infty}x_n = a > 0$. 证明: $\lim\limits_{n\to\infty}\sqrt[n]{x_n} = 1$.

10. 已知 $\lim\limits_{n\to\infty}x_n = a$, 证明:

(1) 对任意 $b > 0$ 有 $\lim\limits_{n\to\infty}b^{x_n} = b^a$;

(2) 对任意 $b > 0$, $b \neq 1$, 有 $\lim\limits_{n\to\infty}\log_b x_n = \log_b a$ (假定 $x_n > 0$ 且 $a > 0$);

(3) 对任意 $b > 0$ 有 $\lim\limits_{n\to\infty}x_n^b = a^b$ (假定 $x_n > 0$, $n = 1, 2, \cdots$, 且 $a > 0$);

(4) $\lim\limits_{n\to\infty}\sin x_n = \sin a$, $\lim\limits_{n\to\infty}\cos x_n = \cos a$;

(5) 当 $-1 \leqslant x_n \leqslant 1$ 时, $\lim\limits_{n\to\infty}\arcsin x_n = \arcsin a$, $\lim\limits_{n\to\infty}\arccos x_n = \arccos a$.

11. 设 $x_n > 0$ 且 $\lim\limits_{n\to\infty} x_n = a > 0$, 又设 $\lim\limits_{n\to\infty} y_n = b$. 证明: $\lim\limits_{n\to\infty} x_n^{y_n} = a^b$.

12. 已知 $x_n > 0$ 且 $\lim\limits_{n\to\infty} \dfrac{x_{n+1}}{x_n} = a$. 证明: $\lim\limits_{n\to\infty} \sqrt[n]{x_n} = a$.

13. 求下列极限:

(1) $\lim\limits_{n\to\infty} \sum\limits_{k=1}^{n} \dfrac{1}{k(k+m)}$ (m 是正整数);

(2) $\lim\limits_{n\to\infty} \sum\limits_{k=1}^{n} \dfrac{2^k k}{(k+2)!}$;

(3) $\lim\limits_{n\to\infty} \sum\limits_{k=1}^{n} \dfrac{k^3 + 6k^2 + 11k + 5}{(k+3)!}$;

(4) $\lim\limits_{n\to\infty} \dfrac{1}{n^3} [1 \cdot 3 + 2 \cdot 4 + \cdots + n(n+2)]$;

(5) $\lim\limits_{n\to\infty} \left(\dfrac{2^3 - 1}{2^3 + 1} \dfrac{3^3 - 1}{3^3 + 1} \cdots \dfrac{n^3 - 1}{n^3 + 1} \right)$.

14. 证明: 极限 $\lim\limits_{n\to\infty} \sin n$ 不存在.

15. 已知 $\lim\limits_{n\to\infty} x_n = a$, 证明:

(1) $\lim\limits_{n\to\infty} \dfrac{x_n + 2x_{n-1} + \cdots + nx_1}{n(n+1)} = \dfrac{a}{2}$;

(2) $\lim\limits_{n\to\infty} \dfrac{1}{2^n} \left[1 + \binom{n}{1} x_1 + \binom{n}{2} x_2 + \cdots + \binom{n}{n-1} x_{n-1} + x_n \right] = a$;

(3) $\lim\limits_{n\to\infty} (x_n + \lambda x_{n-1} + \lambda^2 x_{n-2} + \cdots + \lambda^{n-1} x_1) = \dfrac{a}{1-\lambda}$ (其中 $0 < \lambda < 1$ 为常数).

16. 设 $\lim\limits_{n\to\infty} x_n = a$. 又设 $\{p_n\}$ 是正数列, 满足

$$\lim_{n\to\infty} \frac{p_n}{p_1 + p_2 + \cdots + p_n} = 0.$$

证明: $\lim\limits_{n\to\infty} \dfrac{p_1 x_n + p_2 x_{n-1} + \cdots + p_n x_1}{p_1 + p_2 + \cdots + p_n} = a$.

17. 已知 $\lim\limits_{n\to\infty} x_n = a$ 且 $\lim\limits_{n\to\infty} y_n = b$, 证明:

$$\lim_{n\to\infty} \frac{x_1 y_n + x_2 y_{n-1} + \cdots + x_{n-1} y_2 + x_n y_1}{n} = ab.$$

2.3 趋于无穷的数列和三个记号

2.3.1 趋于无穷的数列

在发散的数列中, 有些数列 $\{x_n\}$ 具有这样的性质: 当 n 无限增大时, $|x_n|$ 也无限增大. 称这样的数列为**趋于无穷**的数列. 这类数列又可细分为三类: 第一类, 随着 n 无限增大保持为正或变为正的且其值 x_n 无限增大, 称为趋于正无穷的数列; 第二类, 随着 n 无限增大保持为负或变为负的且其绝对值 $|x_n|$ 无限增大, 称为趋于负无穷的数列; 第三类, x_n 的符号不停地在正与负之间变化, 其绝对值 $|x_n|$ 无限增大, 这样的数列自然也是趋于无穷的数列. 下面写出这些概念的严格定义.

定义 2.3.1 设 $\{x_n\}$ 是一个数列. 则有以下概念:

(1) 如果对任意给定的 $M > 0$, 都存在相应的 $N \in \mathbf{N}$, 使当 $n > N$ 时, $x_n > M$, 则称当 $n \to \infty$ 时 x_n **趋于正无穷**, 记作

$$\lim_{n \to \infty} x_n = +\infty \quad \text{或} \quad x_n \to +\infty \ (\text{当 } n \to \infty).$$

(2) 如果对任意给定的 $M > 0$, 都存在相应的 $N \in \mathbf{N}$, 使当 $n > N$ 时, $x_n < -M$, 则称当 $n \to \infty$ 时 x_n **趋于负无穷**, 记作

$$\lim_{n \to \infty} x_n = -\infty \quad \text{或} \quad x_n \to -\infty \ (\text{当 } n \to \infty).$$

(3) 如果对任意给定的 $M > 0$, 都存在相应的 $N \in \mathbf{N}$, 使当 $n > N$ 时, $|x_n| > M$, 则称当 $n \to \infty$ 时 x_n **趋于无穷**, 记作

$$\lim_{n \to \infty} x_n = \infty \quad \text{或} \quad x_n \to \infty \ (\text{当 } n \to \infty).$$

自然地, 如果 $\lim\limits_{n \to \infty} x_n = +\infty$ 或 $\lim\limits_{n \to \infty} x_n = -\infty$, 则也有 $\lim\limits_{n \to \infty} x_n = \infty$. 反之则不然. 趋于无穷的数列也称为**无穷大量**. 与此相应, 趋于零的数列称为**无穷小量**.

定理 2.3.1 $\lim\limits_{n \to \infty} x_n = \infty$ 的充要条件是 $\lim\limits_{n \to \infty} \dfrac{1}{x_n} = 0$.

证明 如果 $\lim\limits_{n \to \infty} x_n = \infty$, 则对任意给定的 $M > 0$, 都存在相应的 N, 使当 $n > N$ 时, $|x_n| > M$. 对任意给定的 $\varepsilon > 0$, 令 $M = \dfrac{1}{\varepsilon}$, 则存在相应的 N, 使当 $n > N$ 时, $|x_n| > M = \dfrac{1}{\varepsilon}$. 因此当 $n > N$ 时, $\dfrac{1}{|x_n|} < \varepsilon$. 所以 $\lim\limits_{n \to \infty} \dfrac{1}{x_n} = 0$.

反之, 设 $\lim\limits_{n \to \infty} \dfrac{1}{x_n} = 0$. 则对任意给定的 $\varepsilon > 0$, 都存在相应的 N, 使当 $n > N$ 时, $\dfrac{1}{|x_n|} < \varepsilon$. 对任意给定的 $M > 0$, 令 $\varepsilon = \dfrac{1}{M}$, 则存在相应的 N, 使当 $n > N$ 时, $\dfrac{1}{|x_n|} < \varepsilon = \dfrac{1}{M}$. 因此当 $n > N$ 时, $|x_n| > M$. 所以 $\lim\limits_{n \to \infty} x_n = \infty$. □

例 1 证明: $\lim\limits_{n \to \infty} \dfrac{n}{\sqrt{n} + 1} = +\infty$.

证明 对任意给定的 $M > 0$, 为使 $\dfrac{n}{\sqrt{n} + 1} > M$, 由于 $\dfrac{n}{\sqrt{n} + 1} \geqslant \dfrac{n}{2\sqrt{n}} = \dfrac{1}{2}\sqrt{n}$, 所以只需使 $\dfrac{1}{2}\sqrt{n} > M$, 即 $n > 4M^2$. 因此, 对任意给定的 $M > 0$, 取 $N = [4M^2] + 1$, 则当 $n > N$ 时,

$$\frac{n}{\sqrt{n} + 1} \geqslant \frac{n}{2\sqrt{n}} = \frac{1}{2}\sqrt{n} > \frac{1}{2}\sqrt{N} \geqslant \frac{1}{2}\sqrt{4M^2} = M.$$

所以 $\lim\limits_{n \to \infty} \dfrac{n}{\sqrt{n} + 1} = +\infty$. □

例 2　证明: $\lim\limits_{n\to\infty}\left(1+\dfrac{1}{2}+\dfrac{1}{3}+\cdots+\dfrac{1}{n}\right)=+\infty$.

证明　先证明

$$\left(1+\frac{1}{n}\right)^n < 3, \quad n=1,2,\cdots. \tag{2.3.1}$$

当 $n=1,2$ 时, 不等式 (2.3.1) 显然成立. 下设 $n \geqslant 3$. 则由二项式公式得

$$\left(1+\frac{1}{n}\right)^n = 1 + n\cdot\frac{1}{n} + \frac{1}{2!}n(n-1)\cdot\left(\frac{1}{n}\right)^2 + \frac{1}{3!}n(n-1)(n-2)\cdot\left(\frac{1}{n}\right)^3 + \cdots$$

$$+ \frac{1}{n!}n(n-1)(n-2)\cdot\cdots\cdot 2\cdot 1\cdot\left(\frac{1}{n}\right)^n$$

$$< 1 + 1 + \frac{1}{2!} + \frac{1}{3!} + \cdots + \frac{1}{n!} \leqslant 2 + \frac{1}{1\cdot 2} + \frac{1}{2\cdot 3} + \cdots + \frac{1}{(n-1)n}$$

$$= 2 + \left(1-\frac{1}{2}\right) + \left(\frac{1}{2}-\frac{1}{3}\right) + \cdots + \left(\frac{1}{n-1}-\frac{1}{n}\right) = 3 - \frac{1}{n} < 3.$$

所以不等式 (2.3.1) 成立.

从不等式 (2.3.1) 可知

$$n\log_3\left(1+\frac{1}{n}\right) < 1, \quad n=1,2,\cdots,$$

从而

$$\frac{1}{n} > \log_3\left(1+\frac{1}{n}\right) = \log_3(n+1) - \log_3 n, \quad n=1,2,\cdots. \tag{2.3.2}$$

因此有

$$1 + \frac{1}{2} + \frac{1}{3} + \cdots + \frac{1}{n} > \log_3(n+1), \quad n=1,2,\cdots.$$

据此易见 $\lim\limits_{n\to\infty}\left(1+\dfrac{1}{2}+\dfrac{1}{3}+\cdots+\dfrac{1}{n}\right) = +\infty$ (请读者补充证明). □

对于趋于无穷的数列, 也有一些相应的性质和运算法则. 这里不一一列举, 而只举几例如下:

(1) 如果 $\{x_n\}$ 和 $\{y_n\}$ 都是趋于正 (负) 无穷的数列, 则 $\{x_n+y_n\}$ 也是趋于正 (负) 无穷的数列 (但是由 $\{x_n\}$ 和 $\{y_n\}$ 都趋于无穷并不能保证 $\{x_n+y_n\}$ 也趋于无穷);

(2) 如果 $\{x_n\}$ 趋于无穷 (正无穷、负无穷), 而 $\{y_n\}$ 是有界数列, 则 $\{x_n\pm y_n\}$ 也趋于无穷 (正无穷、负无穷);

(3) 如果 $\{x_n\}$ 趋于无穷, 而数列 $\{y_n\}$ 的绝对值有正的下界, 即存在正数 c 使成立 $|y_n| \geqslant c, \forall n \in \mathbf{N}$, 则 $\{x_n y_n\}$ 也趋于无穷.

2.3.2 三个记号

下面介绍在分析学中经常使用的三个记号: $\sim$, o 和 O, 并同时介绍无穷大量与无穷小量阶的比较的概念.

定义 2.3.2 设 $\{x_n\}$ 和 $\{y_n\}$ 是两个数列, 它们或者都是无穷小量, 或者都是无穷大量, 其中 y_n 在 n 充分大时不等于零.

(1) 如果成立 $\lim\limits_{n\to\infty} \dfrac{x_n}{y_n} = 1$, 则记作 $x_n \sim y_n$, 并称 x_n **等价于** y_n;

(2) 如果成立 $\lim\limits_{n\to\infty} \dfrac{x_n}{y_n} = 0$, 则记作 $x_n = o(y_n)$. 符号 "o" 是小写的英文字母 o, 读作 "小欧".

(3) 如果存在正常数 C 和正整数 N 使当 $n > N$ 时 $|x_n| \leqslant C|y_n|$, 则记作 $x_n = O(y_n)$. 符号 "O" 是大写的英文字母 O, 读作 "大欧".

如果 x_n 和 y_n 是两个无穷小量, 则当 $x_n \sim y_n$ 时, 称它们是**等价的无穷小量**; 当 $x_n = o(y_n)$ 时, 称 x_n 是比 y_n **高阶的**或 y_n 比 x_n **低阶的**无穷小量.

如果 x_n 和 y_n 是两个无穷大量, 则当 $x_n \sim y_n$ 时, 称它们是**等价的无穷大量**; 当 $x_n = o(y_n)$ 时, 称 x_n 是比 y_n **低阶的**或 y_n 比 x_n **高阶的**无穷大量.

按照以上定义, 由于

$$\lim_{n\to\infty} \frac{3n^2-1}{3n^2+n} = 1, \qquad \lim_{n\to\infty} \frac{\frac{1}{3n^2-1}}{\frac{1}{3n^2+n}} = \lim_{n\to\infty} \frac{3n^2+n}{3n^2-1} = 1,$$

所以数列 $\{3n^2-1\}$ 和数列 $\{3n^2+n\}$ 是等价的无穷大量, 而数列 $\left\{\dfrac{1}{3n^2-1}\right\}$ 和数列 $\left\{\dfrac{1}{3n^2+n}\right\}$ 是等价的无穷小量, 即

$$3n^2 - 1 \sim 3n^2 + n, \qquad \frac{1}{3n^2-1} \sim \frac{1}{3n^2+n}.$$

由于

$$\lim_{n\to\infty} \frac{n}{\sqrt{n}+1} = +\infty, \qquad \lim_{n\to\infty} \frac{\frac{1}{n}}{\frac{1}{\sqrt{n}+1}} = \lim_{n\to\infty} \frac{\sqrt{n}+1}{n} = 0,$$

所以数列 $\{n\}$ 是比数列 $\{\sqrt{n}+1\}$ 高阶的无穷大量, 或 $\{\sqrt{n}+1\}$ 是比 $\{n\}$ 低阶的无穷大量, 而数列 $\left\{\dfrac{1}{n}\right\}$ 则是比数列 $\left\{\dfrac{1}{\sqrt{n}+1}\right\}$ 高阶的无穷小量, 即

$$\sqrt{n}+1 = o(n), \qquad \frac{1}{n} = o\left(\frac{1}{\sqrt{n}+1}\right).$$

又由于

$$|3(-1)^n n + 2| \leqslant 5n, \qquad \left| \frac{(-1)^{\frac{1}{2}n(n+1)}}{2n+1} \right| \leqslant \frac{1}{2n}, \qquad n = 1, 2, \cdots,$$

所以

$$3(-1)^n n + 2 = O(n), \qquad \frac{(-1)^{\frac{1}{2}n(n+1)}}{2n+1} = O\left(\frac{1}{n}\right).$$

再如, 有

$$n \sin n^2 = O(n), \qquad \frac{\sqrt{n}}{2} \sin \frac{n\pi}{2} = O(\sqrt{n}),$$

等等.

习惯上, 当数列 $\{x_n\}$ 是无穷小量时记作 $x_n = o(1)$; 当 $\{x_n\}$ 是有界数列时记作 $x_n = O(1)$. 这是一种简写方式, 相当于在定义 2.3.2 中取 $y_n = 1$, 虽然这个数列既不是无穷小量, 也不是无穷大量. 按照这样的记号, 有

$$\sqrt{n+1} - \sqrt{n} = o(1), \qquad \frac{(-1)^n}{n^p} = o(1) \ (p > 0), \qquad a^n = o(1) \ (0 < a < 1),$$

$$\frac{(-1)^n n}{3n-1} = O(1), \qquad \sin n = O(1), \qquad \arctan(1 + n \cos n^2) = O(1),$$

等等. 使用以上这些记号, 不仅简化了运算, 更重要的是能够使人们分清问题的主次, 抓住问题的本质.

必须注意的是, 记号 $x_n = o(y_n)$ 和 $x_n = O(y_n)$ 中等号的意义是和通常等号的意义有区别的: 通常的等号具有对称性, 即由 $A = B$ 可推出 $B = A$. 但在这两个记号中的等号却没有这种对称性. 事实上, 符号 $o(y_n)$ 不是表示一个具体的数列, 而是一大类数列的一个通用记号, 这一大类数列中的所有数列具有一个共同的特性, 即它们与数列 $\{y_n\}$ 的商都是无穷小量. 这一大类数列中的任何一个数列都可用符号 $o(y_n)$ 表示. 因此, 记号 $x_n = o(y_n)$ 的意思是 $\{x_n\}$ 是这一大类数列中的一个数列. 采用这个记号的意义在于我们不关心数列 $\{x_n\}$ 的具体形式, 而只着眼于它与数列 $\{y_n\}$ 的商是无穷小量这一特性. 记号 $x_n = O(y_n)$ 的意义类似. 由于这一原因, 在使用这些记号进行推理时, 就必须注意推导过程中出现的等式不能够倒过来使用. 例如, 由于 $\frac{1}{n^2} = o\left(\frac{1}{n}\right)$, 所以 $1 + \frac{1}{n^2} = 1 + o\left(\frac{1}{n}\right)$. 但是如果据此倒过来写 $1 + o\left(\frac{1}{n}\right) = 1 + \frac{1}{n^2}$, 则是错误的; 而由 $1 + \frac{1}{n^2} = 1 + o\left(\frac{1}{n}\right)$ 和 $1 + \frac{1}{n^3} = 1 + o\left(\frac{1}{n}\right)$ 进行推导,

$$1 + \frac{1}{n^3} = 1 + o\left(\frac{1}{n}\right) = 1 + \frac{1}{n^2}, \qquad 得出 \qquad \frac{1}{n^3} = \frac{1}{n^2}$$

更是荒谬的.

下面是涉及 $\sim, o$ 和 O 这三个符号的一些运算规律.

定理 2.3.2 (1) $x_n \sim y_n$ 的充要条件是 $x_n = y_n + o(y_n)$;

(2) 如果 $x_n \sim u_n$, $y_n \sim v_n$, 则 $x_n y_n \sim u_n v_n$, 且当 $y_n \neq 0$, $v_n \neq 0$ $(n > N)$ 时,

$$\frac{x_n}{y_n} \sim \frac{u_n}{v_n};$$

(3) $o(x_n) \pm o(x_n) = o(x_n)$, $Ao(x_n) = o(x_n)$, A 为任意常数;

(4) $O(x_n) \pm O(x_n) = O(x_n)$, $AO(x_n) = O(x_n)$, A 为任意常数;

(5) $o(x_n) = O(x_n)$;

(6) $O(x_n)o(y_n) = o(x_n y_n)$, $O(x_n)O(y_n) = O(x_n y_n)$;

(7) $o(O(x_n)) = o(x_n)$, $O(o(x_n)) = o(x_n)$, $O(O(x_n)) = O(x_n)$.

证明 为证明 (1), 先设 $x_n \sim y_n$. 则 $\lim\limits_{n\to\infty} \dfrac{x_n}{y_n} = 1$, 从而

$$\lim_{n\to\infty} \frac{x_n - y_n}{y_n} = \lim_{n\to\infty} \left(\frac{x_n}{y_n} - 1 \right) = 0.$$

因此 $x_n - y_n = o(y_n)$, 即 $x_n = y_n + o(y_n)$. 反过来设 $x_n = y_n + o(y_n)$. 这意味着 $x_n - y_n = o(y_n)$, 即 $\lim\limits_{n\to\infty} \dfrac{x_n - y_n}{y_n} = 0$, 由此易见 $\lim\limits_{n\to\infty} \dfrac{x_n}{y_n} = 1$, 所以 $x_n \sim y_n$. 这就证明了结论 (1).

其他几个结论的证明都是类似的. 以 (6) 和 (7) 中的第一个等式为例来证明.

证明 $O(x_n)o(y_n) = o(x_n y_n)$: 设 $u_n = O(x_n)$, $v_n = o(y_n)$. 则 $\dfrac{u_n}{x_n}$ 是有界数列, $\dfrac{v_n}{y_n}$ 是无穷小量. 因此它们的乘积 $\dfrac{u_n}{x_n} \cdot \dfrac{v_n}{y_n} = \dfrac{u_n v_n}{x_n y_n}$ 是无穷小量, 说明 $u_n v_n = o(x_n y_n)$. 因此 $O(x_n)o(y_n) = o(x_n y_n)$.

证明 $o(O(x_n)) = o(x_n)$: 设 $y_n = O(x_n)$, $z_n = o(y_n)$. 则 $\dfrac{y_n}{x_n}$ 是有界数列, $\dfrac{z_n}{y_n}$ 是无穷小量. 因此它们的乘积 $\dfrac{y_n}{x_n} \cdot \dfrac{z_n}{y_n} = \dfrac{z_n}{x_n}$ 是无穷小量, 说明 $z_n = o(x_n)$. 因此 $o(O(x_n)) = o(x_n)$. □

定理 2.3.2 的结论 (2) 告诉我们: 在只含有乘法运算和除法运算的极限运算式中, 可以用等价无穷小量或等价无穷大量代替其中的无穷小量或无穷大量以简化运算. 例如, 后面我们将会知道 (见 3.2.2 小节), $\sin\dfrac{1}{n} \sim \dfrac{1}{n}$, $\tan\dfrac{1}{n} \sim \dfrac{1}{n}$, $\ln\left(1 + \dfrac{1}{n}\right) \sim \dfrac{1}{n}$, 所以

$$\lim_{n\to\infty} \frac{\left(\sin\dfrac{1}{n}\right)\ln^2\left(1 + \dfrac{1}{n}\right)}{\tan^3\dfrac{1}{n}} = \lim_{n\to\infty} \frac{\dfrac{1}{n} \cdot \dfrac{1}{n^2}}{\dfrac{1}{n^3}} = 1.$$

但是必须特别注意: 在含有加法运算和减法运算的极限运算式中, 不能用等价无穷小量或等价无穷大量代替其中的无穷小量或无穷大量做运算. 例如下述计算显然是错误

的:

$$\lim_{n\to\infty} n\sqrt{n}\left(\sqrt{\frac{1}{n}+\frac{1}{n^2}}-\sqrt{\frac{1}{n}-\frac{1}{n^2}}\right)=\lim_{n\to\infty} n\sqrt{n}\left(\sqrt{\frac{1}{n}}-\sqrt{\frac{1}{n}}\right)=0,$$

因为很容易知道这个极限运算式的值是 1.

例 3　设 $a_1, a_2, \cdots, a_m$ 是 m 个实数, $p_1, p_2, \cdots, p_m$ 是 m 个正整数. 求极限

$$\lim_{n\to\infty} n\left[\left(1+\frac{a_1}{n}\right)^{p_1}\left(1+\frac{a_2}{n}\right)^{p_2}\cdots\left(1+\frac{a_m}{n}\right)^{p_m}-1\right].$$

解　根据二项式展开公式有

$$\left(1+\frac{a_i}{n}\right)^{p_i}=1+p_i\frac{a_i}{n}+\frac{1}{2!}p_i(p_i-1)\left(\frac{a_i}{n}\right)^2+\cdots+\left(\frac{a_i}{n}\right)^{p_i}$$

$$=1+\frac{p_i a_i}{n}+o\left(\frac{1}{n}\right),\quad i=1,2,\cdots,m.$$

因此

$$n\left[\left(1+\frac{a_1}{n}\right)^{p_1}\left(1+\frac{a_2}{n}\right)^{p_2}\cdots\left(1+\frac{a_m}{n}\right)^{p_m}-1\right]$$

$$=n\left\{\left[1+\frac{p_1 a_1}{n}+o\left(\frac{1}{n}\right)\right]\left[1+\frac{p_2 a_2}{n}+o\left(\frac{1}{n}\right)\right]\cdots\left[1+\frac{p_m a_m}{n}+o\left(\frac{1}{n}\right)\right]-1\right\}$$

$$=n\left\{\left[1+\frac{p_1 a_1+p_2 a_2+\cdots+p_m a_m}{n}+o\left(\frac{1}{n}\right)\right]-1\right\}$$

$$=p_1 a_1+p_2 a_2+\cdots+p_m a_m+no\left(\frac{1}{n}\right)$$

$$=p_1 a_1+p_2 a_2+\cdots+p_m a_m+o(1).$$

所以

$$\lim_{n\to\infty} n\left[\left(1+\frac{a_1}{n}\right)^{p_1}\left(1+\frac{a_2}{n}\right)^{p_2}\cdots\left(1+\frac{a_m}{n}\right)^{p_m}-1\right]$$

$$=\lim_{n\to\infty}[p_1 a_1+p_2 a_2+\cdots+p_m a_m+o(1)]$$

$$=p_1 a_1+p_2 a_2+\cdots+p_m a_m.$$

作为本节介绍的概念和记号的应用, 这里附带介绍数论中的一个重要定理: 素数定理. 一个大于 1 的正整数, 如果除了 1 和它本身外没有其他的正整数因子, 即不能被其他正整数整除, 就称为**素数**或**质数**. 例如,

$$2,3,5,7,11,13,17,19,23,29,31,37,41,43,47,53,59,61,67,71,73,79,83,89,97,\cdots$$

都是素数. 素数的重要性体现于下述**算术基本定理**: 每个大于 1 的正整数 m 都可唯

一地分解成其素数因子的正整数次幂的乘积

$$m = p_1^{k_1} p_2^{k_2} \cdots p_n^{k_n},$$

其中, p_1, p_2, $\cdots$, p_n 是按从小到大次序排列的素数; k_1, k_2, $\cdots$, k_n 都是正整数. 早在古希腊时期人们就已经知道, 素数有无限多个. 很久以来人们一直想搞清楚: 这无限多个素数如何在正整数中分布? 对任意正整数 n, 第 n 个素数 p_n 等于多少或大概等于多少? 上面列出了 100 以内的全部 25 个素数. 从中可以发现如果把正整数按其自然顺序排列出来, 则越往后素数分布越稀疏. 这虽然是观察 100 以内的素数分布情况得出的结论, 但在 18 世纪后半叶, 欧拉 (L. Euler, 1707~1783, 瑞士人) 和勒让德 (A.-M. Legendre, 1752~1833, 法国人) 各自独立地证明了, 这个结论也适用于全体正整数排成的数列. 确切地说, 用 $\pi(n)$ 表示不超过 n 的素数的个数, 则当 $n \to \infty$ 时, $\pi(n)$ 是一个比 n 低阶的无穷大量, 即成立

$$\pi(n) = o(n) \qquad \text{或} \qquad \lim_{n \to \infty} \frac{\pi(n)}{n} = 0.$$

但是有没有比此更加明确的信息呢? 乍看似乎没有, 因为观察 100 以内的素数分布情况, 只能得到一个感觉, 就是它们的分布很杂、很不规则. 然而, 1800 年左右, 勒让德根据数值计算提出了一个令人惊奇的渐近公式:

$$\pi(n) \sim \frac{n}{\ln n - 1.08366 \cdots} \qquad \text{当 } n \to \infty,$$

其中 ln 为自然对数. 与此同时, 著名数学家高斯 (C. F. Gauss, 1777~1855, 德国人) 利用素数表研究了直到 3×10^6 的所有素数, 发现对于很大的正整数 n, 素数的平均分布密度等价于 $\dfrac{1}{\ln n}$, 即

$$\frac{\pi(n)}{n} \sim \frac{1}{\ln n} \qquad \text{当 } n \to \infty.$$

上式显然也可写成[①]

$$\pi(n) \sim \frac{n}{\ln n} \qquad \text{当 } n \to \infty.$$

勒让德和高斯的这个猜想如果正确, 显然是一个很重要的数学结果. 因此, 在他们之后许多人都希望能够证明这个猜测. 切比雪夫 (P. L. Chebyshev, 1821~1894, 俄国人) 和黎曼 (G. F. B. Riemann, 1826~1866, 德国人) 都为证明这个猜测做出过重要贡献. 实际上, 著名的黎曼猜测就是黎曼在试图证明上述渐近公式的过程中做出的猜想. 1896 年, 法国数学家阿达马 (J. Hadamard, 1865~1963) 和比利时数学家普桑 (de la Vallée Poussin, 1866~1962) 几乎同时各自独立地证明了, 勒让德和高斯的这个猜想是正确的. 现在, 这个渐近公式称为素数定理.

---

① 确切地说, 高斯发现 $\pi(n) \sim \mathrm{Li}(n)$, 其中 Li 是对数积分, 即 $\mathrm{Li}(n) = \displaystyle\int_2^n \frac{\mathrm{d}x}{\ln x}$. 因为 $\mathrm{Li}(n) \sim \dfrac{n}{\ln n}$, 所以 $\pi(n) \sim \mathrm{Li}(n)$ 与 $\pi(n) \sim \dfrac{n}{\ln n}$ 一致. 这里采用了避免出现尚未学习到的积分的写法.

素数定理 当 $n \to \infty$ 时, $\pi(n) \sim \dfrac{n}{\ln n}$.

这个定理当然无法在这里给出证明. 但是, 应用素数定理, 可以给出第 n 个素数 p_n 的一个渐近公式.

推论 2.3.1 当 $n \to \infty$ 时, $p_n \sim n \ln n$.

证明 即需要证明 $\lim\limits_{n \to \infty} \dfrac{p_n}{n \ln n} = 1$. 这只需证明: 对任意给定的 $\varepsilon > 0$, 存在相应的正整数 N_ε, 使当 $n > N_\varepsilon$ 时, 有

$$(1 - \varepsilon) n \ln n \leqslant p_n \leqslant (1 + \varepsilon) n \ln n. \tag{2.3.3}$$

事实上, 素数定理意味着 $\lim\limits_{n \to \infty} \dfrac{\pi(n) \ln n}{n} = 1$. 因此, 对任意给定的 $\varepsilon > 0$, 存在相应的正整数 N_ε, 使当 $n > N_\varepsilon$ 时, 有

$$\left| \frac{\pi(n) \ln n}{n} - 1 \right| \leqslant \varepsilon,$$

即

$$(1 - \varepsilon) n \leqslant \pi(n) \ln n \leqslant (1 + \varepsilon) n.$$

由于 $\pi(p_n) = n$, 所以当 $n > N_\varepsilon$ 时 (这时 $p_n \geqslant n > N_\varepsilon$), 有

$$(1 - \varepsilon) p_n \leqslant n \ln p_n \leqslant (1 + \varepsilon) p_n,$$

进而

$$\frac{n \ln p_n}{1 + \varepsilon} \leqslant p_n \leqslant \frac{n \ln p_n}{1 - \varepsilon}. \tag{2.3.4}$$

应用左边的不等式和不等式 $p_n \geqslant n$, 即得

$$p_n \geqslant \frac{n \ln p_n}{1 + \varepsilon} \geqslant \frac{n \ln n}{1 + \varepsilon} \geqslant (1 - \varepsilon) n \ln n.$$

这就得到了式 (2.3.3) 左端的不等式.

其次, 对式 (2.3.4) 右边的不等式两端取自然对数, 就得到

$$\ln p_n \leqslant \ln \frac{1}{1 - \varepsilon} + \ln n + \ln \ln p_n. \tag{2.3.5}$$

显然 $\ln \ln p_n$ 是比 $\ln p_n$ 低阶的无穷大量: $\lim\limits_{n \to \infty} \dfrac{\ln \ln p_n}{\ln p_n} = 0$. 因此存在 $N_\varepsilon' \geqslant N_\varepsilon$, 使当 $n > N_\varepsilon'$ 时, 有

$$\ln \ln p_n \leqslant \varepsilon \ln p_n.$$

代入式 (2.3.5) 得到

$$\ln p_n \leqslant \frac{1}{1 - \varepsilon} \ln \frac{1}{1 - \varepsilon} + \frac{\ln n}{1 - \varepsilon}. \tag{2.3.6}$$

因为 $\ln n$ 是无穷大量, 所以存在 $N''_\varepsilon \geqslant N'_\varepsilon$, 使当 $n > N''_\varepsilon$ 时, 有

$$\frac{1}{1-\varepsilon} \ln \frac{1}{1-\varepsilon} \leqslant \varepsilon \ln n.$$

代入式 (2.3.6) 得到

$$\ln p_n \leqslant \varepsilon \ln n + \frac{\ln n}{1-\varepsilon} \leqslant \frac{1+\varepsilon}{1-\varepsilon} \ln n.$$

把这个估计式代入式 (2.3.4) 右边的不等式, 就得到

$$p_n \leqslant \frac{1+\varepsilon}{(1-\varepsilon)^2} n \ln n.$$

这个不等式和式 (2.3.3) 右边的不等式只差了一个 $\dfrac{1}{(1-\varepsilon)^2}$ 因子. 为消除这个因子, 只需对任意给定的 $\varepsilon > 0$, 另取一个 $\varepsilon' > 0$, 使得 $\dfrac{1+\varepsilon'}{(1-\varepsilon')^2} \leqslant 1+\varepsilon$ 然后针对 $\varepsilon' > 0$ 应用已推导出的结论即可. $\qquad\square$

初学者可能不习惯于像上述推论那样给出的渐近公式, 而更乐意接受对具体的常数 $C_1, C_2 > 0$ 和 N, 形如

$$C_1 n \ln n \leqslant p_n \leqslant C_2 n \ln n, \qquad \forall n > N$$

的估计式. 这也是可以做到的. 例如, 切比雪夫在试图证明素数定理的过程中, 获得了如下的**切比雪夫不等式**:

$$\left(\frac{1}{2}\ln 2\right) \frac{n}{\ln n} \leqslant \pi(n) \leqslant (6\ln 2) \frac{n}{\ln n}, \qquad \forall n \geqslant 2.$$

应用这个不等式并采用与上述推论类似的证明思想即可证明

$$\frac{1}{5} n \ln n \leqslant p_n \leqslant 20 n \ln n, \qquad \forall n \geqslant 2.$$

习 题 2.3

1. 根据定义证明: 对任意 $a > 1$ 都有 $\lim\limits_{n \to \infty} \dfrac{n}{\log_a n} = +\infty$.

2. 证明:

(1) $\lim\limits_{n \to \infty} \left(1 + \dfrac{1}{3} + \dfrac{1}{5} + \cdots + \dfrac{1}{2n-1}\right) = +\infty$;

(2) $\lim\limits_{n \to \infty} \left(\dfrac{1}{a+b} + \dfrac{1}{2a+b} + \dfrac{1}{3a+b} + \cdots + \dfrac{1}{na+b}\right) = +\infty$, 其中, $a > 0, b > 0$;

(3) $\lim\limits_{n \to \infty} \left(\dfrac{1}{\sqrt[4]{1^3 \cdot 2}} + \dfrac{1}{\sqrt[4]{2^3 \cdot 3}} + \dfrac{1}{\sqrt[4]{3^3 \cdot 4}} + \cdots + \dfrac{1}{\sqrt[4]{n^3 \cdot (n+1)}}\right) = +\infty$.

3. 证明: 当 $n \to \infty$ 时,

$$1 + \frac{1}{3} + \frac{1}{5} + \cdots + \frac{1}{2n-1} \sim \frac{1}{2} + \frac{1}{4} + \cdots + \frac{1}{2n}.$$

4. 证明: (1) 如果 $x_n \sim y_n,\ y_n \sim z_n$, 则 $x_n \sim z_n$;

(2) 如果 $x_n \sim y_n$, 则 $x_n^m \sim y_n^m\ (m \in \mathbf{N})$;

(3) 如果 $x_n \sim y_n$, 则 $\sqrt[m]{x_n} \sim \sqrt[m]{y_n}\ (m \in \mathbf{N}$, 假设开方运算有意义).

5. 设 $\{x_n\}$ 是无穷小量. 证明:

(1) 对多项式 $P(x) = a_0 x^m + a_1 x^{m+1} + \cdots + a_k x^{m+k}$, 其中 $a_0 \neq 0$, 有 $P(x_n) \sim a_0 x_n^m$;

(2) $\sqrt{x_n + \sqrt{x_n + \sqrt{x_n}}} \sim \sqrt[8]{x_n}\ (x_n > 0)$;

(3) $(1 + x_n)^m = 1 + mx_n + o(x_n)\ (m$ 是正整数$)$.

6. 设 $\{x_n\}$ 是无穷大量. 证明:

(1) 对任意多项式 $P(x) = a_0 x^m + a_1 x^{m-1} + \cdots + a_{m-1} x + a_m$, 其中 $a_0 \neq 0$, 有 $P(x_n) \sim a_0 x_n^m$;

(2) $\sqrt{x_n + \sqrt{x_n + \sqrt{x_n}}} \sim \sqrt{x_n}\ (x_n > 0)$;

(3) $(1 + x_n)^m \sim x_n^m\ (m > 0)$.

7. (1) 证明下述施托尔茨定理: 设数列 $\{x_n\}$ 和 $\{y_n\}$ 满足下述三个条件:

(a) $y_{n+1} > y_n > 0\ (n = 1, 2, \cdots)$; (b) $\lim\limits_{n \to \infty} y_n = +\infty$; (c) $\lim\limits_{n \to \infty} \dfrac{x_{n+1} - x_n}{y_{n+1} - y_n} = a$.

则 $\lim\limits_{n \to \infty} \dfrac{x_n}{y_n} = a$.

运用上述定理证明以下结论:

(2) $\lim\limits_{n \to \infty} \dfrac{1 + \dfrac{1}{2} + \dfrac{1}{3} + \cdots + \dfrac{1}{n}}{\ln n} = 1$;

(3) $\lim\limits_{n \to \infty} \dfrac{1 + \sqrt{2} + \sqrt{3} + \cdots + \sqrt{n}}{n\sqrt{n}} = \dfrac{2}{3}$;

(4) $\lim\limits_{n \to \infty} \dfrac{1^m + 2^m + \cdots + n^m}{n^{m+1}} = \dfrac{1}{m+1}\ (m$ 是正整数, 下同$)$;

(5) $\lim\limits_{n \to \infty} \dfrac{1^m + 3^m + \cdots + (2n-1)^m}{n^{m+1}} = \dfrac{2^m}{m+1}$;

(6) $\lim\limits_{n \to \infty} \left(\dfrac{1^m + 2^m + \cdots + n^m}{n^m} - \dfrac{n}{m+1} \right) = \dfrac{1}{2}$.

2.4 几个重要定理

本节介绍涉及数列极限的几个重要定理. 这些定理在许多涉及数列极限的问题中都有广泛的应用. 它们的共同特点是, 都是存在性定理, 即保证了极限的存在性, 但没有指明极限值具体是多少. 这些定理的基础是实数域的完备性, 即都需要应用确界原理或与其等价的戴德金原理来证明. 实际上它们都与戴德金原理、确界原理互相等价, 因此从与戴德金原理和确界原理不同的角度刻画了实数域的完备性.

2.4.1 单调有界原理

定义 2.4.1　对于一个数列 $\{x_n\}$, 如果成立

$$x_n \leqslant x_{n+1}, \quad \forall n \in \mathbf{N},$$

则称 $\{x_n\}$ 为**单调递增**数列. 类似地, 如果成立

$$x_n \geqslant x_{n+1}, \quad \forall n \in \mathbf{N},$$

则称 $\{x_n\}$ 为**单调递减**数列. 单调递增和单调递减的数列合称**单调数列**.

定理 2.4.1 (单调有界原理)　单调有界数列必有极限.

证明　只对单调递增的情形证明; 对于单调递减的情形证明类似.

设 $\{x_n\}$ 是一个单调递增且有界的数列. 令 a 为由这个数列的所有项合在一起所组成实数集的上确界, 即

$$a = \sup_{n \in \mathbf{N}} x_n = \sup\{x_n : n \in \mathbf{N}\}.$$

因数集 $\{x_n : n \in \mathbf{N}\}$ 非空且有界, 根据确界原理, 这个定义合理. 现证明

$$\lim_{n \to \infty} x_n = a. \tag{2.4.1}$$

事实上, 因 a 是数集 $\{x_n : n \in \mathbf{N}\}$ 的上确界, 所以它自然是数列 $\{x_n\}$ 的上界. 因此成立

$$x_n \leqslant a, \quad \forall n \in \mathbf{N}. \tag{2.4.2}$$

另一方面, 由 a 是数集 $\{x_n : n \in \mathbf{N}\}$ 的上确界知对任意给定的 $\varepsilon > 0$, $a - \varepsilon$ 不是该数集的上界, 因此存在相应的 $N \in \mathbf{N}$ 使得 $x_N > a - \varepsilon$. 因为 $\{x_n\}$ 是单调递增数列, 由此推知对所有 $n > N$ 都成立

$$x_n \geqslant x_N > a - \varepsilon. \tag{2.4.3}$$

结合式 (2.4.2) 和式 (2.4.3) 得到

$$a - \varepsilon < x_n \leqslant a < a + \varepsilon, \quad \text{当 } n > N.$$

这就证明对任意 $\varepsilon > 0$ 都存在相应的 $N \in \mathbf{N}$, 使对所有 $n > N$ 都成立 $|x_n - a| < \varepsilon$. 因此式 (2.4.1) 成立. □

从以上证明可以看到, 如果 $\{x_n\}$ 是单调递增的有界数列, 则有

$$\lim_{n \to \infty} x_n = \sup_{n \in \mathbf{N}} x_n.$$

类似地, 如果 $\{x_n\}$ 是单调递减的有界数列, 则有

$$\lim_{n \to \infty} x_n = \inf_{n \in \mathbf{N}} x_n.$$

这些事实在一些问题的研究中往往很有用处.

单调有界原理是建立一些数列收敛性的一个重要工具. 这个定理和戴德金原理、确界原理一样, 是一个存在性定理, 即它只保证了数列极限的存在性, 而没有指明极限值具体是多少. 似乎这是这个定理的一个缺陷, 其实不然. 因为在许多问题中并不需要知道一个数列的具体极限值是多少, 而主要关心的是它是否有极限. 对于这种类型的问题, 单调有界原理的结论已经足够. 事实上, 在许多需要知道数列的具体极限值的问题中, 单调有界原理往往也很有用. 例如, 对一些由递推公式给出的数列, 如果无法

从递推公式得到通项的具体表达式, 那么采用数列极限的定义或四则运算或两边夹法则等方法往往无法证明其收敛性, 但由于单调有界原理中的两个条件 (单调性和有界性) 比较容易验证, 所以可采用两步走的方法来获得其极限: 先应用单调有界原理建立数列的收敛性, 再在递推公式两端取极限以得到极限值所满足的一个方程, 然后通过解这个方程来得到极限值.

由于单调递增数列显然都是有下界的 (其首项就是一个下界), 同样单调递减数列显然都是有上界的 (其首项就是一个上界), 所以在实用中为了应用单调有界原理来建立一个数列的收敛性, 只需证明这个数列是单调递增的并且有上界, 或证明这个数列是单调递减的并且有下界即可, 而无须再论证另一个界的存在性.

下面举例说明单调有界原理的应用.

例 1 给定一个正实数 a, 下面的递推公式给出了 $\sqrt{a}$ 的一个近似计算公式

$$x_{n+1} = \frac{1}{2}\left(x_n + \frac{a}{x_n}\right), \quad n = 1, 2, \cdots, \tag{2.4.4}$$

首项 x_1 可任意取, 只要取为正数即可 (在实际应用中可先估计 $\sqrt{a}$ 的大致范围, 再根据这个范围选取 x_1 为比较接近 $\sqrt{a}$ 的正数). 这意思是说 $\{x_n\}$ 是 $\sqrt{a}$ 的一个近似值数列, 为了得到 $\sqrt{a}$ 的足够好的近似值, 只要取 n 足够大 (即做足够多次的迭代运算), 所得到的 x_n 就可满足要求. 这也就是说成立关系

$$\lim_{n\to\infty} x_n = \sqrt{a}. \tag{2.4.5}$$

下面证明这个等式.

首先证明, 从第二项开始就有 $x_n \geqslant \sqrt{a}$. 事实上, 由递推公式有

$$x_{n+1} - \sqrt{a} = \frac{1}{2}\left(x_n + \frac{a}{x_n} - 2\sqrt{a}\right) = \frac{(x_n - \sqrt{a})^2}{2x_n} \geqslant 0, \quad n = 1, 2, \cdots,$$

所以对 $n = 2, 3, \cdots$ 都有 $x_n \geqslant \sqrt{a}$.

其次证明, 从第二项开始就有 $x_{n+1} \leqslant x_n$. 事实上, 由递推公式有

$$x_{n+1} - x_n = \frac{1}{2}\left(\frac{a}{x_n} - x_n\right) = \frac{a - x_n^2}{2x_n} \leqslant 0, \quad n = 2, 3, \cdots,$$

所以对 $n = 2, 3, \cdots$ 都有 $x_{n+1} \leqslant x_n$.

因此, $\{x_n\}$ 去掉第一项之后所得数列是一个单调递减并且有下界的数列, 所以它有极限. 令 $c = \lim_{n\to\infty} x_n$. 显然 $c \geqslant \sqrt{a} > 0$. 在递推公式 (2.4.4) 两端取极限得到 c 满足的方程

$$c = \frac{1}{2}\left(c + \frac{a}{c}\right).$$

解此方程得 $c = \sqrt{a}$. 这就证明了等式 (2.4.5).

2.4.2 一个重要的极限

应用单调有界原理, 可以证明下述命题.

命题 2.4.1 数列 $\left\{\left(1+\dfrac{1}{n}\right)^n\right\}$ 有极限.

证明 先证明这个数列是单调递增数列:

$$\left(1+\frac{1}{n}\right)^n < \left(1+\frac{1}{n+1}\right)^{n+1}, \quad n = 1, 2, \cdots. \tag{2.4.6}$$

事实上, 应用平均值不等式可知, 对任意正整数 n 都成立

$$\sqrt[n+1]{\left(1+\frac{1}{n}\right)^n} = \sqrt[n+1]{\left(1+\frac{1}{n}\right)^n \cdot 1} < \frac{1}{n+1}\left[n\left(1+\frac{1}{n}\right)+1\right] = 1 + \frac{1}{n+1},$$

从而式 (2.4.6) 成立.

又由于在 2.3 节例 2 中已证明了 $\left\{\left(1+\dfrac{1}{n}\right)^n\right\}$ 有上界, 所以根据单调有界原理, 这个数列有极限. □

定义 2.4.2 记 $\mathrm{e} = \lim\limits_{n\to\infty}\left(1+\dfrac{1}{n}\right)^n$ (e 即为自然对数的底: $\ln x = \log_{\mathrm{e}} x, x > 0$).

推论 2.4.1 (1) $\lim\limits_{n\to\infty}\left(1+\dfrac{1}{n}\right)^{n+1} = \lim\limits_{n\to\infty}\left(1+\dfrac{1}{n+1}\right)^n = \mathrm{e}$;

(2) $\lim\limits_{n\to\infty}\left(1-\dfrac{1}{n}\right)^n = \lim\limits_{n\to\infty}\left(1-\dfrac{1}{n}\right)^{n+1} = \lim\limits_{n\to\infty}\left(1-\dfrac{1}{n+1}\right)^n = \dfrac{1}{\mathrm{e}}$.

证明 首先, 因为

$$\lim_{n\to\infty}\left(1+\frac{1}{n}\right)^{n+1} = \lim_{n\to\infty}\left(1+\frac{1}{n}\right)^n \cdot \left(1+\frac{1}{n}\right) = \mathrm{e} \cdot 1 = \mathrm{e},$$

$$\lim_{n\to\infty}\left(1+\frac{1}{n+1}\right)^n = \lim_{n\to\infty}\left(1+\frac{1}{n+1}\right)^{n+1} \Big/ \left(1+\frac{1}{n+1}\right) = \frac{\mathrm{e}}{1} = \mathrm{e},$$

所以结论 (1) 成立. 其次, 有

$$\left(1-\frac{1}{n}\right)^n = \left(\frac{n-1}{n}\right)^n = 1\Big/\left(\frac{n}{n-1}\right)^n = 1\Big/\left(1+\frac{1}{n-1}\right)^n,$$

因此应用结论 (1) 可知 $\lim\limits_{n\to\infty}\left(1-\dfrac{1}{n}\right)^n = \dfrac{1}{\mathrm{e}}$, 进而与前类似地即可证明

$$\lim_{n\to\infty}\left(1-\frac{1}{n}\right)^{n+1} = \lim_{n\to\infty}\left(1-\frac{1}{n+1}\right)^n = \frac{1}{\mathrm{e}}. \qquad \square$$

例 2 证明: $\lim\limits_{n\to\infty}\left(1+1+\dfrac{1}{2!}+\cdots+\dfrac{1}{n!}\right) = \mathrm{e}$.

证明 先证明

$$\left(1+\frac{1}{n}\right)^n < 1+1+\frac{1}{2!}+\cdots+\frac{1}{n!} < \mathrm{e}, \quad \forall n \in \mathbf{N}. \tag{2.4.7}$$

不等式 (2.4.7) 的前一半已经在证明 $\left(1+\dfrac{1}{n}\right)^n$ 的有界性时给予了证明. 下面只证明

后一半. 对任意正整数 m 和 n, $m > n$, 有

$$\begin{aligned}
\left(1+\frac{1}{m}\right)^m &= 1+1+\frac{1}{2!}m(m-1)\cdot\left(\frac{1}{m}\right)^2+\frac{1}{3!}m(m-1)(m-2)\cdot\left(\frac{1}{m}\right)^3+\cdots \\
&\quad +\frac{1}{n!}m(m-1)(m-2)\cdots(m-n+1)\cdot\left(\frac{1}{m}\right)^n+\cdots \\
&\quad +\frac{1}{m!}m(m-1)(m-2)\cdots 2\cdot 1\cdot\left(\frac{1}{m}\right)^m \\
&> 1+1+\frac{1}{2!}\left(1-\frac{1}{m}\right)+\frac{1}{3!}\left(1-\frac{1}{m}\right)\left(1-\frac{2}{m}\right)+\cdots \\
&\quad +\frac{1}{n!}\left(1-\frac{1}{m}\right)\left(1-\frac{2}{m}\right)\cdots\left(1-\frac{n-1}{m}\right).
\end{aligned}$$

固定 n, 令 $m \to \infty$, 就得到

$$\mathrm{e}=\lim_{m\to\infty}\left(1+\frac{1}{m}\right)^m \geqslant 1+1+\frac{1}{2!}+\cdots+\frac{1}{n!}.$$

这就证明了不等式 (2.4.7) 的后一半 (由 n 的任意性知等号不可能成立).

最后, 应用两边夹法则, 即得所需证明的结果.   □

2.4.3 区间套定理

应用单调有界原理, 还可以证明下述重要定理.

定理 2.4.2 (区间套定理) 设闭区间的序列 $[a_n, b_n]$ $(n=1,2,\cdots)$ 满足以下两个条件:

(1) 形成一个区间套: $[a_1, b_1] \supseteq [a_2, b_2] \supseteq \cdots \supseteq [a_n, b_n] \supseteq [a_{n+1}, b_{n+1}] \supseteq \cdots$;

(2) 长度趋于零: $\lim\limits_{n\to\infty}(b_n-a_n)=0$.

则这列闭区间包含唯一的公共点, 即存在唯一的实数 c 使成立 $c \in [a_n, b_n]$, $\forall n \in \mathbf{N}$. 这个唯一的公共点 c 是区间的两个端点所形成数列的公共极限:

$$\lim_{n\to\infty}a_n=\lim_{n\to\infty}b_n=c. \tag{2.4.8}$$

证明 条件 $[a_n, b_n] \supseteq [a_{n+1}, b_{n+1}]$ $(n=1,2,\cdots)$ 意味着

$$a_n \leqslant a_{n+1} < b_{n+1} \leqslant b_n, \quad n=1,2,\cdots.$$

所以区间的左端点形成的数列 $\{a_n\}$ 是一个单调递增数列, 而右端点形成的数列 $\{b_n\}$

是一个单调递减数列. 又由于

$$a_n < b_n \leqslant b_1, \quad a_1 \leqslant a_n < b_n, \quad n = 1, 2, \cdots,$$

所以 $\{a_n\}$ 有上界 b_1, $\{b_n\}$ 有下界 a_1. 因此, 根据单调有界原理, $\{a_n\}$ 和 $\{b_n\}$ 都有极限. 记 $c_1 = \lim\limits_{n \to \infty} a_n, c_2 = \lim\limits_{n \to \infty} b_n$. 根据条件 (2) 有

$$0 = \lim_{n \to \infty} (b_n - a_n) = \lim_{n \to \infty} b_n - \lim_{n \to \infty} a_n = c_2 - c_1,$$

这说明 $c_1 = c_2$. 改记 $c = c_1 = c_2$. 由于 $c = c_1$ 是单调递增数列 $\{a_n\}$ 的极限, 所以有 $a_n \leqslant c, n = 1, 2, \cdots$. 同样由于 $c = c_2$ 是单调递减数列 $\{b_n\}$ 的极限, 所以有 $c \leqslant b_n$, $n = 1, 2, \cdots$. 这就证明了, $a_n \leqslant c \leqslant b_n \ (n = 1, 2, \cdots)$, 即 c 包含于闭区间列 $\{[a_n, b_n]\}$ 中的每个区间, 而且式 (2.4.8) 成立. c 的唯一性由式 (2.4.8) 和极限的唯一性保证. $\square$

区间套定理又称为**康托尔** (G. Cantor, 1845~1918, 俄国人) **区间套定理**.

2.4.4 列紧性原理

发散的数列虽然自身没有极限, 但往往有子数列是收敛数列. 例如, 数列 $x_n = 1 + (-1)^n, n = 1, 2, \cdots$, 由于它的各项在 0 和 2 两个数之间无穷次地摆动, 所以它没有极限. 但是由它的奇数项和偶数项所形成的两个子数列却分别收敛于 0 和 2. 分析数学中有很多问题需要借助于收敛数列的极限求解. 解决这类问题的一个基本方法是如果构作的数列本身不收敛或无法判定其收敛性, 可选取一个收敛的子数列做替代进行讨论. 这个方法的理论基础是下述重要定理.

定理 2.4.3 (列紧性原理)   任意有界数列都有收敛的子数列.

证明   设 $\{x_n\}$ 是一个有界数列. 则存在两个不相同的实数 a 和 b 使成立

$$a \leqslant x_n \leqslant b, \quad n = 1, 2, \cdots.$$

构造一列闭区间 $\{[a_n, b_n]\}$ 如下: 首先取 $[a_1, b_1] = [a, b]$, 然后把 $[a_1, b_1]$ 二等分得到两个子区间 $\left[a_1, \dfrac{a_1 + b_1}{2}\right]$ 和 $\left[\dfrac{a_1 + b_1}{2}, b_1\right]$. 这两个子区间中, 至少有一个含有数列 $\{x_n\}$ 的无穷多项. 记这个含有 $\{x_n\}$ 的无穷多项的子区间为 $[a_2, b_2]$ (当两个子区间都含有 $\{x_n\}$ 的无穷多项时, 任取其一记为 $[a_2, b_2]$). 再把 $[a_2, b_2]$ 二等分. 如此类推下去, 应用数学归纳法, 得到一列闭区间 $\{[a_k, b_k]\}$ 具有下述性质.

(1) 形成一个区间套: $[a_1, b_1] \supseteq [a_2, b_2] \supseteq \cdots \supseteq [a_k, b_k] \supseteq [a_{k+1}, b_{k+1}] \supseteq \cdots$;

(2) 长度趋于零: $\lim\limits_{k \to \infty} (b_k - a_k) = \lim\limits_{k \to \infty} \dfrac{b - a}{2^{k-1}} = 0$;

(3) 每个区间 $[a_k, b_k]$ 都含有数列 $\{x_n\}$ 的无穷多项.

任取 $\{x_n\}$ 中的一项记为 x_{n_1}, 则 $x_{n_1} \in [a_1, b_1]$. 再取 $\{x_n\}$ 中位于 x_{n_1} 后面并且含于区间 $[a_2, b_2]$ 中的一项记为 x_{n_2}. 如此做下去, 一般地, 当取定 $x_{n_1}, x_{n_2}, \cdots$, x_{n_k} 之后, 再取 $\{x_n\}$ 中位于 x_{n_k} 后面并且含于区间 $[a_{k+1}, b_{k+1}]$ 中的一项记为 $x_{n_{k+1}}$. 这样应用数学归纳法, 就得到了 $\{x_n\}$ 的一个子数列 $\{x_{n_k}\}$ 具有性质 $x_{n_k} \in [a_k, b_k]$, $k = 1, 2, \cdots$. 根据区间套定理, 从 (1) 和 (2) 推知闭区间列 $\{[a_k, b_k]\}$ 含有唯一的公共

点 c, 且 $\lim\limits_{k\to\infty} a_k = \lim\limits_{k\to\infty} b_k = c$. 由于 $a_k \leqslant x_{n_k} \leqslant b_k$, $k = 1, 2, \cdots$, 所以由两边夹法则知成立 $\lim\limits_{k\to\infty} x_{n_k} = c$, 所以子数列 $\{x_{n_k}\}$ 是收敛数列. $\qquad\square$

以上证明中使用的方法称为**二分法**, 是分析数学中经常采用的一个方法, 由康托尔发明. 以后还将多次用到这个方法.

列紧性原理又称为**波尔查诺** (B. Bolzano, 1781~1848, 波希米亚人)-**魏尔斯特拉斯** (K. Weierstrass, 1815~1897, 德国人魏尔斯特拉斯) **定理**.

2.4.5 柯西收敛准则

定理 2.4.4 (柯西收敛准则) 数列 $\{x_n\}$ 收敛的充要条件是: 对任意给定的 $\varepsilon > 0$, 存在相应的正整数 N, 使对所有 $m, n > N$ 的项都成立

$$|x_m - x_n| < \varepsilon.$$

(柯西, A.-L. Cauchy, 1789~1857, 法国人)

证明 必要性. 设 $\{x_n\}$ 是收敛数列. 记其极限为 a. 则对任意 $\varepsilon > 0$, 存在相应的正整数 N, 使对所有 $n > N$ 的项都成立

$$|x_n - a| < \frac{\varepsilon}{2}.$$

由此推知, 对所有 $m, n > N$ 的项都成立

$$|x_m - x_n| = |(x_m - a) - (x_n - a)| \leqslant |x_m - a| + |x_n - a| < \frac{\varepsilon}{2} + \frac{\varepsilon}{2} = \varepsilon.$$

这就证明了必要性.

充分性. 先证明 $\{x_n\}$ 是有界数列. 为此取 $\varepsilon = 1$, 则存在相应的正整数 N, 使对所有 $m, n > N$ 的项都成立 $|x_m - x_n| < 1$, 由此推知对所有 $n > N$ 的项都成立 $|x_n - x_{N+1}| < 1$, 这样就有

$$|x_n| \leqslant |x_n - x_{N+1}| + |x_{N+1}| < 1 + |x_{N+1}|, \quad n = N+1, N+2, \cdots.$$

令 $M = \max\{|x_1|, |x_2|, \cdots, |x_N|, 1 + |x_{N+1}|\}$. 则对所有 $n \in \mathbf{N}$ 都成立 $|x_n| \leqslant M$. 所以 $\{x_n\}$ 是有界数列.

这样根据列紧性原理, $\{x_n\}$ 有收敛的子数列. 设 $\{x_{n_k}\}$ 为一个收敛的子数列, 并记 $c = \lim\limits_{k\to\infty} x_{n_k}$. 下面证明 $\lim\limits_{n\to\infty} x_n = c$.

对任意 $\varepsilon > 0$, 由 $\lim\limits_{k\to\infty} x_{n_k} = c$ 知存在正整数 K, 使对所有 $k > K$ 都成立

$$|x_{n_k} - c| < \frac{\varepsilon}{2}.$$

而又知, 对此 ε 存在正整数 N, 使对所有 $m, n > N$ 的项都成立

$$|x_m - x_n| < \frac{\varepsilon}{2}.$$

由于 $\lim\limits_{k\to\infty} n_k = \infty$, 所以存在正整数 $k_0 > K$ 使得 $n_{k_0} > N$. 于是对所有 $n > N$ 的项

有

$$|x_n - c| = |(x_n - x_{n_{k_0}}) + (x_{n_{k_0}} - c)| \leqslant |x_n - x_{n_{k_0}}| + |x_{n_{k_0}} - c| < \frac{\varepsilon}{2} + \frac{\varepsilon}{2} = \varepsilon.$$

这就证明了 $\lim\limits_{n\to\infty} x_n = c$, 即数列 $\{x_n\}$ 收敛.   □

上述定理中的充分性条件叫做**柯西条件**; 满足柯西条件的数列叫做**柯西数列**. 所以上述定理也可表述成: 数列 $\{x_n\}$ 收敛的充要条件是 $\{x_n\}$ 是柯西数列.

例 3 给定数列 $\{x_n\}$ 如下:

$$x_n = \frac{\sin 1}{2} + \frac{\sin 2}{4} + \cdots + \frac{\sin n}{2^n}, \quad n = 1, 2, \cdots.$$

证明该数列有极限.

证明 对任意 $\varepsilon > 0$, 由于 $\lim\limits_{n\to\infty} \dfrac{1}{2^n} = 0$, 所以存在 $N \in \mathbf{N}$ 使对所有 $n > N$ 都成立 $\dfrac{1}{2^n} < \varepsilon$. 这样当 $m, n > N$ 时 (不妨设 $m > n$) 有

$$|x_m - x_n| = \left| \frac{\sin(n+1)}{2^{n+1}} + \frac{\sin(n+2)}{2^{n+2}} + \cdots + \frac{\sin m}{2^m} \right|$$

$$\leqslant \frac{1}{2^{n+1}} + \frac{1}{2^{n+2}} + \cdots + \frac{1}{2^m} = \frac{\dfrac{1}{2^{n+1}} - \dfrac{1}{2^{m+1}}}{1 - \dfrac{1}{2}} < \frac{1}{2^n} < \varepsilon.$$

因此由柯西收敛准则知数列 $\{x_n\}$ 有极限.   □

下面这个例子所证明的命题被经常应用来证明一些数列的收敛性.

例 4 **有界变差数列**是指满足下述条件的数列 $\{x_n\}$: 存在正数 M 使对任意大于 1 的正整数 n 都成立

$$|x_2 - x_1| + |x_3 - x_2| + \cdots + |x_n - x_{n-1}| \leqslant M. \tag{2.4.9}$$

上式左端的量叫做 $\{x_n\}$ **前 n 项的变差**. 证明有界变差数列必有极限.

证明 设 $\{x_n\}$ 是有界变差数列. 定义数列 $\{y_n\}$ 如下:

$$y_1 = 0, \quad y_n = |x_2 - x_1| + |x_3 - x_2| + \cdots + |x_n - x_{n-1}|, \quad n = 2, 3, \cdots.$$

显然 $\{y_n\}$ 是单调递增数列, 并且由条件 (2.4.9) 知它有界. 因此根据单调有界原理知 $\{y_n\}$ 收敛. 这样再根据柯西收敛准则, 对任意 $\varepsilon > 0$, 都存在相应的正整数 N, 使对任意 $m, n > N$ 都成立

$$|y_m - y_n| < \varepsilon.$$

当 $m > n$ 时有

$$\begin{aligned}
|x_m - x_n| &= |(x_m - x_{m-1}) + (x_{m-1} - x_{m-2}) + \cdots + (x_{n+1} - x_n)| \\
&\leqslant |x_m - x_{m-1}| + |x_{m-1} - x_{m-2}| + \cdots + |x_{n+1} - x_n| \\
&= y_m - y_n.
\end{aligned}$$

当 $n > m$ 时, 类似地可知 $|x_m - x_n| \leqslant y_n - y_m$. 总之, 有 $|x_m - x_n| \leqslant |y_m - y_n|$. 所以上面的条件保证了, 对任意 $\varepsilon > 0$, 都存在相应的正整数 N, 使对任意 $m, n > N$ 都成立

$$|x_m - x_n| < \varepsilon.$$

因此, 再次应用柯西收敛准则即知 $\{x_n\}$ 有极限. 　　　　　　　　　　　　□

回顾本节讲述的内容, 我们除了证明了定义数 e 的那个特殊数列的收敛性外, 主要建立了以下四个定理: 单调有界原理, 区间套定理, 列紧性原理和柯西收敛准则. 这四个定理都从实数域的完备性即戴德金原理和确界原理推出. 反过来也不难证明: 从上述四个定理中的任何一个都可推出戴德金原理和确界原理 (如见本节习题第 8, 9, 14 和 16 题). 因此, 这四个定理与戴德金原理和确界原理一样, 都是实数域完备性的等价刻画. 其中柯西收敛准则由于只用到了数轴上两点之间的距离 (即表示这两点的两个实数差的绝对值), 所以对于所有定义有距离概念的数学对象都可考虑类似的原理是否在其中成立, 因而具有特别的重要性.

最后介绍几个概念. 设 S 是一个非空的实数集合, 我们可把它看作数轴上的点集. 又设 x_0 是一个实数, 我们可把它看作数轴上的点. 如果存在 S 中一列异于 x_0 的实数 $\{x_n\}$, 即 $x_n \in S$ 且 $x_n \neq x_0$, $n = 1, 2, \cdots$, 使成立 $\lim\limits_{n \to \infty} x_n = x_0$, 则称 x_0 为 S 的**聚点**或**极限点**. 注意 S 的聚点既可在 S 中也可不在 S 中. 例如: 0 便是实数集合 $S = \left\{ 1, \dfrac{1}{2}, \dfrac{1}{3}, \cdots, \dfrac{1}{n}, \cdots \right\}$ 的唯一聚点; 闭区间 $[0, 1]$ 中的每个点都是开区间 $(0, 1)$ 的聚点; 每个实数都是全体有理数的集合 $\mathbf{Q}$ 的聚点; 等等. S 的全部聚点组成的集合叫做 S 的**导集**, 记作 S'. 如果 S 包含它的全部聚点, 即 $S' \subseteq S$, 则称 S 为**闭集** (这个术语的意思是 S 对于极限运算是封闭的). 当 S 不是闭集时, 把 S 的全部聚点添进 S 形成的集合可以证明一定是闭集, 称之为 S 的**闭包**, 记作 $\overline{S}$, 即 $\overline{S} = S \cup S'$. 自然, 对于闭集, 规定它的闭包就是它自己, 从而 $\overline{S} = S \cup S'$ 对任何非空的实数集合 S 都有意义. 与此相对应, S 的全部内点 (此概念的定义见 1.1 节) 组成的集合叫做 S 的**内域**, 记作 S°. 如果 S 中的点全是内点, 即 $S^{\circ} = S$, 则称 S 为**开集**. 易见一个区间是闭集当且仅当它是闭区间; 一个区间是开集当且仅当它是开区间. 这正是 1.1 节所介绍的闭区间、开区间这些术语的来由. 为了行文方便, 人们规定空集既是闭集也是开集. 于是 $\varnothing$ 和 $\mathbb{R}$ 是仅有的两个既是闭集又是开集的实数集合.

习　题　2.4

1. 根据单调有界原理证明下列数列收敛并求其极限 (a 表示正常数):

(1) $x_1 = 0$, $x_{n+1} = \dfrac{1}{4}(3x_n + 2)$, $n = 1, 2, \cdots$;

(2) $x_1 = 1$, $x_{n+1} = \dfrac{1 + 2x_n}{1 + x_n}$, $n = 1, 2, \cdots$;

(3) $0 < x_1 < \dfrac{1}{a}$, $x_{n+1} = x_n(2 - a x_n)$, $n = 1, 2, \cdots$ $\left(\text{这个迭代格式可用来计算 } \dfrac{1}{a}\right)$;

(4) $x_1 > 0$, $x_{n+1} = \dfrac{x_n(x_n^2 + 3a)}{3x_n^2 + a}$, $n = 1, 2, \cdots$;

(5) $x_1 > 0$, $x_{n+1} = \dfrac{1}{3}\left(2x_n + \dfrac{a}{x_n^2}\right)$, $n = 1, 2, \cdots$ (这个迭代格式可用来计算 $\sqrt[3]{a}$);

(6) $x_1 = \sqrt{2}$, $x_2 = \sqrt{2\sqrt{2}}$, $x_3 = \sqrt{2\sqrt{2\sqrt{2}}}$, $\cdots$, $x_n = \underbrace{\sqrt{2\sqrt{2\cdots\sqrt{2}}}}_{n\text{个根号}}$, $\cdots$;

(7) $x_1 = 1$, $x_2 = \sqrt{1 + \sqrt{1}}$, $x_3 = \sqrt{1 + \sqrt{1 + \sqrt{1}}}$, $\cdots$, $x_n = \underbrace{\sqrt{1 + \sqrt{1 + \cdots + \sqrt{1}}}}_{n\text{个根号}}$, $\cdots$.

2. 设 S 是非空有上界的实数集合, a 是 S 的上确界, 但 $a \notin S$. 证明: 存在 S 中的单调递增数列 $\{x_n\}$ 使 $\lim\limits_{n\to\infty} x_n = a$.

3. 设 $\{x_n\}$ 是单调数列, 证明: $\lim\limits_{n\to\infty} x_n = a$ 当且仅当存在子列 $\{x_{n_k}\}$ 使 $\lim\limits_{k\to\infty} x_{n_k} = a$.

4. 证明:

(1) $\dfrac{1}{n+1} < \ln\left(1 + \dfrac{1}{n}\right) < \dfrac{1}{n}$, $n = 1, 2, \cdots$;

(2) $\lim\limits_{n\to\infty} n\ln\left(1 + \dfrac{1}{n}\right) = 1$;

(3) 数列 $x_n = 1 + \dfrac{1}{2} + \dfrac{1}{3} + \cdots + \dfrac{1}{n} - \ln n$ $(n = 1, 2, \cdots)$ 有极限. 这个极限值叫做**欧拉常数**, 记作 c, 其值为 $c = 0.577216\cdots$;

(4) 求 $\lim\limits_{n\to\infty}\left(\dfrac{1}{n+1} + \dfrac{1}{n+2} + \cdots + \dfrac{1}{2n}\right)$.

5. (1) 设 $\lim\limits_{n\to\infty} p_n = +\infty$, $\lim\limits_{n\to\infty} q_n = -\infty$. 根据推论 2.4.1 证明:

$$\lim_{n\to\infty}\left(1 + \dfrac{1}{p_n}\right)^{p_n} = \lim_{n\to\infty}\left(1 + \dfrac{1}{q_n}\right)^{q_n} = \mathrm{e}.$$

(2) 利用 (1) 和习题 2.2 第 10 题的结论证明: 在 (1) 的条件下, 成立

$$\lim_{n\to\infty} p_n\ln\left(1 + \dfrac{1}{p_n}\right) = \lim_{n\to\infty} q_n\ln\left(1 + \dfrac{1}{q_n}\right) = 1.$$

(3) 利用 (1) 和习题 2.2 第 10 题的结论证明: $\lim\limits_{n\to\infty}\left(1 + \dfrac{a}{n}\right)^n = \mathrm{e}^a$, $\forall a \in \mathbf{R}$.

(4) 利用 (2) 或 (3) 的结论证明: $\lim\limits_{n\to\infty} n\ln\left(1 + \dfrac{a}{n}\right) = a$, $\forall a \in \mathbf{R}$.

6. 证明: 数列 $x_n = \dfrac{1}{1+1} + \dfrac{1}{2+\frac{1}{2}} + \cdots + \dfrac{1}{n+\frac{1}{n}} - \ln\dfrac{n}{\sqrt{2}}$ $(n = 1, 2, \cdots)$ 有位于区间 $\left[0, \dfrac{1}{2}\right]$ 的极限.

7. 设 $0 < x_1 < y_1$, 且

$$x_{n+1} = \sqrt{x_n y_n}, \qquad y_{n+1} = \frac{1}{2}(x_n + y_n), \qquad n = 1, 2, \cdots.$$

证明: $\{x_n\}$ 和 $\{y_n\}$ 都有极限并且相等.

8. 应用区间套定理证明关于实数分划的戴德金原理.

9. 应用区间套定理证明确界原理.

10. 含有无穷多个元素的集合 S 如果其中的全部元素可以和全体正整数建立一一对应关系, 即排成一个序列, 则称 S 是**可数集**, 否则称 S 是**不可数集**. 应用区间套定理证明: 区间 $[0, 1]$ 中的全体实数不可数.

11. 设数列 $\{x_n\}$ 可以写成 $x_n = l + r_n$, $n = 1, 2, \cdots$, 其中 r_n 满足 $|r_{n+1}| \leqslant \lambda |r_n|$ $(0 < \lambda < 1)$, $n = 1, 2, \cdots$. 则根据习题 2.1 第 5 题知 $\lim\limits_{n \to \infty} x_n = l$. 应用这个原理证明下列数列收敛并求它们的极限:

(1) $x_1 = 0$, $x_{n+1} = \dfrac{1}{3}(2x_n + 1)$, $n = 1, 2, \cdots$;

(2) $x_1 = 1$, $x_{n+1} = \dfrac{a(1 + x_n)}{a + x_n}$ $(a > 0)$, $n = 1, 2, \cdots$;

(3) $x_1 = 2$, $x_2 = 2 + \dfrac{1}{2}$, $x_3 = 2 + \dfrac{1}{2 + \dfrac{1}{2}}$, $\cdots$;

(4) $x_1 = a$, $x_{n+1} = \dfrac{x_n(x_n^2 + 3a)}{3x_n^2 + a}$ $(a > 0)$, $n = 1, 2, \cdots$.

12. (1) 设数列 $\{x_n\}$ 满足: 存在常数 $0 < \lambda < 1$ 使 $|x_{n+1} - x_n| \leqslant \lambda |x_n - x_{n-1}|$, $n = 2, 3, \cdots$. 证明该数列收敛.

应用以上原理证明下列数列收敛并求它们的极限:

(2) $x_1 = 1$, $x_{n+1} = \dfrac{2 + x_n}{1 + x_n}$, $n = 1, 2, \cdots$;

(3) $x_1 = 3$, $x_{n+1} = \sqrt{2 + x_n}$, $n = 1, 2, \cdots$;

(4) $x_1 = 1$, $x_{n+1} = 1 + \dfrac{1}{x_n}$, $n = 1, 2, \cdots$;

(5) $x_1 = a \in (0, 1]$, $x_{n+1} = \dfrac{1}{2}(a - x_n^2)$, $n = 1, 2, \cdots$;

(6) $x_1 = a \in (0, 1)$, $x_{n+1} = \dfrac{1}{2}(a + x_n^2)$, $n = 1, 2, \cdots$.

13. 证明:

(1) 如果有界数列不收敛, 则必存在两个收敛的子数列, 它们有不同的极限.

(2) 如果 $\{x_n\}$ 是有界数列, 并且它的每个收敛的子数列都收敛于 a, 则 $\lim\limits_{n \to \infty} x_n = a$.

14. 应用列紧性原理证明单调有界原理.

15. 证明下列数列收敛:

(1) $x_n = \sum\limits_{k=1}^{n} \dfrac{\sin ak}{2^k}$ ($n = 1, 2, \cdots$), a 为任意常数;

(2) $x_n = \sum\limits_{k=1}^{n} \dfrac{\cos a_k}{k(k+1)}$ ($n = 1, 2, \cdots$), 其中 $\{a_k\}$ 是任意给定的数列;

(3) $x_n = \sum\limits_{k=1}^{n} \dfrac{a_k}{10^k}$ ($n = 1, 2, \cdots$), 其中 $|a_k| < 10$ $(k = 1, 2, \cdots)$;

(4) $x_n = \sum\limits_{k=1}^{n} \dfrac{\cos(k+1)x - \cos kx}{k}$ ($n = 1, 2, \cdots$), 其中 x 是任意给定的实数.

16. 应用柯西收敛准则证明单调有界原理.

17. 证明: (1) 任意数列都可以表示成单调递增数列与单调递减数列的和;

(2) 任意有界变差数列都可以表示成有界的单调递增数列与有界的单调递减数列的和, 反之亦然. 据此给出本节例 4 的另一证明.

18. 设 $S \subseteq \mathbf{R}$ 且 $S \neq \varnothing$, 又设 $x_0 \in \mathbf{R}$. 证明下面三个条件互相等价:

(i) x_0 是 S 的聚点;

(ii) x_0 的任意邻域都含有 S 中异于 x_0 的点, 即对任意 $\delta > 0$, 都有 $S \cap [(x_0 - \delta, x_0 + \delta) \backslash \{x_0\}] \neq \varnothing$;

(iii) 对任意 $\delta > 0$, $B_\delta(x_0)$ 中都含有 S 中无穷多个不同的点.

2.5 上极限和下极限

以上各节讨论了收敛数列的极限. 本节研究一般的 (不一定收敛的) 数列在 $n \to \infty$ 时的性态.

2.5.1 上极限和下极限的定义与性质

定义 2.5.1 如果实数 a 是数列 $\{x_n\}$ 的一个收敛的子数列的极限, 则称 a 为数列 $\{x_n\}$ 的**部分极限**.

下面先设 $\{x_n\}$ 是有界数列. 根据列紧性原理, $\{x_n\}$ 有子数列收敛, 从而有部分极限. 令

$$L = \{\text{数列 } \{x_n\} \text{ 的全体部分极限}\}.$$

则 L 是非空的有界数集, 因此有上确界和下确界.

定义 2.5.2 对数列 $\{x_n\}$, 设集合 L 如上定义. 则称 $\sup L$ 为 $\{x_n\}$ 的**上极限**, 记作 $\limsup\limits_{n \to \infty} x_n$, 称 $\inf L$ 为 $\{x_n\}$ 的**下极限**, 记作 $\liminf\limits_{n \to \infty} x_n$.

上极限 $\limsup\limits_{n \to \infty} x_n$ 和下极限 $\liminf\limits_{n \to \infty} x_n$ 也经常被分别记作 $\varlimsup\limits_{n \to \infty} x_n$ 和 $\varliminf\limits_{n \to \infty} x_n$, 即

$$\varlimsup_{n \to \infty} x_n = \limsup_{n \to \infty} x_n, \qquad \varliminf_{n \to \infty} x_n = \liminf_{n \to \infty} x_n.$$

例 1 对于数列 $x_n = \sin\left(\dfrac{n\pi}{2}\right)$, $n = 1, 2, \cdots$, 易见

$$L = \{1, 0, -1\}.$$

因此 $\limsup\limits_{n \to \infty} x_n = 1$, $\liminf\limits_{n \to \infty} x_n = -1$.

根据定义知, 如果 $\{x_{n_k}\}$ 为 $\{x_n\}$ 的一个收敛的子数列, 那么其极限必介于 $\{x_n\}$ 的下极限 $\liminf\limits_{n \to \infty} x_n$ 和上极限 $\limsup\limits_{n \to \infty} x_n$ 之间, 即有

$$\liminf_{n \to \infty} x_n \leqslant \lim_{k \to \infty} x_{n_k} \leqslant \limsup_{n \to \infty} x_n. \tag{2.5.1}$$

那么是否下极限和上极限都是部分极限? 这个问题的答案是肯定的.

定理 2.5.1 设 $\{x_n\}$ 是有界数列, $\liminf\limits_{n\to\infty} x_n = a$, $\limsup\limits_{n\to\infty} x_n = b$. 则存在 $\{x_n\}$ 的两个收敛的子数列 $\{x_{n_k}\}$ 和 $\{x_{m_k}\}$, 使得

$$\lim_{k\to\infty} x_{n_k} = a, \qquad \lim_{k\to\infty} x_{m_k} = b.$$

证明 仅以下极限 $a = \liminf\limits_{n\to\infty} x_n$ 为例来证明, 即要找 $\{x_n\}$ 的子数列 $\{x_{n_k}\}$ 使得 $\lim\limits_{k\to\infty} x_{n_k} = a$. 方法如下: 设 L 为 $\{x_n\}$ 的全体部分极限组成的集合. 对任意正整数 k, 由于 $a = \liminf\limits_{n\to\infty} x_n = \inf L$, 所以存在 $a_k \in L$ 使得

$$a \leqslant a_k < a + \frac{1}{k}.$$

而由 $a_k \in L$ 知数列 $\{x_n\}$ 有子数列以 a_k 为极限, 因此数列 $\{x_n\}$ 中必有无穷多项与 a_k 的距离小于 $\dfrac{1}{k}$. 选取其中一个记为 x_{n_k}. 则有

$$|x_{n_k} - a_k| < \frac{1}{k}.$$

应用归纳法来做这样的选取, 可做到使得 $n_1 < n_2 < \cdots < n_k < n_{k+1} < \cdots$. 这样 $\{x_{n_k}\}$ 便是 $\{x_n\}$ 的一个子数列. 从上面两个不等式得到

$$|x_{n_k} - a| \leqslant |x_{n_k} - a_k| + |a_k - a| < \frac{1}{k} + \frac{1}{k} < \frac{2}{k}.$$

因此 $\lim\limits_{k\to\infty} x_{n_k} = a$. $\square$

以上定理表明, 上极限是最大的部分极限, 下极限是最小的部分极限.

定理 2.5.2 设 $\{x_n\}$ 是有界数列. 则 $\{x_n\}$ 有极限的充要条件是

$$\liminf_{n\to\infty} x_n = \limsup_{n\to\infty} x_n. \tag{2.5.2}$$

当这个条件成立时, 有 $\lim\limits_{n\to\infty} x_n = \liminf\limits_{n\to\infty} x_n = \limsup\limits_{n\to\infty} x_n$.

这个定理的一个等价表述为: 有界数列 $\{x_n\}$ 有极限的充要条件是它的全体部分极限的集合 L 只含一个实数.

证明 必要性. 设数列 $\{x_n\}$ 有极限. 记 $a = \lim\limits_{n\to\infty} x_n$. 则由定理 2.1.2 知 $\{x_n\}$ 的每个子数列都以 a 为极限. 因此 $\{x_n\}$ 的全体部分极限的集合 L 只含一个数 a, 从而 $\liminf\limits_{n\to\infty} x_n = \limsup\limits_{n\to\infty} x_n = a$.

充分性. (反证法) 设条件 (2.5.2) 成立但数列 $\{x_n\}$ 不收敛. 则根据柯西收敛准则知, 存在 $\varepsilon_0 > 0$, 使对任意 $N \in \mathbf{N}$ 都存在相应的正整数 $p_N, q_N > N$ 使得

$$|x_{p_N} - x_{q_N}| \geqslant \varepsilon_0. \tag{2.5.3}$$

据此应用归纳法可选出两个子数列 $\{x_{m_k}\}$ 和 $\{x_{n_k}\}$, 它们的对应项之间保持距离不

小于 ε_0. $\{x_{m_k}\}$ 和 $\{x_{n_k}\}$ 的选取办法如下: 当已选定 x_{m_k} 和 x_{n_k} 后, 选取一个正整数 $N > \max\{m_k, n_k\}$, 然后把使式 (2.5.3) 成立的 x_{p_N} 和 x_{q_N} 分别改记为 $x_{m_{k+1}}$ 和 $x_{n_{k+1}}$, 即取 $m_{k+1} = p_N$, $n_{k+1} = q_N$. 由于 $p_N, q_N > N > \max\{m_k, n_k\}$, 所以 $m_{k+1} = p_N > m_k$, 且 $n_{k+1} = q_N > n_k$, 因此 $\{x_{m_k}\}$ 和 $\{x_{n_k}\}$ 中各项没有改变它们在数列 $\{x_n\}$ 中的位置, 即它们都是 $\{x_n\}$ 的子数列. 现在应用列紧性原理先从 $\{x_{m_k}\}$ 中选一个收敛的子数列, 然后从 $\{x_{n_k}\}$ 的相应子数列中再选一个收敛的子数列, 为记号简单仍以 $\{x_{m_k}\}$ 和 $\{x_{n_k}\}$ 表示经过这样选择后得到的收敛的子数列, 则由式 (2.5.3) 知它们的极限互不相同, 这样 L 便至少含两个不同的实数, 从而

$$\liminf_{n\to\infty} x_n = \inf L \neq \sup L = \limsup_{n\to\infty} x_n,$$

这与所设条件矛盾. 因此, 当条件 (2.5.2) 成立时数列 $\{x_n\}$ 必收敛. □

对于给定的有界数列 $\{x_n\}$, 定义两个新的数列 $\{\overline{x}_n\}$ 和 $\{\underline{x}_n\}$ 分别如下:

$$\overline{x}_n = \sup\{x_n, x_{n+1}, \cdots, x_{n+k}, \cdots\}, \quad n = 1, 2, \cdots,$$

$$\underline{x}_n = \inf\{x_n, x_{n+1}, \cdots, x_{n+k}, \cdots\}, \quad n = 1, 2, \cdots.$$

这两个数列分别叫做数列 $\{x_n\}$ 的**上控数列**和**下控数列** (注意这两个数列不必是 $\{x_n\}$ 的子列). 从定义易见

$$\underline{x}_n \leqslant x_n \leqslant \overline{x}_n, \quad n = 1, 2, \cdots. \tag{2.5.4}$$

显然上控数列 $\{\overline{x}_n\}$ 单调递减并且有界, 下控数列 $\{\underline{x}_n\}$ 单调递增并且有界, 因此它们都有极限.

定理 2.5.3 $\displaystyle\lim_{n\to\infty} \overline{x}_n = \limsup_{n\to\infty} x_n$, $\displaystyle\lim_{n\to\infty} \underline{x}_n = \liminf_{n\to\infty} x_n$.

证明 仅以等式 $\displaystyle\lim_{n\to\infty} \overline{x}_n = \limsup_{n\to\infty} x_n$ 为例来证. 另一等式 $\displaystyle\lim_{n\to\infty} \underline{x}_n = \liminf_{n\to\infty} x_n$ 的证明类似.

记 $A = \displaystyle\lim_{n\to\infty} \overline{x}_n$, $a = \displaystyle\limsup_{n\to\infty} x_n$. 先来证明 $a \leqslant A$. 设 c 是数列 $\{x_n\}$ 的任意一个部分极限, 即有子数列 $\{x_{n_k}\}$ 收敛于 c. 从式 (2.5.4) 有

$$x_{n_k} \leqslant \overline{x}_{n_k}, \quad k = 1, 2, \cdots.$$

令 $k \to \infty$ 即得 $c \leqslant A$. 因此, A 是数列 $\{x_n\}$ 的全体部分极限的集合 L 的一个上界, 从而 $a = \sup L \leqslant A$.

再来证明 $A \leqslant a$. 为此证明存在 $\{x_n\}$ 的收敛子数列 $\{x_{n_k}\}$, 其极限为 A. 子数列 $\{x_{n_k}\}$ 这样来取: 由 $A = \displaystyle\lim_{n\to\infty} \overline{x}_n$ 知对任意正整数 k, 存在相应的正整数 N_k, 使对所有 $n > N_k$ 都成立 $|\overline{x}_n - A| < \dfrac{1}{k}$. 取定一个正整数 $n > N_k$. 再由 $\overline{x}_n = \sup\{x_{n+m} : m \in \mathbf{Z}_+\}$ 知必有一项 x_{n+m} 满足 $|x_{n+m} - \overline{x}_n| < \dfrac{1}{k}$. 记这个 x_{n+m} 为 x_{n_k}, 即取 $n_k = n + m$.

则有

$$|x_{n_k} - A| \leqslant |x_{n_k} - \overline{x}_n| + |\overline{x}_n - A| < \frac{1}{k} + \frac{1}{k} = \frac{2}{k}.$$

为了保证 $\{x_{n_k}\}$ 是子数列需要成立 $n_{k+1} > n_k$, 这一条件可通过归纳地取 x_{n_k} 来保证. 在已取定 x_{n_k} 之后, $x_{n_{k+1}}$ 的取法只要使满足 $n > N_{k+1}$ 和 $|\overline{x}_n - A| < \dfrac{1}{k+1}$ 的正整数 n 还满足 $n > n_k$ 即可. 显然这样得到的子数列 $\{x_{n_k}\}$ 以 A 为极限. 这说明 $A \in L$, 从而 $A \leqslant \sup L = a$.

综上两步就证明了 $a = A$. □

2.5.2　上极限和下极限的运算

相比极限运算, 上极限和下极限运算的优点在于不是每个数列都有极限, 但每个有界数列却都有上极限和下极限. 因此, 在一些很难建立数列的收敛性的问题中, 采用上极限和下极限作为极限运算的替代往往是一种有效的手段. 但是另一方面, 相比极限运算, 上极限和下极限运算又存在一个缺点, 就是对于它们不存在类似于极限的四则运算那样的公式 (请读者举反例). 但仍然成立下面一系列 (定理 2.5.4 ~ 定理 2.5.6) 相对较弱的结论.

定理 2.5.4　设 $\{x_n\}$ 和 $\{y_n\}$ 都是有界数列. 则有下列结论:

(1) $\limsup\limits_{n\to\infty}(-x_n) = -\liminf\limits_{n\to\infty} x_n, \liminf\limits_{n\to\infty}(-x_n) = -\limsup\limits_{n\to\infty} x_n$;

(2) $\liminf\limits_{n\to\infty} x_n + \liminf\limits_{n\to\infty} y_n \leqslant \liminf\limits_{n\to\infty}(x_n + y_n) \leqslant \liminf\limits_{n\to\infty} x_n + \limsup\limits_{n\to\infty} y_n$;

(3) $\liminf\limits_{n\to\infty} x_n + \limsup\limits_{n\to\infty} y_n \leqslant \limsup\limits_{n\to\infty}(x_n + y_n) \leqslant \limsup\limits_{n\to\infty} x_n + \limsup\limits_{n\to\infty} y_n$.

证明　结论 (1) 是显然的. 现只证明结论 (2), 因为结论 (3) 的证明类似, 因此留给读者.

用 L_1, L_2 和 L_3 分别表示数列 $\{x_n\}$, $\{y_n\}$ 和 $\{x_n + y_n\}$ 的全体部分极限组成的集合. 先证明对任意 $c \in L_3$ 都存在相应的 $a \in L_1$ 和 $b \in L_2$ 使成立 $c = a + b$. 事实上, 由 $c \in L_3$ 知存在 $\{x_n + y_n\}$ 的子数列 $\{x_{n_k} + y_{n_k}\}$ 收敛于 c. $\{x_n\}$ 和 $\{y_n\}$ 的相应子数列 $\{x_{n_k}\}$ 和 $\{y_{n_k}\}$ 不一定收敛, 但这两个子数列都有收敛的子数列. 先取 $\{x_{n_k}\}$ 的一个收敛的子数列记为 $\{x_{n_{k_l}}\}$, 并记其极限为 a. 再考虑 $\{y_{n_k}\}$ 的相应子数列 $\{y_{n_{k_l}}\}$. 这个子数列不一定收敛, 但它有收敛的子数列. 为不致使记号过于复杂, 不妨设 $\{y_{n_{k_l}}\}$ 收敛. 记其极限为 b. 则由 $c = \lim\limits_{k\to\infty}(x_{n_k} + y_{n_k})$ 得到

$$c = \lim_{l\to\infty}(x_{n_{k_l}} + y_{n_{k_l}}) = \lim_{l\to\infty} x_{n_{k_l}} + \lim_{l\to\infty} y_{n_{k_l}} = a + b.$$

这就证明了所要证明的结论.

由此有 $c = a + b \geqslant \inf L_1 + \inf L_2$, 即 L_3 中的每个数都不小于 $\inf L_1 + \inf L_2$, 从而有 $\inf L_3 \geqslant \inf L_1 + \inf L_2$. 这就证明了结论 (2) 中的第一个不等式.

类似地可以证明: 对任意 $a \in L_1$ 都存在相应的 $b \in L_2$ 使成立 $a + b \in L_3$. 据此得到对任意 $a \in L_1$ 都存在相应的 $b \in L_2$ 使成立 $a + b \geqslant \inf L_3$. 由于 $a + b \leqslant a + \sup L_2$, 所以得到 $\inf L_3 \leqslant a + \sup L_2$, 从而 $a \geqslant \inf L_3 - \sup L_2$, 即 L_1 中的每个数都不小于 $\inf L_3 - \sup L_2$, 所以 $\inf L_1 \geqslant \inf L_3 - \sup L_2$, 亦即 $\inf L_3 \leqslant \inf L_1 + \sup L_2$. 这就证明了结论 (2) 中的第二个不等式. □

定理 2.5.5 设 $\{x_n\}$ 和 $\{y_n\}$ 都是有界非负数列. 则有下列结论:

(1) $\liminf\limits_{n \to \infty} x_n \cdot \liminf\limits_{n \to \infty} y_n \leqslant \liminf\limits_{n \to \infty}(x_n y_n) \leqslant \liminf\limits_{n \to \infty} x_n \cdot \limsup\limits_{n \to \infty} y_n$;

(2) $\liminf\limits_{n \to \infty} x_n \cdot \limsup\limits_{n \to \infty} y_n \leqslant \limsup\limits_{n \to \infty}(x_n y_n) \leqslant \limsup\limits_{n \to \infty} x_n \cdot \limsup\limits_{n \to \infty} y_n$.

证明与前一定理的证明类似, 故从略.

定理 2.5.6 设数列 $\{x_n\}$ 收敛, 数列 $\{y_n\}$ 有界. 则有下列结论:

(1) $\liminf\limits_{n \to \infty}(x_n + y_n) = \lim\limits_{n \to \infty} x_n + \liminf\limits_{n \to \infty} y_n$,

$\limsup\limits_{n \to \infty}(x_n + y_n) = \lim\limits_{n \to \infty} x_n + \limsup\limits_{n \to \infty} y_n$.

进一步, 如果数列 $\{x_n\}$ 的各项都是非负数, 则还有下列结论:

(2) $\liminf\limits_{n \to \infty}(x_n y_n) = \lim\limits_{n \to \infty} x_n \cdot \liminf\limits_{n \to \infty} y_n, \quad \limsup\limits_{n \to \infty}(x_n y_n) = \lim\limits_{n \to \infty} x_n \cdot \limsup\limits_{n \to \infty} y_n$.

证明留给读者.

例 2 设数列 $\{x_n\}$ 由以下递推公式给出:

$$x_1 = 2, \quad x_n = \frac{n+1}{2n} x_{n-1} + 1, \quad n = 2, 3, \cdots.$$

证明: $\lim\limits_{n \to \infty} x_n = 2$.

证明 先证明 $\{x_n\}$ 是有界数列. 显然有 $x_n \geqslant 1, \forall n \in \mathbf{N}$. 下证 $x_n \leqslant 4, \forall n \in \mathbf{N}$. 这可应用数学归纳法证明. 显然 $x_1 \leqslant 4$. 假设已知 $x_{n-1} \leqslant 4 \ (n \geqslant 2)$, 则由递推公式得

$$x_n = \frac{n+1}{2n} x_{n-1} + 1 \leqslant 2 \left(1 + \frac{1}{n} \right) + 1 \leqslant 2 \cdot \frac{3}{2} + 1 = 4.$$

因此 $x_n \leqslant 4, \forall n \in \mathbf{N}$.

这样一来, $\{x_n\}$ 的上、下极限都存在. 记 $a = \limsup\limits_{n \to \infty} x_n, b = \liminf\limits_{n \to \infty} x_n$. 在递推公式两端分别取上极限, 应用定理 2.5.6 得到

$$a = \limsup\limits_{n \to \infty} x_n = \lim\limits_{n \to \infty} \frac{n+1}{2n} \cdot \limsup\limits_{n \to \infty} x_{n-1} + 1 = \frac{1}{2} a + 1,$$

解得 $a = 2$. 类似地, 在递推公式两端分别取下极限并应用定理 2.5.6, 又有 $b = 2$. 因上、下极限相等, 所以 $\{x_n\}$ 有极限, 且 $\lim\limits_{n \to \infty} x_n = 2$. □

例 3 设正数列 $\{x_n\}$ 满足

$$0 \leqslant x_{n+1} \leqslant \frac{x_{n-1} + x_n}{2}, \quad n = 2, 3, \cdots.$$

证明: 数列 $\{x_n\}$ 收敛.

证明   先证明 $\{x_n\}$ 是有界数列. 事实上, 若记 $M = \max\{x_1, x_2\}$, 则用归纳法不难证明 $x_n \leqslant M, \forall n \in \mathbf{N}$. 所以 $\{x_n\}$ 是有界数列. 由此 $\{x_n\}$ 的上、下极限都存在. 记

$$a = \limsup_{n \to \infty} x_n, \quad b = \liminf_{n \to \infty} x_n.$$

再证明 $2x_{n+1} + x_n$ 是单调递减数列. 事实上, 由递推不等式有 $2x_{n+1} \leqslant x_n + x_{n-1}$, 从而 $2x_{n+1} + x_n \leqslant 2x_n + x_{n-1}$. 因此 $2x_{n+1} + x_n$ 是单调递减数列. 由此有

$$2x_{m+1} + x_m \leqslant 2x_{n+1} + x_n, \quad \forall m, n \in \mathbf{N}, \ m > n.$$

对每个给定的正整数 n, 在此不等式两端令 $m \to \infty$ 取上极限, 应用定理 2.5.4 和定理 2.5.6 得到

$$2a + b = \limsup_{m \to \infty} 2x_{m+1} + \liminf_{m \to \infty} x_m \leqslant \limsup_{m \to \infty} (2x_{m+1} + x_m) \leqslant 2x_{n+1} + x_n.$$

再令 $n \to \infty$ 取下极限, 同样应用定理 2.5.4 和定理 2.5.6 得到

$$2a + b \leqslant \liminf_{n \to \infty} (2x_{n+1} + x_n) \leqslant \liminf_{n \to \infty} 2x_{n+1} + \limsup_{n \to \infty} x_n = 2b + a.$$

由此推知 $a \leqslant b$. 另一方面显然有 $b \leqslant a$, 所以 $a = b$, 即上、下极限相等. 因此数列 $\{x_n\}$ 收敛.   □

例 4   运用上、下极限证明: 如果 $\lim\limits_{n \to \infty} x_n = a$, 则

$$\lim_{n \to \infty} \frac{x_1 + x_2 + \cdots + x_n}{n} = a.$$

证明   用 $\{y_n\}$ 表示上式中的数列. 只需证明 $\lim\limits_{n \to \infty} |y_n - a| = 0$. 为此先证明 $\{y_n\}$ 是有界数列. 事实上, 由于数列 $\{x_n\}$ 有极限, 所以它是有界数列. 设 $|x_n| \leqslant M$, $\forall n \in \mathbf{N}$. 则易见

$$|y_n| \leqslant \frac{|x_1| + |x_2| + \cdots + |x_n|}{n} \leqslant \frac{nM}{n} = M, \quad n = 1, 2, \cdots.$$

因此 $\{y_n\}$ 是有界数列, 进而 $\{|y_n - a|\}$ 也是有界数列. 所以 $\limsup\limits_{m \to \infty} |y_n - a|$ 存在, 记为 b. 自然有 $b \geqslant 0$. 对任意给定的 $\varepsilon > 0$, 由 $\lim\limits_{n \to \infty} x_n = a$ 知存在相应的 N, 使当 $n > N$ 时, $|x_n - a| < \varepsilon$. 因此对数列 $\{|y_n - a|\}$ 的所有满足 $n > N$ 的项都有

$$
\begin{aligned}
|y_n - a| &\leqslant \frac{|x_1 - a| + |x_2 - a| + \cdots + |x_n - a|}{n} \\
&< \frac{|x_1 - a| + |x_2 - a| + \cdots + |x_N - a| + (n - N) \cdot \varepsilon}{n} \\
&= \frac{|x_1 - a| + |x_2 - a| + \cdots + |x_N - a|}{n} + \left(1 - \frac{N}{n}\right)\varepsilon.
\end{aligned}
$$

取定 N 之后, 令 $n \to \infty$ 取上极限, 就得到

$$b = \limsup_{n\to\infty} |y_n - a| \leqslant \lim_{n\to\infty} \frac{|x_1 - a| + |x_2 - a| + \cdots + |x_N - a|}{n}$$

$$+ \lim_{n\to\infty} \left(1 - \frac{N}{n}\right)\varepsilon = \varepsilon,$$

即证明了对任意正数 ε 都成立 $b \leqslant \varepsilon$. 由于 $b \geqslant 0$, 为使这个条件成立只能有 $b = 0$. 这就证明了 $\lim\limits_{n\to\infty} |y_n - a| = 0$. 因此 $\lim\limits_{n\to\infty} y_n = a$. □

最后, 对于一般的 (不必有界的) 数列 $\{x_n\}$, 仍然记

$$L = \{\text{数列 } \{x_n\} \text{ 的全体部分极限}\}.$$

则 L 有四种情形: ① $L \neq \varnothing$ 且有上界, 但无下界; ② $L \neq \varnothing$ 且有下界, 但无上界; ③ $L \neq \varnothing$ 且既无上界, 又无下界; ④ $L = \varnothing$. 对情形①, 定义 $\limsup\limits_{n\to\infty} x_n = \sup L$, $\liminf\limits_{n\to\infty} x_n = -\infty$. 对情形②, 定义 $\limsup\limits_{n\to\infty} x_n = +\infty$, $\liminf\limits_{n\to\infty} x_n = \inf L$. 对情形③, 定义 $\limsup\limits_{n\to\infty} x_n = +\infty$, $\liminf\limits_{n\to\infty} x_n = -\infty$. 对情形④, 显然 $\lim\limits_{n\to\infty} x_n = \infty$. 如果 $\lim\limits_{n\to\infty} x_n = +\infty$, 则定义 $\limsup\limits_{n\to\infty} x_n = \liminf\limits_{n\to\infty} x_n = +\infty$; 如果 $\lim\limits_{n\to\infty} x_n = -\infty$, 则定义 $\limsup\limits_{n\to\infty} x_n = \liminf\limits_{n\to\infty} x_n = -\infty$. 如果以上两种情况都不是, 则 $\{x_n\}$ 既有子列趋于正无穷大, 又有子列趋于负无穷大, 这时定义 $\limsup\limits_{n\to\infty} x_n = +\infty$, $\liminf\limits_{n\to\infty} x_n = -\infty$. 这样作了规定之后, 无论数列 $\{x_n\}$ 是否有界, 记号 $\limsup\limits_{n\to\infty} x_n$ 和 $\liminf\limits_{n\to\infty} x_n$ 便都有意义.

习 题 2.5

1. 求以下数列的上、下极限:

(1) $x_n = (-1)^n \sqrt[n]{n} + \dfrac{1}{\sqrt[n]{n}}$;

(2) $x_n = \dfrac{n}{n+1} \sin\left(\dfrac{n\pi}{2} + \dfrac{\pi}{3}\right)$;

(3) $x_n = \sqrt[n]{1 + 2^{n(-1)^n}}$;

(4) $x_n = \dfrac{n^2}{n^2+1} \cos^2 \dfrac{n\pi}{4}$;

(5) $x_n = \left(2(-1)^{\sigma(n)} + \dfrac{1}{n}\right) \sin \dfrac{n\pi}{2}$, $\sigma(n)$ 表示 n 的素因子个数.

2. (1) 设 $\{x_n\}$ 是有界非负数列, m 是正整数. 证明:

$$\liminf_{n\to\infty} x_n^m = \left(\liminf_{n\to\infty} x_n\right)^m, \qquad \limsup_{n\to\infty} x_n^m = \left(\limsup_{n\to\infty} x_n\right)^m.$$

如果去掉 x_n 非负的假设, 则当 m 是正奇数时以上二式也成立.

(2) 设正数列 $\{x_n\}$ 有界且有正的下界. 证明:

$$\liminf_{n\to\infty} \frac{1}{x_n} = \frac{1}{\limsup\limits_{n\to\infty} x_n}, \qquad \limsup_{n\to\infty} \frac{1}{x_n} = \frac{1}{\liminf\limits_{n\to\infty} x_n}.$$

3. 应用上、下极限求以下数列的极限:

(1) $x_1 = 0$, $x_{n+1} = \dfrac{1}{3}(x_n + 2)$, $n = 1, 2, \cdots$;

(2) $x_1 = 0$, $x_{n+1} = \dfrac{1}{2}(x_n^2 + 1)$, $n = 1, 2, \cdots$;

(3) $x_1 = 2$, $x_{n+1} = \dfrac{3 + 2x_n}{2 + 3x_n}$, $n = 1, 2, \cdots$;

(4) $x_1 = 3$, $x_2 = 3 + \dfrac{1}{3}$, $x_3 = 3 + \dfrac{1}{3 + \dfrac{1}{3}}$, $\cdots$;

(5) $x_1 = \sqrt{3}$, $x_2 = \sqrt{3\sqrt{3}}$, $x_3 = \sqrt{3\sqrt{3\sqrt{3}}}$, $\cdots$, $x_n = \underbrace{\sqrt{3\sqrt{3\cdots\sqrt{3}}}}_{n\text{个根号}}$, $\cdots$;

(6) $x_1 = \sqrt{3}$, $x_2 = \sqrt{3 + \sqrt{3}}$, $x_3 = \sqrt{3 + \sqrt{3 + \sqrt{3}}}$, $\cdots$, $x_n = \underbrace{\sqrt{3 + \sqrt{3 + \cdots + \sqrt{3}}}}_{n\text{个根号}}$,

$\cdots$;

(7) $x_1 = a \in (0, 1)$, $x_{n+1} = \dfrac{1}{2}(a + x_n^2)$, $n = 1, 2, \cdots$;

(8) $x_1 = a \in (0, 1]$, $x_{n+1} = \dfrac{1}{2}(a - x_n^2)$, $n = 1, 2, \cdots$.

4. (1) 设 $x_1 = y_1 = 1$, 且

$$x_{n+1} = x_n + 2y_n, \qquad y_{n+1} = x_n + y_n, \qquad n = 1, 2, \cdots.$$

应用上、下极限求 $\lim\limits_{n \to \infty} \dfrac{x_n}{y_n}$;

(2) 设 $x_n > 0$, $n = 1, 2, \cdots$, $y_1 = 0$, 且

$$y_{n+1} = \sqrt{x_n + y_n}, \qquad n = 1, 2, \cdots.$$

应用上、下极限证明: $\lim\limits_{n \to \infty} y_n$ 存在当且仅当 $\lim\limits_{n \to \infty} x_n$ 存在.

5. 应用上、下极限证明柯西收敛准则.

6. 应用区间套定理和定理 2.5.3 证明定理 2.5.2.

7. (1) 设数列 $\{x_n\}$ 有界并满足条件: $\lim\limits_{n \to \infty}(x_{n+1} + 2x_n) = 1$. 证明 x_n 收敛, 并求极限.

(2) 设数列 $\{x_n\}$ 有界并满足条件: $\lim\limits_{n \to \infty}(x_{2n} + 2x_n) = 1$. 证明 x_n 收敛, 并求极限.

(3) 如果把上题中的 $x_{2n} + 2x_n$ 换为 $x_n + 2x_{2n}$, 问结论是否成立? 举例说明.

(4) 设数列 $\{x_n\}$ 满足以下两个条件: ① $x_n = O\left(\dfrac{1}{n}\right)$; ② $\lim\limits_{n \to \infty} n(x_{2n} + x_n) = c$, c 为常数. 证明极限 $\lim\limits_{n \to \infty} nx_n$ 存在, 并求其值.

8. 设 $\lim\limits_{n \to \infty}(x_{n+1} - x_n) = a$. 不要应用 2.1 节例 7, 而用上、下极限方法证明: $\lim\limits_{n \to \infty} \dfrac{x_n}{n} = a$.

9. 设正数列 $\{x_n\}$ 收敛且极限为 a. 令 $y_n = \sqrt[n]{x_1 x_2 \cdots x_n}$, $n = 1, 2, \cdots$. 用上、下极限方法证明: 数列 $\{y_n\}$ 也收敛且极限也是 a.

10. 设正数列 $\{x_n\}$ 满足条件: $x_{m+n} \leqslant x_m + x_n$. 证明: 极限 $\lim\limits_{n \to \infty} \dfrac{x_n}{n}$ 存在.

第 2 章综合习题

1. 证明 $\lim\limits_{n\to\infty} x_n = a$ 除了 2.1 节中给出的两种等价定义外, 还有以下几种常用的等价定义:

(1) $\exists C > 0, \forall \varepsilon > 0, \exists N \in \mathbf{N}$, 使得 $\forall n > N$ 都成立 $|x_n - a| < C\varepsilon$ (应用中经常取 C 为 $2, 3, \dfrac{1}{2}, \dfrac{1}{3}, \dfrac{1}{M}, \dfrac{1}{2M}$ 等具体的值);

(2) $\forall \varepsilon > 0, \exists N \in \mathbf{N}$, 使得 $\forall n \geqslant N$ 都成立 $|x_n - a| < \varepsilon$;

(3) $\forall \varepsilon > 0, \exists N \in \mathbf{N}$, 使得 $\forall n > N$ 都成立 $|x_n - a| \leqslant \varepsilon$;

(4) $\exists c > 0, \forall \varepsilon \in (0, c), \exists N \in \mathbf{N}$, 使得 $\forall n \geqslant N$ 都成立 $|x_n - a| < \varepsilon$ (应用中 c 的值经常取定);

(5) $\exists c, C > 0, \forall \varepsilon \in (0, c), \exists N \in \mathbf{N}$, 使得 $\forall n \geqslant N$ 都成立 $|x_n - a| < C\varepsilon$ (应用中 c, C 的值经常取定).

2. (1) 设数列 $\{x_n\}$ 被分成了有限个子数列 $\{x_{n_k^{(1)}}\}, \{x_{n_k^{(2)}}\}, \cdots, \{x_{n_k^{(m)}}\}$, 其中每个子数列都收敛且它们有相同的极限 a:

$$\lim_{k\to\infty} x_{n_k^{(j)}} = a, \quad j = 1, 2, \cdots, m.$$

证明: $\lim\limits_{n\to\infty} x_n = a$.

(2) 如果改为无限个子数列, 结论是否仍然成立? 考虑如下的数列 $\{x_n\}$:

$$x_n = \frac{j}{m}, \quad \text{当 } n = \frac{1}{2}m(m-1) + j, \ j = 1, 2, \cdots, m, \ m \in \mathbf{N}.$$

试把这个数列分为无限个子数列, 其中每个子数列都以零为极限. 这个数列是否收敛?

3. 设数列 $\{x_n\}$ 由以下递推公式给出:

$$x_1 = 2, \quad x_{n+1} = \frac{1}{3}(x_n + 2), \quad n = 1, 2, \cdots.$$

(1) 根据数列极限的定义证明: $\lim\limits_{n\to\infty} x_n = 1$.

(2) 运用两边夹法则证明: $\lim\limits_{n\to\infty} x_n = 1$.

(3) 运用单调有界原理证明: $\lim\limits_{n\to\infty} x_n = 1$.

(4) 运用柯西收敛准则证明: $\lim\limits_{n\to\infty} x_n = 1$.

(5) 运用上、下极限证明: $\lim\limits_{n\to\infty} x_n = 1$.

4. 设数列 $\{x_n\}$ 由以下递推公式给出: $x_1 = b, x_{n+1} = x_n^2 + (1-2a)x_n + a^2, n = 1, 2, \cdots$. 当 a, b 满足什么条件时, 该数列有极限? 极限值是多少?

5. 设 $x_1 = a, x_2 = b, x_{n+2} = \dfrac{1}{2}(x_{n+1} + x_n), n = 1, 2, \cdots$, 证明 $\lim\limits_{n\to\infty} x_n$ 存在, 并求其值.

6. 设 $a, b > 0$, 数列 $\{x_n\}$ 如下归纳地给定: $x_1 = a, x_{n+1} = b\arctan x_n, n = 1, 2, \cdots$. 已知当 $0 < x < \dfrac{\pi}{2}$ 时, $\dfrac{\tan x}{x}$ 是单调递增函数, 据此证明: 当 $0 < b \leqslant 1$ 时, $\lim\limits_{n\to\infty} x_n = 0$; 当 $b > 1$ 时, $\lim\limits_{n\to\infty} x_n = c$, 其中 c 为方程 $x = b\arctan x$ 的唯一正根.

7. 设 $a > 0$, $0 < b \leqslant \dfrac{\pi}{2}$, 数列 $\{x_n\}$ 如下归纳地给定: $x_1 = a$, $x_{n+1} = b\sin x_n$, $n = 1, 2, \cdots$. 已知当 $0 < x < \dfrac{\pi}{2}$ 时, $\dfrac{\sin x}{x}$ 是单调递减函数, 据此证明: 当 $0 < b \leqslant 1$ 时, $\lim\limits_{n \to \infty} x_n = 0$; 当 $1 < b \leqslant \dfrac{\pi}{2}$ 时, $\lim\limits_{n \to \infty} x_n = c$, 其中 c 为方程 $x = b\sin x$ 的唯一正根.

8. 设 $\{x_n\}$ 是方程 $\tan x = x$ 的全部正根按从小到大的顺序排列所形成的数列. 证明:

(1) $\lim\limits_{n \to \infty}(x_n - n\pi) = \dfrac{\pi}{2}$;

(2) $\lim\limits_{n \to \infty}(x_{n+1} - x_n) = \pi$.

9. 用 l_n 和 L_n 分别表示内接于和外切于半径为 R 的圆的正 n 边形的周长. 试用定理 1.3.6 和习题 1.3 第 8 题的不等式证明:

$$\lim_{n \to \infty} l_n = L_n = 2R\pi.$$

10. 设 $\{p_n\}$ 是正数列, 数列 $\{x_n\}$ 收敛且 $\lim\limits_{n \to \infty} x_n = a$. 证明:

(1) 如果 $\lim\limits_{n \to \infty}(p_1 + p_2 + \cdots + p_n) = +\infty$, 则

$$\lim_{n \to \infty} \frac{p_1 x_1 + p_2 x_2 + \cdots + p_n x_n}{p_1 + p_2 + \cdots + p_n} = a;$$

(2) 如果 $\lim\limits_{n \to \infty} \dfrac{p_1 + p_2 + \cdots + p_n}{p_n} = +\infty$, 则

$$\lim_{n \to \infty} \frac{p_n x_1 + p_{n-1} x_2 + \cdots + p_1 x_n}{p_1 + p_2 + \cdots + p_n} = a.$$

11. 设 $\lim\limits_{n \to \infty} x_n = a$. 证明: $\lim\limits_{n \to \infty}\left(1 + \dfrac{x_n}{n}\right)^n = \mathrm{e}^a$, $\lim\limits_{n \to \infty} n\ln\left(1 + \dfrac{x_n}{n}\right) = a$.

根据以上结论求下列极限 (必要时可应用习题 1.3 第 8 题的不等式):

(1) $\lim\limits_{n \to \infty}\left(\dfrac{n+a}{n+b}\right)^n$;

(2) $\lim\limits_{n \to \infty}\left(1 + \dfrac{a}{n} + \dfrac{b}{n^2}\right)^n$;

(3) $\lim\limits_{n \to \infty}\left(1 + \dfrac{1}{\sqrt{n}}\cos\dfrac{1}{n}\right)^{\sqrt{n}}$;

(4) $\lim\limits_{n \to \infty} n\ln\left(1 + \dfrac{\sqrt[n]{n}}{n}\right)$;

(5) $\lim\limits_{n \to \infty} \cos^n \dfrac{a}{\sqrt{n}}$;

(6) $\lim\limits_{n \to \infty}\left(\cos\dfrac{a}{n} + b\sin\dfrac{a}{n}\right)^n$.

12. 设 a, b, c 都是正常数. 求下列极限:

(1) $\lim\limits_{n \to \infty} n(\sqrt[n]{a} - 1)$;

(2) $\lim\limits_{n \to \infty}\left(\dfrac{a - 1 + \sqrt[n]{b}}{a}\right)^n$;

(3) $\lim\limits_{n \to \infty}\left(\dfrac{\sqrt[n]{a} + \sqrt[n]{b}}{2}\right)^n$;

(4) $\lim\limits_{n \to \infty}\left(\dfrac{\sqrt[n^2]{a} + \sqrt[n^2]{b}}{\sqrt[n]{a} + \sqrt[n]{b}}\right)^n$;

(5) $\lim\limits_{n \to \infty}\left(\dfrac{\sqrt[n]{a} + \sqrt[n]{b} + \sqrt[n]{c}}{3}\right)^n$;

(6) $\lim\limits_{n \to \infty}\left(\dfrac{a\sqrt[n]{a} + b\sqrt[n]{b} + c\sqrt[n]{c}}{a + b + c}\right)^n$.

13. (1) 证明: $\dfrac{1}{(n+1)!} < \mathrm{e} - \left(2 + \dfrac{1}{2!} + \dfrac{1}{3!} + \cdots + \dfrac{1}{n!}\right) < \dfrac{1}{nn!}$, $n = 1, 2, \cdots$;

(2) 证明: $e = 2 + \dfrac{1}{2!} + \dfrac{1}{3!} + \cdots + \dfrac{1}{n!} + \dfrac{\theta_n}{n!}$, $n = 1, 2, \cdots$, 其中 $\dfrac{1}{n+1} < \theta_n < \dfrac{1}{n}$;

(3) 证明 e 是无理数.

14. 应用柯西收敛准则证明以下数列收敛:

(1) $x_1 = 1$, $x_{n+1} = 2 + \dfrac{1}{\sqrt{x_n}}$, $n = 1, 2, \cdots$;

(2) $x_1 = a$, $x_{n+1} = a + \dfrac{b}{x_n}$ $(a, b > 0)$, $n = 1, 2, \cdots$;

(3) $x_1 = \dfrac{\pi}{4}$, $x_{n+1} = \cos x_n$, $n = 1, 2, \cdots$;

(4) $x_1 = 1$, $x_{n+1} = \operatorname{arccot} x_n$, $n = 1, 2, \cdots$.

15. 应用柯西收敛准则证明以下数列不收敛:

(1) $x_n = 1 + \dfrac{1}{2^p} + \dfrac{1}{3^p} + \cdots + \dfrac{1}{n^p}$ $(0 < p \leqslant 1)$, $n = 1, 2, \cdots$;

(2) $x_1 = \dfrac{1}{\sqrt{2} - 1}$, $x_{2n} = x_{2n-1} - \dfrac{1}{\sqrt{n+1} + 1}$, $x_{2n+1} = x_{2n} + \dfrac{1}{\sqrt{n+2} - 1}$, $n = 1, 2, \cdots$;

(3) $x_n = \displaystyle\sum_{j=1}^{n} \sin jx$ $(x \neq k\pi, \ k \in \mathbf{Z})$, $n = 1, 2, \cdots$.

16. 设非负数列 $\{x_n\}$ 满足条件: $x_{m+n}^{m+n} \leqslant x_m^m x_n^n$, $\forall m, n \in \mathbf{N}$. 证明: $\{x_n\}$ 收敛.

17. 设非负数列 $\{x_n\}$ 满足条件: $x_{n+1} \leqslant \theta x_n + (1 - \theta) x_{n-1}$, $n = 2, 3, \cdots$, 其中常数 $0 < \theta < 1$. 证明: $\{x_n\}$ 收敛.

18. 证明: 数列的全体部分极限组成的集合是闭集.

19. 证明: 第 2 题 (2) 所给出的数列的全体部分极限组成的集合是 $[0, 1]$.

20. 设数列 $\{x_n\}$ 有界并满足条件: $\lim\limits_{n \to \infty} (x_{n+1} - x_n) = 0$. 证明: 如果 x_n 不收敛, 则它的全部部分极限组成一个闭区间.

第 3 章

函数的极限和连续性

本章学习函数的极限, 并在此基础上学习函数连续性的概念和连续函数的各种性质. 3.1 节和 3.2 节讨论函数的极限. 由于函数的极限和数列的极限有很多类似之处, 所以, 如果第 2 章掌握得比较好, 本章讲述的函数的极限及其性质和运算就不难理解. 3.3 节应用函数极限的概念给出函数连续性的定义, 并讨论连续函数的运算. 3.4 节讨论闭区间上连续函数的性质.

3.1　函数的极限

3.1.1　函数极限的定义

第 2 章学习了数列的极限. 现在介绍函数的极限. 为了引出函数极限的概念, 先看一个例子.

考虑求变速直线运动的物体的速度问题. 设一做直线运动的物体所走过的路程 s 关于时间 t 的函数关系为 $s = f(t)$. 对于做匀速运动的物体, 其速度等于路程除以时间. 但对于做变速运动的物体, 其速度是时刻变化的, 不能这样简单地计算. 在一个给定的时刻 t_0, 先考虑它在一个充分短的时间段 $[t_0, t]$ 中的平均速度, 其中 t 是充分接近 t_0 的另一时刻. 注意这里选取了 $t > t_0$, 当然也可选取 $t < t_0$, 这时就在时间段 $[t, t_0]$ 上考虑. 物体在此时间段里走过的路程为 $\Delta s = f(t) - f(t_0)$, 所用时间为 $\Delta t = t - t_0$, 所以平均速度为

$$\frac{\Delta s}{\Delta t} = \frac{f(t) - f(t_0)}{t - t_0}.$$

假设时间段 $[t_0, t]$ 非常短. 则物体在这个时间段里速度的变化微乎其微, 因而可以近似地看成物体是在做匀速运动. 这样就可把物体在这个时间段里的上述平均速度近似地作为物体在时刻 t_0 的速度. 显然地, t 越接近于 t_0, 这样做的误差就越小. 因此, 为了彻底消除误差, 令 t 无限地接近于 t_0. 这时, 如果上述平均速度也随之无限接近于一个实数 v, 就把这个实数 v 定义为物体在 t_0 时刻的**瞬时速度**. 在物理学中, 变速直线运动物体的瞬时速度就是这样定义的.

以自由落体运动为例, 自由落体下落的路程 s 关于时间 t 的函数关系为 $s = \dfrac{1}{2}gt^2$, 其中 g 为重力加速度. 在时间段 $[t_0, t]$ 里, 自由落体的平均速度为

$$\frac{\dfrac{1}{2}gt^2 - \dfrac{1}{2}gt_0^2}{t - t_0} = \frac{1}{2}g(t + t_0).$$

当 t 无限接近于 t_0 时, 这个平均速度无限接近于 gt_0. 因此自由落体在 t_0 时刻的瞬时速度就是 gt_0.

有了第 2 章学习的数列极限的概念, 自然会想到, 这里所做的其实就是在求平均速度函数

$$g(t) = \frac{f(t) - f(t_0)}{t - t_0}$$

当时刻 t 无限趋近于 t_0 时的极限.

注意, 函数 $g(t)$ 在 $t = t_0$ 时没有定义, 但至少在包含 t_0 的一个开区间中除去 t_0 外处处有定义. 这个例子说明, 在讨论一个函数在某个点 x_0 的极限时, 这个函数可以在点 x_0 没有定义, 但必须在点 x_0 的一个小邻域中除去该点 x_0 外处处有定义. 因此, 仿照数列极限的定义, 给出函数极限如下定义.

定义 3.1.1 设函数 f 在点 x_0 的一个小邻域中除去该点 x_0 外处处有定义. 又设 a 是一个实数. 如果对任意给定的 $\varepsilon > 0$, 都存在相应的 $\delta > 0$, 使当 $0 < |x - x_0| < \delta$ 时成立

$$|f(x) - a| < \varepsilon,$$

则称 $f(x)$ 当 x 趋于 x_0 时**以 a 为极限**, 或称当 x 趋于 x_0 时 $f(x)$ **趋于** a 或**收敛于** a, 记作

$$\lim_{x \to x_0} f(x) = a \quad \text{或} \quad f(x) \to a \ (\text{当} \ x \to x_0).$$

和数列极限的情形类似, 上述定义中的要求 "对任意给定的 $\varepsilon > 0$" 可替换为 "对任意给定的充分小的 $\varepsilon > 0$". 所谓 "任意充分小的 $\varepsilon > 0$", 是指某个区间 $(0, \varepsilon_0)$ 中的任意 ε, ε_0 的大小可根据具体问题而不同. 这是因为, 如果上述定义中的条件对任意充分小的 $\varepsilon > 0$ 能够满足, 那么显然地, 这个条件也便对任意的 $\varepsilon > 0$ 都能够满足. 换言之, 在极限的定义中关心的是对任意充分小的 $\varepsilon > 0$, 所要求的条件是否能够得到满足 (图 3-1-1).

例 1 证明:

$$\lim_{T \to 0} \frac{\dfrac{1}{2}g(t + T)^2 - \dfrac{1}{2}gt^2}{T} = gt.$$

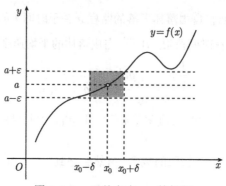

图 3-1-1　函数在点 x_0 的极限

证明　由于对任意 $T \neq 0$ 都有

$$\left| \frac{\frac{1}{2}g(t+T)^2 - \frac{1}{2}gt^2}{T} - gt \right| = \frac{1}{2}g|T|,$$

所以对任意给定的 $\varepsilon > 0$, 只要取 $\delta = 2g^{-1}\varepsilon$, 则 $\delta > 0$, 且当 $0 < |T - 0| = |T| < \delta$ 时就有

$$\left| \frac{\frac{1}{2}g(t+T)^2 - \frac{1}{2}gt^2}{T} - gt \right| = \frac{1}{2}g|T| < \frac{1}{2}g\delta = \varepsilon.$$

因此上述极限关系式成立.　　　　　　　　　　　　　　　　　　　　　　　　□

例 2　证明: $\lim\limits_{x \to 0} x \sin \frac{1}{x} = 0$.

证明　显然函数 $x \sin \frac{1}{x}$ 对所有 $x \neq 0$ 都有定义. 对给定的 $\varepsilon > 0$, 为使

$$\left| x \sin \frac{1}{x} - 0 \right| = \left| x \sin \frac{1}{x} \right| < \varepsilon,$$

由于对任意 $x \neq 0$ 都有 $\left| x \sin \frac{1}{x} \right| \leqslant |x|$, 所以只要 $0 < |x| < \varepsilon$ 就可以了. 因此, 对任意给定的 $\varepsilon > 0$, 只要取 $\delta = \varepsilon$, 则当 $0 < |x - 0| < \delta$ 时就有

$$\left| x \sin \frac{1}{x} - 0 \right| = \left| x \sin \frac{1}{x} \right| \leqslant |x| < \delta = \varepsilon.$$

所以 $\lim\limits_{x \to 0} x \sin \frac{1}{x} = 0$.　　　　　　　　　　　　　　　　　　　　　　□

　　函数的极限与数列的极限既有相似之处又有区别. 在数列极限的定义中, 用两个数 ε 和 N 来刻画 "当 n 无限增大时, x_n 无限接近于 a" 这个条件, ε 用以刻画数列通项 x_n 与极限 a 的接近程度, N 用以刻画为了达到这样的接近程度, 数列的项 n 应当

多么靠后. 在函数极限的情形中, 也是用两个数 ε 和 δ 来刻画 "当 x 无限接近于 x_0 时, $f(x)$ 无限接近于 a" 这个条件. ε 用以刻画函数值 $f(x)$ 与极限 a 的接近程度, δ 用以刻画为了达到这样的接近程度, 自变量 x 应当与 x_0 多么靠近. 区别只在于: ① 数列是一个接着一个地排成一列的无穷多个数, 其极限是这样排列的这些数在项数越来越大时的变化趋势; 而函数的极限则是当自变量 x 越来越接近一个固定的值 x_0 时, 相应的函数值 $f(x)$ 的变化趋势. ② 在数列极限情形, 随着 ε 越来越小 N 将越来越大; 而在函数极限情形, 随着 ε 越来越小 δ 也越来越小.

必须强调的是极限 $\lim\limits_{x \to x_0} f(x)$ 考虑的是当自变量 x 趋于 x_0 的过程中, 函数值 $f(x)$ 的变化情况. 在这个过程中, x 始终不会等于 x_0. 因此函数 f 在点 x_0 是否有定义以及当有定义时, 其具体值是多少, 都不影响当 $x \to x_0$ 时, $f(x)$ 的极限情况.

例 3 设 $a > 0$ 且 $a \neq 1$. 证明: 对任意实数 x_0 都成立

$$\lim_{x \to x_0} a^x = a^{x_0}.$$

证明 只以 $a > 1$ 情形为例证明, $0 < a < 1$ 情形的证明只需稍作修改, 因此留给读者. 需要证明: 对任意给定的充分小的 $\varepsilon > 0$, 存在相应的 $\delta > 0$, 使当 $0 < |x - x_0| < \delta$ 时,

$$|a^x - a^{x_0}| < \varepsilon. \tag{3.1.1}$$

注意到对任意 $0 < \varepsilon < a^{x_0}$ 有

$$|a^x - a^{x_0}| < \varepsilon \Leftrightarrow a^{x_0} - \varepsilon < a^x < a^{x_0} + \varepsilon$$

$$\Leftrightarrow 1 - a^{-x_0}\varepsilon < a^{x - x_0} < 1 + a^{-x_0}\varepsilon$$

$$\Leftrightarrow \log_a(1 - a^{-x_0}\varepsilon) < x - x_0 < \log_a(1 + a^{-x_0}\varepsilon).$$

因为 $\log_a(1 - a^{-x_0}\varepsilon) < 0, \log_a(1 + a^{-x_0}\varepsilon) > 0$, 故令 $\delta = \min\{-\log_a(1 - a^{-x_0}\varepsilon), \log_a(1 + a^{-x_0}\varepsilon)\}$, 则 $\delta > 0$, 且 $-\delta \geqslant \log_a(1 - a^{-x_0}\varepsilon), \delta \leqslant \log_a(1 + a^{-x_0}\varepsilon)$. 所以当 $0 < |x - x_0| < \delta$ 时, 就有

$$\log_a(1 - a^{-x_0}\varepsilon) \leqslant -\delta < x - x_0 < \delta \leqslant \log_a(1 + a^{-x_0}\varepsilon),$$

从而由前面的推导知, 这时式 (3.1.1) 成立. 因此证明了对任意给定的 $0 < \varepsilon < a^{x_0}$, 只要取 $\delta = \min\{-\log_a(1 - a^{-x_0}\varepsilon), \log_a(1 + a^{-x_0}\varepsilon)\}$, 则 $\delta > 0$, 且当 $0 < |x - x_0| < \delta$ 时, 就有 $|a^x - a^{x_0}| < \varepsilon$. 因此 $\lim\limits_{x \to x_0} a^x = a^{x_0}$. $\square$

例 4 设 $a > 0$ 且 $a \neq 1$. 证明: 对任意 $x_0 > 0$ 都成立

$$\lim_{x \to x_0} \log_a x = \log_a x_0.$$

证明 只以 $a > 1$ 情形为例证明, $0 < a < 1$ 情形的证明只需稍作修改, 因此留给读者. 需要证明: 对任意给定的 $\varepsilon > 0$, 存在相应的 $\delta > 0$, 使当 $0 < |x - x_0| < \delta$ 时,

$$|\log_a x - \log_a x_0| < \varepsilon.$$

对给定的 $\varepsilon > 0$, 注意到

$$|\log_a x - \log_a x_0| < \varepsilon \Leftrightarrow \log_a x_0 - \varepsilon < \log_a x < \log_a x_0 + \varepsilon$$

$$\Leftrightarrow a^{-\varepsilon} x_0 < x < a^{\varepsilon} x_0$$

$$\Leftrightarrow -(1 - a^{-\varepsilon}) x_0 < x - x_0 < (a^{\varepsilon} - 1) x_0.$$

因为 $(1 - a^{-\varepsilon}) x_0 > 0$, $(a^{\varepsilon} - 1) x_0 > 0$, 故令 $\delta = \min\{x_0, (1 - a^{-\varepsilon}) x_0, (a^{\varepsilon} - 1) x_0\}$, 则 $\delta > 0$, 且以上推导表明, 当 $0 < |x - x_0| < \delta$ 时, 就有 $x > 0$ 且 $|\log_a x - \log_a x_0| < \varepsilon$. 因此 $\lim\limits_{x \to x_0} \log_a x = \log_a x_0$. $\qquad\square$

例 5 证明对任意 $x_0 \in \mathbf{R}$ 都成立

$$\lim_{x \to x_0} \sin x = \sin x_0 \quad \text{和} \quad \lim_{x \to x_0} \cos x = \cos x_0.$$

证明 应用和差化积公式和 1.3 节的定理 1.3.6, 有

$$|\sin x - \sin x_0| = 2 \left| \sin\left(\frac{x - x_0}{2} \right) \right| \left| \cos\left(\frac{x + x_0}{2} \right) \right| \leqslant 2 \cdot \left| \frac{x - x_0}{2} \right| \cdot 1 = |x - x_0|.$$

因此对任意给定的 $\varepsilon > 0$, 只要取 $\delta = \varepsilon$, 则当 $0 < |x - x_0| < \delta$ 时就有

$$|\sin x - \sin x_0| \leqslant |x - x_0| < \delta = \varepsilon.$$

所以 $\lim\limits_{x \to x_0} \sin x = \sin x_0$. 类似地可证明 $\lim\limits_{x \to x_0} \cos x = \cos x_0$. $\qquad\square$

3.1.2 函数极限的性质与运算

由于函数的极限与数列的极限在定义上的相似性, 函数的极限具有与数列的极限相似的性质和运算规律, 它们的证明也类似, 只需把 "存在正整数 N, 使当 $n > N$ 时" 换为 "存在 $\delta > 0$, 使当 $0 < |x - x_0| < \delta$ 时". 当然也有一些细微的变化. 例如, 对应于 "如果 $\{x_n\}$ 是收敛数列, 则 $\{x_n\}$ 必有界" 这个命题, 不是 "如果 $f(x)$ 在 $x \to x_0$ 时有极限, 则 $f(x)$ 必有界", 而是 "如果 $f(x)$ 在 $x \to x_0$ 时有极限, 则 $f(x)$ 必在 x_0 附近局部有界" 等. 下面就逐一介绍这些定理.

定理 3.1.1 (极限的唯一性) 如果当 $x \to x_0$ 时 $f(x)$ 有极限, 则其极限唯一.

证明 (反证法) 设 $\lim\limits_{x \to x_0} f(x) = a$, $\lim\limits_{x \to x_0} f(x) = b$ 且 $a \neq b$. 不妨设 $a < b$. 令 $\varepsilon = \dfrac{b - a}{2}$. 则 $\varepsilon > 0$. 于是根据极限的定义, 由 $\lim\limits_{x \to x_0} f(x) = a$ 推知存在正数 δ_1, 使当 $0 < |x - x_0| < \delta_1$ 时, $|f(x) - a| < \dfrac{b - a}{2}$, 进而当 $0 < |x - x_0| < \delta_1$ 时,

$$f(x) = a + (f(x) - a) \leqslant a + |f(x) - a| < a + \frac{b - a}{2} = \frac{a + b}{2}.$$

同样由 $\lim\limits_{x \to x_0} f(x) = b$ 推知存在正数 δ_2, 使当 $0 < |x - x_0| < \delta_2$ 时, $|f(x) - b| < \dfrac{b - a}{2}$, 进而当 $0 < |x - x_0| < \delta_2$ 时,

$$f(x) = b + (f(x) - b) \geqslant b - |f(x) - b| > b - \frac{b-a}{2} = \frac{a+b}{2}.$$

令 $\delta = \min\{\delta_1, \delta_2\}$. 则当 $0 < |x - x_0| < \delta$ 时, 既有 $f(x) < \dfrac{a+b}{2}$, 又有 $f(x) > \dfrac{a+b}{2}$, 矛盾. 因此 $f(x)$ 只能有唯一的极限. □

定理 3.1.2 (局部有界性) 如果当 $x \to x_0$ 时, $f(x)$ 有极限, 则存在 $\delta > 0$ 和 $M > 0$, 使当 $0 < |x - x_0| < \delta$ 时, $|f(x)| < M$.

证明 设 $\lim\limits_{x \to x_0} f(x) = a$. 根据极限的定义, 对 $\varepsilon = 1$ 存在正数 δ, 使当 $0 < |x - x_0| < \delta$ 时, $|f(x) - a| < 1$. 令 $M = 1 + |a|$. 则易见 $0 < |x - x_0| < \delta$ 时, $|f(x)| < M$. □

定理 3.1.3 (局部定号性) 设 $\lim\limits_{x \to x_0} f(x) = a$, 且 $a \neq 0$. 则有下列结论:

(1) 如果 $a > 0$, 那么存在 $\delta > 0$, 使当 $0 < |x - x_0| < \delta$ 时有 $f(x) > \dfrac{a}{2} > 0$;

(2) 如果 $a < 0$, 那么存在 $\delta > 0$, 使当 $0 < |x - x_0| < \delta$ 时有 $f(x) < \dfrac{a}{2} < 0$.

总之, 如果 $a \neq 0$, 那么存在 $\delta > 0$, 使当 $0 < |x - x_0| < \delta$ 时 $f(x)$ 不变号且与零保持一个正的距离 $|f(x)| > \dfrac{|a|}{2} > 0$.

证明 只证明结论 (1). 结论 (2) 的证明类似所以留给读者.

由于 $a > 0$, 所以由 $\lim\limits_{x \to x_0} f(x) = a$ 知存在 $\delta > 0$, 使当 $0 < |x - x_0| < \delta$ 时有 $|f(x) - a| < \dfrac{a}{2}$ $\left(\text{取 } \varepsilon = \dfrac{a}{2}\right)$. 由此推知当 $0 < |x - x_0| < \delta$ 时,

$$f(x) = a + (f(x) - a) \geqslant a - |f(x) - a| > a - \frac{a}{2} = \frac{a}{2}.$$

这就证明了结论 (1). □

定理 3.1.4 (极限的四则运算) 设 $\lim\limits_{x \to x_0} f(x) = a$, $\lim\limits_{x \to x_0} g(x) = b$. 则有

(1) $\lim\limits_{x \to x_0} (f(x) \pm g(x)) = a \pm b$;

(2) $\lim\limits_{x \to x_0} (f(x) g(x)) = ab$;

(3) $\lim\limits_{x \to x_0} \dfrac{f(x)}{g(x)} = \dfrac{a}{b}$ (当 $b \neq 0$).

证明 这些结论的证明都与数列极限相应结果的证明类似, 只以 (3) 为例来证明, 其他结论的证明留给读者作练习.

为证明 (3), 先计算

$$\left| \frac{f(x)}{g(x)} - \frac{a}{b} \right| = \left| \frac{bf(x) - ag(x)}{bg(x)} \right| = \frac{|b(f(x) - a) - a(g(x) - b)|}{|b||g(x)|}$$

$$\leqslant \frac{|b||f(x) - a| + |a||g(x) - b|}{|b||g(x)|}.$$

根据局部定号性定理, 由于 $\lim\limits_{x \to x_0} g(x) = b \neq 0$, 所以存在 $\delta_0 > 0$, 使当 $0 < |x - x_0| < \delta_0$

时有 $|g(x)| \geqslant \dfrac{|b|}{2}$. 这样当 $0 < |x - x_0| < \delta_0$ 时就有

$$\left| \frac{f(x)}{g(x)} - \frac{a}{b} \right| \leqslant \frac{|b||f(x) - a| + |a||g(x) - b|}{\frac{1}{2}|b|^2} = \frac{2}{|b|}|f(x) - a| + \frac{2|a|}{|b|^2}|g(x) - b|.$$

现在对任意给定的 $\varepsilon > 0$, 由 $\lim\limits_{x \to x_0} f(x) = a$ 知存在 $\delta_1 > 0$, 使当 $0 < |x - x_0| < \delta_1$ 时,

$$|f(x) - a| < \frac{|b|\varepsilon}{4}.$$

又由 $\lim\limits_{x \to x_0} g(x) = b$ 知存在 $\delta_2 > 0$, 使当 $0 < |x - x_0| < \delta_2$ 时,

$$|g(x) - b| < \frac{|b|^2\varepsilon}{4|a| + 1}.$$

令 $\delta = \min\{\delta_0, \delta_1, \delta_2\}$. 则当 $0 < |x - x_0| < \delta$ 时就有

$$\left| \frac{f(x)}{g(x)} - \frac{a}{b} \right| \leqslant \frac{2}{|b|}|f(x) - a| + \frac{2|a|}{|b|^2}|g(x) - b|$$

$$< \frac{2}{|b|} \cdot \frac{|b|\varepsilon}{4} + \frac{2|a|}{|b|^2} \cdot \frac{|b|^2\varepsilon}{4|a| + 1} \leqslant \frac{\varepsilon}{2} + \frac{\varepsilon}{2} = \varepsilon.$$

所以 $\lim\limits_{n \to \infty} \dfrac{f(x)}{g(x)} = \dfrac{a}{b}$.   □

推论 3.1.1　设 $\lim\limits_{x \to x_0} f(x) = a$. 则对任意常数 c 成立

$$\lim\limits_{x \to x_0} (cf(x)) = ca.$$

推论 3.1.2　对任意多项式函数 $P(x) = a_n x^n + a_{n-1} x^{n-1} + \cdots + a_1 x + a_0$ 有

$$\lim\limits_{x \to x_0} P(x) = P(x_0).$$

同样地, 以下各定理的证明都与数列极限的相应定理的证明类似, 所以不再一一写出, 而留给读者作练习.

定理 3.1.5 (极限的保序性)　设 $\lim\limits_{x \to x_0} f(x) = a$, $\lim\limits_{x \to x_0} g(x) = b$, 且存在 $\delta_0 > 0$, 使当 $0 < |x - x_0| < \delta_0$ 时有 $f(x) \leqslant g(x)$. 则 $a \leqslant b$.

定理 3.1.6 (两边夹法则)　设函数 f, g 和 h 都在 x_0 点附近除 x_0 之外有定义, 且存在 $\delta_0 > 0$, 使当 $0 < |x - x_0| < \delta_0$ 时成立下列关系

$$f(x) \leqslant g(x) \leqslant h(x).$$

又设 $\lim\limits_{x \to x_0} f(x) = \lim\limits_{x \to x_0} h(x) = a$, 则 $\lim\limits_{x \to x_0} g(x) = a$.

推论 3.1.3　设 $\lim\limits_{x \to x_0} f(x) = 0$, 而函数 g 在 x_0 点附近局部有界, 即存在 $\delta_0 > 0$

和 $M > 0$ 使当 $0 < |x - x_0| < \delta_0$ 时 $|g(x)| \leqslant M$. 则 $\lim\limits_{x \to x_0} (f(x)g(x)) = 0$.

例 6 证明: (1) 对任意 $x_0 \in (-1, 1)$ 都有

$$\lim_{x \to x_0} \arcsin x = \arcsin x_0;$$

(2) 对任意 $x_0 \in \mathbf{R}$ 都有

$$\lim_{x \to x_0} \arctan x = \arctan x_0.$$

证明 (1) 根据 1.3 节的定理 1.3.6 和正弦与余弦函数的和角公式有

$$|\arcsin x - \arcsin x_0|$$

$$\leqslant |\tan(\arcsin x - \arcsin x_0)|$$

$$= \left| \frac{\sin(\arcsin x - \arcsin x_0)}{\cos(\arcsin x - \arcsin x_0)} \right| = \left| \frac{x\sqrt{1 - x_0^2} - x_0\sqrt{1 - x^2}}{\sqrt{1 - x^2}\sqrt{1 - x_0^2} + xx_0} \right|.$$

由于

$$\left| \sqrt{1 - x^2} - \sqrt{1 - x_0^2} \right| = \frac{|x^2 - x_0^2|}{\sqrt{1 - x^2} + \sqrt{1 - x_0^2}} \leqslant \frac{|x^2 - x_0^2|}{\sqrt{1 - x_0^2}},$$

而易见 $\lim\limits_{x \to x_0} \dfrac{|x^2 - x_0^2|}{\sqrt{1 - x_0^2}} = 0$, 所以由两边夹法则即知 $\lim\limits_{x \to x_0} \left| \sqrt{1 - x^2} - \sqrt{1 - x_0^2} \right| = 0$,

从而 $\lim\limits_{x \to x_0} \sqrt{1 - x^2} = \sqrt{1 - x_0^2}$, 进而由极限的四则运算得到

$$\lim_{x \to x_0} \frac{x\sqrt{1 - x_0^2} - x_0\sqrt{1 - x^2}}{\sqrt{1 - x^2}\sqrt{1 - x_0^2} + xx_0} = \frac{x_0\sqrt{1 - x_0^2} - x_0\sqrt{1 - x_0^2}}{(\sqrt{1 - x_0^2})^2 + x_0^2} = \frac{0}{1} = 0.$$

因此再次应用两边夹法则得 $\lim\limits_{x \to x_0} |\arcsin x - \arcsin x_0| = 0$, 所以 $\lim\limits_{x \to x_0} \arcsin x = \arcsin x_0$.

(2) 类似地有

$$|\arctan x - \arctan x_0| \leqslant |\tan(\arctan x - \arctan x_0)| = \frac{|x - x_0|}{|1 + xx_0|}.$$

因此应用两边夹法则即知 $\lim\limits_{x \to x_0} |\arctan x - \arctan x_0| = 0$, 进而 $\lim\limits_{x \to x_0} \arctan x = \arctan x_0$. $\qquad \square$

3.1.3 复合函数的极限

定理 3.1.7 设函数 f 在点 x_0 附近除 x_0 之外有定义, $\lim\limits_{x \to x_0} f(x) = y_0$, 且存在 $\delta_0 > 0$ 使当 $0 < |x - x_0| < \delta_0$ 时 $f(x) \neq y_0$. 又设函数 g 在点 y_0 附近除 y_0 之外有定义, 且 $\lim\limits_{y \to y_0} g(y) = a$. 则有

$$\lim_{x \to x_0} g(f(x)) = a.$$

证明   需要证明: 对任意给定的 $\varepsilon > 0$, 存在相应的 $\delta > 0$, 使当 $0 < |x - x_0| < \delta$ 时成立

$$|g(f(x)) - a| < \varepsilon.$$

由条件 $\lim\limits_{y \to y_0} g(y) = a$ 可知对给定的 $\varepsilon > 0$, 存在相应的 $\sigma > 0$, 使当 $0 < |y - y_0| < \sigma$ 时成立

$$|g(y) - a| < \varepsilon.$$

对此 $\sigma > 0$, 由于 $\lim\limits_{x \to x_0} f(x) = y_0$, 所以存在相应的 $\delta_1 > 0$, 使当 $0 < |x - x_0| < \delta_1$ 时,

$$|f(x) - y_0| < \sigma.$$

又已知当 $0 < |x - x_0| < \delta_0$ 时 $f(x) \neq y_0$. 令 $\delta = \min\{\delta_0, \delta_1\}$. 则当 $0 < |x - x_0| < \delta$ 时就有 $0 < |f(x) - y_0| < \sigma$, 从而

$$|g(f(x)) - a| < \varepsilon.$$

因此 $\lim\limits_{x \to x_0} g(f(x)) = a$.   □

从以上证明看到, 条件 "存在 $\delta_0 > 0$ 使当 $0 < |x - x_0| < \delta_0$ 时 $f(x) \neq y_0$" 只是为了保证当 $0 < |x - x_0| < \delta$ 时 $0 < |f(x) - y_0|$. 而之所以需要这个条件, 只是因为函数 g 在点 y_0 可能没有定义, 或者即使有定义但却可能 $g(y_0) \neq a$, 进而当 ε 很小时, $|g(y_0) - a| < \varepsilon$ 不成立. 假如函数 g 在点 y_0 有定义且 $g(y_0) = a$, 那么不等式 $|g(y) - a| < \varepsilon$ 在 $y = y_0$ 时自然满足, 因此条件 "当 $0 < |y - y_0| < \sigma$ 时" 可减弱为 "当 $|y - y_0| < \sigma$ 时", 这样条件 "存在 $\delta_0 > 0$, 使当 $0 < |x - x_0| < \delta_0$ 时 $f(x) \neq y_0$" 便可去掉. 因此有以下定理.

定理 3.1.8   设函数 f 在点 x_0 附近除 x_0 之外有定义, 且 $\lim\limits_{x \to x_0} f(x) = y_0$. 又设函数 g 在 y_0 点附近包括 y_0 点均有定义, 且 $\lim\limits_{y \to y_0} g(y) = g(y_0) = a$. 则有

$$\lim\limits_{x \to x_0} g(f(x)) = a.$$

注意到 $a = g(y_0)$ 而 $y_0 = \lim\limits_{x \to x_0} f(x)$, 所以上式可改写为

$$\lim\limits_{x \to x_0} g(f(x)) = g(y_0) = g\Big(\lim\limits_{x \to x_0} f(x) \Big).$$

但是必须注意这个等式成立的条件是函数 g 在 y_0 点有定义且 $\lim\limits_{y \to y_0} g(y) = g(y_0)$.

以上两个定理是求极限的**变量替换法则**的根据, 这个法则如下: 如果函数 $g(f(x))$ 的极限不好计算, 作变量变换 $y = f(x)$, 便转化为求容易计算的函数 $g(y)$ 的极限, 即

$$\lim\limits_{x \to x_0} g(f(x)) \xlongequal[\text{当 } x \to x_0 \text{ 时, } y \to y_0]{\text{令 } f(x) = y} \lim\limits_{y \to y_0} g(y).$$

例 7   求极限: $\lim\limits_{x \to 0} \dfrac{\sqrt{1+x} - 1}{\sqrt[3]{1+x} - 1}$.

解 作变量变换 $y = \sqrt[6]{1+x}$, 则 $\sqrt{1+x} = y^3$, $\sqrt[3]{1+x} = y^2$, 且当 $x \to 0$ 时, $y \to 1$, 而当 $x \ne 0$ 时, $y \ne 1$, 所以应用定理 3.1.7 得

$$\lim_{x \to 0} \frac{\sqrt{1+x}-1}{\sqrt[3]{1+x}-1} = \lim_{y \to 1} \frac{y^3-1}{y^2-1} = \lim_{y \to 1} \frac{y^2+y+1}{y+1} = \frac{3}{2}.$$

例 8 设 $\lim\limits_{x \to x_0} f(x) = a > 0$, $\lim\limits_{x \to x_0} g(x) = b$, 证明:

$$\lim_{x \to x_0} (f(x))^{g(x)} = a^b.$$

证明 由 $\lim\limits_{x \to x_0} f(x) = a > 0$ 知当 x 充分靠近 x_0 时 $f(x) > 0$, 所以 $(f(x))^{g(x)}$ 有意义, 有

$$(f(x))^{g(x)} = e^{g(x) \ln f(x)}.$$

由例 4 知, 对 $y_0 > 0$ 有 $\lim\limits_{y \to y_0} \ln y = \ln y_0$, 所以根据定理 3.1.8 有 $\lim\limits_{x \to x_0} \ln f(x) = \ln a$, 进而 $\lim\limits_{x \to x_0} g(x) \ln f(x) = b \ln a$. 又由例 3 知, 对任意实数 y_0 有 $\lim\limits_{y \to y_0} e^y = e^{y_0}$, 所以再次应用定理 3.1.8 便得到

$$\lim_{x \to x_0} e^{g(x) \ln f(x)} = e^{b \ln a} = a^b.$$

因此 $\lim\limits_{x \to x_0} (f(x))^{g(x)} = a^b$. 以上推理也可简单地写成

$$\lim_{x \to x_0} (f(x))^{g(x)} = \lim_{x \to x_0} e^{g(x) \ln f(x)} = e^{\lim\limits_{x \to x_0} (g(x) \ln f(x))}$$

$$= e^{\lim\limits_{x \to x_0} g(x) \cdot \ln \lim\limits_{x \to x_0} f(x)} = e^{b \ln a} = a^b. \qquad \square$$

上例的方法, 即把 $(f(x))^{g(x)}$ 变形为 $e^{g(x) \ln f(x)}$ 的方法, 叫做**对数法**, 它在许多处理形如 $(f(x))^{g(x)}$ 的函数 (称之为**幂指函数**) 的问题时很有用.

由例 8 特别可知, 对任意实数 μ 和任意 $x_0 > 0$ 都成立

$$\lim_{x \to x_0} x^\mu = x_0^\mu.$$

根据此式以及推论 3.1.2 和例 3 ~ 例 6 可知, 对每个基本初等函数 f, 在其定义域的每个内点 x_0(即不在定义域边界的点) 都成立

$$\lim_{x \to x_0} f(x) = f(x_0).$$

再结合定理 3.1.4 和定理 3.1.8, 就得到

定理 3.1.9 设 f 是初等函数. 则对其定义域的每个内点 x_0 都成立

$$\lim_{x \to x_0} f(x) = f(x_0).$$

3.1.4 与数列极限的关系

函数的极限与数列的极限在定义、性质和运算方面都有很多类似之处, 两者之间有直接的关系. 揭示这种关系的是下述**海涅** (E. Heine, 1821~1881) **定理**.

定理 3.1.10 (海涅定理 1) $\lim\limits_{x \to x_0} f(x) = a$ 的充要条件是: 对任意满足 $\lim\limits_{n \to \infty} x_n = x_0$ 且 $x_n \neq x_0$ $(n = 1, 2, \cdots)$ 的数列 $\{x_n\}$ 都成立 $\lim\limits_{n \to \infty} f(x_n) = a$.

证明 必要性. 设 $\lim\limits_{x \to x_0} f(x) = a$. 又设 $\{x_n\}$ 是满足条件的数列, 即 $\lim\limits_{n \to \infty} x_n = x_0$ 且 $x_n \neq x_0$ $(n = 1, 2, \cdots)$. 下面证明:

$$\lim\limits_{n \to \infty} f(x_n) = a.$$

对任意给定的 $\varepsilon > 0$, 由 $\lim\limits_{x \to x_0} f(x) = a$ 知存在相应的 $\delta > 0$, 使当 $0 < |x - x_0| < \delta$ 时, $|f(x) - a| < \varepsilon$. 对此 $\delta > 0$, 由 $\lim\limits_{n \to \infty} x_n = x_0$ 知存在相应的 N, 使当 $n > N$ 时, $|x_n - x_0| < \delta$. 因 $x_n \neq x_0$ $(n = 1, 2, \cdots)$, 所以对所有 $n > N$ 都有 $0 < |x_n - x_0| < \delta$, 因此当 $n > N$ 时就有

$$|f(x_n) - a| < \varepsilon.$$

所以 $\lim\limits_{n \to \infty} f(x_n) = a$.

充分性. 设已知对任意满足 $\lim\limits_{n \to \infty} x_n = x_0$ 且 $x_n \neq x_0 (n = 1, 2, \cdots)$ 的数列 $\{x_n\}$ 都成立 $\lim\limits_{n \to \infty} f(x_n) = a$. 现证明: $\lim\limits_{x \to x_0} f(x) = a$. 反证而设当 $x \to x_0$ 时, $f(x)$ 不以 a 为极限. 则必存在 $\varepsilon > 0$, 使对任意 $\delta > 0$, 都存在相应的 x_δ 满足条件 $0 < |x_\delta - x_0| < \delta$, 而使 $|f(x_\delta) - a| \geqslant \varepsilon$. 特别地, 依次取 $\delta = \dfrac{1}{n}$, $n = 1, 2, \cdots$, 并改记 x_δ 为 x_n, 就得到了一个数列 $\{x_n\}$, 它满足 $0 < |x_n - x_0| < \dfrac{1}{n}$, $n = 1, 2, \cdots$, 因而 $\lim\limits_{n \to \infty} x_n = x_0$ 且 $x_n \neq x_0$ $(n = 1, 2, \cdots)$, 但 $|f(x_n) - a| \geqslant \varepsilon$, $n = 1, 2, \cdots$, 因而当 $n \to \infty$ 时, $f(x_n)$ 不以 a 为极限. 这与所设矛盾. $\square$

检查上述定理的证明便可看出, 附加条件 $x_n \neq x_0$ $(n = 1, 2, \cdots)$ 只是为了使 x_n 能够满足条件 $0 < |x - x_0| < \delta$ 中的 $0 < |x - x_0|$. 之所以要求 $0 < |x - x_0|$, 是因为函数 f 在点 x_0 可能没有定义, 或者即使有定义但 $f(x_0) \neq a$. 如果函数 f 在点 x_0 有定义且 $f(x_0) = a$, 则这个条件可去掉. 因此有以下定理.

定理 3.1.11 (海涅定理 2) 设函数 f 在点 x_0 及其附近有定义. 则 $\lim\limits_{x \to x_0} f(x) = f(x_0)$ 的充要条件是: 对任意满足条件 $\lim\limits_{n \to \infty} x_n = x_0$ 的数列 $\{x_n\}$ 都成立 $\lim\limits_{n \to \infty} f(x_n) = f(x_0)$.

请读者把这个定理的完整证明作为练习补出.

推论 3.1.4 如果存在两个都收敛于 x_0 (但不等于 x_0) 的数列 $\{x_n\}$ 和 $\{y_n\}$, 使 $\lim\limits_{n \to \infty} f(x_n) = a$, $\lim\limits_{n \to \infty} f(y_n) = b$, 而 $a \neq b$, 则当 $x \to x_0$ 时, $f(x)$ 没有极限.

证明 (反证法) 设当 $x \to x_0$ 时, $f(x)$ 有极限. 令 $c = \lim\limits_{x \to x_0} f(x)$. 则根据海涅定理, 由 $\lim\limits_{n \to \infty} x_n = x_0$ 和 $\lim\limits_{n \to \infty} y_n = x_0$ 推知 $\lim\limits_{n \to \infty} f(x_n) = c$, $\lim\limits_{n \to \infty} f(y_n) = c$, 因此应有 $a = b = c$, 这与所设条件相矛盾. 因此当 $x \to x_0$ 时, $f(x)$ 不会有极限. □

例 9 证明 $\lim\limits_{x \to 0} \sin \dfrac{1}{x}$ 不存在.

证明 令 $x_n = \dfrac{1}{n\pi}$, $y_n = \dfrac{1}{2n\pi + \dfrac{\pi}{2}}$, $n = 1, 2, \cdots$. 这是两个恒不等于零的数列,

且 $\lim\limits_{n \to \infty} x_n = \lim\limits_{n \to \infty} y_n = 0$, 但 $\sin \dfrac{1}{x_n} = \sin(n\pi) = 0$, $\sin \dfrac{1}{y_n} = \sin\left(2n\pi + \dfrac{\pi}{2}\right) = 1$,

$n = 1, 2, \cdots$. 因此 $\lim\limits_{x \to 0} \sin \dfrac{1}{x}$ 不可能存在 (图 3-1-2). □

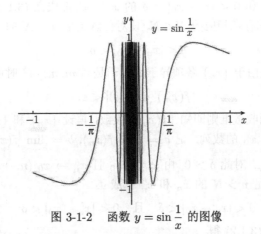

图 3-1-2 函数 $y = \sin \dfrac{1}{x}$ 的图像

应用海涅定理可以把很多求数列极限的问题转化为求函数极限的问题.

例 10 (1) 设 $a > 0$, $a \neq 1$, 且 $\lim\limits_{n \to \infty} x_n = b$. 则 $\lim\limits_{n \to \infty} a^{x_n} = a^b$;

(2) 设 $a > 0$, $a \neq 1$, 且 $\lim\limits_{n \to \infty} x_n = b > 0$. 则 $\lim\limits_{n \to \infty} \log_a x_n = \log_a b$.

这是定理 3.1.11 和本节例 3、例 4 的直接推论.

自然也可以应用海涅定理, 从数列极限的一些结果来得到函数极限的相应结果. 例如, 从数列极限的柯西准则, 借助于海涅定理就可建立关于函数极限的相应柯西准则.

定理 3.1.12 (柯西准则) 当 $x \to x_0$ 时 $f(x)$ 有极限的充要条件是: 对任意给定的 $\varepsilon > 0$, 存在相应的 $\delta > 0$, 使对任意满足 $0 < |x - x_0| < \delta$ 和 $0 < |x' - x_0| < \delta$ 的 x 和 x' 都成立

$$|f(x) - f(x')| < \varepsilon. \tag{3.1.2}$$

证明　必要性. 设 $\lim\limits_{x \to x_0} f(x) = a$. 则对任意给定的 $\varepsilon > 0$, 存在相应的 $\delta > 0$, 使对任意满足条件 $0 < |x - x_0| < \delta$ 的 x 都成立

$$|f(x) - a| < \frac{\varepsilon}{2}.$$

从而对任意满足条件 $0 < |x - x_0| < \delta$ 和 $0 < |x' - x_0| < \delta$ 的 x 和 x' 都成立

$$|f(x) - f(x')| \leqslant |f(x) - a| + |f(x') - a| < \frac{\varepsilon}{2} + \frac{\varepsilon}{2} = \varepsilon.$$

这就证明了必要性.

充分性. 我们来证明: ① 对于任何一个各项异于 x_0 且收敛于 x_0 的数列 $\{x_n\}$, 数列 $\{f(x_n)\}$ 都收敛; ② 对于任何两个各项异于 x_0 且收敛于 x_0 的数列 $\{x_n\}$ 和 $\{x_n'\}$, 数列 $\{f(x_n)\}$ 和 $\{f(x_n')\}$ 的极限相同. 先设 $\{x_n\}$ 是一个各项异于 x_0 且收敛于 x_0 的数列. 对任意给定的 $\varepsilon > 0$, 由充分性条件知存在相应的 $\delta > 0$, 使对任意满足 $0 < |x - x_0| < \delta$ 和 $0 < |x' - x_0| < \delta$ 的 x 和 x' 都成立 (3.1.2). 对此 $\delta > 0$, 由 $x_n \to x_0 \ (n \to \infty)$ 知存在相应的 $N \in \mathbf{N}$, 使对任意满足 $n > N$ 的 x_n 都成立

$$0 < |x_n - x_0| < \delta.$$

其中前一个不等式是由于 $\{x_n\}$ 各项异于 x_0. 于是当 $m, n > N$ 时由 (3.1.2) 得

$$|f(x_m) - f(x_n)| < \varepsilon.$$

据此根据数列的柯西收敛准则即知 $\{f(x_n)\}$ 收敛. 再设 $\{x_n\}$ 和 $\{x_n'\}$ 是两个各项都异于 x_0 且都收敛于 x_0 的数列. 记 $a = \lim\limits_{n \to \infty} f(x_n)$, $b = \lim\limits_{n \to \infty} f(x_n')$. 对任意给定的 $\varepsilon > 0$, 令 $\delta > 0$ 如上. 对此 $\delta > 0$, 由 $x_n \to x_0$ 且 $x_n' \to x_0 \ (n \to \infty)$ 知存在相应的 $N \in \mathbf{N}$, 使对任意满足 $n > N$ 的 x_n 和 x_n' 都成立

$$0 < |x_n - x_0| < \delta \quad 且 \quad 0 < |x_n' - x_0| < \delta.$$

从而当 $n > N$ 时由 (3.1.2) 得

$$|f(x_n) - f(x_n')| < \varepsilon.$$

令 $n \to \infty$ 取极限, 便得 $|a - b| \leqslant \varepsilon$. 由于这个关系式对任意 $\varepsilon > 0$ 都成立, 只能 $a = b$. 这就完成了 (1) 和 (2) 的证明, 进而由海涅定理知当 $x \to x_0$ 时 $f(x)$ 有极限.　　　□

也可不用海涅定理证明上述定理的充分性. 方法是先取定一个各项异于 x_0 且收敛于 x_0 的数列 $\{x_n\}$, 证明数列 $\{f(x_n)\}$ 收敛, 记 $a = \lim\limits_{n \to \infty} f(x_n)$, 然后证明 $\lim\limits_{x \to x_0} f(x) = a$. 细节留给读者.

<h2 style="text-align:center">习　题　3.1</h2>

1. 应用 ε-δ 语言证明以下极限:

(1) $\lim\limits_{x \to 2} x^2 = 4$;

(2) $\lim\limits_{x \to 1} \dfrac{x}{2x^2 + 1} = \dfrac{1}{3}$;

(3) $\lim\limits_{x \to 1} \dfrac{x^2 - 1}{2x^2 - x - 1} = \dfrac{2}{3}$;

(4) $\lim\limits_{x \to x_0} x \sin x = x_0 \sin x_0$;

(5) $\lim\limits_{x \to \frac{\pi}{2}} (2x - \pi) \cos \dfrac{x - \pi}{2x - \pi} = 0$.

2. 设 n 为正整数. 应用 ε-δ 语言证明以下极限:

(1) $\lim\limits_{x \to x_0} x^n = x_0^n$;

(2) $\lim\limits_{x \to x_0} x^{\frac{1}{n}} = x_0^{\frac{1}{n}}$ $(x_0 > 0)$.

3. 已知 $\lim\limits_{x \to x_0} f(x) = a$. 应用 ε-δ 语言证明以下结论:

(1) $\lim\limits_{x \to x_0} f^2(x) \operatorname{sgn} f(x) = a^2 \operatorname{sgn} a$;

(2) $\lim\limits_{x \to x_0} \sqrt[3]{f(x)} = \sqrt[3]{a}$.

4. 给出定理 3.1.4 结论 (2) 的证明.

5. 证明函数极限 $\lim\limits_{x \to x_0} f(x) = a$ 的定义有以下各个等价的表述形式:

(1) $\forall \varepsilon > 0, \exists n \in \mathbf{N}$, 当 $0 < |x - x_0| < \dfrac{1}{n}$ 时, $|f(x) - a| < \varepsilon$;

(2) $\forall n \in \mathbf{N}, \exists \delta > 0$, 当 $0 < |x - x_0| < \delta$ 时, $|f(x) - a| < \dfrac{1}{2^n}$;

(3) $\forall n \in \mathbf{N}, \exists m \in \mathbf{N}$, 当 $0 < |x - x_0| < \dfrac{1}{m}$ 时, $|f(x) - a| < \dfrac{1}{2^n}$;

(4) $\exists C > 0, \forall \varepsilon > 0, \exists \delta > 0$, 当 $0 < |x - x_0| < \delta$ 时, $|f(x) - a| < C\varepsilon$.

6. 应用函数极限的四则运算规律求以下极限:

(1) $\lim\limits_{x \to 0} \dfrac{(x - 1)^3 - 2x - 1}{x^3 + x - 2}$;
(2) $\lim\limits_{x \to 1} \dfrac{x^3 - 1}{x^2 - 3x + 2}$;

(3) $\lim\limits_{x \to 0} \dfrac{(1 + x)(1 + 2x)(1 - 3x) - 1}{2x^3 + x^2}$;
(4) $\lim\limits_{x \to -1} \dfrac{(2 + x)^4 - (5 + 4x)}{(x + 1)^2(x^2 + 2x + 3)}$;

(5) $\lim\limits_{x \to 1} \dfrac{x^3 - 3x + 2}{x^4 - 4x + 3}$;
(6) $\lim\limits_{x \to -1} \dfrac{x^3 - 3x - 2}{x^5 - 2x - 1}$;

(7) $\lim\limits_{x \to 9} \dfrac{\sqrt{7 + 2x} - 5}{\sqrt{x} - 3}$;
(8) $\lim\limits_{x \to -1} \dfrac{2 - \sqrt{x + 5}}{1 + \sqrt[3]{x}}$;

(9) $\lim\limits_{x \to 1} \dfrac{\sqrt{2 - x} - \sqrt{x}}{\sqrt[3]{2 - x} - \sqrt[3]{x}}$;
(10) $\lim\limits_{x \to 1} \dfrac{\sqrt{|x - 1|} + \sqrt{|\sqrt{x} - 1|}}{\sqrt{|x^2 - 1|}}$;

(以下各题 m, n 均表示正整数)

(11) $\lim\limits_{x \to 1} \dfrac{x + x^2 + \cdots + x^n - n}{x - 1}$;
(12) $\lim\limits_{x \to 1} \dfrac{x^m - 1}{x^n - 1}$;

(13) $\lim\limits_{x \to 1} \dfrac{x^{n+1} - (n + 1)x + n}{(x - 1)^2}$;
(14) $\lim\limits_{x \to 1} \left(\dfrac{m}{x^m - 1} - \dfrac{n}{x^n - 1} \right)$.

7. 已知 $\lim\limits_{x \to x_0} f(x) = a$, $\lim\limits_{x \to x_0} g(x) = b$. 证明:

(1) $\lim\limits_{x \to x_0} \max\{f(x), g(x)\} = \max\{a, b\}$, $\lim\limits_{x \to x_0} \min\{f(x), g(x)\} = \min\{a, b\}$;

(2) $\lim\limits_{x \to x_0} \arccos f(x) = \arccos a$ (设 $|f(x)| < 1, |a| < 1$), $\lim\limits_{x \to x_0} \operatorname{arccot} f(x) = \operatorname{arccot} a$.

8. 求以下极限:

(1) $\lim\limits_{x \to x_0} \mathrm{e}^{ax}(\cos bx + \sin bx) \log_2(1 + x^2)$;

(2) $\lim\limits_{x \to x_0} \dfrac{a^2}{2} \arcsin \dfrac{x}{a}$ $(|x_0| < a)$;

(3) $\lim\limits_{x \to x_0} 2^{\sin x^3} x^{3x^2}$ $(x_0 > 0)$;

(4) $\lim\limits_{x \to x_0} x^{a^x} + x^{x^a} + a^{x^x}$ $(a > 0,\ x_0 > 0)$.

9. 设已知 $\lim\limits_{x \to x_0} f(x) = a$ 且 $\lim\limits_{x \to a} g(x) = b$. 问是否能够据此推知 $\lim\limits_{x \to x_0} g(f(x)) = b$? 考察例子:

$$f(x) = \begin{cases} x, & \text{当 } x \text{ 是有理数}, \\ 0, & \text{当 } x \text{ 是无理数}, \end{cases} \qquad g(x) = \begin{cases} 1, & \text{当 } x \neq 0, \\ 0, & \text{当 } x = 0. \end{cases}$$

问能否从 $\lim\limits_{x \to 0} f(x) = 0$ 和 $\lim\limits_{x \to 0} g(x) = 1$ 推出 $\lim\limits_{x \to 0} g(f(x)) = 1$? 定理 3.1.7 的哪些条件不满足? 定理 3.1.8 的哪些条件不满足?

10. 应用海涅定理, 从函数的极限求以下数列的极限:

(1) $\lim\limits_{n \to \infty} \left(\dfrac{4 \cos^2 \frac{1}{\sqrt{n}}}{\cos^2 \frac{1}{\sqrt{n}} - 1} - \dfrac{\cos \frac{1}{\sqrt{n}} + 1}{\cos \frac{1}{\sqrt{n}} - 1} \right)$;　　(2) $\lim\limits_{n \to \infty} \dfrac{\sqrt[m]{1 + \sin \frac{\pi}{n}} - 1}{\sin \frac{\pi}{n}}$;

(3) $\lim\limits_{n \to \infty} \ln \cos \dfrac{\pi(n^2 - 1)}{4(n^2 + 1)}$;　　(4) $\lim\limits_{n \to \infty} \ln(1 + \sqrt{n^2 + 1}) - \ln n$.

3.2　函数的极限 (续)

3.2.1　单侧极限和无穷处的极限

考虑当 x 从 x_0 的一侧趋于 x_0 时, $f(x)$ 的极限. 这就是函数的**单侧极限**.

定义 3.2.1　设存在 $\delta_0 > 0$ 使函数 f 在 $(x_0, x_0 + \delta_0)$ 上有定义. 又设 a 是一个实数. 如果对任意给定的 $\varepsilon > 0$, 都存在相应的 $0 < \delta \leqslant \delta_0$, 使当 $0 < x - x_0 < \delta$ 时成立

$$|f(x) - a| < \varepsilon,$$

则称当 x 从右侧趋于 x_0 时 $f(x)$ 以 a 为极限, 或称 a 是 f 在点 x_0 的**右极限**, 记作

$$\lim_{x \to x_0^+} f(x) = a \quad \text{或} \quad f(x) \to a \ (\text{当 } x \to x_0^+).$$

同理可定义当 x 从左侧趋于 x_0 时 $f(x)$ 的极限亦即 f 在点 x_0 的**左极限**, 记作

$$\lim_{x \to x_0^-} f(x) = a \quad \text{或} \quad f(x) \to a \ (\text{当 } x \to x_0^-).$$

定理 3.2.1　$\lim\limits_{x \to x_0} f(x)$ 存在的充要条件是 $\lim\limits_{x \to x_0^+} f(x)$ 和 $\lim\limits_{x \to x_0^-} f(x)$ 都存在并且相等. 当这个条件满足时, 成立

$$\lim_{x \to x_0} f(x) = \lim_{x \to x_0^+} f(x) = \lim_{x \to x_0^-} f(x).$$

因此, 当 $\lim\limits_{x \to x_0^+} f(x)$ 和 $\lim\limits_{x \to x_0^-} f(x)$ 至少有一个不存在, 或者虽然它们都存在但不相等, 则 $\lim\limits_{x \to x_0} f(x)$ 不存在.

对于单侧极限也成立类似于定理 3.1.1 ~ 定理 3.1.12 (除定理 3.1.9 外) 以及推论 3.1.1 ~ 推论 3.1.3 的全部相应结果, 这里不再一一赘述. 以后将直接应用而不再做更多说明.

例 1 设 $\mu > 0$. 证明: $\lim\limits_{x \to 0^+} x^\mu = 0$.

证明 对任意给定的 $\varepsilon > 0$, 取 $\delta = \varepsilon^{\frac{1}{\mu}}$, 则当 $0 < x < \delta$ 时, 就有 $|x^\mu - 0| = x^\mu < \delta^\mu = \varepsilon$. 所以 $\lim\limits_{x \to 0^+} x^\mu = 0$. $\qquad\square$

例 2 证明: (1) $\lim\limits_{x \to (-1)^+} \arcsin x = -\dfrac{\pi}{2}$, $\lim\limits_{x \to 1^-} \arcsin x = \dfrac{\pi}{2}$;

(2) $\lim\limits_{x \to (-1)^+} \arccos x = \pi$, $\lim\limits_{x \to 1^-} \arccos x = 0$.

证明 由于 $-\dfrac{\pi}{2} = \arcsin(-1)$, 所以从上节例 6 可知

$$\left| \arcsin x - \left(-\frac{\pi}{2} \right) \right| = |\arcsin x - \arcsin(-1)| \leqslant \frac{\sqrt{1-x^2}}{|x|}.$$

由于 $\lim\limits_{x \to (-1)^+} \dfrac{\sqrt{1-x^2}}{|x|} = 0$, 所以根据两边夹法则即知 $\lim\limits_{x \to (-1)^+} \arcsin x = -\dfrac{\pi}{2}$. 类似地可证明 $\lim\limits_{x \to 1^-} \arcsin x = \dfrac{\pi}{2}$. 这就证明了结论 (1). 结论 (2) 由结论 (1) 结合关系式

$$\arccos x = \frac{\pi}{2} - \arcsin x$$

得到. $\qquad\square$

下述定理在建立单侧极限的存在性时往往很有用.

定理 3.2.2 (单调有界原理) (1) 设存在 $\delta_0 > 0$ 使函数 f 在 $(x_0 - \delta_0, x_0)$ 上有定义且单调递增有上界, 或者单调递减有下界, 则 f 在点 x_0 的左极限 $\lim\limits_{x \to x_0^-} f(x)$ 存在;

(2) 设存在 $\delta_0 > 0$ 使函数 f 在 $(x_0, x_0 + \delta_0)$ 上有定义且单调递增有下界, 或者单调递减有上界, 则 f 在点 x_0 的右极限 $\lim\limits_{x \to x_0^+} f(x)$ 存在.

证明 (1) 以 f 单调递增且有上界的情形为例来证明. 令 $x_n = x_0 - \dfrac{1}{n}$, $n = 1, 2, \cdots$. 则 $\{x_n\}$ 是单调递增且收敛于 x_0 的数列, 当 n 比较大时 x_n 都在区间 $(x_0 - \delta_0, x_0)$ 中, 从而 $f(x_n)$ 有定义. 为叙述简洁起见, 不妨设所有 x_n ($n = 1, 2, \cdots$) 都在区间 $(x_0 - \delta_0, x_0)$ 中. 考虑数列 $\{f(x_n)\}$. 由于函数 f 在区间 $(x_0 - \delta_0, x_0)$ 上单调递增且有上界, 所以 $\{f(x_n)\}$ 是单调递增且有上界的数列, 因此根据数列极限的单

调有界原理推知, $\lim\limits_{n\to\infty} f(x_n)$ 存在, 记为 a. 则对任意给定的 $\varepsilon > 0$, 存在相应的正整数 N, 使当 $n > N$ 时, 有

$$a - \varepsilon < f(x_n) \leqslant a.$$

取 $\delta = \dfrac{1}{N+1}$. 则对每个满足 $x_0 - \delta < x < x_0$ 的 x, 一方面有 $x > x_0 - \delta = x_{N+1}$, 从而

$$a - \varepsilon < f(x_{N+1}) \leqslant f(x),$$

另一方面, 因 $\lim\limits_{n\to\infty} x_n = x_0$ 而 $x < x_0$, 所以必存在 $n > N$ 使得 $x < x_n$, 从而

$$f(x) \leqslant f(x_n) \leqslant a.$$

结合起来即知对任意 $x_0 - \delta < x < x_0$ 都有

$$a - \varepsilon < f(x) \leqslant a.$$

所以 $\lim\limits_{x\to x_0^-} f(x) = a$. 这就证明了, $\lim\limits_{x\to x_0^-} f(x)$ 存在. 结论 (2) 的证明类似, 故从略.　□

也可考虑当 x 趋于无穷时, $f(x)$ 的极限. 这就是函数**在无穷远处的**极限.

定义 3.2.2　设存在 $M_0 > 0$ 使函数 f 在 $(M_0, +\infty)$ 上有定义. 又设 a 是一个实数. 如果对任意给定的 $\varepsilon > 0$, 都存在相应的 $M \geqslant M_0$, 使当 $x > M$ 时成立

$$|f(x) - a| < \varepsilon,$$

则称当 x **趋于正无穷时**, $f(x)$ **以** a **为极限**, 记作

$$\lim\limits_{x\to+\infty} f(x) = a \quad 或 \quad f(x) \to a \ (当 \ x \to +\infty).$$

同理可定义当 x **趋于负无穷时**, $f(x)$ **以** a **为极限**, 记作

$$\lim\limits_{x\to-\infty} f(x) = a \quad 或 \quad f(x) \to a \ (当 \ x \to -\infty).$$

如果 $\lim\limits_{x\to+\infty} f(x) = a$ 且 $\lim\limits_{x\to-\infty} f(x) = a$, 则**称当** x **趋于无穷时**, $f(x)$ **以** a **为极限**, 记作

$$\lim\limits_{x\to\infty} f(x) = a \quad 或 \quad f(x) \to a \ (当 \ x \to \infty)$$

(有时也记作 $\lim\limits_{|x|\to+\infty} f(x) = a$).

从定义不难知道, 函数在无穷远处的极限与数列的极限和函数在一个点处的极限很类似, 因此其性质和运算规则也类似, 这里不一一列举, 以后用到时将直接应用而不做更多说明. 例如, 函数在无穷远处的极限有下述形式的海涅定理: $\lim\limits_{x\to\infty} f(x) = a$ 的充要条件是, 对任意满足条件 $\lim\limits_{n\to\infty} x_n = \infty$ 的数列 $\{x_n\}$ 都成立 $\lim\limits_{n\to\infty} f(x_n) = a$.

例 3　证明: (1) $\lim\limits_{x\to+\infty} \arctan x = \dfrac{\pi}{2}$, $\lim\limits_{x\to-\infty} \arctan x = -\dfrac{\pi}{2}$;

(2) $\lim\limits_{x\to+\infty} \operatorname{arccot} x = 0$, $\lim\limits_{x\to-\infty} \operatorname{arccot} x = \pi$.

证明 由于当 $-\dfrac{\pi}{2} < y < \dfrac{\pi}{2}$ 时, $\sin y = \dfrac{\tan y}{\sqrt{1 + \tan^2 y}}$, 所以 $\arctan x = \arcsin\left(\dfrac{x}{\sqrt{1 + x^2}}\right)$, 因此根据例 2 得

$$\lim_{x \to +\infty} \arctan x = \lim_{x \to +\infty} \arcsin \frac{x}{\sqrt{1 + x^2}} = \lim_{u \to 1^-} \arcsin u = \frac{\pi}{2}.$$

类似地可证明 $\lim\limits_{x \to -\infty} \arctan x = -\dfrac{\pi}{2}$. 这就证明了结论 (1). 结论 (2) 由结论 (1) 结合关系式

$$\text{arccot}\, x = \frac{\pi}{2} - \arctan x$$

得到. □

3.2.2 两个重要极限

有两个特殊的函数极限在以后计算初等函数的导数时将起到重要的作用, 因此这里专门对这两个函数极限做一介绍. 这就是下面两个定理.

定理 3.2.3 $\lim\limits_{x \to 0} \dfrac{\sin x}{x} = 1.$

证明 $y = \dfrac{\sin x}{x}$ 的图像如图 3-2-1 所示. 从定理 1.3.6 知道, 成立不等式

$$\sin x < x < \tan x, \quad \forall x \in \left(0, \frac{\pi}{2}\right).$$

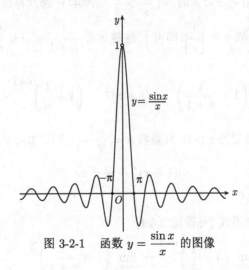

图 3-2-1 函数 $y = \dfrac{\sin x}{x}$ 的图像

据此得到不等式

$$\cos x < \frac{\sin x}{x} < 1, \quad \forall x \in \left(-\frac{\pi}{2}, \frac{\pi}{2}\right),\ x \neq 0.$$

从 3.1 节例 5 已经知道, $\lim\limits_{x \to 0} \cos x = 1$, 所以由两边夹法则即知 $\lim\limits_{x \to 0} \dfrac{\sin x}{x} = 1.$ □

例 4　证明: $\lim\limits_{x \to 0} \dfrac{\tan x}{x} = 1.$

证明　$\lim\limits_{x \to 0} \dfrac{\tan x}{x} = \lim\limits_{x \to 0} \left(\dfrac{\sin x}{x} \cdot \dfrac{1}{\cos x} \right) = \lim\limits_{x \to 0} \dfrac{\sin x}{x} \cdot \lim\limits_{x \to 0} \dfrac{1}{\cos x} = 1.$ □

定理 3.2.4　$\lim\limits_{x \to 0} (1 + x)^{\frac{1}{x}} = \mathrm{e}.$

证明　只需证明 $\lim\limits_{x \to 0^+} (1 + x)^{\frac{1}{x}} = \mathrm{e}$ 且 $\lim\limits_{x \to 0^-} (1 + x)^{\frac{1}{x}} = \mathrm{e}.$

先来证明 $\lim\limits_{x \to 0^+} (1 + x)^{\frac{1}{x}} = \mathrm{e}.$ 根据推论 2.4.1 知

$$\lim_{n \to \infty} \left(1 + \frac{1}{n+1} \right)^n = \lim_{n \to \infty} \left(1 + \frac{1}{n} \right)^{n+1} = \mathrm{e}.$$

因此对任意给定的 $\varepsilon > 0$, 存在相应的正整数 N, 使当 $n > N$ 时成立

$$\left| \left(1 + \frac{1}{n+1} \right)^n - \mathrm{e} \right| < \varepsilon \quad \text{且} \quad \left| \left(1 + \frac{1}{n} \right)^{n+1} - \mathrm{e} \right| < \varepsilon.$$

特别地, 当 $n > N$ 时成立

$$\left(1 + \frac{1}{n+1} \right)^n > \mathrm{e} - \varepsilon \quad \text{且} \quad \left(1 + \frac{1}{n} \right)^{n+1} < \mathrm{e} + \varepsilon.$$

令 $\delta = \dfrac{1}{N+1}$. 则当 $0 < x < \delta$ 时, 有 $\dfrac{1}{x} > \dfrac{1}{\delta} = N+1$, 因此存在正整数 $n > N$ 使得 $n \leqslant \dfrac{1}{x} < n+1$ $\left(\text{只要取 } n = \left[\dfrac{1}{x} \right] \text{ 即可} \right)$, 这蕴含着 $\dfrac{1}{n+1} < x \leqslant \dfrac{1}{n}$, 因此当 $0 < x < \delta$ 时就有

$$\mathrm{e} - \varepsilon < \left(1 + \frac{1}{n+1} \right)^n < (1+x)^{\frac{1}{x}} < \left(1 + \frac{1}{n} \right)^{n+1} < \mathrm{e} + \varepsilon.$$

这就证明了, 对任意给定的 $\varepsilon > 0$, 只要取 $\delta = \dfrac{1}{N+1}$, 则当 $0 < x < \delta$ 时就成立

$$|(1+x)^{\frac{1}{x}} - \mathrm{e}| < \varepsilon.$$

所以 $\lim\limits_{x \to 0^+} (1 + x)^{\frac{1}{x}} = \mathrm{e}.$

类似地, 应用下列等式 (见推论 2.4.1)

$$\lim_{n \to \infty} \left(1 - \frac{1}{n} \right)^{n+1} = \lim_{n \to \infty} \left(1 - \frac{1}{n+1} \right)^n = \frac{1}{\mathrm{e}},$$

还可证明:

$$\lim_{y \to 0^+} (1 - y)^{\frac{1}{y}} = \frac{1}{\mathrm{e}}.$$

从而通过作变量代换 $y = -x$ (注意当 $x \to 0^-$ 时, $y \to 0^+$), 就得到

$$\lim_{x \to 0^-} (1+x)^{\frac{1}{x}} = \lim_{y \to 0^+} (1-y)^{-\frac{1}{y}} = \left(\frac{1}{e}\right)^{-1} = e.$$

这就证明了 $\lim\limits_{x \to 0^-} (1+x)^{\frac{1}{x}} = e$.

结合以上两步的讨论就得到 $\lim\limits_{x \to 0} (1+x)^{\frac{1}{x}} = e$ (图 3-2-2). $\qquad\square$

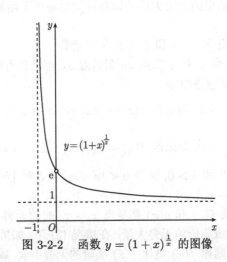

图 3-2-2 函数 $y = (1+x)^{\frac{1}{x}}$ 的图像

数值计算表明: $e = 2.7182818284\cdots$.

定义 3.2.3 称以数 e 为底的对数 $\log_e x$ $(x > 0)$ 为**自然对数**, 记作 $\ln x$.

例 5 证明: $\lim\limits_{x \to 0} \dfrac{\ln(1+x)}{x} = 1$.

证明 $\lim\limits_{x \to 0} \dfrac{\ln(1+x)}{x} = \lim\limits_{x \to 0} \ln(1+x)^{\frac{1}{x}} = \ln \lim\limits_{x \to 0} (1+x)^{\frac{1}{x}} = \ln e = 1$. $\qquad\square$

3.2.3 无穷小量和无穷大量及其阶的比较

与数列的情况类似, 以零为极限的函数称为**无穷小量**. 与无穷小量相对应的是无穷大量.

定义 3.2.4 设函数 f 在点 x_0 附近除 x_0 点之外有定义.

(1) 如果对任意给定的 $M > 0$, 存在相应的 $\delta > 0$, 使当 $0 < |x - x_0| < \delta$ 时就有 $f(x) > M$, 则称当 x 趋于 x_0 时, $f(x)$ **趋于正无穷大**, 记作 $\lim\limits_{x \to x_0} f(x) = +\infty$;

(2) 如果对任意给定的 $M > 0$, 存在相应的 $\delta > 0$, 使当 $0 < |x - x_0| < \delta$ 时就有 $f(x) < -M$, 则称当 x 趋于 x_0 时, $f(x)$ **趋于负无穷大**, 记作 $\lim\limits_{x \to x_0} f(x) = -\infty$;

(3) 如果对任意给定的 $M > 0$, 存在相应的 $\delta > 0$, 使当 $0 < |x - x_0| < \delta$ 时就有

$|f(x)| > M$, 则称当 x 趋于 x_0 时, $f(x)$ **趋于无穷大**, 记作 $\lim\limits_{x \to x_0} f(x) = \infty$. 这时并称 $f(x)$ 是当 $x \to x_0$ 时的**无穷大量**.

类似地, 可定义当 $x \to x_0^+$, 当 $x \to x_0^-$, 当 $x \to +\infty$, 当 $x \to -\infty$ 以及当 $x \to \infty$ 时 $f(x)$ 趋于正无穷大、趋于负无穷大和趋于无穷大等概念. 这些概念的具体定义留给读者写出. 如果在这些情形下 $f(x)$ 趋于无穷大, 就称 $f(x)$ 是对应极限过程的无穷大量.

容易看出, 对数列情形的无穷大量的运算法则也适用于函数情形的无穷大量. 这里不再一一写出.

对数列引进的三个记号 $\sim$, o 和 O 也适用于函数.

定义 3.2.5 设函数 f 和 g 在点 x_0 附近除 x_0 点之外有定义, 且当 $x \to x_0$ 时, 它们都是无穷小量或都是无穷大量.

(1) 如果 $\lim\limits_{x \to x_0} \dfrac{f(x)}{g(x)} = 1$, 则记作 $f(x) \sim g(x)$ (当 $x \to x_0$);

(2) 如果 $\lim\limits_{x \to x_0} \dfrac{f(x)}{g(x)} = 0$, 则记作 $f(x) = o(g(x))$ (当 $x \to x_0$);

(3) 如果存在 $C > 0$ 和 $\delta > 0$, 使当 $0 < |x - x_0| < \delta$ 时 $|f(x)| \leqslant C|g(x)|$, 则记作 $f(x) = O(g(x))$ (当 $x \to x_0$).

在情况 (1) 下, 如果 $f(x)$ 和 $g(x)$ 都是当 $x \to x_0$ 时的无穷小量或无穷大量, 则称它们是**等价的**无穷小量或等价的无穷大量. 在情况 (2) 下, 如果 $f(x)$ 和 $g(x)$ 都是当 $x \to x_0$ 时的无穷小量, 则称 $f(x)$ 是比 $g(x)$ **高阶的**无穷小量, 或称 $g(x)$ 是比 $f(x)$ **低阶的**无穷小量; 如果 $f(x)$ 和 $g(x)$ 都是当 $x \to x_0$ 时的无穷大量, 则称 $f(x)$ 是比 $g(x)$ **低阶的**无穷大量, 或称 $g(x)$ 是比 $f(x)$ **高阶的**无穷大量. 另外, 和数列极限的情形类似, 如果当 $x \to x_0$ 时 $f(x)$ 是无穷小量, 则记作 $f(x) = o(1)$ (当 $x \to x_0$); 当 $f(x)$ 在 x_0 附近局部有界, 则记作 $f(x) = O(1)$ (当 $x \to x_0$).

上述定义虽然只是针对 $x \to x_0$ 的极限过程给出的, 对于其他的极限过程也有相应的定义. 显然没有必要把它们一一写出.

不难知道, 在数列情形关于三个记号 $\sim$, o 和 O 证明的运算法则也适用于函数. 把这些运算法则写成以下定理.

定理 3.2.5 (1) $f(x) \sim g(x)$ 的充要条件是 $f(x) = g(x) + o(g(x))$;

(2) 如果 $f(x) \sim \varphi(x)$, $g(x) \sim \psi(x)$, 则 $f(x)g(x) \sim \varphi(x)\psi(x)$, $\dfrac{f(x)}{g(x)} \sim \dfrac{\varphi(x)}{\psi(x)}$. 后一关系式假定 $g(x)$ 和 $\psi(x)$ 在所考虑的极限过程中不取零值;

(3) $o(f(x)) \pm o(f(x)) = o(f(x))$, $Ao(f(x)) = o(f(x))$, A 为任意常数;

(4) $O(f(x)) \pm O(f(x)) = O(f(x))$, $AO(f(x)) = O(f(x))$, A 为任意常数;

(5) $o(f(x)) = O(f(x))$;

(6) $O(f(x))o(g(x)) = o(f(x)g(x))$, $O(f(x))O(f(x)) = O(f(x)g(x))$;

(7) $o(O(f(x))) = o(f(x))$, $O(o(f(x))) = o(f(x))$, $O(O(f(x))) = O(f(x))$.

证明请读者给出.

例 6 求极限 $\lim\limits_{x\to 0} \dfrac{\ln(1+3x^2)}{\tan^2 x}$.

解 由例 3 和例 4 知

$$\ln(1+x) \sim x, \qquad \tan x \sim x, \qquad 当 \ x \to 0.$$

所以

$$\ln(1+x) = x + o(x), \qquad \tan x = x + o(x), \qquad 当 \ x \to 0.$$

从而

$$\ln(1+3x^2) = 3x^2 + o(x^2), \qquad \tan^2 x = [x+o(x)]^2 = x^2 + o(x^2), \qquad 当 \ x \to 0.$$

因此

$$\frac{\ln(1+3x^2)}{\tan^2 x} = \frac{3x^2 + o(x^2)}{x^2 + o(x^2)} = \frac{3 + o(1)}{1 + o(1)} \to 3, \qquad 当 \ x \to 0.$$

故 $\lim\limits_{x\to 0} \dfrac{\ln(1+3x^2)}{\tan^2 x} = 3$.

与数列情形类似, 在只含有乘法运算和除法运算的极限运算式中, 可以用等价无穷小量或等价无穷大量代替其中的无穷小量或无穷大量以简化运算. 例如, 例 6 的计算可以简化如下:

$$\lim_{x\to 0} \frac{\ln(1+3x^2)}{\tan^2 x} = \lim_{x\to 0} \frac{3x^2}{x^2} = 3.$$

但是必须特别注意: 在含有加、减法运算的极限运算式中, 不能用等价无穷小量或等价无穷大量代替其中的无穷小量或无穷大量做运算. 例如下述计算是错误的:

$$\lim_{x\to 0} \frac{\tan x - \sin x}{x^3} = \lim_{x\to 0} \frac{x - x}{x^3} = 0.$$

正确的计算有多种, 其中一种如下:

$$\lim_{x\to 0} \frac{\tan x - \sin x}{x^3} = \lim_{x\to 0} \frac{\sin x(1-\cos x)}{x^3 \cos x} = \lim_{x\to 0} \frac{2\sin x \sin^2 \dfrac{x}{2}}{x^3 \cos x}$$

$$= \lim_{x\to 0} \frac{2 \cdot x \cdot \left(\dfrac{x}{2}\right)^2}{x^3 \cos x} = \frac{1}{2}.$$

3.2.4 部分极限和上、下极限

最后指出, 函数极限的概念还可在更广泛的意义下考虑, 并进而引出部分极限以及上、下极限等概念. 回忆实数 x_0 称为非空实数集合 S 的**聚点**或**极限点**, 是指 x_0 满足下述条件: 存在 S 中一列异于 x_0 的实数 $\{x_n\}$, 即 $x_n \in S$ 且 $x_n \neq x_0$, $n = 1, 2, \cdots$,

使成立 $\lim_{n\to\infty} x_n = x_0$, 或等价地, 对任意 $\delta > 0$, 都有 $S \cap [(x_0 - \delta, x_0 + \delta) \setminus \{x_0\}] \neq \varnothing$ (见 2.4 节末尾的介绍和习题 2.4 第 18 题).

定义 3.2.6 对于定义在非空实数集合 S 上的函数 f 和 S 的聚点 x_0 以及实数 a, 如果对任意给定的正数 ε, 都存在相应的正数 δ, 使对每个满足条件 $0 < |x - x_0| < \delta$ 的 $x \in S$ 都成立

$$|f(x) - f(x_0)| < \varepsilon,$$

就称当 x **沿** S **趋于** x_0 **时**, $f(x)$ **以** a **为极限**, 记作

$$\lim_{\substack{x\to x_0 \\ x\in S}} f(x) = a \qquad \text{或} \qquad f(x) \to a \ (\text{当 } x\to x_0,\ x\in S).$$

不难知道, 上一节和本节讨论的所有内容, 都适用于这个更一般的函数极限概念, 建议读者把它们作为练习自己写出并进行推导, 这里不再一一重述. 如果函数 f 在点 x_0 附近除 x_0 外都有定义而 S 是以 x_0 为聚点的非空实数集合, 并且极限 $\lim_{\substack{x\to x_0 \\ x\in S}} f(x)$ 存在, 则称此极限为 f 在点 x_0 的**部分极限**, 相应地把极限 $\lim_{x\to x_0} f(x)$ 也叫做 f 在点 x_0 的**全极限**. 单侧极限、沿数列的极限都是部分极限的特例. 令 $L(f, x_0)$ 为 f 在点 x_0 的全体部分极限的集合:

$$L(f, x_0) = \{a \in \mathbf{R} : a \text{ 是 } f \text{ 在点 } x_0 \text{ 的部分极限}\}.$$

当 f 在点 x_0 附近局部有界时, $L(f, x_0)$ 非空且有界, 这时称 $L(f, x_0)$ 的上、下确界分别为函数 f 在点 x_0 的**上极限**和**下极限**, 分别记作 $\limsup_{x\to x_0} f(x)$ 和 $\liminf_{x\to x_0} f(x)$, 即

$$\limsup_{x\to x_0} f(x) = \sup L(f, x_0),$$

$$\liminf_{x\to x_0} f(x) = \inf L(f, x_0),$$

不难知道, 关于函数的上、下极限, 成立与数列的上、下极限类似的性质和运算法则, 这里不一一罗列, 只写出下面这个最重要的定理 (其证明留给读者作习题):

定理 3.2.6 设函数 f 在点 x_0 附近除 x_0 外都有定义并且局部有界. 则极限 $\lim_{x\to x_0} f(x)$ 存在的充要条件是它在点 x_0 的上、下极限相等. 当这个条件成立时, 有

$$\lim_{x\to x_0} f(x) = \limsup_{x\to x_0} f(x) = \liminf_{x\to x_0} f(x).$$

以上讨论了 f 在点 x_0 附近局部有界的情形. 如果 f 在点 x_0 附近局部无上界, 则定义 $\limsup_{x\to x_0} f(x) = +\infty$; 如果 f 在点 x_0 附近局部无下界, 则定义 $\liminf_{x\to x_0} f(x) = -\infty$. 这样, 无论 f 在点 x_0 附近是否局部有界, 记号 $\limsup_{x\to x_0} f(x)$ 和 $\liminf_{x\to x_0} f(x)$ 都有意义.

上极限 $\limsup_{x\to x_0} f(x)$ 和下极限 $\liminf_{x\to x_0} f(x)$ 也被分别记作 $\varlimsup_{x\to x_0} f(x)$ 和 $\varliminf_{x\to x_0} f(x)$, 即

$$\varlimsup_{x \to x_0} f(x) = \lim \sup_{x \to x_0} f(x), \qquad \varliminf_{x \to x_0} f(x) = \lim \inf_{x \to x_0} f(x).$$

另外, 这里只介绍了极限过程 $x \to x_0$ 的部分极限和上、下极限的概念; 对于其他五种极限过程, 也有相应的概念, 而且定义、性质和运算法则都类似. 这里不再一一讲述.

习 题 3.2

1. 根据定义证明: $\lim\limits_{x \to \infty} \sqrt{1 + \dfrac{1}{x^2}} = 1$.

2. 求以下单侧极限:

(1) $\lim\limits_{x \to 0^+} \dfrac{x-1}{3x - 2\sqrt{x} - 1}$;

(2) $\lim\limits_{x \to 1^-} \dfrac{\sqrt[3]{1-x} - \sqrt[4]{1-x}}{\sqrt[3]{1-x} + 3\sqrt[4]{1-x}}$;

(3) $\lim\limits_{x \to 1^+} \dfrac{[3x]}{x+2}$;

(4) $\lim\limits_{x \to 1^-} \dfrac{[3x]}{x+2}$;

(5) $\lim\limits_{x \to 2^+} \dfrac{[x]^2 - 1}{x^2 - 1}$;

(6) $\lim\limits_{x \to 2^-} \dfrac{[x]^2 - 1}{x^2 - 1}$;

(7) $\lim\limits_{x \to 2^+} \arctan \dfrac{\sqrt{x-1}}{x-2}$;

(8) $\lim\limits_{x \to 2^-} \arctan \dfrac{\sqrt{x-1}}{x-2}$;

(9) $\lim\limits_{x \to 0^+} \dfrac{1}{1 + 2^{\frac{1}{x}}}$;

(10) $\lim\limits_{x \to 0^-} \dfrac{1}{1 + 2^{\frac{1}{x}}}$.

3. 求以下无穷远处的极限:

(1) $\lim\limits_{x \to +\infty} (\sqrt{(x+a)(x+b)} - x)$;

(2) $\lim\limits_{x \to +\infty} (\sqrt[3]{x^3 - 3x^2} - \sqrt{x^2 + 2x})$;

(3) $\lim\limits_{x \to +\infty} \left(\sqrt{x + \sqrt{x + \sqrt{x}}} - \sqrt{x - \sqrt{x + \sqrt{x}}} \right)$;

(4) $\lim\limits_{x \to \infty} \dfrac{(x + \sqrt{x^2 - 2x})^n + (x - \sqrt{x^2 - 2x})^n}{\sqrt[3]{x^{3n} + 1} + \sqrt[3]{x^{3n} - 1}}$ (n 为正整数);

(5) $\lim\limits_{x \to \infty} x^{\frac{1}{3}} [(x+2)^{\frac{2}{3}} - (x-2)^{\frac{2}{3}}]$;

(6) $\lim\limits_{x \to \infty} \arcsin \dfrac{3 - 2x}{3 + 2x}$;

(7) $\lim\limits_{x \to +\infty} (\sin\sqrt{x+1} - \sin\sqrt{x-1})$;

(8) $\lim\limits_{x \to +\infty} \arccos(\sqrt{x^2 + x} - x)$.

4. 设常数 $a > 1$, $\varepsilon > 0$, m 为正整数. 证明:

(1) $\lim\limits_{x \to +\infty} \dfrac{x^m}{a^x} = 0$;

(2) $\lim\limits_{x \to +\infty} \dfrac{(\log_a x)^m}{x^\varepsilon} = 0$;

(3) $\lim\limits_{x \to 0^+} x^\varepsilon (\log_a x)^m = 0$.

5. 根据极限 $\lim\limits_{x \to 0} \dfrac{\sin x}{x}$ 求以下极限:

(1) $\lim\limits_{x \to 0} \dfrac{\sin ax}{\sin bx}$ ($a, b \neq 0$);

(2) $\lim\limits_{x \to 0} \dfrac{\tan ax}{\tan bx}$ ($a, b \neq 0$);

(3) $\lim\limits_{x \to 0} \dfrac{\sin 3x - \sin 2x}{\sin 5x}$;

(4) $\lim\limits_{x \to 0} \dfrac{1 - \cos x}{x^2}$;

(5) $\lim\limits_{x \to 0} \dfrac{\tan x - \sin x}{\sin x^3}$;

(6) $\lim\limits_{x \to 0} \dfrac{\cos 3x - \cos 2x}{\sin x^2}$;

(7) $\lim\limits_{x \to \frac{\pi}{4}} \tan 2x \tan \left(\dfrac{\pi}{4} - x \right)$;

(8) $\lim\limits_{x \to 1} (1-x) \tan \dfrac{\pi x}{2}$.

(9) $\lim\limits_{x \to 0} \dfrac{\sqrt{1 - \cos x^2}}{\sin^2 x}$;

(10) $\lim\limits_{x \to 0^+} \dfrac{1 - \sqrt{\cos x}}{(1 - \cos \sqrt{x})^2}$;

(11) $\lim\limits_{x \to 0} \dfrac{\arctan x}{\arcsin x}$;

(12) $\lim\limits_{n \to \infty} \cos \dfrac{x}{2} \cos \dfrac{x}{4} \cdots \cos \dfrac{x}{2^n}$.

6. 根据极限 $\lim\limits_{x \to 0}(1 + x)^{\frac{1}{x}} = \mathrm{e}$ 和 $\lim\limits_{x \to 0} \dfrac{\ln(1 + x)}{x} = 1$ 求以下极限:

(1) $\lim\limits_{x \to 0}(1 + ax)^{\frac{1}{x}}$ $(a \in \mathbf{R})$;

(2) $\lim\limits_{x \to 0}(a^x + x)^{\frac{1}{x}}$ $(a > 0)$;

(3) $\lim\limits_{x \to \infty}\left(\dfrac{x + a}{x - a}\right)^x$ $(a \in \mathbf{R})$;

(4) $\lim\limits_{x \to \infty}\left(\dfrac{x^2 + 1}{x^2 - 1}\right)^x$;

(5) $\lim\limits_{x \to 0} \dfrac{\ln(x^2 + a^x)}{\ln(x^3 + a^{2x})}$ $(a > 0)$;

(6) $\lim\limits_{x \to 0} \dfrac{\ln(1 + x^2)}{\ln(x^2 + \sqrt{1 + x^2})}$;

(7) $\lim\limits_{x \to 0} \dfrac{a^x - 1}{x}$ $(a > 0)$;

(8) $\lim\limits_{x \to 0}(2\mathrm{e}^x - 1)^{\frac{1}{x}}$;

(9) $\lim\limits_{x \to -\infty} \dfrac{\ln(1 + 3^x)}{\ln(1 + 2^x)}$;

(10) $\lim\limits_{x \to +\infty} \dfrac{\ln(1 + 3^x)}{\ln(1 + 2^x)}$;

(11) $\lim\limits_{x \to +\infty} \ln(1 + a^x) \ln\left(1 + \dfrac{a}{x}\right)$ $(a > 1)$;

(12) $\lim\limits_{x \to 1}(1 - x) \log_x a$ $(a > 0)$.

7. 求以下综合类型的极限:

(1) $\lim\limits_{x \to 0}(1 + \tan x^2)^{\cot^2 x}$;

(2) $\lim\limits_{x \to \pi}(1 + \sin x)^{\cot x}$;

(3) $\lim\limits_{x \to 0}\left(\dfrac{\cos ax}{\cos bx}\right)^{\frac{1}{x^2}}$ $(a, b \in \mathbf{R})$;

(4) $\lim\limits_{x \to 0^+}(\cos \sqrt{x})^{\frac{1}{x}}$;

(5) $\lim\limits_{x \to 1}\left(\tan \dfrac{\pi x}{4}\right)^{\tan \frac{\pi x}{2}}$;

(6) $\lim\limits_{x \to 1}\left(\sin \dfrac{\pi x}{2}\right)^{\tan \frac{\pi x}{2}}$;

(7) $\lim\limits_{x \to \frac{\pi}{4}} \dfrac{\ln \sin x - \ln \cos x}{\sin x - \cos x}$;

(8) $\lim\limits_{x \to 0} \dfrac{\ln(\cos ax - \sin ax)}{\ln(\cos bx - \sin bx)}$ $(a, b \in \mathbf{R})$;

(9) $\lim\limits_{n \to \infty} \cos^n \dfrac{a}{\sqrt{n}}$ $(a \in \mathbf{R})$;

(10) $\lim\limits_{n \to \infty} \tan^n\left(\dfrac{\pi}{4} + \dfrac{1}{n}\right)$;

(11) $\lim\limits_{n \to \infty} n(\sqrt[n]{a} - 1)$ $(a > 0)$;

(12) $\lim\limits_{n \to \infty} n^2(\sqrt[n]{a} - \sqrt[n+1]{a})$ $(a > 0)$.

8. 证明: 当 $x \to 0$ 时,

(1) $\arcsin x \sim x$;

(2) $\arctan x \sim x$;

(3) $\mathrm{e}^x - 1 \sim x$;

(4) $1 - \cos x \sim \dfrac{1}{2}x^2$.

9. 运用等价无穷小量求极限:

(1) $\lim\limits_{x \to 0} \dfrac{\sqrt{1 + x^2} - 1}{1 - \cos x}$;

(2) $\lim\limits_{x \to 0} \dfrac{x \ln(1 + x^2)}{\sin x^2 \tan x}$;

(3) $\lim\limits_{x \to 0} \dfrac{x \mathrm{e}^{2x} \sin x}{(\mathrm{e}^x - \mathrm{e}^{-x})^2}$;

(4) $\lim\limits_{x \to \infty} \dfrac{x^2 \arctan \dfrac{1}{x}}{2x - \cos x}$.

10. 如果成立 $\lim\limits_{x \to \pm\infty}[f(x) - (k_\pm x + b_\pm)] = 0$, 则称直线 $y = k_\pm x + b_\pm$ 为曲线 $y = f(x)$ 在正 (对应于正号)、负 (对应于负号) 无穷远处的**渐近线**.

(1) 推导曲线在正、负无穷远处存在渐近线的充分必要条件.

(2) 求下列函数在正、负无穷远处的渐近线:

① $y = \sqrt{x^2 - x + 1}$;　　　　② $y = \dfrac{x^2 + 1}{x + 1}$;　　　　③ $y = \ln(1 + \mathrm{e}^x)$;

④ $y = x + \arccos \dfrac{1}{x^2 + 1}$;　　⑤ $y = \dfrac{x\mathrm{e}^x}{\mathrm{e}^x + 1}$;　　⑥ $y = \dfrac{x^{x+1}}{(1 + x)^x}$.

11. 设函数 f 在 $(a, +\infty)$ 上单增. 证明:

(1) 如果存在数列 $\{x_n\}$ 使 $\lim\limits_{n \to \infty} x_n = +\infty$ 且 $\lim\limits_{n \to \infty} f(x_n) = a$, 则 $\lim\limits_{x \to +\infty} f(x) = a$;

(2) 如果 f 严格单增, $\lim\limits_{x \to +\infty} f(x) = a$ 且 $\lim\limits_{n \to \infty} f(x_n) = a$, 则 $\lim\limits_{n \to \infty} x_n = +\infty$.

12. 定义在区间 $(a, +\infty)$ 上的函数 f 称为在 $+\infty$ 处是**渐近 T 周期的**, 其中 T 是正常数, 如果存在 T 周期函数 g 使成立

$$\lim_{x \to +\infty} (f(x) - g(x)) = 0.$$

证明: f 是渐近 T 周期函数的充要条件是成立

$$\lim_{m, n \to \infty} [f(x + mT) - f(x + nT)] = 0, \qquad \forall x > a.$$

13. 证明**柯西定理**: 设函数 f 定义在区间 $(a, +\infty)$ 上, 并在每个有穷区间 (a, b) 上有界. 则当等式右端的极限存在时, 成立

(1) $\lim\limits_{x \to +\infty} \dfrac{f(x)}{x} = \lim\limits_{x \to +\infty} [f(x + 1) - f(x)]$;

(2) $\lim\limits_{x \to +\infty} [f(x)]^{\frac{1}{x}} = \lim\limits_{x \to +\infty} \dfrac{f(x + 1)}{f(x)}$, 这里 $f(x) \geqslant c > 0, \forall x > a$.

14. 设函数 f 定义在区间 $(a, +\infty)$ 上, 并在每个有穷区间 (a, b) 上有界. 又设

$$\lim_{x \to +\infty} \frac{f(x + 1) - f(x)}{x^p} = c,$$

其中 p 是正整数. 证明:

$$\lim_{x \to +\infty} \frac{f(x)}{x^{p+1}} = \frac{c}{p + 1}.$$

15. 设函数 f 在点 x_0 附近除 x_0 外处处有定义. 证明: 实数 a 是 f 在点 x_0 的部分极限的充要条件是: 存在以 x_0 为极限且各项都异于 x_0 的数列 $\{x_n\}$ 使 $\lim\limits_{n \to \infty} f(x_n) = a$.

16. 证明定理 3.2.6.

17. 设函数 f 在集合 $J = (x_0 - c, x_0 + c) \backslash \{x_0\}$ $(c > 0)$ 上有定义, $S_1, S_1, \cdots, S_m$ 是 J 的 m 个子集, 它们都以 x_0 为聚点且 $S_1 \cup S_1 \cup \cdots \cup S_m = J$. 证明: 如果极限 $\lim\limits_{\substack{x \to x_0 \\ x \in S_k}} f(x)$ $(k = 1, 2, \cdots, m)$ 都存在并且全相等, 设为 a, 则 $\lim\limits_{x \to x_0} f(x) = a$.

18. 给定区间 $(-1, 1)$ 上的函数 f 如下:

$$f(x) = \begin{cases} x, & \text{当 } x \text{ 是无理数}, \\ 0, & \text{当 } x \text{ 是有理数}. \end{cases}$$

试各用两种不同的方法证明:

(1) f 在 $(-1, 1) \backslash \{0\}$ 中的所有点都不连续;

(2) f 在原点连续.

3.3　函数的连续性

3.3.1　函数连续性的定义

函数是用以反映一个变量 (因变量) 如何随着另一个变量 (自变量) 的变化而发展变化, 即因变量随自变量变化的规律的数学对象. 虽然函数的形式多种多样, 但它们有两种基本的变化形式: 渐变和突变. 前者的因变量随自变量连续变化也连续变化, 后者则在自变量连续变化的过程中发生了间断、跳跃等非连续变化的现象. 如人的体重随着时间的连续变化是连续变化的; 地球上一个固定点处的气温随着时间的连续变化是连续变化的; 空气的密度随着高度的连续变化是连续变化的等. 这类例子很多, 不胜枚举. 但是也有许多突变的例子, 如供电线路中电流强度随时间的变化一般是连续变化的, 但如果突然发生了某种事故而致停电或电路短路, 那么电流强度在瞬间发生了突然变化: 它或者突然变为零 (停电), 或者突然变为无穷大 (短路). 类似地, 机器的突然停运、车祸、地震等事件的发生, 都是一些函数发生了非连续性的变化. 因此, 突变也是在自然世界中普遍存在的一种与渐变相对立的现象.

在数学上, 如果描述事物变化运动的函数关系是 f, 那么渐变就是 $f(x)$ 连续地随 x 而变化, 而突变则是 $f(x)$ 在某个 x 处发生了间断. 反映在图像上, 前者的图形是连续的, 而后者的图形则有间断.

那么, 如何用数学的语言来描述 $f(x)$ 连续地随 x 变化这样的性质即函数 f 的连续性呢?

在第 1 章介绍过刻画直线的连续性的戴德金原理. 由于这个原因, 读者可能会希望采用某种类似刻画直线的连续性的戴德金原理的方式, 来刻画函数 $y = f(x)$ 的图像的连续性, 进而以此方式定义函数的连续性. 然而这样做实际上并不可行, 原因在于函数的形式各种各样, 因而相应地, 函数的图像千变万化, 其中很多远比直线复杂. 因此无法把戴德金原理推广到一般函数的图像以给出函数连续性的定义. 利用函数的极限作为工具, 便可简单地解决这一问题. 为了引出函数连续性这一概念的严格的数学定义, 先来对这个概念做一番剖析.

连续和间断是两个互相对立的概念. 所谓连续, 其实就是不间断. 因此, 只要清楚了 "间断" 的含义, 把它加以否定, 就得到了 "连续" 这一概念的定义. 直观地来看, "间断" 这个概念比 "连续" 较好把握一些, 因为 "间断" 涉及的是函数的点性态, 即一个函数 f 的间断性质, 总是发生在一些具体的点上. 如符号函数

$$\operatorname{sgn}(x) = \begin{cases} 1, & \text{当 } x > 0, \\ 0, & \text{当 } x = 0, \\ -1, & \text{当 } x < 0, \end{cases}$$

在原点 $x = 0$ 处发生间断 (图 3-3-1), 同样反比函数 $f(x) = \dfrac{1}{x}$ 也在 $x = 0$ 处发生间断 (图 3-3-2) 等.

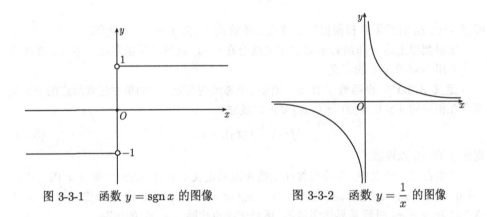

图 3-3-1　函数 $y = \operatorname{sgn} x$ 的图像　　　　图 3-3-2　函数 $y = \dfrac{1}{x}$ 的图像

其次, 函数 f 在一个点 x_0 处发生间断, 无外乎以下三种情况:

(1) f 在 x_0 邻近的点处都有定义, 但却在点 x_0 没有定义. 这时函数 $y = f(x)$ 的图像在横坐标为 x_0 的点是断开的 (图 3-3-3);

(2) f 在 x_0 及其邻近的点处都有定义, 但在点 x_0 没有极限 (如符号函数 $\operatorname{sgn}(x)$ 在 $x = 0$ 点);

(3) f 在 x_0 及其邻近的点处都有定义, 且在点 x_0 有极限, 但极限值 $\lim\limits_{x \to x_0} f(x)$ 和函数值 $f(x_0)$ 不相等. 这时函数 $y = f(x)$ 的图像在横坐标为 x_0 的点也是断开的 (图 3-3-4).

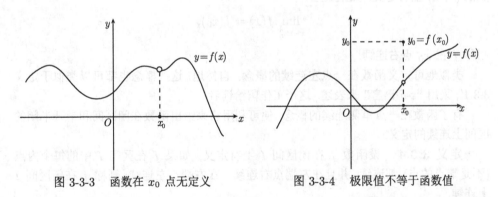

图 3-3-3　函数在 x_0 点无定义　　　　图 3-3-4　极限值不等于函数值

因此, 排除了以上这些情况, 剩下的情况就可以说 f 在点 x_0 连续了. 把上面三种情况全部否定就得到: 函数 f 在 x_0 及其邻域内都有定义, $\lim\limits_{x \to x_0} f(x)$ 存在, 且极限值等于函数值 $f(x_0)$. 所以给出下述定义.

定义 3.3.1　设函数 f 在 x_0 点的某个邻域内 (包括 x_0 点, 下同) 有定义. 如果成立

$$\lim_{x \to x_0} f(x) = f(x_0),$$

即 f 在点 x_0 有极限且极限值等于该点的函数值, 则称 f 在 x_0 点**连续**.

如果把以上定义和函数极限的定义结合在一起, 就得到了函数在一点 x_0 连续的下述采用 "ε-δ 语言" 的定义.

定义 3.3.1′　设函数 f 在 x_0 点的某个邻域内有定义. 如果对任意给定的 $\varepsilon > 0$, 都存在相应的 $\delta > 0$, 使当 $|x - x_0| < \delta$ 时成立

$$|f(x) - f(x_0)| < \varepsilon, \tag{3.3.1}$$

则称 f 在 x_0 点连续.

注意在以上定义中, 并没有像在函数极限的定义中那样, 关于自变量 x 的范围是 "当 $0 < |x - x_0| < \delta$ 时", 而是 "当 $|x - x_0| < \delta$ 时". 原因在于, 对任意的 $\varepsilon > 0$, 式 (3.3.1) 在 $x = x_0$ 时都是显然满足的, 所以无须再排除 $x = x_0$ 的情况.

有了函数在一个点连续的概念, 便可进而给出它在一个整个区间上连续的定义: 函数 f 在一个区间 I 上连续, 就是 f 在这个区间里没有间断点, 也就是它在这个区间 I 中的每个点都连续.

定义 3.3.2　设函数 f 在开区间 I 上有定义. 如果对每个 $x_0 \in I$, f 都在 x_0 点连续, 则称 f 在开区间 I 上连续.

以上考虑的是函数在开区间上的连续性. 如果考虑的是闭区间或半开半闭的区间, 则要涉及函数在区间端点的连续性问题, 这时涉及的自然是单侧连续性.

定义 3.3.3　设函数 f 在点 x_0 及其右邻域有定义, 即存在 $\delta > 0$ 使 f 在 $[x_0, x_0 + \delta)$ 上有定义. 如果成立

$$\lim_{x \to x_0^+} f(x) = f(x_0),$$

则称 f 在 x_0 点**右连续**.

类似地可定义函数在一点**左连续**的概念. 自然地, 这些概念也都可以类似于定义 3.3.1′, 采用 "ε-δ 语言" 来表述. 这个工作留给读者.

有了函数在一点单侧连续的概念, 便可利用它来给出函数在闭区间和半开半闭的区间上连续的定义.

定义 3.3.4　设函数 f 在闭区间 I 上有定义. 如果 f 在区间 I 中的每个内点 (不是端点的点) 都连续, 并且在左端点右连续、在右端点左连续, 则称 f 在闭区间 I 上连续.

函数在半开半闭区间上连续的定义可类似地给出, 请读者自己补充.

例 1　(1) 设 $a > 0$ 且 $a \neq 1$. 由于对任意 $x_0 \in \mathbf{R}$, 都有 $\lim\limits_{x \to x_0} a^x = a^{x_0}$, 所以指数函数 $f(x) = a^x$ 在整个数轴 $\mathbf{R} = (-\infty, +\infty)$ 上连续.

(2) 设 $a > 0$ 且 $a \neq 1$. 由于对任意 $x_0 > 0$, 都有 $\lim\limits_{x \to x_0} \log_a x = \log_a x_0$, 所以对数函数 $f(x) = \log_a x$ 在其定义域即数轴正半轴 $(0, +\infty)$ 上连续.

(3) 由于对任意 $x_0 \in \mathbf{R}$, 都有 $\lim\limits_{x \to x_0} \sin x = \sin x_0$ 和 $\lim\limits_{x \to x_0} \cos x = \cos x_0$, 所以正弦函数 $f(x) = \sin x$ 和余弦函数 $f(x) = \cos x$ 都在整个数轴 $\mathbf{R} = (-\infty, +\infty)$ 上连续.

(4) 由于对任意 $x_0 \in \mathbf{R}$, 都有 $\lim\limits_{x \to x_0} \arctan x = \arctan x_0$, 所以反正切函数 $f(x) = \arctan x$ 在整个数轴 $\mathbf{R} = (-\infty, +\infty)$ 上连续. 对反余切函数 $f(x) = \operatorname{arccot} x$ 有相同的结论. 同样由于对任意 $x_0 \in (-1, 1)$ 都有 $\lim\limits_{x \to x_0} \arcsin x = \arcsin x_0$, 且 $\lim\limits_{x \to (-1)^+} \arcsin x$
$= -\dfrac{\pi}{2} = \arcsin(-1)$, $\lim\limits_{x \to 1^-} \arcsin x = \dfrac{\pi}{2} = \arcsin 1$, 所以反正弦函数 $f(x) = \arcsin x$ 在其定义域即整个闭区间 $[-1, 1]$ 上连续. 对反余弦函数 $f(x) = \arccos x$ 有相同的结论.

例 2 考虑幂函数 $f(x) = x^\mu$, 其中 μ 为任意实数. 无论 μ 为什么实数, 对任意 $x_0 > 0$ 都有

$$\lim_{x \to x_0} x^\mu = \lim_{x \to x_0} \mathrm{e}^{\mu \ln x} = \mathrm{e}^{\mu \lim\limits_{x \to x_0} \ln x} = \mathrm{e}^{\mu \ln x_0} = x_0^\mu,$$

因此 $f(x) = x^\mu$ 在每个 $x_0 > 0$ 点都连续. 下面分情况考虑它在其他点的连续性.

(1) 先设 $\mu = n$ 为正整数. 这时 $f(x) = x^n$ 的定义域是整个数轴 $\mathbf{R} = (-\infty, +\infty)$. 由于对任意 $x_0 \in \mathbf{R}$ 都有 $\lim\limits_{x \to x_0} x^n = x_0^n$, 所以 $f(x) = x^n$ 在整个数轴 $\mathbf{R} = (-\infty, +\infty)$ 上连续.

(2) 再设 $\mu = -n$ 为负整数. 这时 $f(x) = x^{-n}$ 的定义域是整个数轴 $\mathbf{R} = (-\infty, +\infty)$ 除去原点 $x = 0$. 显然对任意非零的 $x_0 \in \mathbf{R}$ 都有 $\lim\limits_{x \to x_0} x^{-n} = x_0^{-n}$, 所以 $f(x) = x^{-n}$ 在其定义域即 $(-\infty, 0) \cup (0, +\infty)$ 中处处连续.

(3) 再设 $\mu = \dfrac{m}{n}$ 为正有理数, 其中 m 和 n 是互素的正整数且 $n > 1$. 如果 n 是奇数, 则 $f(x) = x^{\frac{m}{n}}$ 的定义域是整个数轴 $\mathbf{R} = (-\infty, +\infty)$. 对任意 $x_0 \in \mathbf{R}$,

$$\lim_{x \to x_0} x^{\frac{m}{n}} = \lim_{x \to x_0} \sqrt[n]{x^m} = \sqrt[n]{\lim_{x \to x_0} x^m} = \sqrt[n]{x_0^m} = x_0^{\frac{m}{n}},$$

所以 $f(x) = x^{\frac{m}{n}}$ 在整个数轴 $\mathbf{R} = (-\infty, +\infty)$ 上连续. 如果 n 是偶数, 则 $f(x) = x^{\frac{m}{n}}$ 的定义域是 $[0, +\infty)$. 已证明对任意 $x_0 > 0$, $f(x) = x^{\frac{m}{n}}$ 都在 x_0 点连续, 又根据 3.2 节例 1 可知 $\lim\limits_{x \to 0^+} x^{\frac{m}{n}} = 0$, 所以 $f(x) = x^{\frac{m}{n}}$ 在 $x = 0$ 点右连续. 因此, 这个函数在其整个定义域 $[0, +\infty)$ 上连续.

(4) 再设 $\mu = -\dfrac{m}{n}$ 为负有理数, 其中 m 和 n 是互素的正整数且 $n > 1$. 如果 n 是奇数, 则 $f(x) = x^{\frac{m}{n}}$ 的定义域是 $(-\infty, 0) \cup (0, +\infty)$. 对任意 $x_0 \neq 0$,

$$\lim_{x \to x_0} x^{-\frac{m}{n}} = \lim_{x \to x_0} (x^{\frac{m}{n}})^{-1} = (x_0^{\frac{m}{n}})^{-1} = x_0^{-\frac{m}{n}},$$

所以 $f(x) = x^{-\frac{m}{n}}$ 在定义域 $(-\infty, 0) \cup (0, +\infty)$ 中处处连续. 如果 n 是偶数, 则 $f(x) = x^{-\frac{m}{n}}$ 的定义域是 $(0, +\infty)$. 已证明对任意 $x_0 > 0$, 都有 $\lim\limits_{x \to x_0} x^{-\frac{m}{n}} = x_0^{-\frac{m}{n}}$, 所以这个函数在其定义域 $(0, +\infty)$ 上连续.

(5) 最后再看 μ 为无理数的情况. 如果 μ 是正无理数, 则 $f(x) = x^{\mu}$ 的定义域是 $[0, +\infty)$. 根据本例一开始证明的结果和 3.2 节例 1 可知, 这个函数在其定义域 $[0, +\infty)$ 上连续. 如果 μ 是负无理数, 则 $f(x) = x^{\mu}$ 的定义域是 $(0, +\infty)$. 根据本例一开始证明的结果, 这个函数也在其定义域 $(0, +\infty)$ 上连续.

综合以上讨论即知, μ 取任意实数, 幂函数 $f(x) = x^{\mu}$ 都在其定义域内处处连续.

从以上两例看到, 基本初等函数都在其定义域内处处连续.

例 3　考虑函数

$$
f(x) = \begin{cases} x \sin \dfrac{1}{x}, & \text{当 } x \neq 0, \\[2mm] 0, & \text{当 } x = 0, \end{cases}
$$

对于每个 $x_0 \neq 0$, 有

$$
\lim_{x \to x_0} f(x) = \lim_{x \to x_0} x \sin \frac{1}{x} = x_0 \sin \frac{1}{x_0} = f(x_0),
$$

所以 f 在每个 $x_0 \neq 0$ 的点 x_0 连续. 又由于

$$
\lim_{x \to 0} f(x) = \lim_{x \to 0} x \sin \frac{1}{x} = 0 = f(0),
$$

所以 $f(x)$ 也在 $x = 0$ 连续. 因此函数 f 在整个数轴 $(-\infty, +\infty)$ 上连续 (图 3-3-5).

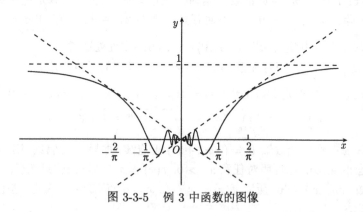

图 3-3-5　例 3 中函数的图像

定义 3.3.2 和定义 3.3.4 给出了定义在区间上的函数在此区间上连续的概念. 为了理论研究的需要, 还可考虑定义在任意非空实数集合上的函数在此集合上连续的概念. 为此先把定义 3.3.1 给出的函数在一点连续的概念加以扩展. 设 S 是一个非空的实数集合, f 是定义在 S 上的函数. 又设 $x_0 \in S$. 当 x_0 是 S 的聚点时, 如果成立

$$\lim_{\substack{x \to x_0 \\ x \in S}} f(x) = f(x_0),$$

则称 f 在 x_0 **连续**或称 x_0 为 f 的**连续点**; 如果这个条件不成立, 则称 x_0 为 f 的**间断点**. S 中不是其聚点的点叫 S 的**孤立点**. 规定每个函数都在其定义域中的孤立点连续. 现在便可把定义 3.3.2 和定义 3.3.4 推广如下:

定义 3.3.5 设函数 f 在非空集合 $S \subseteq \mathbf{R}$ 上有定义. 如果 f 在 S 中每点都连续, 则称 f 在 S 上连续.

3.3.2 连续函数的运算

应用极限的四则运算法则, 可得连续函数的四则运算的连续性.

定理 3.3.1 (1) 设函数 f 和 g 都在 x_0 点连续, 则 $f \pm g$ 和 $f \cdot g$ 也都在 x_0 点连续, 并且当 $g(x_0) \neq 0$ 时, f/g 也在 x_0 点连续.

(2) 设函数 f 和 g 都在区间 I 上连续, 则 $f \pm g$ 和 $f \cdot g$ 也都在区间 I 上连续, 并且当 g 在区间 I 上处处非零时, f/g 也在区间 I 上连续.

证明 (1) 由于 f 和 g 都在 x_0 点连续, 根据极限的四则运算法则, 有

$$\lim_{x \to x_0} (f(x) \pm g(x)) = \lim_{x \to x_0} f(x) \pm \lim_{x \to x_0} g(x) = f(x_0) \pm g(x_0),$$

$$\lim_{x \to x_0} (f(x)g(x)) = \lim_{x \to x_0} f(x) \cdot \lim_{x \to x_0} g(x) = f(x_0)g(x_0),$$

所以 $f \pm g$ 和 $f \cdot g$ 都在 x_0 点连续. 又当 $g(x_0) \neq 0$ 时,

$$\lim_{x \to x_0} \frac{f(x)}{g(x)} = \frac{\lim\limits_{x \to x_0} f(x)}{\lim\limits_{x \to x_0} g(x)} = \frac{f(x_0)}{g(x_0)},$$

所以 f/g 也在 x_0 点连续.

(2) 由于对任意 $x_0 \in I$, 根据 (1) 知 $f \pm g$ 和 $f \cdot g$ 都在 x_0 点连续, 所以 $f \pm g$ 和 $f \cdot g$ 都在区间 I 上连续. 又当 g 在区间 I 上处处非零时, 对任意 $x_0 \in I$, 根据 (1) 知 f/g 在 x_0 点连续, 所以 f/g 在区间 I 上连续. □

应用复合函数极限运算的定理 (定理 3.1.8), 可得连续函数的复合函数的连续性.

定理 3.3.2 (1) 设函数 f 在 x_0 点连续, $y_0 = f(x_0)$. 又设函数 g 在 y_0 点连续. 则复合函数 $g \circ f$ 在 x_0 点连续.

(2) 设函数 f 在区间 I 上连续, 函数 g 在区间 J 上连续, 并且 $f(I) \subseteq J$. 则复合函数 $g \circ f$ 在区间 I 上连续.

证明 (1) 由 f 在 x_0 点连续知 $\lim\limits_{x \to x_0} f(x) = f(x_0)$, 又由 g 在 $y_0 = f(x_0)$ 点连续知 $\lim\limits_{y \to y_0} g(y) = g(y_0) = g(f(x_0))$, 所以根据复合函数求极限的法则 (定理 3.1.8), 有

$$\lim_{x \to x_0} g(f(x)) = \lim_{y \to y_0} g(y) = g(f(x_0)),$$

因此 $g \circ f$ 在 x_0 点连续.

(2) 由于对任意 $x_0 \in I$, 根据 (1) 知 $g \circ f$ 都在 x_0 点连续, 所以 $g \circ f$ 在区间 I 上连续. □

由于任意初等函数都是由基本初等函数经过有限次的复合和加、减、乘、除四则运算得到的, 其定义域是使得这些运算能够进行的那些点所组成的集合, 所以应用以上两个定理和例 1、例 2, 即得下述定理.

定理 3.3.3 每个初等函数都在其定义域内处处连续.

3.3.3 间断点的分类

根据函数在一点连续的定义, 可把函数的间断点分为三类.

(1) **可去间断点** 函数 f 在 x_0 点有极限, 但或者 f 在 x_0 没有定义, 或者虽然 f 在 x_0 有定义但极限值不等于函数值. 在这样的点处, 只要补充定义 f 在 x_0 点的值或者改变 f 在该点的值, 使得 $f(x_0) = \lim\limits_{x \to x_0} f(x)$, 就可使新得到的函数在该点连续. 所以这样的间断点称为函数 f 的**可去间断点**.

例如, 初等函数 $f(x) = \dfrac{\sin x}{x}$ 在点 $x = 0$ 没有定义. 但因为 $\lim\limits_{x \to 0} \dfrac{\sin x}{x} = 1$, 所以只要补充定义 $f(0) = 1$, 那么新得到的函数就在点 $x = 0$ 连续. 因此 $x = 0$ 是 $f(x) = \dfrac{\sin x}{x}$ 的可去间断点.

又如, 对于函数

$$f(x) = \begin{cases} x \sin \dfrac{1}{x}, & \text{当 } x \neq 0, \\ 1, & \text{当 } x = 0, \end{cases}$$

由于 $\lim\limits_{x \to 0} f(x) = \lim\limits_{x \to 0} x \sin \dfrac{1}{x} = 0 \neq f(0)$, 所以 $x = 0$ 是 f 的间断点. 但只要重新定义 $f(0) = 0$, 新得到的函数就在点 $x = 0$ 连续. 所以 $x = 0$ 是函数 f 的可去间断点.

(2) **跳跃间断点** 函数 f 在 x_0 点的左、右极限都存在但不相等. 这类间断点也经常称为**跳跃间断点**.

例如, 符号函数 $\mathrm{sgn}(x)$ 在原点 $x = 0$ 处有跳跃性的间断, 即左、右极限都存在但不相等, 所以 $x = 0$ 是该函数的第一类间断点 (图 3-3-1). 同样地, 取整函数 $f(x) = [x]$ 在所有的非整数点都连续, 在每个整数点 $x = n$ 左、右极限都存在但不相等, 所以所有整数点都是该函数的第一类间断点 (图 3-3-6).

(3) **第二类间断点** 函数 f 在 x_0 点的左、右极限至少有一个不存在.

例如, 函数 $f(x) = \dfrac{1}{x}$, 因为 $\lim\limits_{x \to 0} \dfrac{1}{x} = \infty$ (这个记号应读作 "当 $x \to 0$ 时 $\dfrac{1}{x}$ 趋于无穷大", 不应当读作 "当 $x \to 0$ 时 $\dfrac{1}{x}$ 的极限是 ∞"), 所以它在 $x = 0$ 处既没有左极限又没有右极限, 因此 $x = 0$ 是它的第二类间断点.

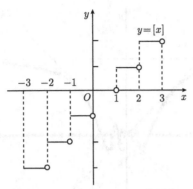

图 3-3-6 函数 $y = [x]$ 的图像

又如, 函数 $f(x) = \sin \dfrac{1}{x}$, 它在 $x = 0$ 既没有左极限又没有右极限, 所以 $x = 0$ 是它的第二类间断点.

再考虑狄利克雷函数

$$D(x) = \begin{cases} 1, & \text{当 } x \text{ 是有理数}, \\ 0, & \text{当 } x \text{ 是无理数}, \end{cases}$$

它在每个点 $x_0 \in \mathbf{R}$ 都不连续. 事实上, 对每个 $x_0 \in \mathbf{R}$, 既存在单调递增的有理数列 $\{x_n\}$ 使得 $\lim\limits_{n \to \infty} x_n = x_0$, 又存在单调递增的无理数列 $\{y_n\}$ 使得 $\lim\limits_{n \to \infty} y_n = x_0$, 而 $\lim\limits_{n \to \infty} D(x_n) = 1$, $\lim\limits_{n \to \infty} D(y_n) = 0$, 因此左极限 $\lim\limits_{x \to x_0^-} D(x)$ 不存在 (同理知右极限也不存在). 所以每个点 $x_0 \in \mathbf{R}$ 都是这个函数的第二类间断点.

3.3.4 两个例子

最后讨论两个有趣的例子.

例 4 考虑函数

$$f(x) = \begin{cases} x \sin \dfrac{\pi}{x}, & \text{当 } x \text{ 是无理数}, \\ 0, & \text{当 } x \text{ 是有理数}, \end{cases}$$

与狄利克雷函数的情形类似, 可以证明这个函数在每个 $x \neq 0$ 的点都不连续并且是第二类间断的, 但是在点 $x = 0$, 由于 $\lim\limits_{x \to 0} x \sin \dfrac{\pi}{x} = 0$, 所以 $\lim\limits_{x \to 0} f(x) = 0 = f(0)$, 表明它在点 $x = 0$ 连续.

很难画出上述函数的准确图形, 而只能形象地画出它的示意图 (图 3-3-7). 这个函数只在一个点 $x = 0$ 连续, 在这个点以外的所有其他点都不连续.

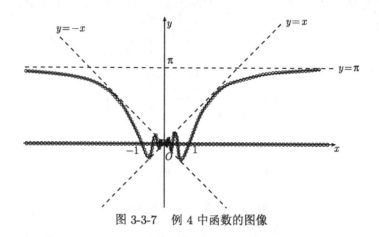

图 3-3-7   例 4 中函数的图像

例 5   考虑黎曼函数

$$R(x) = \begin{cases} \dfrac{1}{q}, & \text{当 } x = \pm\dfrac{p}{q}, \\ 0, & \text{当 } x \text{ 是无理数或零,} \end{cases}$$

其中 p 和 q 是互素的正整数.

这个函数具有以下不很明显的性质: 对任意实数 x_0 都成立

$$\lim_{x \to x_0} R(x) = 0. \tag{3.3.2}$$

为证明这个事实, 只需证明: 对任意实数 x_0 和任意各项异于 x_0 且收敛于 x_0 的有理数列 $\{x_n\}$ 都成立 $\lim\limits_{n \to \infty} R(x_n) = 0$. 当 $x_0 = 0$ 时这个事实比较显然: 当有理数列 $\pm\dfrac{p_n}{q_n} \to 0$ 时, 必有 $q_n \to +\infty$, 进而 $\dfrac{1}{q_n} \to 0$, 所以 $\lim\limits_{x \to 0} R(x) = 0$. 下设 $x_0 \neq 0$. 只考虑 $x_0 > 0$ 的情形, 因为 $x_0 < 0$ 的情形类似. 设 $x_n = \dfrac{p_n}{q_n}$, $n = 1, 2, \cdots$, 其中 p_n 和 q_n 是互素的正整数. 由 $\lim\limits_{n \to \infty} x_n = x_0$ 可以断言, 必有

$$\lim_{n \to \infty} q_n = +\infty. \tag{3.3.3}$$

若否, 则必存在正整数 M 和 $\{q_n\}$ 的子列 $\{q_{n_k}\}$ 使得 $q_{n_k} \leqslant M$, $k = 1, 2, \cdots$. 而由 $\lim\limits_{n \to \infty} x_n = x_0$ 可知 $\{x_n\}$ 是有界数列, 进而 $\{x_{n_k}\}$ 也是有界数列, 因此必存在另一正整数 M' 使得 $p_{n_k} \leqslant M'$, $k = 1, 2, \cdots$. 这说明所有 p_{n_k} 和 q_{n_k} 都只分别取自 $\leqslant M'$ 和 $\leqslant M$ 的有限个正整数, 因而 $x_{n_k} = \dfrac{p_{n_k}}{q_{n_k}}$ 只取自有限多个分数, 所以数列 $\{x_{n_k}\}$ 中必有无限项互相重复, 即它有个子列是常数列. 但这与 $\{x_n\}$ 各项异于 x_0 且收敛于 x_0 的假设相矛盾. 这就证明了 (3.3.3). 由 (3.3.3) 立得 (3.3.2).

从 (3.3.2) 即可得到下列结论: ① 函数 $R(x)$ 在 $x = 0$ 和每个无理点都连续; ② $R(x)$ 在每个非零有理点都不连续; ③ 每个非零有理点都是 $R(x)$ 的可去间断点.

从以上两例看到, 函数的连续性是一个比以曲线的连续性为模型所想象地形成的函数连续的观念要广泛的概念. 如果仅以要求函数 $y = f(x)$ 所对应的平面曲线即这个函数的图像连续来定义其连续性, 那么就只能建立函数在整个区间上连续的概念. 在 3.4 节将看到, 这时函数的连续性与曲线的连续性是相一致的. 但是本节建立的函数连续性的概念要广泛: 一个函数可以不在一个整个区间上连续, 但却可以在这个区间里的一些点处连续. 在这种情况下, 这个函数的图像就不再是一条连续曲线.

习 题 3.3

1. 根据 ε-δ 语言的定义证明下列函数在 $(-\infty, +\infty)$ 上连续:

(1) $y = \sqrt{x^2 + 1}$;   (2) $y = \sin(2x^3 - 1)$;   (3) $y = \ln(1 + |x|)$.

2. 讨论下面的初等函数在哪些点不连续, 指出间断点的类型, 并画出它们的草图:

(1) $y = \dfrac{x^2}{x^2 - 2x + 1}$;   (2) $y = \dfrac{x^2 - 1}{x^3 + 1}$;

(3) $y = \arctan \dfrac{1}{x}$;   (4) $y = \dfrac{|x|}{x} \arctan \dfrac{1}{x}$;

(5) $y = \dfrac{\sin x}{x}$;   (6) $y = \sin \dfrac{1}{x}$;

(7) $y = \dfrac{1}{1 - e^{\frac{x}{1-x}}}$;   (8) $y = e^{x - \frac{1}{x}}$;

(9) $y = \dfrac{|\cos x|}{\cos x}$;   (10) $y = \dfrac{|\cos x^{-1}|}{\cos x^{-1}}$.

3. 研究下列函数的连续性, 指出间断点的类型, 并画出它们的草图:

(1) $y = [x]$;   (2) $y = x - [x]$;   (3) $y = \left[\dfrac{1}{x}\right]$;   (4) $y = x\left[\dfrac{1}{x}\right]$;

(5) $y = \begin{cases} (x-a)(b-x), & \text{当 } a \leqslant x \leqslant b, \\ 0, & \text{当 } x < a \text{ 或 } x > b; \end{cases}$

(6) $y = \begin{cases} \cos \dfrac{\pi x}{2}, & \text{当 } |x| \leqslant 1, \\ |x - 1|, & \text{当 } |x| > 1; \end{cases}$

(7) $y = \begin{cases} \tan \dfrac{\pi x}{2}, & \text{当 } x \text{ 不是整数}, \\ 0, & \text{当 } x \text{ 是整数}; \end{cases}$

(8) $y = \begin{cases} \sin \pi x, & \text{当 } x \text{ 是有理数}, \\ 0, & \text{当 } x \text{ 是无理数}. \end{cases}$

4. 已知 $f(x)$, $g(x)$ 和 $h(x)$ 都在区间 I 上连续. 证明下列函数也在区间 I 上连续:

(1) $|f(x)|$;

(2) $m(x) = \min\{f(x), g(x)\}$ 和 $M(x) = \max\{f(x), g(x)\}$;

(3) $n(x) = \min\{f(x), g(x), h(x)\}$ 和 $N(x) = \max\{f(x), g(x), h(x)\}$;

(4) 函数 $u(x)$, 其定义是对每个 $x \in I$, $u(x)$ 的值等于 $f(x)$, $g(x)$, $h(x)$ 三个数中位于另外两个中间的那个数;

$$(5)\ f_c(x) = \begin{cases} f(x), & \text{当 } |f(x)| \leqslant c, \\ c, & \text{当 } f(x) > c, \\ -c, & \text{当 } f(x) < -c. \end{cases}$$

5. 设 f 是定义在开区间 I 上的函数, x_0 是 I 中一点, f 在点 x_0 附近有界. 对充分小的 $\delta > 0$, 令

$$\omega_\delta(f, x_0) = \sup_{x, y \in B_\delta(x_0)} |f(x) - f(y)|,$$

这里 $B_\delta(x_0) = (x_0 - \delta, x_0 + \delta)$. $\omega_\delta(f, x_0)$ 叫做 f 在 $B_\delta(x_0)$ 上的**振幅**. 证明: 函数 f 在 x_0 点连续的充要条件是 $\lim\limits_{\delta \to 0^+} \omega_\delta(f, x_0) = 0$.

6. 设 S 是 $\mathbf{R}$ 的非空子集. 定义点 $x \in \mathbf{R}$ 到 S 的距离为

$$\mathrm{d}(x, S) = \inf\{|x - y| : y \in S\}.$$

(1) 证明: 对 $\mathbf{R}$ 的任意非空子集 S, 函数 $x \mapsto \mathrm{d}(x, S)$ 都是 $\mathbf{R}$ 上的连续函数.

(2) 对 $\mathbf{R}$ 的下列子集 S, 作出函数 $\mathrm{d}(x, S)$ 的图像:

① $S = [-1, 1]$;　　② $S = [-2, -1] \cup [1, 2]$;　　③ $S = (-\infty, -2] \cup [2, +\infty)$;

④ $S = (-\infty, -4] \cup [-3, -1] \cup [1, 2] \cup [5, +\infty)$;　　⑤ $S = \bigcup\limits_{n=-\infty}^{\infty} [3n - 1, 3n]$;

⑥ $S = \mathbf{Z}$ (全体整数组成的集合);　　　　⑦ $S = \bigcup\limits_{n=1}^{\infty} \left\{ \pm \dfrac{1}{n} \right\}$.

7. 设 f 是定义在区间 $[a, +\infty)$ 上的连续函数. 对每个 $x \geqslant a$, 令

$$m(x) = \inf_{a \leqslant t \leqslant x} f(t), \qquad M(x) = \sup_{a \leqslant t \leqslant x} f(t).$$

证明: 函数 $m(x)$ 和 $M(x)$ 都在区间 $[a, +\infty)$ 上连续. 对函数 $f(x) = x \sin x$ $(x \geqslant 0)$, 画出这两个函数的草图.

8. 证明: 非常数的连续周期函数必有最小正周期.

9. 证明: 单调函数最多只有第一类间断点.

10. 定义在开区间 I 上的函数 f 称为**凸函数**, 如果对任意 $x, y \in I$ 和任意 $0 < \theta < 1$ 都成立不等式

$$f(\theta x + (1 - \theta)y) \leqslant \theta f(x) + (1 - \theta)f(y).$$

在几何上, 这意味着如果 A, B, C 是曲线 $y = f(x)$ 上的三个点并且 B 位于 A 和 C 之间, 则 B 位于弦 AC 上或 AC 的下方. 证明: 开区间上的凸函数都是连续函数.

11. 设 f 是区间 I 上的连续函数, 满足以下条件: 对任意 $x, y \in I$ 都成立不等式

$$f\left(\frac{x + y}{2}\right) \leqslant \frac{f(x) + f(y)}{2}.$$

证明: f 是区间 I 上的凸函数.

12. 设 I 是一个闭区间, 即 I 是四种区间 $[a, b]$, $[a, +\infty)$, $(-\infty, b]$, $(-\infty, +\infty)$ 之一. 又设 f 是定义在 I 上的函数, 满足以下两个条件:

(1) f 的值域含于 I, 即 f 把区间 I 映射为 I;

(2) 存在常数 $0 < \lambda < 1$ 使对任意 $x, y \in I$ 都成立 $|f(x) - f(y)| \leqslant \lambda|x - y|$.

任取 $x_0 \in I$, 按以下递推公式构作数列 $\{x_n\}$:

$$x_n = f(x_{n-1}), \qquad n = 1, 2, \cdots.$$

证明: 数列 $\{x_n\}$ 收敛, 并且其极限 $\bar{x} = \lim\limits_{n \to \infty} x_n$ 是方程 $f(x) = x$ 在 I 中的唯一根.

3.4 连续函数的性质

建立了函数连续性的严格定义, 便可借助于这种定义来建立连续函数的性质. 这些性质直观上都比较明显, 然而只有有了函数连续性的严格定义, 才有可能对它们给出严谨的证明.

3.4.1 闭区间上连续函数的基本性质

首先有下述基本定理:

定理 3.4.1 (零点定理) 设函数 f 在闭区间 $[a, b]$ 上连续且在两个端点处的值异号, 即 $f(a)f(b) < 0$. 则存在 $\xi \in (a, b)$ 使成立 $f(\xi) = 0$.

证明 不妨设 $f(a) < 0$, $f(b) > 0$. 构作一列闭区间 $\{[a_n, b_n]\}$ 如下 (图 3-4-1): 首先取 $[a_1, b_1] = [a, b]$, 自然有 $f(a_1) < 0$, $f(b_1) > 0$. 然后把 $[a_1, b_1]$ 二等分得到两个子区间 $\left[a_1, \dfrac{a_1 + b_1}{2}\right]$ 和 $\left[\dfrac{a_1 + b_1}{2}, b_1\right]$. 如果 $f\left(\dfrac{a_1 + b_1}{2}\right) = 0$, 则取 $\xi = \dfrac{a_1 + b_1}{2}$ 便得到了使定理结论成立的 $\xi \in (a, b)$. 下设 $f\left(\dfrac{a_1 + b_1}{2}\right) \neq 0$. 如果 $f\left(\dfrac{a_1 + b_1}{2}\right) < 0$, 则取 $[a_2, b_2] = \left[\dfrac{a_1 + b_1}{2}, b_1\right]$, 否则即 $f\left(\dfrac{a_1 + b_1}{2}\right) > 0$, 则取 $[a_2, b_2] = \left[a_1, \dfrac{a_1 + b_1}{2}\right]$. $[a_2, b_2]$ 的这种取法保证了 $f(a_2) < 0$, $f(b_2) > 0$. 再把 $[a_2, b_2]$ 二等分并做类似的分析. 依此类推下去, 应用数学归纳法, 或者在某有限步时得到了使定理结论成立的 $\xi \in (a, b)$, 或者得到了一列闭区间 $\{[a_n, b_n]\}$ 具有下述性质.

(1) 形成一个区间套: $[a_1, b_1] \supseteq [a_2, b_2] \supseteq \cdots \supseteq [a_n, b_n] \supseteq [a_{n+1}, b_{n+1}] \supseteq \cdots$;

(2) 长度趋于零: $\lim\limits_{n \to \infty} (b_n - a_n) = \lim\limits_{n \to \infty} \dfrac{b - a}{2^{n-1}} = 0$.

(3) 函数 f 在每个区间 $[a_n, b_n]$ 的左端点的值小于零, 在右端点的值大于零:

$$f(a_n) < 0, \quad f(b_n) > 0, \quad n = 1, 2, \cdots.$$

根据区间套定理, 从 (1) 和 (2) 推知闭区间列 $\{[a_n, b_n]\}$ 含有唯一的公共点, 记为 ξ, 且 $\lim\limits_{n \to \infty} a_n = \lim\limits_{n \to \infty} b_n = \xi$. 自然有 $\xi \in [a, b]$, 所以由函数 f 的连续性知成立 $\lim\limits_{n \to \infty} f(a_n) = \lim\limits_{n \to \infty} f(b_n) = f(\xi)$. 由 (3) 知 $f(a_n) < 0$ 且 $f(b_n) > 0$, $n = 1, 2, \cdots$, 所以既有 $f(\xi) = \lim\limits_{n \to \infty} f(a_n) \leqslant 0$, 同时又有 $f(\xi) = \lim\limits_{n \to \infty} f(b_n) \geqslant 0$. 因此必有 $f(\xi) = 0$. 显然 $\xi \neq a$ 且 $\xi \neq b$, 故 $\xi \in (a, b)$. $\qquad \square$

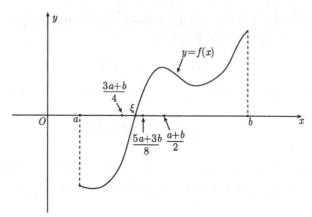

图 3-4-1　零点定理证明的图示

零点定理的一个直接推广是下述定理.

定理 3.4.2 (介值定理)　设函数 f 在闭区间 $[a,b]$ 上连续. 则对介于 $f(a)$ 和 $f(b)$ 之间的任意实数 η, 都存在相应的 $\xi \in [a,b]$ 使成立 $f(\xi) = \eta$.

证明　如果 $\eta = f(a)$ 或 $\eta = f(b)$, 则只要相应地取 $\xi = a$ 或 $\xi = b$ 即可. 下设 $\eta \neq f(a)$ 且 $\eta \neq f(b)$. 如图 3-4-2. 引进辅助函数 F 如下:

$$F(x) = f(x) - \eta, \quad \forall x \in [a,b].$$

显然 F 在区间 $[a,b]$ 上连续, 且 $F(a)F(b) < 0$ (因为 η 介于 $f(a)$ 和 $f(b)$ 之间且 $\eta \neq f(a), \eta \neq f(b)$). 于是根据零点定理知存在 $\xi \in (a,b)$ 使成立 $F(\xi) = 0$, 它等价于 $f(\xi) = \eta$. 所以定理的结论成立.　　　　　　　　　　　　□

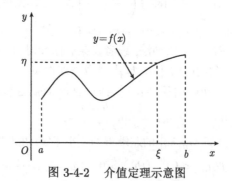

图 3-4-2　介值定理示意图

推论 3.4.1　设函数 f 的定义域是区间 I 且它在此区间上连续. 则其值域 $f(I)$ 也是一个区间.

证明　只需证明: 如果 $A, B \in f(I)$ 且 $A < B$, 则 $[A, B] \subseteq f(I)$. 由 $A \in f(I)$ 知, 存在 $a \in I$ 使得 $f(a) = A$. 同理由 $B \in f(I)$ 知, 存在 $b \in I$ 使得 $f(b) = B$. 对任意 $\eta \in [A, B]$, 应用介值定理即知, 存在 $\xi \in [a,b] \subseteq I$ (当 $a < b$) 或 $\xi \in [b,a] \subseteq I$ (当

$a > b$) 使得 $f(\xi) = \eta$. 这说明 $\eta \in f(I)$. 这就证明了 $[A, B] \subseteq f(I)$. 所以 $f(I)$ 也是一个区间. $\square$

介值定理又称为**柯西–波尔查诺介值定理**.

定理 3.4.3 (有界性定理) 设函数 f 在闭区间 $[a, b]$ 上连续. 则 f 必在此区间上有界, 即存在正实数 M, 使对任意 $x \in [a, b]$ 都成立 $|f(x)| \leqslant M$.

证明 (反证法) 设 f 在 $[a, b]$ 上无界. 则对任意正整数 n 都存在相应的 $x_n \in [a, b]$ 使成立

$$|f(x_n)| > n, \quad n = 1, 2, \cdots. \tag{3.4.1}$$

这样得到了一个数列 $\{x_n\}$. 由于对所有正整数 n 都成立 $x_n \in [a, b]$, 所以 $\{x_n\}$ 是有界数列, 从而根据列紧性原理, 它有收敛的子数列. 设 $\{x_{n_k}\}$ 为一个收敛的子数列, 并记 $c = \lim\limits_{k \to \infty} x_{n_k}$. 由 $x_n \in [a, b]$ $(n = 1, 2, \cdots)$ 可知 $c \in [a, b]$, 因此由 f 在区间 $[a, b]$ 上的连续性和海涅定理可知 $\lim\limits_{k \to \infty} f(x_{n_k}) = f(c)$, 即数列 $\{f(x_{n_k})\}$ 是一个收敛列. 但另一方面, 由式 (3.4.1) 有

$$|f(x_{n_k})| > n_k, \quad k = 1, 2, \cdots,$$

所以 $\lim\limits_{k \to \infty} f(x_{n_k}) = \infty$, 它表明数列 $\{f(x_{n_k})\}$ 不收敛. 这是一个矛盾, 说明假设错误, 因此函数 f 必在区间 $[a, b]$ 上有界. $\square$

许多应用问题需要计算函数的最大值或最小值. 碰到这类问题时, 自然首先需要问: 函数的最大值和最小值是否一定存在? 从以上定理可知, 对于定义在有限闭区间 $[a, b]$ 上的连续函数 f, 其函数值的集合 $\{f(x) : x \in [a, b]\}$ 是非空有界集, 因此由确界原理知这个集合必有上确界 $\sup\limits_{a \leqslant x \leqslant b} f(x)$ 和下确界 $\inf\limits_{a \leqslant x \leqslant b} f(x)$. 于是问题转换为这些上确界和下确界是否被函数 f 达到? 即是否存在 $x_M \in [a, b]$ 和 $x_m \in [a, b]$ 使成立

$$f(x_M) = \sup\limits_{a \leqslant x \leqslant b} f(x), \quad f(x_m) = \inf\limits_{a \leqslant x \leqslant b} f(x)?$$

下面的定理给出了对这个问题的肯定回答.

定理 3.4.4 (最大最小值定理) 设函数 f 在闭区间 $[a, b]$ 上连续. 则存在 $x_m \in [a, b]$ 和 $x_M \in [a, b]$ 使成立

$$f(x_m) \leqslant f(x) \leqslant f(x_M), \quad \forall x \in [a, b], \tag{3.4.2}$$

即函数 f 分别在点 x_m 和 x_M 达到它在区间 $[a, b]$ 上的最小值和最大值.

证明 只以 x_M 的存在性为例来证明. x_m 的存在性证明类似, 因此从略. 记 $A = \sup\limits_{a \leqslant x \leqslant b} f(x)$. 反证法: 设不存在 $x_M \in [a, b]$ 使成立 $f(x_M) = A$, 则有

$$f(x) < A, \quad \forall x \in [a, b].$$

考虑函数 $g(x) = (A - f(x))^{-1}$, $\forall x \in [a, b]$. 显然 g 的定义合理且它是闭区间 $[a, b]$ 上的

连续函数, 从而有界, 因此存在正数 B 使成立 $g(x) \leqslant B, \forall x \in [a,b]$. 据此推出

$$f(x) \leqslant A - \frac{1}{B}, \quad \forall x \in [a,b].$$

而这与 $A = \sup\limits_{a \leqslant x \leqslant b} f(x)$ 的定义相矛盾. 因此必存在 $x_M \in [a,b]$ 使成立 $f(x_M) = A$.　　□

最大最小值定理又称为**魏尔斯特拉斯最大最小值定理**.

推论 3.4.2　设函数 f 的定义域为闭区间 $[a,b]$ 且它在此区间上连续. 则其值域 $f([a,b])$ 是一个闭区间 $[A,B]$, 其中 $A = \min\limits_{a \leqslant x \leqslant b} f(x)$, $B = \max\limits_{a \leqslant x \leqslant b} f(x)$.

定理 3.4.5 (反函数的连续性)　设函数 f 在区间 I 上连续且是单射. 令 $J = f(I)$. 则其反函数 f^{-1} 是区间 J 上的连续函数.

证明　仅以 I 是有限闭区间的情形来证明, 其他情形留给读者. 因此设 $I = [a,b]$.

首先证明 f 是严格单调函数. 由于 f 是单射, 所以 $f(a) \neq f(b)$. 不妨设 $f(a) < f(b)$. 这时断言 f 是严格单增函数. 反证而设这个断言不成立. 则存在 $a < x_1 < x_2 < b$ 使得 $f(x_1) > f(x_2)$ (注意由 f 是单射知 $f(x_1) \neq f(x_2)$). 如果 $f(x_1) > f(a)$(图 3-4-3), 分别在区间 $[a,x_1]$ 和 $[x_1,x_2]$ 上应用介值定理, 即任取一个实数 η 使得 $\max\{f(a), f(x_2)\} < \eta < f(x_1)$, 则由介值定理知存在 $\xi_1 \in (a,x_1)$ 使得 $f(\xi_1) = \eta$, 也存在 $\xi_2 \in (x_1,x_2)$ 使得 $f(\xi_2) = \eta$. 这与 f 是单射相矛盾. 如果 $f(x_1) < f(a)$(图 3-4-4), 则 $f(x_2) < f(b)$, 这时分别在区间 $[x_1,x_2]$ 和 $[x_2,b]$ 上应用介值定理, 即任取一个实数 η 使得 $f(x_2) < \eta < \min\{f(b), f(x_1)\}$, 则由介值定理知存在 $\xi_1 \in (x_1,x_2)$ 使得 $f(\xi_1) = \eta$, 也存在 $\xi_2 \in (x_2,b)$ 使得 $f(\xi_2) = \eta$. 这同样与 f 是单射相矛盾. 因此, f 必是严格单增函数. 如果 $f(a) > f(b)$, 那么类似地可以证明 f 是严格单减函数.

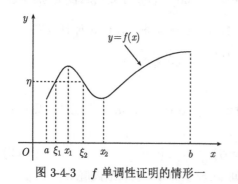
图 3-4-3　f 单调性证明的情形一

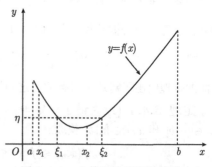
图 3-4-4　f 单调性证明的情形二

由 f 是严格单调函数不难推知其反函数 f^{-1} 也是严格单调函数.

下面证明定理的结论. 这只需证明: 对任意 $y_0 \in J$, f^{-1} 都在 y_0 点连续. 而这只需证明: 对任意 $\varepsilon > 0$, 都存在相应的 $\delta > 0$, 使当 $|y - y_0| < \delta$ 且 $y \in J$ 时,

$$|f^{-1}(y) - f^{-1}(y_0)| < \varepsilon. \tag{3.4.3}$$

注意这个不等式等价于

$$f^{-1}(y_0) - \varepsilon < f^{-1}(y) < f^{-1}(y_0) + \varepsilon.$$

不妨设 f 是严格单增函数. 这时 f^{-1} 也是严格单增函数. 于是上述不等式等价于

$$f(f^{-1}(y_0) - \varepsilon) < y < f(f^{-1}(y_0) + \varepsilon).$$

它显然等价于

$$f(f^{-1}(y_0) - \varepsilon) - y_0 < y - y_0 < f(f^{-1}(y_0) + \varepsilon) - y_0.$$

令 $x_0 = f^{-1}(y_0)$, 则 $y_0 = f(x_0)$, 因此这个不等式等价于

$$f(x_0 - \varepsilon) - f(x_0) < y - y_0 < f(x_0 + \varepsilon) - f(x_0). \tag{3.4.4}$$

由于 f 是严格单增函数, 所以 $f(x_0 - \varepsilon) - f(x_0) < 0$, $f(x_0 + \varepsilon) - f(x_0) > 0$. 因此当令

$$\delta = \min\{f(x_0) - f(x_0 - \varepsilon), f(x_0 + \varepsilon) - f(x_0)\} \tag{3.4.5}$$

时, 有 $\delta > 0$. 现在对任意给定的 $\varepsilon > 0$, 只要取 δ 为按式 (3.4.5) 定义的正数, 那么当 $|y - y_0| < \delta$ 时, 不等式 (3.4.4) 成立, 从而根据上面的推导, 在 $y \in J$ 时不等式 (3.4.3) 便成立. 所以 f^{-1} 在点 y_0 连续. $\square$

注意上面的定理虽然是对在整个区间上连续的函数陈述的, 但从它的证明不难看出, 这个定理如果改述为在一个点连续的函数并对结论做相应的修改则仍然成立, 即成立下述命题: 如果函数 f 在 x_0 点的一个邻域内是严格单调的因而可逆并在 x_0 点连续, 且 $f(x_0) = y_0$, 则反函数 f^{-1} 在 y_0 点连续.

3.4.2 闭区间上连续函数的一致连续性[①]

有限闭区间上连续函数的另一重要性质是一致连续性. 何谓一致连续性? 区间 I 上的一个函数 f 叫做在这个区间上是连续的, 是指它在这个区间 I 中的每个点都连续, 这意味着对任意 $x' \in I$ 和任意给定的 $\varepsilon > 0$, 都存在相应的 $\delta > 0$, 使对任意 $x \in I$, 只要 $|x - x'| < \delta$, 则就成立

$$|f(x) - f(x')| < \varepsilon.$$

这个 δ 不仅依赖于 ε, 也依赖于 x', 因而 $\delta = \delta(x', \varepsilon)$. 但是在一些问题中, 需要 δ 只依赖于 ε, 不依赖于 x', 即当 $\varepsilon > 0$ 给定之后, δ 可以取到对所有的 $x' \in I$ 都相同或一致. 如果 δ 可以取到只依赖于 ε, 不依赖于 x', 那么就称函数 f 在区间 I 上一致连续. 确切地说, 有以下定义.

定义 3.4.1 设 f 是定义在区间 I 上的函数. 如果对任意给定的 $\varepsilon > 0$, 都存在相应的 $\delta > 0$, 使对任意满足 $|x - x'| < \delta$ 的 $x, x' \in I$ 都成立

$$|f(x) - f(x')| < \varepsilon.$$

则称函数 f 在区间 I 上**一致连续**.

---

① 本小节内容建议延迟到讲授第 7 章 7.3 节 7.3.1"连续函数的可积性" 之前再讲授.

如区间 $(-\infty, +\infty)$ 上的函数 $f(x) = \sin x$, 在此区间上一致连续: 对任意给定的 $\varepsilon > 0$, 只要取 $\delta = \varepsilon$, 则对任意 $x, x' \in (-\infty, +\infty)$, 只要 $|x - x'| < \delta$, 就有

$$|\sin x - \sin x'| \leqslant |x - x'| < \delta = \varepsilon.$$

这个 δ 只与 ε 有关, 而与 x' 无关. 但区间 $(0, 1]$ 上的函数 $f(x) = \dfrac{1}{x}$ 就只在此区间上连续而非一致连续: 由于当 $x > \dfrac{1}{2} x'$ 时,

$$\left| \frac{1}{x} - \frac{1}{x'} \right| = \frac{|x - x'|}{xx'} \leqslant \frac{|x - x'|}{\frac{1}{2}(x')^2},$$

故对任意 $x' \in (0, 1]$ 和任意给定的 $\varepsilon > 0$, 只要取 $\delta = \min \left\{ \dfrac{1}{2}(x')^2 \varepsilon, \dfrac{1}{2} x' \right\}$, 那么当 $|x - x'| < \delta$ 时就成立

$$\left| \frac{1}{x} - \frac{1}{x'} \right| < \varepsilon,$$

说明 $f(x) = \dfrac{1}{x}$ 在区间 $(0, 1]$ 上处处连续. 注意这里的 δ 不仅依赖于 ε, 也依赖于 x'. 事实上不存在仅依赖于 ε、不依赖于 x' 的 δ, 这是因为当 $x \in (0, 1]$ 时, 有

$$\left| \frac{1}{x} - \frac{1}{x'} \right| = \frac{|x - x'|}{xx'} \geqslant \frac{|x - x'|}{x'},$$

因此为使对所有满足 $|x - x'| < \delta$ 的 $x \in (0, 1]$ 都成立 $\left| \dfrac{1}{x} - \dfrac{1}{x'} \right| < \varepsilon$, 就必须 $\delta \leqslant x' \varepsilon$, 这样的 δ 明显在 x' 无限接近于 0 时无限地变小 (图 3-4-5), 因此不可能找到对所有 $x' \in (0, 1]$ 都一致的 δ. 所以函数 $f(x) = \dfrac{1}{x}$ 只在区间 $(0, 1]$ 上连续而非一致连续.

采用逻辑语言, 函数 f 在区间 I 上一致连续的条件可以写成

$\forall \varepsilon > 0$, $\exists \delta > 0$, $\forall x, y \in I$, 只要满足 $|x - y| < \delta$, 就有 $|f(x) - f(y)| < \varepsilon$.
因此, f 在区间 I 上不一致连续的条件可以写成

$\exists \varepsilon > 0$, $\forall \delta > 0$, $\exists x, y \in I$, 它们满足 $|x - y| < \delta$, 但 $|f(x) - f(y)| \geqslant \varepsilon$.

下面的重要定理保证了闭区间上的连续函数都是一致连续的.

定理 3.4.6 (一致连续性定理)　闭区间 $[a, b]$ 上的连续函数必在此区间上一致连续, 即若 f 是 $[a, b]$ 上的连续函数, 则对任意给定的 $\varepsilon > 0$, 都存在相应的 $\delta > 0$, 使对任意 $x, x' \in [a, b]$, 只要 $|x - x'| < \delta$, 则就成立

$$|f(x) - f(x')| < \varepsilon.$$

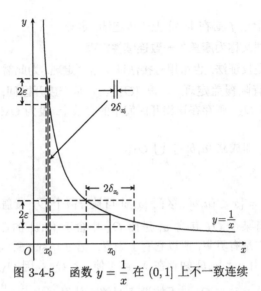

图 3-4-5 函数 $y = \dfrac{1}{x}$ 在 $(0,1]$ 上不一致连续

证明 (反证法) 设 f 在 $[a,b]$ 上不一致连续. 则存在 $\varepsilon_0 > 0$, 使对任意 $\delta > 0$, 都存在相应的 $x_\delta, x'_\delta \in [a,b]$, 它们满足条件 $|x_\delta - x'_\delta| < \delta$, 但却使得

$$|f(x_\delta) - f(x'_\delta)| \geqslant \varepsilon_0.$$

依次取 $\delta = \dfrac{1}{n}$, $n = 1, 2, \cdots$, 则就得到两列实数 $x_n, x'_n \in [a,b]$, $n = 1, 2, \cdots$, 它们满足条件 $|x_n - x'_n| < \dfrac{1}{n}$, $n = 1, 2, \cdots$, 且

$$|f(x_n) - f(x'_n)| \geqslant \varepsilon_0, \quad n = 1, 2, \cdots. \tag{3.4.6}$$

因为 $x_n \in [a,b]$, $n = 1, 2, \cdots$, 所以 $\{x_n\}$ 是有界数列, 故由列紧性原理知它有子数列收敛. 设此子数列为 $\{x_{n_k}\}$. $\{x'_n\}$ 的对应子数列记为 $\{x'_{n_k}\}$. 记 $x_0 = \lim\limits_{k \to \infty} x_{n_k}$. 则 $x_0 \in [a,b]$, 且由

$$|x_{n_k} - x'_{n_k}| < \frac{1}{n_k}, \quad k = 1, 2, \cdots$$

可知也有 $\lim\limits_{k \to \infty} x'_{n_k} = x_0$. 由于 f 在 $[a,b]$ 上连续, 它特别在点 x_0 连续, 从而 $\lim\limits_{x \to x_0} f(x) = f(x_0)$. 由于 $\lim\limits_{k \to \infty} x_{n_k} = x_0$ 且 $\lim\limits_{k \to \infty} x'_{n_k} = x_0$, 根据海涅定理, 有

$$\lim\limits_{k \to \infty} f(x_{n_k}) = f(x_0) \quad \text{且} \quad \lim\limits_{k \to \infty} f(x'_{n_k}) = f(x_0),$$

从而

$$\lim\limits_{k \to \infty} |f(x_{n_k}) - f(x'_{n_k})| = 0.$$

但另一方面, 由式 (3.4.6) 有

$$|f(x_{n_k}) - f(x'_{n_k})| \geqslant \varepsilon_0, \quad k = 1, 2, \cdots.$$

这就得到了矛盾. 因此, f 必在 $[a, b]$ 上一致连续. 定理 　　　　　　　　□

一致连续性定理又称为**康托尔一致连续性定理**.

上述证明方法是反证法. 也可用直接法证明这个定理. 为此需要应用以下定理.

定理 3.4.7 (有限覆盖定理)　设 $\{O_\lambda\}_{\lambda \in \Lambda}$ 是一族开区间, 它们覆盖了闭区间 $[a, b]$, 即 $[a, b] \subseteq \bigcup\limits_{\lambda \in \Lambda} O_\lambda$. 则存在这族开区间中的有限个, 设为 $O_{\lambda_1}, O_{\lambda_2}, \cdots, O_{\lambda_n}$, 它们已经覆盖了 $[a, b]$, 即成立 $[a, b] \subseteq \bigcup\limits_{k=1}^{n} O_{\lambda_k}$.

证明　令

$$S = \{x \in (a, b) : \text{区间 } [a, x] \text{ 可被有限个 } O_\lambda \text{ 覆盖}\}.$$

因为 $a \in [a, b]$, 应有某个 O_λ 包含 a, 进而 O_λ 中含于 (a, b) 的点都在 S 中, 所以 S 不是空集. 又显然它是有界集, 所以它有上确界. 记 $c = \sup S$. 显然 $c > a$. 只需证明: $c = b$. 事实上, 由 $c \in [a, b]$ 知存在 $\lambda_0 \in \Lambda$ 使 $c \in O_{\lambda_0}$. 因 O_{λ_0} 是开区间, 所以存在 $\delta > 0$ 使 $(c - \delta, c + \delta) \subseteq O_{\lambda_0}$. 不妨设 δ 足够小使得 $a < c - \dfrac{\delta}{2}$, 从而由 $c - \dfrac{\delta}{2} < c$ 知 $c - \dfrac{\delta}{2} \in S$, 即区间 $\left[a, c - \dfrac{\delta}{2}\right]$ 可被有限个 O_λ 覆盖, 设这有限个开区间为 O_{λ_1}, $O_{\lambda_2}, \cdots, O_{\lambda_n}$. 则这有限个开区间连同 O_{λ_0} 覆盖了区间 $\left[a, c + \dfrac{\delta}{2}\right]$. 这样一来, 如果 $c < b$, 则区间 $\left(c, c + \dfrac{\delta}{2}\right]$ 中比 b 小的数便都属于 S, 而这与 $c = \sup S$ 相矛盾. 因此 $c = b$. 　　　　　　　　□

有限覆盖定理又称为**海涅–博雷尔** (E. Borel, 1871~1956, 法国人) **有限覆盖定理**. 它和区间套定理、列紧性原理等定理一样, 从不同的侧面揭示了实数域的良好性质, 是数学分析中的一个重要定理.

一致连续性定理的直接证法　对 $\forall \varepsilon > 0$, 由于 f 在 $[a, b]$ 上连续, 所以对每个 $x \in [a, b]$, 存在相应的 $\delta_x > 0$ 使当 $|y - x| < \delta_x$ 且 $y \in [a, b]$ 时,

$$|f(y) - f(x)| < \frac{\varepsilon}{2}. \tag{3.4.7}$$

开区间族 $\left\{\left(x - \dfrac{\delta_x}{2}, x + \dfrac{\delta_x}{2}\right) : x \in [a, b]\right\}$ 显然覆盖了闭区间 $[a, b]$, 因此根据有限覆盖定理知存在有限个点 $x_1, x_2, \cdots, x_n \in [a, b]$, 使

$$[a, b] \subseteq \bigcup_{j=1}^{n} \left(x_j - \frac{\delta_{x_j}}{2}, x_j + \frac{\delta_{x_j}}{2}\right).$$

令 $\delta = \min\limits_{1 \leqslant j \leqslant n} \dfrac{\delta_{x_j}}{2}$. 则 $\delta > 0$. 断言对任意 $x, y \in [a, b]$, 只要 $|x - y| < \delta$, 就有

$$|f(x) - f(y)| < \varepsilon. \tag{3.4.8}$$

为证明这个不等式, 对任意满足条件 $|x-y|<\delta$ 的 $x,y\in[a,b]$, 先由 $x\in[a,b]$ 推知存在 $1\leqslant k\leqslant n$ 使 $x\in\left(x_k-\dfrac{\delta_{x_k}}{2},x_k+\dfrac{\delta_{x_k}}{2}\right)\subseteq(x_k-\delta_{x_k},x_k+\delta_{x_k})$, 从而由不等式 (3.4.7) 有

$$|f(x)-f(x_k)|<\frac{\varepsilon}{2}. \tag{3.4.9}$$

再由 $|x-y|<\delta=\min\limits_{1\leqslant j\leqslant n}\dfrac{\delta_{x_j}}{2}\leqslant\dfrac{\delta_{x_k}}{2}$ 有

$$|y-x_k|\leqslant|y-x|+|x-x_k|<\frac{\delta_{x_k}}{2}+\frac{\delta_{x_k}}{2}=\delta_{x_k},$$

因此又由不等式 (3.4.7) 有

$$|f(y)-f(x_k)|<\frac{\varepsilon}{2}. \tag{3.4.10}$$

从不等式 (3.4.9) 和 (3.4.10) 得到

$$|f(x)-f(y)|\leqslant|f(x)-f(x_k)|+|f(y)-f(x_k)|<\frac{\varepsilon}{2}+\frac{\varepsilon}{2}=\varepsilon,$$

即不等式 (3.4.8) 成立. 因此 f 在 $[a,b]$ 上一致连续. □

习 题 3.4

1. 举例说明:

(1) 开区间上的连续函数不一定有界;

(2) 不连续的函数, 即使定义在闭区间上, 也不一定有界;

(3) 开区间上的连续函数, 即使有界, 也不一定达到最大值和最小值;

(4) 不连续的函数, 即使定义在闭区间上且有界, 也不一定达到最大值和最小值;

(5) 不连续的函数, 即使定义在闭区间上且变号, 也不一定有零点.

2. 设 I 是开区间, f 是 I 上的连续函数. 令 $m=\inf\limits_{x\in I}f(x)$, $M=\sup\limits_{x\in I}f(x)$. 规定当 f 无下界时 $m=-\infty$, 当 f 无上界时 $M=+\infty$. 证明: 对任意 $m<c<M$, 必存在 $\xi\in I$ 使 $f(\xi)=c$.

3. 证明奇数次的实系数代数方程必有实数根.

4. 设 f 是区间 $[a,b]$ 上的连续函数, 且值域含于 $[a,b]$. 证明: f 有不动点, 即存在 $\bar x\in[a,b]$ 使 $f(\bar x)=\bar x$.

5. 设 f 是区间 $[0,1]$ 上的非负连续函数, 且 $f(0)=f(1)=0$. 证明: 对任意 $0<l<1$, 存在 $x_0\in[0,1-l]$ 使 $f(x_0)=f(x_0+l)$.

6. 设 I 是一个区间, f 是 I 上的连续函数. 证明: 对 I 中的任意有限个点 $x_1,x_2,\cdots,x_n$, 必存在 $\xi\in I$ 使

$$f(\xi)=\frac{1}{n}[f(x_1)+f(x_2)+\cdots+f(x_n)].$$

7. 设函数 f 在 $(-\infty,+\infty)$ 上连续, 且 $\lim\limits_{|x|\to\infty}f(x)=+\infty$. 证明: 存在 $x_0\in\mathbf{R}$ 使 $f(x_0)\leqslant f(x),\forall x\in\mathbf{R}$.

8. 应用列紧性原理证明最大最小值定理.

9. 设函数 f 在区间 $[a,b]$ 上连续, 且存在 $0 < \lambda < 1$ 使对任意 $x \in [a,b]$, 存在相应的 $y \in [a,b]$ 使 $|f(y)| \leqslant \lambda |f(x)|$. 证明: f 在区间 $[a,b]$ 上有零点.

10. 设函数 f 在开区间 (a,b) 上连续, 且有两列数 $x_n, y_n \in (a,b)$ $(n = 1, 2, \cdots)$, 使 $\lim\limits_{n \to \infty} x_n = \lim\limits_{n \to \infty} y_n = a$, 且 $\lim\limits_{n \to \infty} f(x_n) = A$, $\lim\limits_{n \to \infty} f(y_n) = B$. 证明: 对 A 与 B 之间的任意数 c, 存在数列 $z_n \in (a,b)$ $(n = 1, 2, \cdots)$, 使 $\lim\limits_{n \to \infty} z_n = a$ 且 $\lim\limits_{n \to \infty} f(z_n) = c$.

11. 对于实数集合 S 和它的子集 E, 如果对任意 $x \in S$ 都存在 E 中的一列数 $\{x_n\}$ 使成立 $\lim\limits_{n \to \infty} x_n = x$, 则称 E 是 S 的稠密子集或 E 在 S 中稠密. 证明:

(1) 如果函数 f 在区间 $[a,b]$ 上连续, 则对 $[a,b]$ 的任何稠密子集 E 都成立:

$$\max_{a \leqslant x \leqslant b} f(x) = \sup_{x \in E} f(x), \qquad \min_{a \leqslant x \leqslant b} f(x) = \inf_{x \in E} f(x).$$

特别有 $\max\limits_{a \leqslant x \leqslant b} f(x) = \sup\limits_{a < x < b} f(x)$, $\min\limits_{a \leqslant x \leqslant b} f(x) = \inf\limits_{a < x < b} f(x)$.

(2) 如果函数 f 在区间 (a,b) 上连续且有界, 则对 (a,b) 的任何稠密子集 E 都成立:

$$\sup_{a < x < b} f(x) = \sup_{x \in E} f(x), \qquad \inf_{a < x < b} f(x) = \inf_{x \in E} f(x).$$

12. 证明:

(1) 如果 f 在区间 I 和 J 上都一致连续, 且 $I \cap J \neq \varnothing$, 则 f 也在 $I \cup J$ 上一致连续;

(2) 设 f 在 I 上一致连续, g 在 J 上一致连续, 且 $f(I) \subseteq J$, 则 $g \circ f$ 在 I 上一致连续.

13. 证明: 在 $(-\infty, +\infty)$ 上连续的周期函数必在 $(-\infty, +\infty)$ 上一致连续.

14. 设 a, b 是实数且 $a < b$. 证明定义在 (a,b) 上的函数 f 在 (a,b) 上一致连续的充要条件是: 它可延拓成 $[a,b]$ 上的连续函数, 即存在 $[a,b]$ 上的连续函数 g 使成立 $f(x) = g(x)$, $\forall x \in (a,b)$.

15. (1) 设 f 是区间 $[a, +\infty)$ 上的连续函数, 且存在常数 A 使成立 $\lim\limits_{x \to +\infty} f(x) = A$. 证明: f 在区间 $[a, +\infty)$ 上一致连续.

(2) 设 f 是区间 $[a, +\infty)$ 上的连续函数, 且存在在此区间上一致连续的函数 g 使成立 $\lim\limits_{x \to +\infty} |f(x) - g(x)| = 0$. 证明: f 也在区间 $[a, +\infty)$ 上一致连续.

16. (1) 证明: 如果函数 f 在区间 $[c, +\infty)$ 上一致连续, 则存在常数 a 和 b 使对任意 $x \geqslant c$ 成立 $|f(x)| \leqslant ax + b$.

(2) 函数 $f(x) = x \sin x$ 在任意区间 $[c, +\infty)$ 上都不一致连续.

17. 应用区间套定理证明有限覆盖定理.

18. 应用有限覆盖定理证明零点定理.

19. 称函数 f 在区间 I 上**局部** μ **阶赫尔德** (O. Hölder, 1859~1937, 德国人) **连续**, 这里 $0 < \mu \leqslant 1$ 是常数, 如果对每个 $x_0 \in I$ 都存在相应的 $\delta > 0$ 和 $C > 0$, 使对任意 $x, y \in I \cap B_\delta(x_0)$ 都有

$$|f(x) - f(y)| \leqslant C|x - y|^\mu.$$

证明: 如果 f 在区间 $[a,b]$ 上局部 μ 阶赫尔德连续, 则它也在此区间上**一致** μ **阶赫尔德连续**, 即存在常数 $C > 0$ 使上式对任意 $x, y \in I$ 都成立.

第 3 章综合习题

1. 本题给出函数在 x_0 点的上极限和下极限的等价定义. 设对 $\delta_0 > 0$, 函数 f 在 $(x_0 - \delta_0, x_0) \cup (x_0, x_0 + \delta_0)$ 上有定义且有界. 对每个 $0 < \delta < \delta_0$, 令

$$\overline{\mu}_{f,x_0}(\delta) = \sup_{0 < |x - x_0| < \delta} f(x), \qquad \underline{\mu}_{f,x_0}(\delta) = \inf_{0 < |x - x_0| < \delta} f(x).$$

它们分别叫做 f 在 x_0 点的**上控函数**和**下控函数**. 以下分别简记它们为 $\overline{\mu}(\delta)$ 和 $\underline{\mu}(\delta)$. 证明:

(1) $\lim\limits_{\delta \to 0^+} \overline{\mu}(\delta)$ 和 $\lim\limits_{\delta \to 0^+} \underline{\mu}(\delta)$ 都存在, 它们分别叫做 f 在 x_0 点的**上极限**和**下极限**, 分别记作 $\limsup\limits_{x \to x_0} f(x)$ 和 $\liminf\limits_{x \to x_0} f(x)$, 即

$$\limsup_{x \to x_0} f(x) = \lim_{\delta \to 0^+} \overline{\mu}(\delta), \qquad \liminf_{x \to x_0} f(x) = \lim_{\delta \to 0^+} \underline{\mu}(\delta).$$

(2) $\lim\limits_{x \to x_0} f(x) = a$ 的充要条件是:

$$\limsup_{x \to x_0} f(x) = a \qquad 且 \qquad \liminf_{x \to x_0} f(x) = a.$$

(3) 这里对 $\limsup\limits_{x \to x_0} f(x)$ 和 $\liminf\limits_{x \to x_0} f(x)$ 的定义与 3.2.4 小节的定义等价.

2. 本题给出函数在 x_0 点的单侧上极限和单侧下极限的等价定义. 设对 $\delta_0 > 0$, 函数 f 在 $(x_0, x_0 + \delta_0)$ 上有定义且有界. 对每个 $x_0 < x < x_0 + \delta$, 令

$$\overline{f}_+(x) = \sup_{x_0 < t < x} f(t), \qquad \underline{f}_+(x) = \inf_{x_0 < t < x} f(t).$$

它们分别叫做 f 在 x_0 点的**右上控函数**和**右下控函数** (左上控函数和左下控函数的概念可类似给出). 证明:

(1) $\lim\limits_{x \to x_0^+} \overline{f}_+(x)$ 和 $\lim\limits_{x \to x_0^+} \underline{f}_+(x)$ 都存在, 它们分别叫做 f 在 x_0 点的**右上极限**和**右下极限**, 分别记作 $\limsup\limits_{x \to x_0^+} f(x)$ 和 $\liminf\limits_{x \to x_0^+} f(x)$, 即

$$\limsup_{x \to x_0^+} f(x) = \lim_{x \to x_0^+} \overline{f}_+(x), \qquad \liminf_{x \to x_0^+} f(x) = \lim_{x \to x_0^+} \underline{f}_+(x).$$

$\left(\text{**左上极限**和**左下极限**的概念可类似给出, 分别记作 } \limsup\limits_{x \to x_0^-} f(x) \text{ 和 } \liminf\limits_{x \to x_0^-} f(x).\right)$

(2) $\lim\limits_{x \to x_0^+} f(x) = a$ 的充要条件是

$$\limsup_{x \to x_0^+} f(x) = a \qquad 且 \qquad \liminf_{x \to x_0^+} f(x) = a.$$

(3) 这里对 $\limsup\limits_{x \to x_0^+} f(x)$ 和 $\liminf\limits_{x \to x_0^+} f(x)$ 的定义与按 3.2.4 小节的方式给出的定义等价.

3. (1) 设 I 是开区间, x_0 是 I 中一点, f 是在 $I\backslash\{x_0\}$ 上有定义的函数, A 是一实数. 证明 $\lim\limits_{x\to x_0} f(x) = A$ 的充要条件是: 存在充分小的 $\delta_0 > 0$ 和定义在 $[0,\delta_0]$ 上的非负单增函数 ω, 它在 0 点连续且 $\omega(0) = 0$, 使对任意 $x \in (x_0 - \delta_0, x_0 + \delta_0)\backslash\{x_0\}$ 都成立:

$$|f(x) - A| \leqslant \omega(|x - x_0|).$$

(2) 设 f 是定义在开区间 I 上的函数, x_0 是 I 中一点. 证明 f 在点 x_0 连续的充要条件是: 存在充分小的 $\delta_0 > 0$ 和定义在 $[0,\delta_0]$ 上的非负单增函数 ω, 它在 0 点连续且 $\omega(0) = 0$, 使对任意 $x \in (x_0 - \delta_0, x_0 + \delta_0)$ 成立

$$|f(x) - f(x_0)| \leqslant \omega(|x - x_0|).$$

(3) 对单侧极限写出与 (1) 相对应的命题并给予证明; 对单侧连续性写出与 (2) 相对应的命题并给予证明.

4. 设 f 是定义在区间 $(-1,1)$ 上的函数并在此区间上有界, a 和 b 是两个大于 1 的数, 使得 f 满足以下条件: 当 $|x| < \dfrac{1}{a}$ 时, $f(ax) = bf(x)$. 证明 $f(x)$ 在 $x = 0$ 点连续.

5. 设 f 是区间 $(0, +\infty)$ 上的连续函数, 且存在常数 $a > 0$, $a \neq 1$, 使对任意 $x > 0$ 都成立 $f(x^a) = f(x)$. 证明 $f(x)$ 是常值函数.

6. 设 $f_1(x)$, $f_2(x)$, $\cdots$, $f_n(x)$ 是区间 I 上的 n 个连续函数. 对每个 $1 \leqslant k \leqslant n$, 令 $u_k(x)$ 表示区间 I 上这样的函数: 对每个 $x \in I$, $u_k(x)$ 的值等于 $f_1(x)$, $f_2(x)$, $\cdots$, $f_n(x)$ 这 n 个数中, 位于按从小到大次序排列的第 k 位 (有重复时按重数计算) 的那个数. 证明 $u_k(x)$ 也在区间 I 上连续.

7. 证明下列**柯西定理**:

(1) 在 $\mathbf{R}$ 上连续并满足方程

$$f(x + y) = f(x) + f(y), \qquad \forall x, y \in \mathbf{R}$$

的函数只有线性函数 $f(x) = ax$, 其中 a 为常数.

(2) 在 $\mathbf{R}$ 上连续并满足方程

$$f(x + y) = f(x)f(y), \qquad \forall x, y \in \mathbf{R}$$

且不恒为零的函数只有指数函数 $f(x) = a^x$, 其中 a 为正常数.

(3) 在 $(0, +\infty)$ 上连续并满足方程

$$f(xy) = f(x) + f(y), \qquad \forall x, y > 0$$

且不恒为零的函数只有对数函数 $f(x) = \log_a x$, 其中 a 为正常数.

(4) 在 $(0, +\infty)$ 上连续并满足方程

$$f(xy) = f(x)f(y), \qquad \forall x, y > 0$$

且不恒为零的函数只有幂函数 $f(x) = x^a$, 其中 a 为常数.

8. 设 f 是区间 $[a, b]$ 上的函数, 满足以下两个条件:

(i) f 的值域含于 $[a,b]$, 即 f 把区间 $[a,b]$ 映射为 $[a,b]$;

(ii) 对任意 $x,y \in I$, $x \neq y$, 都成立 $|f(x) - f(y)| < |x - y|$.

任取 $x_0 \in [a,b]$, 按以下递推公式构作数列 $\{x_n\}$:

$$x_n = \frac{1}{2}[x_{n-1} + f(x_{n-1})], \qquad n = 1, 2, \cdots.$$

证明数列 $\{x_n\}$ 收敛, 并且其极限 $\bar{x} = \lim_{n \to \infty} x_n$ 是 f 在 $[a,b]$ 中的唯一不动点 (f 的不动点是指方程 $f(x) = x$ 的根).

9. 设函数 f 在区间 $[a,b]$ 上连续. 证明: f 的零点集 $Z(f) = \{x \in [a,b] : f(x) = 0\}$ 是闭集.

10. 证明: 对任意正整数 n, 方程

$$x^n + x^{n-1} + \cdots + x - 1 = 0$$

有唯一的正根 x_n, 且 $\lim_{n \to \infty} x_n = \frac{1}{2}$.

11. 设 f 是区间 $[a,b]$ 上的连续函数. 证明: 存在 $x_1, x_2 \in [a,b]$, $x_2 - x_1 = \frac{1}{2}(b-a)$, 使

$$f(x_2) - f(x_1) = \frac{1}{2}[f(b) - f(a)].$$

12. 设函数 f 在区间 $[a, +\infty)$ 上连续, 且 $\lim_{x \to \infty} f(x) = A$. 证明:

(1) f 在 $[a, +\infty)$ 上有界.

(2) 或者存在 $\bar{x} \geqslant a$ 使 $f(\bar{x}) = \sup_{x \geqslant a} f(x)$, 或者 $A = \sup_{x \geqslant a} f(x)$.

13. 设 f 是区间 $[0,1]$ 上的连续函数, 且 $f(0) = f(1)$.

(1) 证明: 对每个正整数 $n \geqslant 2$, 存在 $x_n \in \left[0, 1 - \frac{1}{n}\right]$ 使成立 $f\left(x_n + \frac{1}{n}\right) = f(x_n)$.

(2) 举例说明, 如果 $0 < l < 1$ 不是形如 $\frac{1}{n}$ ($n \geqslant 2$) 的数, 则存在满足题设条件的函数 f, 对它而言不存在 $x_l \in [0, 1 - l]$ 使成立 $f(x_l + l) = f(x_l)$.

14. 设函数 f 在 $(-\infty, +\infty)$ 上连续, 且 $\lim_{|x| \to \infty} f(x) = +\infty$. 再设 f 在 $\bar{x}$ 点达到最小值且 $f(\bar{x}) < \bar{x}$. 证明函数 $F(x) = f(f(x))$ 至少在两点达到最小值.

15. 设函数 f 在区间 $[a,b]$ 上定义, 且对任意 $[x_1, x_2] \subseteq [a,b]$, 对介于 $f(x_1)$ 和 $f(x_2)$ 之间的任意实数 l, 方程

$$f(x) = l$$

在区间 $[x_1, x_2]$ 上有且仅有有限个解. 证明 f 在区间 $[a,b]$ 上连续.

16. 设函数 f 在区间 $[a,b]$ 上连续, 且对数列 $x_n \in [a,b]$ ($n = 1, 2, \cdots$), 存在极限 $\lim_{n \to \infty} f(x_n) = A$. 证明: 存在 $\bar{x} \in [a,b]$ 使 $f(\bar{x}) = A$.

17. 证明下列条件互相等价:

(i) 函数 f 在区间 I 上一致连续;

(ii) 对区间 I 中的任意两个数列 $\{x_n\}$ 和 $\{y_n\}$, 只要 $\lim_{n \to \infty} |x_n - y_n| = 0$, 就有

$$\lim_{n \to \infty} |f(x_n) - f(y_n)| = 0;$$

(iii) 存在 $\delta_0 > 0$ 和定义在区间 $[0, \delta_0]$ 上的非负单增函数 ω, 它在 0 点连续且 $\omega(0) = 0$, 使对任意 $x, y \in I$, 只要 $|x - y| \leqslant \delta_0$, 便成立

$$|f(x) - f(y)| \leqslant \omega(|x - y|).$$

ω 叫做 f 的一致连续模.

18. 证明: 如果函数 f 在区间 I 上一致连续, 则 f 把 I 中的任意柯西数列映射为柯西数列; 反过来, 如果 I 是有限区间并且 f 把 I 中的任意柯西数列映射为柯西数列, 则 f 在 I 上一致连续.

19. 设 f 和 g 都是定义在区间 $[0, 1]$ 上、值域包含于 $[0, 1]$ 的连续函数, 且 $g \circ f = f \circ g$. 证明: 存在 $x \in [0, 1]$ 使 $f(x) = g(x)$.

20. 设 f 是区间 $[0, 1]$ 上的连续函数, 值域含于 $[0, 1]$, 且 $f(0) = 0$, $f(1) = 1$. 又设 $f(f(x)) \equiv x$. 证明: $f(x) \equiv x$.

21. 设 E 是区间 I 的一个稠密子集, f 是 E 上的连续函数. 证明: f 可唯一地延拓成 I 上的连续函数, 即存在 I 上唯一的连续函数 $\bar{f}$, 使得 $\bar{f}(x) = f(x)$, $\forall x \in E$.

22. 设 $E \subseteq \mathbf{R}$ 是非空的有界闭集, f 是 E 上的连续函数. 证明:

(1) 函数 f 在 E 上有界;

(2) 函数 f 在 E 上达到最大值和最小值, 即存在 $\underline{x} \in E$ 和 $\overline{x} \in E$ 使成立:

$$f(\underline{x}) \leqslant f(x) \leqslant f(\overline{x}), \quad \forall x \in E.$$

第 4 章

函数的导数

本章学习函数的导数. 所谓导数, 是指函数的变化率, 或者说是因变量关于自变量的变化率. 求函数的变化率的问题大量地存在于应用问题中, 因此关于函数的导数的理论在自然科学、工程技术以及一些社会科学 (如经济学) 的研究中有广泛的应用, 是本课程最重要的组成部分之一.

历史上, 导数概念起源于几何学中曲线的切线问题、力学中求物体的瞬时速度和瞬时加速度等问题的研究, 由英国数学家和物理学家牛顿 (I. Newton, 1642~1727) 和德国数学家莱布尼茨 (G. W. Leibniz, 1646~1716) 各自独立地引进. 不过, 在他们之前, 费马 (P. de Fermat, 1601~1665, 法国人) 在研究函数的极值问题并进而引申研究曲线的切线问题时, 已经有了导数概念的萌芽. 牛顿和莱布尼茨最初引进的导数概念, 都是建立在 "无限小量" 概念的基础上. 他们的 "无限小量", 不是第 3 章中学习的无穷小量, 而是一个固定的 (即不是变量的) 似零又非零的量[①], 因而在逻辑上存在着严重的缺陷. 这个问题之所以发生, 是因为在牛顿和莱布尼茨的时代, 人们还没有极限的概念. 直到约一个半世纪之后的柯西和魏尔斯特拉斯时期, 人们引进了极限的概念并建立了函数极限的严格理论, 才使导数的理论有了严谨的逻辑基础. 现在我们已经掌握了函数极限的概念, 因此就自然地, 直接应用极限的概念来定义导数.

4.1 导数的定义

4.1.1 导数概念的引出

前面已经提到, 求函数的变化率的问题大量地存在于应用问题中. 下面具体地看几个例子.

1. 曲线的切线斜率

先来看一个几何问题: 已经知道平面曲线的方程是 $y = f(x)$, 问如何求该曲线上坐标为 $(x_0, f(x_0))$ 的点 P_0 的切线斜率? 显然, 如果知道了切线的斜率, 则切线的方程就可以很容易地写出.

---

① 牛顿称为 "瞬", 莱布尼茨称为 "微分", 但本质上都是一样的, 都是指固定不变、大小等于零但又不是零的量; "无限小量" 是牛顿和莱布尼茨之后、柯西和魏尔斯特拉斯之前的人们给予这个量的称呼.

　　在曲线 $y = f(x)$ 上点 $P_0(x_0, f(x_0))$ 的近旁任取一点 $P(x, f(x))$, 作通过点 P_0 和点 P 的割线, 这条割线的斜率是

$$\bar{\kappa} = \frac{f(x) - f(x_0)}{x - x_0}.$$

从图 4-1-1 上看, 点 P 离 P_0 越近, 则过 P_0 和 P 的割线越接近于曲线 $y = f(x)$ 在点 P_0 的切线; 如果让点 P 无限逼近点 P_0, 则过 P_0 和 P 的割线就无限逼近曲线 $y = f(x)$ 在点 P_0 的切线. 因此, 曲线 $y = f(x)$ 在点 P_0 的切线斜率应当等于

$$\kappa = \lim_{x \to x_0} \frac{f(x) - f(x_0)}{x - x_0}.$$

当然要假定这个极限存在.

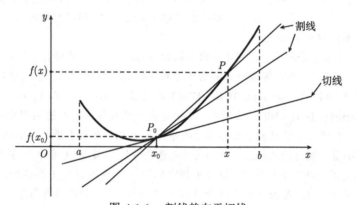

图 4-1-1　割线趋向于切线

　　我们看到, 在求曲线的切线斜率时, 需要考虑由自变量的改变而引起函数改变时, 函数值的改变量与自变量的改变量的比值的极限, 即 "差商的极限", 亦即函数的变化率 (因变量随自变量的变化率).

2. 变速运动的瞬时速度

　　因为有了极限的概念, 便可对 3.1 节开始所介绍的求变速运动物体的瞬时速度的思想用严格的极限理论重新加以表述.

　　设一物体做变速直线运动, 在时刻 t 其所处位置到开始时它所在位置的距离是 $s = s(t)$. 问它在时刻 t_0 的瞬时速度 v 是多少?

　　取充分接近 t_0 的另一时刻 t, 不妨设 $t > t_0$. 考虑物体在时间段 $[t_0, t]$ 里的运动. 由于这段时间的间隔 $\Delta t = t - t_0$ 非常小, 物体在此时间段里速度的变化是微乎其微的, 所以可以把它在这个时间段里的运动近似地看成匀速运动. 这样就可以把在这个时间段里, 物体的平均速度近似地看成它在时刻 t_0 的瞬时速度. 由于在时间段 $[t_0, t]$ 里, 物体走过的路程是 $\Delta s = s(t) - s(t_0)$, 所以它在这个时间段里的平均速度等于

$$\frac{\Delta s}{\Delta t} = \frac{s(t) - s(t_0)}{t - t_0}.$$

$\Delta t = t - t_0$ 越小, 这个平均速度就越接近于物体在 t_0 时刻的瞬时速度 v. 于是令 $\Delta t \to 0$ 取极限, 就得到

$$v = \lim_{\Delta t \to 0} \frac{\Delta s}{\Delta t} = \lim_{t \to t_0} \frac{s(t) - s(t_0)}{t - t_0}.$$

这说明, 变速运动的瞬时速度 v 是路程 s 关于时间 t 的变化率.

类似地, 瞬时加速度 a 是瞬时速度 v 关于时间 t 的变化率:

$$a = \lim_{\Delta t \to 0} \frac{\Delta v}{\Delta t} = \lim_{t \to t_0} \frac{v(t) - v(t_0)}{t - t_0}.$$

3. 非均匀杆的质量密度

对于质量分布均匀的杆, 其质量密度是单位长度的杆所含的质量. 因此把杆的任何一段的质量与这段杆的长度相除, 就得到了这个杆的质量密度. 它是一个常数.

如果杆的质量分布不均匀, 即在杆的某些位置质量分布密一些, 而在杆的另外一些位置质量分布疏一些, 那么杆的质量密度就不再是常数, 而是一个随着杆的横截面位置的变化而变化的物理量.

把杆放置在数轴上, 设它占据的区间为 $[0, l]$, 则杆的每一个横截面就对应于区间 $[0, l]$ 中的一个点 x. 用 $m(x)$ 表示夹在左端点 0 的横截面到 x 处的横截面这一段杆的质量, 就得到了定义在区间 $[0, l]$ 上的一个函数 $m(x)$ (称为杆的质量分布函数).

对杆上任意一个横截面 x_0, 在其临近取另外一个横截面 x, 不妨设 $x > x_0$. 夹在这两个横截面之间的这一小段杆的质量显然等于 $\Delta m = m(x) - m(x_0)$ (图 4-1-2). 如果 x 非常接近 x_0, 从而 $\Delta x = x - x_0$ 非常小, 则这一小段杆的密度变化微乎其微, 因而其质量分布可以近似看成均匀的. 杆在这一小段上的平均密度等于

$$\frac{\Delta m}{\Delta x} = \frac{m(x) - m(x_0)}{x - x_0}.$$

当 $\Delta x \to 0$ 时, 这个平均密度的极限

$$\rho = \lim_{\Delta x \to 0} \frac{\Delta m}{\Delta x} = \lim_{x \to x_0} \frac{m(x) - m(x_0)}{x - x_0}$$

就称为这个非均匀杆在点 x_0 处的质量密度. 由于这里把杆近似地看成了直线, 所以杆的质量密度又称线密度, 以与平板的质量密度 (称为面密度) 和立体物质的质量密度 (称为体密度) 作区别.

图 4-1-2 密度函数的定义

类似地, 对于电荷分布不均匀的带电导线, 设它在数轴上占据的区间为 $[0, l]$, 从左端点 0 到 x 处的线段所带电量为 $Q(x)$, 则该导线上 x_0 处的电荷密度 q 定义为

$$q = \lim_{\Delta x \to 0} \frac{\Delta Q}{\Delta x} = \lim_{x \to x_0} \frac{Q(x) - Q(x_0)}{x - x_0}.$$

它也称为电荷线密度.

4. 电流强度

电流强度是刻画电流强弱的一个物理量. 如果电流是恒稳的, 即电流的强弱不随时间变化, 那么电流强度就等于单位时间里通过导体的一个固定横截面的电量. 因此计算恒稳电流的电流强度很简单, 只需计算任何一个时间段里通过导体这个横截面的电量与这个时间段的长度的比值.

如果电流不是恒稳的, 即电流的强弱随着时间的变化也在变化, 则其电流强度的计算就没有那么简单, 需要采用与计算变速运动物体的瞬时速度类似的方法来计算. 所以电流强度也叫做瞬时电流强度.

设从初始时刻到时刻 t, 通过导体的一个固定横截面的总电量为 $Q(t)$. 为计算时刻 t_0 的瞬时电流强度 I, 取充分接近 t_0 的另一时刻 t, 不妨设 $t > t_0$. 则在时间段 $[t_0, t]$ 里, 通过导体的这个横截面的电量就是 $\Delta Q = Q(t) - Q(t_0)$. 如果时间间隔 $\Delta t = t - t_0$ 非常小, 那么电流强弱在这个时间段里的变化微乎其微, 因而可以近似地认为在这个时间段里, 电流是恒稳的, 平均的电流强度等于

$$\frac{\Delta Q}{\Delta t} = \frac{Q(t) - Q(t_0)}{t - t_0}.$$

尽管时间段 $[t_0, t]$ 里电流强弱的变化微乎其微, 但仍然是有变化的, 所以上面这个平均值还只是一个近似值. 为得到能精确反映在时刻 t_0 电流强弱的量, 令 $\Delta t \to 0$ 取极限, 就得到了时刻 t_0 的瞬时电流强度 (简称电流强度):

$$I = \lim_{\Delta t \to 0} \frac{\Delta Q}{\Delta t} = \lim_{t \to t_0} \frac{Q(t) - Q(t_0)}{t - t_0}.$$

在实际生活中, $Q(t)$ 就是电表记录的用电量, 所以是一个很容易得到的函数, 而电流强度 $I = I(t)$ 则必须按上述的方法通过计算才能得到.

还可举出许多其他类似的例子, 如化学反应的速度、生物体生长的速度、比热、电阻率等. 它们都可用类似的方式定义.

4.1.2 导数的定义

从以上几个例子看到, 求形如

$$\lim_{x \to x_0} \frac{f(x) - f(x_0)}{x - x_0}$$

的极限的问题广泛存在于应用领域, 因而应当把它作为一个专门的对象来特别地加以研究. 所以引进下述概念.

定义 4.1.1 设函数 f 在 x_0 点及其附近有定义. 如果极限

$$\lim_{x \to x_0} \frac{f(x) - f(x_0)}{x - x_0}$$

存在, 则称 f 在 x_0 点**可导**, 并称上述极限为 f 在 x_0 点的**导数**, 记作 $f'(x_0)$ 或 $\dfrac{\mathrm{d}f}{\mathrm{d}x}(x_0)$, 即

$$f'(x_0) = \frac{\mathrm{d}f}{\mathrm{d}x}(x_0) = \lim_{x \to x_0} \frac{f(x) - f(x_0)}{x - x_0}.$$

习惯上, 常把函数用自变量 x 和因变量 y 的形式表示成 $y = f(x)$. 这时, 也经常把导数记作 $y'|_{x=x_0}$, 或 $\dfrac{\mathrm{d}y}{\mathrm{d}x}\bigg|_{x=x_0}$.

另外, 如前也经常记 $\Delta x = x - x_0$, 这时 $x = x_0 + \Delta x$, 因此导数的定义也可写成

$$f'(x_0) = \frac{\mathrm{d}f}{\mathrm{d}x}(x_0) = \lim_{\Delta x \to 0} \frac{f(x_0 + \Delta x) - f(x_0)}{\Delta x}.$$

根据这个定义和前面讲的第一个例子, 可知**导数的几何意义** (图 4-1-3) 是: 函数 f 在点 x_0 的导数 $f'(x_0)$ 就是它的图像曲线 $y = f(x)$ 在 $(x_0, f(x_0))$ 点的切线斜率.

有了导数的概念之后, 上述来自物理学的第 2~4 例, 就可以如下表述. 变速运动物体的速度 v 是路程函数 $s = s(t)$ 的导数: $v = \dfrac{\mathrm{d}s}{\mathrm{d}t} = s'(t)$; 加速度 a 是速度函数 $v = v(t)$ 的导数: $a = \dfrac{\mathrm{d}v}{\mathrm{d}t} = v'(t)$; 杆的质量密度 ρ 是其质量分布函数 $m(x)$ 的导数: $\rho = \dfrac{\mathrm{d}m}{\mathrm{d}x} = m'(x)$; 电荷密度 q 是电量分布函数 $Q(x)$ 的导数: $q = \dfrac{\mathrm{d}Q}{\mathrm{d}x} = Q'(x)$; 电流

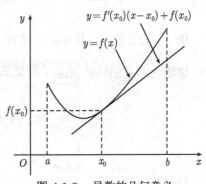

图 4-1-3　导数的几何意义

强度 I 是电量函数 $Q(t)$ 的导数: $I = \dfrac{\mathrm{d}Q}{\mathrm{d}t} = Q'(t)$; 等等.

例 1 常值函数 $f(x) = c$ 在任何一点 x_0 的导数都等于零

$$f'(x_0) = \lim_{x \to x_0} \frac{f(x) - f(x_0)}{x - x_0} = \lim_{x \to x_0} \frac{c - c}{x - x_0} = 0.$$

例 2 求证: $(x^n)' = nx^{n-1}$, 其中 n 为正整数.

证明 $(x^n)' = \lim\limits_{\Delta x \to 0} \dfrac{(x + \Delta x)^n - x^n}{\Delta x}$

$$= \lim_{\Delta x \to 0} \left(nx^{n-1} + \frac{1}{2}n(n-1)x^{n-2}\Delta x + \cdots + (\Delta x)^{n-1} \right)$$

$$= nx^{n-1}. \qquad\qquad \square$$

例 3 求证: $(\sin x)' = \cos x$, $(\cos x)' = -\sin x$.

证明 $(\sin x)' = \lim\limits_{\Delta x \to 0} \dfrac{\sin(x + \Delta x) - \sin x}{\Delta x}$

$$= \lim\limits_{\Delta x \to 0} \dfrac{2 \sin \dfrac{\Delta x}{2} \cos\left(x + \dfrac{\Delta x}{2}\right)}{\Delta x}$$

$$= \lim\limits_{\Delta x \to 0} \dfrac{\sin \dfrac{\Delta x}{2}}{\dfrac{\Delta x}{2}} \cdot \lim\limits_{\Delta x \to 0} \cos\left(x + \dfrac{\Delta x}{2}\right) = \cos x.$$

类似地,

$$(\cos x)' = \lim\limits_{\Delta x \to 0} \dfrac{\cos(x + \Delta x) - \cos x}{\Delta x} = \lim\limits_{\Delta x \to 0} \dfrac{-2 \sin \dfrac{\Delta x}{2} \sin\left(x + \dfrac{\Delta x}{2}\right)}{\Delta x}$$

$$= -\lim\limits_{\Delta x \to 0} \dfrac{\sin \dfrac{\Delta x}{2}}{\dfrac{\Delta x}{2}} \cdot \lim\limits_{\Delta x \to 0} \sin\left(x + \dfrac{\Delta x}{2}\right) = -\sin x. \qquad \square$$

例 4 设常数 $a > 0$, $a \neq 1$. 求证: $(\log_a x)' = \dfrac{1}{x \ln a}$ $(x > 0)$.

证明 $(\log_a x)' = \lim\limits_{\Delta x \to 0} \dfrac{\log_a(x + \Delta x) - \log_a x}{\Delta x}$

$$= \lim\limits_{\Delta x \to 0} \log_a \left(1 + \dfrac{\Delta x}{x}\right)^{\frac{x}{\Delta x} \cdot \frac{1}{x}}$$

$$= \dfrac{1}{x} \lim\limits_{y \to 0} \log_a (1 + y)^{\frac{1}{y}} = \dfrac{1}{x} \log_a \mathrm{e} = \dfrac{1}{x \ln a}. \qquad \square$$

特别地

$$(\ln x)' = \dfrac{1}{x} \quad (x > 0).$$

从上面两个例子看到, 极限 $\lim\limits_{x \to 0} \dfrac{\sin x}{x} = 1$ 和 $\lim\limits_{x \to 0}(1 + x)^{\frac{1}{x}} = \mathrm{e}$ 分别在计算三角函数和对数函数的导数时起到了重要作用. 这就是在第 3 章把它们称为 "两个重要的极限" 的原因.

例 5 计算 $(\sqrt{x})'$ 和 $(\sqrt[3]{x})'$ $(x > 0)$.

解 $(\sqrt{x})' = \lim\limits_{\Delta x \to 0} \dfrac{\sqrt{x + \Delta x} - \sqrt{x}}{\Delta x} = \lim\limits_{\Delta x \to 0} \dfrac{1}{\sqrt{x + \Delta x} + \sqrt{x}} = \dfrac{1}{2\sqrt{x}},$

$\quad (\sqrt[3]{x})' = \lim\limits_{\Delta x \to 0} \dfrac{\sqrt[3]{x + \Delta x} - \sqrt[3]{x}}{\Delta x}$

$$= \lim\limits_{\Delta x \to 0} \dfrac{1}{\sqrt[3]{(x + \Delta x)^2} + \sqrt[3]{(x + \Delta x)x} + \sqrt[3]{x^2}} = \dfrac{1}{3\sqrt[3]{x^2}}.$$

例 6 求抛物线 $y = ax^2$ $(a > 0)$ 在其上任意点 (x_0, ax_0^2) 的切线和法线方程, 并证明: 从抛物线的上方平行于 Oy 轴的入射线, 被抛物线反射的所有反射线都通过点 $\left(0, \dfrac{1}{4a}\right)$ (抛物线的焦点), 如图 4-1-4.

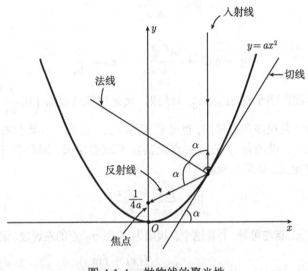

图 4-1-4 抛物线的聚光性

解 函数 $y = ax^2$ 在点 x_0 的导数为

$$y'|_{x=x_0} = \lim_{x \to x_0} \frac{ax^2 - ax_0^2}{x - x_0} = a \lim_{x \to x_0} (x + x_0) = 2ax_0.$$

所以抛物线在点 (x_0, ax_0^2) 的切线斜率就是 $k_\tau = 2ax_0$, 而法线斜率则为 $k_n = -\dfrac{1}{k_\tau}$ $= -\dfrac{1}{2ax_0}$. 因此抛物线 $y = ax^2$ 在其上任意一点 (x_0, ax_0^2) 的切线和法线方程分别是

$$y = ax_0^2 + 2ax_0(x - x_0) \quad \text{和} \quad y = ax_0^2 - \frac{1}{2ax_0}(x - x_0).$$

设平行于 Oy 轴并且到达点 (x_0, ax_0^2) 的入射线与抛物线在该点的法线的夹角为 α. 因为把这两条线同时顺时针旋转 $90°$ 就分别得到了平行于 Ox 轴的直线和抛物线在该点的切线, 所以 α 就等于切线与 Ox 轴的夹角, 即 $\tan\alpha = k_\tau = 2ax_0$. 为了求反射线的方程, 需要计算反射线的斜率, 设为 k. 因为反射角等于入射角, 所以根据直线的夹角公式, 有

$$\tan\alpha = \frac{k - k_n}{1 + kk_n} = \frac{k + \dfrac{1}{2ax_0}}{1 - \dfrac{k}{2ax_0}} = \frac{2akx_0 + 1}{2ax_0 - k}.$$

把这个关系式代入 $\tan\alpha = 2ax_0$, 便求得

$$k = \frac{4a^2x_0^2 - 1}{4ax_0}.$$

因此, 反射线的方程为

$$y = ax_0^2 + \frac{4a^2x_0^2 - 1}{4ax_0}(x - x_0).$$

令 $x = 0$, 得到

$$y = ax_0^2 - \frac{4a^2x_0^2 - 1}{4ax_0} \cdot x_0 = \frac{1}{4a}.$$

这说明无论入射线在哪个点 (x_0, ax_0^2) 被反射, 反射线都通过点 $\left(0, \dfrac{1}{4a}\right)$.

　　类似于函数的左极限和右极限, 也可定义函数在一点的左导数和右导数.

　　定义 4.1.2　　设函数 f 在 x_0 点及其左邻域有定义, 即存在 $\delta > 0$ 使 f 在 $(x_0 - \delta, x_0]$ 上有定义. 如果左极限

$$\lim_{x \to x_0^-} \frac{f(x) - f(x_0)}{x - x_0}$$

存在, 则称 f 在 x_0 点**左可导**, 并称这个左极限为 f 在 x_0 点的**左导数**, 记作 $f'_-(x_0)$, 即

$$f'_-(x_0) = \lim_{x \to x_0^-} \frac{f(x) - f(x_0)}{x - x_0}.$$

类似地可定义函数 f 在 x_0 点**右可导**和**右导数** $f'_+(x_0)$ 的概念. 左导数和右导数合称**单侧导数**.

　　显然, 函数 f 在 x_0 点可导的充分必要条件是 f 在 x_0 点既左可导又右可导, 并且左导数和右导数相等. 在这种情况下, f 的导数 $f'(x_0)$ 就等于它的左导数 $f'_-(x_0)$ 和右导数 $f'_+(x_0)$ 的公共值:

$$f'(x_0) = f'_-(x_0) = f'_+(x_0).$$

　　定义 4.1.3　　设函数 f 在区间 I 上有定义. 如果对任意 $x_0 \in I$, f 都在 x_0 点可导 (如果区间 I 的左端点含于 I, 那么 f 在左端点的导数是指它在该点的右导数; 类似地, 如果 I 的右端点含于 I, 那么 f 在右端点的导数是指它在该点的左导数), 则称 f **在区间 I 上可导**, 并称函数 $x \mapsto f'(x)$ $(x \in I)$ 为 f 在区间 I 上的**导函数**, 也简称导数, 记作 f'. 如果导函数 f' 在区间 I 上连续, 则称函数 f 在区间 I 上**连续可导**.

　　函数 f 的导函数也经常记作 $\dfrac{\mathrm{d}f(x)}{\mathrm{d}x}$ $\left(\text{也可记作 } \dfrac{\mathrm{d}f(t)}{\mathrm{d}t}, \dfrac{\mathrm{d}f(u)}{\mathrm{d}u} \text{ 等}\right)$, 而它在点 x_0 的导数 $f'(x_0)$ 也经常记作 $\dfrac{\mathrm{d}f(x)}{\mathrm{d}x}\bigg|_{x=x_0}$. 因此,

$$f'(x_0) = \frac{\mathrm{d}f}{\mathrm{d}x}(x_0) = \frac{\mathrm{d}f(x)}{\mathrm{d}x}\bigg|_{x=x_0}.$$

4.1.3 可导必连续

下面研究可导函数的性质和导数的运算法则. 首先证明下述重要定理.

定理 4.1.1 (可导必连续) 设函数 f 在 x_0 点可导, 则 f 在 x_0 点连续.

证明 由 f 在 x_0 点可导可知

$$\lim_{x \to x_0} \frac{f(x) - f(x_0)}{x - x_0} = f'(x_0).$$

因此对 $\varepsilon = 1$, 存在相应的 $\delta > 0$, 使当 $0 < |x - x_0| < \delta$ 时,

$$\left| \frac{f(x) - f(x_0)}{x - x_0} - f'(x_0) \right| \leqslant 1.$$

由此推出

$$|f(x) - f(x_0)| \leqslant [|f'(x_0)| + 1]|x - x_0|, \quad \forall x \in (x_0 - \delta, x_0 + \delta).$$

从这个不等式立知 $\lim\limits_{x \to x_0} |f(x) - f(x_0)| = 0$, 进而 $\lim\limits_{x \to x_0} f(x) = f(x_0)$. 所以 f 在 x_0 点连续. $\qquad\square$

注意这个定理反过来的结论是不成立的, 即连续函数不一定可导. 如函数

$$f(x) = \begin{cases} x \sin \dfrac{1}{x}, & x \neq 0, \\ 0, & x = 0, \end{cases}$$

这个函数在点 $x = 0$ 是连续的, 因为

$$\lim_{x \to 0} f(x) = \lim_{x \to 0} x \sin \frac{1}{x} = 0 = f(0).$$

但这个函数在点 $x = 0$ 没有导数, 因为

$$\lim_{x \to 0} \frac{f(x) - f(0)}{x - 0} = \lim_{x \to 0} \sin \frac{1}{x} \ \text{不存在}.$$

从图 4-1-5 上看, 该函数的图像通过点 $O(0,0)$ 和点 $P(x_0, y_0)$ $\left(y_0 = x_0 \sin \dfrac{1}{x_0} \right)$ 的割

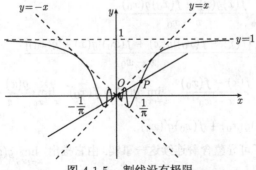

图 4-1-5 割线没有极限

线在点 P 趋于点 O 的过程中, 斜率 $k_{OP} = \sin\dfrac{1}{x_0}$ 一直在 -1 和 1 之间无限次地摆动, 因而没有极限, 说明割线不以任何直线为极限. 所以该曲线在点 $O(0,0)$ 没有切线.

不难看出, 把定理 4.1.1 证明中的导数换为单侧导数, 类似的推导也成立. 这说明: 左可导蕴含左连续, 右可导蕴含右连续.

4.1.4　导数的四则运算

应用极限的四则运算法则, 可以很容易地建立导数的四则运算法则.

定理 4.1.2　设函数 f 和 g 都在 x_0 点可导, 则 $f \pm g$ 和 fg 都在 x_0 点可导, 且
$$(f \pm g)'(x_0) = f'(x_0) \pm g'(x_0),$$

$$(fg)'(x_0) = f'(x_0)g(x_0) + f(x_0)g'(x_0),$$

并且如果 $g(x_0) \neq 0$, 则 $\dfrac{f}{g}$ 也在 x_0 点可导, 且

$$\left(\frac{f}{g}\right)'(x_0) = \frac{f'(x_0)g(x_0) - f(x_0)g'(x_0)}{g^2(x_0)}.$$

证明　根据条件和导数的定义有
$$\lim_{x \to x_0} \frac{f(x) - f(x_0)}{x - x_0} = f'(x_0), \quad \lim_{x \to x_0} \frac{g(x) - g(x_0)}{x - x_0} = g'(x_0).$$

因此, 运用极限的四则运算计算我们有
$$\lim_{x \to x_0} \frac{[f(x) \pm g(x)] - [f(x_0) \pm g(x_0)]}{x - x_0} = \lim_{x \to x_0} \frac{f(x) - f(x_0)}{x - x_0} \pm \lim_{x \to x_0} \frac{g(x) - g(x_0)}{x - x_0}$$
$$= f'(x_0) \pm g'(x_0),$$

这说明 $f \pm g$ 在点 x_0 可导, 且
$$(f \pm g)'(x_0) = f'(x_0) \pm g'(x_0).$$

其次,
$$\lim_{x \to x_0} \frac{f(x)g(x) - f(x_0)g(x_0)}{x - x_0}$$
$$= \lim_{x \to x_0} \frac{[f(x) - f(x_0)]g(x) + f(x_0)[g(x) - g(x_0)]}{x - x_0}$$
$$= \lim_{x \to x_0} \frac{f(x) - f(x_0)}{x - x_0} \cdot \lim_{x \to x_0} g(x) + f(x_0) \cdot \lim_{x \to x_0} \frac{g(x) - g(x_0)}{x - x_0}$$
$$= f'(x_0)g(x_0) + f(x_0)g'(x_0),$$

最后这个等式用到了可导蕴含着连续这一事实, 由它推出 $\lim\limits_{x \to x_0} g(x) = g(x_0)$. 上式表明 fg 在点 x_0 可导, 且

$$(fg)'(x_0) = f'(x_0)g(x_0) + f(x_0)g'(x_0).$$

最后, 当 $g(x_0) \neq 0$ 时, 类似地有

$$\lim_{x \to x_0} \frac{\dfrac{f(x)}{g(x)} - \dfrac{f(x_0)}{g(x_0)}}{x - x_0}$$

$$= \lim_{x \to x_0} \frac{f(x)g(x_0) - f(x_0)g(x)}{(x - x_0)g(x)g(x_0)}$$

$$= \lim_{x \to x_0} \frac{[f(x) - f(x_0)]g(x_0) - f(x_0)[g(x) - g(x_0)]}{x - x_0} \cdot \frac{1}{g(x)g(x_0)}$$

$$= \left[\lim_{x \to x_0} \frac{f(x) - f(x_0)}{x - x_0} \cdot g(x_0) - f(x_0) \cdot \lim_{x \to x_0} \frac{g(x) - g(x_0)}{x - x_0} \right] \lim_{x \to x_0} \frac{1}{g(x)g(x_0)}$$

$$= \frac{f'(x_0)g(x_0) - f(x_0)g'(x_0)}{g^2(x_0)},$$

这说明 $\dfrac{f}{g}$ 也在点 x_0 可导, 且

$$\left(\frac{f}{g} \right)'(x_0) = \frac{f'(x_0)g(x_0) - f(x_0)g'(x_0)}{g^2(x_0)}. \qquad \square$$

如果函数 f 和 g 都在区间 I 上可导, 则由上述定理知 $f \pm g$ 和 fg 也都在区间 I 上可导, 并且如果 $g(x) \neq 0, \forall x \in I$, 则 $\dfrac{f}{g}$ 也在区间 I 上可导, 并且它们的导函数按下列公式计算:

$$\left(f(x) \pm g(x) \right)' = f'(x) \pm g'(x),$$

$$\left(f(x)g(x) \right)' = f'(x)g(x) + f(x)g'(x),$$

$$\left(\frac{f(x)}{g(x)} \right)' = \frac{f'(x)g(x) - f(x)g'(x)}{g^2(x)}.$$

容易看出, 对于单侧可导的函数, 成立类似于定理 4.1.2 的结论, 即把以上公式中的导数全都换为单侧导数, 所得等式全都成立.

例 7 求证: $(\tan x)' = \dfrac{1}{\cos^2 x}$, $(\cot x)' = -\dfrac{1}{\sin^2 x}$.

证明 由导数的四则运算和例 3 有

$$(\tan x)' = \left(\frac{\sin x}{\cos x} \right)' = \frac{(\sin x)' \cos x - \sin x (\cos x)'}{\cos^2 x}$$

$$= \frac{\cos^2 x + \sin^2 x}{\cos^2 x} = \frac{1}{\cos^2 x},$$

$$(\cot x)' = \left(\frac{\cos x}{\sin x}\right)' = \frac{(\cos x)' \sin x - \cos x (\sin x)'}{\sin^2 x}$$

$$= \frac{-\sin^2 x - \cos^2 x}{\sin^2 x} = -\frac{1}{\sin^2 x}. \qquad \square$$

例 8　设 $P(x) = a_n x^n + a_{n-1} x^{n-1} + \cdots + a_2 x^2 + a_1 x + a_0$, 求 $P'(x)$.

解　因为常值函数的导数恒等于零, 所以应用导数的四则运算和例 2 得

$$P'(x) = a_n (x^n)' + a_{n-1} (x^{n-1})' + \cdots + a_2 (x^2)' + a_1 x'$$

$$= n a_n x^{n-1} + (n-1) a_{n-1} x^{n-2} + \cdots + 2 a_2 x + a_1.$$

例 9　求 $\left(x \cos x + (\sin x) \ln x + 3\sqrt{x} + \dfrac{6}{x^2} \right)' \ (x > 0)$.

解
$$\left(x \cos x + (\sin x) \ln x + 3\sqrt{x} + \frac{6}{x^2} \right)'$$

$$= (x \cos x)' + (\sin x \ln x)' + 3(\sqrt{x})' + 6(x^{-2})'$$

$$= \cos x - x \sin x + (\cos x) \ln x + \frac{\sin x}{x} + \frac{3}{2\sqrt{x}} - 12 x^{-3}.$$

习　题　4.1

1. 根据导数的定义, 直接求下列函数的导函数:

(1) $x^3 + 2x$; 　(2) $\dfrac{x}{x-1}$; 　(3) $\sqrt[3]{x^2}$; 　(4) $\tan x$; 　(5) $\cot x$.

2. 根据导数的定义证明:

(1) $(\sqrt[n]{x})' = \dfrac{1}{n \sqrt[n]{x^{n-1}}}$ (n 为正整数);　(2) $(\arctan x)' = \dfrac{1}{1+x^2}$;

(3) $(\arcsin x)' = \dfrac{1}{\sqrt{1-x^2}}$ ($|x| < 1$);　(4) $(a^x)' = a^x \ln a$ ($a > 0$, $a \neq 1$).

3. 根据导数的定义, 求下列函数在指定点的导数:

(1) $f(x) = x(x-1)^2 (x+1)^3$, 求 $f'(0)$, $f'(1)$, $f'(-1)$;

(2) $f(x) = \mathrm{e}^x \sin(x-1)$, 求 $f'(1)$;

(3) $f(x) = x^2 + \arccos \sqrt[3]{1-x^2} \ln x$, 求 $f'(1)$.

4. 证明下列函数 $f(x)$ 在点 $x = 0$ 可导, 并求 $f'(0)$:

(1) $f(x) = \begin{cases} x^2 \sin \dfrac{1}{x}, & x \neq 0, \\ 0, & x = 0; \end{cases}$

(2) $f(x) = \begin{cases} 2^{-\frac{1}{x}}, & x > 0, \\ 0, & x \leqslant 0; \end{cases}$

(3) $f(x) = \begin{cases} x^2, & \text{当 } x \text{ 是有理数}, \\ 0, & \text{当 } x \text{ 是无理数}. \end{cases}$

5. 设 a 为正常数. 讨论下列函数在 $x = 0$ 处的连续性与可导性:

(1) $f(x) = \begin{cases} |x|^{a-1}x, & x \neq 0, \\ 0, & x = 0; \end{cases}$

(2) $f(x) = \begin{cases} |x|^a \sin\dfrac{1}{x}, & x \neq 0, \\ 0, & x = 0; \end{cases}$

(3) $f(x) = \begin{cases} x^a, & x > 0, \\ 0, & x \leqslant 0. \end{cases}$

6. 根据导数的四则运算和例 1 ~ 例 5, 求下列函数的导函数:

(1) $y = 2x^3 + 3x^2 + 6x$;

(2) $y = \sqrt{x} + \sqrt[3]{x} + \sqrt[6]{x^5}$;

(3) $y = \dfrac{1}{\sqrt{x}} + \dfrac{1}{\sqrt[3]{x}} + \dfrac{1}{\sqrt[6]{x^5}}$;

(4) $y = x^2 \sin x + x \cos x$;

(5) $y = (x^3 + x^2 - x)\ln x$;

(6) $y = x^3 \log_2 x + x^2 \log_3 x$;

(7) $y = (1 + 5x^4)(1 + 4x^5)$;

(8) $y = x^n(\ln x)\tan x$;

(9) $y = \dfrac{x^3 - x + 1}{x^3 + x^2 - 1}$;

(10) $y = \dfrac{\ln x}{x} + \dfrac{x}{\ln x}$;

(11) $y = \dfrac{\sin x - x\cos x}{\cos x + x\sin x}$;

(12) $y = \dfrac{1 - x\ln x}{1 + x\ln x}$.

7. 证明公式: $\left(\dfrac{ax+b}{cx+d}\right)' = \dfrac{ad-bc}{(cx+d)^2} \quad (cx + d \neq 0)$.

8. 求下列曲线 $y = f(x)$ 在其上任意一点 $(x_0, f(x_0))$ 的切线和法线方程:

(1) 三次曲线 $y = x^3 - 3x + 1$;

(2) 双曲线 $y = \dfrac{1}{x} \quad (x_0 \neq 0)$;

(3) 对数曲线 $y = \ln x \quad (x_0 > 0)$;

(4) 正弦曲线 $y = \sin x$.

9. 证明: 如果 $f(x)$ 是偶函数, 且在点 $x = 0$ 可导, 则 $f'(0) = 0$.

10. 证明: 如果 $f(x)$ 在点 x_0 可导, 则对任意实数 a, b 都成立

$$\lim_{\Delta x \to 0} \frac{f(x_0 + a\Delta x) - f(x_0 + b\Delta x)}{\Delta x} = (a - b)f'(x_0).$$

11. 证明:

(1) 定义在区间 (a, b) 上的连续函数 f 在点 $x_0 \in (a, b)$ 可导的充要条件是函数

$$g(x) = \frac{f(x) - f(x_0)}{x - x_0}$$

在 x_0 点补充定义后是 (a, b) 上的连续函数;

(2) 可导的偶函数的导数是奇函数, 可导的奇函数的导数是偶函数;

(3) 可导的 T 周期函数的导数是 T 周期函数, 这里 T 为正常数.

12. 设函数 g 在点 a 附近有定义, 在该点连续且 $g(a) \neq 0$. 证明:

(1) 函数 $f(x) = (x - a)g(x)$ 在点 $x = a$ 可导;

(2) 函数 $f(x) = |x - a|g(x)$ 在点 $x = a$ 不可导, 但有左导数 $f'_-(a)$ 和右导数 $f'_+(a)$.

13. 证明:

(1) 函数

$$f(x) = \begin{cases} x^2 \left| \cos \dfrac{\pi}{x} \right|, & x \neq 0, \\ 0, & x = 0 \end{cases}$$

在点 $x = 0$ 的任意邻域中都有不可导的点, 但它在该点可导;

(2) 函数

$$f(x) = \begin{cases} x \sin \dfrac{\pi}{x}, & x \neq 0, \\ 0, & x = 0 \end{cases}$$

在点 $x = 0$ 连续, 但它在该点既无左导数, 又无右导数.

14. 求下列函数的导函数:

(1) $f(x) = \begin{cases} x^3, & x < 0, \\ x^2, & 0 \leqslant x \leqslant 2, \\ \dfrac{1}{2}x^3 - 2x + 4, & x > 2; \end{cases}$

(2) $f(x) = \begin{cases} 1 - x^2, & x < 0. \\ \cos x, & 0 \leqslant x \leqslant \pi, \\ x^2 - 2\pi x + (\pi^2 - 1), & x > \pi; \end{cases}$

(3) $f(x) = |(x-1)(x-2)^2(x-3)^3|$.

15. 设定义在区间 $[0, 1)$ 上的函数 f 在左端点 0 右连续, $f(0) = 0$, 且对某常数 $a > 1$ 成立

$$\lim_{x \to 0^+} \frac{f(ax) - f(x)}{x} = c.$$

证明: f 在点 0 右可导, 且 $f'_+(0) = \dfrac{c}{a-1}$.

16. 用平行移动直线 $y = px + q$ (即让 p 固定而让 q 变化), 分析该直线何时成为切线的方法, 求:

(1) 方程 $x^3 = px + q$ 有一个根、两个根和三个根的条件;

(2) 方程 $\dfrac{1}{x^2} = px + q$ 有一个根、两个根和三个根的条件;

(3) 方程 $\dfrac{1}{x^3} = px + q$ 有一个根、两个根和没有根的条件;

(4) 方程 $\ln x = px + q$ 有一个根、两个根和没有根的条件.

4.2　复合函数与反函数的导数

4.2.1　复合函数的导数

应用复合函数求极限的法则, 可以得到复合函数求导数的法则. 这就是下述定理.

定理 4.2.1 (复合函数的求导法则)　设函数 f 在 x_0 点可导, $f(x_0) = y_0$, 又设函数 g 在 y_0 点可导. 则复合函数 $g \circ f$ 在 x_0 点可导, 且

$$(g \circ f)'(x_0) = g'(y_0)f'(x_0) = g'(f(x_0))f'(x_0).$$

证明 需要计算极限

$$\lim_{x \to x_0} \frac{g(f(x)) - g(f(x_0))}{x - x_0}.$$

如果改写

$$\frac{g(f(x)) - g(f(x_0))}{x - x_0} = \frac{g(f(x)) - g(f(x_0))}{f(x) - f(x_0)} \cdot \frac{f(x) - f(x_0)}{x - x_0}, \tag{4.2.1}$$

那么对上式右端的第一项在求极限时采用代换 $y = f(x)$ 并利用 $f(x_0) = y_0$, 就得到了所需要的结果. 但是这样的推导存在漏洞: 上式右端第一项的分母有可能在趋于 x_0 的无穷多个点上取零值. 所以把上式左端分解成右端的形式一般是不可行的. 为克服这个困难, 注意在上式右端第一项的分母取零值的点处, 第二项的分子也取零值, 从而第二项等于零, 所以引进下列辅助函数:

$$h(y) = \begin{cases} \dfrac{g(y) - g(y_0)}{y - y_0}, & \text{当 } y \neq y_0, \\ g'(y_0), & \text{当 } y = y_0. \end{cases}$$

由于

$$\lim_{y \to y_0} h(y) = \lim_{y \to y_0} \frac{g(y) - g(y_0)}{y - y_0} = g'(y_0),$$

所以 h 在点 y_0 连续. 代替式 (4.2.1), 有

$$\frac{g(f(x)) - g(f(x_0))}{x - x_0} = h(f(x)) \cdot \frac{f(x) - f(x_0)}{x - x_0},$$

事实上, 如果 $f(x) \neq f(x_0)$, 则因 $h(f(x)) = \dfrac{g(f(x)) - g(f(x_0))}{f(x) - f(x_0)}$, 所以上式即为式 (4.2.1); 而如果 $f(x) = f(x_0)$, 则上式两端都等于零. 所以上式恒成立. 由于 f 在 x_0 点连续, h 在点 $y_0 = f(x_0)$ 连续, 所以由复合函数的连续性有

$$\lim_{x \to x_0} h(f(x)) = h(y_0) = g'(y_0).$$

因此

$$\lim_{x \to x_0} \frac{g(f(x)) - g(f(x_0))}{x - x_0} = \lim_{x \to x_0} h(f(x)) \cdot \lim_{x \to x_0} \frac{f(x) - f(x_0)}{x - x_0} = g'(y_0)f'(x_0). \quad \square$$

如果函数 f 在区间 I 上可导, g 在区间 J 上可导, 并且 $f(I) \subseteq J$, 则由定理 4.2.1 知, 复合函数 $g \circ f$ 也在区间 I 上可导, 并且导函数按下列公式计算:

$$\left(g(f(x))\right)' = g'(f(x))f'(x).$$

如果是多个函数复合, 如 f, g 和 h 三个函数复合, 那么重复应用上述公式即知

$$\left(h(g(f(x)))\right)' = h'(g(f(x)))g'(f(x))f'(x).$$

形象地说, 这个等式的右端就像一条链锁一样, 一环套着一环. 因此, 复合函数的求导法则也称为**链锁规则**.

链锁规则也可用另外一种更方便记忆的形式书写. 设 $u = h(v)$, $v = g(y)$, $y = f(x)$, 则就有 $u = h(g(f(x)))$. 由于按这样的写法, $h'(v)$ 可写成 $\dfrac{\mathrm{d}u}{\mathrm{d}v}$, $g'(y)$ 可写成 $\dfrac{\mathrm{d}v}{\mathrm{d}y}$, $f'(x)$ 可写成 $\dfrac{\mathrm{d}y}{\mathrm{d}x}$, 所以上式可改写为

$$\frac{\mathrm{d}u}{\mathrm{d}x} = \frac{\mathrm{d}u}{\mathrm{d}v}\frac{\mathrm{d}v}{\mathrm{d}y}\frac{\mathrm{d}y}{\mathrm{d}x}.$$

这就像把右端分子、分母上都有的 $\mathrm{d}v$ 和 $\mathrm{d}y$ 消去, 就从右端得到了左端一样. 这是采用符号 $\dfrac{\mathrm{d}y}{\mathrm{d}x}$ 来表示函数 $y = f(x)$ 的导数的一个优点.

例 1 求函数 $\ln(1 + \sqrt{1 - \sin x^2})$ $\left(x \neq \pm\sqrt{2k\pi + \dfrac{\pi}{2}}, k \in \mathbf{Z}_+\right)$ 的导数.

解 根据链锁规则有

$$
\begin{aligned}
\left(\ln(1 + \sqrt{1 - \sin x^2})\right)' &= \frac{1}{1 + \sqrt{1 - \sin x^2}} \cdot \left(1 + \sqrt{1 - \sin x^2}\right)' \\
&= \frac{1}{1 + \sqrt{1 - \sin x^2}} \cdot \frac{1}{2\sqrt{1 - \sin x^2}} \cdot \left(1 - \sin x^2\right)' \\
&= \frac{1}{1 + \sqrt{1 - \sin x^2}} \cdot \frac{1}{2\sqrt{1 - \sin x^2}} \cdot (-\cos x^2) \cdot (x^2)' \\
&= \frac{1}{1 + \sqrt{1 - \sin x^2}} \cdot \frac{1}{2\sqrt{1 - \sin x^2}} \cdot (-\cos x^2) \cdot 2x \\
&= -\frac{x \cos x^2}{\sqrt{1 - \sin x^2}(1 + \sqrt{1 - \sin x^2})}.
\end{aligned}
$$

例 2 设常数 $a > 0$, $a \neq 1$. 求证: $(\log_a |x|)' = \dfrac{1}{x \ln a}$, $\forall x \in \mathbf{R} \backslash \{0\}$.

证明 当 $x > 0$ 时这个公式已在上节例 4 给出了证明. 下设 $x < 0$. 则

$$(\log_a |x|)' = [\log_a(-x)]' = \frac{1}{(-x)\ln a} \cdot (-x)' = \frac{1}{(-x)\ln a} \cdot (-1) = \frac{1}{x \ln a}. \qquad \square$$

特别地

$$(\ln |x|)' = \frac{1}{x}, \quad \forall x \in \mathbf{R} \backslash \{0\}.$$

4.2.2 反函数的导数

利用求极限的变量变换, 即可得到反函数的求导法则.

定理 4.2.2 (反函数求导法则) 设函数 f 在 x_0 点可导, 在 x_0 点附近是严格单调的, 因而可逆, 且 $f'(x_0) \neq 0$. 又设 $f(x_0) = y_0$. 则反函数 f^{-1} 在 y_0 点可导, 且

$$(f^{-1})'(y_0) = \frac{1}{f'(x_0)} = \frac{1}{f'(f^{-1}(y_0))}.$$

证明 由 f 在 x_0 点的邻域内可逆知, 当 x 充分接近 x_0 且 $x \neq x_0$ 时, $f(x) \neq f(x_0)$, 同样当 y 充分接近 y_0 且 $y \neq y_0$ 时, $f^{-1}(y) \neq f^{-1}(y_0)$. 由于 f 在 x_0 点可导, 所以 f 在 x_0 点连续, 进而由反函数的连续性可知 f^{-1} 在 y_0 点连续. 因此 $\lim\limits_{y \to y_0} f^{-1}(y) = f^{-1}(y_0) = x_0$. 这样作变量变换 $f^{-1}(y) = x$, 由于当 $y \to y_0$ 时, $x = f^{-1}(y) \to f^{-1}(y_0) = x_0$ 且 $x \neq x_0$, 所以有

$$\lim_{y \to y_0} \frac{f^{-1}(y) - f^{-1}(y_0)}{y - y_0} = \lim_{x \to x_0} \frac{x - x_0}{f(x) - f(x_0)} = \lim_{x \to x_0} \frac{1}{\dfrac{f(x) - f(x_0)}{x - x_0}} = \frac{1}{f'(x_0)}. \quad \Box$$

例 3 设常数 $a > 0, a \neq 1$. 求证: $(a^x)' = a^x \ln a$.

证明 由于 $f(x) = a^x$ 是 $g(y) = \log_a y$ 的反函数, 即 $f = g^{-1}$, 所以由反函数的求导法则和 4.1.2 小节例 4 有

$$(a^x)' = \frac{1}{(\log_a y)'|_{y=a^x}} = \frac{1}{\dfrac{1}{y \ln a}\bigg|_{y=a^x}} = a^x \ln a. \qquad \Box$$

例 4 求证:

$$(\arcsin x)' = \frac{1}{\sqrt{1-x^2}}, \qquad (\arccos x)' = -\frac{1}{\sqrt{1-x^2}} \quad (|x| < 1),$$

$$(\arctan x)' = \frac{1}{1+x^2}, \qquad (\text{arccot}\, x)' = -\frac{1}{1+x^2}.$$

证明 由反函数的求导法则和 4.1.2 小节例 3 有

$$(\arcsin x)' = \frac{1}{(\sin y)'|_{y=\arcsin x}} = \frac{1}{\cos y|_{y=\arcsin x}}$$

$$= \frac{1}{\sqrt{1-\sin^2 y}|_{y=\arcsin x}} = \frac{1}{\sqrt{1-x^2}},$$

$$(\arccos x)' = \frac{1}{(\cos y)'|_{y=\arccos x}} = \frac{1}{-\sin y|_{y=\arccos x}}$$

$$= -\frac{1}{\sqrt{1-\cos^2 y}|_{y=\arccos x}} = -\frac{1}{\sqrt{1-x^2}},$$

$$(\arctan x)' = \frac{1}{(\tan y)'|_{y=\arctan x}} = \frac{1}{\dfrac{1}{\cos^2 y}\bigg|_{y=\arctan x}}$$

$$= \frac{1}{(1+\tan^2 y)|_{y=\arctan x}} = \frac{1}{1+x^2},$$

$$(\text{arccot}\, x)' = \frac{1}{(\cot y)'|_{y=\text{arccot}\, x}} = \frac{1}{-\dfrac{1}{\sin^2 y}\Big|_{y=\text{arccot}\, x}}$$

$$= -\frac{1}{(1+\cot^2 y)|_{y=\text{arccot}\, x}} = -\frac{1}{1+x^2}. \qquad \square$$

例 5　设 μ 是非零常数. 求证: $(x^\mu)' = \mu x^{\mu-1}\ (x>0)$.

证明　由于 $x^\mu = \mathrm{e}^{\mu \ln x}\ (x>0)$, 所以由例 2、4.1.2 小节例 4 和链锁规则有

$$(x^\mu)' = (\mathrm{e}^{\mu \ln x})' = \mathrm{e}^{\mu \ln x} \cdot (\mu \ln x)' = x^\mu \cdot \frac{\mu}{x} = \mu x^{\mu-1}. \qquad \square$$

4.2.3　基本的求导公式

至此已经得到了全部基本初等函数的导函数. 总结成下列**求导公式表**:

$(c)' = 0$　(c 表示常值函数);

$(x^n)' = nx^{n-1}$　(n 为正整数);

$(x^\mu)' = \mu x^{\mu-1}$　(μ 为非零实数, $x>0$);

$(a^x)' = a^x \ln a$　($a>0,\ a\neq 1$),　特别 $(\mathrm{e}^x)' = \mathrm{e}^x$;

$(\log_a |x|)' = \dfrac{1}{x \ln a}$　($a>0,\ a\neq 1$),　特别 $(\ln |x|)' = \dfrac{1}{x}$　($x\neq 0$);

$(\sin x)' = \cos x$,　$(\cos x)' = -\sin x$,　$(\tan x)' = \dfrac{1}{\cos^2 x}$,　$(\cot x)' = -\dfrac{1}{\sin^2 x}$;

$(\arcsin x)' = \dfrac{1}{\sqrt{1-x^2}}$,　$(\arccos x)' = -\dfrac{1}{\sqrt{1-x^2}}$　($|x|<1$);

$(\arctan x)' = \dfrac{1}{1+x^2}$,　$(\text{arccot}\, x)' = -\dfrac{1}{1+x^2}$.

下面再对幂函数的求导问题做进一步的讨论. 当 $\mu>0$ 时, x^μ 对所有 $x \geqslant 0$ 都有定义: $0^\mu = 0$, 且 x^μ 在 $x=0$ 处连续. 但是不难知道, 当 $0<\mu<1$ 时, x^μ 在 $x=0$ 处不可导. 当 $\mu>1$ 时, 容易知道 x^μ 在 $x=0$ 处是右可导的. 再来考虑 $x<0$ 时的求导问题. 如果 $\mu=-n$, 其中 n 是正整数, 则由

$$(x^{-n})' = \left(\frac{1}{x^n}\right)' = \frac{-(x^n)'}{x^{2n}} = -\frac{nx^{n-1}}{x^{2n}} = -nx^{-n-1}$$

可知等式 $(x^{-n})' = -nx^{-n-1}$ 在 $x<0$ 时也成立. 如果 $\mu = \pm\dfrac{m}{n}$, 其中 m 和 n 是互素的正整数且 n 为奇数, 那么 x^μ 对 $x<0$ 也有定义. 利用关系式

$$x^{\pm \frac{m}{n}} = \left(-(-x)^{\frac{1}{n}}\right)^{\pm m},\quad \text{当 } x<0$$

易知等式 $(x^\mu)' = \mu x^{\mu-1}$ 对这样的 $\mu\Big($即 $\mu = \pm\dfrac{m}{n}$, 其中 m 和 n 是互素的正整数且 n

为奇数 $\Big)$ 在 $x < 0$ 时也成立. 总之, 如果幂函数 x^μ 对 $x < 0$ 有定义, 则它在 $x < 0$ 时的导数也可按公式 $(x^\mu)' = \mu x^{\mu-1}$ 来计算.

与初等函数在其定义域里处处连续不同, 有些基本初等函数在某些有定义的点处是不可导的. 具体地说, 反正弦函数 $\arcsin x$ 和反余弦函数 $\arccos x$ 都在定义域的两个端点 $x = \pm 1$ 处不可导; 当 $0 < \mu < 1$ 时, 幂函数 x^μ 在 $x = 0$ 处不可导. 由于这个原因, 初等函数并不都是在其定义域里处处可导的.

有了基本初等函数的求导公式表, 便可应用导数的四则运算法则和复合函数求导的链锁规则, 对任意一个初等函数计算其导数, 同时根据反正弦函数 $\arcsin x$、反余弦函数 $\arccos x$ 和幂函数 x^μ 不可导的点, 确定出任意初等函数不可导的点. 所以, 掌握初等函数求导的全部技巧就是熟记前述求导公式表并熟练掌握求导数的四则运算法则和链锁规则, 这只有通过多做练习来达到.

4.2.4 隐函数的导数

如果对区间 I 中的每个 x, 关于 y 的方程

$$F(x, y) = 0 \tag{4.2.2}$$

都有唯一的根 y_x, 那么把区间 I 中的每个 x 映照成这个方程的唯一根 y_x 的映射 $x \mapsto y_x$ 就是定义在区间 I 上的一个函数, 称这个函数为由方程 (4.2.2) 决定的**隐函数**.

如果对区间 I 中的每个 x, 上述关于 y 的方程的根不止一个, 那么就得到了区间 I 上的多个函数. 这时可以根据实际问题的需要研究其中一些函数.

例如, 由单位圆的方程

$$x^2 + y^2 = 1 \tag{4.2.3}$$

至少可以得到定义在区间 $[-1.1]$ 上的下列四个函数:

$$y = \sqrt{1 - x^2}, \quad x \in [-1, 1]; \quad y = -\sqrt{1 - x^2}, \quad x \in [-1, 1];$$

$$y = \begin{cases} \sqrt{1 - x^2}, & x \in [-1, 0), \\ -\sqrt{1 - x^2}, & x \in [0, 1]; \end{cases} \qquad y = \begin{cases} -\sqrt{1 - x^2}, & x \in [-1, 0), \\ \sqrt{1 - x^2}, & x \in [0, 1]. \end{cases}$$

但在这些函数中, 只有前两个在实际问题中有用, 它们分别表示单位圆在上半平面和下半平面的部分. 所以, 由方程 (4.2.3) 确定的隐函数一般是指这两个隐函数, 而不考虑由它确定的其他隐函数.

如果由方程 (4.2.2) 决定的隐函数 $y = f(x)$ 的表达式能够求出, 那么它的求导问题就可应用前面讲述的求导运算的各个规则来解决. 但是实际应用中有很多形如 (4.2.2) 的方程, 由它确定的隐函数的表达式无法求出. 如开普勒方程

$$x = y - \varepsilon \sin y,$$

其中 ε 是小于 1 的正常数, 可以证明对任意 $x \in \mathbf{R}$ 这个方程都有唯一的实根 y, 因而由这个方程确定了唯一的隐函数 $y = y(x)$. 但是这个隐函数由于不是初等函数, 因此它的表达式是无法求出的.

下面介绍一种方法, 按照这个方法, 无论隐函数 $y = f(x)$ 的表达式能否求出, 其导数 (如果存在) 的表达式都能求出, 只是求出的表达式中含有隐函数 $y = f(x)$.

设由方程 (4.2.2) 确定的隐函数是 $y = f(x)$, 它定义在区间 I 上. 把 $y = f(x)$ 代入方程 (4.2.2) 就得到

$$F(x, f(x)) = 0, \quad \forall x \in I.$$

这说明左端的函数在区间 I 上恒等于零, 从而它的导数在此区间上也恒等于零. 因此, 对上面这个等式两端都求导, 等式仍然成立. 借助于复合函数的求导法则来求上式左端的导数, 遇到 f 的导数 f' 时, 把它作为未知函数对待, 就得到了关于 f' 的一个方程. 从这个方程解出 f', 就得到了所求隐函数 $y = f(x)$ 的导数. 下面举例说明.

例 6 求由方程 $x^2 + y^2 = 1$ 确定的隐函数 $y = y(x)$ 的导数.

解 对等式 $x^2 + y^2(x) = 1$ 两端求导数得

$$2x + 2y(x)y'(x) = 0.$$

解得 $y'(x) = -\dfrac{x}{y(x)}$. 这就是由方程 $x^2 + y^2 = 1$ 确定的隐函数 $y = y(x)$ 的导数. 如果把表达式 $y(x) = \sqrt{1 - x^2}$ 和 $y = -\sqrt{1 - x^2}$ 代入, 就得到了这两个隐函数的导数

$$y = -\frac{x}{\sqrt{1 - x^2}} \quad \text{和} \quad y = \frac{x}{\sqrt{1 - x^2}},$$

这个结果与对函数 $y(x) = \sqrt{1 - x^2}$ 和 $y = -\sqrt{1 - x^2}$ 直接求导所得结果是一致的.

例 7 求由开普勒方程 $x = y - \varepsilon \sin y$ 确定的隐函数 $y = y(x)$ 的导数.

解 对等式 $x = y(x) - \varepsilon \sin y(x)$ 两端求导数得

$$1 = y'(x) - \varepsilon \cos y(x) \cdot y'(x).$$

解得 $y'(x) = (1 - \varepsilon \cos y(x))^{-1}$. 这就是由方程 $x = y - \varepsilon \sin y$ 确定的隐函数 $y = y(x)$ 的导数.

4.2.5 对数求导法

应用上面介绍的隐函数的求导法则, 可以给出一些表达式比较复杂的函数求导数的一种简便方法, 这就是**对数求导法**. 下面举例说明这个方法.

例 8 求函数 $y = x^x (x > 0)$ 的导数.

解 对等式 $y = x^x$ 两端取对数得到

$$\ln y = x \ln x.$$

对这个等式两端关于 x 求导数得

$$\frac{y'}{y} = \ln x + 1.$$

因此 $y' = y(\ln x + 1) = x^x(\ln x + 1)$.

例 9 求函数 $y = \mathrm{e}^x \sqrt{\dfrac{x^3}{x-1}}$ 的导数.

解 这个函数的定义域是 $(-\infty, 0]$ 和 $(1, +\infty)$. 对等式 $y = \mathrm{e}^x \sqrt{\dfrac{x^3}{x-1}}$ 两端取对数得到

$$\ln y = x + \frac{1}{2}\ln\left(\frac{x^3}{x-1}\right) = x + \frac{3}{2}\ln|x| - \frac{1}{2}\ln|x-1|.$$

关于 x 求导数得

$$\frac{y'}{y} = 1 + \frac{3}{2x} - \frac{1}{2(x-1)} = \frac{2x^2 - 3}{2x(x-1)}.$$

因此

$$y' = \frac{2x^2 - 3}{2x(x-1)}y = \frac{(2x^2 - 3)\mathrm{e}^x}{2x(x-1)}\sqrt{\frac{x^3}{x-1}}.$$

例 10 设函数 u 和 v 都在区间 I 上可导且 $u(x) > 0, \forall x \in I$. 证明:

$$\left(u(x)^{v(x)}\right)' = u(x)^{v(x)}v'(x)\ln u(x) + u(x)^{v(x)-1}v(x)u'(x), \quad \forall x \in I.$$

解 令 $y = u(x)^{v(x)}$, 则得

$$\ln y = v(x)\ln u(x).$$

等式两端关于 x 求导数得

$$\frac{y'}{y} = v'(x)\ln u(x) + \frac{v(x)u'(x)}{u(x)}.$$

因此

$$y' = [v'(x)\ln u(x) + (u(x))^{-1}v(x)u'(x)]y$$

$$= u(x)^{v(x)}v'(x)\ln u(x) + u(x)^{v(x)-1}v(x)u'(x).$$

从例 10 可以看出, 函数 $u(x)^{v(x)}$ 的导数, 等于先把底数 $u(x)$ 看作常数求指数函数的导数, 再把指数 $v(x)$ 看作常数求幂函数的导数, 然后把两者相加.

4.2.6 由参数方程所确定曲线的切线斜率

许多的平面曲线, 其方程不是 $y = f(x)$ 的形式, 而是形如

$$x = x(t), \quad y = y(t), \quad t \in I \tag{4.2.4}$$

(I 是一个区间) 的参数方程的形式. 如椭圆 $\dfrac{x^2}{a^2} + \dfrac{y^2}{b^2} = 1$ 往往用它的参数方程

$$x = a\cos\theta, \quad y = b\sin\theta, \quad 0 \leqslant \theta < 2\pi$$

来表示. 当曲线由参数方程 (4.2.4) 给出时, 如果从 $x = x(t)$ 可解出 $t = t(x)$, 那么代入 $y = y(t)$, 就得到了该曲线的形如 $y = f(x)$ 的方程, 即 $y = y(t(x))$. 然而在许多情形下, 往往从 $x = x(t)$ 无法解出 $t = t(x)$, 或者即使解出了这样的表达式, 由此得到的形如 $y = y(t(x))$ 的表达式形式太复杂, 其导数不好计算. 在这样的情况下, 求曲线的切线斜率 $\dfrac{\mathrm{d}y}{\mathrm{d}x}$ 的问题, 可以采用通过求函数 $x = x(t)$ 和 $y = y(t)$ 的导数的方法来解决. 事实上, 由复合函数和反函数的求导法则, 从 $y = y(t(x))$ 有

$$\frac{\mathrm{d}y}{\mathrm{d}x} = y'(t(x))t'(x) = \frac{y'(t(x))}{x'(t(x))} = \frac{y'(t)}{x'(t)}.$$

这就是由参数方程所确定曲线的切线斜率的计算公式, 它也可以写成

$$\frac{\mathrm{d}y}{\mathrm{d}x} = \frac{\mathrm{d}y}{\mathrm{d}t} \bigg/ \frac{\mathrm{d}x}{\mathrm{d}t}.$$

例 11　求椭圆 $x = a\cos\theta, y = b\sin\theta \ (0 \leqslant \theta < 2\pi)$ 的切线斜率 k.

解　$k = \dfrac{\mathrm{d}y}{\mathrm{d}x} = \dfrac{\mathrm{d}y}{\mathrm{d}\theta} \bigg/ \dfrac{\mathrm{d}x}{\mathrm{d}\theta} = \dfrac{b\cos\theta}{-a\sin\theta} = -\dfrac{b^2 x}{a^2 y}.$

例 12　求螺线 $r = a\theta \ (0 \leqslant \theta < \infty)$(图 4-2-1 与图 4-2-2) 的切线斜率 k, 其中, $a > 0$ 为常数, r 为极径, θ 为极角.

解　由螺线的极坐标方程 $r = a\theta$ 得到它的直角坐标参数方程为

$$x = a\theta\cos\theta, \quad y = a\theta\sin\theta, \quad 0 \leqslant \theta < \infty.$$

因此

$$k = \frac{\mathrm{d}y}{\mathrm{d}x} = \frac{\mathrm{d}y}{\mathrm{d}\theta} \bigg/ \frac{\mathrm{d}x}{\mathrm{d}\theta} = \frac{a(\sin\theta + \theta\cos\theta)}{a(\cos\theta - \theta\sin\theta)} = \frac{\sin\theta + \theta\cos\theta}{\cos\theta - \theta\sin\theta}.$$

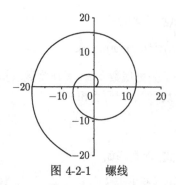

图 4-2-1　螺线

图 4-2-2　故宫里的螺线

习 题 4.2

1. 求下列函数的导数:

(1) $y = \arctan \dfrac{x}{a} (a > 0)$; (2) $y = \arcsin \dfrac{x}{a} (a > 0)$;

(3) $y = e^{-\frac{1}{2}x^2 + 2x}$; (4) $y = 2^{\sin x^2}$;

(5) $y = \ln \left| \tan \dfrac{x}{2} \right|$; (6) $y = \ln \left| \tan \left(\dfrac{x}{2} + \dfrac{\pi}{4} \right) \right|$;

(7) $y = \tan^3 \sqrt{x}$; (8) $y = \log_3^2 (x^3 + 2x + 1)$;

(9) $y = \ln \cos x^2$; (10) $y = \arcsin \dfrac{x^2 - 1}{x^2 + 1}$;

(11) $y = \sin(\cos^2 x) \cos(\sin^2 x)$; (12) $y = \ln(\ln x + \sqrt{1 + \ln^2 x})$;

(13) $y = e^x \sqrt{1 + e^{2x}}$; (14) $y = \sqrt[3]{\dfrac{1 + x^3}{1 - x^3}}$;

(15) $y = \ln[\ln(\ln x)]$; (16) $y = a^{a^{a^x}} \ (a > 0)$.

2. 求下列函数的导数 (续):

(1) $y = \ln \left| \dfrac{\sin x - \cos x}{\sin x + \cos x} \right|$; (2) $y = \ln \left| \dfrac{1 + \sin x}{1 - \sin x} \right|$;

(3) $y = \ln |x + \sqrt{x^2 - 1}|$; (4) $y = \ln(\sqrt{x^2 + 1} - x)$;

(5) $y = \dfrac{1}{2} \arctan x^2 - \dfrac{1}{3} x \arctan(x^3)$; (6) $y = \dfrac{1}{\sqrt{1 + x^2}(x + \sqrt{1 + x^2})}$;

(7) $y = \arctan(x - \sqrt{x^2 - 1})$; (8) $y = \arctan \dfrac{x}{1 + \sqrt{x^2 + 1}}$;

(9) $y = -\dfrac{\cos x}{2 \sin^2 x} + \dfrac{1}{2} \ln \left| \tan \left(\dfrac{x}{2} \right) \right|$; (10) $y = \dfrac{\sin x}{2 \cos^2 x} + \dfrac{1}{2} \ln \left| \tan \left(\dfrac{x}{2} + \dfrac{\pi}{4} \right) \right|$;

(11) $y = \dfrac{x}{2} \sqrt{a^2 - x^2} + \dfrac{a^2}{2} \arcsin \dfrac{x}{a}$; (12) $y = \dfrac{x}{2} \sqrt{x^2 - a^2} - \dfrac{a^2}{2} \ln(x + \sqrt{x^2 - a^2})$;

(13) $y = \dfrac{1}{3} \ln \dfrac{\sqrt{x^2 - x + 1}}{|x + 1|} + \dfrac{1}{\sqrt{3}} \arctan \dfrac{2x - 1}{\sqrt{3}}$;

(14) $y = \dfrac{1}{2\sqrt{2}} \arctan \dfrac{\sqrt{2}x}{1 - x^2} + \dfrac{1}{4\sqrt{2}} \ln \dfrac{x^2 - \sqrt{2}x + 1}{x^2 + \sqrt{2}x + 1}$.

3. 引入适当的中间变量, 求复合函数的导数:

(1) $y = \ln(\ln \sin x + \sqrt{1 + (\ln \sin x)^2})$;

(2) $y = \dfrac{1}{2} \arctan \sqrt[4]{1 + \cos^2 x} + \dfrac{1}{4} \ln \left| \dfrac{\sqrt[4]{1 + \cos^2 x} - 1}{\sqrt[4]{1 + \cos^2 x} + 1} \right|$;

(3) $y = (1 + e^x) \left[\ln^3(1 + e^x) - 3\ln^2(1 + e^x) + 6\ln(1 + e^x) - 6 \right]$;

(4) $y = a^{-x} \arccos a^x + \dfrac{1}{2} \ln \left| \dfrac{1 - \sqrt{1 - a^{2x}}}{1 + \sqrt{1 - a^{2x}}} \right| \ (a > 0)$.

4. 利用导数计算下列和式:

(1) $1 + 2x + 3x^2 + \cdots + nx^{n-1}$;

(2) $1 + 2^2 x + 3^2 x^2 + \cdots + n^2 x^{n-1}$;

(3) $\sin x + 2\sin 2x + \cdots + n\sin nx$;

(4) $\cos x + 4\cos 2x + \cdots + n^2 \cos nx$;

(5) $\dfrac{1}{2}\tan\dfrac{x}{2} + \dfrac{1}{4}\tan\dfrac{x}{4} + \cdots + \dfrac{1}{2^n}\tan\dfrac{x}{2^n}$. (提示: $\tan x = -(\ln\cos x)'$).

5. 证明由方程 $y^3 + 3y = x$ 唯一地定义了 $(-\infty, +\infty)$ 上的一个函数 $y = y(x)$, 并求它的导函数 $y'(x)$;

6. 求下列函数 $y = y(x)$ 的反函数 $x = x(y)$ 的存在域, 并求反函数 $x = x(y)$ 的导数:

(1) $y = x + \ln x$ $(x > 0)$;　　　　　　　(2) $y = x + e^x$;

(3) $y = \sinh x$;　　　　　　　　　　　　(4) $y = \tanh x = \dfrac{\sinh x}{\cosh x}$.

7. 证明下列函数 $y = y(x)$ 除个别点外, 对值域中的每个 y 都有定义域中两个 x 与之对应. 求连续的两个反函数分支 $x = x_1(y)$ 和 $x = x_2(y)$ 的表达式, 并求它们的导数:

(1) $y = x^4 + 2x^2$;　　(2) $y = \dfrac{2x^2}{1 + x^2}$;　　(3) $y = 2e^{-x^2} - e^{-2x^2}$.

8. 求下列隐函数的导数:

(1) $y^2 - 2xy - x^2 + 2x = 0$;　　　　　(2) $\dfrac{x^2}{a^2} + \dfrac{y^2}{b^2} = 1$;

(3) $\sqrt{x} + \sqrt{y} = \sqrt{a}$;　　　　　　　(4) $x^{\frac{2}{3}} + y^{\frac{2}{3}} = a^{\frac{2}{3}}$;

(5) $x^3 + y^3 - xy = 0$;　　　　　　　(6) $\arctan\dfrac{y}{x} = \ln\sqrt{x^2 + y^2}$.

9. 求下列由参数方程表示的曲线的斜率 k:

(1) $\begin{cases} x = a(t - \sin t), \\ y = a(1 - \cos t) \end{cases}$ (普通旋轮线);　　(2) $\begin{cases} x = \dfrac{at^2}{1 + t^2}, \\ y = \dfrac{at^3}{1 + t^2} \end{cases}$ (蔓叶线);

(3) $\begin{cases} x = a\cos^3\theta, \\ y = a\sin^3\theta \end{cases}$ (四叶圆内旋轮线);　　(4) $\begin{cases} x = a\tan t, \\ y = a\cos^2 t \end{cases}$ (箕舌线);

(5) $\begin{cases} x = a\theta\cos\theta, \\ y = a\theta\sin\theta \end{cases}$ (阿基米德螺线);　　(6) $\begin{cases} x = a(\cos t + t\sin t), \\ y = a(\sin t - t\cos t) \end{cases}$ (圆的渐开线).

10. 用对数求导法求下列函数的导数:

(1) $y = x\sqrt{\dfrac{1 - x}{1 + x}}$;　　　　　　　(2) $y = \dfrac{x^2}{2 + x^2}\sqrt[3]{\dfrac{(1 + x)^2}{2 + x^2}}$;

(3) $y = x^{\ln x}$;　　　　　　　　　　　(4) $y = (1 + x^2)^{\arctan x}$;

(5) $y = (1 + x)^{\frac{1}{x}}$;　　　　　　　　(6) $y = x^{a^x} + x^{x^a} + x^{x^x}$;

(7) $y = (\arccos x)^{x^2}$;　　　　　　　(8) $y = (\sin x)^{\cos x}(\cos x)^{\sin x}$.

11. 设 a 为正常数. 证明:

(1) 旋轮线 $x^{\frac{2}{3}} + y^{\frac{2}{3}} = a^{\frac{2}{3}}$ 的切线被坐标轴所截线段的长度为一常数;

(2) 曳物线 $x = a(\ln \tan t + \cos 2t)$, $y = a \sin 2t$ $\left(0 < t < \dfrac{\pi}{2}\right)$ 的切线上切点至它与 x 轴的交点的长度为一常数;

(3) 心脏线 $r = a(1 - \cos\theta)$ (r 为极径, θ 为极角) 的向径与切线间的夹角等于极角的一半;

(4) 双纽线 $r^2 = a^2 \cos 2\theta$ 的向径与切线间的夹角等于极角的两倍加一直角;

(5) 对数螺线 $r = ae^{m\theta}$ (m 为正常数) 的向径与切线间的夹角是一常量;

(6) 位于上半平面的光滑曲线 $y = f(x)$ (即 $f(x) > 0$, $\forall x \in \mathbf{R}$) 与其调制曲线 $y = f(x) \sin ax$ 在每个公共点处都相切, 即有相同的切线.

12. 设 $a_1, a_2, \cdots, a_n$ 都是实数, 而
$$f(x) = a_1 \sin x + a_2 \sin 2x + \cdots + a_n \sin nx, \qquad x \in \mathbf{R}.$$
假设已知对任意 $x \in \mathbf{R}$ 都有 $|f(x)| \leqslant |\sin x|$, 证明: $|a_1 + 2a_2 + \cdots + na_n| \leqslant 1$.

4.3 函数的微分

4.3.1 微分的定义

函数 $f(x)$ 在点 x_0 的导数 $f'(x_0)$, 按照定义, 是以下极限:
$$f'(x_0) = \lim_{x \to x_0} \frac{f(x) - f(x_0)}{x - x_0}.$$
用 y 表示因变量, 即 $y = f(x)$, 而用 Δx 和 Δy 分别表示自变量 x 和因变量 y 的改变量, 即
$$\Delta x = x - x_0,$$
$$\Delta y = y - y_0 = f(x) - f(x_0) = f(x_0 + \Delta x) - f(x_0).$$
则上面的极限关系式可改写成
$$f'(x_0) = \lim_{\Delta x \to 0} \frac{\Delta y}{\Delta x},$$
即导数 $f'(x_0)$ 是因变量改变量与自变量改变量的商 $\dfrac{\Delta y}{\Delta x}$ 在 $\Delta x \to 0$ 时的极限.

显然 Δy 是 Δx 的函数. 现在不考虑它们的商 $\dfrac{\Delta y}{\Delta x}$ 在 $\Delta x \to 0$ 时如何变化, 而来考虑 Δy 本身在 $\Delta x \to 0$ 时如何随 Δx 变化. 先看两个具体的例子.

例 1 设 n 是一个正整数. 考虑函数 $y = x^n$ 在给自变量 x 以增量 Δx 时, 因变量 y 的相应增量 Δy 如何随 Δx 变化. 为此计算
$$\Delta y = (x + \Delta x)^n - x^n$$
$$= nx^{n-1}\Delta x + \frac{1}{2}n(n-1)x^{n-2}(\Delta x)^2 + \cdots + nx(\Delta x)^{n-1} + (\Delta x)^n$$
$$= nx^{n-1}\Delta x + h(x, \Delta x),$$

其中 $h(x, \Delta x)$ 表示第二个等号后面所有含有 Δx 的平方及更高次幂的项的总和. 由于考虑的是 Δy 在 $\Delta x \to 0$ 时的变化情况, 而

$$\lim_{\Delta x \to 0} \frac{h(x, \Delta x)}{\Delta x} = 0,$$

所以从上面的表达式可知在 $\Delta x \to 0$ 时起主要作用的是 $nx^{n-1}\Delta x$, 即当 $\Delta x \to 0$ 时, 函数 $y = x^n$ 的因变量增量 Δy 的变化与 $nx^{n-1}\Delta x$ 差不多, 二者之差是自变量增量 Δx 的高阶无穷小量, 即

$$\Delta y = nx^{n-1}\Delta x + o(\Delta x), \qquad 当 \ \Delta x \to 0.$$

注意 $nx^{n-1}\Delta x$ 是 Δx 的线性函数.

例 2 其次考虑函数 $y = \sqrt[3]{x}$. 先看 $x \neq 0$ 的情况. 这时, 给自变量 x 以增量 Δx, 因变量 y 的相应增量为

$$\Delta y = \sqrt[3]{x + \Delta x} - \sqrt[3]{x} = \sqrt[3]{x}\left(\sqrt[3]{1 + \frac{\Delta x}{x}} - 1\right).$$

根据不等式

$$1 + \frac{1}{3}u - \frac{1}{6}u^2 \leqslant \sqrt[3]{1 + u} \leqslant 1 + \frac{1}{3}u, \qquad 当 \ |u| \leqslant \frac{1}{2}$$

可知

$$\sqrt[3]{1 + \frac{\Delta x}{x}} - 1 = \frac{\Delta x}{3x} + o(\Delta x), \qquad 当 \ \Delta x \to 0,$$

所以

$$\Delta y = \frac{\Delta x}{3\sqrt[3]{x^2}} + o(\Delta x), \qquad 当 \ \Delta x \to 0.$$

即 Δy 的变化与 $\dfrac{\Delta x}{3\sqrt[3]{x^2}}$ 差不多, 二者之差是 Δx 的高阶无穷小量. 注意 $\dfrac{\Delta x}{3\sqrt[3]{x^2}}$ 是 Δx 的线性函数.

再看 $x = 0$ 的情况. 这时 $\Delta y = \sqrt[3]{\Delta x}$, 当 $\Delta x \to 0$ 时它比 Δx 趋于零的阶低, 因而不能把它表示成一个 Δx 的线性函数与一个 Δx 的高阶无穷小量相加的形式.

以上两例说明, 对于某些函数 $y = f(x)$ 来说, 或者更确切地, 对这些函数在一些具体的点 x 处, 给自变量 x 以无穷小的增量 Δx, 因变量 y 的相应增量 Δy 往往可以表示成一个 Δx 的线性函数与一个 Δx 的高阶无穷小量相加的形式. 在这种情况下, Δy 的变化主要决定于 Δx 的线性部分, Δx 的高阶无穷小部分只起次要的作用. 显然, Δy 能不能表示成一个 Δx 的线性函数与一个 Δx 的高阶无穷小量相加的形式, 以及在能够这样表示的情况下, Δx 的线性函数的具体形式是什么, 比 Δx 的高阶无穷小部分的具体表达式是怎样的要更加重要. 基于这样的考虑, 引进以下概念.

定义 4.3.1 设 $y = f(x)$ 是定义在区间 (a, b) 上的函数, x_0 是该区间中的一点.

如果存在 (与函数 f 及点 x_0 相关的) 实数 A 使成立

$$\Delta y = f(x_0 + \Delta x) - f(x_0) = A\Delta x + o(\Delta x), \qquad \text{当 } \Delta x \to 0$$

(注意 A 与 Δx 无关), 则称 $f(x)$ 在 x_0 点**可微**, 并称线性函数 $\Delta x \mapsto A\Delta x$ 为 $f(x)$ 在 x_0 点的**微分**.

函数的微分采用一种特别的记号表示. 当函数 f 的自变量用 x 表示、因变量用 y 表示时, 无论在哪一点求微分, 所求得的微分 (按定义是一个线性函数) 的自变量都用 $\mathrm{d}x$ 表示, 因变量用 $\mathrm{d}y$ 表示. 因此, 当 $y = f(x)$ 在 x_0 点的微分是线性函数 $\Delta x \mapsto A\Delta x$ 时, 记作

$$\mathrm{d}y = A\mathrm{d}x.$$

注意用两个字母 d 和 x 合在一起即 $\mathrm{d}x$ 来表示一个变量即自变量, 又用两个字母 d 和 y 合在一起即 $\mathrm{d}y$ 来表示一个变量即因变量, 这和一直只用一个字母表示一个变量的习惯做法不同. 之所以这样做, 主要是为了把函数的微分中的变量记号与函数本身的变量记号关联起来. 这样关联的记号在做计算时有许多便利之处. 如果需要表明微分是在点 x_0 求得, 则用记号

$$\mathrm{d}y(x_0) = A\mathrm{d}x \qquad \text{或} \qquad \mathrm{d}y|_{x_0} = A\mathrm{d}x.$$

注意按照这种记号, 如果改用其他符号来表示函数 f 的自变量和因变量, 如用 u 表示自变量、用 v 表示因变量, 则把函数 f 写成 $v = f(u)$ 时, 相应的微分应记作

$$\mathrm{d}v = A\mathrm{d}u,$$

即这时微分的自变量为 $\mathrm{d}u$, 因变量为 $\mathrm{d}v$.

从例 1 和例 2 可知, 函数 $y = x^n$ 在任意一点 x 都可微, 且微分为

$$\mathrm{d}y = nx^{n-1}\mathrm{d}x;$$

函数 $y = \sqrt[3]{x}$ 在任意 $x \neq 0$ 处都可微, 且微分为

$$\mathrm{d}y = \frac{\mathrm{d}x}{3\sqrt[3]{x^2}}.$$

而在 $x = 0$ 点, $y = \sqrt[3]{x}$ 不可微.

4.3.2 微分与导数的关系

函数的微分是从对函数的导数概念做更加仔细的分析引申出来的, 所以微分必然与导数有紧密的联系. 下面的定理揭示了这种联系的具体表现形式.

定理 4.3.1 函数 $y = f(x)$ 在 x_0 点可微的充要条件是 f 在 x_0 点可导, 而且在这种情况下成立

$$\mathrm{d}y = f'(x_0)\mathrm{d}x.$$

证明 先设 $y = f(x)$ 在 x_0 点可微. 则存在实数 A 使成立

$$f(x_0 + \Delta x) - f(x_0) = A\Delta x + o(\Delta x), \qquad \text{当 } \Delta x \to 0.$$

上式两端除以 Δx 之后再令 $\Delta x \to 0$, 就得到

$$\lim_{\Delta x \to 0} \frac{f(x_0 + \Delta x) - f(x_0)}{\Delta x} = \lim_{\Delta x \to 0} \left(A + \frac{o(\Delta x)}{\Delta x} \right) = A,$$

可见 f 在 x_0 点可导, 且 $f'(x_0) = A$.

反过来, 设 f 在 x_0 点可导, 则有

$$\lim_{\Delta x \to 0} \frac{f(x_0 + \Delta x) - f(x_0)}{\Delta x} = f'(x_0).$$

这说明

$$\frac{f(x_0 + \Delta x) - f(x_0)}{\Delta x} - f'(x_0) = o(1), \qquad 当 \ \Delta x \to 0,$$

或等价地

$$f(x_0 + \Delta x) - f(x_0) = f'(x_0)\Delta x + o(\Delta x), \qquad 当 \ \Delta x \to 0.$$

所以 $y = f(x)$ 在 x_0 点可微, 且

$$\mathrm{d}y = f'(x_0)\mathrm{d}x. \qquad\qquad \square$$

以上定理表明, 判断一个函数在某点是否可微以及在可微的情况下求它在该点的微分的问题, 等价于考虑这个函数在该点是否可导以及求导数的问题, 即微分问题可以完全转化为导数问题来解决. 不过, 后面将会看到, 求导数的问题有时候也可采用求微分的方法来解决, 这样往往会在求某些复合关系比较复杂的函数的导数时, 简化计算.

从导数和微分的关系式

$$\mathrm{d}y = f'(x_0)\mathrm{d}x$$

可见, 如果两端同除以 $\mathrm{d}x$ 则就得到了 $\dfrac{\mathrm{d}y}{\mathrm{d}x} = f'(x_0)$. 这正是把导数也用符号 $\dfrac{\mathrm{d}y}{\mathrm{d}x}$ 表示的原因. $\mathrm{d}y$ 表示因变量 y 的微分. 习惯上也把 $\mathrm{d}x$ 叫做自变量 x 的微分. 这种叫法的合理性在于, 恒等函数 $x \mapsto x$ 的微分正是 $\mathrm{d}x$. 因此 $\dfrac{\mathrm{d}y}{\mathrm{d}x}$ 可以看作因变量微分 $\mathrm{d}y$ 与自变量微分 $\mathrm{d}x$ 的商. 由于这个原因, 导数也叫做**微商**, 即 "微分之商" 的意思.

前面已经指出, 把函数 $y = f(x)$ 的导数 $f'(x)$ 记作 $\dfrac{\mathrm{d}y}{\mathrm{d}x}$, 有一定的优点. 这些优点归纳如下: 函数 $y = f(u)$ 与 $u = \varphi(x)$ 的复合函数 $y = f(\varphi(x))$, 它的求导公式

$$[f(\varphi(x))]' = f'(\varphi(x))\varphi'(x)$$

用微商的记法写就是

$$\frac{\mathrm{d}y}{\mathrm{d}x} = \frac{\mathrm{d}y}{\mathrm{d}u}\frac{\mathrm{d}u}{\mathrm{d}x};$$

函数 $y = f(x)$ 的反函数 $x = f^{-1}(y)$ 的求导公式

$$[f^{-1}(y)]' = \frac{1}{f'(f^{-1}(y))},$$

用微商的记法写就是

$$\frac{\mathrm{d}x}{\mathrm{d}y} = \frac{1}{\dfrac{\mathrm{d}y}{\mathrm{d}x}};$$

而由参数方程 $x = x(t)$ 和 $y = y(t)$ 确定的函数 $y = y(x)$ 的求导公式

$$y'(x) = \frac{y'(t)}{x'(t)},$$

用微商的记法写就是

$$\frac{\mathrm{d}y}{\mathrm{d}x} = \frac{\dfrac{\mathrm{d}y}{\mathrm{d}t}}{\dfrac{\mathrm{d}x}{\mathrm{d}t}}.$$

它们都像把微商 $\dfrac{\mathrm{d}y}{\mathrm{d}x}$ 作为一个分式对待一样, 因而有助于记忆这些公式. 必须注意: 不要把这里给出的这些公式新的表达方式当作对这些公式新的证明, 而仅仅是把它们写成了更易于记忆的形式而已.

4.3.3 微分的运算法则

当不写出因变量时, 函数 f 在 x_0 点的微分也记作 $\mathrm{d}f(x_0)$, 即

$$\mathrm{d}f(x_0) = f'(x_0)\mathrm{d}x.$$

采用这样的记号, 应用 4.1 节建立的求导法则, 可以得到下列微分运算的公式:

$$\mathrm{d}[f(x) \pm g(x)] = \mathrm{d}f(x) \pm \mathrm{d}g(x),$$

$$\mathrm{d}[f(x)g(x)] = g(x)\mathrm{d}f(x) + f(x)\mathrm{d}g(x),$$

$$\mathrm{d}\left(\frac{f(x)}{g(x)}\right) = \frac{g(x)\mathrm{d}f(x) - f(x)\mathrm{d}g(x)}{g^2(x)} \qquad (g(x) \neq 0),$$

$$\mathrm{d}[f(\varphi(x))] = f'(\varphi(x))\varphi'(x)\mathrm{d}x.$$

如最后一个公式的证明如下: 根据定理 4.3.1 和链锁规则有

$$\mathrm{d}[f(\varphi(x))] = [f(\varphi(x))]'\mathrm{d}x = f'(\varphi(x))\varphi'(x)\mathrm{d}x.$$

以上几个微分公式中的最后一个, 即复合函数的微分公式, 值得做进一步的讨论. 用 y 表示函数 $f(\varphi(x))$ 的因变量, 即把它写成 $y = f(\varphi(x))$. 再引进一个中间变量 u, 即令 $u = \varphi(x)$. 则 $y = f(\varphi(x))$ 就是由 $y = f(u)$ 和 $u = \varphi(x)$ 复合而成的. 由于 $\mathrm{d}u = \varphi'(x)\mathrm{d}x$, 所以上面的最后一个微分公式可以重新写成

$$\mathrm{d}y = f'(\varphi(x))\varphi'(x)\mathrm{d}x = f'(u)\mathrm{d}u.$$

这说明: 在函数 $y = f(u)$ 的微分公式 $\mathrm{d}y = f'(u)\mathrm{d}u$ 中, 无论 u 是自变量还是中间变量, 因变量 y 的微分的表达形式都一样. 这一事实叫做**一阶微分形式的不变性**.

一阶微分形式的不变性说明, 可以在微分等式中把变量用函数代入. 即如果已经得到了函数 $y = f(u)$ 的微分

$$dy = f'(u)du,$$

则把其中的变量 u 用任意可微函数 $u = \varphi(v)$ 代入, 就得到了函数 $y = f(\varphi(v))$ 的微分

$$dy = f'(\varphi(v))d\varphi(v) = f'(\varphi(v))\varphi'(v)dv.$$

如果再把变量 v 用任意可微函数 $v = \psi(t)$ 代入, 则就得到了函数 $y = f(\varphi(\psi(t)))$ 的微分

$$dy = f'(\varphi(\psi(t)))\varphi'(\psi(t))d\psi(t) = f'(\varphi(\psi(t)))\varphi'(\psi(t))\psi'(t)dt,$$

等等. 上面这个等式的获得过程可以连起来写成

$$\begin{aligned}
dy &= df(\varphi(\psi(t))) \\
&= f'(\varphi(\psi(t)))d\varphi(\psi(t)) \\
&= f'(\varphi(\psi(t)))\varphi'(\psi(t))d\psi(t) \\
&= f'(\varphi(\psi(t)))\varphi'(\psi(t))\psi'(t)dt.
\end{aligned}$$

即当需要求一个具有多层复合关系的函数的微分时, 可以用一层一层地从外向里求微分的方法, 逐步实现求微分的目的.

借助于求复合函数微分的上述方法, 可以比较好地解决具有多层复合关系的函数的求导问题. 如果不采用这种方法, 而直接应用求多层复合函数导数的链锁规则即形如

$$[f(\varphi(\psi(t)))]' = f'(\varphi(\psi(t)))\varphi'(\psi(t))\psi'(t)$$

的公式来做, 则由于一次要处理的嵌套关系过多, 而往往容易出错.

例 3　求函数 $y = e^{\sin[\ln(x+\sqrt{x^2+1})]}$ 的导数.

解　因为

$$\begin{aligned}
dy &= d(e^{\sin[\ln(x+\sqrt{x^2+1})]}) = e^{\sin[\ln(x+\sqrt{x^2+1})]}d\left(\sin[\ln(x+\sqrt{x^2+1})]\right) \\
&= e^{\sin[\ln(x+\sqrt{x^2+1})]}\cos[\ln(x+\sqrt{x^2+1})]d\left(\ln(x+\sqrt{x^2+1})\right) \\
&= e^{\sin[\ln(x+\sqrt{x^2+1})]}\cos[\ln(x+\sqrt{x^2+1})]\frac{d(x+\sqrt{x^2+1})}{x+\sqrt{x^2+1}} \\
&= e^{\sin[\ln(x+\sqrt{x^2+1})]}\cos[\ln(x+\sqrt{x^2+1})]\frac{\left(1+\dfrac{x}{\sqrt{x^2+1}}\right)dx}{x+\sqrt{x^2+1}} \\
&= \frac{e^{\sin[\ln(x+\sqrt{x^2+1})]}\cos[\ln(x+\sqrt{x^2+1})]}{\sqrt{x^2+1}}dx,
\end{aligned}$$

所以

$$\frac{\mathrm{d}y}{\mathrm{d}x} = \frac{e^{\sin[\ln(x+\sqrt{x^2+1})]} \cos[\ln(x + \sqrt{x^2 + 1})]}{\sqrt{x^2 + 1}}.$$

4.3.4 微分的几何意义和在近似计算中的应用

函数 $y = f(x)$ 在 x_0 点的微分

$$\mathrm{d}y = f'(x_0)\mathrm{d}x$$

意味着

$$f(x_0 + \Delta x) - f(x_0) = f'(x_0)\Delta x + o(\Delta x), \qquad 当 \ \Delta x \to 0. \tag{4.3.1}$$

现在来看这个等式在几何上的意义.

如图 4-3-1, 作曲线 $y = f(x)$ 在点 $M_0(x_0, f(x_0))$ 的切线 M_0T, 并令 M 为该曲线上横坐标为 $x_0 + \Delta x$ 的点. 作通过点 M 而与 Ox 轴垂直的直线, 设该直线上纵坐标为 $y_0 = f(x_0)$ 的点为 N, 并设该直线与切线 M_0T 的交点为 K. 则等式 (4.3.1) 的左端就是线段 NM 的代数长度, 而右端第一项是线段 NK 的代数长度, 因此二者的差就是线段 KM 的代数长度. 由于 Δx 是线段 M_0N 的代数长度, 而当 $f'(x_0) \neq 0$ 时, 在 Δx 趋于零的过程中, $f(x_0 + \Delta x) - f(x_0)$ 和 $f'(x_0)\Delta x$ 都是与 Δx 同阶的无穷小量, 所以等式 (4.3.1) 说明, 当 $\Delta x \to 0$ 时, 线段 KM 的长度趋于零的速度远比线段 NM 的长度趋于零的速度要快, 因而可以近似地以线段 NK 代替线段 NM. 换言之, 微分的意义就是用曲线 $y = f(x)$ 在点 $M_0(x_0, f(x_0))$ 的切线 M_0T 来作为曲线 $y = f(x)$ 在点 $M_0(x_0, f(x_0))$ 附近的近似.

等式 (4.3.1) 也可以用来做近似计算. 假如函数 f 在点 x_0 的值 $f(x_0)$ 已知, 那么当 Δx 充分小以至于 $o(\Delta x)$ 可以忽略时, 由等式 (4.3.1) 得到

$$f(x_0 + \Delta x) \approx f(x_0) + f'(x_0)\Delta x.$$

这就是求函数值 $f(x_0 + \Delta x)$ 的近似公式.

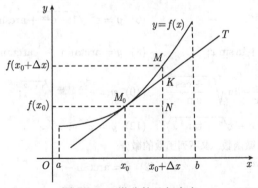

图 4-3-1 微分的几何意义

例 4 求 $\sqrt{2}$ 的近似值.

解 易知, 函数 $y = \sqrt{x}\,(x > 0)$ 的微分为

$$\mathrm{d}y = \frac{\mathrm{d}x}{2\sqrt{x}}.$$

因此

$$\sqrt{x + \Delta x} \approx \sqrt{x} + \frac{\Delta x}{2\sqrt{x}}.$$

取 x 为靠近 2 而又容易开方的数, 如取 $x = 1.96 = (1.4)^2$, 然后取 $\Delta x = 2 - 1.96 = 0.04$, 代入上式计算, 就得到了 $\sqrt{2}$ 的下述近似值:

$$\sqrt{2} = \sqrt{1.96 + 0.04} \approx \sqrt{1.96} + \frac{0.04}{2 \times \sqrt{1.96}} \approx 1.4 + 0.014 = 1.414.$$

如果对上述近似值还不满意, 可以把它作为新的 x 套用上面的公式再做计算, 即取 $x = (1.414)^2 = 1.999396$, 然后取 $\Delta x = 2 - 1.999396 = 0.000604$, 则得

$$\sqrt{2} \approx 1.414 + \frac{0.000604}{2 \times 1.414} \approx 1.414 + 0.00021358 = 1.41421358.$$

这些计算都可以通过手工完成.

用微分法求近似值的缺点在于无法估计近似值的误差. 要弥补这个缺陷就必须借助于泰勒公式. 这将在第 5 章讨论.

习 题 4.3

1. 设 $f(x) = x^2 - 3x + 2$. 分别取 $\Delta x = 0.1$, $\Delta x = 0.01$ 和 $\Delta x = 0.001$, 求 $\Delta f(1)$ 和 $\mathrm{d}f(1)$, 并进行比较.

2. 求下列函数的微分 (需指出定义域中不可微的点):

(1) $y = x^2 \cos x$;

(2) $y = \dfrac{\ln x}{x}$;

(3) $y = \ln \left| \cos \dfrac{x}{2} \right|$;

(4) $y = \arcsin \sqrt{1 - x^2}$;

(5) $y = (\cos x)^{\sin x}$;

(6) $y = \mathrm{e}^x \sqrt{1 - \mathrm{e}^{2x}} + \arcsin \mathrm{e}^x$;

(7) $y = \dfrac{1}{2} \cot^2 x + \ln \sin x$;

(8) $y = \arctan x + \dfrac{1}{3} \arctan x^3$;

(9) $y = -\dfrac{\cos x}{2 \sin^2 x} + \ln \sqrt{\dfrac{1 + \cos x}{\sin x}}$;

(10) $y = \mathrm{e}^{2 \arctan \sqrt{1 + x^2}}$;

(11) $y = \ln(\tan^2 x + \sqrt{1 + \tan^4 x})$;

(12) $y = x^{2^x} + x^{x^2}$.

3. 设 u, v 都是可微函数. 求下列函数的微分:

(1) $y = \sqrt{u^2 + v^2}$;

(2) $y = \arctan \dfrac{u}{v}$;

(3) $y = \ln \sqrt{u^2 + v^2}$;

(4) $y = \dfrac{uv}{\sqrt{u^2 + v^2}}$.

4. 设函数 f 在点 x_0 附近有定义并在该点可微. 又设函数 g 在 $y_0 = f(x_0)$ 附近有定义并在该点可微. 用微分的定义证明: 复合函数 $g \circ f$ 在点 x_0 可微, 且 $(g \circ f)'(x_0) = g'(y_0)f'(x_0)$.

5. 设函数 f 在点 x_0 附近有定义, 并在该点可微. 又设 $\{x_n\}$ 和 $\{y_n\}$ 是 f 的定义域中的两个数列, 满足: (1) $x_n < x_0 < y_n$, $n = 1, 2, \cdots$; (2) $\lim\limits_{n\to\infty} x_n = \lim\limits_{n\to\infty} y_n = x_0$. 证明:

$$\lim_{n\to\infty} \frac{f(x_n) - f(y_n)}{x_n - y_n} = f'(x_0).$$

问把条件 (1) 换为 $x_n \neq y_n$, $n = 1, 2, \cdots$, 结论是否仍然成立? 请举例说明.

6. 设 $f(x)$ 在 x_0 点可微, 且 $f(x_0) \neq 0$, $f'(x_0) \neq 0$. 再设

$$af(x_0 + \Delta x) + bf(x_0 + 2\Delta x) - f(x_0) = o(\Delta x) \qquad \text{当 } \Delta x \to 0.$$

求 a 和 b.

7. 设 $f(x_0) = 0$. 再设 $\varphi(t)$ 在 $t = 0$ 的一个邻域里有连续的导数且 $\varphi(0) = x_0$, $\varphi'(0) \neq 0$. 证明: 极限 $\lim\limits_{t\to 0} \dfrac{f(\varphi(t))}{t}$ 存在的充要条件是 $f(x)$ 在点 x_0 可微.

8. 设函数 f 和 g 都在点 x_0 附近有定义并在该点可微, 且 $f(x_0) = g(x_0) \neq 0$. 求极限

$$\lim_{n\to\infty} \left(\frac{f\left(x_0 + \dfrac{1}{n}\right)}{g\left(x_0 + \dfrac{1}{n}\right)} \right)^n.$$

9. 证明: $\lim\limits_{x\to x_0} \dfrac{f(x) - a}{x - x_0} = b$ 的充要条件是 $\lim\limits_{x\to x_0} \dfrac{e^{f(x)} - e^a}{x - x_0} = e^a b$.

10. 设函数 f 在 $[0,1]$ 上有定义, $f(0) = 0$, 并在 $x = 0$ 有右导数. 证明:

$$\lim_{n\to\infty} \left[f\left(\frac{1}{n^2}\right) + f\left(\frac{2}{n^2}\right) + \cdots + f\left(\frac{n}{n^2}\right) \right] = \frac{1}{2} f'_+(0).$$

根据以上命题求下列极限:

(1) $\lim\limits_{n\to\infty} \left[\sin \dfrac{1}{n^2} + \sin \dfrac{2}{n^2} + \cdots + \sin \dfrac{n}{n^2} \right]$;

(2) $\lim\limits_{n\to\infty} \left(1 + \dfrac{1}{n^2}\right)\left(1 + \dfrac{2}{n^2}\right)\cdots\left(1 + \dfrac{n}{n^2}\right)$;

(3) $\lim\limits_{n\to\infty} \cos \dfrac{1}{n^2} \cos \dfrac{2}{n^2} \cdots \cos \dfrac{n}{n^2}$.

11. 用微分法求近似值:

(1) $\sin 29°$;   (2) $\cos 151°$;   (3) $\arctan 1.05$;   (4) $\lg 11$.

12. 证明近似公式:

$$\sqrt[n]{a^n + x} \approx a + \frac{x}{na^{n-1}},$$

其中 $a > 0$, 而 $|x| \ll a$ ($|x|$ 远小于 a). 并应用此公式近似地计算:

(1) $\sqrt[3]{9}$;   (2) $\sqrt[4]{80}$;   (3) $\sqrt[10]{1000}$.

4.4 高阶导数

4.4.1 高阶导数

设 f 是开区间 I 上的可微函数. 对 f 在每一点 $x \in I$ 求导数, 就得到了定义在 I 上的一个新的函数 f', 即 f 的导函数. 对给定的点 $x_0 \in I$, 可以考虑导函数 f' 在 x_0 点是否可导的问题. 假如 f' 在 x_0 点是可导的, 则称 f 在该点**二阶可导**或**二阶可微**, 并称 f' 在 x_0 点的导数 $(f')'(x_0)$ 为 f 在 x_0 点的**二阶导数**, 记作 $f''(x_0)$, 即

$$f''(x_0) = (f')'(x_0) = \lim_{x \to x_0} \frac{f'(x) - f'(x_0)}{x - x_0}.$$

如果 f 在 I 上每一点都有二阶导数, 即 f' 在区间 I 上的每一点都可导, 那么对 f 在每一点 $x \in I$ 求它的二阶导数, 就得到了定义在 I 上的一个新的函数 f'', 称为 f 在 I 上的**二阶导函数**, 简称二阶导数.

同理, 对给定的点 $x_0 \in I$, 可以继续考虑 f 的二阶导函数 f'' 是否在 x_0 点可导的问题. 如果 f'' 在 x_0 点可导, 则称它在该点**三阶可导**或**三阶可微**, 并称 f'' 在 x_0 点的导数 $(f'')'(x_0)$ 为 f 在 x_0 点的**三阶导数**, 记作 $f'''(x_0)$, 即

$$f'''(x_0) = (f'')'(x_0) = \lim_{x \to x_0} \frac{f''(x) - f''(x_0)}{x - x_0}.$$

如果 f 在 I 上每一点都有三阶导数, 那么对 f 在每一点 $x \in I$ 求它的三阶导数, 所得到的函数 f''' 叫做 f 在 I 上的**三阶导函数**, 简称三阶导数.

依此类推, 归纳地定义 f 的 n 阶导数为它的 $n-1$ 阶导函数的导数. 当 $n \geqslant 4$ 时, f 的 n 阶导数用符号 $f^{(n)}$ 表示. 按定义, 对给定的点 $x_0 \in I$, 有

$$f^{(n)}(x_0) = (f^{(n-1)})'(x_0) = \lim_{x \to x_0} \frac{f^{(n-1)}(x) - f^{(n-1)}(x_0)}{x - x_0}.$$

为了统一, 函数 f 的导数、二阶导数和三阶导数也经常分别用记号 $f^{(1)}$, $f^{(2)}$ 和 $f^{(3)}$ 表示, 即

$$f^{(1)}(x) = f'(x), \qquad f^{(2)}(x) = f''(x), \qquad f^{(3)}(x) = f'''(x).$$

而且函数 f 本身也经常记作 $f^{(0)}$, 并相应地称为 f 的**零阶导数**.

二阶及二阶以上的导数统称为**高阶导数**. 自然地, 原来所说的导数就相应地叫做**一阶导数**.

和一阶导数类似, 高阶导数也有很多实际背景. 例如, 由于加速度是速度关于时间的导数, 而速度是路程关于时间的导数, 所以加速度是路程关于时间的二阶导数. 物理学的很多分支学科, 如弹性力学、流体力学、电磁学 (或称电动力学)、量子力学、广义相对论等, 其数学表现形式都是一些特定的微分方程, 而这些微分方程全都涉及函数的高阶导数. 在几何上, 高阶导数也有很多应用. 第 5 章将会学到, 用二阶导数可以刻画函数的凸凹性. 以后学习微分几何课程时还将看到, 用于刻画曲线和曲面弯曲程

度的几何量如曲率、挠率等, 必须借助于高阶导数才能计算. 当然, 引进高阶导数的意义不能仅从它们的这些物理和几何的直接应用来估量. 关于这一点等学习了第 5 章就会有一定的体会.

显然, 求高阶导数只需一次一次地求导数, 原则上没有什么另外的新的东西. 正像会算两个数的加法和乘法, 也就会算多个数的连加和连乘一样. 不过, 具体做的过程中却往往需要注意观察具体问题的具体特点并总结规律, 才有可能更快更好地完成计算.

下面来看几个计算高阶导数的实例.

例 1 设 α 是非零常数. 对函数 $f(x) = x^\alpha$ $(x > 0)$, 求 $f^{(n)}(x)$.

解 如果 α 不是正整数, 则

$$f'(x) = \alpha x^{\alpha-1},$$

$$f''(x) = \alpha(\alpha-1)x^{\alpha-2},$$

$$\cdots\cdots$$

$$f^{(n)}(x) = \alpha(\alpha-1)\cdots(\alpha-n+1)x^{\alpha-n}.$$

即

$$(x^\alpha)^{(n)} = \alpha(\alpha-1)\cdots(\alpha-n+1)x^{\alpha-n}. \tag{4.4.1}$$

如果 $\alpha = m$ 是正整数, 则从以上计算可知

$$(x^m)^{(n)} = \begin{cases} m(m-1)\cdots(m-n+1)x^{m-n}, & \text{当 } n < m, \\ m!, & \text{当 } n = m, \\ 0, & \text{当 } n > m. \end{cases}$$

对任意实数 α 和任意正整数 n, 引进记号 $[\alpha]_n!$ 如下:

$$[\alpha]_n! = \alpha(\alpha-1)\cdots(\alpha-n+1), \tag{4.4.2}$$

并称之为**实数 α 的 n 阶乘**, 则公式 (4.4.1) 可简写成

$$(x^\alpha)^{(n)} = [\alpha]_n! x^{\alpha-n}. \tag{4.4.3}$$

注意: 如果 α 和 n 都是正整数, 则当 $n = \alpha$ 时 $[\alpha]_n! = [n]_n! = n!$, 而当 $n > \alpha$ 时 $[\alpha]_n! = 0$, 所以上式对 α 是正整数的情况也成立.

应用上例的结果可知, 如果 $f(x)$ 是 m 次多项式, 则对任意 $n > m$ 都有

$$f^{(n)}(x) = 0.$$

例 2 设常数 $a > 0$, $a \neq 1$. 对函数 $f(x) = a^x$, 求 $f^{(n)}(x)$.

解 我们有

$$f'(x) = a^x \ln a,$$

$$f''(x) = a^x (\ln a)^2,$$

$$\cdots\cdots$$

$$f^{(n)}(x) = a^x (\ln a)^n,$$

即

$$(a^x)^{(n)} = a^x(\ln a)^n. \tag{4.4.4}$$

特别地, 当 $a = e$ 时, 有

$$(e^x)^{(n)} = e^x. \tag{4.4.5}$$

例 3　求 $(\ln x)^{(n)}$ $(x > 0)$.

解　由于

$$(\ln x)' = \frac{1}{x} = x^{-1},$$

所以应用例 1 的结果即知

$$(\ln x)^{(n)} = (-1)^{(n-1)}(n-1)!x^{-n}. \tag{4.4.6}$$

例 4　求 $(\sin x)^{(n)}$ 和 $(\cos x)^{(n)}$.

解
$$(\sin x)' = \cos x,$$
$$(\sin x)'' = (\cos x)' = -\sin x,$$
$$(\sin x)''' = (-\sin x)' = -\cos x,$$
$$(\sin x)^{(4)} = (-\cos x)' = \sin x.$$

即 $\sin x$ 的四阶导数回到了它自己. 据此即可不用再一个接一个地继续求导, 而直接得到 $\sin x$ 的任意阶的导数. 为了避免对 n 分情况讨论的烦琐, 注意

$$\cos x = \sin\left(x + \frac{\pi}{2}\right), \qquad -\sin x = \sin(x + \pi),$$

$$-\cos x = \sin\left(x + \frac{3\pi}{2}\right), \qquad \sin x = \sin(x + 2\pi).$$

所以 $\sin x$ 的 n 阶导数可以写成

$$(\sin x)^{(n)} = \sin\left(x + \frac{n\pi}{2}\right). \tag{4.4.7}$$

类似地, 有

$$(\cos x)^{(n)} = \cos\left(x + \frac{n\pi}{2}\right). \tag{4.4.8}$$

例 5　求 $(\sin^4 x + \cos^4 x)^{(n)}$.

解　如果直接求各阶导数, 计算将很烦琐而且很难发现规律. 为了简化计算, 先把函数 $\sin^4 x + \cos^4 x$ 用三角公式进行变形. 有

$$\sin^4 x + \cos^4 x = \left(\frac{1 - \cos 2x}{2}\right)^2 + \left(\frac{1 + \cos 2x}{2}\right)^2 = \frac{1}{2} + \frac{1}{2}\cos^2 2x = \frac{3}{4} + \frac{1}{4}\cos 4x.$$

因此类似于式 (4.4.8) 即得

$$(\sin^4 x + \cos^4 x)^{(n)} = 4^{n-1} \cos\left(4x + \frac{n\pi}{2}\right).$$

例 6 求 $(\arctan x)^{(n)}$.

解 先求一次导数得

$$(\arctan x)' = \frac{1}{1 + x^2}.$$

如果继续直接求各阶导数, 明显地表达式将越来越复杂, 很难总结出规律. 因此, 借助于复数范围的因式分解把 $\dfrac{1}{1 + x^2}$ 改写成

$$\frac{1}{1 + x^2} = \frac{1}{2\mathrm{i}}\left(\frac{1}{x - \mathrm{i}} - \frac{1}{x + \mathrm{i}}\right).$$

等式右端是实变量的复值函数, 即自变量在实数范围变化而因变量在复数范围变化的函数, 对它们做求导数等不涉及大小比较的运算可按照实值函数的方法处理. 因此按式 (4.4.1) 有

$$\left(\frac{1}{1 + x^2}\right)^{(n)} = \frac{1}{2\mathrm{i}}\left(\frac{1}{x - \mathrm{i}} - \frac{1}{x + \mathrm{i}}\right)^{(n)} = (-1)^n \frac{n!}{2\mathrm{i}}\left(\frac{1}{(x - \mathrm{i})^{n+1}} - \frac{1}{(x + \mathrm{i})^{n+1}}\right)$$

$$= (-1)^n \frac{n!}{2\mathrm{i}}\left(\frac{(x + \mathrm{i})^{n+1} - (x - \mathrm{i})^{n+1}}{(x^2 + 1)^{n+1}}\right).$$

记 $\theta = \operatorname{arccot} x$. 则

$$x \pm \mathrm{i} = \sqrt{x^2 + 1}(\cos\theta \pm \mathrm{i}\sin\theta).$$

因此由棣莫弗公式 $(\cos\theta \pm \mathrm{i}\sin\theta)^n = \cos n\theta \pm \mathrm{i}\sin n\theta$ 得

$$(x + \mathrm{i})^{n+1} - (x - \mathrm{i})^{n+1} = (x^2 + 1)^{\frac{n+1}{2}}\{[\cos(n+1)\theta + \mathrm{i}\sin(n+1)\theta]$$

$$- [\cos(n+1)\theta - \mathrm{i}\sin(n+1)\theta]\}$$

$$= 2\mathrm{i}(x^2 + 1)^{\frac{n+1}{2}}\sin(n+1)\theta.$$

所以

$$\left(\frac{1}{1 + x^2}\right)^{(n)} = (-1)^n n!(x^2 + 1)^{-\frac{n+1}{2}}\sin[(n+1)\operatorname{arccot} x].$$

进而

$$(\arctan x)^{(n)} = (-1)^{n-1}(n-1)!(x^2 + 1)^{-\frac{n}{2}}\sin(n\operatorname{arccot} x). \tag{4.4.9}$$

上述运算的合理性将在下节讨论. 读者也可只把上述推导作为形式运算 (即貌似合理, 但在可用的理论体系中缺乏严格依据的运算), 得到结果后再应用数学归纳法给出严格的证明. 这只需应用以下恒等式:

$$x\sin(n\operatorname{arccot} x) + \cos(n\operatorname{arccot} x) = \sqrt{x^2 + 1}\sin[(n+1)\operatorname{arccot} x].$$

4.4.2　莱布尼茨公式

求高阶导数的运算显然也是线性运算, 即如果 u 和 v 两个函数在区间 I 上都有 n 阶导数, 则它们的和与差 $u \pm v$ 及数乘 cu(其中 c 是任意实数) 也都在区间 I 上有 n 阶导数, 且

$$(u \pm v)^{(n)} = u^{(n)} \pm v^{(n)};$$

$$(cu)^{(n)} = cu^{(n)}.$$

为了得到乘积 uv 的 n 阶导数公式, 先具体地计算它的前几个高阶导数. 有

$$(uv)' = u'v + uv';$$

$$(uv)'' = (u'v + uv')' = u''v + 2u'v' + uv'';$$

$$(uv)''' = (u''v + 2u'v' + uv'')' = u'''v + 3u''v' + 3u'v'' + uv''';$$

$$(uv)^{(4)} = (u'''v + 3u''v' + 3u'v'' + uv''')' = u^{(4)}v + 4u'''v' + 6u''v'' + 4u'v''' + uv^{(4)};$$

等等. 可以看出, 至少对于 $n \leqslant 4$ 而言, 两个函数乘积的 n 阶导数公式与二项式公式相似. 自然会猜测, 对于一般的 n 而言也有类似的关系. 事实的确如此, 并且这样的求导公式称为**莱布尼茨公式**.

定理 4.4.1 (莱布尼茨公式)　设 u 和 v 两个函数都在区间 I 上有 n 阶导数. 则它们的乘积 uv 也在 I 上有 n 阶导数, 且

$$(uv)^{(n)} = \sum_{k=0}^{n} \binom{n}{k} u^{(k)} v^{(n-k)}. \tag{4.4.10}$$

证明　前面已证明上述公式在 $n \leqslant 4$ 时成立. 假设已知它在 n 时成立. 则对 $n+1$ 有

$$(uv)^{(n+1)} = \left[\sum_{k=0}^{n} \binom{n}{k} u^{(k)} v^{(n-k)} \right]'$$

$$= \sum_{k=0}^{n} \binom{n}{k} [u^{(k)} v^{(n-k+1)} + u^{(k+1)} v^{(n-k)}]$$

$$= \sum_{k=0}^{n} \binom{n}{k} u^{(k)} v^{(n-k+1)} + \sum_{k=0}^{n} \binom{n}{k} u^{(k+1)} v^{(n-k)}$$

$$= uv^{(n+1)} + \sum_{k=1}^{n} \binom{n}{k} u^{(k)} v^{(n+1-k)} + \sum_{k'=1}^{n} \binom{n}{k'-1} u^{(k')} v^{(n+1-k')} + u^{(n+1)}v$$

$$= uv^{(n+1)} + \sum_{k=1}^{n} \left[\binom{n}{k} + \binom{n}{k-1} \right] u^{(k)} v^{(n+1-k)} + u^{(n+1)}v$$

$$= \sum_{k=0}^{n+1} \binom{n+1}{k} u^{(k)} v^{(n+1-k)}.$$

最后这个等式用到

$$\binom{n}{k} + \binom{n}{k-1} = \frac{n!}{k!(n-k)!} + \frac{n!}{(k-1)!(n-k+1)!} = \frac{(n+1)!}{k!(n-k+1)!} = \binom{n+1}{k}.$$

因此式 (4.4.10) 对任意正整数 n 都成立. □

例 7 对函数 $y = \arcsin x$, 证明:

$$y^{(n)} = \frac{(2n-3)xy^{(n-1)} + (n-2)^2 y^{(n-2)}}{1 - x^2} \qquad (|x| < 1). \tag{4.4.11}$$

证明 由于 $y' = \dfrac{1}{\sqrt{1-x^2}}$, 所以

$$(1 - x^2)(y')^2 = 1.$$

继续求一次导数得

$$2(1 - x^2)y'y'' - 2x(y')^2 = 0.$$

由于 $y' = \dfrac{1}{\sqrt{1-x^2}} \neq 0$, 所以从上式两端消去 $2y'$, 就得到

$$(1 - x^2)y'' - xy' = 0.$$

现在对此式求 $n-2$ 阶导数, 并应用莱布尼茨公式, 就得到

$$(1 - x^2)y^{(n)} + (n-2)(-2x)y^{(n-1)} + \frac{1}{2}(n-2)(n-3)(-2)y^{(n-2)}$$

$$- xy^{(n-1)} - (n-2)y^{(n-2)} = 0.$$

整理即得式 (4.4.11). □

4.4.3 隐函数的高阶导数

对于两个函数的商以及复合函数的高阶导数, 没有像莱布尼茨公式那样简洁整齐的一般公式可用, 一般而言只能按部就班地一阶、二阶、三阶等依次计算. 当然这不排除在某些特殊的情况下, 可能存在一些特殊规律而使得能够直接算出任意阶的导数. 这需要读者在具体计算时注意归纳和发现. 下面讨论如何求隐函数的高阶导数.

假设方程

$$F(x, y) = 0 \tag{4.4.12}$$

确定了一个隐函数 $y = y(x)$. 一般而言函数 $y = y(x)$ 的表达式不能明显地解出, 或者即使能够解出, 其表达式可能比较复杂, 而致从函数关系 $y = y(x)$ 来求它的高阶导数无法进行, 或者计算过于烦琐. 这时可考虑直接对方程 (4.4.12)(其中 $y = y(x)$) 求各阶导数, 应用复合函数的求导法则导出 n 阶导数对函数 $y = y(x)$ 及其阶数 $\leqslant n-1$ 的导数的依赖关系, 以达到求 $y = y(x)$ 的 n 阶导数的目的. 以下举一例来说明.

例 8 求由方程 $x^2 - xy + y^2 = 1$ 确定的隐函数 $y = y(x)$ 的三阶导数 $y'''(x)$.

解 对方程 $x^2 - xy + y^2 = 1$ 两端关于 x 求导, 注意应用 $y = y(x)$ 的事实, 得

$$2x - y - xy' + 2yy' = 0,$$

即

$$2x - y - (x - 2y)y' = 0, \tag{4.4.13}$$

从而

$$y' = \frac{2x - y}{x - 2y}. \tag{4.4.14}$$

由于 y' 的表达式是两个函数的商, 所以如果对它求导则计算比较复杂. 因此, 直接对方程 (4.4.13) 求导, 得

$$2 - y' - (1 - 2y')y' - (x - 2y)y'' = 0,$$

即

$$2[1 - y' + (y')^2] - (x - 2y)y'' = 0,$$

从而

$$y'' = \frac{2[1 - y' + (y')^2]}{x - 2y} = \frac{6(x^2 - xy + y^2)}{(x - 2y)^3} = \frac{6}{(x - 2y)^3}.$$

第二个等号后的表达式是把式 (4.4.14) 代入该等号前的表达式得到的, 而最后一个表达式则是对前一个表达式应用了关系式 $x^2 - xy + y^2 = 1$. 因此

$$(x - 2y)^3 y'' = 6.$$

对此等式两端求导得

$$3(x - 2y)^2(1 - 2y')y'' + (x - 2y)^3 y''' = 0.$$

因此

$$y''' = \frac{3(2y' - 1)y''}{x - 2y} = \frac{54x}{(x - 2y)^5}.$$

由于反函数可以看作特殊的隐函数, 即函数 $y = f(x)$ 的反函数 $x = f^{-1}(y)$ 可以看作从隐函数方程

$$y - f(x) = 0.$$

把 x 解出为 y 的函数, 所以求反函数的高阶导数也往往可以采用上述方法进行.

对于由参数式 $x = x(t)$, $y = y(t)$ 确定的函数 $y = y(x)$, 其高阶导数也可采用类似于求隐函数高阶导数的方法来求. 举一例来做说明.

例 9　设 $x = a(t - \sin t)$, $y = a(1 - \cos t)$. 求 $y''(x)$.

解　由于

$$\frac{\mathrm{d}x}{\mathrm{d}t} = a(1 - \cos t), \qquad \frac{\mathrm{d}y}{\mathrm{d}t} = a\sin t,$$

所以

$$y'(x) = \frac{\mathrm{d}y}{\mathrm{d}t} \bigg/ \frac{\mathrm{d}x}{\mathrm{d}t} = \frac{\sin t}{1 - \cos t},$$

进而
$$(1 - \cos t)y'(x) = \sin t.$$

等式两端关于 x 求导得
$$\sin t \cdot \frac{\mathrm{d}t}{\mathrm{d}x} \cdot y'(x) + (1 - \cos t)y''(x) = \cos t \cdot \frac{\mathrm{d}t}{\mathrm{d}x}.$$

因此
$$y''(x) = \frac{[\cos t - (\sin t)y'(x)]\dfrac{\mathrm{d}t}{\mathrm{d}x}}{1 - \cos t} = \frac{\cos t - (\sin t)y'(x)}{1 - \cos t} \bigg/ \frac{\mathrm{d}x}{\mathrm{d}t} = -\frac{1}{a(1 - \cos t)^2}.$$

4.4.4 高阶微分

在函数 $y = f(x)$ 的一阶微分
$$\mathrm{d}y = f'(x)\mathrm{d}x \qquad \text{或} \qquad \mathrm{d}f(x) = f'(x)\mathrm{d}x$$
中, 变量 x 和 $\mathrm{d}x$ 是互相独立的. 对一阶微分 $\mathrm{d}f(x)$ 关于变元 x 再求微分, 得到的表达式称为函数 $y = f(x)$ 的**二阶微分**, 记作 d^2y 或 $\mathrm{d}^2f(x)$, 即
$$\mathrm{d}^2y = \mathrm{d}(\mathrm{d}y) = \mathrm{d}[f'(x)]\mathrm{d}x = f''(x)\mathrm{d}x^2 \qquad \text{或} \qquad \mathrm{d}^2f(x) = f''(x)\mathrm{d}x^2.$$
这里 $\mathrm{d}x^2$ 是 $(\mathrm{d}x)^2$ 的简写.

类似地可定义三阶微分、四阶微分以及更一般的 n 阶微分. 函数 $y = f(x)$ 的 n 阶微分 d^ny 或 $\mathrm{d}^nf(x)$ 归纳地定义为其 $n-1$ 阶微分 $\mathrm{d}^{n-1}y = f^{(n-1)}(x)\mathrm{d}x^{n-1}$ 关于变元 x 的微分, 即
$$\mathrm{d}^ny = \mathrm{d}[f^{(n-1)}(x)]\mathrm{d}x^{n-1} = f^{(n)}(x)\mathrm{d}x^n \qquad \text{或} \qquad \mathrm{d}^nf(x) = f^{(n)}(x)\mathrm{d}x^n,$$
其中 $\mathrm{d}x^n$ 是 $(\mathrm{d}x)^n$ 的简写. 这里当然要假定函数 f 有 n 阶导数.

必须注意, 和一阶微分有形式不变性不同, 二阶及二阶以上的微分没有形式不变性. 以二阶微分为例, 由于函数 $y = f(\varphi(x))$ 的一阶微分为 $\mathrm{d}y = f'(\varphi(x))\varphi'(x)\mathrm{d}x$, 所以其二阶微分为
$$\mathrm{d}^2y = \mathrm{d}[f'(\varphi(x))\varphi'(x)]\mathrm{d}x = [f''(\varphi(x))(\varphi'(x))^2 + f'(\varphi(x))\varphi''(x)]\mathrm{d}x^2.$$
把它和 $f''(\varphi(x))(\mathrm{d}\varphi(x))^2 = f''(\varphi(x))(\varphi'(x))^2\mathrm{d}x^2$ 比较, 多了一项 $f'(\varphi(x))\varphi''(x)\mathrm{d}x^2$.

从等式 $\mathrm{d}^ny = f^{(n)}(x)\mathrm{d}x^n$ 可以看出, 函数 $y = f(x)$ 的 n 阶导数 $f^{(n)}(x)$ 可以看成其 n 阶微分 d^ny 与自变元微分的 n 次方幂 $\mathrm{d}x^n$ 的商
$$f^{(n)}(x) = \frac{\mathrm{d}^ny}{\mathrm{d}x^n} = \frac{\mathrm{d}^nf(x)}{\mathrm{d}x^n}.$$

因此, 函数 $y = f(x)$ 的 n 阶导数 $f^{(n)}(x)$ 也经常记成 $\dfrac{\mathrm{d}^ny}{\mathrm{d}x^n}$ 或 $\dfrac{\mathrm{d}^nf(x)}{\mathrm{d}x^n}$.

习　题　4.4

1. 给定函数 $y = y(x)$ 各如下, 求 $y^{(n)}$:

(1)　$y = \dfrac{1}{\sqrt{1 - 2x}}$;

(2)　$y = \dfrac{x}{\sqrt[3]{1 + x}}$;

(3)　$y = \dfrac{x^2}{1 - x}$;

(4)　$y = \dfrac{1}{x(1 - x)}$;

(5)　$y = \dfrac{2x + 1}{x^2 - 3x + 2}$;

(6)　$y = \dfrac{x}{(x^2 - 1)^2}$;

(7)　$y = \sin ax \cos bx$;

(8)　$y = \sin^6 x + \cos^6 x$;

(9)　$y = \cosh ax$;

(10)　$y = \sinh^3 ax$.

2. 证明下列等式:

$$[e^{ax} \sin(bx + c)]^{(n)} = (a^2 + b^2)^{\frac{n}{2}} e^{ax} \sin(bx + c + n\theta),$$

$$[e^{ax} \cos(bx + c)]^{(n)} = (a^2 + b^2)^{\frac{n}{2}} e^{ax} \cos(bx + c + n\theta),$$

其中 $\theta = \arctan \dfrac{b}{a}$.

3. 证明: 如果函数 $y = f(x)$ 有 n 阶导数, 则

$$[f(ax + b)]^{(n)} = a^n f^{(n)}(ax + b).$$

4. 设 $f(x) = (x - a)^n \varphi(x)$, 其中 φ 在 a 点的一个邻域中有连续的 $n - 1$ 阶导数. 求 $f^{(n)}(a)$.

5. 给定函数 f 如下

$$f(x) = \begin{cases} e^{-\frac{1}{x}}, & x > 0, \\ 0, & x \leqslant 0. \end{cases}$$

证明: f 在 $(-\infty, +\infty)$ 上有无穷阶导数.

6. 对 $y = \tan x$, 证明:

(1)　$y' = 1 + \tan^2 x$, $y'' = 2 \tan x + 2 \tan^3 x$, $y''' = 2 + 8 \tan^2 x + 6 \tan^4 x$;

(2)　一般地, 有

$$y^{(2n-1)} = \sum_{k=0}^{n} a_{nk} \tan^{2k} x,$$

$$y^{(2n)} = \sum_{k=1}^{n} [2(k - 1)a_{n\,k-1} + 2k a_{nk}] \tan^{2k-1} x + 2n a_{nn} \tan^{2n+1} x.$$

其中 a_{nk} 由以下递推公式确定:

$$a_{n+1,0} = 2a_{n1}, \quad a_{n+1,n+1} = 2n(2n - 1)a_{nn},$$

$$a_{n+1,k} = 2(k - 1)(2k - 1)a_{n,k-1} + 8k^2 a_{nk} + 2(k + 1)(2k + 1)a_{n,k+1}, \quad 1 \leqslant k \leqslant n.$$

7. 给定函数 $y = y(x)$ 如下, 运用莱布尼茨公式求 $y^{(n)}$ 或计算 $y^{(n)}$ 的递推公式:

(1) $y = x^3 \mathrm{e}^{2x}$;

(2) $y = x^2 \ln x$;

(3) $y = \sinh ax \cos bx$;

(4) $y = \cosh ax \sin bx$;

(5) $y = \mathrm{e}^x \ln x$;

(6) $y = \ln x \sin x$;

(7) $y = \dfrac{\mathrm{e}^x}{x}$;

(8) $y = \dfrac{\sin x}{x^2}$;

(9) $y = \ln^2 x$;

(10) $y = (\arctan x)^2$.

8. 对函数 $y = \mathrm{e}^{-x^2}$, 推导计算 $y^{(n)}$ 的递推公式.

9. 证明:

(1) 对 $y = x^{n-1} \ln x$, 有 $y^{(n)} = \dfrac{(n-1)!}{x}$;

(2) 对 $y = x^{n-1} \mathrm{e}^{\frac{1}{x}}$, 有 $y^{(n)} = \dfrac{(-1)^n}{x^{n+1}} \mathrm{e}^{\frac{1}{x}}$.

10. 对 $y = \dfrac{\arcsin x}{\sqrt{1-x^2}}$, 证明

(1) $(1-x^2)y' - xy = 1$;

(2) 成立递推公式: $y^{(n)} = \dfrac{(2n-1)xy^{(n-1)} + (n-1)^2 y^{(n-2)}}{1-x^2}$ $(n \geqslant 2)$;

(3) 推导求函数 $z = (\arcsin x)^2$ 的高阶导数的递推公式.

11. 给定隐函数 $y = y(x)$ 满足的方程如下, 求 y'':

(1) $y - \dfrac{1}{2} \sin y = x$;

(2) $y^2 + 2\ln y = x$;

(3) $x^3 + y^3 - 3axy = 0$ $(a > 0)$;

(4) $x^4 + y^4 = a^4$ $(a > 0)$;

(5) $\sqrt{x^2 + y^2} = a\mathrm{e}^{\arctan \frac{y}{x}}$ $(a > 0)$;

(6) $\sqrt[3]{x^2} + \sqrt[3]{y^2} = \sqrt[3]{a^2}$ $(a > 0)$.

12. 给定函数 $y = y(x)$ 如下, 求它们的反函数 $x = x(y)$ 的二阶导数 $x''(y)$(如果反函数有多个分支, 可选定其中一支):

(1) $y = x + \ln x$ $(x > 0)$;

(2) $y = x + \mathrm{e}^x$;

(3) $y = 2x^2 - 4x^4$ $(a > 0)$;

(4) $y = \dfrac{1}{1 + x^2}$.

13. 求 $\dfrac{\mathrm{d}^2 y}{\mathrm{d}x^2}$, 已知:

(1) $x = 2t - t^2, y = 3t - t^3$;

(2) $x = a\cos^3 t, y = at\sin^3 t$;

(3) $x = \mathrm{e}^t \cos t, y = \mathrm{e}^t \sin t$;

(4) $x = \arcsin \dfrac{t}{\sqrt{1+t^2}}, y = \arccos \dfrac{1}{\sqrt{1+t^2}}$.

14. 对 11 题 (1), (2) 和 13 题 (1), (3), 求 $\dfrac{\mathrm{d}^3 y}{\mathrm{d}x^3}$.

15. 求下列函数关于自变量 x 的二阶微分 $\mathrm{d}^2 y$:

(1) $y = (x^3 + 2x)\sin^2 x$;

(2) $y = \mathrm{e}^{2x} \ln x$ $(x > 0)$;

(3) $y = \sqrt{1 + x^2}$;

(4) $y = x^x$ $(x > 0)$.

16. 设 f 和 g 都是三阶可导的函数. 令 $y = f(g(x))$, $u = g(x)$, 其中 x 为自变量. 证明:

$$\mathrm{d}^2 y = f''(u)\mathrm{d}u^2 + f'(u)\mathrm{d}^2 u,$$

$$\mathrm{d}^3 y = f'''(u)\mathrm{d}u^3 + 3f''(u)\mathrm{d}u\mathrm{d}^2 u + f'(u)\mathrm{d}^3 u.$$

17. 证明莱布尼茨公式的下述推广: 设 $f_1, f_2, \cdots, f_m$ 都在区间 I 上有直至 n 阶的导数. 则在 I 上成立

$$(f_1 f_2 \cdots f_m)^{(n)} = \sum_{k_1 + k_2 + \cdots + k_m = n} \frac{n!}{k_1! k_2! \cdots k_m!} f_1^{(k_1)} f_2^{(k_2)} \cdots f_m^{(k_m)}.$$

4.5　向量函数的导数

在解析几何课程中介绍过向量的概念. 在空间中建立右手直角坐标系 $Oxyz$ 之后, 空间中的每个向量 $\boldsymbol{r}$ 都可表示成

$$\boldsymbol{r} = x\boldsymbol{i} + y\boldsymbol{j} + z\boldsymbol{k},$$

其中, $\boldsymbol{i}$, $\boldsymbol{j}$ 和 $\boldsymbol{k}$ 分别表示 Ox 轴、Oy 轴和 Oz 轴上的单位向量, x, y 和 z 叫做这个向量的三个**分量**或**坐标**. 向量 $\boldsymbol{r}$ 的**长度**或**模** $|\boldsymbol{r}|$ 定义为 $|\boldsymbol{r}| = \sqrt{x^2 + y^2 + z^2}$. 现在设有实数集合 S, 并且对每个实数 $t \in S$, 对应地给出了一个向量 $\boldsymbol{r}(t)$:

$$\boldsymbol{r}(t) = x(t)\boldsymbol{i} + y(t)\boldsymbol{j} + z(t)\boldsymbol{k}, \tag{4.5.1}$$

这样就得到一个映射

$$t \mapsto \boldsymbol{r}(t), \quad \forall t \in S.$$

这个映射叫做定义域为实数集合 S 的**向量函数**, 记作 $\boldsymbol{r} = \boldsymbol{r}(t), t \in S$.

从定义可以看出每个向量函数 $\boldsymbol{r} = \boldsymbol{r}(t)$ 都唯一地对应着三个数量函数:

$$x = x(t), \quad y = y(t), \quad z = z(t), \quad \forall t \in S. \tag{4.5.2}$$

反过来, 给定了定义域相同的三个数量函数 $x = x(t)$, $y = y(t)$ 和 $z = z(t)$, 可按式 (4.5.1) 构作一个向量函数 $\boldsymbol{r} = \boldsymbol{r}(t)$. 因此, 向量函数和三个数量函数构成的函数组一一对应.

定义 4.5.1　设向量函数 $\boldsymbol{r} = \boldsymbol{r}(t)$ 在点 t_0 附近有定义, 在 t_0 点可以没有定义. 又设 $\boldsymbol{a}$ 为一向量. 如果对任意给定的正数 ε, 都存在相应的正数 δ, 使对任意满足 $0 < |t - t_0| < \delta$ 的实数 t 都成立

$$|\boldsymbol{r}(t) - \boldsymbol{a}| < \varepsilon,$$

则称当 $t \to t_0$ 时, 向量函数 $\boldsymbol{r} = \boldsymbol{r}(t)$ 以向量 $\boldsymbol{a}$ 为**极限**, 记作

$$\lim_{t \to t_0} \boldsymbol{r}(t) = \boldsymbol{a}.$$

设 $\boldsymbol{r}(t)$ 的分量形式由式 (4.5.1) 给出, $\boldsymbol{a} = a\boldsymbol{i} + b\boldsymbol{j} + c\boldsymbol{k}$. 则

$$|\boldsymbol{r}(t) - \boldsymbol{a}| = \sqrt{|x(t) - a|^2 + |y(t) - b|^2 + |z(t) - c|^2},$$

据此不难证明下列定理.

定理 4.5.1　$\lim\limits_{t \to t_0} \boldsymbol{r}(t) = \boldsymbol{a}$ 的充要条件是下列三个极限式同时成立:

$$\lim_{t \to t_0} x(t) = a, \quad \lim_{t \to t_0} y(t) = b, \quad \lim_{t \to t_0} z(t) = c. \tag{4.5.3}$$

证明　先设 $\lim\limits_{t \to t_0} \boldsymbol{r}(t) = \boldsymbol{a}$. 则对任意给定的正数 ε, 都存在相应的正数 δ, 使对任意满足 $0 < |t - t_0| < \delta$ 的实数 t 都成立

$$|\boldsymbol{r}(t) - \boldsymbol{a}| < \varepsilon.$$

由此知, 当 $0 < |t - t_0| < \delta$ 时成立

$$|x(t) - a| \leqslant |\boldsymbol{r}(t) - \boldsymbol{a}| < \varepsilon, \quad |y(t) - b| \leqslant |\boldsymbol{r}(t) - \boldsymbol{a}| < \varepsilon, \quad |z(t) - c| \leqslant |\boldsymbol{r}(t) - \boldsymbol{a}| < \varepsilon.$$

所以等式 (4.5.3) 成立.

反过来, 当等式 (4.5.3) 成立时, 根据函数极限的运算法则有

$$\lim_{t \to t_0} |\boldsymbol{r}(t) - \boldsymbol{a}| = \lim_{t \to t_0} \sqrt{|x(t) - a|^2 + |y(t) - b|^2 + |z(t) - c|^2} = 0,$$

所以 $\lim\limits_{t \to t_0} \boldsymbol{r}(t) = \boldsymbol{a}$. □

这个定理也可写成

$$\lim_{t \to t_0} \boldsymbol{r}(t) = \lim_{t \to t_0} x(t)\boldsymbol{i} + \lim_{t \to t_0} y(t)\boldsymbol{j} + \lim_{t \to t_0} z(t)\boldsymbol{k}, \tag{4.5.4}$$

应用这个定理, 向量函数极限的运算法则都可从数量函数极限的运算法则推出. 例如, 有

$$\lim_{t \to t_0} [\boldsymbol{r}_1(t) \pm \boldsymbol{r}_2(t)] = \lim_{t \to t_0} \boldsymbol{r}_1(t) \pm \lim_{t \to t_0} \boldsymbol{r}_2(t),$$

$$\lim_{t \to t_0} f(t)\boldsymbol{r}(t) = \lim_{t \to t_0} f(t) \lim_{t \to t_0} \boldsymbol{r}(t),$$

$$\lim_{t \to t_0} [\boldsymbol{r}_1(t) \cdot \boldsymbol{r}_2(t)] = \lim_{t \to t_0} \boldsymbol{r}_1(t) \cdot \lim_{t \to t_0} \boldsymbol{r}_2(t),$$

$$\lim_{t \to t_0} [\boldsymbol{r}_1(t) \times \boldsymbol{r}_2(t)] = \lim_{t \to t_0} \boldsymbol{r}_1(t) \times \lim_{t \to t_0} \boldsymbol{r}_2(t),$$

其中, $\boldsymbol{r}_1(t)$, $\boldsymbol{r}_2(t)$ 和 $\boldsymbol{r}(t)$ 为向量函数, 而 $f(t)$ 为数量函数.

定义 4.5.2　设向量函数 $\boldsymbol{r} = \boldsymbol{r}(t)$ 在点 t_0 及其附近有定义, 并且成立

$$\lim_{t \to t_0} \boldsymbol{r}(t) = \boldsymbol{r}(t_0).$$

则称 $\boldsymbol{r} = \boldsymbol{r}(t)$ 在 t_0 点**连续**.

根据定理 4.5.1, 立得以下定理.

定理 4.5.2　向量函数 $\boldsymbol{r} = \boldsymbol{r}(t)$ 在 t_0 点连续的充要条件是它的三个分量函数 $x = x(t)$, $y = y(t)$ 和 $z = z(t)$ 都在 t_0 点连续.

和数量函数的情形一样, 如果向量函数 $\boldsymbol{r} = \boldsymbol{r}(t)$ 在一个区间 I 中的每个点都连续, 就称它在这个区间 I 上连续.

定义 4.5.3 设向量函数 $r = r(t)$ 在点 t_0 及其附近有定义. 如果极限

$$\lim_{t \to t_0} \frac{r(t) - r(t_0)}{t - t_0}$$

存在, 则称 $r = r(t)$ 在 t_0 点**可导**或**可微**, 并把上述极限叫做 $r = r(t)$ 在 t_0 点的**导数**, 记作 $r'(t_0)$ 或 $\dfrac{\mathrm{d}r}{\mathrm{d}t}(t_0)$, 即

$$r'(t_0) = \frac{\mathrm{d}r}{\mathrm{d}t}(t_0) = \lim_{t \to t_0} \frac{r(t) - r(t_0)}{t - t_0}.$$

根据定理 4.5.1, 立得以下定理.

定理 4.5.3 向量函数 $r = r(t)$ 在 t_0 点可导的充要条件是它的三个分量函数 $x = x(t)$, $y = y(t)$ 和 $z = z(t)$ 都在 t_0 点可导, 在这种情况下成立

$$r'(t_0) = x'(t_0)\boldsymbol{i} + y'(t_0)\boldsymbol{j} + z'(t_0)\boldsymbol{k}.$$

应用这个定理, 向量函数求导数的运算法则都可从数量函数求导数的运算法则推出. 例如, 有

$$r_0' = 0 \quad (r_0 \text{ 为常向量}),$$

$$[r_1(t) \pm r_2(t)]' = r_1'(t) \pm r_2'(t),$$

$$[f(t)r(t)]' = f'(t)r(t) + f(t)r'(t),$$

$$[r_1(t) \cdot r_2(t)]' = r_1'(t) \cdot r_2(t) + r_1(t) \cdot r_2'(t),$$

$$[r_1(t) \times r_2(t)]' = r_1'(t) \times r_2(t) + r_1(t) \times r_2'(t).$$

此外, 如果 $r = r(u)$, 而 $u = u(t)$, 并且它们都可导, 则 $r = r(u(t))$ 也可导, 且

$$\frac{\mathrm{d}r(u(t))}{\mathrm{d}t} = \frac{\mathrm{d}r(u)}{\mathrm{d}u}\bigg|_{u=u(t)} \frac{\mathrm{d}u(t)}{\mathrm{d}t} = r''(u(t))u'(t).$$

例 1 设向量函数 $r = r(t)$ 在 t_0 点可导, 并且 $r(t_0) \neq 0$. 证明: 数量函数 $r(t) = |r(t)|$ 也在 t_0 点可导, 并且

$$r'(t_0) = \frac{r(t_0)}{|r(t_0)|} \cdot r'(t_0) = r^o(t_0) \cdot r'(t_0),$$

其中 $r^o(t_0) = \dfrac{r(t_0)}{|r(t_0)|}$ 为 $r(t_0)$ 的单位化向量.

证明一 设 $r = r(t)$ 的分量表示式如式 (4.5.1). 则有

$$r(t) = |r(t)| = \sqrt{x^2(t) + y^2(t) + z^2(t)}.$$

由 $r(t_0) \neq 0$ 知 $x^2(t_0) + y^2(t_0) + z^2(t_0) \neq 0$, 从而有

$$r'(t_0) = \frac{\mathrm{d}}{\mathrm{d}t}\left(\sqrt{x^2(t) + y^2(t) + z^2(t)}\right)\bigg|_{t=t_0}$$

$$= \frac{2x(t_0)x'(t_0) + 2y(t_0)y'(t_0) + 2z(t_0)z'(t_0)}{2\sqrt{x^2(t_0) + y^2(t_0) + z^2(t_0)}}$$

$$= \frac{\boldsymbol{r}(t_0) \cdot \boldsymbol{r}'(t_0)}{|\boldsymbol{r}(t_0)|} = \frac{\boldsymbol{r}(t_0)}{|\boldsymbol{r}(t_0)|} \cdot \boldsymbol{r}'(t_0).$$

证明二

$$r(t) = |\boldsymbol{r}(t)| = \sqrt{\boldsymbol{r}(t) \cdot \boldsymbol{r}(t)}.$$

$\boldsymbol{r}(t) \cdot \boldsymbol{r}(t)$ 是在 t_0 点可导的数量函数, 且在 t_0 点非零, 因此

$$r'(t_0) = \left. \frac{\mathrm{d}}{\mathrm{d}t} \left(\sqrt{\boldsymbol{r}(t) \cdot \boldsymbol{r}(t)} \right) \right|_{t=t_0} = \left. \frac{(\boldsymbol{r}(t) \cdot \boldsymbol{r}(t))'}{2\sqrt{\boldsymbol{r}(t) \cdot \boldsymbol{r}(t)}} \right|_{t=t_0}$$

$$= \frac{\boldsymbol{r}'(t_0) \cdot \boldsymbol{r}(t_0) + \boldsymbol{r}(t_0) \cdot \boldsymbol{r}'(t_0)}{2\sqrt{\boldsymbol{r}(t_0) \cdot \boldsymbol{r}(t_0)}} = \frac{2\boldsymbol{r}(t_0) \cdot \boldsymbol{r}'(t_0)}{2|\boldsymbol{r}(t_0)|} = \frac{\boldsymbol{r}(t_0)}{|\boldsymbol{r}(t_0)|} \cdot \boldsymbol{r}'(t_0). \qquad \square$$

从以上例子可以看出, 如果 $\boldsymbol{r} = \boldsymbol{r}(t)$ 是定长向量, 即其模 $|\boldsymbol{r}(t)|$ 恒等于常数, 则它的导数与它本身垂直:

$$\boldsymbol{r}(t) \cdot \boldsymbol{r}'(t) \equiv 0.$$

类似于数量函数的高阶导数, 也可定义向量函数的高阶导数的概念: $\boldsymbol{r}(t)$ 的导数 $\boldsymbol{r}'(t)$ (**一阶导数**) 的导数称为 $\boldsymbol{r}(t)$ 的**二阶导数**, 记作 $\boldsymbol{r}''(t)$; 二阶导数 $\boldsymbol{r}''(t)$ 的导数称为 $\boldsymbol{r}(t)$ 的**三阶导数**, 记作 $\boldsymbol{r}'''(t)$, 等等. 当 $n \geqslant 4$ 时, $\boldsymbol{r}(t)$ 的 n 阶导数记作 $\boldsymbol{r}^{(n)}(t)$. 容易看出, 当 $\boldsymbol{r}(t)$ 的分量表示由式 (4.5.1) 给出时, 有

$$\boldsymbol{r}^{(n)}(t) = x^{(n)}(t)\boldsymbol{i} + y^{(n)}(t)\boldsymbol{j} + z^{(n)}(t)\boldsymbol{k}, \quad n = 1, 2, \cdots.$$

向量函数导数的几何意义 给定了区间 I 上的向量函数 $\boldsymbol{r} = \boldsymbol{r}(t)$, 把 $\boldsymbol{r}(t)$ 的始点都取在坐标原点. 这样, 当 t 在区间 I 上变化时, $\boldsymbol{r}(t)$ 的终点即空间中坐标为 $(x(t), y(t), z(t))$ 的点就描绘出一条曲线 C (图 4-5-1). 这条曲线 C 称为向量函数 $\boldsymbol{r} = \boldsymbol{r}(t)$ 的**径端曲线**或**图形**. 反过来, 把向量函数 $\boldsymbol{r} = \boldsymbol{r}(t)$ 称为曲线 C 的**向量方程**, 而数量函数组 (4.5.2) 称为曲线 C 的**参数方程**.

如图 4-5-2, 设 P 是曲线 C 上的一点, 它对应的 t 值为 t_0, 这样点 P 的向径为 $\boldsymbol{r}(t_0)$. 在 C 上点 P 邻近取另外一点 Q, 设其向径为 $\boldsymbol{r}(t)$. 记

$$\Delta t = t - t_0, \qquad \Delta \boldsymbol{r} = \boldsymbol{r}(t) - \boldsymbol{r}(t_0) = \overrightarrow{PQ}.$$

则 $\dfrac{\Delta \boldsymbol{r}}{\Delta t}$ 是割线 PQ 上的一个向量, 当 $\Delta t > 0$ 时其指向与 $\Delta \boldsymbol{r}$ 一致, 即指向 t 增加的方向; 当 $\Delta t < 0$ 时其指向与 $\Delta \boldsymbol{r}$ 相反, 但此时 $\Delta \boldsymbol{r}$ 指向 t 减少的方向, 所以 $\dfrac{\Delta \boldsymbol{r}}{\Delta t}$ 仍指向 t 增加的方向. 设 $\boldsymbol{r}(t)$ 在点 t_0 可导, 且 $\boldsymbol{r}'(t_0) \neq 0$. 由于

$$\lim_{\Delta t \to 0} \frac{\Delta \boldsymbol{r}}{\Delta t} = \boldsymbol{r}'(t_0),$$

这意味着当 $\Delta t \to 0$ 时, 割线 PQ 绕点 P 转动, 并以过点 P 以 $\boldsymbol{r}'(t_0)$ 为方向向量的

直线为极限. 因此, 曲线 C 在点 P 有切线, 这个切线就是过点 P 以 $\boldsymbol{r}'(t_0)$ 为方向向量的直线. 这样就证明了, 当向量函数 $\boldsymbol{r}(t)$ 在 t_0 点可导且 $\boldsymbol{r}'(t_0) \neq 0$ 时, 其径端曲线 C 在点 P 有切线, 导向量 $\boldsymbol{r}'(t_0)$ 就是曲线 C 在 P 点的切线的方向向量, 因而切线的向量方程为

$$\boldsymbol{r} = \boldsymbol{r}(t_0) + s\boldsymbol{r}'(t_0), \quad -\infty < s < +\infty.$$

并且前面的分析表明, 导向量 $\boldsymbol{r}'(t_0)$ 的方向指向曲线 C 的参数 t 增加的方向.

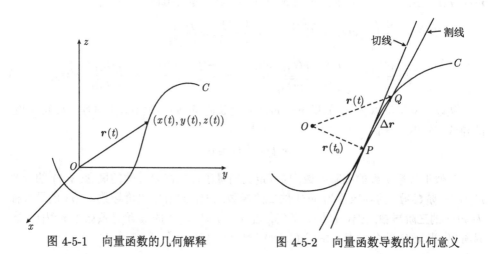

图 4-5-1   向量函数的几何解释   图 4-5-2   向量函数导数的几何意义

特别地, 如果 C 是平面曲线, 则其向量方程具有形式

$$\boldsymbol{r} = \boldsymbol{r}(t) = x(t)\boldsymbol{i} + y(t)\boldsymbol{j}.$$

这个向量函数在点 t_0 的导向量为 $\boldsymbol{r}'(t_0) = x'(t_0)\boldsymbol{i} + y'(t_0)\boldsymbol{j}$. 因为导向量 $\boldsymbol{r}'(t_0)$ 是曲线 C 在向径为 $\boldsymbol{r}(t_0)$ 的点处的切线的方向向量, 所以这个切线的斜率为 $k = \dfrac{y'(t_0)}{x'(t_0)}$. 这和 4.2 节的结果一致. 因此, 这里把 4.2 节的结果从平面曲线推广到了空间曲线.

向量函数导数的物理意义   在物理上, 如果 t 表示时间, $(x(t), y(t), z(t))$ 是一个质点在 t 时刻的位置坐标, 则相应的向量函数

$$\boldsymbol{r} = \boldsymbol{r}(t) = x(t)\boldsymbol{i} + y(t)\boldsymbol{j} + z(t)\boldsymbol{k},$$

称为该质点的**运动方程**, 这个向量函数的径端曲线就是该质点的轨迹曲线. 现考察导向量 $\boldsymbol{r}'(t_0)$ 的物理意义. 由于

$$|\boldsymbol{r}'(t_0)| = \lim_{t \to t_0} \frac{|\boldsymbol{r}(t) - \boldsymbol{r}(t_0)|}{|t - t_0|},$$

如图 4-5-2, 以 P 表示向径为 $\boldsymbol{r}(t_0)$ 的点, 以 Q 表示向径为 $\boldsymbol{r}(t)$ 的点. 则 $|\boldsymbol{r}(t) - \boldsymbol{r}(t_0)|$ 就是点 Q 到点 P 的距离, 它近似地等于质点从点 P 运动到点 Q 所经过的路程, 因此

$\dfrac{|\boldsymbol{r}(t) - \boldsymbol{r}(t_0)|}{|t - t_0|}$ 近似地等于质点在时间段 $[t_0, t]$(当 $t > t_0$) 或 $[t, t_0]$(当 $t < t_0$) 里的平均速度, 从而其极限 $|\boldsymbol{r}'(t_0)|$ 就等于质点在时刻 t_0 的瞬时速度. 由于 $\boldsymbol{r}'(t_0)$ 的方向是质点的轨迹曲线的切线方向, 从而为质点在时刻 t_0 的瞬时运动方向, 所以导向量 $\boldsymbol{r}'(t_0)$ 不仅其大小等于质点在时刻 t_0 的瞬时速度, 而且其方向是质点在时刻 t_0 的瞬时运动方向. 由于这个缘故, 在物理学中, 当质点的运动方程为 $\boldsymbol{r} = \boldsymbol{r}(t)$ 时, 就把这个向量函数的导向量 $\boldsymbol{r}'(t)$ 称为该质点的**速度向量**或简称**速度**, 记作 $\boldsymbol{v}(t)$, 即

$$\text{速度 } \boldsymbol{v}(t) = \boldsymbol{r}'(t).$$

类似地可以知道, 二阶导向量 $\boldsymbol{r}''(t)$ 即速度向量函数 $\boldsymbol{v}(t) = \boldsymbol{r}'(t)$ 的导向量, 其大小等于质点的瞬时加速度, 方向为质点的速度向量方向改变的方向, 所以称为质点的**加速度向量**或简称**加速度**, 记作 $\boldsymbol{a}(t)$, 即

$$\text{加速度 } \boldsymbol{a}(t) = \boldsymbol{v}'(t) = \boldsymbol{r}''(t).$$

因此, 当质点的质量在运动过程中不变化时, 牛顿第二运动定律可以写成

$$\boldsymbol{F}(t) = m\boldsymbol{r}''(t),$$

其中, m 为质点的质量, $\boldsymbol{F}(t)$ 是作用于质点而引起质点运动的外力. 假如质点的质量在运动过程中也发生着变化, 即 $m = m(t)$ (如运送卫星的火箭的运动便属于这种情况), 则牛顿第二运动定律应修改为

$$\boldsymbol{F}(t) = \frac{\mathrm{d}}{\mathrm{d}t}\left(m(t)\boldsymbol{r}'(t)\right),$$

等式右端括号内的量即质点在 t 时刻的**动量**.

复值函数　设有实数集合 S, 并且对每个实数 $t \in S$, 对应地给出了一个复数 $z(t)$, 这样就得到一个实变元的复值函数 $z = z(t)$, $t \in S$. 用 $x(t)$ 和 $y(t)$ 分别表示 $z(t)$ 的实部和虚部, 即

$$z(t) = x(t) + y(t)\mathrm{i},$$

则一个复值函数等价于由两个实值函数 $x = x(t)$ 和 $y = y(t)$ 组成的函数组. 所以复值函数可以看作平面向量函数, 前面讲述的关于向量函数的概念都对复值函数也适用. 下面把复值函数的极限、连续性、导数等概念及相关定理逐一写出.

定义 4.5.4　设复值函数 $z = z(t)$ 在点 t_0 附近有定义, 在 t_0 点可以没有定义. 又设 c 为一复数. 如果对任意给定的正数 ε, 都存在相应的正数 δ, 使对任意满足 $0 < |t - t_0| < \delta$ 的实数 t 都成立

$$|z(t) - c| < \varepsilon,$$

则称当 $t \to t_0$ 时, 复值函数 $z = z(t)$ 以复数 c 为**极限**, 记作

$$\lim_{t \to t_0} z(t) = c.$$

设 $z(t)$ 的实部和虚部分别为 $x(t)$ 和 $y(t)$, 又设 $c = a + bi$. 则

$$|z(t) - c| = \sqrt{|x(t) - a|^2 + |y(t) - b|^2},$$

据此不难证明下列定理:

定理 4.5.4　$\lim\limits_{t \to t_0} z(t) = c$ 的充要条件是下列两个极限式同时成立:

$$\lim_{t \to t_0} x(t) = a, \quad \lim_{t \to t_0} y(t) = b.$$

应用这个定理, 复值函数极限的运算法则都可从实值函数极限的运算法则推出. 例如, 有

$$\lim_{t \to t_0} [z_1(t) \pm z_2(t)] = \lim_{t \to t_0} z_1(t) \pm \lim_{t \to t_0} z_2(t),$$

$$\lim_{t \to t_0} z_1(t) z_2(t) = \lim_{t \to t_0} z_1(t) \lim_{t \to t_0} z_2(t),$$

$$\lim_{t \to t_0} \frac{z_1(t)}{z_2(t)} = \frac{\lim\limits_{t \to t_0} z_1(t)}{\lim\limits_{t \to t_0} z_2(t)},$$

$$\lim_{t \to t_0} \overline{z(t)} = \overline{\lim_{t \to t_0} z(t)},$$

$$\lim_{t \to t_0} |z(t)| = |\lim_{t \to t_0} z(t)|,$$

其中, 在作商时分母非零. 以上运算法则自然也可完全类似于实值函数极限运算法则的推导, 直接从复值函数极限的定义推出.

定义 4.5.5　设复值函数 $z = z(t)$ 在点 t_0 及其附近有定义. 如果成立

$$\lim_{t \to t_0} z(t) = z(t_0),$$

则称 $z(t)$ 在 t_0 **连续**.

定理 4.5.5　复值函数 $z = z(t)$ 在 t_0 连续的充要条件是其实部 $x(t)$ 和虚部 $y(t)$ 都在 t_0 连续.

如果复值函数 $z = z(t)$ 在区间 I 中每一点都连续, 就称它在此区间 I 上连续.

定义 4.5.6　设复值函数 $z = z(t)$ 在点 t_0 及其附近有定义. 如果极限

$$\lim_{t \to t_0} \frac{z(t) - z(t_0)}{t - t_0}$$

存在, 则称 $z = z(t)$ 在 t_0 点**可导**或**可微**, 并把上述极限叫做 $z = z(t)$ 在 t_0 点的**导数**, 记作 $z'(t_0)$ 或 $\dfrac{\mathrm{d}z}{\mathrm{d}t}(t_0)$, 即

$$z'(t_0) = \frac{\mathrm{d}z}{\mathrm{d}t}(t_0) = \lim_{t \to t_0} \frac{z(t) - z(t_0)}{t - t_0}.$$

根据定理 4.5.4, 立得以下定理.

定理 4.5.6　复值函数 $z = z(t)$ 在 t_0 点可导的充要条件是它的实部 $x = x(t)$ 和

虚部 $y = y(t)$ 都在 t_0 点可导, 在这种情况下成立

$$z'(t_0) = x'(t_0) + y'(t_0)\mathrm{i}.$$

实值函数求导数的运算法则都对复值函数完全适用:

$$c' = 0 \quad (c \ \text{为复常数}),$$
$$[z_1(t) \pm z_2(t)]' = z_1'(t) \pm z_2'(t),$$
$$[z_1(t) z_2(t)]' = z_1'(t) z_2(t) + z_1(t) z_2'(t),$$
$$\left(\frac{z_1(t)}{z_2(t)}\right)' = \frac{z_1'(t) z_2(t) - z_1(t) z_2'(t)}{z_2^2(t)},$$
$$\overline{z(t)}' = \overline{z'(t)},$$

其中, 在作商时分母非零.

对于复值函数 $z(t)$, 自然也可定义其**二阶导数** $z''(t)$、**三阶导数** $z'''(t)$ 以及更一般的 n **阶导数** $z^{(n)}(t)$ 的概念, 定义方法与实值函数的相应概念完全类似. 容易看出, 当复值函数 $z(t)$ 的实部为 $x(t)$、虚部为 $y(t)$ 时, 有

$$z^{(n)}(t) = x^{(n)}(t) + y^{(n)}(t)\mathrm{i}, \quad n = 1, 2, \cdots.$$

在前一节例 6 计算函数 $\arctan x$ 的高阶导数时, 我们实际上已经运用了复值函数的高阶导数及其与实值函数的高阶导数完全类似的运算法则.

必须注意: 这里讨论的复值函数是指自变量是实变量而只有因变量是复变量的函数, 它和自变量与因变量都是复变量的函数有很大区别. 自变量与因变量都是复变量的函数叫 "复变函数", 关于这类函数的理论将在后续课程复变函数中专门讨论.

习 题 4.5

1. 求由参数方程给出的以下曲线的切向量:

(1) 圆周 $\boldsymbol{r} = R\cos\theta\boldsymbol{i} + R\sin\theta\boldsymbol{j}$;

(2) 椭圆 $\boldsymbol{r} = a\cos\theta\boldsymbol{i} + b\sin\theta\boldsymbol{j}$;

(3) 阿基米德螺线 $\boldsymbol{r} = a\theta\cos\theta\boldsymbol{i} + a\theta\sin\theta\boldsymbol{j}$;

(4) 对数螺线 $\boldsymbol{r} = a\mathrm{e}^{b\theta}\cos\theta\boldsymbol{i} + a\mathrm{e}^{b\theta}\sin\theta\boldsymbol{j}$;

(5) 圆柱螺线 $\boldsymbol{r} = a\cos\theta\boldsymbol{i} + a\sin\theta\boldsymbol{j} + b\theta\boldsymbol{k}$;

(6) 圆锥螺线 $\boldsymbol{r} = a\mathrm{e}^{b\theta}(\sin\alpha\cos\theta\boldsymbol{i} + \sin\alpha\sin\theta\boldsymbol{j} + \cos\alpha\boldsymbol{k})$, 其中, a, b, α 都是正常数, 且 $0 < \alpha < \dfrac{\pi}{2}$;

(7) 圆环螺线 $\boldsymbol{r} = (R + r\cos\theta)\cos a\theta\boldsymbol{i} + (R + r\cos\theta)\sin a\theta\boldsymbol{j} + r\sin\theta\boldsymbol{k}$, 其中, a, r, R 都是正常数, 且 $r < R$.

2. (1) 设 $\boldsymbol{r}_1(t), \boldsymbol{r}_2(t), \boldsymbol{r}_3(t)$ 都是可微的向量函数. 证明:

$$\frac{\mathrm{d}}{\mathrm{d}t}(\boldsymbol{r}_1(t), \boldsymbol{r}_2(t), \boldsymbol{r}_3(t))$$
$$= (\boldsymbol{r}_1'(t), \boldsymbol{r}_2(t), \boldsymbol{r}_3(t)) + (\boldsymbol{r}_1(t), \boldsymbol{r}_2'(t), \boldsymbol{r}_3(t)) + (\boldsymbol{r}_1(t), \boldsymbol{r}_2(t), \boldsymbol{r}_3'(t)),$$

这里 $(\boldsymbol{r}_1, \boldsymbol{r}_2, \boldsymbol{r}_3) = (\boldsymbol{r}_1 \times \boldsymbol{r}_2) \cdot \boldsymbol{r}_3$ 为向量的混合积;

(2) 设 $\boldsymbol{r}(t)$ 是三阶可微的向量函数. 证明:

$$\frac{\mathrm{d}}{\mathrm{d}t}(\boldsymbol{r}(t), \boldsymbol{r}'(t), \boldsymbol{r}''(t)) = (\boldsymbol{r}(t), \boldsymbol{r}'(t), \boldsymbol{r}'''(t)).$$

3. 记 $\boldsymbol{e}(\theta) = \cos\theta \boldsymbol{i} + \sin\theta \boldsymbol{j}$, $\boldsymbol{e}_1(\theta) = -\sin\theta \boldsymbol{i} + \cos\theta \boldsymbol{j}$, 其中 θ 表示极角.

(1) 证明 $\boldsymbol{e}(\theta)$ 和 $\boldsymbol{e}_1(\theta)$ 是互相正交的单位向量, 且构成右手系. 请在平面直角坐标系中画出单位圆和这两个向量.

(2) 证明: $\boldsymbol{e}'(\theta) = \boldsymbol{e}_1(\theta)$, $\boldsymbol{e}_1'(\theta) = -\boldsymbol{e}(\theta)$.

(3) 设平面曲线 C 的极坐标方程为 $r = r(\theta)$, r 表示极径. 证明: C 的参数方程可以写成 $\boldsymbol{r} = r(\theta)\boldsymbol{e}(\theta)$, 并给出曲线 C 在这种参数表示下切向量的表达式.

4. (1) 设 $\boldsymbol{a}(t)$, $\boldsymbol{b}(t)$ 是平面上两个互相正交的单位向量, 它们都可微. 证明: 存在函数 $k(t)$ 使成立

$$\boldsymbol{a}'(t) = k(t)\boldsymbol{b}(t), \qquad \boldsymbol{b}'(t) = -k(t)\boldsymbol{a}(t).$$

并给出函数 $k(t)$ 用 $\boldsymbol{a}(t)$, $\boldsymbol{b}(t)$ 及其导数来表示的表达式;

(2) 设 $\boldsymbol{a}(t)$, $\boldsymbol{b}(t)$, $\boldsymbol{c}(t)$ 是空间中三个互相正交的单位向量, 它们都可微. 证明: 存在函数 $k_1(t)$, $k_2(t)$, $k_3(t)$ 使成立

$$\begin{cases} \boldsymbol{a}'(t) = k_1(t)\boldsymbol{b}(t) + k_2(t)\boldsymbol{c}(t), \\ \boldsymbol{b}'(t) = -k_1(t)\boldsymbol{a}(t) + k_3(t)\boldsymbol{c}(t), \\ \boldsymbol{c}'(t) = -k_2(t)\boldsymbol{a}(t) - k_3(t)\boldsymbol{b}(t), \end{cases}$$

并给出函数 $k_1(t)$, $k_2(t)$, $k_3(t)$ 用 $\boldsymbol{a}(t)$, $\boldsymbol{b}(t)$, $\boldsymbol{c}(t)$ 及其导数来表示的表达式.

5. 证明: 圆柱螺线 $\boldsymbol{r} = a\cos\theta \boldsymbol{i} + a\sin\theta \boldsymbol{j} + b\theta \boldsymbol{k}$ 的切线与 Oz 轴的夹角是定角.

6. 一质点沿半径为 R 的圆周运动, 极角 θ 关于时间 t 的依赖关系是 $\theta = \theta(t)$.

(1) 求速度向量 $\boldsymbol{v} = \boldsymbol{v}(t)$ 沿圆周切线方向的投影 (切向速度) $v_\tau = v_\tau(t)$ 和在圆周半径方向的投影 (法向速度) $v_n = v_n(t)$;

(2) 求加速度向量 $\boldsymbol{a} = \boldsymbol{a}(t)$ 沿圆周切线方向的投影 (切向加速度) $a_\tau = a_\tau(t)$ 和在圆周半径方向的投影 (法向加速度或向心加速度) $a_n = a_n(t)$;

(3) 求匀速圆周运动的速度向量 $\boldsymbol{v} = \boldsymbol{v}(t)$ 和加速度向量 $\boldsymbol{a} = \boldsymbol{a}(t)$. 它们有什么特点?

7. 一质点沿曲线 C: $\boldsymbol{r} = r(\cos\theta \boldsymbol{i} + \sin\theta \boldsymbol{j})$ 运动, 其中极径 r 和极角 θ 关于时间 t 的依赖关系是 $r = r(t)$ 和 $\theta = \theta(t)$.

(1) 求速度向量 $\boldsymbol{v} = \boldsymbol{v}(t)$ 沿曲线 C 的切线方向的投影 (切向速度) $v_\tau = v_\tau(t)$ 和法线方向的投影 (法向速度) $v_n = v_n(t)$;

(2) 求加速度向量 $\boldsymbol{a} = \boldsymbol{a}(t)$ 沿曲线 C 的切线方向的投影 (切向加速度) $a_\tau = a_\tau(t)$ 和法线方向的投影 (法向加速度或向心加速度) $a_n = a_n(t)$.

8. 以初速度 v_0 和仰角 $0 < \theta_0 < \dfrac{\pi}{2}$ 向空中投掷一石块, 不计空气阻力, 求石块的运动方程 $\boldsymbol{r} = \boldsymbol{r}(t)$. (提示: 先根据牛顿第二定律求出加速度向量 $\boldsymbol{a}(t)$, 再由关系式 $\boldsymbol{v}'(t) = \boldsymbol{a}(t)$ 求出速度向量 $\boldsymbol{v}(t)$, 最后由关系式 $\boldsymbol{r}'(t) = \boldsymbol{v}(t)$ 确定 $\boldsymbol{r}(t)$.)

9. 设复值函数 $z(t)$ 在点 t_0 可导, 且 $z(t_0) \neq 0$. 证明: 函数 $|z|(t) = |z(t)|$ 也在点 t_0 可导, 且

$$|z|'(t_0) = \frac{z'(t_0)\overline{z(t_0)} + z(t_0)\overline{z'(t_0)}}{2|z(t_0)|}.$$

并举例说明: 当 $z(t_0) = 0$ 时, 函数 $|z|(t) = |z(t)|$ 一般不在点 t_0 可导.

第 4 章综合习题

1. 对给定的正数 k, 求一斜率为 k 的直线 $y = kx + b$, 使它与抛物线 $y = x^2$ 连接成一光滑的 (即每点都有切线的) 曲线, 即使新曲线的左半部分与直线 $y = kx + b$ 重合, 右半部分与抛物线 $y = x^2$ 重合.

2. 设函数 f 在整个数轴上有定义, 且对任意 $x, y \in \mathbf{R}$ 成立

$$f(x + y) = f(x)f(y).$$

又设 $f(0) \neq 0$ 且 $f'(0) = a$. 证明: 对任意 $x \in \mathbf{R}$ 都有 $f'(x) = af(x)$.

3. 设 $f(x) = \sin x + \dfrac{\sin 3x}{3} + \dfrac{\sin 5x}{5} + \dfrac{\sin 7x}{7}$. 证明: $f'\left(\dfrac{\pi}{9}\right) = \dfrac{1}{2}$.

4. 用平行移动直线 $y = px + q$ 分析该直线何时成为切线的方法, 求:

(1) 方程 $\mathrm{e}^x = px + q$ 有一个根和两个根的条件.

(2) 方程 $\sin x = px + q$ 有一个根、两个根、三个根至 m 个根的条件.

(3) 方程 $x \sin x = px + q$ 根的个数如何随 p, q 变化.

5. 设函数 f 在区间 I 上有三阶导数, 且 $f(x) \neq 0$, $f'(x) \neq 0$, $\forall x \in I$. 令 $g = 1/f$. 证明在区间 I 上成立

$$\frac{f'''(x)}{f'(x)} - \frac{3}{2}\left(\frac{f''(x)}{f'(x)}\right)^2 = \frac{g'''(x)}{g'(x)} - \frac{3}{2}\left(\frac{g''(x)}{g'(x)}\right)^2.$$

6. 证明下列恒等式, 并写出取 $x = \dfrac{1}{2}$ 所得到的相应等式:

(1) $\displaystyle\sum_{k=0}^{n} k \binom{n}{k} x^k (1-x)^{n-k} = nx$;

(2) $\displaystyle\sum_{k=0}^{n} k(k-1)\binom{n}{k} x^k (1-x)^{n-k} = n(n-1)x^2$;

(3) $\displaystyle\sum_{k=0}^{n} (k-nx)^2 \binom{n}{k} x^k (1-x)^{n-k} = nx(1-x)$.

7. 对函数 $f(x) = x^2 \mathrm{e}^x \sin x$, 证明:

$$f^{(n)}(x) = \mathrm{e}^x \sum_{k=0}^{n} \binom{n}{k} [x^2 + 2(n-k)x + (n-k)(n-k-1)] \sin\left(x + \frac{k}{2}\pi\right).$$

8. 设 $f(x) = \dfrac{x^n}{x^2 - 1}$, 其中 n 为正整数. 求 $f^{(n)}(x)$ $(x \neq \pm 1)$.

9. 设 $y = \dfrac{1}{\sqrt{x^2+1}}$. 证明: 对任意正整数 n 成立

$$y^{(n+1)} = -\frac{(2n+1)xy^{(n)} + n^2 y^{(n-1)}}{x^2+1}.$$

10. 设 $y = e^{\sqrt{x}}$. 证明: 对任意正整数 n 成立

$$y^{(n+1)} = -\frac{y^{(n-1)} - 2(2n-1)xy^{(n)}}{4x}.$$

11. 设 f 和 g 都在 x_0 点的一个邻域中有定义并有直至 n 阶的导数. 记 $N(f) = \sum\limits_{k=0}^{n} \dfrac{1}{k!} |f^{(k)}(x_0)|$. 证明:

$$N(fg) \leqslant N(f)N(g).$$

第 5 章

导数的应用

这一章介绍导数的应用. 导数的应用包括两个方面: 一方面是它在数学以外的其他学科如物理学、化学、生物学、医学、经济学等乃至现实生活中的应用; 另一方面是它在数学本身中的应用. 在第 4 章开始引进导数概念时, 已经涉及了导数在数学以外的其他学科中的应用. 这方面的应用是非常广泛的, 不可能在这里全部涉及, 而只能选择一些比较简单的加以介绍以使读者对导数在这方面的应用有初步的了解. 导数在数学本身中的应用相当广泛. 函数的许多性质的研究, 如函数的极值、函数的增减性和凸凹性等, 还有许多估计式即不等式的建立, 都可以借助于研究函数的导数来完成. 希望读者对导数在这两个方面的应用都能深入地体会进而很好地掌握.

5.1 微分中值定理

利用导数研究函数的各种性质这一方法的基础, 是微分中值定理. 所以作为本章的第 1 节, 先建立微分中值定理.

定义 5.1.1 设函数 f 在 x_0 点及其附近有定义. 如果存在 $\delta > 0$, 使 $f(x_0)$ 是 f 在区间 $(x_0 - \delta, x_0 + \delta)$ 上的最大值 (最小值), 即成立

$$f(x) \leqslant f(x_0), \quad \forall x \in (x_0 - \delta, x_0 + \delta)$$
$$(f(x) \geqslant f(x_0), \quad \forall x \in (x_0 - \delta, x_0 + \delta)),$$

则称 x_0 为 f 的**极大值点** (极小值点), $f(x_0)$ 称为 f 的**极大值** (极小值).

极大值 (点) 和极小值 (点) 统称为**极值** (点) (图 5-1-1).

函数的极值点和极值是局部性的概念, 即一个函数 f 在某点 x_0 达到极大值 (或极小值), 只需 $f(x_0)$ 大于或等于 (小于或等于) f 在 x_0 左右邻近非常接近 x_0 的点处的值即可, 而 f 在距离 x_0 较远处的点处的值的大小不影响 x_0 是否为 f 的极值点, 见图 5-1-1. 与此相反, 函数的最大值和最小值则是全局性的概念, 即对于一个定义在集合 S 上的函数 f, 它在某点 $x_0 \in S$ 处达到最大值 (或最小值), 必须对所有的 $x \in S$ 都成立 $f(x) \leqslant f(x_0)$ $(f(x) \geqslant f(x_0))$.

定理 5.1.1 (费马定理) 设函数 f 在 x_0 点及其附近有定义. 如果 x_0 是 f 的极值点, 并且 f 在 x_0 点可导, 则 $f'(x_0) = 0$.

该定理的几何意义是: 如果函数 f 在 x_0 点达到极值并且在该点可导, 则曲线 $y = f(x)$ 在 $(x_0, f(x_0))$ 点的切线平行于 x 轴, 见图 5-1-2.

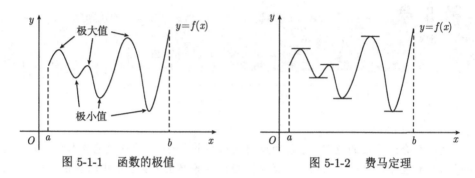

图 5-1-1　函数的极值　　　　　　　　图 5-1-2　费马定理

证明　不妨设 f 在 x_0 点取到极大值. 则存在 $\delta > 0$ 使成立

$$f(x) \leqslant f(x_0), \quad \forall x \in (x_0 - \delta, x_0 + \delta).$$

于是有

$$\frac{f(x) - f(x_0)}{x - x_0} \leqslant 0, \quad \forall x \in (x_0, x_0 + \delta) \tag{5.1.1}$$

和

$$\frac{f(x) - f(x_0)}{x - x_0} \geqslant 0, \quad \forall x \in (x_0 - \delta, x_0). \tag{5.1.2}$$

由于 f 在 x_0 点可导, 所以 $f'(x_0)$, $f'_+(x_0)$ 和 $f'_-(x_0)$ 都存在且三者相等. 由式 (5.1.1) 可知

$$f'_+(x_0) = \lim_{x \to x_0^+} \frac{f(x) - f(x_0)}{x - x_0} \leqslant 0, \tag{5.1.3}$$

而由式 (5.1.2) 可知

$$f'_-(x_0) = \lim_{x \to x_0^-} \frac{f(x) - f(x_0)}{x - x_0} \geqslant 0. \tag{5.1.4}$$

因此, 一方面, 由式 (5.1.3) 可知 $f'(x_0) = f'_+(x_0) \leqslant 0$; 另一方面, 由式 (5.1.4) 又可知 $f'(x_0) = f'_-(x_0) \geqslant 0$, 所以必有 $f'(x_0) = 0$.　　　　　　　　□

定理 5.1.2 (罗尔定理)　设函数 f 在闭区间 $[a, b]$ 上连续, 在开区间 (a, b) 内可微. 又设 $f(a) = f(b)$. 则必存在点 $\xi \in (a, b)$ 使成立 $f'(\xi) = 0$.

该定理的几何意义是: 如果函数 f 在区间 $[a, b]$ 的两个端点处的值相等, 则曲线 $y = f(x)$ 必在某点 $(\xi, f(\xi))$ 处具有水平的切线, 如图 5-1-3.

证明　记 $M = f(a) = f(b)$. 如果 $f(x) = M$, $\forall x \in [a, b]$, 则 f 在区间 $[a, b]$ 上是常值函数, 从而其导数处处为零, 故只要任取 $\xi \in (a, b)$ 便都成立 $f'(\xi) = 0$. 以下设 f 在 $[a, b]$ 上不恒等于 M, 即 f 不是常值函数. 由于 f 在闭区间 $[a, b]$ 上连续, 所

以它在此区间上有最大值和最小值. 令 x_M 和 x_m 分别为 f 在区间 $[a,b]$ 上的最大值点和最小值点. 由于 f 不恒等于 M, 所以 $f(x_M)$ 和 $f(x_m)$ 中至少有一个不等于 M. 不妨设 $f(x_M) \neq M$, 这意味着 $x_M \neq a$ 且 $x_M \neq b$, 所以 $x_M \in (a,b)$, 从而当取 $\delta = \min\{x_M - a, b - x_M\}$ 时, 就有 $\delta > 0$. 由 x_M 是 f 在区间 $[a,b]$ 上的最大值点可知 $f(x) \leqslant f(x_M), \forall x \in [a,b]$, 进而 $f(x) \leqslant f(x_M), \forall x \in (x_M - \delta, x_M + \delta)$ (这是因为 $(x_M - \delta, x_M + \delta) \subseteq [a,b]$). 因此 x_M 是 f 的极大值点, 从而根据费马定理即知 $f'(x_M) = 0$. 令 $\xi = x_M$, 就得到了 $f'(\xi) = 0$. □

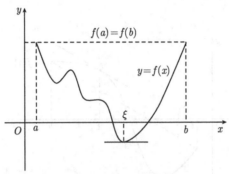

图 5-1-3 罗尔定理

注意, 罗尔定理有三个条件:

(1) 函数 f 在闭区间 $[a,b]$ 上连续;

(2) 函数 f 在开区间 (a,b) 内可微;

(3) f 在两个端点处的值相等 $f(a) = f(b)$.

这三个条件共同保证了, 存在点 $\xi \in (a,b)$ 使成立 $f'(\xi) = 0$. 必须强调的是, 为使这个定理的结论成立, 这三个条件都不能减少. 从几何上容易看出, 条件 (3) 的确不能去掉. 为说明条件 (1) 和 (2) 也都不能去掉, 举例如下.

例 1 (1) 函数 $f(x) = \sqrt{|x|}$ 在闭区间 $[-1,1]$ 上连续, 且 $f(-1) = f(1)$, 但却在开区间 $(-1,1)$ 上不是处处可微的: f 在点 $x = 0$ 没有导数. 在区间 $(-1,1)$ 上使 f 可微的每个点 x 处有 $f'(x) = \dfrac{\operatorname{sgn} x}{2\sqrt{|x|}} \neq 0$. 因此不存在点 $\xi \in (-1,1)$ 使成立 $f'(\xi) = 0$. 可见条件 (2) 是不能减少的.

(2) 函数

$$f(x) = \begin{cases} x, & \text{当 } 0 \leqslant x < 1, \\ 0, & \text{当 } x = 1 \end{cases}$$

在开区间 $(0,1)$ 内可微 (因而也在 $(0,1)$ 内连续), 且 $f(0) = f(1) = 0$, 但却不存在点 $\xi \in (0,1)$ 使成立 $f'(\xi) = 0$. 之所以发生这种情况, 是因为该函数在闭区间 $[0,1]$ 的右端点 $x = 1$ 处不连续. 因此条件 (1) 是不能减弱的.

如果去掉条件 (3), 则罗尔定理的结论需做修改. 这就是下述定理.

定理 5.1.3 (拉格朗日中值定理) 设函数 f 在闭区间 $[a,b]$ 上连续, 在开区间 (a,b) 内可微. 则必存在点 $\xi \in (a,b)$ 使成立

$$f'(\xi) = \frac{f(b) - f(a)}{b - a}. \tag{5.1.5}$$

这个定理也经常称为**微分中值定理**. 该定理的几何意义是: 可微曲线 $y = f(x)$ 上必有一点 $(\xi, f(\xi))$, 使得该曲线在这一点的切线平行于连接该曲线两个端点的割线, 见图 5-1-4.

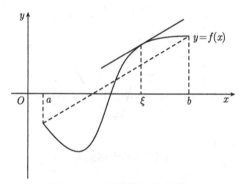

图 5-1-4   拉格朗日中值定理

证明   引进辅助函数 F 如下:

$$F(x) = f(x) - f(a) - \frac{f(b) - f(a)}{b - a}(x - a), \quad \forall x \in [a, b].$$

易见该函数在闭区间 $[a,b]$ 上连续, 在开区间 (a,b) 内可微, 且在两个端点处的值相等: $F(a) = F(b) = 0$. 所以根据罗尔定理, 必存在点 $\xi \in (a,b)$ 使成立 $F'(\xi) = 0$. 显然有

$$F'(x) = f'(x) - \frac{f(b) - f(a)}{b - a}, \quad \forall x \in (a, b).$$

所以由 $F'(\xi) = 0$ 即得式 (5.1.5).   □

注意, 拉格朗日中值定理有两个条件: ① 函数 f 在闭区间 $[a,b]$ 上连续; ② 函数 f 在开区间 (a,b) 内可微. 从例 1 看到, 这两个条件都不能减弱. 此外, 这个定理只保证了使式 (5.1.5) 成立的点 $\xi \in (a,b)$ 的存在性, 而没有涉及这样的点 ξ 有多少个. 必须说明, 一般而言点 ξ 不一定唯一. 然而在具体的应用中, 一般只要有这样的 ξ 存在就已经足够了, 而无须知道到底有多少个这样的点.

下面的定理是拉格朗日中值定理的一个推广的形式.

定理 5.1.4 (柯西中值定理) 设函数 f 和 g 都在闭区间 $[a,b]$ 上连续, 且都在开区间 (a,b) 内可微. 又设 $g(b) \neq g(a)$, 且 $f'(x)$ 和 $g'(x)$ 不同时为零. 则必存在点

$\xi \in (a, b)$ 使成立

$$\frac{f'(\xi)}{g'(\xi)} = \frac{f(b) - f(a)}{g(b) - g(a)}. \tag{5.1.6}$$

该定理的几何意义与拉格朗日中值定理的几何意义相同: 设可微曲线 C 的参数方程为

$$\begin{cases} x = g(t), \\ y = f(t), \end{cases} \quad a \leqslant t \leqslant b.$$

则式 (5.1.6) 的左端是曲线 C 在点 $(g(\xi), f(\xi))$ 处的切线的斜率, 右端是连接曲线 C 两个端点的割线的斜率. 因此, 柯西中值定理从几何上看是说曲线 C 上必有一点, 使得 C 在该点处的切线平行于连接 C 之两个端点的割线. 见图 5-1-5.

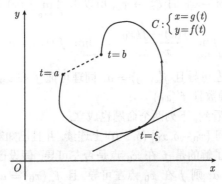

图 5-1-5 柯西中值定理

证明 引进辅助函数 F 如下:

$$F(x) = f(x) - f(a) - \frac{f(b) - f(a)}{g(b) - g(a)}(g(x) - g(a)), \quad \forall x \in [a, b].$$

易见该函数在闭区间 $[a, b]$ 上连续, 在开区间 (a, b) 内可导, 且在两个端点处的值相等: $F(a) = F(b) = 0$. 所以根据罗尔定理, 必存在点 $\xi \in (a, b)$ 使成立 $F'(\xi) = 0$. 显然有

$$F'(x) = f'(x) - \frac{f(b) - f(a)}{g(b) - g(a)}g'(x), \quad \forall x \in (a, b).$$

所以由 $F'(\xi) = 0$ 即得式 (5.1.6). □

必须注意, 柯西中值定理中的条件 "$f'(x)$ 和 $g'(x)$ 不同时为零" 是不能去掉的, 反例如下: 考虑区间 $[-1, 1]$ 上的函数 $f(x) = x^2$ 和 $g(x) = x^3$. 显然 f 和 g 都在 $[-1, 1]$ 上连续且可微. 有 $\dfrac{f(1) - f(-1)}{g(1) - g(-1)} = 0$, 但 $\dfrac{f'(\xi)}{g'(\xi)} = \dfrac{2\xi}{3\xi^2} \neq 0$. 因此不存在点 $\xi \in (a, b)$ 使成立 $\dfrac{f'(\xi)}{g'(\xi)} = \dfrac{f(1) - f(-1)}{g(1) - g(-1)}$. 之所以发生这种情况, 是因为函数 $f'(x)$ 和 $g'(x)$ 在区间 $(-1, 1)$ 中有公共的零点 $f'(0) = g'(0) = 0$.

　　下面给出拉格朗日中值定理的一个应用. 这个定理的更多应用以及本节所证明的其他定理的应用将在后面各节逐步给出.

　　例 2 (本例可作为定理使用)　　设函数 f 在区间 $(x_0 - \delta, x_0 + \delta)$ $(\delta > 0)$ 上连续, 并且已知对任意 $x \in (x_0 - \delta, x_0 + \delta) \setminus \{x_0\}$, f 在 x 点都可微, 尚不了解 f 是否也在 x_0 点可微. 假设已知导函数 f' 在 x_0 点有极限: $\lim\limits_{x \to x_0} f'(x) = a$. 则 f 也在 x_0 点可微, 且 $f'(x_0) = a$.

　　证明　　对任意 $x \in (x_0 - \delta, x_0)$, 在区间 $[x, x_0]$ 上应用拉格朗日中值定理 (不难看出拉格朗日中值定理的所有条件都满足), 即知存在点 $\xi_x \in (x, x_0)$ 使成立

$$\frac{f(x) - f(x_0)}{x - x_0} = f'(\xi_x).$$

由 $\xi_x \in (x, x_0)$ 可知当 $x \to x_0$ 时 $\xi_x \to x_0$, 所以由 $\lim\limits_{x \to x_0} f'(x) = a$ 得

$$\lim_{x \to x_0^-} \frac{f(x) - f(x_0)}{x - x_0} = \lim_{x \to x_0^-} f'(\xi_x) = a.$$

这说明函数 f 在 x_0 点左可导且 $f'_-(x_0) = a$. 同理可证 f 在 x_0 点右可导且 $f'_+(x_0) = a$. 因此, f 在 x_0 点有导数且 $f'(x_0) = a$. 　　　　　　　　□

　　从这个例子的证明看到, 下列两个命题也成立:

　　(1) 设函数 f 在区间 $(x_0 - \delta, x_0]$ $(\delta > 0)$ 上连续, 并且已知对任意 $x \in (x_0 - \delta, x_0)$, f 在 x 点都可微, 尚不了解的是 f 在 x_0 点是否左可导. 假设已知导函数 f' 在 x_0 点有左极限 $\lim\limits_{x \to x_0^-} f'(x) = a$. 则 f 在 x_0 点左可导, 且 $f'_-(x_0) = a$.

　　(2) 设函数 f 在区间 $[x_0, x_0 + \delta)$ $(\delta > 0)$ 上连续, 并且已知对任意 $x \in (x_0, x_0 + \delta)$, f 在 x 点都可微, 尚不了解的是 f 在 x_0 点是否右可导. 假设已知导函数 f' 在 x_0 点有右极限 $\lim\limits_{x \to x_0^+} f'(x) = a$. 则 f 在 x_0 点右可导, 且 $f'_+(x_0) = a$.

　　必须强调, 在以上例子及命题中, 条件 “f 在 x_0 点连续” (在讨论左导数时要求左连续, 在讨论右导数时要求右连续) 是不可或缺的条件. 因为函数在一点可导蕴含着它也在该点连续. 所以, 不仔细地检验 f 是否在 x_0 点连续而仅从极限 $\lim\limits_{x \to x_0} f'(x) = a$ 存在且等于 a 就断言 $f'(x_0) = a$ 可能引致错误的结论.

习　题　5.1

　　1. 证明下述广义罗尔定理: 设函数 f 在有穷或无穷的区间 (a, b) 上处处可微且成立

$$\lim_{x \to a^+} f(x) = \lim_{x \to b^-} f(x).$$

这个等式的意思是或者等式两端的极限都存在且相等, 或者等式两端都是正无穷大或都是负无穷大. 则存在 $\xi \in (a, b)$ 使得 $f'(\xi) = 0$.

　　2. 对于 n 阶实系数多项式 $P(x) = a_0 x^n + a_1 x^{n-1} + \cdots + a_{n-1} x + a_n$ $(a_0 \neq 0)$, 证明:

(1) $P(x)$ 最多只有 n 个不同的实根;

(2) 如果 $P(x)$ 的 n 个根 (重根按重数计算) 都是实数, 则其各阶导数 $P'(x)$, $P''(x)$, $\cdots$, $P^{(n-1)}(x)$ 的根也都是实数.

3. 证明:

(1) 方程 $ax^3 + bx^2 + cx = \dfrac{a}{4} + \dfrac{b}{3} + \dfrac{c}{2}$ 在区间 $(0,1)$ 上至少有一个根;

(2) 设 $a^2 - 3b < 0$. 则方程 $x^3 + ax^2 + bx + c = 0$ 只有一个实根.

4. 证明施图姆定理: 设 $f(x)$ 和 $g(x)$ 都是区间 I 上的可微函数, 且 $f(x)g'(x) \neq f'(x)g(x)$, $\forall x \in I$. 则在 $f(x)$ 的任意两个零点之间都夹有 $g(x)$ 的至少一个零点.

5. 设 $f(x)$ 是可微函数, a 是常数. 证明:

(1) 在 $f(x)$ 的两个零点之间必有 $f'(x) + af(x)$ 的一个零点;

(2) 在 $f(x)$ 的两个正零点之间必有 $xf'(x) + af(x)$ 的一个零点.

6. 设函数 f 在区间 I 上可微且导函数有界. 证明: 存在常数 $C > 0$ 使成立

$$|f(x) - f(y)| \leqslant C|x - y|, \qquad \forall x, y \in I.$$

7. 设函数 $f(x)$, $g(x)$ 和 $h(x)$ 都在 $[a,b]$ 上连续, 在 (a,b) 上可微. 证明:

(1) 存在 $\xi \in (a,b)$ 使成立 $f'(\xi)f(a+b-\xi) = f(\xi)f'(a+b-\xi)$;

(2) 如果 $g'(x) \neq 0$, $\forall x \in (a,b)$, 则存在 $\xi \in (a,b)$ 使成立

$$\frac{f'(\xi)}{g'(\xi)} = \frac{f(\xi) - f(a)}{g(b) - g(\xi)};$$

(3) 存在 $\xi \in (a,b)$ 使成立

$$\begin{vmatrix} f(a) & f(b) & f'(\xi) \\ g(a) & g(b) & g'(\xi) \\ h(a) & h(b) & h'(\xi) \end{vmatrix} = 0.$$

8. 证明下列不等式:

(1) $\dfrac{a-b}{1+a^2} < \arctan a - \arctan b < \dfrac{a-b}{1+b^2}$, 其中 $a > b > 0$;

(2) $\dfrac{a-b}{a} < \ln \dfrac{a}{b} < \dfrac{a-b}{b}$, 其中 $a, b > 0$, $a \neq b$;

(3) $pb^{p-1}(a-b) < a^p - b^p < pa^{p-1}(a-b)$, 其中 $a > b > 0$ 且 $p > 1$.

9. 设 $p > 0$. 证明: 对任意正整数 n 成立不等式

$$\frac{n^{p+1}}{p+1} < 1^p + 2^p + \cdots + n^p < \frac{(n+1)^{p+1}}{p+1}.$$

10. 设 m, n 都是正整数且 $m > n$. 证明: 对任意 $x > 0$ 成立不等式

$$\frac{m}{n} \min\{1, x^{m-n}\} \leqslant \frac{1 + x + \cdots + x^{m-1}}{1 + x + \cdots + x^{n-1}} \leqslant \frac{m}{n} \max\{1, x^{m-n}\},$$

且等号成立当且仅当 $x = 1$.

11. 考虑函数

$$f(x) = \begin{cases} x^2 \sin \dfrac{1}{x}, & x \neq 0, \\ 0, & x = 0. \end{cases}$$

对任意 $x > 0$, 在区间 $[0, x]$ 上应用拉格朗日中值定理, 可知存在 $0 < \xi_x < x$ 使得

$$x \sin \frac{1}{x} = 2\xi_x \sin \frac{1}{\xi_x} - \cos \frac{1}{\xi_x}.$$

由条件 $0 < \xi_x < x$ 知当 $x \to 0$ 时 $\xi_x \to 0$, 所以

$$0 = \lim_{x \to 0} x \sin \frac{1}{x} = \lim_{x \to 0} \left(2\xi_x \sin \frac{1}{\xi_x} - \cos \frac{1}{\xi_x} \right) \quad \text{(作变量代换 } \xi = \xi_x\text{)}$$

$$= \lim_{\xi \to 0} \left(2\xi \sin \frac{1}{\xi} - \cos \frac{1}{\xi} \right).$$

由于 $\lim\limits_{\xi \to 0} 2\xi \sin \dfrac{1}{\xi} = 0$, 所以推得

$$\lim_{\xi \to 0} \cos \frac{1}{\xi} = 0.$$

但极限 $\lim\limits_{\xi \to 0} \cos \dfrac{1}{\xi}$ 不存在. 问矛盾何在?

12. 设函数 f 在区间 I 上可微, 且存在常数 $a > 0$ 使得 $|f'(x)| \leqslant a$, $\forall \in I$. 证明: 存在常数 $b > 0$ 使 $|f(x)| \leqslant a|x| + b$, $\forall \in I$.

13. 证明**达布定理**: 设函数 f 在区间 I 上处处可微. 记 $A = \inf\limits_{x \in I} f'(x)$, $B = \sup\limits_{x \in I} f'(x)$ (当 f' 无下界时规定 $A = -\infty$, 同样当 f' 无上界时规定 $B = +\infty$). 则对任意 $A < c < B$, 必存在相应的 $\xi \in I$ 使 $f'(\xi) = c$.

14. 设函数 f 在 $[a, b]$ 上连续, 在 (a, b) 上有二阶导数. 证明: 存在 $\xi \in (a, b)$ 使成立

$$f(a) + f(b) - 2f\left(\frac{a+b}{2} \right) = \frac{(b-a)^2}{4} f''(\xi).$$

15. 设函数 f 在闭区间 $[a, b]$ 上连续, 在开区间 (a, b) 上处处左可导, 且左导数 f'_- 在 (a, b) 上连续. 证明:

(1) 如果 $f(a) = f(b)$, 则存在 $\xi \in (a, b)$ 使 $f'_-(\xi) = 0$;

(2) 存在 $\xi \in (a, b)$ 使成立 $f(b) - f(a) = f'_-(\xi)(b - a)$;

(3) f 在 (a, b) 上处处可导, 进而是 (a, b) 上的连续可导函数.

16. 设函数 f 在 $[0, +\infty)$ 上连续, 在 $(0, +\infty)$ 上可微, 且存在常数 $C > 0$ 使得 $|f'(x)| \leqslant C|f(x)|$, $\forall x > 0$. 又设 $f(0) = 0$. 证明: $f(x) = 0$, $\forall x \geqslant 0$.

17. 证明:

(1) 如果 $f(x)$ 在 $(a, +\infty)$ 上可导且 $f'(x)$ 有界, 则 $f(x)$ 在 $(a, +\infty)$ 上一致连续;

(2) 如果 $f(x)$ 在 $(a, +\infty)$ 上可导且 $\lim\limits_{x \to +\infty} |f'(x)| = +\infty$, 则 $f(x)$ 在 $(a, +\infty)$ 上不一致连续.

18. 设 $f(x)$ 在 $(0,a]$ 上连续, 在 $(0,\delta)$ $(0 < \delta \leqslant a)$ 上可导, 且存在 $0 < \mu < 1$ 和 $C > 0$ 使对任意 $x \in (0,\delta)$ 有 $|f'(x)| \leqslant Cx^{-\mu}$. 证明: $f(x)$ 在 $(0,a]$ 上一致连续.

5.2 洛必达法则

在第 3 章学习函数的极限时, 已经知道极限的运算满足以下法则:

$$\lim_{x \to x_0} \big(f(x) \pm g(x)\big) = \lim_{x \to x_0} f(x) \pm \lim_{x \to x_0} g(x),$$

$$\lim_{x \to x_0} f(x)g(x) = \lim_{x \to x_0} f(x) \cdot \lim_{x \to x_0} g(x),$$

$$\lim_{x \to x_0} \frac{f(x)}{g(x)} = \frac{\lim\limits_{x \to x_0} f(x)}{\lim\limits_{x \to x_0} g(x)},$$

$$\lim_{x \to x_0} \big(f(x)\big)^{g(x)} = \Big(\lim_{x \to x_0} f(x)\Big)^{\lim\limits_{x \to x_0} g(x)}.$$

这些等式的成立不仅要求 $\lim\limits_{x \to x_0} f(x)$ 和 $\lim\limits_{x \to x_0} g(x)$ 都存在, 而且还必须满足在除法极限式中分母极限不等于零, 在幂指极限式中底的极限大于零. 如果这些条件不满足, 那么上面的运算法则就不可用. 但是, 这并不意味着等式左端的极限一定不存在. 事实上, 有很多例子, 等式左端的极限存在, 但却不能按上面的法则来计算. 例如,

$$\lim_{x \to 0} \frac{1 - \cos x}{x^2} = \lim_{x \to 0} \frac{2\sin^2 \dfrac{x}{2}}{x^2} = \lim_{x \to 0} \frac{1}{2}\left(\frac{\sin \dfrac{x}{2}}{\dfrac{x}{2}}\right)^2 = \frac{1}{2}\left(\lim_{x \to 0} \frac{\sin \dfrac{x}{2}}{\dfrac{x}{2}}\right)^2 = \frac{1}{2}.$$

但是这个极限无法应用前面关于商的极限的除法规则计算. 由上式又知道

$$\lim_{x \to 0} \left(\frac{1}{x^2} - \frac{\cos x}{x^2}\right) = \lim_{x \to 0} \frac{1 - \cos x}{x^2} = \frac{1}{2},$$

但是这个极限也无法应用前面关于差的极限的运算规则计算. 像这样一些不能直接应用求极限的基本运算法则来确定极限是否存在以及确定极限值的极限式, 叫做极限的 **未定式**. 应用柯西中值定理, 可以得到计算未定式极限的一个非常有效的方法——**洛必达** (G. F. L'Hospital, 1661~1704, 法国人) **法则**. 这个法则虽然不是万能的, 但实践证明很多未定式极限的计算问题都可用它解决.

不难知道, 极限的未定式可分为以下七种类型:

$$\infty - \infty, \quad 0 \cdot \infty, \quad \frac{0}{0}, \quad \frac{\infty}{\infty}, \quad 0^0, \quad 1^\infty, \quad \infty^0.$$

由于 $(f(x))^{g(x)} = \mathrm{e}^{g(x)\ln f(x)}$, 所以后三种类型的未定式都可化归为 $0 \cdot \infty$ 型的未定式. 又因

$$f(x)g(x) = \frac{f(x)}{(g(x))^{-1}} = \frac{g(x)}{(f(x))^{-1}},$$

所以形如 $0 \cdot \infty$ 型的未定式又可进一步化成 $\dfrac{0}{0}$ 型或 $\dfrac{\infty}{\infty}$ 型的未定式. 另外, 正如在前面第二个例子中所做的那样, $\infty - \infty$ 的未定式也可化成 $\dfrac{0}{0}$ 型或 $\dfrac{\infty}{\infty}$ 型的未定式. 而对 $\dfrac{0}{0}$ 型和 $\dfrac{\infty}{\infty}$ 型的未定式, 显然它们是可以互化的. 但是在许多问题中, 这两种未定式各有其特点, 有时需要转化成另外一种, 有时则不能做这样的转化. 因此, 下面介绍求 $\dfrac{0}{0}$ 型和 $\dfrac{\infty}{\infty}$ 型的未定式极限的洛必达法则.

定理 5.2.1 (洛必达法则 1)　设

(1) f 和 g 都在 $(x_0 - \delta, x_0) \cup (x_0, x_0 + \delta)$ $(\delta > 0)$ 上可导;

(2) $g'(x) \neq 0$, $\forall x \in (x_0 - \delta, x_0) \cup (x_0, x_0 + \delta)$;

(3) $\lim\limits_{x \to x_0} f(x) = \lim\limits_{x \to x_0} g(x) = 0$;

(4) 极限 $\lim\limits_{x \to x_0} \dfrac{f'(x)}{g'(x)}$ 存在.

则极限 $\lim\limits_{x \to x_0} \dfrac{f(x)}{g(x)}$ 也存在, 且

$$\lim_{x \to x_0} \frac{f(x)}{g(x)} = \lim_{x \to x_0} \frac{f'(x)}{g'(x)}. \tag{5.2.1}$$

证明　首先, 由于 $\lim\limits_{x \to x_0} g(x) = 0$ 且 $g'(x) \neq 0$, $\forall x \in (x_0 - \delta, x_0) \cup (x_0, x_0 + \delta)$, 应用拉格朗日中值定理, 即知 $g(x) \neq 0$, $\forall x \in (x_0 - \delta, x_0) \cup (x_0, x_0 + \delta)$. 所以 $\dfrac{f(x)}{g(x)}$ 对所有 $x \in (x_0 - \delta, x_0) \cup (x_0, x_0 + \delta)$ 都有定义.

记式 (5.2.1) 右端的极限为 a. 在 $(x_0 - \delta, x_0 + \delta)$ 上定义函数 F 和 G 分别如下:

$$F(x) = \begin{cases} f(x), & \text{当 } x \neq x_0, \\ 0, & \text{当 } x = x_0, \end{cases} \qquad G(x) = \begin{cases} g(x), & \text{当 } x \neq x_0, \\ 0, & \text{当 } x = x_0. \end{cases}$$

显然 F 和 G 都在 $(x_0 - \delta, x_0 + \delta)$ 上连续, 在 $(x_0 - \delta, x_0) \cup (x_0, x_0 + \delta)$ 上可导, 且 $G'(x) = g'(x) \neq 0$, $\forall x \in (x_0 - \delta, x_0) \cup (x_0, x_0 + \delta)$. 对任意 $x \in (x_0, x_0 + \delta)$, 在区间 $[x_0, x]$ 上对函数 F 和 G 应用柯西中值定理, 可知存在 $\xi_x \in (x_0, x)$ 使成立

$$\frac{F(x) - F(x_0)}{G(x) - G(x_0)} = \frac{F'(\xi_x)}{G'(\xi_x)}.$$

由于 $F(x_0) = G(x_0) = 0$, $F(x) = f(x)$, $G(x) = g(x)$, $F'(\xi_x) = f'(\xi_x)$, $G'(\xi_x) = g'(\xi_x)$, 所以上式可改写为

$$\frac{f(x)}{g(x)} = \frac{f'(\xi_x)}{g'(\xi_x)}. \tag{5.2.2}$$

由 $x_0 < \xi_x < x$ 知 $\lim\limits_{x \to x_0} \xi_x = x_0$, 所以由式 (5.2.2) 即得

$$\lim_{x \to x_0^+} \frac{f(x)}{g(x)} = \lim_{x \to x_0} \frac{f'(\xi_x)}{g'(\xi_x)} = \lim_{x \to x_0} \frac{f'(x)}{g'(x)} = a.$$

同理可证明

$$\lim_{x \to x_0^-} \frac{f(x)}{g(x)} = a.$$

因此式 (5.2.1) 成立. □

从定理 5.2.1 的证明可以看到, 下列事实成立:

(1) 对于单侧极限, 类似于定理 5.2.1 的结果也成立;

(2) 在定理 5.2.1 的条件 (1)~(3) 下, 如果极限 $\lim\limits_{x \to x_0} \dfrac{f'(x)}{g'(x)}$ 不存在, 但 $\lim\limits_{x \to x_0} \dfrac{f'(x)}{g'(x)} = \infty$, 则亦有 $\lim\limits_{x \to x_0} \dfrac{f(x)}{g(x)} = \infty$. 对单侧极限有类似的结果.

定理 5.2.2 (洛必达法则 2) 设存在实数 M 使成立

(1) f 和 g 都在 $(M, +\infty)$ 上可导;

(2) $g'(x) \neq 0, \forall x \in (M, +\infty)$;

(3) $\lim\limits_{x \to +\infty} f(x) = \lim\limits_{x \to +\infty} g(x) = 0$;

(4) 极限 $\lim\limits_{x \to +\infty} \dfrac{f'(x)}{g'(x)}$ 存在.

则极限 $\lim\limits_{x \to +\infty} \dfrac{f(x)}{g(x)}$ 也存在, 且

$$\lim_{x \to +\infty} \frac{f(x)}{g(x)} = \lim_{x \to +\infty} \frac{f'(x)}{g'(x)}.$$

证明 事实上, 应用定理 5.2.1 有

$$\lim_{x \to +\infty} \frac{f(x)}{g(x)} = \lim_{t \to 0^+} \frac{f\left(\dfrac{1}{t}\right)}{g\left(\dfrac{1}{t}\right)} = \lim_{t \to 0^+} \frac{\left(f\left(\dfrac{1}{t}\right)\right)'}{\left(g\left(\dfrac{1}{t}\right)\right)'} = \lim_{t \to 0^+} \frac{f'\left(\dfrac{1}{t}\right)\left(-\dfrac{1}{t^2}\right)}{g'\left(\dfrac{1}{t}\right)\left(-\dfrac{1}{t^2}\right)}$$

$$= \lim_{t \to 0^+} \frac{f'\left(\dfrac{1}{t}\right)}{g'\left(\dfrac{1}{t}\right)} = \lim_{x \to +\infty} \frac{f'(x)}{g'(x)}. \qquad \square$$

易见对 $x \to -\infty$ 和 $x \to \infty$ 两种极限过程成立类似的定理, 另外, 类似于对前一定理做的注记, 在定理 5.2.2 的条件 (1)~(3) 下, 如果极限 $\lim\limits_{x \to +\infty} \dfrac{f'(x)}{g'(x)}$ 不存在, 但

$$\lim_{x \to +\infty} \frac{f'(x)}{g'(x)} = \infty, \text{ 则亦有 } \lim_{x \to +\infty} \frac{f(x)}{g(x)} = \infty.$$

定理 5.2.3 (洛必达法则 3) 设

(1) f 和 g 都在 $(x_0 - \delta_0, x_0) \cup (x_0, x_0 + \delta_0)$ $(\delta_0 > 0)$ 上可导;

(2) $g'(x) \neq 0, \forall x \in (x_0 - \delta_0, x_0) \cup (x_0, x_0 + \delta_0)$;

(3) $\lim_{x \to x_0} g(x) = \infty$;

(4) 极限 $\lim_{x \to x_0} \dfrac{f'(x)}{g'(x)}$ 存在.

则极限 $\lim_{x \to x_0} \dfrac{f(x)}{g(x)}$ 也存在, 且

$$\lim_{x \to x_0} \frac{f(x)}{g(x)} = \lim_{x \to x_0} \frac{f'(x)}{g'(x)}.$$

证明 采用与数列极限中的 "分步取 N 法" (2.1 节例 7) 类似的方法来证明这个定理.

首先, 由 $\lim_{x \to x_0} \dfrac{f'(x)}{g'(x)}$ 存在可知 $\dfrac{f'(x)}{g'(x)}$ 在点 x_0 附近 (不包括 x_0) 局部有界. 不妨设 $\dfrac{f'(x)}{g'(x)}$ 就在 $(x_0 - \delta_0, x_0) \cup (x_0, x_0 + \delta_0)$ 上有界. 因此存在 $M > 0$ 使成立

$$\left| \frac{f'(x)}{g'(x)} \right| \leqslant M, \qquad \forall x \in (x_0 - \delta_0, x_0) \cup (x_0, x_0 + \delta_0). \tag{5.2.3}$$

其次, 记 $a = \lim_{x \to x_0} \dfrac{f'(x)}{g'(x)}$. 对任意给定的 $\varepsilon > 0$, 由 $\lim_{x \to x_0} \dfrac{f'(x)}{g'(x)} = a$ 知存在 $0 < \delta_1 \leqslant \delta_0$, 使得

$$\left| \frac{f'(x)}{g'(x)} - a \right| < \frac{\varepsilon}{3}, \quad \text{当 } 0 < |x - x_0| < \delta_1. \tag{5.2.4}$$

选定一点 $x_0 < x_1 < x_0 + \delta_1$. 对任意 $x_0 < x < x_1$, 在区间 $[x, x_1]$ 上应用柯西中值定理, 即知存在 $x < \xi_x < x_1$ 使成立

$$\frac{f(x) - f(x_1)}{g(x) - g(x_1)} = \frac{f'(\xi_x)}{g'(\xi_x)}.$$

从这个等式得到

$$f(x) - f(x_1) = \frac{f'(\xi_x)}{g'(\xi_x)} [g(x) - g(x_1)],$$

进而

$$\frac{f(x)}{g(x)} = \frac{f'(\xi_x)}{g'(\xi_x)} \left[1 - \frac{g(x_1)}{g(x)} \right] + \frac{f(x_1)}{g(x)}.$$

因此

$$\frac{f(x)}{g(x)} - a = \left[\frac{f'(\xi_x)}{g'(\xi_x)} - a\right] - \frac{f'(\xi_x)}{g'(\xi_x)} \cdot \frac{g(x_1)}{g(x)} + \frac{f(x_1)}{g(x)}. \tag{5.2.5}$$

由于 $x_0 < x < \xi_x < x_1 < x_0 + \delta_1$, 所以由式 (5.2.4) 可知

$$\left|\frac{f'(\xi_x)}{g'(\xi_x)} - a\right| < \frac{\varepsilon}{3}.$$

又由式 (5.2.3) 可知

$$\left|\frac{f'(\xi_x)}{g'(\xi_x)}\right| \leqslant M.$$

因此由式 (5.2.5) 得到

$$\left|\frac{f(x)}{g(x)} - a\right| \leqslant \left|\frac{f'(\xi_x)}{g'(\xi_x)} - a\right| + \left|\frac{f'(\xi_x)}{g'(\xi_x)}\right| \cdot \left|\frac{g(x_1)}{g(x)}\right| + \left|\frac{f(x_1)}{g(x)}\right|$$
$$< \frac{\varepsilon}{3} + M\left|\frac{g(x_1)}{g(x)}\right| + \left|\frac{f(x_1)}{g(x)}\right|.$$

因为 $\lim\limits_{x \to x_0} g(x) = \infty$, 所以存在 $0 < \delta_2 \leqslant \delta_0$, 使当 $0 < |x - x_0| < \delta_2$ 时, 有

$$\left|\frac{g(x_1)}{g(x)}\right| < \frac{\varepsilon}{3M} \quad \text{和} \quad \left|\frac{f(x_1)}{g(x)}\right| < \frac{\varepsilon}{3}.$$

现在令 $\delta = \min\{x_1 - x_0, \delta_2\}$. 则当 $x_0 < x < x_0 + \delta$ 时, 就有 $x_0 < x < x_1$ 且 $x_0 < x < x_0 + \delta_2$, 所以有

$$\left|\frac{f(x)}{g(x)} - a\right| < \frac{\varepsilon}{3} + M \cdot \frac{\varepsilon}{3M} + \frac{\varepsilon}{3} = \varepsilon.$$

这就证明了 $\lim\limits_{x \to x_0^+} \frac{f(x)}{g(x)} = a$. 同理可证 $\lim\limits_{x \to x_0^-} \frac{f(x)}{g(x)} = a$. 因此

$$\lim\limits_{x \to x_0} \frac{f(x)}{g(x)} = a.$$

定理于是得证.

从定理 5.2.3 的证明可以看到, 对于单侧极限, 类似于定理 5.2.3 的结果也成立.

定理 5.2.4 (洛必达法则 4) 设存在实数 M 使成立

(1) f 和 g 都在 $(M, +\infty)$ 上可导;

(2) $g'(x) \neq 0, \forall x \in (M, +\infty)$;

(3) $\lim\limits_{x \to +\infty} g(x) = \infty$;

(4) 极限 $\lim\limits_{x \to +\infty} \frac{f'(x)}{g'(x)}$ 存在.

则极限 $\lim\limits_{x \to +\infty} \dfrac{f(x)}{g(x)}$ 也存在, 且

$$\lim_{x \to +\infty} \frac{f(x)}{g(x)} = \lim_{x \to +\infty} \frac{f'(x)}{g'(x)}.$$

与定理 5.2.2 从定理 5.2.1 推出完全类似, 这个定理可用相似的方法从定理 5.2.3 推出, 故从略.

例 1　求 $\lim\limits_{x \to 0} \dfrac{\tan x - x}{x - \sin x}$.

解　根据定理 5.2.1 有

$$\lim_{x \to 0} \frac{\tan x - x}{x - \sin x} = \lim_{x \to 0} \frac{\dfrac{1}{\cos^2 x} - 1}{1 - \cos x} = \lim_{x \to 0} \frac{1 - \cos^2 x}{(1 - \cos x)\cos^2 x} = \lim_{x \to 0} \frac{1 + \cos x}{\cos^2 x} = 2.$$

例 2　证明 $\lim\limits_{x \to +\infty} \dfrac{\ln x}{x^p} = 0$ $(p > 0$, 最有意义的是 p 远比 1 小的情形$)$.

证明　根据定理 5.2.4 有

$$\lim_{x \to +\infty} \frac{\ln x}{x^p} = \lim_{x \to +\infty} \frac{\dfrac{1}{x}}{px^{p-1}} = \lim_{x \to +\infty} \frac{1}{px^p} = 0.$$

这个例题说明, 当 $x \to +\infty$ 时, $\ln x$ 趋于无穷大的速度比 x 的任意正幂 x^p $(p$ 可以任意小$)$ 趋于无穷大的速度都慢.

例 3　证明 $\lim\limits_{x \to +\infty} \dfrac{x^p}{\mathrm{e}^x} = 0$ $(p > 0$, 最有意义的是 p 远比 1 大的情形$)$.

证明　令 m 为不小于 p 的最小整数. 根据定理 5.2.4 (反复应用多次) 有

$$\lim_{x \to +\infty} \frac{x^p}{\mathrm{e}^x} = \lim_{x \to +\infty} \frac{px^{p-1}}{\mathrm{e}^x} = \lim_{x \to +\infty} \frac{p(p-1)x^{p-2}}{\mathrm{e}^x} = \cdots$$

$$= \lim_{x \to +\infty} \frac{p(p-1)\cdots(p-m+1)x^{p-m}}{\mathrm{e}^x}$$

$$= \lim_{x \to +\infty} \frac{p(p-1)\cdots(p-m+1)}{x^{m-p}\mathrm{e}^x} = 0.$$

亦可证明如下:

$$\lim_{x \to +\infty} \frac{x^p}{\mathrm{e}^x} = \left(\lim_{x \to +\infty} \frac{x}{\mathrm{e}^{\frac{x}{p}}} \right)^p = \left(\lim_{x \to +\infty} \frac{1}{\dfrac{1}{p}\mathrm{e}^{\frac{x}{p}}} \right)^p = 0.$$

这个例题说明, 当 $x \to +\infty$ 时, e^x 趋于无穷大的速度比 x 的任意正幂 x^p $(p$ 可以任意大$)$ 趋于无穷大的速度都快.

例 4　证明 $\lim\limits_{x \to 0^+} x^p \ln x = 0$ $(p > 0$, 最有意义的是 p 远比 1 小的情形$)$.

证明 根据定理 5.2.3 有

$$\lim_{x\to 0^+} x^p \ln x = \lim_{x\to 0^+} \frac{\ln x}{\dfrac{1}{x^p}} = \lim_{x\to 0^+} \frac{\dfrac{1}{x}}{-\dfrac{p}{x^{p+1}}} = -\lim_{x\to 0^+} \frac{x^p}{p} = 0.$$

这个例题说明, 当 $x \to 0^+$ 时, $\ln x$ 趋于 (负) 无穷大的速度比 x 的任意正幂 x^p (p 可以任意小) 趋于零的速度都慢.

例 5 求 $\displaystyle\lim_{x\to +\infty} \left(\frac{\pi}{2} - \arctan x\right)^{\frac{1}{\ln x}}$.

解 由于 $\displaystyle\lim_{x\to +\infty} \left(\frac{\pi}{2} - \arctan x\right) = 0$, $\displaystyle\lim_{x\to +\infty} \frac{1}{\ln x} = 0$, 所以这是一个 0^0 型的未定式, 因此做如下变形:

$$\left(\frac{\pi}{2} - \arctan x\right)^{\frac{1}{\ln x}} = \exp\left(\frac{\ln\left(\dfrac{\pi}{2} - \arctan x\right)}{\ln x}\right),$$

其中 exp 表示指数函数, 即 $\exp x = e^x$. 根据定理 5.2.4 和定理 5.2.2, 有

$$\lim_{x\to +\infty} \frac{\ln\left(\dfrac{\pi}{2} - \arctan x\right)}{\ln x} = \lim_{x\to +\infty} \frac{-\dfrac{1}{(1+x^2)\left(\dfrac{\pi}{2} - \arctan x\right)}}{\dfrac{1}{x}}$$

$$= -\lim_{x\to +\infty} \frac{\dfrac{x}{1+x^2}}{\dfrac{\pi}{2} - \arctan x} = -\lim_{x\to +\infty} \frac{\dfrac{1-x^2}{(1+x^2)^2}}{-\dfrac{1}{1+x^2}} = \lim_{x\to +\infty} \frac{1-x^2}{1+x^2} = -1.$$

因此

$$\lim_{x\to +\infty} \left(\frac{\pi}{2} - \arctan x\right)^{\frac{1}{\ln x}} = \exp\left(\lim_{x\to +\infty} \frac{\ln\left(\dfrac{\pi}{2} - \arctan x\right)}{\ln x}\right) = e^{-1}.$$

例 6 证明 $\displaystyle\lim_{n\to\infty} \sqrt[n]{n} = 1$(参考图 5-2-1 和图 5-2-2).

证明 把 $\sqrt[n]{n}$ 看成在函数 $f(x) = \left(\dfrac{1}{x}\right)^x$ $(x > 0)$ 中令 $x = x_n = \dfrac{1}{n}$ 所得到的数列. 由于 $\displaystyle\lim_{n\to\infty} x_n = 0$, 所以根据海涅定理, 如果能够证明 $\displaystyle\lim_{x\to 0^+} f(x) = 1$, 则所需证明

的极限式便成立. 为证明 $\lim\limits_{x \to 0^+} f(x) = 1$, 只需证明:

$$\lim_{x \to 0^+} x^x = 1.$$

应用例 4 知

$$\lim_{x \to 0^+} x^x = \lim_{x \to 0^+} \mathrm{e}^{x \ln x} = \mathrm{e}^{\lim\limits_{x \to 0^+} x \ln x} = \mathrm{e}^0 = 1.$$

所以所要证明的极限式成立.　　　　　　　　　　　　　　　　　　　　　□

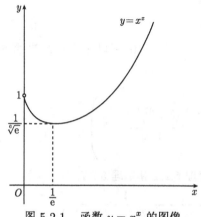

图 5-2-1　函数 $y = x^x$ 的图像

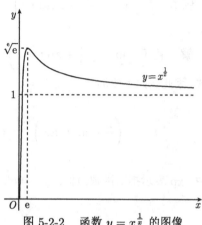

图 5-2-2　函数 $y = x^{\frac{1}{x}}$ 的图像

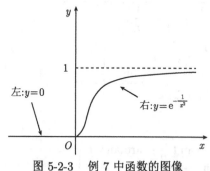

图 5-2-3　例 7 中函数的图像

例 7　证明函数 (图 5-2-3)

$$f(x) = \begin{cases} \mathrm{e}^{-\frac{1}{x^2}}, & \text{当 } x \neq 0, \\ 0, & \text{当 } x = 0 \end{cases}$$

在整个数轴 $(-\infty, +\infty)$ 上无穷次可微, 而且

$$f(0) = f'(0) = f''(0) = \cdots = f^{(n)}(0) = \cdots = 0.$$

证明　由于

$$\lim_{x \to 0} f(x) = \lim_{x \to 0} \mathrm{e}^{-\frac{1}{x^2}} = \lim_{y \to \infty} \mathrm{e}^{-y^2} = 0 = f(0),$$

所以 $f(x)$ 在 $x = 0$ 处连续. 由于在 $x \neq 0$ 的点处 $f(x)$ 是初等函数, 因而是连续的, 所以 $f(x)$ 在整个数轴 $(-\infty, +\infty)$ 上处处连续.

其次, 在 $x \neq 0$ 的点处, $f(x)$ 显然是可导的, 且

$$f'(x) = \left(\mathrm{e}^{-\frac{1}{x^2}} \right)' = \frac{2}{x^3} \mathrm{e}^{-\frac{1}{x^2}}.$$

应用洛必达法则有

$$\lim_{x \to 0} f'(x) = \lim_{x \to 0} \frac{2}{x^3} e^{-\frac{1}{x^2}} = \lim_{y \to \infty} \frac{2y^3}{e^{y^2}} = \lim_{y \to \infty} \frac{6y^2}{2ye^{y^2}} = \lim_{y \to \infty} \frac{3y}{e^{y^2}} = \lim_{y \to \infty} \frac{3}{2ye^{y^2}} = 0,$$

所以根据 5.1 节的例 2, $f(x)$ 在 $x = 0$ 处也可微, 且 $f'(0) = 0$. 这样证明了

$$f'(x) = \begin{cases} \dfrac{2}{x^3} e^{-\frac{1}{x^2}}, & \text{当 } x \neq 0, \\ 0, & \text{当 } x = 0. \end{cases}$$

而且上面的推导还表明 $f'(x)$ 在 $x = 0$ 处是连续的. 由于在 $x \neq 0$ 的点处 $f'(x)$ 是初等函数, 因而是连续的, 所以 $f'(x)$ 在整个数轴 $(-\infty, +\infty)$ 上处处连续.

采用类似的方法, 可以证明 $f'(x)$ 在整个数轴 $(-\infty, +\infty)$ 上处处可导, 且

$$f''(x) = \begin{cases} \dfrac{4 - 6x^2}{x^6} e^{-\frac{1}{x^2}}, & \text{当 } x \neq 0, \\ 0, & \text{当 } x = 0. \end{cases}$$

而且 f'' 在整个数轴 $(-\infty, +\infty)$ 上处处连续.

应用数学归纳法可以证明, 对任意正整数 n, f 在整个数轴 $(-\infty, +\infty)$ 上处处有 n 阶连续的导数, 且

$$f^{(n)}(x) = \begin{cases} \dfrac{P_n(x)}{x^{3n}} e^{-\frac{1}{x^2}}, & \text{当 } x \neq 0, \\ 0, & \text{当 } x = 0, \end{cases}$$

其中 $P_n(x)$ 表示 $2(n-1)$ 阶多项式.

事实上, 如果这个结论在 n 时成立, 那么显然 $f^{(n)}(x)$ 在 $x \neq 0$ 的点处可微, 且

$$(f^{(n)}(x))' = \left(\frac{P_n(x)}{x^{3n}} e^{-\frac{1}{x^2}} \right)' = \frac{2P_n(x) + x^3 P_n'(x) - 3nx^2 P_n(x)}{x^{3(n+1)}} e^{-\frac{1}{x^2}} = \frac{P_{n+1}(x)}{x^{3(n+1)}} e^{-\frac{1}{x^2}},$$

其中 $P_{n+1}(x) = 2P_n(x) + x^3 P_n'(x) - 3nx^2 P_n(x)$ 是 $2(n-1) + 2 = 2n$ 阶的多项式. 令 $Q_{n+1}(y) = y^{3(n+1)} P_{n+1} \left(\dfrac{1}{y} \right)$, 则易见 $Q_{n+1}(y)$ 是 $n + 3$ 阶多项式, 因此通过多次应用洛必达法则有

$$\lim_{x \to 0} (f^{(n)}(x))' = \lim_{x \to 0} \frac{P_{n+1}(x)}{x^{3(n+1)}} e^{-\frac{1}{x^2}} = \lim_{y \to \infty} \frac{y^{3(n+1)} P_{n+1} \left(\dfrac{1}{y} \right)}{e^{y^2}} = \lim_{y \to \infty} \frac{Q_{n+1}(y)}{e^{y^2}} = 0.$$

所以根据 5.1 节的例 2, $f^{(n)}(x)$ 在 $x = 0$ 处也可微, 且 $f^{(n+1)}(0) = 0$. 这说明上述结论也在 $n + 1$ 时成立. 因此, 根据数学归纳法, 上述结论对任意正整数 n 都成立. 这样 $f(x)$ 在整个数轴 $(-\infty, +\infty)$ 上无穷次可微, 而且 $f(0) = f'(0) = f''(0) = \cdots = f^{(n)}(0) = \cdots = 0$. $\qquad\square$

习　题　5.2

1. 应用洛必达法则求以下极限:

(1) $\lim\limits_{x\to 0} \dfrac{x\cos x - \sin x}{x^3}$;

(2) $\lim\limits_{x\to 0} \dfrac{1 - \cos x^2}{x^2(1 - \cos x)}$;

(3) $\lim\limits_{x\to 0} \dfrac{\arcsin 2x - 2\arcsin x}{x^3}$;

(4) $\lim\limits_{x\to 0} \dfrac{\ln(1 + \sin ax)}{\ln(1 + \sin bx)}$ $(a, b \neq 0)$;

(5) $\lim\limits_{x\to 0^+} \dfrac{\ln \sin x^a}{\ln \sin x^b}$ $(a, b > 0)$;

(6) $\lim\limits_{x\to 0} \dfrac{\ln|\tan ax|}{\ln|\tan bx|}$ $(a, b \neq 0)$;

(7) $\lim\limits_{x\to \infty} \dfrac{\ln(x^2 + x + 1)}{\ln(x^3 - x + 1)}$;

(8) $\lim\limits_{x\to 0} \dfrac{\cot ax}{\cot bx}$ $(a, b \neq 0)$;

(9) $\lim\limits_{x\to 0} \left(\dfrac{1}{\ln(1 + x)} - \dfrac{1}{e^x - 1} \right)$;

(10) $\lim\limits_{x\to 0} \left(\dfrac{\cos x}{x} - \dfrac{1 - x}{\sin x} \right)$;

(11) $\lim\limits_{x\to a} \dfrac{x^x - a^x}{x - a}$ $(a > 0)$;

(12) $\lim\limits_{x\to a} \dfrac{x^\alpha - a^\alpha}{x^\beta - a^\beta}$ $(a > 0)$;

(13) $\lim\limits_{x\to +\infty} \dfrac{\ln(1 + e^{ax})}{\ln(1 + e^{bx})}$ $(a, b > 0)$;

(14) $\lim\limits_{x\to \infty} \dfrac{\ln(x^2 + x + 1)}{\ln(x^4 + 2)}$;

(15) $\lim\limits_{x\to +\infty} \dfrac{2\arctan ax - \pi}{2\mathrm{arccot}\, bx}$ $(a, b > 0)$;

(16) $\lim\limits_{x\to +\infty} \dfrac{\ln(\pi - 2\arctan x)}{\ln x}$.

2. 应用洛必达法则求以下极限:

(1) $\lim\limits_{x\to 0^+} x^{x^2}$;

(2) $\lim\limits_{x\to 0} \left[\dfrac{(1 + x)^{\frac{1}{x}}}{e} \right]^{\frac{1}{x}}$;

(3) $\lim\limits_{x\to 0^+} [\ln(1 + x)]^x$;

(4) $\lim\limits_{x\to \pi^-} \left(\tan \dfrac{x}{4} \right)^{\tan \frac{x}{2}}$;

(5) $\lim\limits_{x\to 0} \left(\dfrac{\sin x}{x} \right)^{\frac{1}{x^2}}$;

(6) $\lim\limits_{x\to 0^+} \left(\dfrac{2}{\pi} \arctan \dfrac{a}{x} \right)^{\frac{1}{x}}$ $(a > 0)$;

(7) $\lim\limits_{x\to \frac{\pi}{4}} \tan 2x \tan \left(\dfrac{\pi}{4} - x \right)$;

(8) $\lim\limits_{x\to \infty} x \left(\dfrac{\pi}{4} - \arctan \dfrac{x}{x + 1} \right)$.

3. 应用洛必达法则求下列数列的极限:

(1) $\lim\limits_{n\to \infty} n(\sqrt[n]{a} - 1)$ $(a > 0)$;

(2) $\lim\limits_{n\to \infty} n^2(\sqrt[n]{a} - \sqrt[n+1]{a})$ $(a > 0)$;

(3) $\lim\limits_{n\to \infty} \left(\dfrac{a - 1 + \sqrt[n]{b}}{a} \right)^n$ $(a, b > 0)$;

(4) $\lim\limits_{n\to \infty} \left(\dfrac{\sqrt[n]{a} + \sqrt[n]{b}}{2} \right)^n$ $(a, b > 0)$;

(5) $\lim\limits_{n\to \infty} \left(\dfrac{n - 1}{n + x} \right)^n$;

(6) $\lim\limits_{n\to \infty} \left(\dfrac{\cos \frac{\pi}{n}}{\cosh \frac{\pi}{n}} \right)^{n^2}$;

(7) $\lim\limits_{n\to \infty} \cos^n \dfrac{x}{\sqrt{n}}$;

(8) $\lim\limits_{n\to \infty} \tan^n \left(\dfrac{\pi}{4} + \dfrac{1}{n} \right)$.

4. 以下极限算式能否应用洛必达法则进行计算? 如不能, 请说明原因:

(1) $\lim\limits_{x\to 0} \dfrac{x^2 \cos \frac{1}{x}}{\sin x}$;

(2) $\lim\limits_{x\to +\infty} \dfrac{2x + \cos x}{2x + \sin x}$;

(3) $\lim\limits_{x\to+\infty}\dfrac{e^{-3x}(\sin x-3\cos x)+e^{-x^2}\cos^2 x}{e^{-x}(\sin x-\cos x)}$;   (4) $\lim\limits_{x\to+\infty}\dfrac{1+x+\sin^2 x}{(x+\sin^2 x)e^{\sin x-\cos x}}$.

5. 求 μ 使下述极限有非零的极限值:

$$\lim_{x\to 0}x^{\mu}\left(\frac{x-\sin x}{x^3}-\frac{1-\cos x}{3x^2}\right).$$

6. 设 f 在 $x\in\mathbf{R}$ 附近有二阶导数. 证明:

$$\lim_{h\to 0}\frac{f(x+h)+f(x-h)-2f(x)}{h^2}=f''(x).$$

7. 设 f 在 $(M,+\infty)$ 上可导, 且 $\lim\limits_{x\to+\infty}[f'(x)+bf(x)]=a$ $(b>0)$. 证明: $\lim\limits_{x\to+\infty}f(x)=\dfrac{a}{b}$.

8. 设函数 f 在零附近有二阶导数且 $f''(0)\neq 0$. 对充分接近于零的 $x\neq 0$, 由拉格朗日中值定理知, 存在介于 0 和 x 之间的 θ_x 使

$$f(x)-f(0)=f'(\theta_x x)x.$$

证明: $\lim\limits_{x\to 0}\theta_x=\dfrac{1}{2}$. 并以函数 $f(x)=\arcsin x$ 为例说明条件 $f''(0)\neq 0$ 不能去掉.

5.3 利用导数判定两个函数相等

常值函数的导数恒等于零, 这个结论反过来也成立. 即如果一个函数的导数恒为零, 则这个函数必是常值函数. 这就是下述定理.

定理 5.3.1 设函数 f 在区间 I 上的导数恒为零: $f'(x)=0$, $\forall x\in I$. 则 f 在 I 上是常值函数.

证明 对任意 $x_1,x_2\in I$, 设 $x_1<x_2$, 则根据拉格朗日中值定理知, 存在 $\xi\in(x_1,x_2)$ 使

$$f(x_2)-f(x_1)=f'(\xi)(x_2-x_1).$$

由于 $f'(\xi)=0$, 所以 $f(x_2)=f(x_1)$. 这就证明了函数 f 在区间 I 中任意两点的值都相等, 所以 f 在 I 上是常值函数. □

推论 5.3.1 如果两个函数 f 和 g 在区间 I 上的导数恒相等: $f'(x)=g'(x)$, $\forall x\in I$, 则 f 和 g 在此区间上最多只相差一个常数: $f(x)=g(x)+C$, $\forall x\in I$, 其中 C 为常数.

证明 由条件知 $(f(x)-g(x))'=0$, $\forall x\in I$, 所以根据定理 5.3.1, $f-g$ 在区间 I 上是常值函数: $f(x)-g(x)=C$, $\forall x\in I$. 因此 f 和 g 在 I 上只相差一个常数. □

推论 5.3.1 提供了判定两个函数相等或至多相差一个常数的重要法则: 如果难于直接判定它们的差是否恒为零或常数, 可以考虑计算它们的差的导函数. 如果导函数恒为零, 则可断定它们最多相差一个常数. 下面就应用这个原理推导航天科学领域的一个基本公式——**齐奥尔科夫斯基** (K. E. Tsiolkovsky, 1857~1935, 俄国人) **公式**.

例 1 (齐奥尔科夫斯基公式)　　这个公式告诉我们, 火箭在燃料燃烧终了时的速度 v_s 与它的初速度 v_0 的差 $v_s - v_0$, 与燃料燃烧所产生的气体从火箭尾部喷射的速度 u 成正比, 还与火箭终了与初始的质量比 $\dfrac{M_0}{M_s}$ 的自然对数成正比:

$$v_s = v_0 + u \ln\left(\frac{M_0}{M_s}\right),$$

其中, M_0 为火箭壳体及所携带的燃料和助燃剂的总质量 (火箭在初始时刻的质量), M_s 为火箭壳体的质量 (火箭在燃料燃烧终了时的质量).

在推导这个公式之前先对火箭的工作原理稍做介绍. 火箭壳体内储存着燃料和助燃剂. 燃料在燃烧时将产生大量高温高压的气体, 这些气体在火箭尾部以很高的速度向外喷出 (图 5-3-1). 这种高温高压气体与火箭壳体及火箭中尚未燃烧的燃料和助燃剂之间的相互作用是内力. 火箭还受到重力和空气阻力等外力的作用, 但这些外力在一般情况下比内力要小, 在初步考虑时可以忽略不计而只考虑内力. 因喷出的气体具有很大的动量, 所以火箭在喷射气体的同时本身必获得与喷射气体的动量大小相等、方向相反的动量. 随着气体的不断喷出, 火箭的质量越来越小, 速度越来越大. 当燃料烧尽时, 火箭就以所获得的最大速度继续飞行. 如果火箭是用来携带卫星的, 那么火箭的这个最大速度就是卫星的初速度. 火箭发射实况如图 5-3-2.

图 5-3-1　火箭的工作原理

图 5-3-2　火箭发射实况

设 $M(t)$ 是在时刻 t 火箭壳体连同其中的燃料和助燃剂的质量, $v(t)$ 是它在时刻 t 的速度. 如前, u 是燃料燃烧之后形成的气体从火箭尾部向外喷出的 (相对于火箭的) 速度. 由于忽略了火箭所受各种外力, 所以由火箭壳体、燃料及助燃剂形成的质点系

是一个封闭体系, 其总动量是不随时间变化的. 在时刻 t, 火箭的动量是 $M(t)v(t)$; 在时刻 $t+\Delta t$, 火箭的动量变为 $M(t+\Delta t)v(t+\Delta t)$. 两者的差应等于在时间段 $[t, t+\Delta t]$ 里, 火箭从其尾部喷出的气体的动量. 由于在时间段 $[t, t+\Delta t]$ 里, 火箭喷出的气体的质量是 $|\Delta M| = M(t) - M(t+\Delta t)$, 所以在这个时间段里火箭喷出的气体的动量是 $\Delta I \approx (v(t)-u)|\Delta M|$. 注意这里 $v(t)-u$ 是 t 时刻从火箭尾部喷出的气体相对于固定参照系 (如地球) 的速度. 自然地, Δt 越小则上式的近似程度越高. 这样就得到

$$M(t)v(t) = M(t+\Delta t)v(t+\Delta t) + \Delta I$$

$$\approx M(t+\Delta t)v(t+\Delta t) + (v(t)-u)|\Delta M|$$

$$= M(t+\Delta t)v(t+\Delta t) + (v(t)-u)[M(t) - M(t+\Delta t)].$$

把上式适当变形就得到

$$M(t+\Delta t)[v(t+\Delta t) - v(t)] \approx -u[M(t+\Delta t) - M(t)].$$

对这个式子两端同除以 Δt 之后再令 $\Delta t \to 0$, 那么上述近似成立的等式变为严格地成立, 从而得到

$$M(t)v'(t) = -uM'(t).$$

注意到 $\left(\ln M(t)\right)' = \dfrac{M'(t)}{M(t)}$, 所以从这个等式得到

$$v'(t) = \left(-u\ln M(t)\right)'.$$

根据推论 5.3.1, 由此推出

$$v(t) = -u\ln M(t) + C.$$

令 $t = 0$, 由于 $v(0) = v_0$, 就得到 $C = v_0 + u\ln M_0$. 设燃料烧尽时的时刻为 t_s, 则 $v(t_s) = v_s$, $M(t_s) = M_s$. 把 C 的值代入上式, 然后令 $t = t_s$, 就得到了齐奥尔科夫斯基公式.

定理 5.3.1 的另一个推论是

推论 5.3.2 设函数 $y = y(x)$ 在区间 I 上可导, 且满足下列方程:

$$y'(x) = ry(x), \quad \forall x \in I. \tag{5.3.1}$$

其中 r 是常数. 则 $y = y(x)$ 在区间 I 上是指数函数:

$$y(x) = ae^{rx}, \quad \forall x \in I,$$

其中 a 是常数.

证明 对式 (5.3.1) 两端同乘以 e^{-rx}, 再做适当变形, 得

$$\left(y(x)e^{-rx}\right)' = 0, \quad \forall x \in I.$$

根据定理 5.3.1, 这意味着在区间 I 上 $y(x)e^{-rx}$ 是常值函数. 设此常数为 a, 则得

$$y(x) = ae^{rx}, \quad \forall x \in I.$$

这正是所需证明的结论.   □

推论 5.3.2 有广泛的应用. 下面仅举几个比较有代表性的例子.

例 2 (贷款利息的计算)　某企业从银行贷得金额为 M_0(元) 的一笔款项用于扩展业务. 已知以天为时间单位的贷款**利率**为 r (即每天每元贷款所产生利息为 r 元). 问经过 t 天之后, 该企业应付银行多少利息?

设经过 t 天之后, 企业所欠银行连本带息的总金额为 $M(t)$ (元), 则利息就是 $R(t) = M(t) - M_0$ (元). 由于贷款利率为 r, 所以在时间段 $(t, t + \Delta t]$ 里, 由在 t 时刻金额为 $M(t)$ 的款项产生的利息近似地为 $rM(t)\Delta t$, 所以有

$$M(t + \Delta t) - M(t) \approx rM(t)\Delta t.$$

时间段的长度 Δt 越小则近似程度越高, 因此, 等式两边同除以 Δt 之后再令 $\Delta t \to 0$, 上述近似成立的等式变为严格地成立, 从而得

$$M'(t) = rM(t), \quad \forall t > 0. \tag{5.3.2}$$

根据推论 5.3.2, 由此推得 $M(t) = ae^{rt}$. 令 $t = 0$ 得 $a = M_0$. 所以 $M(t) = M_0e^{rt}$, 进而经过 t 天之后, 该企业应付银行的总利息为

$$R(t) = M(t) - M_0 = M_0(e^{rt} - 1).$$

银行付给储户利息, 也按这样的公式计算, 区别只在于储蓄利率低于贷款利率, 从而银行付给储户的利息少于它从放贷所获得的利息.

例 3 (生物体的生长)　生物体都是由细胞构成的, 而细胞在获得足够营养的条件下, 便会在生长到一定大小时发生分裂, 由一个变为两个, 这两个新的细胞在生长到一定大小时又发生新的分裂, 由两个变为四个. 这个过程的持续进行便是生物体生长的过程. 当然, 在这个过程中也还同时伴随发生着细胞的死亡现象. 由于环境条件的制约以及人们目前还尚未完全研究清楚的一些原因, 生物体的生长一般都会随着生物体年龄增大到一定程度而减缓并最终消退乃至死亡. 但是, 尽管如此, 生物学的研究表明, 各种生物体在最初的生长发育阶段, 细胞数量的**净增长率**近似地是一个正的常数. 所谓细胞数量的净增长率, 是指在单位时间里细胞数量的增加量 (新生细胞数量减去死亡细胞数量) 与细胞原数量的比值 (单位时间里新生细胞数量与细胞原数量的比值叫做细胞的**出生率**, 单位时间里死亡细胞数量与细胞原数量的比值叫做细胞的**死亡率**, 所以净增长率 = 出生率 − 死亡率). 例如, 设细胞原数量为 100, 经过一个单位时间后, 有 10 个细胞发生分裂变为 20 个细胞, 另有 2 个细胞死亡, 则新生细胞数量为 10, 死亡细胞数量为 2, 因此细胞数量的增加量为 $10 - 2 = 8$, 而细胞数量的净增长率即为 $8/100 = 0.08$. 下面来推导生物体在最初的生长发育阶段, 细胞数量随时间变化的函数关系.

注意, 初看起来, 由于细胞数量都是按整数变化的, 因此它不会是时间的连续函数, 更不会是可微函数. 但是, 由于构成生物体的细胞数量都是巨大的, 相对于这个数量而言, 增加或减少 1 都是微乎其微的变化. 因此, 可以近似地认为细胞总数是随时间连续

地变化的, 甚至是可微地变化的.

设细胞数量的净增长率为 r, t 时刻的细胞总数为 $N(t)$, 则一方面, 在时间段 $(t, t + \Delta t]$ 里细胞数量的增加量为 $N(t + \Delta t) - N(t)$, 而另一方面, 由于 t 时刻的细胞总数为 $N(t)$, 细胞数量的净增长率为 r, 所以这个时间段里细胞数量的增加量又近似地等于 $rN(t)\Delta t$. 因此,

$$N(t + \Delta t) - N(t) \approx rN(t)\Delta t.$$

等式两边同除以 Δt 之后再令 $\Delta t \to 0$, 上述近似成立的等式变为严格地成立, 从而得

$$N'(t) = rN(t), \quad \forall t > 0.$$

于是与前类似得到

$$N(t) = N_0 \mathrm{e}^{rt}, \quad \forall t \geqslant 0,$$

其中 N_0 为初始时刻的细胞总数. 可以看到, 生物体在最初的生长发育阶段, 其细胞数量按指数规律增长.

上述推导也适用于生物种群在无制约的环境条件下其种群量 (即该种群所含个体的数量) 随时间的变化规律. 如果一群人的生活环境也无制约以致可以自由地按自然状态生育繁衍, 那么这群人的人口数随时间的发展变化也满足以上函数关系, 它就是著名的马尔萨斯人口理论 (依次取 $t = 1, 2, 3, \cdots$, 则得 $N(t)$ 的值依次等于 $N_0 \mathrm{e}^r$, $N_0 \mathrm{e}^{2r}$, $N_0 \mathrm{e}^{3r}$, $\cdots$, 这是一个等比数列).

例 4 (放射性元素的衰变) 从现代物理学和化学知道, 重元素 (主要是超铀元素) 的原子核都时刻进行着自发性的衰变, 使得其原子衰变成为两种或两种以上新元素的原子. 这就是放射性元素的衰变现象. 核物理和放射性化学的研究表明, 每种放射性物质的**衰变率** (每单位量该物质在单位时间里因衰变所减少的原子数量与单位量该物质所含原子数量的比值) 都是常数. 根据这个原理和推论 5.3.2, 也可很容易地导出放射性物质的质量或原子量随时间变化的函数关系.

事实上, 设放射性物质的衰变率为 r, 在 t 时刻该放射性物质的质量为 $m(t)$, 则在时间段 $(t, t + \Delta t]$ 里, 该物质已衰变的质量为 $m(t) - m(t + \Delta t)$, 而另一方面, 由衰变率的定义又知道这个量应近似地等于 $rm(t)\Delta t$. 因此,

$$m(t) - m(t + \Delta t) \approx rm(t)\Delta t.$$

等式两边同除以 Δt 之后再令 $\Delta t \to 0$, 上述近似成立的等式变为严格地成立, 从而得

$$m'(t) = -rm(t), \quad \forall t > 0.$$

于是与前类似得到

$$m(t) = m_0 \mathrm{e}^{-rt}, \quad \forall t \geqslant 0,$$

其中 m_0 为初始时刻该放射性物质的质量.

由以上函数关系看到, 对放射性物质而言, 其质量衰减到一半所经历的时间都是只与该放射性物质有关, 而与该物质初始时刻的质量无关的常数, 这个时间称为该放

射性物质的**半衰期**. 用 T 表示半衰期, 则 T 与衰变率 r 的关系为

$$\mathrm{e}^{-rT} = \frac{1}{2}.$$

因此 $T = \dfrac{\ln 2}{r}$, 或等价地, $r = \dfrac{\ln 2}{T}$. 从最后这个公式, 便可由放射性物质的半衰期 T 来推算出它的衰变率 r. 例如, 对于钋 Po^{210}, 其半衰期 $T \approx 138$ 天, 因而其衰变率 $r \approx 0.0047$(天$^{-1}$); 对于镭 Ra^{226}, $T \approx 1600$ 年, 因而 $r \approx 4.08 \times 10^{-4}$(年$^{-1}$); 对于铀 U^{235}, $T \approx 7.1 \times 10^8$ 年, 因而 $r \approx 9.2 \times 10^{-10}$(年$^{-1}$).

放射性元素的这种衰变现象和放射性物质的质量随时间变化的上述函数关系式, 常被应用于测定考古发掘物 (如化石、人类和动物尸体、出土文物等) 和收藏品 (如古瓷器、古画等) 的年龄, 这就是 “放射性测定年龄法”, 所以很有实用价值.

与放射性元素的衰变现象类似, 化学物质因化学反应而被消耗、食物和药物在人体中被消化吸收等现象, 也遵从相似的规律, 它们也都很有实用价值. 这里不一一细述.

例 5 (大气压强公式)   这是一个表示大气压强与海拔关系的公式. 可以应用物理学中的克拉珀龙定律和推论 5.3.2 导出这个公式.

设 $p(h)$ 和 $\rho(h)$ 分别是海拔为 h (单位: cm) 的点处的大气压强和大气密度. 因为 $p(h)$ 是在高 h 处 $1\mathrm{cm}^2$ 面积上面无限高空气柱的重量, 所以 $p(h) - p(h+\Delta h)$ 就是高 h 处 $1\mathrm{cm}^2$ 面积上面高度为 Δh 的空气柱的重量, 因此有

$$p(h+\Delta h) - p(h) \approx -g\rho(h)\Delta h,$$

其中 g 表示重力加速度. 等式两端同除以 Δh, 然后令 $\Delta h \to 0$, 就得到

$$p'(h) = -g\rho(h). \tag{5.3.3}$$

根据物理学中的克拉珀龙定律, 气体的压强 p、气体的摩尔体积 V 和气体的温度 T 之间的关系为

$$\frac{pV}{T} = R,$$

其中 R 是万用气体常数. 令 M 表示一摩尔空气的质量, 则有 $\rho = \dfrac{M}{V}$, 从而 $V = \dfrac{M}{\rho}$. 代入上式便求得 $\rho = \dfrac{M}{RT}p$. 把这个 ρ 与 p 的关系式代入式 (5.3.3), 就得到 p 满足的下列方程

$$p'(h) = -\lambda p(h),$$

其中 $\lambda = \dfrac{gM}{RT}$ 为常数. 根据推论 5.3.2, 由此推出

$$p(h) = p_0 \mathrm{e}^{-\lambda h}, \quad \forall h \geqslant 0,$$

其中 p_0 表示海平面上的大气压强. 这就是所要推导的气压公式.

由气压公式和 ρ 与 p 之间的关系还可得到大气密度随海拔变化的下列公式:
$$\rho(h) = \rho_0 e^{-\lambda h}, \quad \forall h \geqslant 0,$$
其中 ρ_0 表示海平面上的大气密度. 可以看到, 大气压强 p 和大气密度 ρ 都是随着海拔的增加指数衰减的.

习 题 5.3

1. 设函数 f 在区间 I 上满足以下条件: 存在常数 $\mu > 1$ 和 $C > 0$ 使成立
$$|f(x) - f(y)| \leqslant C|x - y|^\mu, \quad \forall x, y \in I.$$
证明: f 在区间 I 上是常值函数.

2. 设函数 f 和 g 在区间 I 上可微, $g(x) \neq 0$, $\forall x \in I$, 且成立
$$\begin{vmatrix} f(x) & g(x) \\ f'(x) & g'(x) \end{vmatrix} = 0, \quad \forall x \in I.$$
证明: 存在常数 c 使 $f(x) = cg(x)$, $\forall x \in I$, 并举例说明, 为保证这个结论成立, 条件 "$g(x)$ 没有零点" 不能去掉.

3. 设函数 f 在区间 I 上可微且导数是一常数: $f'(x) = a$, $\forall x \in I$. 证明: f 在区间 I 上是一线性函数, 即 $f(x) = ax + b$, $\forall x \in I$, 其中 a, b 是常数.

4. 设 I 是正半轴上的一个区间, 函数 f 在 I 上可微且满足 $xf'(x) + af(x) = 0$, $\forall x \in I$, 其中 a 是常数. 证明: 存在常数 C 使成立 $f(x) = Cx^{-a}$, $\forall x \in I$.

5. 设函数 f 在区间 I 上可微, a, b 是常数, $a \neq 0$. 证明:

(1) 如果 $f'(x) = be^{ax}$, $\forall x \in I$, 则 $f(x) = \dfrac{b}{a}e^{ax} + C$, $\forall x \in I$, 其中 C 是常数;

(2) 如果 $f'(x) = af(x) + b$, $\forall x \in I$, 则 $f(x) = Ce^{ax} - \dfrac{b}{a}$, $\forall x \in I$, 其中 C 是常数.

6. 应用导数证明下列恒等式:

(1) $\arcsin x + \arccos x = \dfrac{\pi}{2}$;

(2) $\arctan x = \arcsin \dfrac{x}{\sqrt{1 + x^2}}$;

(3) $\arccos \dfrac{1}{\sqrt{1 + x^2}} + \arccos \dfrac{x}{\sqrt{1 + x^2}} = \begin{cases} \dfrac{\pi}{2}, & x \geqslant 0, \\ 2\operatorname{arccot} x - \dfrac{\pi}{2}, & x < 0; \end{cases}$

(4) $2\arctan x + \arcsin \dfrac{2x}{1 + x^2} = \pi \operatorname{sgn} x \ (|x| \geqslant 1)$;

(5) $\arctan x + \arctan \dfrac{1}{x} = \dfrac{\pi}{2}\operatorname{sgn} x \ (x \neq 0)$;

(6) $\arctan \dfrac{2x + 1}{\sqrt{3}x} + \arctan \dfrac{2 + x}{\sqrt{3}x} = \dfrac{3\operatorname{sgn} x + 1}{6}\pi \ (x \neq 0)$.

7. 证明推论 5.3.2 的下述推广: 设函数 $y(x)$ 在区间 I 上可导, 且满足方程:
$$y'(x) = a(x)y(x), \quad \forall x \in I,$$

其中 $a(x)$ 是定义在区间 I 上的函数, 已知存在定义在 I 上的可导函数 $A(x)$ 使成立 $A'(x) = a(x)$, $\forall x \in I$, 则 $y(x) = Ce^{A(x)}$, $\forall x \in I$, 其中 C 是常数.

8. 设函数 f 在区间 I 上二阶可导. 证明:

(1) 如果 $f''(x) = 0$, $\forall x \in I$, 则存在常数 C_1, C_2 使成立 $f(x) = C_1 x + C_2$, $\forall x \in I$;

(2) 如果 $f''(x) = be^{ax}$, $\forall x \in I$, 其中 a, b 是非零常数, 则存在常数 C_1, C_2 使成立 $f(x) = C_1 x + C_2 + \dfrac{b}{a^2}e^{ax}$, $\forall x \in I$;

(3) 如果 $f''(x) = a\cos\omega x + b\sin\omega x$, $\forall x \in I$, 其中 a, b, ω 是常数且 $\omega \neq 0$, 则存在常数 C_1, C_2 使成立 $f(x) = C_1 x + C_2 - \dfrac{a\cos\omega x + b\sin\omega x}{\omega^2}$, $\forall x \in I$.

9. 设函数 f 在区间 I 上二阶可导, 且 $f''(x) + af'(x) = 0$, $\forall x \in I$, 其中 a 是非零常数. 证明: 存在常数 C_1, C_2 使成立 $f(x) = C_1 e^{-ax} + C_2$, $\forall x \in I$.

10. 设函数 f 在区间 I 上二阶可导, 且 $f''(x) + af(x) = 0$, $\forall x \in I$, 其中 a 是正常数. 证明: 存在常数 C_1, C_2 使成立 $f(x) = C_1 \cos\sqrt{a}x + C_2 \sin\sqrt{a}x$, $\forall x \in I$.

11. 设函数 f 在区间 I 上二阶可导, 且 $f''(x) + af'(x) + bf(x) = 0$, $\forall x \in I$, 其中 a, b 是实常数. 证明:

(1) 如果方程 $\lambda^2 + a\lambda + b = 0$ 有两个不相等的实根 λ_1, λ_2, 则存在常数 C_1, C_2 使成立 $f(x) = C_1 e^{\lambda_1 x} + C_2 e^{\lambda_2 x}$, $\forall x \in I$;

(2) 如果方程 $\lambda^2 + a\lambda + b = 0$ 有一个实的重根 λ_0, 则存在常数 C_1, C_2 使成立 $f(x) = C_1 e^{\lambda_0 x} + C_2 x e^{\lambda_0 x}$, $\forall x \in I$;

(3) 如果方程 $\lambda^2 + a\lambda + b = 0$ 有一对共轭虚根 $\mu \pm \nu i$, 其中 μ, ν 是实数且 $\nu \neq 0$, 则存在常数 C_1, C_2 使成立 $f(x) = C_1 e^{\mu x}\cos\nu x + C_2 e^{\mu x}\sin\nu x$, $\forall x \in I$.

5.4 函数的增减性与极值

函数的增减性可以通过研究其导数的符号来很方便地确定 (参考图 5-4-1 和图 5-4-2). 简单地说, 函数在其导数大于零的区间里单调增加, 在导数小于零的区间里单调减少. 作为函数增与减的分界岭的点, 就是函数的极值点. 因此, 在极值点处函数的导数等于零. 这样导数也可以用来研究函数的极值. 本节就来严格地推导这些

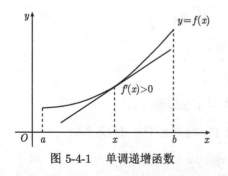

图 5-4-1 单调递增函数

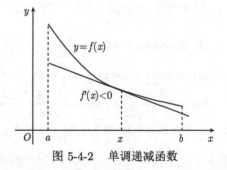

图 5-4-2 单调递减函数

结论, 并举例说明怎样应用它们解决一些实际问题.

5.4.1 函数增减性的判定

由于函数 f 是单调递减的当且仅当 $-f$ 是单调递增的, 所以下面只考虑函数的单增性. 只要把所有结果中的不等号改为相反的不等号, 那么就把所有关于函数单增性的结论转变为关于函数单减性的相应结论.

定理 5.4.1 设函数 f 在区间 (a,b) 上可导. 则 f 在 (a,b) 上单调递增的充要条件是其导函数 f' 在 (a,b) 上非负: $f'(x) \geqslant 0$, $\forall x \in (a,b)$. f 在 (a,b) 上严格单调递增的充要条件是: f' 在 (a,b) 上非负且在任何子区间上都不恒等于零. 特别地, 如果 $f'(x) > 0$, $\forall x \in (a,b)$, 则 f 在 (a,b) 上严格单调递增.

证明 先设 f 在区间 (a,b) 上单调递增. 则对任意 $x \in (a,b)$ 和任意充分小的 $h > 0$, 有

$$f(x+h) - f(x) \geqslant 0,$$

因此

$$f'(x) = f'_+(x) = \lim_{h \to 0+} \frac{f(x+h) - f(x)}{h} \geqslant 0, \quad \forall x \in (a,b).$$

如果 f 在 (a,b) 上严格单调递增, 那么 f' 在任何子区间上都不可能恒等于零, 因为若否而在某个子区间 I 上 f' 恒等于零, 则据定理 5.3.1 知 f 在此子区间 I 上为常值函数, 而这与 f 在 (a,b) 上严格单调递增的条件相矛盾.

反过来, 设 $f'(x) \geqslant 0$, $\forall x \in (a,b)$. 对任意 $x_1, x_2 \in (a,b)$, 设 $x_1 < x_2$, 则根据拉格朗日中值定理知, 存在 $\xi \in (x_1, x_2)$ 使

$$f(x_2) - f(x_1) = f'(\xi)(x_2 - x_1).$$

由于 $f'(\xi) \geqslant 0$, 所以 $f(x_2) \geqslant f(x_1)$. 因此 f 在区间 (a,b) 上是单调递增的. 进一步, 如果 f' 在 (a,b) 的任何子区间上都不恒等于零, 则可断定 f 在 (a,b) 上严格单调递增. 因为若否, 则存在 $x_1, x_2 \in (a,b)$, $x_1 < x_2$, 使得 $f(x_2) = f(x_1)$. 由于 f 在 (a,b) 上是单调递增的, 由此推知 f 在区间 $[x_1, x_2]$ 上是常值函数, 进而 f' 在此区间上恒等于零, 而这与假设相矛盾. □

例 1 证明下列不等式:

$$\frac{x}{1+x} < \ln(1+x) < x, \quad \forall x > -1, \ x \neq 0. \tag{5.4.1}$$

证明 首先, 令 $f(x) = x - \ln(1+x)$, $x > -1$. 则有

$$f'(x) = 1 - \frac{1}{1+x} = \frac{x}{1+x} \begin{cases} > 0, & \text{当 } x > 0, \\ = 0, & \text{当 } x = 0, \\ < 0, & \text{当 } -1 < x < 0. \end{cases}$$

因此 f 在区间 $(-1, 0]$ 上严格单调递减, 在区间 $[0, +\infty)$ 上严格单调递增, 从而 $x = 0$

是它的严格最小值点, 所以
$$f(x) > f(0) = 0, \quad \forall x > -1, \ x \neq 0.$$
这样就证明了式 (5.4.1) 中的后一个不等式. 其次, 再令 $g(x) = \ln(1+x) - \dfrac{x}{1+x}$, $x > -1$. 则

$$g'(x) = \frac{1}{1+x} - \frac{1}{(1+x)^2} = \frac{x}{(1+x)^2} \begin{cases} > 0, & \text{当 } x > 0, \\ = 0, & \text{当 } x = 0, \\ < 0, & \text{当 } -1 < x < 0. \end{cases}$$

因此 g 在区间 $(-1, 0]$ 上严格单调递减, 在区间 $[0, +\infty)$ 上严格单调递增, 从而 $x = 0$ 是它的严格最小值点, 所以
$$g(x) > g(0) = 0, \quad \forall x > -1, \ x \neq 0.$$
这样就证明了式 (5.4.1) 中的前一个不等式. □

例 2　设 $0 < \mu < 1$. 证明伯努利不等式 (参考 1.3 节例 1):
$$(1+x)^\mu < 1 + \mu x, \quad \forall x > -1, \ x \neq 0. \tag{5.4.2}$$

证明　令 $f(x) = 1 + \mu x - (1+x)^\mu$, $x > -1$. 则有

$$f'(x) = \mu - \mu(1+x)^{\mu-1} = \mu(1+x)^{\mu-1}[(1+x)^{1-\mu} - 1] \begin{cases} > 0, & \text{当 } x > 0, \\ = 0, & \text{当 } x = 0, \\ < 0, & \text{当 } -1 < x < 0. \end{cases}$$

因此 f 在区间 $(-1, 0]$ 上严格单调递减, 在区间 $[0, +\infty)$ 上严格单调递增, 从而 $x = 0$ 是它的严格最小值点, 所以
$$f(x) > f(0) = 0, \quad \forall x > -1, \ x \neq 0.$$
由此即得不等式 (5.4.2). □

由不等式 (5.4.2) 可以推出下列不等式: 设 $0 < \mu < 1$, 则对任意正数 a 和 b 成立
$$a^\mu b^{1-\mu} \leqslant \mu a + (1-\mu)b, \tag{5.4.3}$$
等号成立当且仅当 $a = b$. 事实上, 只要在不等式 (5.4.2) 取 $x = \dfrac{a}{b} - 1$ 就得到了这个不等式.

不难看出不等式 (5.4.3) 等价于下述**杨 (Young) 不等式**: 设 $p > 1$, $q > 1$, 且 $\dfrac{1}{p} + \dfrac{1}{q} = 1$, 则对任意 $A > 0$ 和 $B > 0$ 成立
$$AB \leqslant \frac{A^p}{p} + \frac{B^q}{q}, \tag{5.4.4}$$
等号成立当且仅当 $A^p = B^q$.

从以上例子看到, 导数在研究函数的增减性和进行函数值的估计、建立不等式等方面是一个强有力的工具. 在具体使用这个工具时可以灵活应用. 例如, 在计算出函

数 f 的一阶导数 f' 之后, 如果无法确定其值的正负变化情况因而无法确定 f 本身的增减变化情况, 可以考虑继续对 f' 求导, 通过 f 的二阶导数 f'' 的正负变化情况来确定其一阶导数 f' 的增减变化情况, 然后根据 f' 的增减情况来确定 f' 的正负变化情况, 进而最终确定 f 的增减变化情况. 如果无法确定 f' 的正负变化情况是因为其表达式中的某些部分的正负变化情况不是十分清楚, 也可考虑把这一部分特别拿出来, 采用研究其导数的正负变化情况的办法, 来确定其增减变化情况进而确定其值的正负变化情况. 下面再举一例加以说明.

例 3 考虑函数 (图 5-4-3)

$$f(x) = \frac{x \cosh x - \sinh x}{x^2 \sinh x}, \quad x > 0,$$

其中, $\sinh x$ 和 $\cosh x$ 分别是**双曲正弦函数**和**双曲余弦函数**:

$$\sinh x = \frac{e^x - e^{-x}}{2}, \qquad \cosh x = \frac{e^x + e^{-x}}{2}.$$

证明: 对任意 $0 < c < \dfrac{1}{3}$, 方程 $f(x) = c$ 都有唯一的正根.

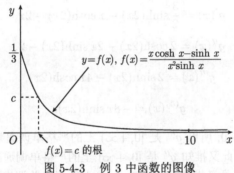

图 5-4-3 例 3 中函数的图像

在解这个题目之前, 先罗列双曲正弦函数和双曲余弦函数的一些简单性质如下:

$$(\sinh x)' = \cosh x, \quad (\cosh x)' = \sinh x, \quad \cosh^2 x - \sinh^2 x = 1,$$

$$\sinh(2x) = 2 \sinh x \cosh x, \qquad \cosh(2x) = \cosh^2 x + \sinh^2 x = 1 + 2 \sinh^2 x.$$

(见习题 1.3 第 11 题).

此外, $\tanh x = \dfrac{\sinh x}{\cosh x}$ 和 $\coth x = \dfrac{\cosh x}{\sinh x}$ 分别叫做**双曲正切函数**和**双曲余切函数**.

证明 首先, 应用洛必达法则有

$$\lim_{x \to 0^+} f(x) = \lim_{x \to 0^+} \frac{x \cosh x - \sinh x}{x^2 \sinh x} = \lim_{x \to 0^+} \frac{x \sinh x}{x^2 \cosh x + 2x \sinh x}$$

$$= \lim_{x \to 0^+} \frac{1}{\dfrac{x}{\sinh x} \cdot \cosh x + 2} = \frac{1}{3}.$$

这里用到 $\lim\limits_{x\to 0}\cosh x = 1$ 和 $\lim\limits_{x\to 0}\dfrac{x}{\sinh x} = 1$, 前者显然, 后者用洛必达法则很容易证明. 另外, 容易看出

$$\lim_{x\to+\infty} f(x) = \lim_{x\to+\infty}\left(\frac{1}{x}\cdot\coth x - \frac{1}{x^2}\right) = 0.$$

因此, 由于 f 显然是 $(0,+\infty)$ 上的连续函数, 所以对任意 $0 < c < \dfrac{1}{3}$, 方程 $f(x) = c$ 至少有一个正根. 为了证明这个根的唯一性, 下面来证明 f 是 $(0,+\infty)$ 上的严格单调递减函数.

容易算出

$$f'(x) = \frac{2\sinh^2 x - x\cosh x\sinh x - x^2}{x^3\sinh^2 x}, \quad \forall x > 0.$$

令

$$g(x) = 2\sinh^2 x - x\cosh x\sinh x - x^2 = \cosh(2x) - \frac{1}{2}x\sinh(2x) - x^2 - 1.$$

计算这个函数的各阶导数:

$$g'(x) = \frac{3}{2}\sinh(2x) - x\cosh(2x) - 2x,$$

$$g''(x) = 2\cosh(2x) - 2x\sinh(2x) - 2,$$

$$g'''(x) = 2\sinh(2x) - 4x\cosh(2x),$$

$$g^{(4)}(x) = -8x\sinh(2x).$$

显然 $g^{(4)}(x) < 0, \forall x > 0$, 所以 g''' 是 $[0,+\infty)$ 上的严格单调递减函数, 于是 $g''(x) < g'''(0) = 0, \forall x > 0$. 由此又推知 g'' 是 $[0,+\infty)$ 上的严格单调递减函数, 进而 $g''(x) < g''(0) = 0, \forall x > 0$. 于是又推知 g' 是 $[0,+\infty)$ 上的严格单调递减函数, 进而 $g'(x) < g'(0) = 0, \forall x > 0$. 这样最终推知 g 是 $[0,+\infty)$ 上的严格单调递减函数, 因此 $g(x) < g(0) = 0, \forall x > 0$. 这样就证明了 $f'(x) < 0, \forall x > 0$, 所以 f 是 $(0,+\infty)$ 上的严格单调递减函数. □

5.4.2　函数达到极值的充分条件

根据费马定理知道, 如果函数 f 在 x_0 点达到极值并且 f 在 x_0 点可导, 则 $f'(x_0) = 0$. 使得导数为零的点叫做函数的**稳定点**. 因此, 可导函数在 x_0 点达到极值的必要条件为: x_0 是函数的稳定点. 现在要研究函数在一点达到极值的充分条件是什么? 下面两个定理给出了分别利用函数的一阶导数和二阶导数来判定函数在一点达到极值的充分条件.

定理 5.4.2　设函数 f 在区间 (a,b) 上可导, 且 $f'(x_0) = 0$, 其中 $x_0 \in (a,b)$. 则有以下结论:

(1) 如果存在充分小的 $\delta > 0$, 使在 $(x_0 - \delta, x_0)$ 上 $f'(x) \leqslant 0$, 而在 $(x_0, x_0 + \delta)$ 上 $f'(x) \geqslant 0$, 则 x_0 是 f 的极小值点;

(2) 如果存在充分小的 $\delta > 0$, 使在 $(x_0 - \delta, x_0)$ 上 $f'(x) \geqslant 0$, 而在 $(x_0, x_0 + \delta)$ 上 $f'(x) \leqslant 0$, 则 x_0 是 f 的极大值点.

证明 如果在 $(x_0 - \delta, x_0)$ 上 $f'(x) \leqslant 0$, 在 $(x_0, x_0 + \delta)$ 上 $f'(x) \geqslant 0$, 那么 f 在 $(x_0 - \delta, x_0)$ 上单调递减, 在 $(x_0, x_0 + \delta)$ 上单调递增, 所以 x_0 是 f 的极小值点. 这就证明了结论 (1). 结论 (2) 的证明类似. □

定理 5.4.3 设函数 f 在区间 (a, b) 上有二阶导数, 且 $f'(x_0) = 0$, 其中 $x_0 \in (a, b)$. 则有以下结论:

(1) 如果 $f''(x_0) > 0$, 则 x_0 是 f 的严格极小值点;

(2) 如果 $f''(x_0) < 0$, 则 x_0 是 f 的严格极大值点.

证明 如果 $f''(x_0) > 0$, 则由

$$\lim_{x \to x_0} \frac{f'(x)}{x - x_0} = \lim_{x \to x_0} \frac{f'(x) - f'(x_0)}{x - x_0} = f''(x_0)$$

可知存在 $\delta > 0$, 使当 $0 < |x - x_0| < \delta$ 时, $\dfrac{f'(x)}{x - x_0} > 0$. 于是在 $(x_0 - \delta, x_0)$ 上 $f'(x) < 0$, 在 $(x_0, x_0 + \delta)$ 上 $f'(x) > 0$, 所以 f 在 $(x_0 - \delta, x_0)$ 上严格单调递减, 在 $(x_0, x_0 + \delta)$ 上严格单调递增, 因此 x_0 是 f 的严格极小值点. 这就证明了结论 (1). 结论 (2) 的证明类似. □

必须注意, 如果 $f''(x_0) = 0$, 则无法由此判定 x_0 是否为 f 的极值点. 如下面三个函数:

$$f_1(x) = x^4, \qquad f_2(x) = -x^4, \qquad f_3(x) = x^3,$$

它们的定义域都是 $(-\infty, +\infty)$, 有 $f'_k(0) = f''_k(0) = 0$, $k = 1, 2, 3$. 易见 f_1 在 $x = 0$ 达到极小值, f_2 在 $x = 0$ 达到极大值, 但 $x = 0$ 不是 f_3 的极值点. 在 $f''(x_0) = 0$ 的情况下, 为了确定 x_0 是否为 f 的极值点 (假定 $f'(x_0) = 0$), 就必须应用定理 5.4.2, 或者求助于函数 f 的更高阶导数.

5.4.3 极值问题的应用举例

极值问题在现实生活和应用科学领域有广泛的应用. 微分学为人们解决这类问题提供了一个强有力的工具. 解决这类问题的一般方法是: 先求出使导数等于零的点, 即解方程 $f'(x) = 0$, 求出函数的全部稳定点, 然后分析函数在每个稳定点左、右两侧的增减变化情况, 进而确定出哪些稳定点是函数的极大值点, 哪些稳定点是函数的极小值点, 再通过比较来确定出函数的最大值点和最小值点. 下面仅举两例加以说明.

例 4 某食品工厂需要定做一批圆柱形的铁皮罐头盒. 问应当怎样设计罐头盒的高与底面直径的比例, 才能在其容积一定的条件下, 所用铁皮最省?

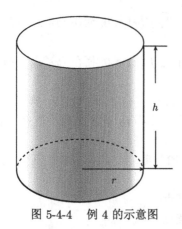

图 5-4-4　例 4 的示意图

解　设罐头盒的容积为 V, 底面半径为 r, 高为 h, 表面积为 S (图 5-4-4). 则有下列关系:

$$V = \pi r^2 h, \quad S = 2\pi r h + 2\pi r^2.$$

需要在 V 已经给定的条件下, 确定 $2r$ 和 h 的比例, 以使 S 达到最小.

从关系式 $V = \pi r^2 h$ 把 h 解为 r 的函数, 得 $h = \dfrac{V}{\pi r^2}$, 代入 S 的表达式, 得

$$S = S(r) = \frac{2V}{r} + 2\pi r^2.$$

这样就把表面积表示成了底面半径 r 的函数 $S = S(r)$. 根据实际问题, 该函数的定义域是 $0 < r < +\infty$. 求导数得

$$S'(r) = -\frac{2V}{r^2} + 4\pi r.$$

令 $S'(r) = 0$, 解得 $r = r_0 \equiv \sqrt[3]{\dfrac{V}{2\pi}}$, 即该函数有唯一的稳定点 $r = r_0$. 易见

$$S'(r) = -\frac{2V}{r^2} + 4\pi r \begin{cases} < 0, & \text{当 } 0 < r < r_0, \\ = 0, & \text{当 } r = r_0, \\ > 0, & \text{当 } r > r_0. \end{cases}$$

因此 r_0 是函数 $S = S(r)$ 的最小值点. 当 $r = r_0$ 时, 有 $h = \dfrac{V}{\pi r_0^2} = \sqrt[3]{\dfrac{4V}{\pi}} = 2r_0$. 这说明, 在容积给定的条件下, 当罐头盒的高与底面直径相等时, 它的表面积最小, 因而所用铁皮最省.

例 5　根据费马原理, 光线沿着所需时间最少的路径传播. 现有 I, II 两种介质 (图 5-4-5), 它们以直线 l 为分界线. 已知光线在介质 I 和介质 II 中的传播速度分别为 v_1 和 v_2, 试问当光线从介质 I 中的 A 点传到介质 II 中的 B 点时, 它在分界线 l 上经过的是哪一点?

解　分别作点 A 和 B 到直线 l 的垂线, 设垂足分别为 A_1 和 B_1, 并设 $|AA_1| = a$, $|BB_1| = b$, $|A_1B_1| = c$. 光线在同一介质中的传播路径是直线, 考

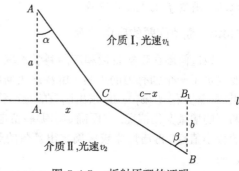

图 5-4-5　折射原理的证明

虑光线从 A 点传播到 B 点的所有可能的路径. 令 C 为分界线 l 上位于 A 和 B 之间

的任意点, 设 $|A_1C| = x$, 则 $|B_1C| = c - x$, $|AC| = \sqrt{a^2 + x^2}$, $|BC| = \sqrt{b^2 + (c-x)^2}$, 因此光线沿折线 ACB 从 A 点传播到 B 点所需时间为

$$t = \frac{|AC|}{v_1} + \frac{|BC|}{v_2} = \frac{\sqrt{a^2 + x^2}}{v_1} + \frac{\sqrt{b^2 + (c-x)^2}}{v_2},$$

x 的变化范围应当取为 $0 \leqslant x \leqslant c$ (当 C 位于 A_1 点左侧时, 显然光线沿折线 ACB 传播所花时间大于沿折线 AA_1B 传播所花时间; 同样当 C 位于 B_1 点右侧时, 光线沿折线 ACB 传播所花时间也大于沿折线 AB_1B 传播所花时间. 因此位于线段 A_1B_1 以外的点不予考虑). 根据费马原理, 光线传播所走的真实路径是使上述函数 $t = f(x)$ 达到最小值的路径. 求函数 f 的一阶、二阶导数, 得

$$f'(x) = \frac{x}{v_1\sqrt{a^2 + x^2}} - \frac{c-x}{v_2\sqrt{b^2 + (c-x)^2}},$$

$$f''(x) = \frac{a^2}{v_1(a^2 + x^2)^{3/2}} + \frac{b^2}{v_2[b^2 + (c-x)^2]^{3/2}}.$$

显然 $f''(x) > 0, \forall x \in (0, c)$, 因此 f' 在区间 $[0, c]$ 上严格单调递增. 由于

$$f'(0) = -\frac{c}{v_2\sqrt{b^2 + c^2}} < 0, \qquad f'(c) = \frac{c}{v_2\sqrt{a^2 + c^2}} > 0,$$

所以方程 $f'(x) = 0$ 在区间 $(0, c)$ 中有唯一的根, 设为 x_0, 则当 $0 \leqslant x < x_0$ 时 $f'(x) < 0$, 当 $x_0 < x \leqslant c$ 时 $f'(x) > 0$, 所以 f 在 $(0, x_0)$ 上严格单调递减, 在 (x_0, c) 上严格单调递增, 因此 x_0 是 f 的严格最小值点. 这说明当光线沿着在分界线上线段 A_1B_1 内距 A_1 和 B_1 分别为 x_0 和 $c - x_0$ 的点 C 所形成折线 ACB 传播时, 所花时间最少.

为了求出 x_0 的具体值, 需要求解下列方程:

$$f'(x_0) = \frac{x_0}{v_1\sqrt{a^2 + x_0^2}} - \frac{c - x_0}{v_2\sqrt{b^2 + (c-x_0)^2}} = 0.$$

这就需要解一个四次代数方程, 而这是比较困难的, 实际上也没有多大意义. 下面从几何上对这个方程进行分析. 注意这个方程意味着

$$\frac{1}{v_1} \cdot \frac{|A_1C|}{|AC|} = \frac{1}{v_2} \cdot \frac{|B_1C|}{|BC|},$$

即

$$\frac{\sin \alpha}{v_1} = \frac{\sin \beta}{v_2},$$

其中 α 是直线 AA_1 与 AC 的夹角, 因而也是入射线与分界线的法线的夹角, 即入射角, β 是直线 BB_1 与 BC 的夹角, 因而也是折射线与分界线的法线的夹角, 即折射角. 上式可以改写为

$$\frac{\sin \alpha}{\sin \beta} = \frac{v_1}{v_2}.$$

它表明, 入射角与折射角的正弦之比等于光线在两种介质中的传播速度之比, 这就是几何光学中的折射定律.

习　题　5.4

1. 求下列函数的单调区间:

(1) $y = 2x^3 + 3x^2 - 12x + 5$;

(2) $y = \dfrac{2x}{1 + x^2}$;

(3) $y = x + 2\sin x$;

(4) $y = x^n \mathrm{e}^{-x}$ (n 是正整数).

2. 应用导数证明下列不等式:

(1) $\dfrac{2}{\pi} x < \sin x < x \quad \left(0 < x < \dfrac{\pi}{2}\right)$;

(2) $x - \dfrac{1}{2} x^2 < \ln(1 + x) < x \quad (x > 0)$;

(3) $\dfrac{1}{2}\left(x - \dfrac{1}{x}\right) < \ln x < \dfrac{2(x - 1)}{x + 1} \quad (0 < x < 1)$;

(4) $\dfrac{2(1 + x)}{2 - x} < \mathrm{e}^{2x} < \dfrac{1 + x}{1 - x} \quad \left(0 < x < \dfrac{1}{2}\right)$;

(5) $\dfrac{\arctan x}{1 + x} < \ln(1 + x) < \arctan x \quad (0 < x < 1)$;

(6) $-\sin x \tan x < \ln\cos x < -2\sin^2 \dfrac{x}{2}\left(1 + \sin^2 \dfrac{x}{2}\right) \quad \left(-\dfrac{\pi}{2} < x < \dfrac{\pi}{2}, x \neq 0\right)$.

3. 证明下列不等式:

(1) $z^\alpha - y^\alpha \leqslant (z - x)^\alpha - (y - x)^\alpha$, 其中 $0 < \alpha < 1, z \geqslant y \geqslant x > 0$.

(2) $\left(\dfrac{a}{2}\right)^a \leqslant x^x (a - x)^{a - x} \leqslant a^a$, 其中 $0 < x < a$;

(3) $p^{p-1} q^{q-1} \geqslant \left(\dfrac{p+q}{2}\right)^{p+q-2}$, 其中 $p, q > 0$.

4. 证明:

(1) 对多项式函数

$$P(x) = a_0 x^n + a_1 x^{n-1} + \cdots + a_{n-1} x + a_n \quad (a_0 > 0),$$

存在正数 M 使在区间 $(-\infty, -M)$ 和 $(M, +\infty)$ 之中它都是单调函数;

(2) 对有理函数

$$Q(x) = \dfrac{a_0 x^n + a_1 x^{n-1} + \cdots + a_{n-1} x + a_n}{b_0 x^m + b_1 x^{m-1} + \cdots + b_{m-1} x + b_m} \quad (a_0 b_0 > 0),$$

存在正数 M 使在区间 $(-\infty, -M)$ 和 $(M, +\infty)$ 之中它都是单调函数.

5. 对于方程 $1 + x + \dfrac{x^2}{2} + \dfrac{x^3}{3} + \cdots + \dfrac{x^n}{n} = 0$, 证明:

(1) 当 n 是奇数时只有一个实根;

(2) 当 n 是偶数时没有实根.

6. 证明: 方程

$$\ln(1+x) - \arctan x = c$$

当 $c < \ln 2 - \dfrac{\pi}{4} \approx 0.09225$ 或 $c > 0$ 时有一根, 当 $c = \ln 2 - \dfrac{\pi}{4}$ 或 $c = 0$ 时有两根, 当 $\ln 2 - \dfrac{\pi}{4} < c < 0$ 时有三根.

7. 确定下列方程解的个数:

(1) $x^3 + px^2 + q = 0$;   (2) $x^7 - 7x = c$;   (3) $\mathrm{e}^x = ax^2 + b$;

(4) $\ln x = ax$;   (5) $\sin^5 x \cos^3 x = c$.

在第 (5) 小题中只需考虑该方程在 $(-\pi, \pi)$ 中的根.

8. 设函数 f 和 g 都在区间 $[a, +\infty)$ 上连续, 在 $(a, +\infty)$ 上可微, 且 $f'(x) \leqslant g'(x), \forall x > a$. 证明: 存在常数 C 使 $f(x) \leqslant g(x) + C, \forall x \geqslant a$.

9. 设函数 $y = y(x)$ 在区间 $[a, +\infty)$ 上连续, 在 $(a, +\infty)$ 上可微, 且满足下列微分不等式:

$$y'(x) \leqslant ry(x), \quad \forall x > a.$$

其中 r 是常数. 则存在常数 C 使成立 $y(x) \leqslant C\mathrm{e}^{rx}, \forall x \geqslant a$.

10. 证明定理: 设函数 f 和 g 都在闭区间 $[a, +\infty)$ 上连续且有连续的 k 阶导数, $k = 1, 2, \cdots, n$, 在开区间 $(a, +\infty)$ 上有 $n+1$ 阶导数, 且 $f^{(n+1)}(x) > g^{(n+1)}(x), \forall x > a$, 并设 $f^{(k)}(a) = g^{(k)}(a), k = 0, 1, \cdots, n$. 则成立不等式:

$$f(x) > g(x), \quad \forall x > a.$$

11. 应用导数证明下列不等式:

(1) $\sin x + \cos x > 1 + x - x^2$ $(x > 0)$;

(2) $x - \dfrac{1}{6}x^3 < \sin x < x - \dfrac{1}{6}x^3 + \dfrac{1}{120}x^5$ $(x > 0)$;

(3) $1 - \dfrac{1}{2}x^2 < \cos x < 1 - \dfrac{1}{2}x^2 + \dfrac{1}{24}x^4$ $(x \neq 0)$;

(4) $\mathrm{e}^x > 1 + x + \dfrac{1}{2!}x^2 + \cdots + \dfrac{1}{n!}x^n$ $(x > 0, n$ 为任意正整数$)$.

12. 证明: 对任意互不相等的两个实数 a 和 b 成立以下不等式:

$$\frac{\mathrm{e}^a - \mathrm{e}^b}{a - b} < \frac{\mathrm{e}^a + \mathrm{e}^b}{2}.$$

13. 求下列函数的极值:

(1) $y = x^3 + 3x^2 - 9x - 4$;   (2) $y = x(x-1)^2(x-2)^3$;

(3) $y = \dfrac{2x}{1+x^2}$;   (4) $y = x\mathrm{e}^{-x^2}$;

(5) $y = \dfrac{1+x^2}{1+x^4}$;   (6) $y = \arctan x - \dfrac{1}{2}\ln(1+x^2)$;

(7) $y = \mathrm{e}^x \sin x$;   (8) $y = \begin{cases} x\sin\dfrac{1}{x}, & x \neq 0, \\ 0, & x = 0. \end{cases}$

14. 应用导数证明下列不等式:

(1) $2^{1-p} \leqslant x^p + (1-x)^p \leqslant 1 \ (0 \leqslant x \leqslant 1, p > 1)$;

(2) $2^{-\frac{n-1}{n}} (a+b) \leqslant \sqrt[n]{a^n + b^n} \leqslant a + b \ (a > 0, b > 0, n$ 为正整数$)$;

(3) $x^n (1-x) < \dfrac{1}{en} \ (0 < x < 1)$.

(4) $e^{-x} \leqslant \left(\dfrac{p}{e}\right)^p x^{-p}, \ \forall x > 0 \ (p$ 为正常数. 这是一个很有用的不等式$)$.

15. (1) 设 $f(x)$ 在 $(0, +\infty)$ 上可微且 $xf'(x) - f(x) > 0, \ \forall x > 0$. 证明对任意 $x_1, x_2, \cdots,$ $x_n > 0$ 成立以下不等式

$$f(x_1 + x_2 + \cdots + x_n) > f(x_1) + f(x_2) + \cdots + f(x_n);$$

(2) 证明对任意 $x_1, x_2, \cdots, x_n > 0$ 成立不等式

$$x_1^{x_1} x_2^{x_2} \cdots x_n^{x_n} < (x_1 + x_2 + \cdots + x_n)^{x_1 + x_2 + \cdots + x_n};$$

(3) 证明对任意 $x_1, x_2, \cdots, x_n > 0$ 和 $0 < p < q$ 成立不等式

$$(x_1^p + x_2^p + \cdots + x_n^p)^{\frac{1}{p}} > (x_1^q + x_2^q + \cdots + x_n^q)^{\frac{1}{q}}.$$

16. 求解下列极值问题:

(1) 在半径为 R 的球中, 嵌入有最大体积的圆柱体;

(2) 在半径为 R 的球中, 嵌入有最大表面积的圆柱体.

17. 一物体为直圆柱形, 其上端为半球形. 若此物体的体积等于 V, 问应当如何设计它的尺寸, 才有最小的表面积?

18. 从半径为 R 的圆中, 应当切去怎样的扇形, 才能使余下的部分卷成一具有最大容积的漏斗?

5.5　函数的凸凹性

5.5.1　凸函数和凹函数

对于一个平面点集 S, 如果对其中任意两点 A 和 B, 以这两点为端点的线段 AB 都在点集 S 中, 就称 S 为**凸集**. 如图 5-5-1 中的点集是凸集, 而图 5-5-2 中的点集则不是凸集.

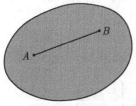

图 5-5-1　凸集

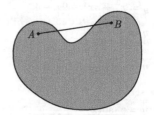

图 5-5-2　非凸集

给定区间 I 上的一个函数 f, 如果这个函数在平面上的上方图形

$$S = \{(x,y) : x \in I, y \geqslant f(x)\}$$

是凸集, 就称函数 f 是区间 I 上的凸函数 (图 5-5-3), 而如果下方图形

$$T = \{(x,y) : x \in I, y \leqslant f(x)\}$$

是凸集, 就称函数 f 是区间 I 上的凹函数 (图 5-5-4; 因为这样的函数的上方图形的下边界部分是凹进去的, 而人们一般是根据函数的上方图形来确定函数的凸凹性的).

显然, 一个平面点集是凸集当且仅当这个点集的边界在各个部分都是向外凸的, 即端点在边界上的任意线段都整个含于这个点集中. 因此, 函数 f 是凸函数当且仅当对曲线 $y = f(x)$ 上的任意两点 $A(x_1, f(x_1))$ 和 $B(x_2, f(x_2))$, 以这两点为端点的线段 AB 都在曲线 $y = f(x)$ 在这两点之间的弧段的上方. 由于区间 $[x_1, x_2]$ 上的任意一点 x 都可写成 $x = \theta x_1 + (1-\theta) x_2$, 其中 $0 \leqslant \theta \leqslant 1$, 而线段 AB 和曲线 $y = f(x)$ 上的对应点的纵坐标分别等于 $\theta f(x_1) + (1-\theta) f(x_2)$ 和 $f(\theta x_1 + (1-\theta) x_2)$, 所以 f 是区间 I 上的凸函数当且仅当成立关系式:

$$f(\theta x_1 + (1-\theta) x_2) \leqslant \theta f(x_1) + (1-\theta) f(x_2), \quad \forall x_1, x_2 \in I, \quad \forall \theta \in [0,1]. \quad (5.5.1)$$

类似地, f 是区间 I 上的凹函数当且仅当成立关系式:

$$f(\theta x_1 + (1-\theta) x_2) \geqslant \theta f(x_1) + (1-\theta) f(x_2), \quad \forall x_1, x_2 \in I, \quad \forall \theta \in [0,1]. \quad (5.5.2)$$

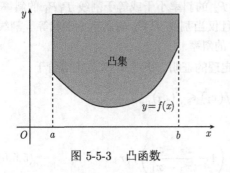
图 5-5-3 凸函数

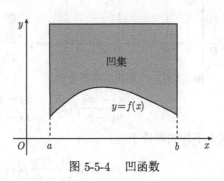
图 5-5-4 凹函数

定义 5.5.1 定义在区间 I 上的函数 f 如果满足关系式 (5.5.1), 就称 f 是区间 I 上的**凸函数**; 如果对任意 $x_1, x_2 \in I$, $x_1 \neq x_2$, 以及 $0 < \theta < 1$, 关系式 (5.5.1) 中的严格不等式成立, 就称 f 是 I 上的**严格凸函数**. 而如果 f 满足关系式 (5.5.2), 就称 f 是区间 I 上的**凹函数**; 如果对任意 $x_1, x_2 \in I$, $x_1 \neq x_2$, 以及 $0 < \theta < 1$, 关系式 (5.5.2) 中的严格不等式成立, 就称 f 是 I 上的**严格凹函数**.

显然 f 是凹函数当且仅当 $-f$ 是凸函数. 因此, 下面只针对凸函数进行讨论. 所有结果只要把其中的不等号都改变为相反的不等号, 就得到了关于凹函数的相应结论.

定理 5.5.1 下面四个条件互相等价:

(1) f 是区间 I 上的凸函数;

(2) 对区间 I 中的任意三点 $x_1 < x_2 < x_3$ 都成立

$$\frac{f(x_3) - f(x_1)}{x_3 - x_1} \leqslant \frac{f(x_3) - f(x_2)}{x_3 - x_2}; \tag{5.5.3}$$

(3) 对区间 I 中的任意三点 $x_1 < x_2 < x_3$ 都成立

$$\frac{f(x_2) - f(x_1)}{x_2 - x_1} \leqslant \frac{f(x_3) - f(x_1)}{x_3 - x_1}; \tag{5.5.4}$$

(4) 对区间 I 中的任意三点 $x_1 < x_2 < x_3$ 都成立

$$\frac{f(x_2) - f(x_1)}{x_2 - x_1} \leqslant \frac{f(x_3) - f(x_2)}{x_3 - x_2}. \tag{5.5.5}$$

对于严格凸的情形, 只要把非严格不等号全换为严格不等号, 则相应的等价性也都成立.

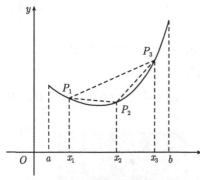

图 5-5-5   凸函数割线的变化

定理 5.4.1 的几何意义如下 (图 5-5-5): 对区间 I 中的任意三点 $x_1 < x_2 < x_3$, 曲线 $y = f(x)$ 上对应地有三点 $P_1(x_1, f(x_1))$, $P_2(x_2, f(x_2))$ 和 $P_3(x_3, f(x_3))$, 而曲线 $y = f(x)$ 是向下凸的当且仅当割线 P_1P_3 的斜率小于或等于割线 P_2P_3 的斜率, 也当且仅当割线 P_1P_2 的斜率小于或等于割线 P_1P_3 的斜率, 也当且仅当割线 P_1P_2 的斜率小于或等于割线 P_2P_3 的斜率.

定理的证明   不等式 (5.5.3) 等价于

$$\frac{x_3 - x_2}{x_3 - x_1} f(x_3) - \frac{x_3 - x_2}{x_3 - x_1} f(x_1) \leqslant f(x_3) - f(x_2),$$

这个不等式等价于

$$f(x_2) \leqslant \frac{x_3 - x_2}{x_3 - x_1} f(x_1) + \left(1 - \frac{x_3 - x_2}{x_3 - x_1}\right) f(x_3). \tag{5.5.6}$$

令 $\theta = \dfrac{x_3 - x_2}{x_3 - x_1}$, 则 $x_2 = \theta x_1 + (1-\theta) x_3$. 所以不等式 (5.5.6) 与不等式 (5.5.1) 等价. 这就证明了条件 (1) 与条件 (2) 的等价性. 类似地可证明条件 (1) 与条件 (3) 的等价性.

最后, 不等式 (5.5.5) 等价于

$$(x_3 - x_2)[f(x_2) - f(x_1)] \leqslant (x_2 - x_1)[f(x_3) - f(x_2)],$$

这个不等式等价于

$$(x_3 - x_1) f(x_2) \leqslant (x_3 - x_2) f(x_1) + (x_2 - x_1) f(x_3).$$

与前类似, 这个不等式与 (5.5.1) 等价. 所以条件 (1) 与条件 (4) 也等价.   □

定理 5.5.2   设 f 是开区间 (a, b) 上的凸函数. 则有下列结论:

(1) 对任意 $x_0 \in (a,b)$, f 在点 x_0 的左导数 $f'_-(x_0)$ 和右导数 $f'_+(x_0)$ 都存在;

(2) f 在区间 (a,b) 上连续.

证明 由定理 5.5.1 中条件 (1) 与条件 (2) 的等价性可知, 当 f 是 (a,b) 上的凸函数时, 对任意 $x_0 \in (a,b)$, 对充分小的 $h > 0$ 有定义的函数

$$g(h) = \frac{f(x_0) - f(x_0 - h)}{h}$$

是单调递减函数, 它是有上界的: 由定理 5.5.1 中条件 (1) 与条件 (4) 的等价性, 只要取 $x_1 \in (a,b)$ 使 $x_0 < x_1$, 就有

$$g(h) = \frac{f(x_0) - f(x_0 - h)}{h} \leqslant \frac{f(x_1) - f(x_0)}{x_1 - x_0} \quad \text{(对充分小的 } h > 0\text{)}.$$

因此, $\lim\limits_{h \to 0^+} g(h)$ 存在, 此即左导数 $f'_-(x_0) = \lim\limits_{h \to 0^+} \dfrac{f(x_0) - f(x_0 - h)}{h}$ 存在. 类似地, 应用定理 5.5.1 中条件 (1) 与条件 (3) 的等价性和条件 (1) 与条件 (4) 的等价性, 即可证明右导数 $f'_+(x_0)$ 的存在性. 这就证明了结论 (1).

其次, 由 $\lim\limits_{h \to 0^+} \dfrac{f(x_0) - f(x_0 - h)}{h} = f'_-(x_0)$ 知存在 $c > 0$, 使当 $0 < h < c$ 时,

$$\left| \frac{f(x_0) - f(x_0 - h)}{h} - f'_-(x_0) \right| \leqslant 1,$$

进而当 $0 < h < c$ 时,

$$|f(x_0) - f(x_0 - h)| \leqslant [1 + |f'_-(x_0)|]h.$$

由此推知 $\lim\limits_{h \to 0^+} f(x_0 - h) = f(x_0)$, 所以 f 在点 x_0 左连续. 类似地, 应用右导数 $f'_+(x_0)$ 的存在性可证明 f 在点 x_0 也右连续. 所以 f 在点 x_0 连续. □

5.5.2 利用导数判别函数的凸凹性

借助于函数的一阶和二阶导数, 可以很容易地判定出函数的凸凹性. 这就是下面两个定理.

定理 5.5.3 设函数 f 在开区间 (a,b) 上可导. 则 f 是 (a,b) 上的凸函数的充要条件为: 导函数 f' 是 (a,b) 上的单调递增函数. f 是 (a,b) 上的严格凸函数的充要条件是: 导函数 f' 是 (a,b) 上的严格单调递增函数 (图 5-5-6).

证明 充分性. 设函数 f 的导函数 f' 是 (a,b) 上的单增函数. 对区间 (a,b) 中的任意三点 $x_1 < x_2 < x_3$, 根据拉格朗日中值定理可知存在 $\xi_1 \in (x_1, x_2)$ 和 $\xi_2 \in (x_2, x_3)$

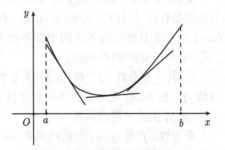

图 5-5-6 凸函数切线的变化

使分别成立

$$\frac{f(x_2) - f(x_1)}{x_2 - x_1} = f'(\xi_1),$$

$$\frac{f(x_3) - f(x_2)}{x_3 - x_2} = f'(\xi_2).$$

由 f' 的单增性可知 $f'(\xi_1) \leqslant f'(\xi_2)$, 所以有

$$\frac{f(x_2) - f(x_1)}{x_2 - x_1} \leqslant \frac{f(x_3) - f(x_2)}{x_3 - x_2}.$$

因此根据定理 5.5.1 即知 f 是 (a,b) 上的凸函数. 如果 f' 是 (a,b) 上的严格单增函数, 那么 $f'(\xi_1) < f'(\xi_2)$, 从而上面这个不等式中的严格不等号成立, 所以 f 是 (a,b) 上的严格凸函数.

必要性. 设 f 是 (a,b) 上的凸函数. 对区间 (a,b) 中的任意两点 $x_1 < x_2$, 当 $h > 0$ 充分小时, $x_1 - h$ 和 $x_2 + h$ 都落在区间 (a,b) 之内, 因此根据定理 5.5.1 有

$$\frac{f(x_1) - f(x_1 - h)}{h} \leqslant \frac{f(x_2) - f(x_1)}{x_2 - x_1} \leqslant \frac{f(x_2 + h) - f(x_2)}{h}.$$

令 $h \to 0^+$ 便得到

$$f'(x_1) \leqslant \frac{f(x_2) - f(x_1)}{x_2 - x_1} \leqslant f'(x_2).$$

所以 f' 是 (a,b) 上的单增函数. 如果 f 是 (a,b) 上的严格凸函数, 再取第三个点 x_0 使 $x_1 < x_0 < x_2$, 则对充分小的 $h > 0$ 有

$$\frac{f(x_1) - f(x_1 - h)}{h} < \frac{f(x_0) - f(x_1)}{x_0 - x_1} < \frac{f(x_2) - f(x_0)}{x_2 - x_0} < \frac{f(x_2 + h) - f(x_2)}{h}.$$

令 $h \to 0^+$ 便得到

$$f'(x_1) \leqslant \frac{f(x_0) - f(x_1)}{x_0 - x_1} < \frac{f(x_2) - f(x_0)}{x_2 - x_0} \leqslant f'(x_2).$$

所以 f' 是 (a,b) 上的严格单增函数. $\qquad\qquad\square$

定理 5.5.4　设函数 f 在开区间 (a,b) 上有二阶导数. 则 f 是 (a,b) 上的凸函数的充要条件是 $f''(x) \geqslant 0, \forall x \in (a,b)$. f 是 (a,b) 上的严格凸函数的充要条件是 f'' 在 (a,b) 上非负且在任何子区间上都不恒为零. 特别地, 如果 $f''(x) > 0, \forall x \in (a,b)$, 则 f 是 (a,b) 上的严格凸函数.

证明　充分性. f'' 在 (a,b) 上非负 $\Rightarrow f'$ 在 (a,b) 上单增 $\Rightarrow f$ 是 (a,b) 上的凸函数; f'' 在 (a,b) 上非负且在任何子区间上都不恒为零 $\Rightarrow f'$ 在 (a,b) 上严格单增 $\Rightarrow f$ 是 (a,b) 上的严格凸函数.

必要性. f 是 (a,b) 上的凸函数 $\Rightarrow f'$ 在 (a,b) 上单增 $\Rightarrow f''(x) \geqslant 0, \forall x \in (a,b)$; f 是 (a,b) 上的严格凸函数 $\Rightarrow f'$ 在 (a,b) 上严格单增 $\Rightarrow f''$ 在 (a,b) 上非负且在任何子区间上都不恒为零. $\qquad\qquad\square$

例 1 (1) 对于指数函数 $f(x) = a^x$ $(a > 0, a \neq 1)$, 由于

$$f'(x) = a^x \ln a, \qquad f''(x) = a^x (\ln a)^2 > 0, \quad \forall x \in \mathbf{R},$$

所以 $f(x) = a^x$ 是 $(-\infty, +\infty)$ 上的严格凸函数 (图 5-5-7).

(2) 对于对数函数 $f(x) = \log_a x$ $(a > 0, a \neq 1)$, 由于

$$f'(x) = \frac{1}{x \ln a}, \qquad f''(x) = -\frac{1}{x^2 \ln a},$$

如果 $a > 1$, 则 $f''(x) < 0, \forall x > 0$. 而如果 $0 < a < 1$, 则 $f''(x) > 0, \forall x > 0$. 所以当 $a > 1$ 时, $f(x) = \log_a x$ 是 $(0, +\infty)$ 上的严格凹函数, 而当 $0 < a < 1$ 时, $f(x) = \log_a x$ 是 $(0, +\infty)$ 上的严格凸函数 (图 5-5-8).

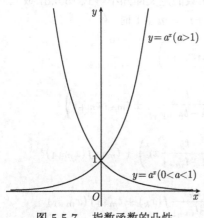
图 5-5-7　指数函数的凸性

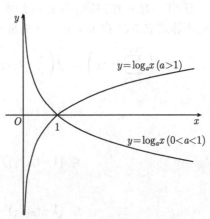
图 5-5-8　对数函数的凸凹性

例 2 设 $a > 0, b > 0, p > 1, q > 1$, 且 $\dfrac{1}{p} + \dfrac{1}{q} = 1$. 证明下述**杨不等式**:

$$ab \leqslant \frac{a^p}{p} + \frac{b^q}{q}, \tag{5.5.7}$$

等号成立当且仅当 $a^p = b^q$.

证明 令 $x = a^p, y = b^q$, 则以上不等式化为

$$x^{\frac{1}{p}} y^{\frac{1}{q}} \leqslant \frac{1}{p} x + \frac{1}{q} y.$$

两端取对数可知这个不等式等价于

$$\frac{1}{p} \ln x + \frac{1}{q} \ln y \leqslant \ln \left(\frac{1}{p} x + \frac{1}{q} y \right).$$

这个不等式是对数函数 $f(x) = \ln x$ 是 $(0, +\infty)$ 上的凹函数的直接推论. 由于 $f(x) = \ln x$ 是严格凹函数, 所以这个不等式中的等号成立当且仅当 $x = y$, 进而不等式 (5.5.7) 中的等号成立当且仅当 $a^p = b^q$. □

5.5.3　詹森不等式及其应用

下面这个定理给出了根据函数的凸凹性建立不等式的一个很有用的方法.

定理 5.5.5 (詹森 (Jensen) 不等式)　设函数 f 是区间 I 上的凸函数. 则对任意 $x_1, x_2, \cdots, x_n \in I$ 和任意满足 $\sum\limits_{k=1}^{n} t_k = 1$ 的 $t_1, t_2, \cdots, t_n \in (0,1)$ 都成立

$$f\left(\sum_{k=1}^{n} t_k x_k\right) \leqslant \sum_{k=1}^{n} t_k f(x_k). \tag{5.5.8}$$

如果 f 是区间 I 上的严格凸函数, 则上述不等式中的等号只在 $x_1 = x_2 = \cdots = x_n$ 时才成立.

证明　对 n 作归纳. 当 $n = 2$ 时, 由凸函数的定义即知不等式 (5.5.8) 成立. 设已知不等式 (5.5.8) 在 $n = m \geqslant 2$ 时成立. 则当 $n = m + 1$ 时, 有

$$
\begin{aligned}
f\left(\sum_{k=1}^{m+1} t_k x_k\right) &= f\left(\sum_{k=1}^{m} t_k x_k + t_{m+1} x_{m+1}\right) \\
&= f\left((1-t_{m+1})\sum_{k=1}^{m} \frac{t_k}{1-t_{m+1}} x_k + t_{m+1} x_{m+1}\right) \\
&\leqslant (1-t_{m+1}) f\left(\sum_{k=1}^{m} \frac{t_k}{1-t_{m+1}} x_k\right) + t_{m+1} f(x_{m+1}) \\
&\leqslant (1-t_{m+1}) \cdot \sum_{k=1}^{m} \frac{t_k}{1-t_{m+1}} f(x_k) + t_{m+1} f(x_{m+1}) \\
&= \sum_{k=1}^{m} t_k f(x_k) + t_{m+1} f(x_{m+1}) = \sum_{k=1}^{m+1} t_k f(x_k).
\end{aligned}
$$

上面第二个不等式用到了归纳假设和条件 $\sum\limits_{k=1}^{m+1} t_k = 1$, 从这个条件有

$$\sum_{k=1}^{m} \frac{t_k}{1-t_{m+1}} = \frac{\sum\limits_{k=1}^{m} t_k}{1-t_{m+1}} = \frac{1-t_{m+1}}{1-t_{m+1}} = 1.$$

因此不等式 (5.5.8) 对任意正整数 n 都成立.

如果 f 是严格凸函数且 $x_1, x_2, \cdots, x_{m+1}$ 不全相等, 那么当 $\sum\limits_{k=1}^{m} \frac{t_k}{1-t_{m+1}} x_k \neq x_{m+1}$ 时, 上面推导中的第一个不等式中的等号不可能成立, 而如果 $\sum\limits_{k=1}^{m} \frac{t_k}{1-t_{m+1}} x_k = x_{m+1}$, 则必 $x_1, x_2, \cdots, x_m$ 不全相等, 因为否则 (即 $x_1 = x_2 = \cdots = x_m$) 就有

$$x_{m+1} = \sum_{k=1}^{m} \frac{t_k}{1-t_{m+1}} x_k = x_1 \sum_{k=1}^{m} \frac{t_k}{1-t_{m+1}} = x_1 \frac{1-t_{m+1}}{1-t_{m+1}} = x_1 = x_2 = \cdots = x_m,$$

这与所设矛盾. 既然 $x_1, x_2, \cdots, x_m$ 不全相等, 则根据归纳假设, 上面推导中的第二个不等式中的等号不可能成立. 因此只要 $x_1, x_2, \cdots, x_{m+1}$ 不全相等, 那么上面推导的不等式是严格不等式. $\qquad\square$

例 3 由例 1 知对数函数 $f(x) = \ln x$ 是 $(0, +\infty)$ 上的严格凹函数, 因此根据詹森不等式即知, 对任意一组正数 $x_1, x_2, \cdots, x_n$ 都成立

$$\frac{\ln x_1 + \ln x_2 + \cdots + \ln x_n}{n} \leqslant \ln\left(\frac{x_1 + x_2 + \cdots + x_n}{n}\right),$$

而且等号成立当且仅当 $x_1 = x_2 = \cdots = x_n$. 对以上不等式两端取指数, 就得到

$$\sqrt[n]{x_1 x_2 \cdots x_n} \leqslant \frac{x_1 + x_2 + \cdots + x_n}{n},$$

这就是平均值不等式.

例 4 设 $a_k > 0, b_k > 0$ $(k = 1, 2, \cdots, n)$. 又设 $p > 1, q > 1$, 且 $\frac{1}{p} + \frac{1}{q} = 1$. 证明下述**赫尔德不等式**:

$$\sum_{k=1}^{n} a_k b_k \leqslant \left(\sum_{k=1}^{n} a_k^p\right)^{\frac{1}{p}} \left(\sum_{k=1}^{n} b_k^q\right)^{\frac{1}{q}}. \tag{5.5.9}$$

证明 考虑函数 $f(x) = x^{\frac{1}{q}}, x > 0$. 有

$$f'(x) = \frac{1}{q} x^{\frac{1}{q}-1}, \quad f''(x) = -\frac{1}{q}\left(1 - \frac{1}{q}\right) x^{\frac{1}{q}-2} < 0, \quad \forall x > 0.$$

所以这个函数是区间 $(0, +\infty)$ 上的凹函数, 故由詹森不等式即知, 对任意 $x_1, x_2, \cdots,$ $x_n > 0$ 和任意满足 $\sum_{k=1}^{n} t_k = 1$ 的 $t_1, t_2, \cdots, t_n \in (0, 1)$ 都成立

$$\sum_{k=1}^{n} t_k x_k^{\frac{1}{q}} \leqslant \left(\sum_{k=1}^{n} t_k x_k\right)^{\frac{1}{q}}. \tag{5.5.10}$$

令

$$t_k = \frac{a_k^p}{\displaystyle\sum_{k=1}^{n} a_k^p}, \quad x_k = \frac{b_k^q}{a_k^p}, \quad k = 1, 2, \cdots, n,$$

则得到

$$\frac{\sum\limits_{k=1}^{n} a_k^{p(1-\frac{1}{q})} b_k}{\sum\limits_{k=1}^{n} a_k^p} \leqslant \left(\frac{\sum\limits_{k=1}^{n} b_k^q}{\sum\limits_{k=1}^{n} a_k^p}\right)^{\frac{1}{q}}.$$

注意到 $1 - \dfrac{1}{q} = \dfrac{1}{p}$, 把以上不等式适当变形就得到了不等式 (5.5.9).　　　□

注意式 (5.5.10) 也是一个很有用的不等式.

习　题　5.5

1. 研究下列函数的凸凹区间:

(1) $y = x^2$;

(2) $y = x^3$;

(3) $y = x^3 + 3x^2$;

(4) $y = x^4 + 2x^3 - 12x^2$;

(5) $y = \ln(1 + x^2)$;

(6) $y = \dfrac{1 + x}{1 + x^2}$;

(7) $y = \sin x + \sin 3x$;

(8) $y = \dfrac{1}{10}x^5 - \dfrac{1}{3}x^4 - \dfrac{1}{3}x^3 + 2x^2 + x$.

2. 证明下列不等式:

(1) $\dfrac{a^p + b^p}{2} > \left(\dfrac{a + b}{2}\right)^p$　$(a, b > 0,\, a \neq b,\, p > 1)$;

(2) $\dfrac{a^p + b^p}{2} < \left(\dfrac{a + b}{2}\right)^p$　$(a, b > 0,\, a \neq b,\, 0 < p < 1)$;

(3) $\dfrac{\mathrm{e}^a + \mathrm{e}^b}{2} > \mathrm{e}^{\frac{a+b}{2}}$　$(a \neq b)$;

(4) $a^a b^b > \left(\dfrac{a + b}{2}\right)^{a+b}$　$(a, b > 0,\, a \neq b)$;

(5) $a \ln a + b \ln b > (a + b) \ln\left(\dfrac{a + b}{2}\right)$　$(a, b > 0,\, a \neq b)$.

3. 证明下列命题:

(1) 两个凸函数的和是凸函数;

(2) 两个非负的单调递增凸函数的积也是凸函数;

(3) 如果 f 和 g 都是 (a, b) 上的凸函数, 则函数 $\max\{f(x), g(x)\}$ 也是 (a, b) 上的凸函数;

(4) 如果 f 是 (a, b) 上的凸函数, 值域含于 (c, d), 而 g 是 (c, d) 上的单调递增的凸函数, 则复合函数 $g \circ f$ 也是 (a, b) 上的凸函数.

4. 设 f 是定义在区间 (a, b) 上的函数. 证明以下三个条件等价:

(1) f 是 (a, b) 上的凸函数;

(2) 对任意 $a < x_1 < x_2 < x_3 < b$ 成立不等式

$$\begin{vmatrix} 1 & x_1 & f(x_1) \\ 1 & x_2 & f(x_2) \\ 1 & x_3 & f(x_3) \end{vmatrix} \geqslant 0;$$

(3) 对任意 $x_1, x_2, x_3 \in (a, b)$ 成立不等式

$$\frac{(x_3 - x_2)f(x_1) + (x_1 - x_3)f(x_2) + (x_2 - x_1)f(x_3)}{(x_3 - x_2)(x_1 - x_3)(x_2 - x_1)} \leqslant 0.$$

5. 设函数 f 在 (a, b) 上可导. 证明: f 是 (a, b) 上的凸函数的充要条件是对任意 $x_0 \in (a, b)$ 都成立

$$f(x) \geqslant f(x_0) + f'(x_0)(x - x_0), \qquad \forall x \in (a, b),$$

即曲线 $y = f(x)$ 总是位于其切线的上方.

6. 设 f 在 $[0, +\infty)$ 上连续并且是该区间上的凸函数. 又设 $f(0) = 0$. 证明: 函数 $\dfrac{f(x)}{x}$ 在 $(0, +\infty)$ 上单调递增; 如果 f 在 $[0, +\infty)$ 上是严格凸的, 则 $\dfrac{f(x)}{x}$ 在 $(0, +\infty)$ 上严格单调递增.

7. (1) 设 f 是 (a, b) 上的凸函数. 证明: $\forall x_0 \in (a, b)$, $\forall m \in [f'_-(x_0), f'_+(x_0)]$, 都成立

$$f(x) \geqslant f(x_0) + m(x - x_0), \qquad \forall x \in (a, b).$$

(2) 设 f 是定义在区间 (a, b) 上的函数. 假设 $\forall x_0 \in (a, b)$, $\exists m \in \mathbf{R}$ 使上面的不等式成立, 证明: f 是 (a, b) 上的凸函数.

8. 设 f 是区间 (a, b) 上的凸函数. 证明:

(1) 单侧导函数 f'_- 和 f'_+ 都是 (a, b) 上的单调递增函数, 且成立

$$f'_-(x) \leqslant f'_+(x), \qquad \forall x \in (a, b).$$

进一步, 如果 f 是 (a, b) 上的严格凸函数, 则 f'_- 和 f'_+ 都是 (a, b) 上的严格单调递增函数.

(2) 下列三种情况有且仅有一种发生: (i) f 在 (a, b) 上单调递增; (ii) f 在 (a, b) 上单调递减; (iii) 存在 $x_0 \in (a, b)$ 使 f 在 (a, x_0) 上单调递减, 在 (x_0, b) 上单调递增.

(3) 如果 f 在 $[a, b]$ 上连续且 $f'_+(a)$ 和 $f'_-(b)$ 都存在, 则 f 在 $[a, b]$ 上利普希茨连续, 即存在常数 $C > 0$ 使成立

$$|f(x) - f(y)| \leqslant C|x - y|, \qquad \forall x, y \in [a, b].$$

9. 设 f 是闭区间 $[a, b]$ 上的凸函数, 并且在该区间的两个端点 a, b 处连续 (从而在整个区间 $[a, b]$ 上连续). 证明: 存在 $\xi \in (a, b)$ 和 $\lambda \in [f'_-(\xi), f'_+(\xi)]$, 使成立 $f(b) - f(a) = \lambda(b - a)$.

10. 设 f 是有限开区间 (a, b) 上的凸函数, 并且在该区间上有界. 证明: $\lim\limits_{x \to a^+} f(x)$ 和 $\lim\limits_{x \to b^-} f(x)$ 都存在.

11. 设 $a_1, a_2, \cdots, a_n$ 是一组正数. 证明下列不等式:

(1) $\left(\dfrac{a_1 + a_2 + \cdots + a_n}{n}\right)^{a_1 + a_2 + \cdots + a_n} \leqslant a_1^{a_1} a_2^{a_2} \cdots a_n^{a_n}$;

(2) $\left(\dfrac{a_1^\alpha + a_2^\alpha + \cdots + a_n^\alpha}{n}\right)^{\frac{1}{\alpha}} \leqslant \sqrt[n]{a_1 a_2 \cdots a_n} \leqslant \left(\dfrac{a_1^\beta + a_2^\beta + \cdots + a_n^\beta}{n}\right)^{\frac{1}{\beta}}$, 其中 $\alpha < 0 < \beta$.

12. 设 f 是区间 $(0, 1)$ 上的凸函数, 令 $x_n = \dfrac{1}{n}\sum\limits_{k=1}^{n} f\left(\dfrac{k}{n+1}\right)$, $n = 1, 2, \cdots$. 证明: 数列 $\{x_n\}$ 单调递增.

5.6 泰 勒 公 式

从拉格朗日中值定理看到, 如果函数 f 在区间 (a,b) 上可导, x_0 是区间 (a,b) 内任意一点, 则对任意 $x \in (a,b)$ 都存在相应的 ξ, 它位于 x 和 x_0 之间 (即当 $x > x_0$ 时, $x_0 < \xi < x$, 而当 $x < x_0$ 时, $x < \xi < x_0$), 使成立

$$f(x) = f(x_0) + f'(\xi)(x - x_0).$$

这个定理有许多应用. 把这个定理推广到高阶导数, 就得到了下述重要定理.

定理 5.6.1 (泰勒公式 1) 设函数 f 在区间 (a,b) 上有 $n+1$ 阶导数, x_0 是区间 (a,b) 内任意一点. 则对任意 $x \in (a,b)$ 都存在相应的 ξ, 它位于 x 和 x_0 之间 (即当 $x > x_0$ 时, $x_0 < \xi < x$, 而当 $x < x_0$ 时, $x < \xi < x_0$), 使成立

$$f(x) = f(x_0) + f'(x_0)(x - x_0) + \frac{1}{2!}f''(x_0)(x - x_0)^2 + \cdots + \frac{1}{n!}f^{(n)}(x_0)(x - x_0)^n$$
$$+ \frac{1}{(n+1)!}f^{(n+1)}(\xi)(x - x_0)^{n+1}. \tag{5.6.1}$$

证明 不妨设 $x > x_0$. 在区间 $[x_0, x]$ 上考虑下列辅助函数 F 和 G: 对每个 $t \in [x_0, x]$,

$$F(t) = f(x) - \left[f(t) + f'(t)(x - t) + \frac{1}{2!}f''(t)(x - t)^2 + \cdots + \frac{1}{n!}f^{(n)}(t)(x - t)^n \right],$$

$$G(t) = (x - t)^{n+1}.$$

显然 F 和 G 都在区间 $[x_0, x]$ 上连续, 在 (x_0, x) 上可导:

$$F'(t) = -\frac{1}{n!}f^{(n+1)}(t)(x - t)^n, \qquad G'(t) = -(n+1)(x - t)^n,$$

且 $G'(t) \neq 0, \forall t \in (x_0, x)$. 因此根据柯西中值定理, 存在 $\xi \in (x_0, x)$ 使成立

$$\frac{F(x) - F(x_0)}{G(x) - G(x_0)} = \frac{F'(\xi)}{G'(\xi)}.$$

注意到 $F(x) = G(x) = 0$, 所以由此式得到

$$F(x_0) = \frac{F'(\xi)}{G'(\xi)}G(x_0).$$

把 F 和 G 以及 F' 和 G' 的表达式代入上式, 就得到了式 (5.6.1). □

式 (5.6.1) 称为函数 f 在 x_0 点的 n 阶**拉格朗日型泰勒** (B. Taylor, 1685~1731, 英国人) **展开式**, 其中等式右端最后一项 $\frac{1}{(n+1)!}f^{(n+1)}(\xi)(x - x_0)^{n+1}$ 称为该展开式的**拉格朗日型余项**. 如果 $x_0 = 0$, 那么式 (5.6.1) 也称为函数 f 的 n 阶**麦克劳林** (C. Maclaurin, 1698~1746, 英国人) **展开式**.

推论 5.6.1 如果函数 f 在区间 (a,b) 上的 $n+1$ 阶导数恒等于零, 则 f 在此区

间上等于一个阶数不超过 n 的多项式.

在泰勒公式 (5.6.1) 中, 因为 ξ 位于 x 和 x_0 之间, 所以可写 $\xi = x_0 + \theta(x - x_0)$, 其中 $0 < \theta < 1$. 这样式 (5.6.1) 也可等价地写成

$$f(x) = f(x_0) + f'(x_0)(x - x_0) + \frac{1}{2!}f''(x_0)(x - x_0)^2 + \cdots + \frac{1}{n!}f^{(n)}(x_0)(x - x_0)^n$$

$$+ \frac{1}{(n+1)!}f^{(n+1)}(x_0 + \theta(x - x_0))(x - x_0)^{n+1}.$$

另外, 从定理 5.6.1 的证明可以看出, 如果 f 只定义在 $[x_0, b)$ 上且在 $[x_0, b)$ 上有 $n+1$ 阶导数, 则式 (5.6.1) 以及上式对任意 $x \in [x_0, b)$ 也成立; 而如果 f 只定义在 $(a, x_0]$ 上且在 $(a, x_0]$ 上有 $n+1$ 阶导数, 则式 (5.6.1) 以及上式对任意 $x \in (a, x_0]$ 也成立.

例 1 设 $a > 0$, $a \neq 1$. 求指数函数 a^x 在任意点 $x_0 \in \mathbf{R}$ 的 n 阶泰勒展开式.

解 从 4.4 节例 2 可知 (见 (4.4.4)), $(a^x)^{(k)}|_{x=x_0} = a^{x_0}(\ln a)^k$, $k = 1, 2, \cdots$, 又 $a^x|_{x=x_0} = a^{x_0}$, 所以指数函数 a^x 在任意点 $x_0 \in \mathbf{R}$ 带拉格朗日型余项的 n 阶泰勒展开式为

$$a^x = a^{x_0} + a^{x_0}(\ln a)(x - x_0) + \frac{1}{2!}a^{x_0}(\ln a)^2(x - x_0)^2 + \frac{1}{3!}a^{x_0}(\ln a)^3(x - x_0)^3 + \cdots$$

$$+ \frac{1}{n!}a^{x_0}(\ln a)^n(x - x_0)^n + \frac{a^{x_0 + \theta(x - x_0)}}{(n+1)!}(\ln a)^{n+1}(x - x_0)^{n+1},$$

其中 $0 < \theta < 1$ (依赖于 x_0, x 和 n). 特别地, 取 $a = \mathrm{e}$, $x_0 = 0$, 便得到了指数函数 e^x 带拉格朗日型余项的 n 阶麦克劳林展开式:

$$\mathrm{e}^x = 1 + x + \frac{1}{2!}x^2 + \frac{1}{3!}x^3 + \cdots + \frac{1}{n!}x^n + \frac{\mathrm{e}^{\theta x}}{(n+1)!}x^{n+1},$$

其中 $0 < \theta < 1$ (依赖于 x 和 n)(图 5-6-1).

也可把特殊指数函数 e^x 的麦克劳林展开式作为基本公式熟记, 而把一般指数函数 a^x ($a > 0$, $a \neq 1$) 在任意点 $x_0 \in \mathbf{R}$ 的泰勒展开式通过等式

$$a^x = a^{x_0}a^{x - x_0} = a^{x_0}\mathrm{e}^{(x - x_0)\ln a}$$

导出.

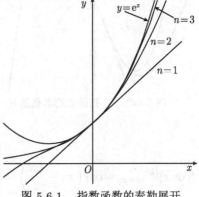

图 5-6-1　指数函数的泰勒展开

例 2 求正弦函数 $\sin x$ 和余弦函数 $\cos x$ 在任意点 $x_0 \in \mathbf{R}$ 的 n 阶泰勒展开式.

解 从 4.4 节例 4 可知 (见 (4.4.7))

$$(\sin x)^{(k)}|_{x=x_0} = \sin\left(x_0 + \frac{k\pi}{2}\right) = \begin{cases} \sin x_0, & \text{当 } k = 4m, \\ \cos x_0, & \text{当 } k = 4m+1, \\ -\sin x_0, & \text{当 } k = 4m+2, \\ -\cos x_0, & \text{当 } k = 4m+3, \end{cases} \quad m = 0, 1, 2, \cdots,$$

所以正弦函数 $\sin x$ 在任意点 $x_0 \in \mathbf{R}$ 的 n 阶泰勒展开式为

$$\sin x = \sin x_0 + (\cos x_0)(x - x_0) - \frac{1}{2!}(\sin x_0)(x - x_0)^2 - \frac{1}{3!}(\cos x_0)(x - x_0)^3 + \cdots$$

$$+ \frac{\sin\left(x_0 + \dfrac{n\pi}{2}\right)}{n!}(x - x_0)^n$$

$$+ \frac{\sin\left(x_0 + \theta(x - x_0) + \dfrac{(n+1)\pi}{2}\right)}{(n+1)!}(x - x_0)^{n+1},$$

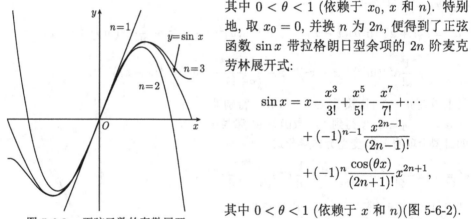

图 5-6-2　正弦函数的泰勒展开

其中 $0 < \theta < 1$ (依赖于 x_0, x 和 n). 特别地, 取 $x_0 = 0$, 并换 n 为 $2n$, 便得到了正弦函数 $\sin x$ 带拉格朗日型余项的 $2n$ 阶麦克劳林展开式:

$$\sin x = x - \frac{x^3}{3!} + \frac{x^5}{5!} - \frac{x^7}{7!} + \cdots$$
$$+ (-1)^{n-1}\frac{x^{2n-1}}{(2n-1)!}$$
$$+ (-1)^n\frac{\cos(\theta x)}{(2n+1)!}x^{2n+1},$$

其中 $0 < \theta < 1$ (依赖于 x 和 n)(图 5-6-2).

类似地, 从 4.4 节例 4 可知 (见 (4.4.8))

$$(\cos x)^{(k)}|_{x=x_0} = \cos\left(x_0 + \frac{k\pi}{2}\right) = \begin{cases} \cos x_0, & \text{当 } k = 4m, \\ -\sin x_0, & \text{当 } k = 4m+1, \\ -\cos x_0, & \text{当 } k = 4m+2, \\ \sin x_0, & \text{当 } k = 4m+3, \end{cases} \quad m = 0, 1, 2, \cdots,$$

所以余弦函数 $\cos x$ 在任意点 $x_0 \in \mathbf{R}$ 的 n 阶泰勒展开式为

$$\cos x = \cos x_0 - (\sin x_0)(x - x_0) - \frac{1}{2!}(\cos x_0)(x - x_0)^2$$

$$+ \frac{1}{3!}(\sin x_0)(x - x_0)^3 + \cdots + \frac{\cos\left(x_0 + \dfrac{n\pi}{2}\right)}{n!}(x - x_0)^n$$

$$+ \frac{\cos\left(x_0 + \theta(x - x_0) + \dfrac{(n+1)\pi}{2}\right)}{(n+1)!}(x - x_0)^{n+1},$$

其中 $0 < \theta < 1$ (依赖于 x_0, x 和 n). 特别地, 取 $x_0 = 0$, 并换 n 为 $2n + 1$, 便得到了余弦函数 $\cos x$ 带拉格朗日型余项的 $2n + 1$ 阶麦克劳林展开式:

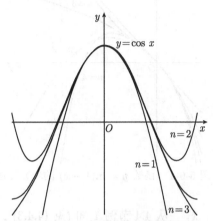

$$\cos x = 1 - \frac{x^2}{2!} + \frac{x^4}{4!} - \frac{x^6}{6!} + \cdots$$
$$+ (-1)^n \frac{x^{2n}}{(2n)!}$$
$$+ (-1)^{n+1} \frac{\cos(\theta x)}{(2n+2)!} x^{2n+2},$$

其中 $0 < \theta < 1$ (依赖于 x 和 n)(图 5-6-3).

图 5-6-3　余弦函数的泰勒展开

也可把正弦函数 $\sin x$ 和余弦函数 $\cos x$ 的麦克劳林展开式作为基本公式熟记, 而把它们在任意点 $x_0 \in \mathbf{R}$ 的泰勒展开式通过等式

$$\sin x = \sin[x_0 + (x - x_0)] = \sin x_0 \cos(x - x_0) + \cos x_0 \sin(x - x_0),$$
$$\cos x = \cos[x_0 + (x - x_0)] = \cos x_0 \cos(x - x_0) - \sin x_0 \sin(x - x_0)$$

导出. 虽然这时会出现两个余项, 但在许多问题的讨论中并没有多大影响. 当然, 如果必须只出现一个余项, 就只能用前面根据泰勒展开式的定义导出的公式了.

例 3　设 $a > 0$, $a \neq 1$. 求对数函数 $\log_a x$ 在任意点 $x_0 > 0$ 的 n 阶泰勒展开式.

解　因为 $\log_a x = \dfrac{\ln x}{\ln a}$, 从 4.4 节例 3 可知 (见 (4.4.6)), $(\ln x)^{(k)}|_{x=x_0} = (-1)^{k-1}(k-1)!\, x_0^{-k}$, $k = 1, 2, \cdots$, 从而 $(\log_a x)^{(k)}|_{x=x_0} = (-1)^{k-1}(k-1)!(\ln a)^{-1} x_0^{-k}$, $k = 1, 2, \cdots$. 又 $\log_a x|_{x=x_0} = \log_a x_0$, 所以对数函数 $\log_a x$ 在任意点 $x_0 > 0$ 的 n 阶泰勒展开式为

$$\log_a x = \log_a x_0 + \frac{x - x_0}{x_0 \ln a} - \frac{(x - x_0)^2}{2x_0^2 \ln a} + \frac{(x - x_0)^3}{3x_0^3 \ln a} + \cdots + (-1)^{n-1}\frac{(x - x_0)^n}{n x_0^n \ln a}$$
$$+ \frac{(-1)^n (x - x_0)^{n+1}}{(n+1)[x_0 + \theta(x - x_0)]^{n+1} \ln a},$$

其中, $x > 0$, $0 < \theta < 1$ (依赖于 x_0, x 和 n). 特别地, 取 $a = \mathrm{e}$, $x_0 = 1$, 并换 x 为 $1 + x$, 便得到了函数 $\ln(1 + x)$ 的 n 阶麦克劳林展开式为

$$\ln(1 + x) = x - \frac{1}{2}x^2 + \frac{1}{3}x^3 - \frac{1}{4}x^4 + \cdots + \frac{(-1)^{n-1}}{n}x^n + \frac{(-1)^n x^{n+1}}{(n+1)(1 + \theta x)^{n+1}},$$

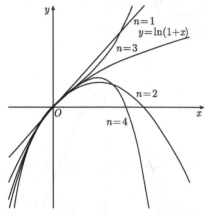

图 5-6-4　函数 $y = \ln(1+x)$ 的泰勒展开

其中, $x > -1$, $0 < \theta < 1$ (依赖于 x 和 n)(图 5-6-4).

也可把 $\ln(1+x)$ 的麦克劳林展开式作为基本公式熟记, 而把对数函数 $\log_a x$ 在任意点 $x_0 > 0$ 的泰勒展开式通过等式

$$\log_a x = \log_a x_0 + (\ln a)^{-1} \ln\left(1 + \frac{x - x_0}{x_0}\right)$$

导出.

例 4　设 α 不是正整数, 求幂函数 x^α 在任意点 $x_0 > 0$ 的 n 阶泰勒展开式.

解　从 4.4 节例 1 知 (见 (4.4.3)), $(x^\alpha)^{(k)}|_{x=x_0} = [\alpha]_k! x_0^{\alpha-k}$, $k = 1, 2, \cdots$, 其中符号 $[\alpha]_n!$ 表示实数 α 的 n 阶乘, 即

$$[\alpha]_n! = \alpha(\alpha-1)(\alpha-2)\cdots(\alpha-n+1),$$

见 4.4 节 (4.4.2). 又 $x^\alpha|_{x=x_0} = x_0^\alpha$, 所以幂函数 x^α 在任意点 $x_0 > 0$ 的 n 阶泰勒展开式为

$$x^\alpha = x_0^\alpha + \alpha x_0^{\alpha-1}(x - x_0) + \frac{[\alpha]_2!}{2!} x_0^{\alpha-2}(x - x_0)^2$$

$$+ \frac{[\alpha]_3!}{3!} x_0^{\alpha-3}(x - x_0)^3 + \cdots + \frac{[\alpha]_n!}{n!} x_0^{\alpha-n}(x - x_0)^n$$

$$+ \frac{[\alpha]_{n+1}!}{(n+1)!} [x_0 + \theta(x - x_0)]^{\alpha-n-1}(x - x_0)^{n+1},$$

其中, $x > -1$, $0 < \theta < 1$ (依赖于 x_0, x, α 和 n).

特别地, 取 $x_0 = 1$, 并换 x 为 $1 + x$, 便得到了函数 $(1+x)^\alpha$ 的 n 阶麦克劳林展开式为

$$(1+x)^\alpha = 1 + \alpha x + \frac{[\alpha]_2!}{2!} x^2 + \frac{[\alpha]_3!}{3!} x^3 + \cdots + \frac{[\alpha]_n!}{n!} x^n$$

$$+ \frac{[\alpha]_{n+1}!}{(n+1)!}(1 + \theta x)^{\alpha-n-1} x^{n+1},$$

其中, $x > -1$, $0 < \theta < 1$ (依赖于 x 和 n)(图 5-6-5).

特别, 取 $\alpha = -1$, 就得到

$$\frac{1}{1+x} = 1 - x + x^2 - x^3 + \cdots + (-1)^n x^n + (-1)^{n+1}(1 + \theta x)^{-n-2} x^{n+1},$$

其中, $x > -1$, $0 < \theta < 1$ (依赖于 x 和 n)(图 5-6-6).

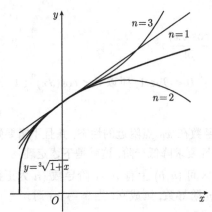

图 5-6-5 函数 $y = (1+x)^{\frac{1}{3}}$ 的泰勒展开

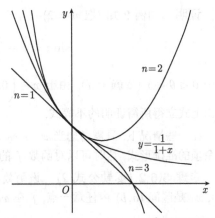

图 5-6-6 函数 $y = (1+x)^{-1}$ 的泰勒展开

与前类似, 也可把函数 $(1+x)^\alpha$ (α 不是正整数) 的麦克劳林展开式作为基本公式熟记, 而把幂函数 x^α 在任意点 $x_0 > 0$ 处的泰勒展开式通过等式

$$x^\alpha = x_0^\alpha \left(1 + \frac{x - x_0}{x_0} \right)^\alpha$$

导出.

以上例 $1 \sim$ 例 4 所建立的几个基本初等函数在原点的泰勒展开式都非常有用, 建议读者把它们作为基本公式熟记.

例 5 证明下列不等式:

(1) $e^x > 1 + x + \dfrac{x^2}{2!} + \dfrac{x^3}{3!} + \cdots + \dfrac{x^n}{n!}$, $\forall x > 0$;

(2) $\dfrac{1}{(n+1)!} < e - \left(2 + \dfrac{1}{2!} + \dfrac{1}{3!} + \cdots + \dfrac{1}{n!} \right) < \dfrac{3}{(n+1)!}$.

证明 由例 1 知

$$e^x = 1 + x + \frac{1}{2!}x^2 + \frac{1}{3!}x^3 + \cdots + \frac{1}{n!}x^n + \frac{e^{\theta x}}{(n+1)!}x^{n+1}, \quad \forall x \in \mathbf{R},$$

其中 $0 < \theta < 1$ (依赖于 x 和 n). 因为当 $x > 0$ 时 $x^{n+1} > 0$, 所以由此式立得 (1).

其次, 在上式中令 $x = 1$, 就得到

$$e = 2 + \frac{1}{2!} + \frac{1}{3!} + \cdots + \frac{1}{n!} + \frac{e^\theta}{(n+1)!}.$$

因为 $0 < \theta < 1$, 有 $1 < e^\theta < e < 3$, 所以由此式立得 (2). □

例 6 证明下列不等式:

$$x - \frac{x^3}{3!} < \sin x < x - \frac{x^3}{3!} + \frac{x^5}{5!}, \quad \forall x \in \left(0, \frac{\pi}{2} \right).$$

证明　由例 2 知 (取 $n = 2$)

$$\sin x = x - \frac{x^3}{3!} + \frac{\cos(\theta x)}{5!} x^5,$$

其中 $0 < \theta < 1$ (依赖于 x). 由于 $x \in \left(0, \frac{\pi}{2}\right)$ 且 $0 < \theta < 1$, 所以 $0 < \cos(\theta x) < 1$. 这样由上式立得所需证明的不等式.　　　　　　　　　　　　□

在一些情况下, 只需考虑当 $x \to x_0$ 时即函数在 x_0 点附近的性态, 并且不需要知道余项的准确形式, 这时可以对函数 f 的可导性要求降低一阶, 这就是下述定理.

定理 5.6.2 (泰勒公式 2)　设函数 f 在区间 (a, b) 上有 $n-1$ 阶导数 (n 为正整数), x_0 是区间 (a, b) 内任意一点, f 在 x_0 有 n 阶导数, 则成立: 当 $x \to x_0$ 时,

$$f(x) = f(x_0) + f'(x_0)(x - x_0) + \frac{1}{2!} f''(x_0)(x - x_0)^2 + \cdots$$

$$+ \frac{1}{n!} f^{(n)}(x_0)(x - x_0)^n + o((x - x_0)^n). \tag{5.6.2}$$

证明　考虑下列辅助函数:

$$F(x) = f(x) - \left[f(x_0) + f'(x_0)(x - x_0) + \frac{1}{2!} f''(x_0)(x - x_0)^2 + \cdots \right.$$

$$\left. + \frac{1}{(n-1)!} f^{(n-1)}(x_0)(x - x_0)^{n-1} + \frac{1}{n!} f^{(n)}(x_0)(x - x_0)^n \right],$$

$$G(x) = (x - x_0)^n.$$

反复应用洛必达法则, 就得到

$$\lim_{x \to x_0} \frac{F(x)}{G(x)} = \lim_{x \to x_0} \frac{F'(x)}{G'(x)} = \cdots = \lim_{x \to x_0} \frac{F^{(n-1)}(x)}{G^{(n-1)}(x)}$$

$$= \lim_{x \to x_0} \frac{f^{(n-1)}(x) - f^{(n-1)}(x_0) - f^{(n)}(x_0)(x - x_0)}{n!(x - x_0)}.$$

$$= \frac{1}{n!} \left[\lim_{x \to x_0} \frac{f^{(n-1)}(x) - f^{(n-1)}(x_0)}{x - x_0} - f^{(n)}(x_0) \right] = 0.$$

因此

$$F(x) = o(G(x)), \qquad \text{当 } x \to x_0.$$

此即等式 (5.6.2).　　　　　　　　　　　　　　　　　　　　　　　　　　　　□

等式 (5.6.2) 称为函数 f 在 x_0 点的 n 阶**佩亚诺型泰勒展开式**, 右端最后一项叫做该展开式的**佩亚诺型** (G. Peano, 1858~1932, 意大利人) **余项**. 同样地, 如果 $x_0 = 0$, 那么等式 (5.6.2) 也叫做函数 f 的 n 阶麦克劳林展开式.

从例 $1 \sim$ 例 4 易见函数 e^x, $\sin x$, $\cos x$, $\ln(1+x)$ 和 $(1+x)^\alpha$ (α 不是正整数) 的

带佩亚诺型余项的麦克劳林展开式依次为

$$e^x = 1 + x + \frac{1}{2!}x^2 + \frac{1}{3!}x^3 + \cdots + \frac{1}{n!}x^n + o(x^n), \quad 当 \ x \to 0;$$

$$\sin x = x - \frac{1}{3!}x^3 + \frac{1}{5!}x^5 - \frac{1}{7!}x^7 + \cdots + \frac{(-1)^{n-1}}{(2n-1)!}x^{2n-1} + o(x^{2n}), \quad 当 \ x \to 0;$$

$$\cos x = 1 - \frac{1}{2!}x^2 + \frac{1}{4!}x^4 - \frac{1}{6!}x^6 + \cdots + \frac{(-1)^n}{(2n)!}x^{2n} + o(x^{2n+1}), \quad 当 \ x \to 0;$$

$$\ln(1+x) = x - \frac{1}{2}x^2 + \frac{1}{3}x^3 - \frac{1}{4}x^4 + \cdots + \frac{(-1)^{n-1}}{n}x^n + o(x^n), \quad 当 \ x \to 0;$$

$$(1+x)^\alpha = 1 + \alpha x + \frac{[\alpha]_2!}{2!}x^2 + \frac{[\alpha]_3!}{3!}x^3 + \cdots + \frac{[\alpha]_n!}{n!}x^n + o(x^n), \quad 当 \ x \to 0.$$

这里符号 $[\alpha]_n!$ 表示实数 α 的 n 阶乘, 见例 4.

例 7 求函数 $\arcsin x$ 和 $\arctan x$ 的具有佩亚诺型余项的麦克劳林展开式.

解 首先, 根据式 (4.4.11) 可知对函数 $f(x) = \arcsin x$, 有

$$f^{(n)}(0) = (n-2)^2 f^{(n-2)}(0), \qquad n = 2, 3, \cdots.$$

由于 $f(0) = 0$, $f'(0) = 1$, 所以

$$f^{(2k)}(0) = 0, \quad f^{(2k+1)}(0) = (2k-1)^2(2k-3)^2 \cdots 1^2 = [(2k-1)!!]^2, \quad k = 1, 2, \cdots.$$

因此 $\arcsin x$ 在 $x = 0$ 的泰勒展开式为

$$\arcsin x = x + \sum_{k=1}^{n-1} \frac{[(2k-1)!!]^2}{(2k+1)!}x^{2k+1} + o(x^{2n})$$

$$= x + \sum_{k=1}^{n-1} \frac{(2k-1)!!}{(2k)!!(2k+1)}x^{2k+1} + o(x^{2n}), \quad 当 \ x \to 0.$$

其次, 由式 (4.4.9) 可知对函数 $f(x) = \arctan x$, 有

$$f^{(n)}(0) = (-1)^{n-1}(n-1)! \sin \frac{n\pi}{2}, \quad n = 1, 2, \cdots.$$

而 $f(0) = 0$, 所以

$$f^{(2k)}(0) = 0, \quad f^{(2k+1)}(0) = (2k)! \sin\left(k\pi + \frac{\pi}{2}\right) = (-1)^k(2k)!, \quad k = 0, 1, \cdots.$$

因此 $\arctan x$ 在 $x = 0$ 的泰勒展开式为

$$\arctan x = \sum_{k=0}^{n-1} (-1)^k \frac{(2k)!}{(2k+1)!}x^{2k+1} + o(x^{2n})$$

$$= \sum_{k=0}^{n-1} \frac{(-1)^k}{2k+1}x^{2k+1} + o(x^{2n}), \quad 当 \ x \to 0.$$

以上例题所建立的两个泰勒展开式, 也是本课程的基本公式, 建议读者熟记.

例 8 设 μ 为非零实数. 求 $\cos^\mu x$ 在 $x = 0$ 处展开到 x^4 的具有佩亚诺型余项的泰勒展开式.

解 由例 2 (取 $n = 2$) 有

$$\cos x = 1 - \frac{x^2}{2} + \frac{x^4}{24} + O(x^6), \quad 当 x \to 0.$$

这表明

$$\cos x - 1 \sim -\frac{x^2}{2}, \quad 当 x \to 0.$$

由例 4 (取 $n = 2$) 有

$$(1 + x)^\mu = 1 + \mu x + \frac{\mu(\mu - 1)}{2} x^2 + O(x^3), \quad 当 x \to 0.$$

所以

$$\begin{aligned}
\cos^\mu x &= [1 + (\cos x - 1)]^\mu \\
&= 1 + \mu(\cos x - 1) + \frac{\mu(\mu - 1)}{2}(\cos x - 1)^2 + O\big((\cos x - 1)^3\big) \\
&= 1 + \mu\left[-\frac{x^2}{2} + \frac{x^4}{24} + o(x^6)\right] + \frac{\mu(\mu - 1)}{2}\left[-\frac{x^2}{2} + o(x^4)\right]^2 + O(x^6) \\
&= 1 - \frac{\mu}{2}x^2 + \frac{\mu(3\mu - 2)}{24}x^4 + O(x^6), \quad 当 x \to 0.
\end{aligned}$$

因此 $\cos^\mu x$ 在 $x = 0$ 处展开到 x^4 具有佩亚诺型余项的泰勒展开式为

$$\cos^\mu x = 1 - \frac{\mu}{2}x^2 + \frac{\mu(3\mu - 2)}{24}x^4 + o(x^5), \quad 当 x \to 0.$$

例 9 求极限 $\lim\limits_{x \to 0} \dfrac{\sin x - x}{x^2 \sin x}$.

解 因为

$$\sin x = x - \frac{1}{6}x^3 + o(x^3) = x + o(x), \quad 当 x \to 0,$$

所以

$$\begin{aligned}
\frac{\sin x - x}{x^2 \sin x} &= \frac{\left(x - \dfrac{1}{6}x^3 + o(x^3)\right) - x}{x^2\big(x + o(x)\big)} = \frac{-\dfrac{1}{6}x^3 + o(x^3)}{x^3 + o(x^3)} \\
&= \frac{-\dfrac{1}{6} + o(1)}{1 + o(1)} \to -\frac{1}{6}, \quad 当 x \to 0,
\end{aligned}$$

因此 $\lim\limits_{x \to 0} \dfrac{\sin x - x}{x^2 \sin x} = -\dfrac{1}{6}$.

从例 5、例 6 和例 9 可以看出, 函数的泰勒展开的确是一个很有用的分析学工具. 鉴于它的重要性, 下面再举一个应用这个工具解决问题的例子.

例 10 设 f 是定义在区间 $[0,a)$ $(a>0)$ 上的 m 阶可微函数, 满足以下条件:

$$f(0) = f'(0) = \cdots = f^{(m-1)}(0) = 0, \quad f^{(m)}(0) > 0,$$

且 $0 < f(x) < 1, \forall x \in (0,a)$. 任取 $0 < x_1 < a$, 而令 $\{x_n\}_{n=1}^{\infty}$ 为按下列递推公式得到的数列:

$$x_{n+1} = x_n[1 - f(x_n)], \quad n = 1, 2, \cdots.$$

显然 $\{x_n\}_{n=1}^{\infty}$ 单调递减且各项都在区间 $(0,a)$ 中, 因此有极限. 在上述递推公式两端令 $n \to \infty$ 取极限, 即知 $\lim\limits_{n\to\infty} x_n = 0$. 需要解决的问题是求 x_n 趋于零的阶, 即求正数 α 和 $c \neq 0$ 使当 $n \to \infty$ 时, $x_n \sim cn^{-\alpha}$.

解 首先注意, 因 $\lim\limits_{n\to\infty} x_n = 0$ 而 $f(0) = f'(0) = \cdots = f^{(m-1)}(0) = 0$, 由泰勒公式有

$$f(x_n) = \frac{1}{m!} f^{(m)}(0) x_n^m + o(x_n^m), \quad 当 n \to \infty.$$

因此

$$x_{n+1} = x_n \left(1 - \frac{1}{m!} f^{(m)}(0) x_n^m + o(x_n^m) \right), \quad n = 1, 2, \cdots,$$

进而

$$x_{n+1}^m = x_n^m \left(1 - \frac{1}{m!} f^{(m)}(0) x_n^m + o(x_n^m) \right)^m, \quad n = 1, 2, \cdots.$$

这样再应用一阶泰勒展式 $(1+x)^{-m} = 1 - mx + o(x)$ (当 $x \to 0$) 就得到

$$\begin{aligned}
\frac{1}{x_{n+1}^m} &= \frac{1}{x_n^m} \left(1 - \frac{1}{m!} f^{(m)}(0) x_n^m + o(x_n^m) \right)^{-m} \\
&= \frac{1}{x_n^m} \left(1 + \frac{1}{(m-1)!} f^{(m)}(0) x_n^m + o(x_n^m) \right) \\
&= \frac{1}{x_n^m} + \frac{1}{(m-1)!} f^{(m)}(0) + o(1), \quad 当 n \to \infty.
\end{aligned}$$

这说明存在趋于零的数列 y_n $(n = 1, 2, \cdots)$ 使得

$$\frac{1}{x_{n+1}^m} = \frac{1}{x_n^m} + \frac{1}{(m-1)!} f^{(m)}(0) + y_n, \quad n = 1, 2, \cdots,$$

从而

$$\frac{1}{x_n^m} = \frac{1}{x_1^m} + \frac{n-1}{(m-1)!} f^{(m)}(0) + \sum_{k=1}^{n-1} y_k, \quad n = 1, 2, \cdots.$$

因为 $\lim\limits_{n\to\infty}\dfrac{1}{n}\sum\limits_{k=1}^{n-1}y_k=\lim\limits_{n\to\infty}y_n=0$, 所以得到

$$\lim_{n\to\infty}\frac{1}{nx_n^m}=\lim_{n\to\infty}\frac{1}{nx_1^m}+\lim_{n\to\infty}\frac{n-1}{n(m-1)!}f^{(m)}(0)+\lim_{n\to\infty}\frac{1}{n}\sum_{k=1}^{n-1}y_k$$

$$=\frac{1}{(m-1)!}f^{(m)}(0).$$

因此当 $n\to\infty$ 时, $x_n\sim cn^{-\frac{1}{m}}$, 其中 $c=\left[\dfrac{(m-1)!}{f^{(m)}(0)}\right]^{\frac{1}{m}}$.

习　题　5.6

1. 求以下函数在指定点具有拉格朗日型余项的 n 阶泰勒展开:

(1) e^x 在任意点 x_0;　　　　　　　　　(2) a^x 在点 0 $(a>0,\,a\neq1)$;

(3) $\sin^2 x$ 在任意点 x_0;　　　　　　　　(4) $x\ln x$ 在任意点 $x_0>0$;

(5) $\dfrac{1}{2x^2-x}$ 在点 1;　　　　　　　　(6) $\sin^2 3x\cos^3 3x$ 在点 0.

2. 求下列函数在 $x=0$ 点具有拉格朗日型余项的泰勒展开, 要求余项的阶数不低于 $x^4\Big($ 即

余项具有 $\dfrac{1}{4!}f^{(4)}(\xi)x^4$ 的形式$\Big)$:

(1) $f(x)=\dfrac{1-x}{\sqrt{1+x}}$;　　　　　　　　(2) $f(x)=\tan x$;

(3) $f(x)=\ln(1+\mathrm{e}^x)$;　　　　　　　　(4) $f(x)=\mathrm{e}^{\sin x}$.

3. 求下列函数在 $x=0$ 点具有佩亚诺型余项的泰勒展开, 要求余项的阶数不低于 x^4 (即余项具有 $o(x^4)$ 的形式):

(1) $f(x)=\dfrac{1-x+x^2}{1+x+x^2}$;　　　　　　(2) $f(x)=\sqrt{1-2x+x^3}-\sqrt[3]{1-3x+x^2}$;

(3) $f(x)=\mathrm{e}^{2x-x^2}$;　　　　　　　　　(4) $f(x)=\ln\cos x$.

4. (1) 求函数 $\ln(x+h)$ $(x>0)$ 按增量 h 的泰勒展开, 要求余项为 $o(h^n)$;

(2) 根据函数 $\dfrac{1}{1+x^2}$ 在点 $x=0$ 的泰勒展开, 求函数 $f(x)=\arctan x$ 在点 $x=0$ 具有一般佩亚诺型余项的泰勒展开;

(3) 根据函数 $\dfrac{1}{\sqrt{1-x^2}}$ 在点 $x=0$ 的泰勒展开, 求函数 $f(x)=\arcsin x$ 在点 $x=0$ 具有一般佩亚诺型余项的泰勒展开.

5. 利用泰勒公式求以下极限 $(a,b,c$ 都是正常数):

(1) $\lim\limits_{x\to0}\dfrac{\cos 2x-\mathrm{e}^{-2x^2}}{\ln^2(1+x^2)}$;　　　　　　　(2) $\lim\limits_{x\to0}\dfrac{\mathrm{e}^x(1-x)\sin x-x}{(1-x)\sin^3 x}$;

(3) $\lim\limits_{x\to 0}\dfrac{1}{x}\left(\dfrac{1}{\tan x}-\dfrac{1}{\sin x}\right)$;

(4) $\lim\limits_{x\to 0}\left(\dfrac{1}{x}-\dfrac{1}{\mathrm{e}^x-1}\right)$;

(5) $\lim\limits_{x\to 1}\left(\dfrac{1}{\ln x}-\dfrac{1}{x-1}\right)$;

(6) $\lim\limits_{x\to 0}\dfrac{(a^x-b^x)^2}{a^{x^2}-b^{x^2}}$ $(a\neq b)$;

(7) $\lim\limits_{x\to 0}(x+\mathrm{e}^x)^{\frac{1}{x}}$;

(8) $\lim\limits_{x\to 0}\dfrac{(1+x)^{\frac{1}{x}}-\mathrm{e}}{x}$;

(9) $\lim\limits_{x\to 0}\left(\dfrac{1+a^x}{1+b^x}\right)^{\frac{1}{x}}$;

(10) $\lim\limits_{x\to 0}\left(\dfrac{\cos x}{\cos 2x}\right)^{\frac{1}{\ln(1+x^2)}}$;

(11) $\lim\limits_{x\to +\infty}\left(\sqrt[3]{x^3+2x^2}-\sqrt[5]{x^5+3x^4}\right)$;

(12) $\lim\limits_{x\to +\infty}x^3\left(\sqrt{x^2+2}-\sqrt[3]{x^3+3x}\right)$;

(13) $\lim\limits_{x\to\infty}\left[x^3\ln\left(1+\dfrac{1}{x}\right)-x^2+\dfrac{x}{2}\right]$;

(14) $\lim\limits_{x\to\infty}\left(x^2-x\cot\dfrac{1}{x}\right)$;

(15) $\lim\limits_{n\to\infty}\left(\dfrac{\sqrt[n]{a}+\sqrt[n]{b}+\sqrt[n]{b}}{3}\right)^n$;

(16) $\lim\limits_{n\to\infty}\left(\dfrac{\cos\dfrac{1}{\sqrt{n}}}{\cosh\dfrac{1}{\sqrt{n}}}\right)^n$;

(17) $\lim\limits_{n\to\infty}\cos^n\left(\dfrac{1}{\sqrt{n+1}}\right)$;

(18) $\lim\limits_{n\to\infty}(\sin^2 n)\ln\left(n\tan\dfrac{1}{n}\right)$.

6. 利用泰勒公式对习题 5.2 第 1, 2, 3 题中各个极限算式重新计算, 比较用泰勒公式求极限和用洛必达法则求极限两种方法, 它们各有哪些优缺点?

7. 求下列当 $x\to 0$ 时的无穷小量的阶, 即用 x 的幂表示的等价无穷小量:

(1) $3\sin x-\sin 3x$;

(2) $1-\sqrt{\cos 2x}$;

(3) $\cos\sqrt{2}x-\mathrm{e}^{-x^2}$;

(4) $\ln\dfrac{1+x\mathrm{e}^{-x}}{1+x\sqrt{1-2x}}$;

(5) $(1+x)^{\frac{1}{x}}-\mathrm{e}$;

(6) $1-\dfrac{(1+x)^{\frac{1}{x}}}{\mathrm{e}}$;

(7) $\left(\dfrac{\sin x}{x}\right)^3-\cos x$;

(8) $\tan(\sin x)-\sin(\tan x)$.

$\left(\text{提示: 当 } x\to 0 \text{ 时 } \tan x=x+\dfrac{1}{3}x^3+\dfrac{2}{15}x^5+\dfrac{17}{315}x^7+o(x^7).\right)$

8. 利用三阶泰勒公式求以下各数的近似值:

(1) $\sqrt[3]{29}$; 　　(2) $\sqrt[5]{1100}$; 　　(3) $\sqrt[12]{4000}$; 　　(4) $\sqrt{\pi}$;

(5) $\sin 18°$; 　　(6) $\cos 9°$; 　　(7) $\ln 3$; 　　(8) $\ln 8$.

9. 利用泰勒公式证明下列不等式:

(1) 对任意正整数 n 和任意 $x>0$ 成立

$$1+x+\dfrac{x^2}{2!}+\cdots+\dfrac{x^n}{n!}<\mathrm{e}^x<1+x+\dfrac{x^2}{2!}+\cdots+\dfrac{x^{n-1}}{(n-1)!}+\dfrac{x^n}{n!}\mathrm{e}^x;$$

(2) 对任意正整数 m 和任意 $x>0$ 成立

$$x-\dfrac{x^3}{3!}+\dfrac{x^5}{5!}-\cdots+\dfrac{x^{4m-3}}{(4m-3)!}-\dfrac{x^{4m-1}}{(4m-1)!}<\sin x<x-\dfrac{x^3}{3!}+\dfrac{x^5}{5!}-\cdots+\dfrac{x^{4m-3}}{(4m-3)!};$$

(3) 对任意正整数 m 和任意 $x > 0$ 成立

$$1 - \frac{x^2}{2!} + \frac{x^4}{4!} - \cdots + \frac{x^{4m-4}}{(4m-4)!} - \frac{x^{4m-2}}{(4m-2)!} < \cos x < 1 - \frac{x^2}{2!} + \frac{x^4}{4!} - \cdots + \frac{x^{4m-4}}{(4m-4)!};$$

(4) 对任意正整数 n 和任意 $x > 0$ 成立

$$x - \frac{x^2}{2} + \frac{x^3}{3} - \cdots + \frac{x^{2n-1}}{2n-1} - \frac{x^{2n}}{2n} < \ln(1+x) < x - \frac{x^2}{2} + \frac{x^3}{3} - \cdots + \frac{x^{2n-1}}{2n-1};$$

(5) 对任意正整数 n 和任意 $0 < x < 1$ 成立

$$-x - \frac{x^2}{2} - \cdots - \frac{x^n}{n} - \frac{1}{n+1}\left(\frac{x}{1-x}\right)^{n+1} < \ln(1-x) < -x - \frac{x^2}{2} - \cdots - \frac{x^n}{n}.$$

(以上不等式非常有用, 建议读者熟记.)

10. 设函数 f 在区间 $[a,b]$ 上二次可导, 且 $f'(a) = f'(b) = 0$. 证明: $\exists \xi \in (a,b)$ 使得

$$|f''(\xi)| \geqslant \frac{4}{(b-a)^2}|f(b) - f(a)|.$$

11. 设函数 f 在 $[a,b]$ 上二次可导, 且 $f(a) = f(b)$, $|f''(x)| \leqslant M$, $\forall x \in [a,b]$. 证明:

$$|f'(x)| \leqslant \frac{1}{2}M(b-a), \qquad \forall x \in [a,b].$$

12. 设函数 f 在 $[0,+\infty)$ 上 n 次可导, $f(0) = f'(0) = \cdots = f^{(n-1)}(0) = 0$, 且存在 $C > 0$ 使成立

$$|f^{(n)}(x)| \leqslant C\big(|f(x)| + |f'(x)| + \cdots + |f^{(n-1)}(x)|\big), \qquad \forall x > 0.$$

证明: $f(x) = 0$, $\forall x > 0$.

13. 设函数 f 在 $[a,b]$ 上二次可导, 且 $|f(x)| \leqslant M_0$, $|f''(x)| \leqslant M_2$, $\forall x \in [a,b]$. 证明:

(1) $|f'(x)| \leqslant \dfrac{2M_0}{b-a} + \dfrac{M_2}{2}(b-a)$, $\forall x \in [a,b]$;

(2) 如果 $b - a \geqslant 2\sqrt{\dfrac{M_0}{M_2}}$, 则以上不等式可改进为 $|f'(x)| \leqslant 2\sqrt{M_0 M_2}$, $\forall x \in [a,b]$;

(3) 对任意充分小的 $\varepsilon > 0$ 都成立 $|f'(x)| \leqslant \varepsilon M_2 + \varepsilon^{-1}M_0$, $\forall x \in [a,b]$.

14. 设函数 f 在整个数轴上二次可导, 且 f 和 f'' 都在整个数轴上有界. 证明上题结论 (2) 可改进如下: $|f'(x)| \leqslant \sqrt{2M_0 M_2}$, $\forall x \in \mathbf{R}$.

15. 设函数 f 在整个数轴上三次可导, 且 f 和 f''' 都在整个数轴上有界. 证明:

(1) f' 和 f'' 也都在整个数轴上有界;

(2) 记 $M_k = \sup\limits_{x \in \mathbf{R}} |f^{(k)}(x)|$, $k = 0, 1, 2, 3$, 则成立不等式

$$M_1 \leqslant 2M_0^{\frac{2}{3}}M_3^{\frac{1}{3}}, \qquad M_2 \leqslant 2M_0^{\frac{1}{3}}M_3^{\frac{2}{3}}.$$

16. 任取 $0 < x_1 < \pi$, 并递推地定义 $x_{n+1} = \sin x_n$, $n = 1, 2, \cdots$. 证明:

(1) $\lim\limits_{n \to \infty} x_n = 0$;

(2) 当 $n \to \infty$ 时, $x_n \sim \sqrt{\dfrac{3}{n}}$.

5.7 方程求根的牛顿迭代公式

方程的求根是一个基本的数学问题, 同时在应用科学和工程技术领域有广泛的应用. 连续函数的介值定理 (定理 3.4.2), 或更准确地说是连续函数的零点定理 (定理 3.4.1), 给出了方程有根的一个很一般的充分条件. 但是这个定理只是一个存在性定理, 它只保证了根的存在性, 而没有给出求根的方法. 在许多实际问题中, 往往需要把根算出来. 这里说的算出来, 是指求出根的误差可以任意小的近似值. 例如, 实际应用中存在许多求函数的最大、最小值的问题. 而前面已经证明了, 求函数的极值的问题, 可归结为求方程

$$f'(x) = 0$$

的根的问题. 又如, 应用科学和工程技术领域有许多问题最后往往归结为求代数方程

$$x^n + a_1 x^{n-1} + a_2 x^{n-2} + \cdots + a_{n-1} x + a_n = 0$$

的根的问题. 虽然代数基本定理表明: 每个 n 次代数方程都有 n 个复根 (重根按重数计算)[①], 并且对 $n \leqslant 4$ 的情况人们已经得到了求根公式[②], 但代数上同时也已证明了, 当 $n \geqslant 5$ 时便没有求根公式可以用来求解这个方程[③]. 既然在 $n \geqslant 5$ 时代数方程无法用根式求解, 就必须应用近似计算的方法来求这个方程的根. 实际上, 即使在 $n \leqslant 4$ 的情形, 甚至在 $n = 2$ 的情形, 由于求根公式中都含有开方运算, 而开方运算需要通过近似计算来实现, 所以还不如从一开始就直接求这个代数方程的误差可以任意小的近似根. 总之, 设计一个比较好的计算格式, 使得通过这个计算格式能够求出一个给定方程的误差可以任意小的近似根, 在理论和实际应用中都具有重要的意义.

作为导数的另一个重要应用, 本节介绍一种求方程

$$f(x) = 0 \tag{5.7.1}$$

根的近似值的方法——**牛顿迭代法**, 运用这个方法可以求出上述方程实根的精度能够任意好的近似值, 而且这样得到的根的近似值序列具有相当快的收敛速度.

牛顿迭代法又称**切线法**, 它的思想如下: 为了求方程 (5.7.1) 的根 $\bar{x}$, 先大致估计出这个根 $\bar{x}$ 的范围, 然后在这个范围内任意找一个点 x_1, 作曲线 $y = f(x)$ 在点

---

① 代数基本定理的第一个严格证明由高斯在其 1799 年完成的博士学位论文中给出.

② 一元二次方程的求根方法早在公元前 300 年之前就已经被古代巴比伦 (今伊拉克及周边地区) 的人们所掌握. 三次和四次方程的求根方法是在文艺复兴时期的 1500~1545 年间, 由意大利数学家费罗 (S. Ferro, 1465~1526)、塔尔塔利亚 (N.F. Tartaglia, 1499~1557) 和费拉里 (L. Ferrari) 等发现的, 之后由卡尔达诺 (G. Cardano, 1501~1576) 运用他们的方法得到了一般的三次和四次方程的求根公式.

③ 1824 年, 22 岁的挪威数学家阿贝尔 (N. H. Abel, 1802~1829), 自费出版了一本名为《论代数方程: 证明一般五次方程的不可解性》的书, 证明了一般的五次方程不能用加、减、乘、除和开方运算求解 (通常称不能用根式求解). 1830 年, 年仅 19 岁的法国数学家伽罗瓦 (E. Galois, 1811~1832) 在一篇当时未能发表、迟至他死后多年才发表的论文中, 给出了检验一个任意给定的代数方程能否用根式求解的一般性判定准则, 它就是在数学史上具有划时代意义的伽罗瓦理论.

$(x_1, f(x_1))$ 的切线 (图 5-7-1). 这个切线的方程为

$$y = f(x_1) + f'(x_1)(x - x_1).$$

如果 x_1 找得比较好, 那么这个切线就与曲线 $y = f(x)$ 非常接近, 因而它与 Ox 轴的交点 x_2 就可以作为方程 (5.7.1) 的根 $\bar{x}$ 的近似值, 即以

$$x_2 = x_1 - \frac{f(x_1)}{f'(x_1)}$$

作为所求根 $\bar{x}$ 的近似值. 如果对这个近似值还不满意, 再作曲线 $y = f(x)$ 在点 $(x_2, f(x_2))$ 的切线

$$y = f(x_2) + f'(x_2)(x - x_2),$$

用这个切线与 Ox 轴的交点

$$x_3 = x_2 - \frac{f(x_2)}{f'(x_2)}$$

作为所求根 $\bar{x}$ 的新的近似值. 如此一直做下去, 就得到了一个数列 $\{x_n\}$, 这个数列按递推公式

$$x_{n+1} = x_n - \frac{f(x_n)}{f'(x_n)}, \qquad n = 1, 2, \cdots \tag{5.7.2}$$

得到. 从图 5-7-1 上看, 的确随着 n 越来越大, x_n 作为 $\bar{x}$ 的近似值的误差越来越小.

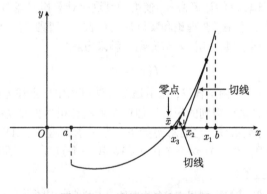

图 5-7-1　牛顿迭代法示意图

牛顿迭代法的思想, 实际上就是用线性函数 $g_n(x) = f(x_n) + f'(x_n)(x - x_n)$ 作为非线性函数 $f(x)$ 的近似, 用这个线性函数的零点作为非线性函数 $f(x)$ 的零点的近似值. 这样就把求解非线性方程 $f(x) = 0$ 的问题, 化归为求解一系列线性方程 $f(x_n) + f'(x_n)(x - x_n) = 0$ $(n = 1, 2, \cdots)$ 的问题. 所以牛顿迭代法也叫**线性化方法**. 线性化方法已经被人们广泛应用于各种各样的非线性问题, 是解决非线性问题的一种很常用的基本方法.

下面证明当函数 f 满足一定的条件时, 由迭代公式 (5.7.2) 定义的数列 $\{x_n\}$ 的确收敛于方程 (5.7.1) 的根 $\bar{x}$.

定理 5.7.1 (牛顿迭代法) 设函数 f 在区间 $[a,b]$ 上有连续的二阶导数, 且 f' 和 f'' 在此区间上都无零点. 再设 $f(a)f(b) < 0$. 任取一点 $x_1 \in [a,b]$ 使 $f(x_1)f''(x_1) > 0$, 然后按公式 (5.7.2) 定义数列 $\{x_n\}$. 则这个数列收敛于函数 f 在区间 $[a,b]$ 上的唯一零点.

证明 不妨设 $f'(x) > 0$, $\forall x \in [a,b]$ (否则以 $-f$ 代替 f 进行讨论). 这时 f 是区间 $[a,b]$ 上的严格单调递增函数, 因而 $f(a) < 0$, $f(b) > 0$. 根据连续函数的介值定理和 f 的严格单调性质, 可知 f 在区间 (a,b) 上有唯一的零点, 记为 $\bar{x}$. 由于 $f(x_1)f''(x_1) > 0$, 所以只有 $f(x_1) > 0$ 且 $f''(x_1) > 0$ 和 $f(x_1) < 0$ 且 $f''(x_1) < 0$ 两种情况. 下面仅以前一种情况为例来讨论, 后一种情况的证明类似 (但是这时数列 $\{x_n\}$ 不是单减的, 而是单增的). 注意由于 f 是严格单增函数, 所以条件 $f(x_1) > 0$ 意味着 $x_1 > \bar{x}$. 另外, 由于 f'' 在区间 $[a,b]$ 上无零点, 所以, 从条件 $f''(x_1) > 0$ 推知 $f''(x) > 0$, $\forall x \in [a,b]$, 即 f 是严格凸函数.

首先, 由于 $f(x_1) > 0$ 且 $f'(x_1) > 0$, 所以

$$x_2 = x_1 - \frac{f(x_1)}{f'(x_1)} < x_1.$$

其次, 由 f 是严格凸函数可知它的图像总是位于其任意一条切线的上方 (这个结论很容易应用泰勒公式 1 证明, 或见习题 5.5 第 5 题). 因此有

$$0 = f(\bar{x}) > f(x_1) + f'(x_1)(\bar{x} - x_1),$$

由此得到

$$x_2 = x_1 - \frac{f(x_1)}{f'(x_1)} > \bar{x}.$$

再由于 f 是严格单增函数, 所以还有 $f(x_2) > f(\bar{x}) = 0$.

现在归纳地假设 $\bar{x} < x_n < x_{n-1}$, 并且 $f(x_n) > 0$ $(n \geqslant 2)$. 我们来证明

$$\bar{x} < x_{n+1} < x_n \qquad 且 \qquad f(x_{n+1}) > 0.$$

事实上, 由于 $f(x_n) > 0$ 且 $f'(x_n) > 0$, 所以

$$x_{n+1} = x_n - \frac{f(x_n)}{f'(x_n)} < x_n,$$

并且由于 f 是严格凸函数, 与前面类似地有

$$0 = f(\bar{x}) > f(x_n) + f'(x_n)(\bar{x} - x_n),$$

由此得到

$$x_{n+1} = x_n - \frac{f(x_n)}{f'(x_n)} > \bar{x}.$$

又由于 f 是严格单增函数, 所以进一步得到

$$f(x_{n+1}) > f(\bar{x}) = 0.$$

这就证明了断言.

于是根据数学归纳法即知, 数列 $\{x_n\}$ 单减且有下界, 从而有极限. 记 $c = \lim\limits_{n \to \infty} x_n$. 只需再证明 $c = \bar{x}$. 事实上, 由于 $\bar{x} < x_{n+1} < x_n \leqslant x_1$ $(n = 1, 2, \cdots)$, 所以 $c \in [\bar{x}, x_1] \subseteq [a, b]$. 在递推公式 (5.7.2) 中令 $n \to \infty$ 就得到

$$c = c - \frac{f(c)}{f'(c)}.$$

所以 $f(c) = 0$. 因为 $\bar{x}$ 是 f 在区间 $[a, b]$ 上的唯一零点, 因此只能有 $c = \bar{x}$. 这就证明了定理的结论.   □

再来估计 x_n 与 $\bar{x}$ 的误差. 记

$$M = \frac{\max\limits_{a \leqslant x \leqslant b} |f''(x)|}{2 \min\limits_{a \leqslant x \leqslant b} |f'(x)|}.$$

应用泰勒公式有

$$0 = f(\bar{x}) = f(x_n) + f'(x_n)(\bar{x} - x_n) + \frac{f''(\xi_n)}{2}(\bar{x} - x_n)^2,$$

其中 ξ_n 位于 $\bar{x}$ 与 x_n 之间. 由此得到

$$x_{n+1} - \bar{x} = x_n - \frac{f(x_n)}{f'(x_n)} - \bar{x} = \frac{f''(\xi_n)}{2f'(x_n)}(x_n - \bar{x})^2,$$

进而

$$|x_{n+1} - \bar{x}| = \frac{|f''(\xi_n)|}{2|f'(x_n)|}(x_n - \bar{x})^2 \leqslant M(x_n - \bar{x})^2, \qquad n = 1, 2, \cdots.$$

由这个递推不等式容易得到

$$|x_{n+1} - \bar{x}| \leqslant M^{2^n - 1}|x_1 - \bar{x}|^{2^n} = M^{-1}(M|x_1 - \bar{x}|)^{2^n}, \qquad n = 1, 2, \cdots.$$

因此只要选取 x_1 充分靠近 $\bar{x}$ 使得 $M|x_1 - \bar{x}| < 1$, 那么 x_n 便以指数幂次阶的速度收敛于 $\bar{x}$. 这是非常快的收敛速度.

例 1 对给定的正数 c, 应用牛顿迭代法来求它的平方根 $\sqrt{c}$. 这相当于求一元二次方程 $x^2 - c = 0$ 的根. 令 $f(x) = x^2 - c\,(x > 0)$, 则 $f'(x) = 2x > 0$, 且 $f''(x) = 2 > 0$. 所以定理 5.7.1 的条件对任意一个包含 $\sqrt{c}$ 的区间 $[a, b] \subseteq (0, +\infty)$ 都满足. 因此应用这个定理得

$$x_{n+1} = \frac{1}{2}\left(x_n + \frac{c}{x_n}\right), \quad n = 1, 2, \cdots.$$

这就是求正数 c 的平方根 $\sqrt{c}$ 的迭代公式.

类似地, 对任意正整数 m, 求正数 c 的 m 次方根 $\sqrt[m]{c}$ 的迭代公式为

$$x_{n+1} = \frac{m-1}{m} x_n + \frac{c}{m x_n^{m-1}}, \qquad n = 1, 2, \cdots.$$

例 2 求正数 c 的倒数 $\dfrac{1}{c}$ 的迭代公式为

$$x_{n+1} = x_n(2 - cx_n), \qquad n = 1, 2, \cdots.$$

这个迭代公式实际上是应用牛顿迭代法得到的. 事实上, 求正数 c 的倒数 $\dfrac{1}{c}$ 的问题相当于求方程 $\dfrac{1}{x} - c = 0$ 的根的问题, 故令 $f(x) = \dfrac{1}{x} - c \ (x > 0)$. 则 $f'(x) = -\dfrac{1}{x^2} < 0$, 且 $f''(x) = \dfrac{2}{x^3} > 0$. 所以应用定理 5.7.1, 就得到了以上迭代公式.

习 题 5.7

1. 应用牛顿迭代法求以下方程实数根的近似值 (可借助于计算器), 精确到 10^{-3}:

(1) $x^3 + 2x - 5 = 0$;

(2) $e^x + x = 0$;

(3) $x \ln x = 1$;

(4) $x - \dfrac{1}{2} \sin x = 1$;

(5) $x^4 - 10x^3 + 1 = 0$;

(6) $\tan x = x$ (前两个正根).

2. 设函数 f 在区间 $[a, b]$ 上有有界的二阶导数, $|f'|$ 在此区间上有正的下界, 且 $f(a)f(b) < 0$. 再设

$$q = \frac{1}{2} \frac{\sup\limits_{a \leqslant x \leqslant b} |f''(x)|}{\min\limits_{a \leqslant x \leqslant b} |f'(x)|} (b - a) < 1.$$

任取一点 $x_1 \in [a, b]$, 然后按公式 (5.7.2) 定义数列 $\{x_n\}$. 证明: x_n 收敛于函数 f 在区间 $[a, b]$ 中的唯一零点. (这个习题说明, 定理 5.7.1 中关于函数 f 的二阶导数无零点的条件不是本质的).

3. 设函数 f 在区间 $[a, b]$ 上可微, $|f'|$ 在此区间上有上界和正的下界, 且 $f(a)f(b) < 0$. 令

$$L = \sup_{a \leqslant x \leqslant b} |f'(x)|.$$

任取一数 $0 < c < \dfrac{1}{L}$, 再任取一点 $x_1 \in [a, b]$, 然后定义数列 $\{x_n\}$ 如下:

$$x_{n+1} = x_n - \theta c f(x_n), \qquad n = 1, 2, \cdots.$$

这里当 $f' > 0$ 时 $\theta = 1$, 反之 $\theta = -1$. 证明: x_n 收敛于函数 f 在区间 $[a, b]$ 中的唯一零点. (这个习题给出了一个替代牛顿迭代法的求根迭代算法, 它避免了每次都要计算 $f'(x_n)$ 及其倒数的烦琐.)

4. 设函数 f 在区间 $[a, b]$ 上有二阶导数, 且 $f'(x) > 0$, $f''(x) \geqslant 0$, $\forall x \in [a, b]$. 又设 $f(a)f(b) < 0$. 令 $\overline{x}$ 为 f 在 (a, b) 中的唯一零点. 任取 $x_1 \in (\overline{x}, b)$ 和 $0 < y_1 < \dfrac{1}{f'(x_1)}$, 然后定义数列 $\{x_n\}$ 和 $\{y_n\}$ 如下:

$$\begin{cases} x_{n+1} = x_n - y_n f(x_n), \\ y_{n+1} = y_n[2 - y_n f'(x_n)], \end{cases} \quad n = 1, 2, \cdots.$$

证明: $\lim\limits_{n\to\infty} x_n = \overline{x}$, $\lim\limits_{n\to\infty} y_n = \dfrac{1}{f'(\overline{x})}$. $\left(\text{这个习题说明, 如果在牛顿迭代公式中用 } \dfrac{1}{f'(x_n)} \text{ 的近} \right.$ 似值 y_n 替代 $\dfrac{1}{f'(x_n)}$, 所得迭代序列仍然收敛于 f 的零点.$\Big)$

5.8　函数的作图

无论是在实际应用中还是在理论研究方面, 经常会碰到函数的作图问题. 通过作出函数的图像, 能够比较直观地看到函数的变化情况, 了解函数的变化规律, 这往往对于定性地分析与这个函数有关的一些问题甚至于做定量的计算都很有帮助.

由于人们作函数图像的目的, 不是用函数的图像求函数在每个点的精确值, 而只是希望借助于函数的图像来了解它的变化性态, 所以作函数的图像, 一般并不需要把函数图像在每点的具体位置都精确无误地描画出来, 而重要的在于作出能够正确反映函数的各种基本性质和它的变化性状的草图. 借助于微分学这一工具, 可以很好地达到这个目的.

作函数的图像, 需要掌握函数的哪些基本性质和变化性状呢? 一般而言, 主要包括以下七个方面.

(1) 函数的定义域是什么? 或是在哪些点或哪些区间上函数没有定义? 在定义域的边界点处, 函数有无极限或者图像有无铅直渐近线?

(2) 图像是否关于纵坐标轴对称即函数是偶函数? 或是关于坐标原点对称即函数是奇函数?

(3) 图像是否和横坐标轴相交即函数有无零点? 如有, 都有哪些零点? 如果没有, 那么图像是在上半平面还是在下半平面? 或是在哪个象限?

(4) 图像在哪些点出现峰谷即函数在哪些点取到极值? 在极值点的值是多少?

(5) 图像在哪些区间是上升的? 在哪些区间是下降的?

(6) 图像在哪些区间是凸的? 在哪些区间是凹的? 哪些点是拐点即凸凹性发生变化的点?

(7) 如果图像有伸向无穷远处的分支, 这些分支有无水平或斜渐近线? 如有, 需要画出这些渐近线.

假如对某点 $x = a$ 成立

$$\lim_{x\to a^+} f(x) = \pm\infty \quad \text{或} \quad \lim_{x\to a^-} f(x) = \pm\infty,$$

那么直线 $x = a$ 称为函数 $y = f(x)$ 的**铅直渐近线**; 假如成立

$$\lim_{x\to +\infty} f(x) = c \quad \text{或} \quad \lim_{x\to -\infty} f(x) = c,$$

那么直线 $y = c$ 称为函数 $y = f(x)$ 的**水平渐近线**; 假如成立

$$\lim_{x \to +\infty}[f(x) - kx - b] = 0 \quad \text{或} \quad \lim_{x \to -\infty}[f(x) - kx - b] = 0,$$

那么直线 $y = kx + b$ 称为函数 $y = f(x)$ 的**斜渐近线**. 铅直渐近线和水平渐近线通过直接考察函数在点 $x = a$ 的左右极限和 $x \to \pm\infty$ 时的极限就可得到. 为了求斜渐近线, 不难看出, 只需先求极限

$$k = \lim_{x \to +\infty}\frac{f(x)}{x} \quad \text{和} \quad k = \lim_{x \to -\infty}\frac{f(x)}{x},$$

然后再求极限

$$b = \lim_{x \to +\infty}[f(x) - kx] \quad \text{和} \quad b = \lim_{x \to -\infty}[f(x) - kx].$$

当然, 如果这些极限不存在, 则意味着函数 $y = f(x)$ 没有斜渐近线.

例 1 作函数 $f(x) = \mathrm{e}^{-x^2}$ 的图像.

解 函数的定义域为 $(-\infty, +\infty)$, 并且是偶函数, 因此图像关于 Oy 轴对称. 显然当 $x \to 0$ 时,

$$\mathrm{e}^{-x^2} = 1 - x^2 + o(x^2),$$

说明在 Oy 轴附近图像很接近于抛物线 $y = 1 - x^2$. 又显然

$$0 < \mathrm{e}^{-x^2} \leqslant 1, \quad \forall x \in (-\infty, +\infty),$$

并且 $f(x) = 1$ 当且仅当 $x = 0$, 所以图像不与 Ox 轴相交, 位于上半平面, 并且有唯一的最大值点 $x = 0$, 最大值为 1. 其次, 求导得

$$f'(x) = -2x\mathrm{e}^{-x^2} \begin{cases} > 0, & \text{当 } x < 0, \\ = 0, & \text{当 } x = 0, \\ < 0, & \text{当 } x > 0, \end{cases}$$

所以 $x = 0$ 是唯一的极值点, 且在左半轴 $(-\infty, 0)$ 上函数单调递增, 在右半轴 $(0, +\infty)$ 上函数单调递减. 再次, 求二阶导数得

$$f''(x) = 2(2x^2 - 1)\mathrm{e}^{-x^2} \begin{cases} > 0, & \text{当 } |x| > \dfrac{1}{\sqrt{2}}, \\ = 0, & \text{当 } x = \pm\dfrac{1}{\sqrt{2}}, \\ < 0, & \text{当 } |x| < \dfrac{1}{\sqrt{2}}. \end{cases}$$

所以 f 在区间 $\left(-\infty, -\dfrac{1}{\sqrt{2}}\right)$ 和 $\left(\dfrac{1}{\sqrt{2}}, +\infty\right)$ 上是凸函数, 在 $\left(-\dfrac{1}{\sqrt{2}}, \dfrac{1}{\sqrt{2}}\right)$ 上是凹

函数, 而 $x = -\dfrac{1}{\sqrt{2}}$ 和 $x = \dfrac{1}{\sqrt{2}}$ 是两个拐点的横坐标. 有

$$f\left(\pm\frac{1}{\sqrt{2}}\right) = \frac{1}{\sqrt{\mathrm{e}}} \approx 0.60653.$$

最后, 由于

$$\lim_{|x|\to+\infty} \mathrm{e}^{-x^2} = 0,$$

所以 Ox 轴 $y = 0$ 是函数的双向水平渐近线.

根据以上特征, 即可画出函数 $f(x) = \mathrm{e}^{-x^2}$ 的图像. 如图 5-8-1.

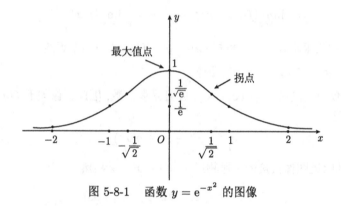

图 5-8-1 　函数 $y = \mathrm{e}^{-x^2}$ 的图像

例 2　作函数 $f(x) = \sin x^2$ 的图像.

解　函数的定义域为 $(-\infty, +\infty)$, 并且是偶函数, 因此图像关于 Oy 轴对称. 显然当 $x \to 0$ 时,

$$\sin x^2 = x^2 + o(x^2),$$

说明在 Oy 轴附近图像很接近于抛物线 $y = x^2$. 又显然 $f(x) = \sin x^2$ 有最大值 1 和最小值 -1, 在无穷多个点处达到最大值和最小值, 并且有无穷多个零点. 令 $\sin x^2 = 0$, 得零点为

$$\pm\sqrt{n\pi}, \qquad n = 0, 1, 2, \cdots.$$

注意相邻两个零点的距离

$$(\pm\sqrt{(n+1)\pi}) - (\pm\sqrt{n\pi}) = \frac{\pm\sqrt{\pi}}{\sqrt{n+1}+\sqrt{n}} \to 0, \quad 当 n \to \infty.$$

令 $\sin x^2 = 1$, 得最大值点为

$$\pm\sqrt{2n\pi + \frac{\pi}{2}}, \qquad n = 0, 1, 2, \cdots.$$

同样地, 相邻两个最大值点的距离当 $n \to \infty$ 时趋于零. 令 $\sin x^2 = -1$, 得最小值点为

$$\pm\sqrt{2n\pi - \frac{\pi}{2}}, \qquad n = 0, 1, 2, \cdots.$$

同样地, 相邻两个最小值点的距离当 $n \to \infty$ 时也趋于零.

对 $f(x) = \sin x^2$ 求导得

$$f'(x) = 2x \cos x^2,$$

可知图像从最大值点到最小值点是严格单调递减的, 从最小值点到最大值点是严格单调递增的. 求两次导数得

$$f''(x) = -4x^2 \sin x^2 + 2\cos x^2.$$

令 $f''(x) = 0$, 得拐点满足的方程为

$$\cot x^2 = 2x^2.$$

令 $\eta_n \ (n = 1, 2, \cdots)$ 为方程 $\cot \eta = 2\eta$ 的从小到大排列的全部正根. 则函数 $f(x) = \sin x^2$ 的全部拐点为

$$\pm\sqrt{\eta_n}, \qquad n = 1, 2, \cdots.$$

因为 $(n-1)\pi < \eta_n < (n-1)\pi + \dfrac{\pi}{2} \Rightarrow \sqrt{(n-1)\pi} < \sqrt{\eta_n} < \sqrt{(n-1)\pi + \dfrac{\pi}{2}}$, $n = 1, 2, \cdots$, 说明第 n 个正拐点位于第 $n-1$ 个正零点的右侧, 所以图像在右半平面的部分, 在下降的曲线段上凸凹性的改变发生在 Ox 轴下方, 而在上升的曲线段上凸凹性的改变发生在 Ox 轴上方. 由图像关于 Oy 轴的对称性知在左半平面的部分情况正好相反. 还需注意, 当 $n \to \infty$ 时, 第 n 个正拐点与第 $n-1$ 个正零点的距离趋于零的速度远比两个相邻零点之间的距离趋于零的速度更快. 为证明这个事实, 注意由于 $\lim\limits_{y \to 0+} y \cot y = 1$, 从而 $\lim\limits_{x \to +\infty} x \operatorname{arccot} x = 1$, 说明

$$\operatorname{arccot} x \sim \frac{1}{x}, \qquad 当 \ x \to +\infty.$$

现在令 $\delta_n = \eta_n - (n-1)\pi$, 则 $\eta_n = (n-1)\pi + \delta_n$, $n = 1, 2, \cdots$. 代入关系式 $\cot \eta_n = 2\eta_n$ 得

$$2[(n-1)\pi + \delta_n] = \cot[(n-1)\pi + \delta_n] = \cot \delta_n, \qquad n = 1, 2, \cdots,$$

从而

$$\delta_n = \operatorname{arccot}[2(n-1)\pi + 2\delta_n] \sim \frac{1}{2(n-1)\pi + 2\delta_n} \sim \frac{1}{2n\pi}, \qquad 当 \ n \to \infty.$$

因此

$$\sqrt{\eta_n} - \sqrt{(n-1)\pi} = \frac{\eta_n - (n-1)\pi}{\sqrt{\eta_n} + \sqrt{(n-1)\pi}} \sim \frac{1}{4(\sqrt{n\pi})^3}, \qquad 当 \ n \to \infty.$$

说明 $\sqrt{\eta_n} - \sqrt{(n-1)\pi}$ 趋于零的速度是 $\sqrt{n\pi} - \sqrt{(n-1)\pi}$ 趋于零的速度的三次方.

根据以上特征, 即可画出函数 $f(x) = \sin x^2$ 的图像. 如图 5-8-2.

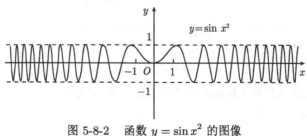

图 5-8-2　函数 $y = \sin x^2$ 的图像

例 3　作函数 $f(x) = x\sqrt{\dfrac{x}{x+1}}$ 的图像.

解　因为根号中的函数只在 $x \geqslant 0$ 和 $x < -1$ 时才非负, 所以函数的定义域为 $(-\infty, -1) \cup [0, +\infty)$. 函数 $f(x)$ 在 $x = 0$ 处右连续, 且

$$f(x) \sim x^{\frac{3}{2}}, \qquad 当 \ x \to 0^+.$$

说明在 $x = 0$ 附近, 函数的图像与半立方曲线 $y = x^{\frac{3}{2}}$ 的右半部分十分接近. 当 $x \to (-1)^-$ 时, 显然 $f(x) \to -\infty$, 因此 $x = -1$ 是 $y = f(x)$ 的向下方延伸的铅直渐近线.

$f(x)$ 的导数

$$f'(x) = \frac{2x+3}{2(x+1)}\sqrt{\frac{x}{x+1}} \begin{cases} > 0, & 当 \ x > 0 \ 或 \ x < -\dfrac{3}{2}, \\ = 0, & 当 \ x = -\dfrac{3}{2}, \\ < 0, & 当 \ -\dfrac{3}{2} < x < -1. \end{cases}$$

因此函数 $f(x)$ 在 $x > 0$ 和 $x < -\dfrac{3}{2}$ 时严格单调递增, 在 $-\dfrac{3}{2} < x < 0$ 时严格单调递减, $x = -\dfrac{3}{2}$ 是唯一的极值点且为极大值点, 函数在该点的值为

$$f\left(-\frac{3}{2}\right) = -\frac{3}{2}\sqrt{3}.$$

$f(x)$ 的二阶导数为

$$f''(x) = \frac{3}{4x(x+1)^2}\sqrt{\frac{x}{x+1}} \begin{cases} > 0, & 当 \ x > 0, \\ < 0, & 当 \ x < -1. \end{cases}$$

所以函数 $f(x)$ 在 $x > 0$ 时严格凸, 在 $x < -1$ 时严格凹.

最后, 显然有

$$\lim_{x \to \pm\infty} \frac{f(x)}{x} = 1,$$

并且易知

$$\lim_{x \to \pm\infty} [f(x) - x] = -\frac{1}{2}.$$

所以直线 $y = x - \dfrac{1}{2}$ 是函数 $y = f(x)$ 的双向延伸的斜渐近线.

根据以上特征, 即可画出函数 $f(x) = x\sqrt{\dfrac{x}{x+1}}$ 的图像. 如图 5-8-3.

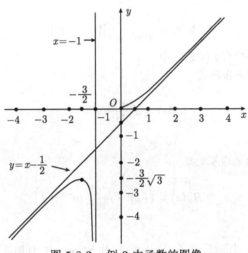

图 5-8-3   例 3 中函数的图像

习 题 5.8

作下列函数的大致图形, 要求反映出函数的增减性及极值点、凸凹性及拐点、周期性 (如有)、奇偶性 (如有) 和渐近线 (如有) 等特性:

(1) $y = 3x - x^3$;

(2) $y = 1 + x^2 - \dfrac{1}{2}x^4$;

(3) $y = \sin x + \dfrac{1}{3}\sin 3x$;

(4) $y = \sin^4 x + \cos^4 x$;

(5) $y = (1 + x^2)\mathrm{e}^{-x^2}$;

(6) $y = \ln(x + \sqrt{x^2 + 1})$;

(7) $y = \arcsin \dfrac{2x}{1 + x^2}$;

(8) $y = x \arctan x$;

(9) $y = \arcsin \dfrac{(x-3)^2}{4(x-1)}$;

(10) $y = \sqrt{\dfrac{x^3}{x-2}}$.

第 5 章综合习题

1. 设 m, n 是两个非负整数, 函数 f 在闭区间 $[a, b]$ 上连续, 在开区间 (a, b) 上有 $m+n+1$ 阶导数, 在 $[a, b)$ 上有连续的 m 阶导数, 在 $(a, b]$ 上有连续的 n 阶导数, 且成立

$$f(a) = f'(a) = \cdots = f^{(m)}(a) = 0,$$

$$f(b) = f'(b) = \cdots = f^{(n)}(b) = 0.$$

证明: 存在 $\xi \in (a, b)$ 使得 $f^{(m+n+1)}(\xi) = 0$.

2. 证明:

(1) 勒让德多项式

$$P_n(x) = \frac{1}{2^n n!} \frac{\mathrm{d}^n}{\mathrm{d}x^n} [(x^2 - 1)^n]$$

的所有根都是实数且都在区间 $(-1, 1)$ 中.

(2) 切比雪夫–拉盖尔多项式

$$L_n(x) = \mathrm{e}^x \frac{\mathrm{d}^n}{\mathrm{d}x^n} (x^n \mathrm{e}^{-x})$$

的所有根都是正数.

(3) 切比雪夫–埃尔米特多项式

$$H_n(x) = (-1)^n \mathrm{e}^{x^2} \frac{\mathrm{d}^n}{\mathrm{d}x^n} (\mathrm{e}^{-x^2})$$

的所有根都是实数.

3. 设 $f(x)$ 在 $[a, b]$ 上连续, 在 (a, b) 上可微, 且 $b > a > 0$. 证明以下结论:

(1) 存在 $x_1, x_2, x_3 \in (a, b)$ 使成立

$$f'(x_1) = (a + b)\frac{f'(x_2)}{2x_2} = (a^2 + ab + b^2)\frac{f'(x_3)}{3x_3^2}.$$

(2) 存在 $x_1, x_2, x_3 \in (a, b)$ 使成立

$$\frac{f'(x_1)}{2x_1} = (b^2 + a^2)\frac{f'(x_2)}{4x_2^3} = \frac{\ln b - \ln a}{b^2 - a^2} x_3 f'(x_3).$$

4. 设 a 为正数. 证明:

(1) 函数 x^μ 和 $x^\mu \ln^m x$ $(\mu < 1, m > 0)$ 都在 $(a, +\infty)$ 上一致连续.

(2) 函数 $\sin x^\mu$ $(\mu \leqslant 1)$, $x \sin(x^{-\nu})$ $(\nu > 0)$ 和 $x \sin \ln x$ 都在 $(a, +\infty)$ 上一致连续.

(3) 函数 x^μ $(\mu > 1)$ 和 $x \ln^m x$ $(m > 0)$ 都在 $(a, +\infty)$ 上不一致连续.

5. 归纳地定义一列函数 $\{f_n(x)\}$ 如下:

$$f_0(x) = 1, \qquad f_n(x) = xf_{n-1}(x) - f'_{n-1}(x), \qquad n = 1, 2, \cdots.$$

证明: (1) $f_n(x)$ 是首项系数为 1 的 n 阶多项式, 且当 n 是奇数时 $f_n(x)$ 是奇多项式, 当 n 是偶数时 $f_n(x)$ 是偶多项式.

(2) $f_n(x)$ 的 n 个根全是实数, 且关于原点对称地分布于数轴上.

6. 设函数 f 在区间 $[0,1]$ 上可微, $f(0) = 0$, $f(1) = 1$, 且 $f'(x) > 0, \forall x \in (0,1)$. 又设 $a_1, a_2, \cdots, a_n$ 为 n 个给定的正数. 证明: 存在区间 $[0,1]$ 中的 n 个互不相等的实数 $x_1, x_2, \cdots, x_n$ 使得

$$\sum_{k=1}^{n} \frac{a_k}{f'(x_k)} = \sum_{k=1}^{n} a_k.$$

7. 证明: 当 $x, y \geqslant \mathrm{e}$ 时, $x > y \Rightarrow x^y < y^x$, 而当 $0 < x, y \leqslant \mathrm{e}$ 时, $x > y \Rightarrow x^y > y^x$.

8. 求以下数列 $\{x_n\}$ 的最大项:

(1) $x_n = \dfrac{n^2}{2^n}$.   (2) $x_n = \dfrac{\sqrt{n}}{n + 10000}$.   (3) $x_n = \sqrt[n]{n}$.

9. (1) 设 a, p, q 都是正数. 证明: 对任意 $0 \leqslant x \leqslant a$ 成立

$$x^p(a - x)^q \leqslant \frac{p^p q^q}{(p + q)^{p+q}} a^{p+q}.$$

(2) 设 m, n 都是正整数. 证明: 对任意 $x \in \mathbf{R}$ 成立

$$-\sqrt{\frac{m^m n^n}{(m + n)^{m+n}}} \leqslant \sin^m x \cos^n x \leqslant \sqrt{\frac{m^m n^n}{(m + n)^{m+n}}}.$$

10. 证明: 使不等式

$$\left(1 + \frac{1}{n}\right)^{n+\alpha} \leqslant \mathrm{e} \leqslant \left(1 + \frac{1}{n}\right)^{n+\beta}$$

对所有正整数 n 都成立的最大 α 为 $\dfrac{1}{\ln 2} - 1$, 最小 β 为 $\dfrac{1}{2}$.

11. 设 $a_1, a_2, \cdots, a_n$ 是一组不全相等的正数. 证明函数

$$f(x) = \begin{cases} \left(\dfrac{a_1^x + a_2^x + \cdots + a_n^x}{n}\right)^{\frac{1}{x}}, & x \neq 0 \\[3mm] \sqrt[n]{a_1 a_2 \cdots a_n}, & x = 0 \end{cases}$$

是在 $(-\infty, +\infty)$ 上严格单调递增的连续函数, 且

$$\lim_{x \to +\infty} f(x) = \max_{1 \leqslant k \leqslant n} a_k, \qquad \lim_{x \to -\infty} f(x) = \min_{1 \leqslant k \leqslant n} a_k.$$

12. 设 $f(x)$ 在 $x = 0$ 附近有 $n - 1$ 阶导数, 在 $x = 0$ 处有 n 阶导数. 证明:

(1) 如果

$$f(x) = a_0 + a_1 x + a_2 x^2 + \cdots + a_n x^n + o(x^n), \qquad 当 \ x \to 0,$$

则

$$f'(x) = a_1 + 2a_2 x + 3a_3 x^2 + \cdots + na_n x^{n-1} + o(x^{n-1}), \qquad 当 \ x \to 0.$$

(2) 反过来, 如果

$$f'(x) = b_0 + b_1 x + b_2 x^2 + \cdots + b_{n-1} x^{n-1} + o(x^{n-1}), \qquad 当\ x \to 0,$$

则

$$f(x) = f(0) + b_0 x + \frac{b_1}{2} x^2 + \frac{b_2}{3} x^3 + \cdots + \frac{b_{n-1}}{n} x^n + o(x^n), \qquad 当\ x \to 0.$$

13. 为使当 $x \to 0$ 时下列无穷小量有尽可能高的阶, 实数 a, b 应如何选取? 写出用 x 的幂表示的它们的等价无穷小量:

(1) $e^x - \dfrac{1 + ax}{1 + bx}$;

(2) $\sqrt[3]{x^3 + ax^2 + 1} - \sqrt{x^2 + bx + 1}$;

(3) $(a + b\cos x)\sin x - x$;

(4) $e^{ax}\sin x - x(1 + bx)$.

14. 设 $f(x)$ 在 x_0 点附近有 n 阶导数, 在 x_0 点有 $n+1$ 阶导数, 且 $f^{(n+1)}(x_0) \neq 0$. 再设

$$f(x) = f(x_0) + f'(x_0)\Delta x + \frac{1}{2!} f''(x_0)\Delta x^2 + \cdots + \frac{1}{n!} f^{(n)}(x_0 + \theta\Delta x)\Delta x^n,$$

其中 $\Delta x = x - x_0,\ \theta \in (0, 1)$. 证明:

$$\lim_{\Delta x \to 0} \theta = \frac{1}{n + 1}.$$

15. 设 $f(x)$ 在 x_0 点附近有连续的 $n+1$ 阶导数, 且

$$f'(x_0) = f''(x_0) = \cdots = f^{(n)}(x_0) = 0, \qquad f^{(n+1)}(x_0) \neq 0.$$

根据微分中值定理, 存在 $\theta \in (0, 1)$ 使

$$f(x) - f(x_0) = f'(x_0 + \theta\Delta x)\Delta x,$$

其中 $\Delta x = x - x_0$. 证明:

$$\lim_{x \to x_0} \theta = \frac{1}{\sqrt[n]{n + 1}}.$$

16. 设函数 f 在开区间 I 中无穷可微, 且对任意正整数 n 都成立 $f^{(n)}(x) \geqslant 0, \forall x \in I$. 又设 $|f(x)| \leqslant C, \forall x \in I$. 证明: 对 $\forall x \in I, \forall r > 0$, 只要 $x + r \in I$, 就有

$$|f^{(n)}(x)| \leqslant 2Cn! r^{-n}, \qquad n = 1, 2, \cdots.$$

如果把条件 $f^{(n)}(x) \geqslant 0, \forall x \in I$ 换为 $(-1)^{n-1} f^{(n)}(x) \geqslant 0, \forall x \in I$ (对任意正整数 n), 问能得到什么结论?

17. 设函数 f 在区间 $[0, 1]$ 上二次可导, 且 $f(0) = f(1) = 0,\ \max\limits_{0 \leqslant x \leqslant 1} f(x) = c > 0$. 证明:

(1) $\inf\limits_{0 \leqslant x \leqslant 1} f''(x) \leqslant -8c$.

(2) 存在 $\xi \in (0, 1)$ 使得 $f''(\xi) = -8c$.

18. 设 $f(x)$ 在 $[a,b]$ 上二阶可导, 且二阶导数有界. 记 $m = \inf\limits_{a \leqslant x \leqslant b} f''(x)$, $M = \sup\limits_{a \leqslant x \leqslant b} f''(x)$.

证明: 对任意 $x \in [a,b]$ 都成立

$$\frac{m(x-a)^2 - M(b-x)^2}{2(b-a)} \leqslant f'(x) - \frac{f(b) - f(a)}{b-a} \leqslant \frac{M(x-a)^2 - m(b-x)^2}{2(b-a)}.$$

19. 设函数 f 在整个数轴上 n 次可导, 且 f 和 $f^{(n)}$ 都在整个数轴上有界. 证明:

(1) 对每个正整数 $1 \leqslant k \leqslant n-1$, $f^{(k)}$ 也都在整个数轴上有界.

(2) 记 $M_k = \sup\limits_{x \in \mathbf{R}} |f^{(k)}(x)|$, $k = 0, 1, \cdots, n$, 则成立不等式:

$$M_k \leqslant 2^{\frac{k(n-k)}{2}} M_0^{1 - \frac{k}{n}} M_n^{\frac{k}{n}}, \quad k = 1, 2, \cdots, n-1.$$

20. 设函数 f 在 $(0, +\infty)$ 上二次可导, 且 $f''(x) \geqslant 0$, $\forall x > 0$. 证明:

(1) 对任意 $x > 0$ 和任意充分小的 $\theta > 0$ 都成立

$$\frac{f(x) - f\big((1-\theta)x\big)}{\theta x} \leqslant f'(x) \leqslant \frac{f\big((1+\theta)x\big) - f(x)}{\theta x}.$$

(2) 如果对某实数 μ 成立 $\lim\limits_{x \to +\infty} \dfrac{f(x)}{x^\mu} = c$, 则 $\lim\limits_{x \to +\infty} \dfrac{f'(x)}{x^{\mu-1}} = \mu c$.

21. 设函数 f 在 $[a, +\infty)$ 上 n 次可导, 且 $f^{(n)}$ 在任何有界区间 $[a, b]$ $(b > a)$ 上都有界.

(1) 证明: 对每个正整数 $1 \leqslant k \leqslant n-1$ 都存在相应的常数 $C(n,k) > 0$ 使成立

$$|f^{(k)}(x)| \leqslant C(n,k) \left(\max_{x \leqslant t \leqslant x+1} |f(t)| + \sup_{x \leqslant t \leqslant x+1} |f^{(n)}(t)| \right), \quad \forall x \geqslant a.$$

(2) 设对某实数 μ 成立

$$\lim_{x \to +\infty} x^\mu f(x) = 0, \qquad \lim_{x \to +\infty} x^\mu f^{(n)}(x) = 0.$$

证明: 对每个正整数 $1 \leqslant k \leqslant n-1$ 也成立

$$\lim_{x \to +\infty} x^\mu f^{(k)}(x) = 0.$$

第 6 章

不 定 积 分

第 4, 5 章介绍了函数的导数及其应用. 这一章讨论反过来的问题: 已知一个函数的导数, 如何求这个函数 (称为原函数)? 这类问题在应用中很常见, 例如, 物理学中经常碰到的一个问题: 已知物体运动的速度函数, 要求这个物体运动的路程函数, 或者已知物体运动的加速度, 要求这个物体运动的速度函数和路程函数. 例如, 已知自由落体的加速度是常数 g, 问如何由此出发确定自由落体的速度和路程关于时间的依赖关系?

由函数的导数来求函数本身即原函数的运算叫做不定积分. 本章的任务是介绍一些求初等函数不定积分的基本技巧. 核心是换元积分法和分部积分法. 掌握这些积分技巧的方法只有通过大量地做练习来达到. 希望读者在学习的过程中, 多动脑筋, 主动地想办法来计算各种各样的不定积分, 不要死搬硬套. 只有这样, 才能一方面启迪智慧, 另一方面达到记忆深刻的目的.

6.1 原函数与不定积分

本节介绍不定积分的两个基本概念和基本性质. 首先引进下列概念.

定义 6.1.1 设 f 和 F 是定义在区间 I 上的函数, 其中 F 在 I 上处处可微. 如果成立

$$F'(x) = f(x), \quad \forall x \in I,$$

则称 F 为 f 在区间 I 上的**原函数**.

例如, 由于线性函数 $ax + b$ (a, b 为常数, $a \neq 0$) 的导函数是常值函数 a, 所以线性函数 $ax + b$ 是常值函数 a 的原函数; 又由于

$$(-\cos x + C)' = \sin x, \qquad (\sin x + C)' = \cos x$$

(C 为任意常数), 所以 $-\cos x + C$ 是 $\sin x$ 的原函数, $\sin x + C$ 是 $\cos x$ 的原函数.

以上例子表明, 一个函数的原函数如果存在, 便一定不唯一.

引理 6.1.1 如果 F 是函数 f 在区间 I 上的一个原函数, 则 $F + C$ 是 f 在区间 I 上的全体原函数, 其中 C 为任意常数.

证明 由 F 是 f 在区间 I 上的原函数可知成立 $F'(x) = f(x)$, $\forall x \in I$, 由此显然有 $(F(x) + C)' = f(x)$, $\forall x \in I$, 所以 $F + C$ 也是 f 在区间 I 上的原函数.

现在设 G 为 f 在区间 I 上的任意一个原函数. 则有

$$(G(x) - F(x))' = G'(x) - F'(x) = f(x) - f(x) = 0, \quad \forall x \in I,$$

所以 $G - F$ 是区间上的常值函数, 即存在常数 C, 使成立 $G(x) - F(x) = C, \forall x \in I$. 由此推知 $G = F + C$. 因此 $F + C$ (C 为任意常数) 是 f 在区间 I 上的全体原函数. □

因此再引进下述概念.

定义 6.1.2 函数 f 的原函数的全体称为 f 的**不定积分**, 记作 $\int f(x)\mathrm{d}x$. 在记号 $\int f(x)\mathrm{d}x$ 之中, 函数 f 称为这个不定积分的**被积函数**, $\int$ 称为**积分符号**.

根据定义可知, 如果 F 是 f 的一个原函数, 则 f 的不定积分就是

$$\int f(x)\mathrm{d}x = F(x) + C, \quad C \text{ 为任意常数}.$$

把基本初等函数的导数表倒着应用, 就得到了求不定积分的**基本积分表**:

(1) $\int x^\mu \mathrm{d}x = \dfrac{1}{\mu+1} x^{\mu+1} + C \ (\mu \neq -1)$; (2) $\int \dfrac{1}{x}\mathrm{d}x = \ln|x| + C$;

(3) $\int a^x \mathrm{d}x = \dfrac{a^x}{\ln a} + C$; (4) $\int \mathrm{e}^x \mathrm{d}x = \mathrm{e}^x + C$;

(5) $\int \cos x \mathrm{d}x = \sin x + C$; (6) $\int \sin x \mathrm{d}x = -\cos x + C$;

(7) $\int \dfrac{\mathrm{d}x}{\cos^2 x} = \tan x + C$; (8) $\int \dfrac{\mathrm{d}x}{\sin^2 x} = -\cot x + C$;

(9) $\int \dfrac{\mathrm{d}x}{\sqrt{1-x^2}} = \arcsin x + C = -\arccos x + C'$;

(10) $\int \dfrac{\mathrm{d}x}{1+x^2} = \arctan x + C = -\mathrm{arccot} x + C'$.

这里需要说明: 以上等式成立的自变量 x 的变化范围, 是使等式右端的函数有定义并且可导的那些点的集合.

定理 6.1.1 (积分的线性性) 如果函数 f 和 g 都在区间 I 上有原函数, 则函数 $f \pm g$ 和 cf (c 为任意常数) 也在区间 I 上有原函数, 且

$$\int (f(x) \pm g(x))\mathrm{d}x = \int f(x)\mathrm{d}x \pm \int g(x)\mathrm{d}x,$$

$$\int cf(x)\mathrm{d}x = c \int f(x)\mathrm{d}x.$$

证明 设 F 和 G 分别是函数 f 和 g 的原函数, 则有 $F'(x) = f(x)$, $G'(x) = g(x)$, $\forall x \in I$. 因此

$$(F(x) \pm G(x))' = F'(x) \pm G'(x) = f(x) \pm g(x), \quad \forall x \in I,$$

$$(cF(x))' = cF'(x) = cf(x), \quad \forall x \in I,$$

所以
$$\int (f(x) \pm g(x)) \mathrm{d}x = F(x) \pm G(x) + C = \int f(x) \mathrm{d}x \pm \int g(x) \mathrm{d}x,$$

$$\int cf(x) \mathrm{d}x = cF(x) + C = c \int f(x) \mathrm{d}x. \qquad \Box$$

例 1　求 $\displaystyle\int \frac{(1-x)^3}{x \sqrt[3]{x}} \mathrm{d}x$.

解
$$\int \frac{(1-x)^3}{x \sqrt[3]{x}} \mathrm{d}x = \int \left(x^{-\frac{4}{3}} - 3x^{-\frac{1}{3}} + 3x^{\frac{2}{3}} - x^{\frac{5}{3}} \right) \mathrm{d}x$$

$$= -3x^{-\frac{1}{3}} - \frac{9}{2}x^{\frac{2}{3}} + \frac{9}{5}x^{\frac{5}{3}} - \frac{3}{8}x^{\frac{8}{3}} + C$$

$$= -\frac{3}{\sqrt[3]{x}} \left(1 + \frac{3}{2}x - \frac{3}{5}x^2 + \frac{1}{8}x^3 \right) + C.$$

例 2　求 $\displaystyle\int \frac{x^3 + 2x^2 + x - 3}{x^2 + 1} \mathrm{d}x$.

解
$$\int \frac{x^3 + 2x^2 + x - 3}{x^2 + 1} \mathrm{d}x = \int \left(x + 2 - \frac{5}{x^2 + 1} \right) \mathrm{d}x$$

$$= \frac{1}{2}x^2 + 2x - 5\arctan x + C.$$

例 3　求 $\displaystyle\int \cot^2 x \mathrm{d}x$.

解
$$\int \cot^2 x \mathrm{d}x = \int \left(\frac{1}{\sin^2 x} - 1 \right) \mathrm{d}x = -\cot x - x + C.$$

例 4　求 $\displaystyle\int \frac{1}{\sin^2 x \cos^2 x} \mathrm{d}x$.

解
$$\int \frac{1}{\sin^2 x \cos^2 x} \mathrm{d}x = \int \frac{\sin^2 x + \cos^2 x}{\sin^2 x \cos^2 x} \mathrm{d}x$$

$$= \int \left(\frac{1}{\cos^2 x} + \frac{1}{\sin^2 x} \right) \mathrm{d}x$$

$$= \tan x - \cot x + C.$$

定理 6.1.2 (积分的平移不变性)　如果函数 $f(x)$ 在区间 I 上有原函数, 则对任意实数 a, 函数 $f(x+a)$ 在区间 $I - a = \{x - a : x \in I\}$ 上有原函数, 且当 $\displaystyle\int f(x) \mathrm{d}x = F(x) + C$ 时, 有

$$\int f(x+a) \mathrm{d}x = F(x+a) + C, \quad \forall x \in I - a.$$

证明 由 $\displaystyle\int f(x)\mathrm{d}x = F(x) + C$ 知 $F'(x) = f(x)$, $\forall x \in I$. 从而

$$(F(x+a))' = F'(x+a) = f(x+a), \quad \forall x \in I - a.$$

所以

$$\int f(x+a)\mathrm{d}x = F(x+a) + C, \quad \forall x \in I - a. \qquad\square$$

定理 6.1.3 (积分的伸缩缩伸性) 如果函数 $f(x)$ 在区间 I 上有原函数, 则对任意非零实数 c, 函数 $f(cx)$ 在区间 $c^{-1}I = \{c^{-1}x : x \in I\}$ 上有原函数, 且当 $\displaystyle\int f(x)\mathrm{d}x = F(x) + C$ 时, 有

$$\int f(cx)\mathrm{d}x = c^{-1}F(cx) + C, \quad \forall x \in c^{-1}I.$$

证明 由 $\displaystyle\int f(x)\mathrm{d}x = F(x) + C$ 知 $F'(x) = f(x)$, $\forall x \in I$. 从而

$$\left(c^{-1}F(cx)\right)' = c^{-1}\left(F(cx)\right)' = c^{-1} \cdot cF'(cx) = F'(cx) = f(cx), \quad \forall x \in c^{-1}I.$$

所以

$$\int f(cx)\mathrm{d}x = c^{-1}F(cx) + C, \quad \forall x \in c^{-1}I. \qquad\square$$

应用以上两个定理, 便可把前面的基本积分表加以扩展. 例如, 由 (5), (6), (7), (8) 分别得到

$(5')\ \displaystyle\int \cos cx\mathrm{d}x = c^{-1}\sin cx + C;$ $\qquad (6')\ \displaystyle\int \sin cx\mathrm{d}x = -c^{-1}\cos cx + C;$

$(7')\ \displaystyle\int \frac{\mathrm{d}x}{\cos^2(x+a)} = \tan(x+a) + C;$ $\qquad (8')\ \displaystyle\int \frac{\mathrm{d}x}{\sin^2(x+a)} = -\cot(x+a) + C;$

等等.

例 5 求 $\displaystyle\int \frac{\mathrm{d}x}{(1-x)^3}$.

解 $\displaystyle\int \frac{\mathrm{d}x}{(1-x)^3} = -\int (x-1)^{-3}\mathrm{d}x = \frac{1}{2}(x-1)^{-2} + C = \frac{1}{2(x-1)^2} + C.$

例 6 求 $\displaystyle\int \frac{\mathrm{d}x}{a^2 - x^2}$ $(a > 0)$.

解 $\displaystyle\int \frac{\mathrm{d}x}{a^2 - x^2} = -\int \frac{\mathrm{d}x}{(x-a)(x+a)} = \frac{1}{2a}\int \left(\frac{1}{x+a} - \frac{1}{x-a}\right)\mathrm{d}x$

$$= \frac{1}{2a}\left(\ln|x+a| - \ln|x-a|\right) + C = \frac{1}{2a}\ln\left|\frac{a+x}{a-x}\right| + C.$$

例 7　求 $\displaystyle\int \frac{\mathrm{d}x}{a^2+x^2}$ $(a>0)$.

解　　　$\displaystyle\int \frac{\mathrm{d}x}{a^2+x^2} = \frac{1}{a^2}\int \frac{\mathrm{d}x}{1+(a^{-1}x)^2}$

$$= \frac{1}{a^2}\cdot a\arctan(a^{-1}x)+C = \frac{1}{a}\arctan\frac{x}{a}+C.$$

例 8　求 $\displaystyle\int \frac{\mathrm{d}x}{1+\sin 2x}$.

解　　　$\displaystyle\int \frac{\mathrm{d}x}{1+\sin 2x} = \int \frac{\mathrm{d}x}{(\cos x+\sin x)^2} = \frac{1}{2}\int \frac{\mathrm{d}x}{\cos^2\left(x-\dfrac{\pi}{4}\right)}$

$$= \frac{1}{2}\tan\left(x-\frac{\pi}{4}\right)+C.$$

习　题　6.1

1. 根据不定积分的定义证明下列等式 (a 表示正常数, c 表示非零常数):

(1) $\displaystyle\int \frac{\mathrm{d}x}{a^2-x^2} = \frac{1}{2a}\ln\left|\frac{a+x}{a-x}\right|+C$;　(2) $\displaystyle\int \frac{\mathrm{d}x}{\sqrt{x^2\pm a^2}} = \ln|x+\sqrt{x^2\pm a^2}|+C$;

(3) $\displaystyle\int \sqrt{a^2-x^2}\mathrm{d}x = \frac{x}{2}\sqrt{a^2-x^2}+\frac{a^2}{2}\arcsin\frac{x}{a}+C$;

(4) $\displaystyle\int \sqrt{x^2\pm a^2}\mathrm{d}x = \frac{x}{2}\sqrt{x^2\pm a^2}\pm\frac{a^2}{2}\ln|x+\sqrt{x^2\pm a^2}|+C$;

(5) $\displaystyle\int \sqrt{\frac{c+x}{c-x}}\mathrm{d}x = -\sqrt{c^2-x^2}+c\arcsin\frac{x}{c}+C$;

(6) $\displaystyle\int \sqrt{\frac{x-c}{x+c}}\mathrm{d}x = \sqrt{x^2-c^2}-2c\ln(\sqrt{x-c}+\sqrt{x+c})+C$.

以上等式都可作积分公式使用.

2. 根据基本积分表和积分的线性性, 求以下不定积分:

(1) $\displaystyle\int x^2(3-x^2)^2\mathrm{d}x$;

(2) $\displaystyle\int (2-x^2)^3\mathrm{d}x$;

(3) $\displaystyle\int \left(\frac{1-x}{x}\right)^3\mathrm{d}x$;

(4) $\displaystyle\int \left(\sqrt[3]{x\sqrt{x}}+\sqrt{x\sqrt[3]{x}}\right)\mathrm{d}x$;

(5) $\displaystyle\int \frac{1+x^2}{\sqrt[3]{x}}\mathrm{d}x$;

(6) $\displaystyle\int \frac{(1+x)^3}{x\sqrt[3]{x}}\mathrm{d}x$;

(7) $\displaystyle\int \frac{2\sqrt[3]{x}-3\sqrt{x}+1}{\sqrt[3]{x^2}}\mathrm{d}x$;

(8) $\displaystyle\int \frac{x\sqrt{x}+1}{\sqrt{x}+1}\mathrm{d}x$;

(9) $\displaystyle\int \frac{\sqrt{x^3+x^{-3}+2}}{x^3}\mathrm{d}x$;

(10) $\displaystyle\int \left(\sqrt{\frac{1-x}{1+x}}+\sqrt{\frac{1+x}{1-x}}\right)\mathrm{d}x$;

(11) $\displaystyle\int (2^x+3^x)^2\mathrm{d}x$;

(12) $\displaystyle\int \frac{4^{x-2}-3^{x+1}}{6^x}\mathrm{d}x$;

(13) $\displaystyle\int \frac{e^{3x} - e^{-3x}}{e^x - e^{-x}} dx$;

(14) $\displaystyle\int \frac{e^{5x} + e^{-x}}{e^x + e^{-x}} dx$;

(15) $\displaystyle\int \sqrt{1 + \sin 2x}\,dx$;

(16) $\displaystyle\int \frac{\cos 2x}{\sin\left(x - \frac{\pi}{4}\right)} dx$;

(17) $\displaystyle\int \frac{1 + 3x + 5x^3 + 2x^5}{1 + x^2} dx$;

(18) $\displaystyle\int \frac{dx}{x^4(1 + x^2)}$;

(19) $\displaystyle\int \cot^2 x\,dx$;

(20) $\displaystyle\int \csc^2 2x\,dx$.

3. 根据积分的平移不变性和伸缩缩伸性, 求以下不定积分:

(1) $\displaystyle\int \frac{x^3\,dx}{1 - x}$;

(2) $\displaystyle\int x\sqrt{2x - 1}\,dx$;

(3) $\displaystyle\int \frac{x^2 + 1}{x^2 - 1} dx$;

(4) $\displaystyle\int \frac{x\,dx}{1 - x^2}$;

(5) $\displaystyle\int \frac{dx}{x^2 + 2x - 3}$;

(6) $\displaystyle\int \frac{x^3}{(x + 1)\sqrt[3]{x + 1}} dx$;

(7) $\displaystyle\int \frac{dx}{\sqrt{x + 1} + \sqrt{x - 1}}$;

(8) $\displaystyle\int \frac{dx}{\sqrt{x^2 - 1}(\sqrt{x + 1} + \sqrt{x - 1})}$;

(9) $\displaystyle\int \frac{dx}{x^2 + 4x + 5}$;

(10) $\displaystyle\int \frac{dx}{2 + 3x^2}$;

(11) $\displaystyle\int \frac{dx}{\sqrt{a^2 - x^2}}$;

(12) $\displaystyle\int \frac{dx}{\sqrt{2x - x^2}}$;

(13) $\displaystyle\int \frac{dx}{1 + \cos x}$;

(14) $\displaystyle\int \frac{dx}{1 - \cos x}$;

(15) $\displaystyle\int \frac{dx}{1 + \sin x}$;

(16) $\displaystyle\int \frac{dx}{1 - \sin x}$;

(17) $\displaystyle\int \frac{dx}{1 - x^4}$;

(18) $\displaystyle\int \frac{dx}{(1 - x^2)^2}$;

(19) $\displaystyle\int \cos^3 x \sin x\,dx$;

(20) $\displaystyle\int \frac{dx}{2 + \sqrt{3}\sin 2x - \cos 2x}$.

6.2 换元积分法和分部积分法

本节介绍求不定积分的两个基本技巧: 换元积分法和分部积分法. 有效地综合应用这两种技巧、积分的线性性质和基本积分表, 就能够计算出许多初等函数的不定积分.

6.2.1 第一换元积分法

求不定积分是求导数的逆运算. 因为求导数时, 关于复合函数的导数有链锁规则, 所以相应地, 在求不定积分时便有换元积分法. 采用两种不同的方式来逆向使用链锁规则, 就得到两种不同的换元积分法.

定理 6.2.1 (第一换元法) 如果 $\displaystyle\int g(y)dy = G(y) + C$, 则

$$\int g(\varphi(x))\varphi'(x)\mathrm{d}x = G(\varphi(x)) + C, \tag{6.2.1}$$

其中 φ 为可微函数 (并不要求 φ 可逆).

以上定理的意思是指如果函数 f 的不定积分无法直接算出, 但可把 $f(x)$ 写成 $g(\varphi(x))\varphi'(x)$ 的形式, 而函数 g 的不定积分可以算出来, 那么 f 的不定积分便可借助于 g 的不定积分得到. 公式 (6.2.1) 可以写成下述形式: 如果 $f(x) = g(\varphi(x))\varphi'(x)$, 则

$$\int f(x)\mathrm{d}x = \int g(\varphi(x))\varphi'(x)\mathrm{d}x = \int g(\varphi(x))\mathrm{d}\varphi(x)$$

$$\xlongequal{\diamondsuit \varphi(x)=y} \int g(y)\mathrm{d}y = G(y) + C = G(\varphi(x)) + C.$$

注意这里并不需要函数 φ 为可逆函数, 它只要可微就够了, 因为不需要用到 φ 的反函数, 而只是应用了复合函数的求导法则.

证明　由 $\int g(y)\mathrm{d}y = G(y) + C$ 可知 $G'(y) = g(y)$, 所以根据复合函数的求导法则有

$$(G(\varphi(x)))' = G'(\varphi(x))\varphi'(x) = g(\varphi(x))\varphi'(x),$$

因此 $\int g(\varphi(x))\varphi'(x)\mathrm{d}x = G(\varphi(x)) + C.$　　　　　　　□

以上定理所提供的求不定积分的方法, 因为需要把 $f(x)$ 凑写成 $g(\varphi(x))\varphi'(x)$ 的形式, 使得

$$f(x)\mathrm{d}x = g(\varphi(x))\varphi'(x)\mathrm{d}x = g(\varphi(x))\mathrm{d}\varphi(x) = dG(\varphi(x)),$$

即把 $f(x)\mathrm{d}x$ 凑成为复合函数 $G(\varphi(x))$ 的微分的形式, 所以这个方法又称为**凑微分法**. 它是计算初等函数不定积分的最基本技巧.

例 1　求 $\displaystyle\int \frac{x\mathrm{d}x}{\sqrt{1-x^2}}$.

解　$\displaystyle\int \frac{x\mathrm{d}x}{\sqrt{1-x^2}} = \frac{1}{2}\int \frac{\mathrm{d}x^2}{\sqrt{1-x^2}} = -\frac{1}{2}\int \frac{\mathrm{d}(1-x^2)}{\sqrt{1-x^2}}$

$$\xlongequal{\diamondsuit 1-x^2=y} -\frac{1}{2}\int y^{-\frac{1}{2}}\mathrm{d}y = -y^{\frac{1}{2}} + C = -\sqrt{1-x^2} + C.$$

例 2　求 $\displaystyle\int \frac{\mathrm{d}x}{\sqrt{x}(1+x)}$.

解　$\displaystyle\int \frac{\mathrm{d}x}{\sqrt{x}(1+x)} = \int \frac{2\mathrm{d}\sqrt{x}}{1+x} = 2\int \frac{\mathrm{d}\sqrt{x}}{1+(\sqrt{x})^2}$

$$\xlongequal{\diamondsuit \sqrt{x}=y} 2\int \frac{\mathrm{d}y}{1+y^2} = 2\arctan y + C = 2\arctan\sqrt{x} + C.$$

在熟练之后, 可以直接进行计算, 而没有必要把所作的变元代换写出来.

例 3 求 $\displaystyle\int \frac{\mathrm{d}x}{x\sqrt{x^2-1}}$.

解 $\displaystyle\int \frac{\mathrm{d}x}{x\sqrt{x^2-1}} = \int \frac{\mathrm{d}x}{x|x|\sqrt{1-\left(\dfrac{1}{x}\right)^2}} = -(\mathrm{sgn}x)\int \frac{\mathrm{d}\left(\dfrac{1}{x}\right)}{\sqrt{1-\left(\dfrac{1}{x}\right)^2}}$

$$= -(\mathrm{sgn}x)\arcsin\frac{1}{x} + C = -\arcsin\frac{1}{|x|} + C.$$

例 4 求 $\displaystyle\int \frac{\ln^2 x}{x}\mathrm{d}x$.

解 $\displaystyle\int \frac{\ln^2 x}{x}\mathrm{d}x = \int \ln^2 x \,\mathrm{d}\ln x = \frac{1}{3}\ln^3 x + C.$

例 5 求 $\displaystyle\int \tan x\mathrm{d}x$.

解 $\displaystyle\int \tan x\mathrm{d}x = \int \frac{\sin x}{\cos x}\mathrm{d}x = -\int \frac{\mathrm{d}\cos x}{\cos x} = -\ln|\cos x| + C.$

例 6 求 $\displaystyle\int \frac{\mathrm{d}x}{\sin x}, \int \frac{\mathrm{d}x}{\cos x}$.

解 $\displaystyle\int \frac{\mathrm{d}x}{\sin x} = \int \frac{\sin x\mathrm{d}x}{\sin^2 x} = -\int \frac{\mathrm{d}\cos x}{1-\cos^2 x} = -\frac{1}{2}\ln\left(\frac{1+\cos x}{1-\cos x}\right) + C.$

类似地可算出

$$\int \frac{\mathrm{d}x}{\cos x} = \frac{1}{2}\ln\left(\frac{1+\sin x}{1-\sin x}\right) + C.$$

例 7 求 $\displaystyle\int \frac{\mathrm{d}x}{\mathrm{e}^x + \mathrm{e}^{-x}}$.

解 $\displaystyle\int \frac{\mathrm{d}x}{\mathrm{e}^x + \mathrm{e}^{-x}} = \int \frac{\mathrm{e}^x\mathrm{d}x}{\mathrm{e}^{2x}+1} = \int \frac{\mathrm{d}\mathrm{e}^x}{(\mathrm{e}^x)^2+1} = \arctan \mathrm{e}^x + C.$

6.2.2 第二换元积分法

以上介绍的第一换元积分法, 是把被积函数凑成一个复合函数的全微分的形式. 也可主动地对被积函数作变元代换, 以把一个不能直接计算出原函数的不定积分, 转化成能够计算出原函数的不定积分. 这就是第二换元积分法.

定理 6.2.2 (第二换元法) 设 $x = \varphi(t)$ 是可逆的可微函数, 并且

$$\int f(\varphi(t))\varphi'(t)\mathrm{d}t = G(t) + C,$$

则

$$\int f(x)\mathrm{d}x = G(\varphi^{-1}(x)) + C.$$

以上定理的意思是指如果函数 $f(x)$ 的不定积分无法直接算出, 但是通过作变元代换 $x = \varphi(t)$ 之后, 函数 $f(\varphi(t))\varphi'(t)$ 的不定积分可以算出来, 那么 f 的不定积分便也可以算出. 这个定理也可写成下述形式:

$$\int f(x)\mathrm{d}x \xrightarrow{\ \diamond\, x=\varphi(t)\ } \int f(\varphi(t))\varphi'(t)\mathrm{d}t = G(t) + C = G(\varphi^{-1}(x)) + C.$$

注意, 这里的函数 φ 必须为可逆的可微函数.

证明   由 $\int f(\varphi(t))\varphi'(t)\mathrm{d}t = G(t) + C$ 可知 $G'(t) = f(\varphi(t))\varphi'(t)$, 所以根据复合函数和反函数的求导法则有

$$\frac{\mathrm{d}}{\mathrm{d}x}\big(G(\varphi^{-1}(x))\big) = G'(\varphi^{-1}(x))\frac{\mathrm{d}}{\mathrm{d}x}\big(\varphi^{-1}(x)\big)$$

$$= f(\varphi(t))\varphi'(t)\big|_{t=\varphi^{-1}(x)} \cdot \frac{1}{\varphi'(\varphi^{-1}(x))} = f(x),$$

因此 $\int f(x)\mathrm{d}x = G(\varphi^{-1}(x)) + C$. □

例 8   求 $\int \sqrt{a^2 - x^2}\,\mathrm{d}x$ $(a > 0)$.

解   作代换 $x = a\sin t$, 因 x 的变化范围是 $-a < x < a$, 所以 t 的变化范围取为 $-\dfrac{\pi}{2} < t < \dfrac{\pi}{2}$. 这时 $\mathrm{d}x = a\cos t\,\mathrm{d}t$, $\sqrt{a^2 - x^2} = a\cos t$. 因此

$$\int \sqrt{a^2 - x^2}\,\mathrm{d}x = \int a\cos t \cdot a\cos t\,\mathrm{d}t = a^2 \int \cos^2 t\,\mathrm{d}t$$

$$= \frac{a^2}{2} \int (1 + \cos(2t))\mathrm{d}t = \frac{a^2}{2}\left(t + \frac{1}{2}\sin(2t)\right) + C$$

$$= \frac{a^2}{2}(t + \sin t\cos t) + C = \frac{a^2}{2}\arcsin\frac{x}{a} + \frac{1}{2}x\sqrt{a^2 - x^2} + C.$$

例 9   求 $\int \dfrac{\mathrm{d}x}{\sqrt{a^2 + x^2}}$ $(a > 0)$.

解法一   作代换 $x = a\tan t$, t 的变化范围取为 $-\dfrac{\pi}{2} < t < \dfrac{\pi}{2}$. 这时 $\mathrm{d}x = \dfrac{a\,\mathrm{d}t}{\cos^2 t}$, $\sqrt{a^2 + x^2} = \dfrac{a}{\cos t}$. 因此

$$\int \frac{\mathrm{d}x}{\sqrt{a^2 + x^2}} = \int \frac{\cos t}{a} \cdot \frac{a}{\cos^2 t}\mathrm{d}t = \int \frac{\cos t\,\mathrm{d}t}{\cos^2 t} = \int \frac{\mathrm{d}\sin t}{1 - \sin^2 t}$$

$$= \frac{1}{2} \int \left(\frac{1}{1 - \sin t} + \frac{1}{1 + \sin t}\right)\mathrm{d}\sin t = \frac{1}{2}\ln\left|\frac{1 + \sin t}{1 - \sin t}\right| + C$$

$$= \frac{1}{2}\ln\left|\frac{\sqrt{1 + \tan^2 t} + \tan t}{\sqrt{1 + \tan^2 t} - \tan t}\right| + C = \ln(\sqrt{1 + \tan^2 t} + \tan t) + C$$

$$= \ln(\sqrt{a^2 + x^2} + x) + C'.$$

解法二 作代换 $x = a \sinh t$, t 的变化范围为整个实数轴. 这时 $\mathrm{d}x = a \cosh t \mathrm{d}t$, $\sqrt{a^2 + x^2} = a\sqrt{1 + \sinh^2 t} = a \cosh t$. 因此

$$\int \frac{\mathrm{d}x}{\sqrt{a^2 + x^2}} = \int \frac{a \cosh t \mathrm{d}t}{a \cosh t} = \int \mathrm{d}t = t + C = \sinh^{-1}\left(\frac{x}{a}\right) + C$$

$$= \ln\left(\frac{x}{a} + \sqrt{1 + \left(\frac{x}{a}\right)^2}\right) + C = \ln(x + \sqrt{a^2 + x^2}) + C'.$$

这里用到双曲正弦函数的反函数 $\sinh^{-1} y = \ln(y + \sqrt{1 + y^2})$ $(-\infty < y < +\infty)$.

例 10 求 $\displaystyle\int \frac{\mathrm{d}x}{\sqrt{x^2 - a^2}}$ $(a > 0)$.

解法一 作代换 $x = \dfrac{a}{\sin t}$, 因 x 的变化范围是 $|x| > a$, 所以 t 的变化范围取为 $-\dfrac{\pi}{2} < t < \dfrac{\pi}{2}$, $t \neq 0$. 这时 $\mathrm{d}x = -\dfrac{a \cos t}{\sin^2 t} \mathrm{d}t$, $\sqrt{x^2 - a^2} = \dfrac{a \cos t}{|\sin t|} = (\operatorname{sgn} t) \dfrac{a \cos t}{\sin t}$. 因此

$$\int \frac{\mathrm{d}x}{\sqrt{x^2 - a^2}}$$

$$= -(\operatorname{sgn} t) \int \frac{\sin t}{a \cos t} \cdot \frac{a \cos t}{\sin^2 t} \mathrm{d}t = -(\operatorname{sgn} t) \int \frac{\sin t \mathrm{d}t}{\sin^2 t} = (\operatorname{sgn} t) \int \frac{\mathrm{d} \cos t}{1 - \cos^2 t}$$

$$= \frac{1}{2}(\operatorname{sgn} t) \int \left(\frac{1}{1 - \cos t} + \frac{1}{1 + \cos t}\right) \mathrm{d} \cos t = \frac{1}{2}(\operatorname{sgn} t) \ln \left|\frac{1 + \cos t}{1 - \cos t}\right| + C$$

$$= \frac{1}{2}(\operatorname{sgn} t) \ln \left|\frac{1 + \sqrt{1 - \sin^2 t}}{1 - \sqrt{1 - \sin^2 t}}\right| + C = (\operatorname{sgn} t) \ln |\frac{1 + \sqrt{1 - \sin^2 t}}{\sin t}| + C$$

$$= (\operatorname{sgn} x) \ln(|x| + \sqrt{x^2 - a^2}) + C' = \ln |x + \sqrt{x^2 - a^2}| + C''.$$

解法二 作代换 $x = \pm a \cosh t$, 其中当 $x > 0$ 时取正号, 当 $x < 0$ 时取负号, t 的变化范围为 $t > 0$. 这时 $\mathrm{d}x = \pm a \sinh t \mathrm{d}t$, $\sqrt{x^2 - a^2} = a\sqrt{\cosh^2 t - 1} = a \sinh t$. 因此

$$\int \frac{\mathrm{d}x}{\sqrt{x^2 - a^2}} = \pm \int \frac{a \sinh t \mathrm{d}t}{a \sinh t} = \pm \int \mathrm{d}t = \pm t + C = \pm \cosh^{-1}\left(\frac{|x|}{a}\right) + C$$

$$= \pm \ln\left(\frac{|x|}{a} + \sqrt{\left(\frac{|x|}{a}\right)^2 - 1}\right) + C = \ln |x + \sqrt{x^2 - a^2}| + C'.$$

这里用到双曲余弦函数右半支的反函数 $\cosh^{-1} y = \ln(y + \sqrt{y^2 - 1})$ $(y \geqslant 1)$.

例 11 求 $\displaystyle\int \sqrt{a^2 + x^2} \mathrm{d}x$ $(a > 0)$.

解 作代换 $x = a \sinh t$, t 的变化范围为整个实数轴. 这时 $\mathrm{d}x = a \cosh t \mathrm{d}t$,

$\sqrt{a^2 + x^2} = a\sqrt{1 + \sinh^2 t} = a\cosh t.$ 因此

$$\int \sqrt{a^2 + x^2}\mathrm{d}x = \int a\cosh t \cdot a\cosh t\mathrm{d}t = a^2 \int \cosh^2 t\mathrm{d}t$$

$$= \frac{a^2}{2}\int (1 + \cosh(2t))\mathrm{d}t = \frac{a^2}{2}\left(t + \frac{1}{2}\sinh(2t)\right) + C$$

$$= \frac{a^2}{2}(t + \sinh t \cosh t) + C$$

$$= \frac{a^2}{2}\ln(x + \sqrt{a^2 + x^2}) + \frac{1}{2}x\sqrt{a^2 + x^2} + C'.$$

如果使用三角函数代换 $x = a\tan t$, 则计算要复杂许多.

从以上各例看到, 对含有形如 $\sqrt{a^2 - x^2}$, $\sqrt{a^2 + x^2}$ 或 $\sqrt{x^2 - a^2}$ 的无理式的积分, 总可通过作适当的三角函数代换或双曲三角函数代换来消除根号, 从而算出积分来. 具体来说,

对于 $R(x, \sqrt{a^2 - x^2})$, 作代换 $x = a\sin t$ $\left(|t| < \dfrac{\pi}{2}\right)$;

对于 $R(x, \sqrt{a^2 + x^2})$, 作代换 $x = a\tan t$ $\left(|t| < \dfrac{\pi}{2}\right)$ 或 $x = a\sinh t$ $(|t| < \infty)$;

对于 $R(x, \sqrt{x^2 - a^2})$, 作代换 $x = \dfrac{a}{\sin t}$ $\left(|t| < \dfrac{\pi}{2},\ t \neq 0\right)$ 或 $x = \pm a\cosh t$ $(t > 0)$.

其中 $R(x, y)$ 表示含两个变元 x 和 y 的有理式.

以下不定积分, 因为在实用中经常出现, 所以特别写出, 以备作为积分公式使用 (其中 a 表示正常数):

(1) $\displaystyle\int \frac{\mathrm{d}x}{a^2 - x^2} = \frac{1}{2a}\ln\left|\frac{a + x}{a - x}\right| + C;$

(2) $\displaystyle\int \frac{\mathrm{d}x}{a^2 + x^2} = \frac{1}{a}\arctan\frac{x}{a} + C;$

(3) $\displaystyle\int \frac{\mathrm{d}x}{\sqrt{a^2 - x^2}} = \arcsin\frac{x}{a} + C;$

(4) $\displaystyle\int \frac{\mathrm{d}x}{\sqrt{x^2 \pm a^2}} = \ln|x + \sqrt{x^2 \pm a^2}| + C;$

(5) $\displaystyle\int \sqrt{a^2 - x^2}\mathrm{d}x = \frac{x}{2}\sqrt{a^2 - x^2} + \frac{a^2}{2}\arcsin\frac{x}{a} + C;$

(6) $\displaystyle\int \sqrt{x^2 \pm a^2}\mathrm{d}x = \frac{x}{2}\sqrt{x^2 \pm a^2} \pm \frac{a^2}{2}\ln|x + \sqrt{x^2 \pm a^2}| + C.$

对于其他类型含无理式函数的积分, 可根据具体情况灵活地选择变元代换.

例 12 求 $\displaystyle\int \frac{\sqrt{x}}{1+\sqrt[3]{x}}\mathrm{d}x$.

解 作代换 $x = t^6 \ (t > 0)$, 这时 $\mathrm{d}x = 6t^5\mathrm{d}t$,

$$\int \frac{\sqrt{x}}{1+\sqrt[3]{x}}\mathrm{d}x = \int \frac{t^3}{1+t^2} \cdot 6t^5\mathrm{d}t$$

$$= 6\int \frac{t^8}{1+t^2}\mathrm{d}t = 6\int \left(t^6 - t^4 + t^2 - 1 + \frac{1}{1+t^2}\right)\mathrm{d}t$$

$$= 6\left(\frac{1}{7}t^7 - \frac{1}{5}t^5 + \frac{1}{3}t^3 - t + \arctan t\right) + C$$

$$= \frac{6}{7}x\sqrt[6]{x} - \frac{6}{5}\frac{x}{\sqrt[6]{x}} + 2\sqrt{x} - 6\sqrt[6]{x} + 6\arctan \sqrt[6]{x} + C.$$

例 13 求 $\displaystyle\int \frac{\ln x\mathrm{d}x}{x\sqrt{1+\ln x}}$.

解 由于 $\dfrac{\mathrm{d}x}{x} = \mathrm{d}\ln x$, 所以作代换 $\ln x = t$, 即 $x = \mathrm{e}^t$, 则

$$\int \frac{\ln x\mathrm{d}x}{x\sqrt{1+\ln x}} = \int \frac{\ln x\mathrm{d}\ln x}{\sqrt{1+\ln x}} = \int \frac{t\mathrm{d}t}{\sqrt{1+t}} = \int \frac{t+1-1}{\sqrt{t+1}}\mathrm{d}t$$

$$= \int \left(\sqrt{t+1} - \frac{1}{\sqrt{t+1}}\right)\mathrm{d}t = \frac{2}{3}(t+1)\sqrt{t+1} - 2\sqrt{t+1} + C$$

$$= \frac{2}{3}(\ln x + 1)\sqrt{\ln x + 1} - 2\sqrt{\ln x + 1} + C.$$

6.2.3 分部积分法

求不定积分的另外一个基本技巧是分部积分法. 这个方法处理被积函数是两个函数的乘积形式的积分. 具体地说, 对一个形如 $u(x)v'(x)$ 的函数的积分, 如果它本身的积分不好计算, 但是把对 $v(x)$ 的导数换到 $u(x)$ 上去之后所得函数 $u'(x)v(x)$ 的积分能够比较容易地计算, 那么积分 $\displaystyle\int u(x)v'(x)\mathrm{d}x$ 就可通过积分 $\displaystyle\int u'(x)v(x)\mathrm{d}x$ 计算出来. 这是因为, 根据两个函数的乘积的求导公式

$$(u(x)v(x))' = u'(x)v(x) + u(x)v'(x),$$

有

$$u(x)v'(x) = (u(x)v(x))' - u'(x)v(x),$$

从而

$$\int u(x)v'(x)\mathrm{d}x = \int (u(x)v(x))'\mathrm{d}x - \int u'(x)v(x)\mathrm{d}x = u(x)v(x) - \int u'(x)v(x)\mathrm{d}x.$$

这就是下述定理.

定理 6.2.3 (分部积分法)   设 u 和 v 都是可导函数, 则

$$\int u(x)v'(x)\mathrm{d}x = u(x)v(x) - \int u'(x)v(x)\mathrm{d}x.$$

因 $v'(x)\mathrm{d}x = \mathrm{d}v(x)$, $u'(x)\mathrm{d}x = \mathrm{d}u(x)$, 所以上述公式也可写成下列形式:

$$\int u(x)\mathrm{d}v(x) = u(x)v(x) - \int v(x)\mathrm{d}u(x).$$

例 14   求 $\displaystyle\int x^2\mathrm{e}^{3x}\mathrm{d}x$.

解 $\displaystyle\int x^2\mathrm{e}^{3x}\mathrm{d}x$

$$= \frac{1}{3}\int x^2\mathrm{d}\mathrm{e}^{3x} = \frac{1}{3}\left(x^2\mathrm{e}^{3x} - \int \mathrm{e}^{3x}\mathrm{d}x^2\right) = \frac{1}{3}\left(x^2\mathrm{e}^{3x} - 2\int x\mathrm{e}^{3x}\mathrm{d}x\right)$$

$$= \frac{1}{3}\left(x^2\mathrm{e}^{3x} - \frac{2}{3}\int x\mathrm{d}\mathrm{e}^{3x}\right) = \frac{1}{3}\left(x^2\mathrm{e}^{3x} - \frac{2}{3}x\mathrm{e}^{3x} + \frac{2}{3}\int \mathrm{e}^{3x}\mathrm{d}x\right)$$

$$= \frac{1}{3}\left(x^2\mathrm{e}^{3x} - \frac{2}{3}x\mathrm{e}^{3x} + \frac{2}{9}\mathrm{e}^{3x}\right) + C.$$

注意在上例中, 是把 e^{3x} 看作导函数. 如果把 x^2 看作导函数, 则将导致

$$\int x^2\mathrm{e}^{3x}\mathrm{d}x = \frac{1}{3}\int \mathrm{e}^{3x}\mathrm{d}x^3 = \frac{1}{3}\left(x^3\mathrm{e}^{3x} - \int x^3\mathrm{d}\mathrm{e}^{3x}\right) = \frac{1}{3}\left(x^3\mathrm{e}^{3x} - 3\int x^3\mathrm{e}^{3x}\mathrm{d}x\right),$$

结果是, 被积函数中的多项式的幂次反而升高了一次, 因此不是把积分化简单了, 而是变得更加复杂了. 所以, 在使用分部积分法计算不定积分时, 把被积函数中的哪些部分看成导函数, 必须仔细考虑.

例 15   求 $\displaystyle\int x\ln x\mathrm{d}x$.

解 $\displaystyle\int x\ln x\mathrm{d}x$

$$= \frac{1}{2}\int \ln x\mathrm{d}x^2 = \frac{1}{2}\left(x^2\ln x - \int x^2\mathrm{d}\ln x\right) = \frac{1}{2}\left(x^2\ln x - \int x\mathrm{d}x\right)$$

$$= \frac{1}{2}\left(x^2\ln x - \frac{1}{2}x^2\right) + C = \frac{1}{2}x^2\ln x - \frac{1}{4}x^2 + C.$$

例 16   求 $\displaystyle\int x\cos x\mathrm{d}x$.

解 $\displaystyle\int x\cos x\mathrm{d}x = \int x\mathrm{d}\sin x = x\sin x - \int \sin x\mathrm{d}x = x\sin x + \cos x + C.$

例 17 求 $\int x \arctan x \mathrm{d}x$.

解
$$\int x \arctan x \mathrm{d}x$$
$$= \frac{1}{2} \int \arctan x \mathrm{d}x^2 = \frac{1}{2}\left(x^2 \arctan x - \int x^2 \mathrm{d}\arctan x\right)$$
$$= \frac{1}{2}\left(x^2 \arctan x - \int \frac{x^2}{1+x^2}\mathrm{d}x\right)$$
$$= \frac{1}{2}(x^2 \arctan x - x + \arctan x) + C.$$

例 18 求 $\int \mathrm{e}^{ax} \sin(bx) \mathrm{d}x \ (a, b \neq 0)$.

解
$$\int \mathrm{e}^{ax} \sin(bx) \mathrm{d}x$$
$$= \frac{1}{a} \int \sin(bx) \mathrm{d}\mathrm{e}^{ax} = \frac{1}{a}\left(\mathrm{e}^{ax} \sin(bx) - \int \mathrm{e}^{ax} \mathrm{d}\sin(bx)\right)$$
$$= \frac{1}{a}\left(\mathrm{e}^{ax} \sin(bx) - b \int \mathrm{e}^{ax} \cos(bx) \mathrm{d}x\right)$$
$$= \frac{1}{a}\mathrm{e}^{ax} \sin(bx) - \frac{b}{a^2} \int \cos(bx) \mathrm{d}\mathrm{e}^{ax}$$
$$= \frac{1}{a}\mathrm{e}^{ax} \sin(bx) - \frac{b}{a^2}\left(\mathrm{e}^{ax} \cos(bx) + b \int \mathrm{e}^{ax} \sin(bx) \mathrm{d}x\right)$$
$$= \frac{1}{a}\mathrm{e}^{ax} \sin(bx) - \frac{b}{a^2}\mathrm{e}^{ax} \cos(bx) - \frac{b^2}{a^2} \int \mathrm{e}^{ax} \sin(bx) \mathrm{d}x,$$

因此
$$\int \mathrm{e}^{ax} \sin(bx) \mathrm{d}x = \frac{a\sin(bx) - b\cos(bx)}{a^2 + b^2}\mathrm{e}^{ax} + C.$$

类似地可求出
$$\int \mathrm{e}^{ax} \cos(bx) \mathrm{d}x = \frac{b\sin(bx) + a\cos(bx)}{a^2 + b^2}\mathrm{e}^{ax} + C.$$

一般地, 以下类型的不定积分都可用分部积分法计算:
$$\int P(x)\mathrm{e}^{ax}\mathrm{d}x, \quad \int P(x)\sin(ax)\mathrm{d}x, \quad \int P(x)\cos(ax)\mathrm{d}x,$$
$$\int P(x)\ln^n x\mathrm{d}x, \quad \int P(x)\arcsin x\mathrm{d}x, \quad \int P(x)\arctan x\mathrm{d}x,$$

$$\int Q\big(\sin(ax),\cos(ax)\big)P(x)\mathrm{d}x, \quad \int Q\big(\sin(ax),\cos(ax)\big)\mathrm{e}^{bx}\mathrm{d}x,$$

其中, $P(x)$ 和 $Q(u,v)$ 表示任意多项式, a,b 表示非零常数, n 表示正整数. 但是在具体计算这些积分时, 需要注意: ① 对于第一行中的三个积分, 必须把 e^{ax}, $\sin(ax)$ 和 $\cos(ax)$ 看作导函数, 以便把导数移到多项式 $P(x)$ 上, 达到降低 $P(x)$ 的阶数的目的; 对于第二行中的三个积分, 则必须把多项式 $P(x)$ 看作导函数, 以便把导数移到 $\ln^n x$, $\arcsin x$ 和 $\arctan x$ 上, 达到消除这些非有理函数的目的. ② 对于第三行中的积分, 应当首先把三角函数的多项式 (又叫三角多项式) $Q\big(\sin(ax),\cos(ax)\big)$ 应用一些基本的三角公式化为下述形式:

$$\sum_{k=1}^{n}[a_k\sin(akx)+b_k\cos(akx)] \quad (a_k,\ b_k 为常数),$$

然后对第一个积分采用与前面第一行后两个积分相似的方法处理, 对第二个积分则采用例 18 中的方法计算 (这时无论把 e^{bx}, $\sin(akx)$ 或 $\cos(akx)$ 中的哪个函数看作导函数, 都能得到同样的结果).

综合地应用变元代换法和分部积分法, 就可以求出许多初等函数的不定积分.

例 19　求 $\displaystyle\int\frac{\mathrm{e}^{\arctan x}}{(1+x^2)^2}\mathrm{d}x$.

解　作代换 $x=\tan t$, 则由于 $\arctan x=t$, $(1+x^2)^2=\dfrac{1}{\cos^4 t}$, $\mathrm{d}x=\dfrac{\mathrm{d}t}{\cos^2 t}$, 所以得到

$$\int\frac{\mathrm{e}^{\arctan x}}{(1+x^2)^2}\mathrm{d}x=\int\mathrm{e}^t\cos^4 t\cdot\frac{\mathrm{d}t}{\cos^2 t}=\int\mathrm{e}^t\cos^2 t\mathrm{d}t=\frac{1}{2}\int\mathrm{e}^t\left(1+\cos(2t)\right)\mathrm{d}t$$

$$=\frac{1}{2}\mathrm{e}^t+\frac{1}{10}\mathrm{e}^t\left(2\sin(2t)+\cos(2t)\right)+C$$

$$=\frac{1}{2}\mathrm{e}^t+\frac{1+4\tan t-\tan^2 t}{10(1+\tan^2 t)}\mathrm{e}^t+C$$

$$=\frac{1}{2}\mathrm{e}^{\arctan x}+\frac{1+4x-x^2}{10(1+x^2)}\mathrm{e}^{\arctan x}+C.$$

下一个例子将在后面讨论有理函数的积分时用到.

例 20　求 $I_n=\displaystyle\int\frac{\mathrm{d}x}{(x^2+a^2)^n}$ $(a>0,\ n=1,2,\cdots)$.

解
$$I_n=\int\frac{\mathrm{d}x}{(x^2+a^2)^n}=\frac{1}{a^2}\int\frac{x^2+a^2-x^2}{(x^2+a^2)^n}\mathrm{d}x$$

$$=\frac{1}{a^2}\int\frac{\mathrm{d}x}{(x^2+a^2)^{n-1}}-\frac{1}{a^2}\int\frac{x^2}{(x^2+a^2)^n}\mathrm{d}x$$

$$=\frac{1}{a^2}I_{n-1}-\frac{1}{2a^2}\int\frac{x\mathrm{d}x^2}{(x^2+a^2)^n}$$

$$=\frac{1}{a^2}I_{n-1}+\frac{1}{2(n-1)a^2}\int x\mathrm{d}\left(\frac{1}{(x^2+a^2)^{n-1}}\right)$$

$$=\frac{1}{a^2}I_{n-1}+\frac{1}{2(n-1)a^2}\left(\frac{x}{(x^2+a^2)^{n-1}}-\int\frac{\mathrm{d}x}{(x^2+a^2)^{n-1}}\right)$$

$$=\frac{2n-3}{2(n-1)a^2}I_{n-1}+\frac{1}{2(n-1)a^2}\frac{x}{(x^2+a^2)^{n-1}}.$$

这就得到了下述递推公式:

$$I_n=\frac{2n-3}{2(n-1)a^2}I_{n-1}+\frac{1}{2(n-1)a^2}\frac{x}{(x^2+a^2)^{n-1}},\quad n=2,3,\cdots.$$

因为 $I_1=\int\dfrac{\mathrm{d}x}{x^2+a^2}=\dfrac{1}{a}\arctan\dfrac{x}{a}+C$, 所以

$$I_2=\int\frac{\mathrm{d}x}{(x^2+a^2)^2}=\frac{1}{2a^3}\arctan\frac{x}{a}+\frac{1}{2a^2}\frac{x}{x^2+a^2}+C,$$

$$I_3=\int\frac{\mathrm{d}x}{(x^2+a^2)^3}=\frac{3}{8a^5}\arctan\frac{x}{a}+\frac{3}{8a^4}\frac{x}{x^2+a^2}+\frac{1}{4a^2}\frac{x}{(x^2+a^2)^2}+C,$$

等等.

习 题 6.2

1. 应用第一换元积分法, 求以下不定积分:

(1) $\displaystyle\int\sqrt[3]{1-2x}\mathrm{d}x$;

(2) $\displaystyle\int\frac{\ln^3 x}{3x}\mathrm{d}x$;

(3) $\displaystyle\int x^2\mathrm{e}^{-2x^3}\mathrm{d}x$;

(4) $\displaystyle\int\frac{\mathrm{d}x}{\mathrm{e}^x+\mathrm{e}^{-x}}$;

(5) $\displaystyle\int\cos^8 x\sin x\mathrm{d}x$;

(6) $\displaystyle\int\tan x\mathrm{d}x$;

(7) $\displaystyle\int\frac{\mathrm{d}x}{3+2x^2}$;

(8) $\displaystyle\int\frac{\mathrm{d}x}{\sqrt{3-2x^2}}$;

(9) $\displaystyle\int\frac{x\mathrm{d}x}{1+x^4}$;

(10) $\displaystyle\int\frac{x\mathrm{d}x}{3+2x^2}$;

(11) $\displaystyle\int\frac{\mathrm{d}x}{\sqrt{x}(1+x)}$;

(12) $\displaystyle\int\frac{\mathrm{d}x}{\sqrt{x(1-x)}}$;

(13) $\displaystyle\int\frac{\mathrm{d}x}{x\sqrt{x^2+1}}$;

(14) $\displaystyle\int\frac{\mathrm{d}x}{x^2\mathrm{e}^{\frac{1}{x}}}$;

(15) $\displaystyle\int\frac{x\mathrm{d}x}{\sqrt{1+x}}$;

(16) $\displaystyle\int\frac{x\mathrm{d}x}{\sqrt{1+x^2}}$;

(17) $\displaystyle\int\frac{\mathrm{d}x}{1+\cos x}$;

(18) $\displaystyle\int\frac{\mathrm{d}x}{1+\sin x}$.

2. 应用第一换元积分法, 求以下不定积分 (续):

(1) $\displaystyle\int x^2\sqrt[3]{1-2x}\mathrm{d}x$;

(2) $\displaystyle\int x^3\sqrt[3]{1-2x^2}\mathrm{d}x$;

(3) $\displaystyle\int \frac{\mathrm{d}x}{(a^2+x^2)(b^2+x^2)} \ (a\neq b)$;

(4) $\displaystyle\int \frac{x\mathrm{d}x}{2+3x^2+x^4}$;

(5) $\displaystyle\int \frac{x^2\mathrm{d}x}{\sqrt{3-2x}}$;

(6) $\displaystyle\int \frac{x^3\mathrm{d}x}{\sqrt{1+x^2}}$;

(7) $\displaystyle\int \frac{\mathrm{d}x}{a+b\mathrm{e}^x} \ (a,b\neq 0)$;

(8) $\displaystyle\int \frac{(2+\mathrm{e}^x)^2}{4+\mathrm{e}^{2x}}\mathrm{d}x$;

(9) $\displaystyle\int \frac{\mathrm{d}x}{a\mathrm{e}^x+b\sqrt{\mathrm{e}^x}} \ (a,b\neq 0)$;

(10) $\displaystyle\int \frac{\mathrm{d}x}{\sqrt{\mathrm{e}^x-1}}$;

(11) $\displaystyle\int \frac{\mathrm{d}x}{\sin^2 x\sqrt[3]{\cot x}}$;

(12) $\displaystyle\int \cos^5 x\sin^3 x\mathrm{d}x$;

(13) $\displaystyle\int \frac{\mathrm{d}x}{\cos x}$;

(14) $\displaystyle\int \frac{\sin x+\cos x}{\sqrt{\sin x-\cos x}}\mathrm{d}x$;

(15) $\displaystyle\int \frac{\arccos x}{\sqrt{1-x^2}}\mathrm{d}x$;

(16) $\displaystyle\int \frac{\arctan^3\sqrt{2x}\mathrm{d}x}{\sqrt{x}(1+2x)}$;

(17) $\displaystyle\int \frac{\ln^2 x\mathrm{d}x}{x\sqrt{1-\ln x}}$;

(18) $\displaystyle\int \frac{x\ln(1+\sqrt{1+x^2})\mathrm{d}x}{1+x^2+\sqrt{1+x^2}}$;

(19) $\displaystyle\int \ln(\sin x)\cot x\mathrm{d}x$;

(20) $\displaystyle\int \frac{\arctan\mathrm{e}^x}{\mathrm{e}^{-x}+\mathrm{e}^x}\mathrm{d}x$.

3. 应用第二换元积分法, 求以下不定积分:

(1) $\displaystyle\int \frac{\mathrm{d}x}{(a^2-x^2)^{\frac{3}{2}}}$;

(2) $\displaystyle\int \frac{x^2\mathrm{d}x}{\sqrt{a^2-x^2}}$;

(3) $\displaystyle\int x^2\sqrt{a^2-x^2}\mathrm{d}x$;

(4) $\displaystyle\int \frac{x^2\mathrm{d}x}{\sqrt{x^2-a^2}}$;

(5) $\displaystyle\int \frac{\mathrm{d}x}{(x^2-a^2)^{\frac{3}{2}}}$;

(6) $\displaystyle\int \frac{x^2\mathrm{d}x}{(x^2-a^2)^{\frac{3}{2}}}$;

(7) $\displaystyle\int \sqrt{x^2-a^2}\mathrm{d}x$;

(8) $\displaystyle\int \frac{\mathrm{d}x}{x^2\sqrt{a^2+x^2}}$;

(9) $\displaystyle\int \frac{x^2\mathrm{d}x}{\sqrt{a^2+x^2}}$;

(10) $\displaystyle\int \frac{x^2\mathrm{d}x}{(a^2+x^2)^{\frac{3}{2}}}$;

(11) $\displaystyle\int \frac{\sqrt{a^2-x^2}}{x^2}\mathrm{d}x$;

(12) $\displaystyle\int \frac{\sqrt{x^2-a^2}}{x^2}\mathrm{d}x$.

4. 应用分部积分法, 求以下不定积分:

(1) $\displaystyle\int (\mathrm{e}^x-1-x)^2\mathrm{d}x$;

(2) $\displaystyle\int x^\mu\ln x\mathrm{d}x \ (\mu\neq -1)$;

(3) $\displaystyle\int x^3\ln^2 x\mathrm{d}x$;

(4) $\displaystyle\int \frac{\ln^2 x}{\sqrt{x}}\mathrm{d}x$;

(5) $\displaystyle\int (x-2)^2\cos x\mathrm{d}x$;

(6) $\displaystyle\int x\sin^2 x\mathrm{d}x$;

(7) $\displaystyle\int x^2\sin^3 x\mathrm{d}x$;

(8) $\displaystyle\int x^2\sin^2 x\cos^2 x\mathrm{d}x$;

(9) $\displaystyle\int \arctan x\mathrm{d}x$;

(10) $\displaystyle\int x\arcsin x\mathrm{d}x$;

(11) $\displaystyle\int \frac{\arccos x}{x^2}\mathrm{d}x$;

(12) $\displaystyle\int x^2 \ln\left|\frac{2-x}{2+x}\right|\mathrm{d}x$;

(13) $\displaystyle\int x^2 \ln(x+\sqrt{1+x^2})\mathrm{d}x$;

(14) $\displaystyle\int \ln(x+\sqrt{x^2-1})\mathrm{d}x$;

(15) $\displaystyle\int (\cos x)\ln(\cos x)\mathrm{d}x$;

(16) $\displaystyle\int (\sin x)\ln(1+\tan x)\mathrm{d}x$.

5. 综合应用变元代换和分部积分法, 求以下不定积分:

(1) $\displaystyle\int x^3 \mathrm{e}^{-\frac{1}{2}x^2}\mathrm{d}x$;

(2) $\displaystyle\int x\mathrm{e}^{\sqrt{x}}\mathrm{d}x$;

(3) $\displaystyle\int (x-1)^3 \mathrm{e}^{2x-x^2}\mathrm{d}x$;

(4) $\displaystyle\int \cos^3 x\mathrm{e}^{\sin x}\mathrm{d}x$;

(5) $\displaystyle\int \mathrm{e}^{\sin x}(\cos x)\ln|\mathrm{e}^{\sin x}-1|\mathrm{d}x$;

(6) $\displaystyle\int \frac{1}{x^3}\ln\frac{1-x^2}{1+x^2}\mathrm{d}x$;

(7) $\displaystyle\int (\arccos\sqrt{x})^2\mathrm{d}x$;

(8) $\displaystyle\int x\arctan(x^2)\mathrm{d}x$;

(9) $\displaystyle\int (x\arcsin x)^2\mathrm{d}x$;

(10) $\displaystyle\int \sqrt{x}(\sin\sqrt{x})^2\mathrm{d}x$;

(11) $\displaystyle\int \frac{x\mathrm{e}^{\arctan x}}{(1+x^2)^2}\mathrm{d}x$;

(12) $\displaystyle\int \frac{\mathrm{e}^{\arctan x}}{(1+x^2)^{\frac{5}{2}}}\mathrm{d}x$;

(13) $\displaystyle\int \frac{x\mathrm{e}^{\arcsin x}}{\sqrt{1-x^2}}\mathrm{d}x$;

(14) $\displaystyle\int \sqrt{1-x^2}\mathrm{e}^{\arccos x}\mathrm{d}x$;

(15) $\displaystyle\int \sin(\ln\sqrt{x})\mathrm{d}x$;

(16) $\displaystyle\int \cos^2(\ln x)\mathrm{d}x$;

(17) $\displaystyle\int \ln(\sin x)\sin x\mathrm{d}x$;

(18) $\displaystyle\int \frac{\arctan\mathrm{e}^x}{\mathrm{e}^{2x}}\mathrm{d}x$;

(19) $\displaystyle\int \frac{x(\arccos x)^2}{\sqrt{1-x^2}}\mathrm{d}x$;

(20) $\displaystyle\int \frac{x\arctan x}{\sqrt{(1+x^2)^3}}\mathrm{d}x$;

(21) $\displaystyle\int \frac{\arcsin x}{x^2\sqrt{1-x^2}}\mathrm{d}x$;

(22) $\displaystyle\int \frac{(2x+1)\arctan x}{(1+x^2)^2}\mathrm{d}x$.

6.3 几类初等函数的积分

本节应用前面两节学习的求不定积分的基本技巧, 计算几类初等函数的积分.

6.3.1 有理函数的积分

两个多项式的商 $\dfrac{P(x)}{Q(x)}$ 称为**有理分式函数**, 简称**有理函数**. 用 $\deg P(x)$ 表示多项式 $P(x)$ 的次数. 如果 $\deg P(x) < \deg Q(x)$, 则称 $\dfrac{P(x)}{Q(x)}$ 为真分式, 否则称为假分式. 如果 $\dfrac{P(x)}{Q(x)}$ 是假分式, 则可应用多项式的除法, 把它写成一个多项式和一个真分式的

和, 如

$$\frac{x^9}{x^4+1} = x^5 - x + \frac{x}{x^4+1}.$$

因此, 有理分式函数的积分便归结为多项式的积分和有理真分式的积分. 由于多项式的积分很简单, 所以下面只考虑有理真分式的积分.

理论上, 任意一个有理真分式都可分解成下列四种最简分式的线性组合:

$$\frac{1}{x-x_0}, \quad \frac{1}{(x-x_0)^n}\ (n \geqslant 2), \quad \frac{x+b}{x^2+px+q}, \quad \frac{x+b}{(x^2+px+q)^n}\ (n \geqslant 2),$$

其中 $x^2 + px + q$ 是没有实根的二次多项式. 这个事实的证明如下.

设 $\deg Q(x) = n$. 不妨设 $Q(x)$ 的首项系数 (即 x^n 的系数) 为 1. 根据代数基本定理, 任意一个复系数多项式都至少有一个复根. 令 z_1 为 $Q(x)$ 的一个复根, 则 $Q(x) = (x - z_1)Q_1(x)$, 其中, $Q_1(x)$ 是一个复系数多项式, $\deg Q_1(x) = n-1$. 令 z_2 为 $Q_1(x)$ 的一个复根, 则 $Q_1(x) = (x - z_2)Q_2(x)$, 进而 $Q(x) = (x-z_1)(x-z_2)Q_2(x)$, $\deg Q_2(x) = n-2$. 这样一直做下去, 最后就得到

$$Q(x) = (x-z_1)(x-z_2)\cdots(x-z_n). \tag{6.3.1}$$

由于 $Q(x)$ 是实系数多项式, 它的虚根 (即虚部不为零的根) 必成共轭对出现, 而

$$(x-z)(x-\bar{z}) = (x^2 - 2(\mathrm{Re}z)x + |z|^2),$$

所以通过把所有虚根按共轭组对, 就可把复形式的因式分解式 (6.3.1) 化成下列实形式的因式分解式:

$$Q(x) = (x-x_1)^{r_1}(x-x_2)^{r_2}\cdots(x-x_k)^{r_k}(x^2+p_1x+q_1)^{s_1}$$

$$\cdot (x^2+p_2x+q_2)^{s_2}\cdots(x^2+p_mx+q_m)^{s_m}, \tag{6.3.2}$$

其中, $x_1, x_2, \cdots, x_k$ 是 $Q(x)$ 的全部互不相同的实根, $r_1, r_2, \cdots, r_k$ 分别是它们的重数; $x^2 + p_jx + q_j\ (j = 1, 2, \cdots, m)$ 是互不相同的没有实根的实系数二次多项式, 即 $q_j - \dfrac{p_j^2}{4} > 0\ (j = 1, 2, \cdots, m)$, $s_1, s_2, \cdots, s_m$ 是它们对应的共轭虚根的重数. 现在便可把有理真分式 $\dfrac{P(x)}{Q(x)}$ 分解成下列最简分式的和:

$$\begin{aligned}
\frac{P(x)}{Q(x)} &= \frac{a_{11}}{x-x_1} + \frac{a_{12}}{(x-x_1)^2} + \cdots + \frac{a_{1r_1}}{(x-x_1)^{r_1}} \\
&+ \frac{a_{21}}{x-x_2} + \frac{a_{22}}{(x-x_2)^2} + \cdots + \frac{a_{2r_2}}{(x-x_2)^{r_2}} \\
&+ \cdots \\
&+ \frac{a_{k1}}{x-x_k} + \frac{a_{k2}}{(x-x_k)^2} + \cdots + \frac{a_{kr_k}}{(x-x_k)^{r_k}}
\end{aligned}$$

$$+ \frac{b_{11}x + c_{11}}{x^2 + p_1 x + q_1} + \frac{b_{12}x + c_{12}}{(x^2 + p_1 x + q_1)^2} + \cdots + \frac{b_{1s_1}x + c_{1s_1}}{(x^2 + p_1 x + q_1)^{s_1}}$$

$$+ \frac{b_{21}x + c_{21}}{x^2 + p_2 x + q_2} + \frac{b_{22}x + c_{22}}{(x^2 + p_2 x + q_2)^2} + \cdots + \frac{b_{2s_2}x + c_{2s_2}}{(x^2 + p_2 x + q_2)^{s_2}}$$

$$+ \cdots$$

$$+ \frac{b_{m1}x + c_{m1}}{x^2 + p_m x + q_m} + \frac{b_{m2}x + c_{m2}}{(x^2 + p_m x + q_m)^2} + \cdots + \frac{b_{ms_m}x + c_{ms_m}}{(x^2 + p_m x + q_m)^{s_m}}.$$

$$(6.3.3)$$

这个事实的证明见附录 B.

现在来看最简分式的不定积分如何计算.

(1) 对于最简分式 $\dfrac{1}{x - x_0}$, 有

$$\int \frac{\mathrm{d}x}{x - x_0} = \ln|x - x_0| + C.$$

(2) 对于最简分式 $\dfrac{1}{(x - x_0)^n}$, 因 $n \geqslant 2$, 有

$$\int \frac{\mathrm{d}x}{(x - x_0)^n} = -\frac{1}{n-1} \frac{1}{(x - x_0)^{n-1}} + C.$$

(3) 对于最简分式 $\dfrac{x + b}{x^2 + px + q}$, 因为

$$\frac{x + b}{x^2 + px + q} = \frac{1}{2}\left(\frac{2x + p}{x^2 + px + q} + \frac{2b - p}{x^2 + px + q} \right),$$

所以

$$\int \frac{x + b}{x^2 + px + q}\mathrm{d}x = \frac{1}{2} \int \frac{2x + p}{x^2 + px + q}\mathrm{d}x + \frac{2b - p}{2} \int \frac{1}{x^2 + px + q}\mathrm{d}x$$

$$= \frac{1}{2}\ln(x^2 + px + q) + \frac{2b - p}{2} \int \frac{\mathrm{d}\left(x + \dfrac{p}{2}\right)}{\left(x + \dfrac{p}{2}\right)^2 + \left(q - \dfrac{p^2}{4}\right)}$$

$$= \frac{1}{2}\ln(x^2 + px + q) + \frac{2b - p}{2} \frac{1}{\sqrt{q - \dfrac{p^2}{4}}} \arctan\left(\frac{x + \dfrac{p}{2}}{\sqrt{q - \dfrac{p^2}{4}}} \right) + C.$$

(4) 对于 $\dfrac{x + b}{(x^2 + px + q)^n}$ $(n \geqslant 2)$, 因为

$$\frac{x + b}{(x^2 + px + q)^n} = \frac{1}{2}\left(\frac{2x + p}{(x^2 + px + q)^n} + \frac{2b - p}{(x^2 + px + q)^n} \right),$$

所以

$$\int \frac{x+b}{(x^2+px+q)^n}\mathrm{d}x$$

$$=\frac{1}{2}\int \frac{2x+p}{(x^2+px+q)^n}\mathrm{d}x+\frac{2b-p}{2}\int \frac{1}{(x^2+px+q)^n}\mathrm{d}x$$

$$=-\frac{1}{2(n-1)}(x^2+px+q)^{-(n-1)}+\frac{2b-p}{2}\int \frac{\mathrm{d}\left(x+\frac{p}{2}\right)}{\left[\left(x+\frac{p}{2}\right)^2+\left(q-\frac{p^2}{4}\right)\right]^n}$$

$$=-\frac{1}{2(n-1)}(x^2+px+q)^{-(n-1)}+\frac{2b-p}{2}\int \frac{\mathrm{d}u}{(u^2+a^2)^n},$$

其中, $u=x+\dfrac{p}{2}$, $a=\sqrt{q-\dfrac{p^2}{4}}$. 在 6.2 节的例 20 中, 已经得到了 $I_n=\displaystyle\int \dfrac{\mathrm{d}u}{(u^2+a^2)^n}$ 的递推公式. 因此, 由上式即知积分

$$\int \frac{x+b}{(x^2+px+q)^n}\mathrm{d}x \quad (n \geqslant 2)$$

也可以求出.

　　因此, 只要知道了有理分式函数 $\dfrac{P(x)}{Q(x)}$ 的分母 $Q(x)$ 的因式分解式 (6.3.2), 那么它的不定积分就可以求出, 并且以上推导也指出了求其不定积分的方法.

　　必须说明的是, 虽然从理论上说, 每个实系数多项式都存在形如式 (6.3.2) 的因式分解, 但实际上, 并不是每个多项式的这种因式分解都能够求出. 原因在于, 虽然每个复系数多项式都存在复根, 因而可以表示成形如式 (6.3.1) 的形式, 但在 5.7 节已经指出, 并不是每个多项式的根都能够具体地算出来, 因而这种表示式并不一定能够具体地求出. 因此, 并不是每个有理函数的不定积分都能够实际地求出来. 不过, 上面的分析表明, 有理函数的原函数一定是初等函数.

　　当知道了分母 $Q(x)$ 的因式分解式 (6.3.2) 之后, 可以采用待定系数法来求 $\dfrac{P(x)}{Q(x)}$ 的分解式 (6.3.3), 即先假定 $\dfrac{P(x)}{Q(x)}$ 有形如式 (6.3.3) 的表达式, 其中分子上的常数都待定, 然后把右端各项同分母之后把分子相加, 再比较左右两端分子中 x 的各次幂的系数, 得到待定系数所满足的线性方程组, 进而解这个方程组求出这些待定系数.

　　当然, 有些有理分式函数因为其形式的某些特殊性, 其最简分式分解式有可能用比较简便的方法获得. 因此, 具体问题可以根据具体的情况灵活处理, 而不必被以上一般性的论述所拘泥.

　　下面举例说明.

例 1 求 $\displaystyle\int \frac{\mathrm{d}x}{(1-x^2)^2}$.

解 分解因式得

$$\frac{1}{(1-x^2)^2} = \frac{1}{4}\left(\frac{1}{1-x} + \frac{1}{1+x} + \frac{1}{(1-x)^2} + \frac{1}{(1+x)^2}\right),$$

所以

$$\begin{aligned}
\int \frac{\mathrm{d}x}{(1-x^2)^2} &= \frac{1}{4}\left(\int \frac{\mathrm{d}x}{1-x} + \int \frac{\mathrm{d}x}{1+x} + \int \frac{\mathrm{d}x}{(1-x)^2} + \int \frac{\mathrm{d}x}{(1+x)^2}\right) \\
&= \frac{1}{4}\left(-\ln|1-x| + \ln|1+x| + \frac{1}{1-x} - \frac{1}{1+x}\right) + C \\
&= \frac{1}{4}\ln\left|\frac{1+x}{1-x}\right| + \frac{1}{2}\frac{x}{1-x^2} + C.
\end{aligned}$$

例 2 求 $\displaystyle\int \frac{x^7}{1+x^3}\mathrm{d}x$.

解 由于

$$\begin{aligned}
\frac{x^7}{1+x^3} &= x^4 - x + \frac{x}{1+x^3} = x^4 - x + \frac{x}{(1+x)(1-x+x^2)} \\
&= x^4 - x - \frac{1}{3}\frac{1}{1+x} + \frac{1}{3}\frac{1+x}{1-x+x^2} \\
&= x^4 - x - \frac{1}{3}\frac{1}{1+x} + \frac{1}{6}\frac{-1+2x}{1-x+x^2} + \frac{1}{2}\frac{1}{1-x+x^2},
\end{aligned}$$

以及

$$\int \frac{\mathrm{d}x}{1-x+x^2} = \frac{2}{\sqrt{3}}\int \frac{\frac{2}{\sqrt{3}}\mathrm{d}x}{1 + \left(\frac{2}{\sqrt{3}}x - \frac{1}{\sqrt{3}}\right)^2} = \frac{2}{\sqrt{3}}\arctan\left(\frac{2x-1}{\sqrt{3}}\right) + C,$$

所以

$$\begin{aligned}
\int \frac{x^7}{1+x^3}\mathrm{d}x &= \int x^4\mathrm{d}x - \int x\mathrm{d}x - \frac{1}{3}\int \frac{\mathrm{d}x}{1+x} + \frac{1}{6}\int \frac{-1+2x}{1-x+x^2}\mathrm{d}x + \frac{1}{2}\int \frac{\mathrm{d}x}{1-x+x^2} \\
&= \frac{1}{5}x^5 - \frac{1}{2}x^2 - \frac{1}{3}\ln|1+x| + \frac{1}{6}\ln(1-x+x^2) + \frac{1}{\sqrt{3}}\arctan\left(\frac{2x-1}{\sqrt{3}}\right) + C.
\end{aligned}$$

例 3 求 $\displaystyle\int \frac{\mathrm{d}x}{1+x^4}$.

解 先分解因式:

$$1 + x^4 = (x^2+1)^2 - 2x^2 = (x^2 - \sqrt{2}x + 1)(x^2 + \sqrt{2}x + 1),$$

再用待定系数法把分式 $\dfrac{1}{1+x^4}$ 化为最简分式的和, 而设

$$\frac{1}{1+x^4} = \frac{1}{(x^2-\sqrt{2}x+1)(x^2+\sqrt{2}x+1)} = \frac{ax+b}{x^2+\sqrt{2}x+1} - \frac{ax+c}{x^2-\sqrt{2}x+1},$$

这里之所以设两个分式的分子中 x 的系数都是 a, 是考虑到它们分母的特殊形式. 为使最后这个等式成立, 应当有

$$1 = (-2\sqrt{2}a+b-c)x^2 - \sqrt{2}(b+c)x + b - c.$$

比较系数得到

$$-2\sqrt{2}a+b-c=0, \quad b+c=0, \quad b-c=1.$$

所以

$$b = \frac{1}{2}, \quad c = -\frac{1}{2}, \quad a = \frac{1}{2\sqrt{2}}.$$

进而

$$\frac{1}{1+x^4} = \frac{1}{2\sqrt{2}}\left(\frac{x+\sqrt{2}}{x^2+\sqrt{2}x+1} - \frac{x-\sqrt{2}}{x^2-\sqrt{2}x+1} \right)$$

$$= \frac{1}{4\sqrt{2}}\left(\frac{2x+\sqrt{2}}{x^2+\sqrt{2}x+1} + \frac{\sqrt{2}}{x^2+\sqrt{2}x+1} - \frac{2x-\sqrt{2}}{x^2-\sqrt{2}x+1} + \frac{\sqrt{2}}{x^2-\sqrt{2}x+1} \right).$$

因此

$$\int \frac{\mathrm{d}x}{1+x^4} = \frac{1}{4\sqrt{2}}\left(\int \frac{2x+\sqrt{2}}{x^2+\sqrt{2}x+1}\mathrm{d}x + \int \frac{\sqrt{2}}{x^2+\sqrt{2}x+1}\mathrm{d}x \right.$$

$$\left. - \int \frac{2x-\sqrt{2}}{x^2-\sqrt{2}x+1}\mathrm{d}x + \int \frac{\sqrt{2}}{x^2-\sqrt{2}x+1}\mathrm{d}x \right)$$

$$= \frac{1}{4\sqrt{2}} \ln\left(\frac{x^2+\sqrt{2}x+1}{x^2-\sqrt{2}x+1} \right)$$

$$+ \frac{1}{2\sqrt{2}} \arctan(\sqrt{2}x+1) + \frac{1}{2\sqrt{2}} \arctan(\sqrt{2}x-1) + C$$

$$= \frac{1}{4\sqrt{2}} \ln\left(\frac{x^2+\sqrt{2}x+1}{x^2-\sqrt{2}x+1} \right) + \frac{1}{2\sqrt{2}} \arctan\left(\frac{\sqrt{2}x}{1-x^2} \right) + C.$$

6.3.2 三角函数有理式的积分

三角函数和常值函数经过有限次四则运算所得到的表达式称为**三角函数的有理式**. 由于 $\tan x,\ \cot x,\ \sec x$ 和 $\csc x$ 都是 $\sin x$ 和 $\cos x$ 的有理式, 所以任意一个三角函数的有理式都可以表示成 $R(\sin x, \cos x)$ 的形式, 其中 $R(u,v)$ 为两个变元 u 和 v 的有理函数, 即形如 $\dfrac{P(u,v)}{Q(u,v)}$ 的函数, 其中 $P(u,v)$ 和 $Q(u,v)$ 是两个变元 u 和 v 的多

项式. 例如,

$$\frac{2\sin(3x)\cos x}{1+\sin^4(2x)}, \quad \frac{\tan(2x)\cot(3x)}{\csc x+\sec x}, \quad \frac{2\sin x+3\cos x}{\cos^2 x+\sin x}$$

都是三角函数有理式, 但

$$\frac{\sin x}{x}, \quad \sqrt{1+\sin^4(2x)}, \quad \frac{\sqrt{\sin x}}{\sqrt[3]{\sin^2 x+1}}, \quad e^{\sin x}$$

都不是三角函数有理式.

三角函数有理式的积分, 都可通过适当的变元代换化成有理函数的积分. 这是因为, 由万能公式

$$\sin x = \frac{2\tan\left(\dfrac{x}{2}\right)}{1+\tan^2\left(\dfrac{x}{2}\right)}, \quad \cos x = \frac{1-\tan^2\left(\dfrac{x}{2}\right)}{1+\tan^2\left(\dfrac{x}{2}\right)}$$

和 $\mathrm{d}\arctan t = \dfrac{1}{1+t^2}\mathrm{d}t$, 只要作代换 $\tan\left(\dfrac{x}{2}\right)=t$, 即 $x=2\arctan t$, 就有

$$\sin x = \frac{2t}{1+t^2}, \quad \cos x = \frac{1-t^2}{1+t^2}, \quad \mathrm{d}x = \frac{2}{1+t^2}\mathrm{d}t,$$

进而

$$\int R(\sin x,\cos x)\mathrm{d}x = \int R\left(\frac{2t}{1+t^2}, \frac{1-t^2}{1+t^2}\right)\frac{2}{1+t^2}\mathrm{d}t.$$

这样就把求三角函数有理式的不定积分的问题, 化归为求有理函数的不定积分的问题, 而这个问题已在前面解决.

变换 $t=\tan\left(\dfrac{x}{2}\right)$ 称为 "万能变换", 这是因为使用这个变换, 所有的三角函数有理式的不定积分都可化成有理函数的不定积分. 但是, 有许多三角函数有理式的不定积分, 往往有其他类型的变元变换来化为有理函数的不定积分, 这时采用万能变换不一定是最好的变换. 例如,

$$\int \sin^3 x\mathrm{d}x = \int \sin^2 x\sin x\mathrm{d}x = -\int(1-\cos^2 x)\mathrm{d}\cos x = -\cos x + \frac{1}{3}\cos^3 x + C.$$

对这个积分就没有必要采用万能变换.

总之, 由于三角函数有理式的不定积分都能经过适当的变元代换化成有理函数的不定积分, 所以三角函数有理式的原函数都是初等函数. 前面介绍的万能变换是把三角函数有理式的不定积分化成有理函数的不定积分的一般方法, 但不一定是最简单的方法. 对下面几种特殊情况, 就可采用更加简单的方法作变元代换.

(1) 如果 $R(\sin x,\cos x)$ 是三角多项式, 即 $R(u,v)$ 是两个变元 u 和 v 的多项式,

可应用适当的三角公式, 把它化成下列形式:

$$\sum_{k=1}^{n}(a_k\sin(kx)+b_k\cos(kx)) \quad (a_k,\ b_k\text{为常数}),$$

这个函数的积分是非常简单的.

(2) 如果 $R(\sin x,\cos x)=R_1(\sin x)\cos x$, 那么可作正弦变换 $\sin x=t$, 这时

$$\int R(\sin x,\cos x)\mathrm{d}x=\int R_1(\sin x)\cos x\mathrm{d}x=\int R_1(t)\mathrm{d}t.$$

(3) 如果 $R(\sin x,\cos x)=R_2(\cos x)\sin x$, 那么可作余弦变换 $\cos x=t$, 这时

$$\int R(\sin x,\cos x)\mathrm{d}x=\int R_2(\cos x)\sin x\mathrm{d}x=-\int R_2(t)\mathrm{d}t.$$

(4) 如果 $R(\sin x,\cos x)=R_3(\sin^2 x,\cos^2 x)$, 那么可作正切变换 $\tan x=t$, 这时

$$\int R(\sin x,\cos x)\mathrm{d}x=\int R_3(\sin^2 x,\cos^2 x)\mathrm{d}x=\int R_3\left(\frac{t^2}{1+t^2},\frac{1}{1+t^2}\right)\frac{1}{1+t^2}\mathrm{d}t.$$

必须说明, 即使是上面讲述的这些方法, 也并非一定是最简单有效的方法. 因此, 具体问题可以根据具体的情况灵活处理, 而不必被以上一般性的论述所拘泥.

例 4　求 $\displaystyle\int\cos^4 x\mathrm{d}x$.

解法一　因为

$$\cos^4 x=(\cos^2 x)^2=\frac{1}{4}\left(1+\cos(2x)\right)^2=\frac{1}{4}\left(1+2\cos(2x)+\cos^2(2x)\right)$$

$$=\frac{3}{8}+\frac{1}{2}\cos(2x)+\frac{1}{8}\cos(4x),$$

所以

$$\int\cos^4 x\mathrm{d}x=\int\left(\frac{3}{8}+\frac{1}{2}\cos(2x)+\frac{1}{8}\cos(4x)\right)\mathrm{d}x=\frac{3}{8}x+\frac{1}{4}\sin(2x)+\frac{1}{32}\sin(4x)+C.$$

解法二　由于

$$\int\cos^4 x\mathrm{d}x=\int\frac{\cos^4 x}{(\cos^2 x+\sin^2 x)^3}\mathrm{d}x=\int\frac{\mathrm{d}x}{(1+\tan^2 x)^3\cos^2 x}=\int\frac{\mathrm{d}u}{(1+u^2)^3},$$

其中 $u=\tan x$, 应用 6.2 节例 20 的计算结果得

$$\int\cos^4 x\mathrm{d}x=\frac{3}{8}\arctan u+\frac{3}{8}\frac{u}{1+u^2}+\frac{1}{4}\frac{u}{(1+u^2)^2}+C$$

$$=\frac{3}{8}x+\frac{3}{8}\sin x\cos x+\frac{1}{4}\sin x\cos^3 x+C.$$

例 5 求 $\displaystyle\int \frac{\mathrm{d}x}{(1+\cos^2 x)\cos x}$.

解
$$\int \frac{\mathrm{d}x}{(1+\cos^2 x)\cos x}$$

$$=\int \frac{\cos x\mathrm{d}x}{(1+\cos^2 x)\cos^2 x} =\int \frac{\cos x\mathrm{d}x}{(2-\sin^2 x)(1-\sin^2 x)}$$

$$\xlongequal{\diamondsuit \sin x=t} \int \frac{\mathrm{d}t}{(2-t^2)(1-t^2)} =\int \left(\frac{1}{1-t^2}-\frac{1}{2-t^2}\right)\mathrm{d}t$$

$$=\frac{1}{2}\ln\left|\frac{1+t}{1-t}\right|-\frac{1}{2\sqrt{2}}\ln\left|\frac{\sqrt{2}+t}{\sqrt{2}-t}\right|+C$$

$$=\frac{1}{2}\ln\left(\frac{1+\sin x}{1-\sin x}\right)-\frac{1}{2\sqrt{2}}\ln\left(\frac{\sqrt{2}+\sin x}{\sqrt{2}-\sin x}\right)+C.$$

例 6 求 $\displaystyle\int \frac{\mathrm{d}x}{a\sin^2 x+b\cos^2 x}$ $(a,b>0)$.

解
$$\int \frac{\mathrm{d}x}{a\sin^2 x+b\cos^2 x}$$

$$=\int \frac{\mathrm{d}x}{(a\tan^2 x+b)\cos^2 x} \xlongequal{\diamondsuit \tan x=t} \int \frac{\mathrm{d}t}{at^2+b}$$

$$=\frac{1}{\sqrt{ab}}\arctan\left(\sqrt{\frac{a}{b}}t\right)+C =\frac{1}{\sqrt{ab}}\arctan\left(\sqrt{\frac{a}{b}}\tan x\right)+C.$$

例 7 求 $\displaystyle\int \frac{\mathrm{d}x}{\cos^6 x}$.

解
$$\int \frac{\mathrm{d}x}{\cos^6 x} =\int \frac{(\sin^2 x+\cos^2 x)^2}{\cos^6 x}\mathrm{d}x$$

$$=\int \frac{\sin^4 x}{\cos^6 x}\mathrm{d}x+2\int \frac{\sin^2 x}{\cos^4 x}\mathrm{d}x+\int \frac{\mathrm{d}x}{\cos^2 x}$$

$$=\frac{1}{5}\tan^5 x+\frac{2}{3}\tan^3 x+\tan x+C.$$

例 8 求 $\displaystyle\int \frac{\mathrm{d}x}{1-\sin x}$.

解法一
$$\int \frac{\mathrm{d}x}{1-\sin x} =\int \frac{1+\sin x}{\cos^2 x}\mathrm{d}x =\int \frac{\mathrm{d}x}{\cos^2 x}+\int \frac{\sin x\mathrm{d}x}{\cos^2 x}$$

$$=\tan x+\frac{1}{\cos x}+C =\frac{\sin x+1}{\cos x}+C.$$

解法二　$\displaystyle\int \frac{\mathrm{d}x}{1 - \sin x}$

$$= \int \frac{\mathrm{d}x}{\sin^2\left(\dfrac{x}{2}\right) + \cos^2\left(\dfrac{x}{2}\right) - 2\sin\left(\dfrac{x}{2}\right)\cos\left(\dfrac{x}{2}\right)}$$

$$= \int \frac{\mathrm{d}x}{\left[\sin\left(\dfrac{x}{2}\right) - \cos\left(\dfrac{x}{2}\right)\right]^2} = \int \frac{\mathrm{d}x}{\left[\tan\left(\dfrac{x}{2}\right) - 1\right]^2 \cos^2\left(\dfrac{x}{2}\right)}$$

$$= 2\int \frac{\mathrm{d}\tan\left(\dfrac{x}{2}\right)}{\left[\tan\left(\dfrac{x}{2}\right) - 1\right]^2} = -2\left[\tan\left(\dfrac{x}{2}\right) - 1\right]^{-1} + C.$$

例 9　求 $\displaystyle\int \frac{\mathrm{d}x}{a\sin x + b\cos x}$ $(ab \neq 0)$.

解法一　因为

$$a\sin x + b\cos x = \sqrt{a^2 + b^2}\left(\frac{a}{\sqrt{a^2 + b^2}}\sin x + \frac{b}{\sqrt{a^2 + b^2}}\cos x\right)$$

$$= \sqrt{a^2 + b^2}(\sin\alpha\sin x + \cos\alpha\cos x) = \sqrt{a^2 + b^2}\cos(x - \alpha),$$

其中 $\alpha = \arctan\left(\dfrac{a}{b}\right)$，所以

$$\int \frac{\mathrm{d}x}{a\sin x + b\cos x} = \frac{1}{\sqrt{a^2 + b^2}}\int \frac{\mathrm{d}x}{\cos(x - \alpha)} = \frac{1}{2\sqrt{a^2 + b^2}}\ln\left(\frac{1 + \sin(x - \alpha)}{1 - \sin(x - \alpha)}\right) + C.$$

解法二

$$\int \frac{\mathrm{d}x}{a\sin x + b\cos x} = \int \frac{a\sin x - b\cos x}{a^2\sin^2 x - b^2\cos^2 x}\mathrm{d}x$$

$$= \int \frac{a\sin x\,\mathrm{d}x}{a^2 - (a^2 + b^2)\cos^2 x} + \int \frac{b\cos x\,\mathrm{d}x}{b^2 - (a^2 + b^2)\sin^2 x}$$

$$= -\frac{1}{\sqrt{a^2 + b^2}}\int \frac{\mathrm{d}\left(\dfrac{\sqrt{a^2 + b^2}}{a}\cos x\right)}{1 - \left(\dfrac{\sqrt{a^2 + b^2}}{a}\cos x\right)^2} + \frac{1}{\sqrt{a^2 + b^2}}\int \frac{\mathrm{d}\left(\dfrac{\sqrt{a^2 + b^2}}{b}\sin x\right)}{1 - \left(\dfrac{\sqrt{a^2 + b^2}}{b}\sin x\right)^2}$$

$$= -\frac{1}{2}\frac{1}{\sqrt{a^2 + b^2}}\ln\left|\frac{a + \sqrt{a^2 + b^2}\cos x}{a - \sqrt{a^2 + b^2}\cos x}\right| + \frac{1}{2}\frac{1}{\sqrt{a^2 + b^2}}\ln\left|\frac{b + \sqrt{a^2 + b^2}\sin x}{b - \sqrt{a^2 + b^2}\sin x}\right| + C.$$

6.3.3 某些无理函数的积分

一般而言, 无理函数的原函数不必是初等函数. 因此, 无理函数的不定积分往往无法算出. 但对某些特殊形式的无理函数, 其不定积分可以通过作适当的变元变换化成有理函数的不定积分, 因而可以算出. 下面介绍几类无理函数不定积分的求法.

(1) 形如 $\int R\left(x, \sqrt[n_1]{ax+b}, \sqrt[n_2]{ax+b}, \cdots, \sqrt[n_k]{ax+b}\right)\mathrm{d}x$ 的不定积分, 其中 $R(u, v_1, v_2, \cdots, v_k)$ 是 $u, v_1, v_2, \cdots, v_k$ 的有理函数, a, b 是常数且 $a \neq 0$.

这类积分总可以化为有理函数的积分. 具体地说, 令 n 为 $n_1, n_2, \cdots, n_k$ 的一个公倍数, 然后作积分变元变换 $t = \sqrt[n]{ax+b}$, 则

$$x = \frac{t^n - b}{a}, \quad \mathrm{d}x = \frac{n}{a}t^{n-1}\mathrm{d}t, \quad \sqrt[n_j]{ax+b} = t^{m_j}, \quad j = 1, 2, \cdots, k,$$

其中 $m_j = \dfrac{n}{n_j}$ $(j = 1, 2, \cdots, k)$, 所以

$$\int R\left(x, \sqrt[n_1]{ax+b}, \sqrt[n_2]{ax+b}, \cdots, \sqrt[n_k]{ax+b}\right)\mathrm{d}x$$

$$= \int \frac{n}{a} R\left(\frac{t^n - b}{a}, t^{m_1}, t^{m_2}, \cdots, t^{m_k}\right) t^{n-1}\mathrm{d}t.$$

根号的确不见了, 而化成了有理函数的积分.

例 10 求 $\displaystyle\int \frac{\mathrm{d}x}{\sqrt{x+2} + \sqrt[3]{x+2}}$.

解 令 $t = \sqrt[6]{x+2}$, 则 $x = t^6 - 2$, $\mathrm{d}x = 6t^5\mathrm{d}t$, 所以

$$\int \frac{\mathrm{d}x}{\sqrt{x+2} + \sqrt[3]{x+2}} = \int \frac{6t^5\mathrm{d}t}{t^3 + t^2}$$

$$= 6 \int \left(t^2 - t + 1 - \frac{1}{t+1}\right)\mathrm{d}t$$

$$= 2t^3 - 3t^2 + 6t - 6\ln|t+1| + C$$

$$= 2\sqrt{x+2} - 3\sqrt[3]{x+2} + 6\sqrt[6]{x+2} - 6\ln(\sqrt[6]{x+2}+1) + C.$$

(2) 形如 $\int R\left(x, \sqrt[n_1]{\dfrac{ax+b}{cx+d}}, \sqrt[n_2]{\dfrac{ax+b}{cx+d}}, \cdots, \sqrt[n_k]{\dfrac{ax+b}{cx+d}}\right)\mathrm{d}x$ 的不定积分, 其中 $R(u, v_1, v_2, \cdots, v_k)$ 是 $u, v_1, v_2, \cdots, v_k$ 的有理函数, a, b, c, d 是常数且 $a, c \neq 0$.

这类积分也可以化为有理函数的积分. 具体地说, 令 n 为 $n_1, n_2, \cdots, n_k$ 的一个公倍数, 然后作积分变元变换 $t = \sqrt[n]{\dfrac{ax+b}{cx+d}}$, 则

$$x = \frac{dt^n - b}{a - ct^n}, \quad \mathrm{d}x = \frac{n(ad - bc)t^{n-1}}{(a - ct^n)^2}\mathrm{d}t, \quad \sqrt[n_j]{\frac{ax+b}{cx+d}} = t^{m_j}, \quad j = 1, 2, \cdots, k,$$

其中 $m_j = \dfrac{n}{n_j}$ $(j = 1, 2, \cdots, k)$, 所以

$$\int R\Big(x, \sqrt[n_1]{\dfrac{ax+b}{cx+d}}, \sqrt[n_2]{\dfrac{ax+b}{cx+d}}, \cdots, \sqrt[n_k]{\dfrac{ax+b}{cx+d}}\Big)\mathrm{d}x$$

$$= \int R\Big(\dfrac{dt^n-b}{a-ct^n}, t^{m_1}, t^{m_2}, \cdots, t^{m_k}\Big)\dfrac{n(ad-bc)t^{n-1}}{(a-ct^n)^2}\mathrm{d}t.$$

根号的确不见了, 而化成了有理函数的积分.

例 11　求 $\displaystyle\int \dfrac{\mathrm{d}x}{\sqrt[3]{(x-1)(x+1)^2}}$.

解　先改写

$$\int \dfrac{\mathrm{d}x}{\sqrt[3]{(x-1)(x+1)^2}} = \int \dfrac{1}{x+1}\sqrt[3]{\dfrac{x+1}{x-1}}\mathrm{d}x$$

作积分变元变换 $t = \sqrt[3]{\dfrac{x+1}{x-1}}$, 则 $x = \dfrac{t^3+1}{t^3-1}$, $x+1 = \dfrac{2t^3}{t^3-1}$, $\mathrm{d}x = -\dfrac{6t^2\mathrm{d}t}{(t^3-1)^2}$. 故

$$\int \dfrac{\mathrm{d}x}{\sqrt[3]{(x-1)(x+1)^2}} = -\int \dfrac{t^3-1}{2t^3} \cdot t \cdot \dfrac{6t^2\mathrm{d}t}{(t^3-1)^2}$$

$$= -3\int \dfrac{\mathrm{d}t}{t^3-1} = -\int \Big(\dfrac{1}{t-1} - \dfrac{t+2}{t^2+t+1}\Big)\mathrm{d}t$$

$$= -\ln|t-1| + \dfrac{1}{2}\ln(t^2+t+1) + \sqrt{3}\arctan\dfrac{2t+1}{\sqrt{3}} + C$$

$$= -\dfrac{3}{2}\ln|t-1| + \dfrac{1}{2}\ln|t^3-1| + \sqrt{3}\arctan\dfrac{2t+1}{\sqrt{3}} + C$$

$$= -\dfrac{3}{2}\ln|\sqrt[3]{x+1} - \sqrt[3]{x-1}| + \sqrt{3}\arctan\dfrac{2\sqrt[3]{x+1} + \sqrt[3]{x-1}}{\sqrt{3}\sqrt[3]{x-1}} + C'.$$

(3) 形如 $\displaystyle\int R(x, \sqrt{ax^2+bx+c})\mathrm{d}x$ 的不定积分, 其中, $R(u,v)$ 是 u, v 的有理函数, 且 $a \neq 0$, $b^2 - 4ac \neq 0$.

如果判别式 $b^2 - 4ac > 0$, 则二次多项式 $ax^2 + bx + c$ 可以分解因式:

$$ax^2 + bx + c = a(x - x_1)(x - x_2),$$

其中 x_1, x_2 是 $ax^2 + bx + c$ 的两个实根. 因此

$$\sqrt{ax^2+bx+c} = \begin{cases} \sqrt{a}|x-x_2|\sqrt{\dfrac{x-x_1}{x-x_2}}, & \text{当 } a > 0, \\[4mm] \sqrt{|a|}|x-x_2|\sqrt{\dfrac{x-x_1}{x_2-x}}, & \text{当 } a < 0. \end{cases}$$

这说明积分 $\int R(x, \sqrt{ax^2+bx+c})\mathrm{d}x$ 属于前面讨论过的类型. 下设 $b^2-4ac<0$. 这时必有 $a>0$. 因为如果 $a<0$, 则 $ax^2+bx+c<0$, $\forall x\in\mathbf{R}$, 从而在实数范围内, 表达式 $R(x, \sqrt{ax^2+bx+c})$ 无意义. 为记号简单起见, 以下不妨设 $a=1$. 由于 $b^2-4c<0$, 有

$$\sqrt{x^2+bx+c}=\sqrt{\left(x+\frac{b}{2}\right)^2+\left(\frac{\sqrt{4c-b^2}}{2}\right)^2}.$$

因此作三角代换 $x=-\dfrac{b}{2}+\dfrac{\sqrt{4c-b^2}}{2}\tan u$, 就把 $\int R(x, \sqrt{x^2+bx+c})\mathrm{d}x$ 化成了三角函数有理式的积分

$$\int R(x, \sqrt{x^2+bx+c})\mathrm{d}x$$

$$=\frac{\sqrt{4c-b^2}}{2}\int R\left(-\frac{b}{2}+\frac{\sqrt{4c-b^2}}{2}\tan u, \frac{\sqrt{4c-b^2}}{2}\sec u\right)\sec^2 u\,\mathrm{d}u.$$

再作万能变换 $t=\tan\dfrac{u}{2}$, 便可把等式右端的积分化成有理函数的积分. 把两次变换合起来, 只需直接作变量代换

$$x=-\frac{b}{2}+\frac{kt}{1-t^2}$$

$(k=\sqrt{4c-b^2})$, 就把 $\int R(x, \sqrt{x^2+bx+c})\mathrm{d}x$ 化成了有理函数的积分:

$$\int R(x, \sqrt{x^2+bx+c})\mathrm{d}x=k\int R\left(-\frac{b}{2}+\frac{kt}{1-t^2}, \frac{k(1+t^2)}{2(1-t^2)}\right)\frac{1+t^2}{(1-t^2)^2}\mathrm{d}t.$$

以上是针对一般情况讨论的. 对于具体的积分, 完全可以不采用上述一般方法, 而根据具体被积函数的特点, 尽量利用已经掌握的积分 $\left(\text{如}\int\sqrt{x^2+a^2}\mathrm{d}x, \int\dfrac{\mathrm{d}x}{\sqrt{x^2+a^2}}\text{ 等}\right)$ 进行计算.

例 12 求 $\int\dfrac{x\mathrm{d}x}{\sqrt{2x^2+2x+1}}$.

解 因为 $2x^2+2x+1=2\left[\left(x+\dfrac{1}{2}\right)^2+\left(\dfrac{1}{2}\right)^2\right]$, 故令 $x=-\dfrac{1}{2}+\dfrac{t}{2}$, 则

$$\int\frac{x\mathrm{d}x}{\sqrt{2x^2+2x+1}}=\frac{1}{2\sqrt{2}}\int\frac{t-1}{\sqrt{t^2+1}}\mathrm{d}t=\frac{1}{2\sqrt{2}}\int\frac{t\mathrm{d}t}{\sqrt{t^2+1}}-\frac{1}{2\sqrt{2}}\int\frac{\mathrm{d}t}{\sqrt{t^2+1}}$$

$$=\frac{\sqrt{t^2+1}}{2\sqrt{2}}-\frac{1}{2\sqrt{2}}\ln(t+\sqrt{t^2+1})+C$$

$$=\frac{1}{2}\sqrt{2x^2+2x+1}-\frac{1}{2\sqrt{2}}\ln(2x+1+\sqrt{4x^2+4x+2})+C.$$

(4) 形如 $\int x^p(a+bx^q)^r\mathrm{d}x$ 的不定积分, 其中 a, b 是非零常数, p, q, r 都是有理数.

显然, 如果 r 是整数, 则只要令 $x = t^N$, 其中 N 是 p 和 q 的公分母, 就可把以上积分化为有理函数的积分. 对于 r 不是整数因而 $(a+bx^q)^r$ 是根式的情况, 先作变换 $x^q = t$, 即 $x = t^{\frac{1}{q}}$, 则 $\mathrm{d}x = \dfrac{1}{q}t^{\frac{1}{q}-1}\mathrm{d}t$, 从而

$$\int x^p(a+bx^q)^r\mathrm{d}x = \frac{1}{q}\int t^{\frac{p+1}{q}-1}(a+bt)^r\mathrm{d}t.$$

如果 $\dfrac{p+1}{q}$ 是整数, 则只要再作变换 $a+bt = u^N$, 其中 N 是 r 的分母, 就可把以上积分化为有理函数的积分. 如果 $\dfrac{p+1}{q}$ 不是整数, 但 $\dfrac{p+1}{q}+r$ 是整数, 则把上式右端的积分变形为

$$\frac{1}{q}\int t^{\frac{p+1}{q}+r-1}\left(\frac{a+bt}{t}\right)^r\mathrm{d}t,$$

它是前面已经处理过的积分, 因而能够算出. 切比雪夫证明了, 除了以上三种情况, $x^p(a+bx^q)^r$ 的原函数不是初等函数, 因而积分 $\int x^p(a+bx^q)^r\mathrm{d}x$ 无法算出.

例 13　求 $\int \dfrac{x\mathrm{d}x}{\sqrt{1+\sqrt[3]{x^2}}}$.

解　先作变换 $u = \sqrt[3]{x^2}$, 即 $x = u^{\frac{3}{2}}$, 则 $\mathrm{d}x = \dfrac{3}{2}u^{\frac{1}{2}}\mathrm{d}u$, 从而

$$\int \frac{x\mathrm{d}x}{\sqrt{1+\sqrt[3]{x^2}}} = \frac{3}{2}\int \frac{u^2\mathrm{d}u}{\sqrt{1+u}}.$$

再令 $v = \sqrt{1+u}$, 即 $u = v^2-1$, 则 $\mathrm{d}u = 2v\mathrm{d}v$, 所以

$$\int \frac{x\mathrm{d}x}{\sqrt{1+\sqrt[3]{x^2}}} = \frac{3}{2}\int \frac{u^2\mathrm{d}u}{\sqrt{1+u}} = 3\int (v^2-1)^2\mathrm{d}v = \frac{3}{5}v^5 - 2v^3 + 3v + C$$

$$= \frac{3}{5}(1+\sqrt[3]{x^2})^{\frac{5}{2}} - 2(1+\sqrt[3]{x^2})^{\frac{3}{2}} + 3\sqrt{1+\sqrt[3]{x^2}} + C.$$

习　题　6.3

1. 求下列有理函数的不定积分:

(1) $\int \dfrac{2x-1}{x^2+3x+2}\mathrm{d}x$;

(2) $\int \dfrac{x^6+1}{x^2+x-2}\mathrm{d}x$;

(3) $\int \dfrac{\mathrm{d}x}{x^3+x}$;

(4) $\int \dfrac{x^3-2}{x^3-5x^2+6x}\mathrm{d}x$;

(5) $\int \dfrac{\mathrm{d}x}{x^4-4}$;

(6) $\int \dfrac{\mathrm{d}x}{x^4+4}$;

(7) $\int \dfrac{\mathrm{d}x}{x^3+x^2+x+1}$;

(8) $\int \dfrac{x\mathrm{d}x}{x^3+x^2-2}$;

(9) $\int \dfrac{\mathrm{d}x}{x^4+3x^3+3x^2+x}$;

(10) $\int \dfrac{\mathrm{d}x}{x^3+8}$;

(11) $\displaystyle\int \frac{(2x-1)\mathrm{d}x}{x^4+x}$;

(12) $\displaystyle\int \frac{x^2+1}{x^4+x^2+1}\mathrm{d}x$;

(13) $\displaystyle\int \frac{x^4+1}{x^6-1}\mathrm{d}x$;

(14) $\displaystyle\int \frac{x^2-2}{x^6+1}\mathrm{d}x$.

2. 用尽可能简单的方法求下列有理函数的不定积分:

(1) $\displaystyle\int \frac{\mathrm{d}x}{x^4(x+1)}$;

(2) $\displaystyle\int \frac{\mathrm{d}x}{x(x+1)^2}$;

(3) $\displaystyle\int \frac{\mathrm{d}x}{x(2x^9+3)}$;

(4) $\displaystyle\int \frac{(x^4-1)\mathrm{d}x}{x(x^4+1)}$;

(5) $\displaystyle\int \frac{x^3+1}{x(x^3+4)(x^4+4x+1)^2}\mathrm{d}x$;

(6) $\displaystyle\int \frac{x^9\mathrm{d}x}{x^{10}+3x^5+2}$;

(7) $\displaystyle\int \frac{x^5+x^2}{x^9+1}\mathrm{d}x$;

(8) $\displaystyle\int \frac{x^5-x^2}{x^9+1}\mathrm{d}x$;

(9) $\displaystyle\int \frac{x^2+1}{x^4+1}\mathrm{d}x$ $\left(\text{提示:}\left(1+\frac{1}{x^2}\right)\mathrm{d}x=\mathrm{d}\left(x-\frac{1}{x}\right)\right)$; (10) $\displaystyle\int \frac{x^2-1}{x^4+1}\mathrm{d}x$;

(11) $\displaystyle\int \frac{\mathrm{d}x}{(x^2-1)^3}$ $\left(\text{提示}:\frac{1}{(x^2-1)^3}=\frac{1}{8}\left(\frac{1}{x-1}-\frac{1}{x+1}\right)^3\right)$;

(12) $\displaystyle\int \frac{\mathrm{d}x}{(x^2+1)^2}$ (提示: 作三角代换).

3. 设 $P_n(x)$ 是 n 次多项式. 求积分 $\displaystyle\int \frac{P_n(x)}{(x-a)^n}\mathrm{d}x$.

4. 设 m, n 为正整数. 应用变量代换 $u=\dfrac{x-a}{x-b}$ 求积分 $\displaystyle\int \frac{\mathrm{d}x}{(x-a)^m(x-b)^n}$.

5. 求计算积分

$$I_n=\int \frac{\mathrm{d}x}{(ax^2+bx+c)^n} \qquad (a\neq 0,\ D=4ac-b^2\neq 0,\ n=1,2,\cdots)$$

的递推公式. $\left(\text{提示: 对 } ax^2+bx+c \text{ 配方后作代换 } u=\dfrac{2ax+b}{\sqrt{|D|}}.\right)$

6. 求下列三角函数有理式的不定积分:

(1) $\displaystyle\int \cos^3 x\mathrm{d}x$;

(2) $\displaystyle\int \sin^5 x\mathrm{d}x$;

(3) $\displaystyle\int \sin^4 x\cos^3 x\mathrm{d}x$;

(4) $\displaystyle\int \sin^4 x\cos^4 x\mathrm{d}x$;

(5) $\displaystyle\int \sin^4 x\cos^2 x\mathrm{d}x$;

(6) $\displaystyle\int \sin^3 2x\cos^3 x\mathrm{d}x$;

(7) $\displaystyle\int \sin^2 ax\cos^3 bx\mathrm{d}x$;

(8) $\displaystyle\int \sin ax\cos bx\cos cx\mathrm{d}x$;

(9) $\displaystyle\int \frac{\sin^3 x}{\cos^3 x}\mathrm{d}x$;

(10) $\displaystyle\int \frac{\sin^2 x+1}{\cos^4 x}\mathrm{d}x$;

(11) $\displaystyle\int \frac{\sin^4 x}{\cos^3 x}\mathrm{d}x$;

(12) $\displaystyle\int \frac{\sin^5 x}{\cos^3 x}\mathrm{d}x$;

(13) $\displaystyle\int \frac{\mathrm{d}x}{\sin x \cos^3 x}$;　　　　　　(14) $\displaystyle\int \frac{\mathrm{d}x}{\sin^2 x \cos^4 x}$;

(15) $\displaystyle\int \frac{\mathrm{d}x}{\sin^4 x}$;　　　　　　　　(16) $\displaystyle\int \frac{\mathrm{d}x}{\sin^4 x \cos^4 x}$;

(17) $\displaystyle\int \tan^4 x\mathrm{d}x$;　　　　　　　　(18) $\displaystyle\int \cot^5 x\mathrm{d}x$.

7. 求下列三角函数有理式的不定积分 (续):

(1) $\displaystyle\int \frac{\mathrm{d}x}{(1+\sin x)\cos x}$.　　　　(2) $\displaystyle\int \frac{\sin x \cos x}{\sin x + \cos x}\mathrm{d}x$;

(3) $\displaystyle\int \frac{\mathrm{d}x}{3\sin x + 4\cos x}$;　　　　(4) $\displaystyle\int \frac{2\sin x - \cos x}{2\sin x + \cos x}\mathrm{d}x$;

(5) $\displaystyle\int \frac{\mathrm{d}x}{3\sin^2 x + 2\cos^2 x}$;　　　(6) $\displaystyle\int \frac{3\sin x + 2\cos x}{3\sin^2 x + 2\cos^2 x}\mathrm{d}x$;

(7) $\displaystyle\int \frac{\mathrm{d}x}{\sin^3 x + \cos^3 x}$;　　　　(8) $\displaystyle\int \frac{\cos x\mathrm{d}x}{\sin^3 x + \cos^3 x}$;

(9) $\displaystyle\int \frac{\mathrm{d}x}{\sin^4 x + 4\cos^4 x}$;　　　(10) $\displaystyle\int \frac{\sin^2 x \cos^2 x}{\sin^4 x + \cos^4 x}\mathrm{d}x$;

(11) $\displaystyle\int \frac{\mathrm{d}x}{3+\cos x}$;　　　　　(12) $\displaystyle\int \frac{\sin x \cos x}{1+\cos^4 x}\mathrm{d}x$.

8. 设 n 为正整数. 求计算积分 $I_n = \displaystyle\int \sin^n x\mathrm{d}x$ 和 $J_n = \displaystyle\int \cos^n x\mathrm{d}x$ 的递推公式.

9. 设 n 为正整数. 求计算积分 $K_n = \displaystyle\int \frac{\mathrm{d}x}{\sin^n x}$ 和 $L_n = \displaystyle\int \frac{\mathrm{d}x}{\cos^n x}$ 的递推公式.

10. 求下列无理函数的不定积分:

(1) $\displaystyle\int \frac{\mathrm{d}x}{1+\sqrt[3]{x}}$;　　　　　　(2) $\displaystyle\int \frac{(1+\sqrt{x})^2}{\sqrt[3]{x}}\mathrm{d}x$;

(3) $\displaystyle\int \frac{\mathrm{d}x}{x(1+\sqrt{x})}$.　　　　　(4) $\displaystyle\int \frac{\mathrm{d}x}{\sqrt{x}(1+\sqrt[3]{x})^2}$;

(5) $\displaystyle\int \frac{\sqrt{x+2}-\sqrt{x-2}}{\sqrt{x+2}+\sqrt{x-2}}\mathrm{d}x$;　　(6) $\displaystyle\int \frac{1-\sqrt[3]{2x+1}}{1+\sqrt{2x+1}}\mathrm{d}x$;

(7) $\displaystyle\int \frac{x^3\mathrm{d}x}{\sqrt{3+2x-x^2}}$;　　　　(8) $\displaystyle\int \frac{x\mathrm{d}x}{\sqrt{x^2-x+1}}$;

(9) $\displaystyle\int \frac{\mathrm{d}x}{x^3\sqrt{x^2+2}}$;　　　　(10) $\displaystyle\int \frac{\sqrt[3]{1+\sqrt[4]{x}}}{\sqrt{x}}\mathrm{d}x$;

(11) $\displaystyle\int \frac{x^4\mathrm{d}x}{\sqrt{2-x^2}}$;　　　　(12) $\displaystyle\int \frac{\mathrm{d}x}{x^2\sqrt{x^2-1}}$ $(x>1)$;

(13) $\displaystyle\int \frac{x^4\mathrm{d}x}{\sqrt{x^2+1}}$ (提示: 作代换 $x = \sinh t$);　(14) $\displaystyle\int \frac{\mathrm{d}x}{(2x+1)\sqrt{x^2+x+1}}$;

(15) $\displaystyle\int \frac{\mathrm{d}x}{\sqrt[3]{x^3-1}}$ (提示: 作代换 $1-x^{-3} = u^3$);

(16) $\displaystyle\int \frac{\mathrm{d}x}{\sqrt[4]{1+4x^4}}$ (提示: 作代换 $x^{-4} + 4 = u^4$).

第 6 章综合习题

1. 运用变量代换求以下不定积分:

(1) $\displaystyle\int \frac{x\mathrm{d}x}{\sqrt{2x-3}};$

(2) $\displaystyle\int \frac{x^2\mathrm{d}x}{(2x-3)^9};$

(3) $\displaystyle\int \frac{x^2\mathrm{d}x}{x^6+1};$

(4) $\displaystyle\int \frac{x^3}{x^6+1}\mathrm{d}x;$

(5) $\displaystyle\int \frac{x^7\mathrm{d}x}{(x^8-5x^4+6)^2};$

(6) $\displaystyle\int \frac{\mathrm{d}x}{x^{11}(x^{10}+1)^2};$

(7) $\displaystyle\int \frac{\mathrm{d}x}{x\sqrt{x^2-1}}\ (x>1);$

(8) $\displaystyle\int \frac{\mathrm{d}x}{(x^2-1)^{\frac{3}{2}}};$

(9) $\displaystyle\int \frac{\mathrm{d}x}{(x^2+2x+1)\sqrt{x+1}};$

(10) $\displaystyle\int \sqrt{\frac{a+x}{a-x}}\mathrm{d}x\ (a>0);$

(11) $\displaystyle\int \frac{x^2+1}{x\sqrt{x^4-1}}\mathrm{d}x\ (x>1);$

(12) $\displaystyle\int \frac{\sqrt{x^2-1}}{x\sqrt{x^2+1}}\mathrm{d}x;$

(13) $\displaystyle\int \frac{\mathrm{d}x}{1+\sqrt{x}};$

(14) $\displaystyle\int \frac{\sqrt{x}}{1+\sqrt[3]{x}}\mathrm{d}x;$

(15) $\displaystyle\int \frac{x\sqrt{1+x}}{x+\sqrt{1+x}}\mathrm{d}x;$

(16) $\displaystyle\int \frac{1-\sqrt{1+x}}{1+\sqrt[3]{1+x}}\mathrm{d}x;$

(17) $\displaystyle\int \frac{\mathrm{d}x}{\sqrt{x}(1+\sqrt[4]{x})^3};$

(18) $\displaystyle\int \frac{\mathrm{d}x}{\sqrt[3]{(x+1)^2(x-1)^4}}.$

2. 运用分部积分求以下不定积分:

(1) $\displaystyle\int x^2(\mathrm{e}^{3x}+\mathrm{e}^{-3x})\mathrm{d}x.$

(2) $\displaystyle\int x^3\mathrm{e}^{-x^2}\mathrm{d}x;$

(3) $\displaystyle\int x^\mu \ln^2 x\mathrm{d}x\ (\mu\neq-1);$

(4) $\displaystyle\int (x^2\ln x+2x\ln^2 x+\ln^3 x)\mathrm{d}x;$

(5) $\displaystyle\int x^3\sin 2x\mathrm{d}x;$

(6) $\displaystyle\int x^2\cos^2 x\mathrm{d}x;$

(7) $\displaystyle\int x\sin^2 x\cos x\mathrm{d}x;$

(8) $\displaystyle\int x\tan^2 x\mathrm{d}x;$

(9) $\displaystyle\int \arccos x\mathrm{d}x;$

(10) $\displaystyle\int x\arccos x\mathrm{d}x;$

(11) $\displaystyle\int \frac{\arctan x}{x^2}\mathrm{d}x;$

(12) $\displaystyle\int \ln(x-\sqrt{x^2-1})\mathrm{d}x;$

(13) $\displaystyle\int x\ln(x+\sqrt{x^2-1})\mathrm{d}x;$

(14) $\displaystyle\int \frac{x^3\mathrm{d}x}{\sqrt{a^2-x^2}};$

(15) $\displaystyle\int \ln\sqrt{\frac{a+x}{a-x}}\mathrm{d}x;$

(16) $\displaystyle\int \left(\frac{x}{2}\sqrt{a^2-x^2}+\frac{a^2}{2}\arcsin\frac{x}{a}\right)\mathrm{d}x.$

3. 求下列有理函数的不定积分 (a 表示正常数):

(1) $\displaystyle\int \frac{\mathrm{d}x}{x^5+x^3};$

(2) $\displaystyle\int \frac{\mathrm{d}x}{x^7+x^3};$

(3) $\displaystyle\int \frac{\mathrm{d}x}{x^4+2x^3+2x^2+x};$

(4) $\displaystyle\int \frac{\mathrm{d}x}{x^4-4x^3+7x^2-6x+2};$

(5) $\displaystyle\int \frac{x^3+x}{x^6+1}\mathrm{d}x$;

(6) $\displaystyle\int \frac{x^4-x^2}{x^6-1}\mathrm{d}x$;

(7) $\displaystyle\int \frac{\mathrm{d}x}{x^3-1}$;

(8) $\displaystyle\int \frac{x\mathrm{d}x}{x^3+1}$;

(9) $\displaystyle\int \frac{(2x-1)\mathrm{d}x}{x^4+x}$;

(10) $\displaystyle\int \frac{\mathrm{d}x}{x^4-x}$;

(11) $\displaystyle\int \frac{x^2+a^2}{x^4+a^2x^2+a^4}\mathrm{d}x$;

(12) $\displaystyle\int \frac{\mathrm{d}x}{x^4+a^2x^2+a^4}$;

(13) $\displaystyle\int \frac{\mathrm{d}x}{x^6+a^6}$;

(14) $\displaystyle\int \frac{x^2\mathrm{d}x}{x^6+a^6}$;

(15) $\displaystyle\int \frac{x\mathrm{d}x}{(x+a)^2(x-a)^3}$;

(16) $\displaystyle\int \frac{\mathrm{d}x}{(x^2+a^2)^3}$;

(17) $\displaystyle\int \frac{\mathrm{d}x}{(x^4-a^4)^2}$;

(18) $\displaystyle\int \frac{\mathrm{d}x}{(x^4+a^4)^2}$.

4. 求下列三角函数有理式的不定积分 (a,b 表示正常数):

(1) $\displaystyle\int \frac{\mathrm{d}x}{(1+\cos^2 x)\sin x}$;

(2) $\displaystyle\int \frac{\cos x\mathrm{d}x}{\sin^3 x+\cos^3 x}$;

(3) $\displaystyle\int \frac{\mathrm{d}x}{a\sin x+b\cos x}$;

(4) $\displaystyle\int \frac{\sin x\cos x\mathrm{d}x}{a\sin x+b\cos x}$;

(5) $\displaystyle\int \frac{\mathrm{d}x}{a^2\sin^2 x+b^2\cos^2 x}$;

(6) $\displaystyle\int \frac{\sin^2 x\mathrm{d}x}{a^2\sin^2 x+b^2\cos^2 x}\quad (a\neq b)$;

(7) $\displaystyle\int \frac{\mathrm{d}x}{(a\sin x+b\cos x)^2}$;

(8) $\displaystyle\int \frac{\mathrm{d}x}{(a\sin^2 x+b\cos^2 x)^2}$;

(9) $\displaystyle\int \frac{\cos^2 x\mathrm{d}x}{\sin^6 x+\cos^6 x}$;

(10) $\displaystyle\int \frac{\sin^2 x\mathrm{d}x}{1+\sin 2x}$;

(11) $\displaystyle\int \frac{2\cos^2 x\mathrm{d}x}{2-\sin^2 2x}$;

(12) $\displaystyle\int \frac{\mathrm{d}x}{3+5\tan x}$.

5. 运用各种方法, 求以下不定积分:

(1) $\displaystyle\int \frac{\mathrm{e}^x\mathrm{d}x}{3+2\mathrm{e}^x}$;

(2) $\displaystyle\int \frac{\mathrm{d}x}{\sqrt{\mathrm{e}^{2x}-1}}$;

(3) $\displaystyle\int \frac{\mathrm{d}x}{x\ln x\ln(\ln x)}$;

(4) $\displaystyle\int \frac{\mathrm{d}x}{x\ln^2 x(1+\ln x)}$;

(5) $\displaystyle\int \frac{\cos x\mathrm{d}x}{\sqrt{1+\cos^2 x}}$;

(6) $\displaystyle\int \frac{\sin 2x}{\sqrt{2\sin^2 x+3\cos^2 x}}\mathrm{d}x$;

(7) $\displaystyle\int \frac{\arctan^2 x}{1+x^2}\mathrm{d}x$;

(8) $\displaystyle\int \frac{\arctan\sqrt{x}\mathrm{d}x}{\sqrt{x}(1+x)}$;

(9) $\displaystyle\int \frac{x\arcsin x\mathrm{d}x}{\sqrt{1-x^2}}$;

(10) $\displaystyle\int x\sqrt{1-x^2}\arcsin x\mathrm{d}x$;

(11) $\displaystyle\int \frac{x\ln(x+\sqrt{1+x^2})}{(1+x^2)^{\frac{3}{2}}}\mathrm{d}x$;

(12) $\displaystyle\int \mathrm{e}^{2x}(1+\tan x)^2\mathrm{d}x$;

(13) $\displaystyle\int \left(\frac{1-x}{1+x^2}\right)^2\mathrm{e}^x\mathrm{d}x$;

(14) $\displaystyle\int \left(\frac{1}{x}-1\right)^2\mathrm{e}^{2x}\mathrm{d}x$.

部分习题参考答案和提示

第 1 章

习题 1.1 **1.** 提示: (4) 函数 $x \mapsto \dfrac{x}{1+x}$ 在 $[0, +\infty)$ 上单调递增. **5.** 提示: (2) $\dfrac{1}{k^2} <$ $\dfrac{1}{k(k-1)}$; (3) $\dfrac{2}{\sqrt{k} + \sqrt{k+1}} < \dfrac{1}{\sqrt{k}} < \dfrac{2}{\sqrt{k} + \sqrt{k-1}}$; (4) $\sqrt{(2k-1)(2k+1)} < 2k$, $\sqrt{2k(2k+2)} <$ $2k+1$. **6.** 提示: 应用不等式 (1.1.3). **7.** 提示: 应用数学归纳法: 当 $x_1 x_2 \cdots x_{n+1} = 1$ 时, 不妨设 $x_n \geqslant 1$, $x_{n+1} \leqslant 1$, 然后根据 $x_1 x_2 \cdots x_{n-1}(x_n x_{n+1}) = 1$ 应用归纳假设. **8.** 提示: 应用平均值不等式. **9.** 提示: (1) 当 $mx < 1$ 时应用平均值不等式; (2) 为证前一不等式, 两端除以 n^{m+1} 后对 $x = \dfrac{1}{n}$ 应用 (1); 为证后一不等式, 两端除以 $(n+1)^{m+1}$ 后应用二项展开公式. **10.** 提示: (1) 先把不等式两端的商写成 $\left(1 - \dfrac{1}{n^2}\right)^n \left(1 + \dfrac{1}{n}\right)$ 的形式, 然后应用平均值不等式. (2) 等价于证明不等式 $\left(1 + \dfrac{1}{n}\right)^{n+1} < 3\left(1 - \dfrac{1}{n^2}\right)$, 应用数学归纳法和 (1). **11.** 提示: 对任意 $A \in \mathcal{A}_k$, 设 A 中的 k 个数依足标从小到大的次序排列为 $a_{i_1}, a_{i_2}, \cdots, a_{i_k}$, 则 $a_{i_k} \geqslant a_k$, 所以 $a_k \leqslant \max\limits_{x \in A} x$, 又当取 $A = \{a_1, a_2, \cdots, a_k\}$ 时 $a_k = \max\limits_{x \in A} x$, 故 $a_k = \min\limits_{A \in \mathcal{A}_k} \max\limits_{x \in A} x$; 第二个等式的证明类似.

习题 1.2 **5.** 提示: 令 $r = \sup S$, 证明 $r > \sqrt{2}$ 和 $r < \sqrt{2}$ 都不成立. **9.** 提示: 令 $S = \{k : k \in \mathbf{Z}, ka \leqslant x\}$, 考虑 S 的上确界. **10.** 提示: 先取正整数 n 使 $n(y-x) > 1$, 然后令 $S = \{k : k \in \mathbf{Z}, k > nx\}$, 令 m 为 S 的下确界, 则可取 $p = \dfrac{m}{n}$. **11.** 提示: 令 $S = \{k : k \in \mathbf{Z}, a^{k-1} \leqslant x\}$, 考虑 S 的上确界. **12.** 提示: 令 $S = \{x \in [a, b] : f(x) \geqslant x\}$, 并令 $c = \sup S$, 证明 $f(c) = c$, 这只需证明 $f(c) < c$ 和 $f(c) > c$ 均不可能.

习题 1.3 **5.** 提示: 记 $S = \{x \in \mathbf{R} : x^3 + ax \leqslant b\}$, 并令 $c = \sup S$ (需证明 S 非空且有上界), 证明 $c^3 + ac = b$, 这只需证明 $c^3 + ac > b$ 和 $c^3 + ac < b$ 都不可能. **7.** 提示: 应用伯努利不等式. **8.** 提示: (1) $\cos x = 1 - 2\sin^2 \dfrac{x}{2}$; (2) $\sin x = 2\tan \dfrac{x}{2} \cos^2 \dfrac{x}{2}$; (3) 应用半角公式和 (2) 的不等式; (4) 应用等式 $\tan x = \dfrac{\sin x}{\cos x}$; (5) 应用万能公式与等式 $\tan x = \dfrac{\sin x}{\cos x}$. **9.** 提示: 参考第 5 题的提示. **10.** 提示: 参考第 5 题的提示. **14.** (1) $\dfrac{x}{\sqrt{1 + nx^2}}$; (2) $\dfrac{1}{1-x}, -\dfrac{1-x}{x}$, $x, \cdots$; (3) $|1 + 2^{n-1}x| - |1 - 2^{n-1}x|$. **15.** $g(f(x)) = x^4 - 2x^2 + 2$ (当 $|x| \leqslant 1$), $x^2 - 2|x| + 2$ (当 $1 < |x| \leqslant 3$), $\log_2(|x| - 1)$ (当 $|x| > 3$), $f(g(x)) = 1 - 4^x$ (当 $x \leqslant 0$), x^2 (当 $0 < x \leqslant 2$), $\log_2 x - 1$ (当 $x > 2$). **16.** (1) $f^{-1}(x) = 1 - 3^{|x|}$ (当 $x \leqslant 0$), $\sqrt[3]{2x}$ (当 $0 < x \leqslant 4$), $\dfrac{x^2}{8}$ (当 $x > 4$); (2) $f^{-1}(x) = (x-1)^3$ (当 $x \leqslant 0$), $1 - \dfrac{x}{2}$ (当 $0 < x < 4$), $\log_2 x - 1$ (当 $x \geqslant 4$).

第 2 章

习题 2.1　**2.** 提示: (5) 设 $a = 1 + b$, $b > 0$, 则当 $n \geqslant 2$ 时, $a^n \geqslant \frac{1}{2}n(n-1)b^2$;
(6) 设 $q = (1+c)^{-1}$, $c > 0$, 则当 $n \geqslant 3$ 时, $q^n \leqslant \dfrac{6}{n(n-1)(n-2)c^3}$. **4.** 提示: $|x_n - a| \leqslant y_n - x_n$, $|y_n - a| \leqslant y_n - x_n$. **5.** 提示: $|x_n| \leqslant \lambda^{n-1}|x_1|$. **6.** 提示: (1) $\big| |x_n| - |a| \big| \leqslant |x_n - a|$;
(2) $|\sqrt{x_n} - \sqrt{a}| \leqslant \dfrac{|x_n - a|}{\sqrt{a}}$ (当 $a > 0$). **8.** 提示: $a\Big[1 - \Big(\dfrac{|b|}{a}\Big)^n\Big] \leqslant \sqrt[n]{a^n + b^n} \leqslant \sqrt[n]{2}\,a$, 从而 $|\sqrt[n]{a^n + b^n} - a| \leqslant a \max\Big\{\sqrt[n]{2} - 1, \Big(\dfrac{|b|}{a}\Big)^n\Big\}$. **9.** 提示: $\Big| \dfrac{[nx_n]}{n} - a \Big| \leqslant |x_n - a| + \dfrac{1}{n}$. **10.** 提示:
由 $\lim\limits_{n \to \infty} \Big| \dfrac{x_{n+1}}{x_n} \Big| = l < 1$ 推知, 存在 $n_0 \in \mathbf{N}$, 当 $n \geqslant n_0$ 时, $\Big| \Big| \dfrac{x_{n+1}}{x_n} \Big| - l \Big| < \dfrac{1}{2}(1 - l)$, 进而 $|x_{n+1}| < q|x_n|$, 其中 $q = \dfrac{1}{2}(1 + l) < 1$. **11.** 提示: 见上题的提示. **12.** 提示: 用例 7 的方法. **13.** 提示: 用例 7 的结论. **14.** (1) 当 $n > N$ 时, $x_n = a$; (2) 存在 $n_0 \geqslant 2$ 使 $x_{n_0} = a$, 或有子列以 a 为极限; (3) 当 $n \geqslant 2$ 时, $x_n = a$; (4) 有子列以 a 为极限. **15.** (1) $\forall x \in S$, $x \leqslant a$, 且 $\forall \varepsilon > 0$, $\exists x \in S$, 使 $x > a - \varepsilon$; (2) $\forall a \in \mathbf{R}$, $\exists \varepsilon > 0$, $\forall N \in \mathbf{N}$, $\exists n > N$, 使 $|x_n - a| \geqslant \varepsilon$.
16. 提示: (4) $\sqrt{k} \leqslant \dfrac{1}{2}(\sqrt{k} + \sqrt{k+1})$.

习题 2.2　**1.** (1) $\dfrac{3}{2}$; (2) $-\dfrac{1}{3}$; (3) 0; (4) a (需应用习题 2.1 第 2 题 (5)); (5) 0;
(6) $\dfrac{1}{2}$; (7) 1; (8) 1; (9) $\dfrac{1-b}{1-a}$; (10) $\dfrac{1}{2}$; (11) 2; (12) $\dfrac{1}{4}$. **5.** (1) 1; (2) 0; (3) 0; (4) 1; (5) 1; (6) 2;
(7) 0 (提示: 应用习题 1.1 第 4 题 (5)); (8) 1 (提示: 应用习题 1.1 第 4 题 (5)); (9) 2; (10) 0 (提示: 应用诱导公式 $\sin x = (-1)^n \sin(x - n\pi)$); (11) 0 (提示: 应用和差化积公式); (12) 1 $\Big($ 提示: $\dfrac{n-1}{2n} < \dfrac{n}{\sqrt{n^2+n}+n} < \dfrac{1}{2} \Big)$. **6.** 提示: 应用习题 1.2 第 1 题. **7.** 提示: 应用习题 1.3 第 7 题.
8. $\max\{a_1, a_2, \cdots, a_m\}$. **9.** 提示: 当 n 充分大时, $\dfrac{a}{2} < x_n < 2a$. **10.** 提示: (1) 先推导为使不等式 $|b^{x_n} - b^a| < \varepsilon$ 成立, $|x_n - a|$ 应满足的不等式; (2) 先推导为使不等式 $|\log_b x_n - \log_b a| < \varepsilon$ 成立, $|x_n - a|$ 应满足的不等式; (3) 先推导为使不等式 $|x_n^b - a^b| < \varepsilon$ 成立, $|x_n - a|$ 应满足的不等式;
(4) 先推导为使不等式 $|\sin x_n - \sin a| < \varepsilon$ 和 $|\cos x_n - \cos a| < \varepsilon$ 成立, $|x_n - a|$ 应满足的不等式; (5) 先推导为使不等式 $|\arcsin x_n - \arcsin a| < \varepsilon$ 和 $|\arccos x_n - \arccos a| < \varepsilon$ 成立, $|x_n - a|$ 应满足的不等式. **11.** 提示: $x_n^{y_n} = e^{y_n \ln x_n}$, 并应用上题 (1)~(3) 的结论. **12.** 提示: 用分步取 N 法证明. 先设 $a > 0$. 首先由 $\lim\limits_{n \to \infty} \dfrac{x_{n+1}}{x_n} = a$ 可知对 $\forall \varepsilon > 0$, $\exists N \in \mathbf{N}$, 使当 $n \geqslant N$ 时, $a - \dfrac{\varepsilon}{2} < \dfrac{x_{n+1}}{x_n} < a + \dfrac{\varepsilon}{2}$, 据此推知当 $n > N$ 时, $\sqrt[n]{x_N}\Big(a - \dfrac{\varepsilon}{2}\Big)^{1 - \frac{N}{n}} - a < \sqrt[n]{x_n} - a < \sqrt[n]{x_N}\Big(a + \dfrac{\varepsilon}{2}\Big)^{1 - \frac{N}{n}} - a$. 由于当 $n \to \infty$ 时, 左端趋于 $-\dfrac{\varepsilon}{2}$, 右端趋于 $\dfrac{\varepsilon}{2}$, 故 $\exists N' \in \mathbf{N}$, 使当 $n \geqslant N'$ 时, 左端大于 $-\varepsilon$, 右端小于 ε, 便得证. $a = 0$ 情形的证明与此类似. **13.** (1) $\dfrac{1}{m}\Big(1 + \dfrac{1}{2} + \dfrac{1}{3} + \cdots + \dfrac{1}{m}\Big)$;

(2) 1 (提示: $2^k k = 2^k(k+2) - 2^{k+1}$); (3) $\dfrac{5}{3}$ (提示: $k^3 + 6k^2 + 11k + 5 = (k+3)(k+2)(k+1) - 1$); (4) $\dfrac{1}{3}$ $\Big($ 提示: 注意 $k(k+2) = (k+1)^2 - 1$ 以及 $k^2 = \dfrac{1}{3}[(k+1)^3 - k^3] - k - \dfrac{1}{3}\Big)$;

(5) $\dfrac{2}{3}$ $\Big($ 提示: 分解因式并注意分子、分母上的项相消, 可把表达式化简成 $\dfrac{2(n^2 + n + 1)}{3n(n+1)}\Big)$.

14. 提示: 假设极限存在, 利用三角恒等式 $\sin(n+1) - \sin(n-1) = 2\sin 1\cos n$, $\sin^2 n + \cos^2 n = 1$ 和 $\sin 2n = 2\sin n\cos n$ 推导矛盾. **15, 16, 17** 均可运用 2.1 节例 7 的方法证明.

习题 2.3 **1.** 提示: 利用 $\lim\limits_{n\to\infty} \sqrt[n]{n} = 1$. **2.** 提示: (1) 注意 $\Big(1 + \dfrac{1}{3} + \dfrac{1}{5} + \cdots + \dfrac{1}{2n-1}\Big) > \dfrac{1}{2}\Big(1 + \dfrac{1}{2} + \dfrac{1}{3} + \cdots + \dfrac{1}{n}\Big)$, 再应用不等式 (2.3.2). (2) 注意 $\Big(\dfrac{1}{a+b} + \dfrac{1}{2a+b} + \cdots + \dfrac{1}{na+b}\Big) > \dfrac{1}{a}\Big(\dfrac{1}{1+m} + \dfrac{1}{2+m} + \cdots + \dfrac{1}{n+m}\Big)$, $m = \Big[\dfrac{b}{a}\Big] + 1$, 再应用不等式 (2.3.2). (3) 先放小成如例 2 的表达式, 再应用不等式 (2.3.2). **3.** 提示: 记符号 $\sim$ 左、右两端的数列分别为 x_n 和 y_n, 则 $1 < \dfrac{x_n}{y_n} < 1 + \dfrac{1}{y_n}$. **7.** (1) 提示: 用 2.1 节例 7 的方法.

习题 2.4 **1.** (1) 2; (2) $\dfrac{\sqrt{5}+1}{2}$; (3) $\dfrac{1}{a}$; (4) $\sqrt{a}$; (5) $\sqrt[3]{a}$; (6) 2; (7) $\dfrac{\sqrt{5}+1}{2}$. **4.** 提示: (1) 数列 $\Big\{\Big(1 + \dfrac{1}{n}\Big)^n\Big\}$ 单调递增以 e 为极限, 数列 $\Big\{\Big(1 + \dfrac{1}{n}\Big)^{n+1}\Big\}$ 单调递减以 e 为极限, 故不等式成立; (3) 应用 (1) 可知数列 $\{x_n\}$ 单调递减且 $0 < x_n < 1$, 从而有极限; (4) $\ln 2$. **5.** 提示: (1) 注意 $\Big(1 + \dfrac{1}{[p_n]+1}\Big)^{[p_n]} < \Big(1 + \dfrac{1}{p_n}\Big)^{p_n} < \Big(1 + \dfrac{1}{[p_n]}\Big)^{[p_n]+1}$, 左、右两端分别是 $\Big\{\Big(1 + \dfrac{1}{n+1}\Big)^n\Big\}$ 和 $\Big\{\Big(1 + \dfrac{1}{n}\Big)^{n+1}\Big\}$ 的子数列, 又若令 $p_n = -q_n$, 则 $\Big(1 + \dfrac{1}{q_n}\Big)^{q_n} = \Big(1 + \dfrac{1}{p_n - 1}\Big)^{p_n}$.

6. 提示: 从关系式 $x_{n+1} = x_n + \dfrac{n+1}{n^2 + 2n + 2} - \ln\Big(1 + \dfrac{1}{n}\Big)$ 可证明数列 $\{x_n\}$ 单调递减, 又从关系式 $x_n = c_n + \dfrac{1}{2}\ln 2 + \sum\limits_{k=1}^{n} \dfrac{1}{k + \frac{1}{k}} - \sum\limits_{k=1}^{n} \dfrac{1}{k}$ (其中 $\{c_n\}$ 是上题 (3) 中的数列) 可证明数列 $\{x_n\}$ 有下界 $\dfrac{1}{2}\ln 2 - 1$, 所以它有极限. 用 x_n 的上述表达式估计其极限的上、下界, 即知极限在区间 $\Big[0, \dfrac{1}{2}\Big]$ 中. **7.** 提示: 易知 $0 < x_n < y_n$, $x_{n+1} > x_n$, $y_{n+1} < y_n$. **10.** 提示: 反证, 用三分法推导矛盾. **11.** (1) $l = 1$, $r_{n+1} = \dfrac{2}{3}r_n$; (2) $l = \sqrt{a}$, 当 $a \geqslant 1$ 时, 化为 $r_{n+1} = \dfrac{\sqrt{a}(\sqrt{a}-1)r_n}{a + \sqrt{a} + r_n}$, $1 - \sqrt{a} \leqslant r_n \leqslant 0$, 得 $|r_{n+1}| \leqslant \dfrac{\sqrt{a}(\sqrt{a}-1)}{a+1}|r_n|$; 当 $0 < a < 1$ 时, 化为 $x_{n+1} = \dfrac{2a + (a+1)x_{n-1}}{a + 1 + 2x_{n-1}}$, 得 $|r_{n+1}| \leqslant (1 - \sqrt{a})^2|r_{n-1}|$; (3) $l = \sqrt{2} + 1$, $r_{n+1} = -\dfrac{r_n}{(\sqrt{2}+1)(\sqrt{2}+1+r_n)}$, 用归纳法可证明 $|r_n| \leqslant \sqrt{2} - 1$, 进而 $|r_{n+1}| \leqslant \dfrac{1}{4}|r_n|$; (4) $l = \sqrt{a}$, $r_{n+1} = \dfrac{(x_n - \sqrt{a})^2}{3x_n^2 + a}r_n$, 当 $a \geqslant 1$ 时, $\sqrt{a} \leqslant x_n \leqslant a$, $|r_{n+1}| \leqslant \dfrac{1}{3}|r_n|$, 当 $0 < a < 1$ 时, $a \leqslant x_n \leqslant \sqrt{a}$, $|r_{n+1}| \leqslant (1 - \sqrt{a})^2|r_n|$.

12. (1) 易知数列 $\{x_n\}$ 满足 $|x_m - x_n| \leqslant \dfrac{\lambda^{n-1}}{1-\lambda}|x_2 - x_1|, \forall m > n \geqslant 1$, 据此应用柯西收敛准则即可证明 $\{x_n\}$ 收敛; (2) 极限为 $\sqrt{2}$, $\dfrac{4}{3} \leqslant x_n \leqslant 2$, $|x_{n+1} - x_n| \leqslant \left(\dfrac{3}{7}\right)^2 |x_n - x_{n-1}|$; (3) 极限为 2, $x_n \geqslant 2$, $|x_{n+1} - x_n| \leqslant \dfrac{1}{2\sqrt{3}}|x_n - x_{n-1}|$; (4) 极限为 $\dfrac{\sqrt{5}+1}{2}$, $x_n \geqslant \dfrac{3}{2}$ (当 $n \geqslant 2$), $|x_{n+1} - x_n| \leqslant \left(\dfrac{2}{3}\right)^2 |x_n - x_{n-1}|$ (当 $n \geqslant 3$); (5) 极限为 $\sqrt{1+a} - 1$, $0 \leqslant x_n \leqslant \dfrac{a}{2}$ (当 $n \geqslant 2$), $|x_{n+1} - x_n| \leqslant \dfrac{a}{2}|x_n - x_{n-1}|$ (当 $n \geqslant 3$); (6) 极限为 $1 - \sqrt{1-a}$, $\dfrac{a}{2} \leqslant x_n \leqslant a$, $|x_{n+1} - x_n| \leqslant a|x_n - x_{n-1}|$ (当 $n \geqslant 2$). **16.** 提示: 用反证法证明: 单调有界数列一定满足柯西收敛准则的条件. **17.** 提示: 令 $u_n = \max\{x_n - x_{n-1}, 0\} + \max\{x_{n-1} - x_{n-2}, 0\} + \cdots + \max\{x_2 - x_1, 0\} + \max\{x_1, 0\}$, $v_n = \min\{x_n - x_{n-1}, 0\} + \min\{x_{n-1} - x_{n-2}, 0\} + \cdots + \min\{x_2 - x_1, 0\} + \min\{x_1, 0\}$, 则 $\{u_n\}$ 是单调递增数列, $\{v_n\}$ 是单调递减数列, 且 $x_n = u_n + v_n$.

习题 2.5   **1.** (1) 下极限 0, 上极限 2; (2) 下极限 $-\dfrac{\sqrt{3}}{2}$, 上极限 $\dfrac{\sqrt{3}}{2}$; (3) 下极限 1, 上极限 2; (4) 下极限 0, 上极限 1; (5) 下极限 -2, 上极限 2 (提示: 研究 $n = 15^k$ 的子列). **2.** 提示: (1) 记 $a = \liminf\limits_{n\to\infty} x_n$, $b = \liminf\limits_{n\to\infty} x_n^m$. 应用定理 2.5.1 可证明: $b \leqslant a^m$, 又据定理 2.5.5 结论 (1) 知 $b \geqslant a^m$, 故 $b = a^m$, 第二个等式的证明类似; (2) 类似于 (1). **3.** (1) 1, $0 \leqslant x_n \leqslant 1$; (2) 1, $0 \leqslant x_n \leqslant 1$; (3) 1 $\left(\text{提示: 化为 } x_{n+1} = \dfrac{2}{3} + \dfrac{5}{3(3x_n + 2)}, \text{ 并注意 } \dfrac{7}{8} \leqslant x_n \leqslant 2\right)$; (4) $\dfrac{3+\sqrt{13}}{2}$, $3 \leqslant x_n \leqslant \dfrac{10}{3}$; (5) 3, $\sqrt{3} \leqslant x_n \leqslant 3$; (6) $\dfrac{\sqrt{13}+1}{2}$, $\sqrt{3} \leqslant x_n \leqslant 3$; (7) $1 - \sqrt{1-a}$, $\dfrac{a}{2} \leqslant x_n \leqslant a$; (8) $\sqrt{1+a} - 1$, $0 \leqslant x_n \leqslant \dfrac{a}{2}$. **4.** 提示: (1) 令 $z_n = \dfrac{x_n}{y_n}$, 则 $z_{n+1} = 1 + \dfrac{1}{z_n + 1}$; (2) $y_{n+1}^2 = x_n + y_n$. **7.** 提示: (1) 令 $y_n = x_{n+1} + 2x_n$, 则 $x_{n+1} = y_n - 2x_n$; (2) 令 $y_n = x_{2n} + 2x_n$, 则 $x_{2n} = y_n - 2x_n$, 再记 $l = \liminf\limits_{n\to\infty} x_n$, $L = \limsup\limits_{n\to\infty} x_n$, 因 $\liminf\limits_{n\to\infty} x_{2n} \geqslant l$, $\limsup\limits_{n\to\infty} x_{2n} \leqslant L$, 利用关系式 $x_{2n} = y_n - 2x_n$ 可得 $l \leqslant 1 - 2L$, $L \geqslant 1 - 2l$, 据此推知 $l = L$. **8.** 提示: 先对任意 $\varepsilon > 0$, 建立当 n 充分大时 $\dfrac{x_n}{n}$ 关于 $a - \varepsilon$ 和 $a + \varepsilon$ 的估计式, 据此推知 $a - \varepsilon \leqslant \liminf\limits_{n\to\infty}\dfrac{x_n}{n} \leqslant \limsup\limits_{n\to\infty}\dfrac{x_n}{n} \leqslant a + \varepsilon$, 再由 $\varepsilon > 0$ 的任意性即得所需结论. **9.** 提示: 用类似于第 8 题的方法. **10.** 提示: 固定 m, 对任意 $n > m$, 设 $n = qm + r$, 其中 $0 \leqslant r < m$, 则 $x_n \leqslant qx_m + x_r$, 进而 $\dfrac{x_n}{n} \leqslant \dfrac{qm}{qm+r}\dfrac{x_m}{m} + \dfrac{x_r}{n}$, 令 $q \to \infty$ 取上极限, 得上极限 $\leqslant \dfrac{x_m}{m}$, 以下略.

第 2 章综合习题   **3.** 提示: 为证 (1) 和 (2), 注意 $x_{n+1} - 1 = \dfrac{1}{3}(x_n - 1)$; 为证 (4), 注意 $x_{n+1} - x_n = \dfrac{1}{3}(x_n - x_{n-1})$. **4.** 当 $a - 1 \leqslant b \leqslant a$ 时, 数列有极限. **5.** $\dfrac{a+2b}{3}$ $\left(\text{提示: 注意 } x_{n+2} - x_{n+1} = -\dfrac{1}{2}(x_{n+1} - x_n)\right)$. **6.** 提示: 用单调有界原理. **7.** 提示: 用单调有界原理. **8.** 提示: 令 $y_n = x_n - n\pi$, 则 $0 < y_n < \dfrac{\pi}{2}$, $\tan y_n = y_n + n\pi$, 从而 $y_n = \arctan(y_n + n\pi) \to$

$\dfrac{\pi}{2}$ (当 $n \to \infty$); 为证 (2), 只需证明 $\lim\limits_{n\to\infty}(y_{n+1}-y_n)=0$. **10.** 提示: 用 2.1 节例 7 的方法.

11. (1) e^{a-b}; (2) e^a; (3) e; (4) 1; (5) $e^{-\frac{a^2}{2}}$; (6) e^{ab}. **12.** (1) $\ln a$; (2) $b^{\frac{1}{a}}$; (3) $\sqrt{ab}$; (4) $\dfrac{1}{\sqrt{ab}}$;

(5) $\sqrt[3]{abc}$; (6) $(a^a b^b c^c)^{\frac{1}{a+b+c}}$. **13.** 提示: (1) 前一不等式是 (2.4.7) 中后一不等式的直接推论, 为证后一不等式, 对任意正整数 $m > n$, 如 2.4 节例 2 把 $\left(1+\dfrac{1}{m}\right)^m$ 展开舍去所有负号的项, 并注意 $\dfrac{1}{(n+1)(n+2)\cdots(n+k)} < \dfrac{1}{(n+1)^k}$, $k=1,2,\cdots,m-n$; (3) 用反证法并应用 (2) 的结论.

14. 提示: 对每个数列, 先推导形如 $|x_{n+1}-x_n| \leqslant r|x_n - x_{n+1}|$ 的不等式, 其中 $0 < r < 1$. **15.** 提示: (1) 注意对任意正整数 n, 有 $x_{2n}-x_n \geqslant \dfrac{n^{1-p}}{2^p}$; (2) 注意对任意正整数 n, 有 $x_{2n}-x_{2n-2} = \dfrac{2}{n}$, 从而 $x_{4n}-x_{2n-2} \geqslant 1$; (3) 只需证明当 $x \neq k\pi$ $(k \in \mathbf{Z})$ 时, $|x_{n+1}-x_n| = |\sin(n+1)x| \not\to 0$ (当 $n \to \infty$), 而与习题 2.2 第 14 题类似地可证明, $\lim\limits_{n\to\infty}\sin(n+1)x = 0$ 是不可能成立的. **16.** 提示: 先把所给条件转化为 $x_{m+n} \leqslant \dfrac{m}{m+n}x_m + \dfrac{n}{m+n}x_n$, 然后采用与习题 2.5 第 10 题类似的方法. **17.** 提示: 对任意满足 $m > n \geqslant 2$ 的两个正整数 m,n 都成立 $x_m - x_n \leqslant -(1-\theta)(x_{m-1}-x_{n-1})$. **19.** 提示: 易见对任意有理数 $0 < r \leqslant 1$, $\{x_n\}$ 都有无穷多项等于 r, 从而 $(0,1]$ 中的任何有理数都是 $\{x_n\}$ 的部分极限, 再应用上题即知 $\{x_n\}$ 的全体部分极限组成的集合是 $[0,1]$. **20.** 提示: 记 $l = \liminf\limits_{n\to\infty} x_n$, $L = \limsup\limits_{n\to\infty} x_n$, 由 $\{x_n\}$ 不收敛知 $l \neq L$, 反证而设区间 (l,L) 中某个数 x 不是 $\{x_n\}$ 的部分极限, 则 $\exists \delta > 0$, $\exists N \in \mathbf{N}$, 使当 $n > N$ 时 $x_n \notin (x-\delta, x+\delta)$, 这个假设和条件 $\lim\limits_{n\to\infty}(x_{n+1}-x_n)=0$ 蕴含 $\exists N' \in \mathbf{N}$, $N' \geqslant N$, 使对所有 $n > N'$ 都有 $x_n \leqslant x - \delta < x$, 或者对所有 $n > N'$ 都有 $x_n \geqslant x + \delta > x$, 这与 $l = \liminf\limits_{n\to\infty} x_n < x$, $L = \limsup\limits_{n\to\infty} x_n > x$ 相矛盾.

第 3 章

习题 3.1 **1.** 提示: (1) 均用放大法. $|x^2-4| = |x+2||x-2| \leqslant 5|x-2|$ (当 $|x-2| < 1$);
(2) $\left|\dfrac{x}{2x^2+1} - \dfrac{1}{3}\right| = \dfrac{|2x-1||x-1|}{3(2x^2+1)} \leqslant |x-1|$ (当 $|x-1| < 1$); (3) $\left|\dfrac{x^2-1}{2x^2-x-1} - \dfrac{2}{3}\right| = \dfrac{|x-1|}{3|2x+1|} \leqslant \dfrac{1}{3}|x-1|$ (当 $|x-1| < 1$); (4) $|x\sin x - x_0\sin x_0| \leqslant |x-x_0||\sin x| + |x_0||\sin x - \sin x_0| \leqslant (1+|x_0|)|x-x_0|$; (5) $\left|(2x-\pi)\cos\dfrac{x-\pi}{2x-\pi} - 0\right| \leqslant 2\left|x-\dfrac{\pi}{2}\right|$. **2.** 提示: (1) 均用放大法. $|x^n - x_0^n| = |x-x_0||x^{n-1}+\cdots+x_0^{n-1}| \leqslant n(|x_0|+1)^{n-1}|x-x_0|$ (当 $|x-x_0| < 1$);
(2) $|x^{\frac{1}{n}} - x_0^{\frac{1}{n}}| = |x-x_0|/|x^{\frac{n-1}{n}} + \cdots + x_0^{\frac{n-1}{n}}| \leqslant x_0^{-\frac{n-1}{n}}|x-x_0|$ (当 $|x-x_0| < x_0$). **3.** 提示: $a = 0$ 时的证明比较简单, 现设 $a \neq 0$, 则: (1) 令 $\delta_0 > 0$ 充分小使当 $0 < |x-x_0| < \delta_0$ 时 $|f(x)-a| < \dfrac{|a|}{2}$, 则当 $0 < |x-x_0| < \delta_0$ 时 $f(x)a > 0$ 且 $|f(x)| \leqslant \dfrac{3}{2}|a|$, 从而 $|f^2(x)\operatorname{sgn} f(x) - a^2 \operatorname{sgn} a| \leqslant \dfrac{5}{2}|a||f(x)-a|$; (2) 令 $\delta_0 > 0$ 充分小使当 $0 < |x-x_0| < \delta_0$

时 $|f(x) - a| < |a|$, 则当 $0 < |x - x_0| < \delta_0$ 时 $f(x)a > 0$, 从而 $|\sqrt[3]{f(x)} - \sqrt[3]{a}| \leqslant \dfrac{|f(x) - a|}{\sqrt[3]{a^2}}$.

6. (1) 1; (2) -3; (3) -7; (4) 3; (5) $\dfrac{1}{2}$; (6) 0; (7) $\dfrac{6}{5}$; (8) $-\dfrac{3}{4}$; (9) $\dfrac{3}{2}$; (10) $\dfrac{\sqrt{2}+1}{2}$;

(11) $\dfrac{1}{2}n(n+1)$; (12) $\dfrac{m}{n}$; (13) $\dfrac{1}{2}n(n+1)$; (14) $\dfrac{1}{2}(n-m)$. **7.** 提示: (1) 应用习题 1.2 第 1 题. (2) 参

考本节例 6 的证明. **8.** (1) $e^{ax_0}(\cos bx_0 + \sin bx_0) \log_2(1+x_0^2)$; (2) $\dfrac{a^2}{2} \arcsin \dfrac{x_0}{a}$; (3) $2^{\sin x_0^3} x_0^{3x_0^2}$;

(4) $x_0^{a^{x_0}} + x_0^{x_0^a} + a^{x_0^{x_0}}$. **10.** (1) 2; (2) $\dfrac{1}{m}$; (3) $-\dfrac{1}{2}\ln 2$; (4) 0.

习题 3.2　**2.** (1) 1; (2) $-\dfrac{1}{3}$; (3) 1; (4) $\dfrac{2}{3}$; (5) 1; (6) 0; (7) $\dfrac{\pi}{2}$; (8) $-\dfrac{\pi}{2}$; (9) 0;

(10) 1. **3.** (1) $\dfrac{a+b}{2}$; (2) -2; (3) 1; (4) 2^{n-1}; (5) $\dfrac{8}{3}$; (6) $-\dfrac{\pi}{2}$; (7) 0; (8) $\dfrac{\pi}{3}$. **4.** 提示: (1) 只需

证明对充分大的 $x > 0$ 成立 $a^x > x^{m+1}$, 为此记 $b = a^{\frac{1}{m+1}} > 1$, 则由习题 2.1 第 2 题 (5) 知

$\lim\limits_{n\to\infty} \dfrac{(n+1)^{m+1}}{a^n} = \lim\limits_{n\to\infty} \left(\dfrac{n+1}{b^n}\right)^{m+1} = 0$, 故存在正整数 N 使当 $n \geqslant N$ 时 $a^n > (n+1)^{m+1}$,

进而当 $x > N$ 时 $a^x \geqslant a^{[x]} > ([x]+1)^{m+1} > x^{m+1}$; (2) 作变量代换, 化为 (1); (3) 作变量

代换化为 (2). **5.** (1) $\dfrac{a}{b}$; (2) $\dfrac{a}{b}$; (3) $\dfrac{1}{5}$; (4) $\dfrac{1}{2}$; (5) $\dfrac{1}{2}$; (6) $-\dfrac{5}{2}$; (7) $\dfrac{1}{2}$; (8) $\dfrac{2}{\pi}$; (9) $\dfrac{1}{\sqrt{2}}$; (10) 1;

(11) 1; (12) $\dfrac{\sin x}{x}$. **6.** (1) e^a; (2) ae; (3) e^{2a}; (4) 1; (5) $\dfrac{1}{2}$; (6) $\dfrac{2}{3}$; (7) $\ln a$; (8) e^2; (9) 0;

(10) $\dfrac{\ln 3}{\ln 2}$; (11) $a\ln a$; (12) $-\ln a$. **7.** (1) e; (2) e^{-1}; (3) $e^{\frac{1}{2}(b^2-a^2)}$; (4) $e^{-\frac{1}{2}}$; (5) e^{-1}; (6) 1;

(7) $\sqrt{2}$; (8) $\dfrac{a}{b}$; (9) $e^{-\frac{a^2}{2}}$; (10) e^2; (11) $\ln a$; (12) $\ln a$. **9.** (1) 1; (2) 1; (3) $\dfrac{1}{4}$; (4) $\dfrac{1}{2}$. **10.** (2) ①

当 $x \to +\infty$ 时, $y = x - \dfrac{1}{2}$; 当 $x \to -\infty$ 时, $y = -x + \dfrac{1}{2}$; ② 当 $x \to \infty$ 时, $y = x - 1$; ③ 当

$x \to +\infty$ 时, $y = x$; 当 $x \to -\infty$ 时, $y = 0$; ④ 当 $x \to \infty$ 时, $y = x + \dfrac{\pi}{2}$; ⑤ 当 $x \to +\infty$ 时,

$y = x$; 当 $x \to -\infty$ 时, $y = 0$; ⑥ 当 $x \to \infty$ 时, $y = \dfrac{x}{e} + \dfrac{1}{2e}$. **12.** 提示: 必要性显然, 充分性

应用柯西收敛准则证明. **13.** 提示: (1) 用类似于 2.1 节例 7 的方法; (2) 类似 (1). **14.** 提示: 用

类似于 2.1 节例 7 的方法 (注意应用习题 2.2 第 7 题).

习题 3.3　**1.** 提示: (1) 注意 $\left|\sqrt{x^2+1} - \sqrt{x_0^2+1}\right| = \dfrac{|x+x_0||x-x_0|}{\sqrt{x^2+1} + \sqrt{x_0^2+1}} \leqslant |x - x_0|$;

(2) 注意 $|\sin(2x^3-1) - \sin(2x_0^3-1)| \leqslant 2|x^3 - x_0^3| \leqslant 6(|x_0|+1)|x-x_0|$ (当 $|x-x_0| < 1$); (3) 注

意对 $\forall \varepsilon > 0, |\ln(1+|x|) - \ln(1+|x_0|)| < \varepsilon \Leftrightarrow (1+|x_0|)(e^{-\varepsilon}-1) < |x| - |x_0| < (1+|x_0|)(e^\varepsilon - 1)$,

而 $||x| - |x_0|| \leqslant |x - x_0|$, 所以当 $\varepsilon > 0$ 给定之后, 只要取 $\delta = (1+|x_0|)\min\{e^\varepsilon - 1, 1 - e^{-\varepsilon}\}$ 即可.

2. (1) $x = 1$, 第二类间断点; (2) $x = -1$, 可去间断点; (3) $x = 0$, 第一类间断点; (4) $x = 0$, 可去

间断点; (5) $x = 0$, 可去间断点; (6) $x = 0$, 第二类间断点; (7) $x = 0, 1$, 其中 $x = 0$ 是第二类间断

点, $x = 1$ 是第一类间断点; (8) $x = 0$, 第二类间断点; (9) $x = n\pi + \dfrac{\pi}{2}$ ($n \in \mathbf{Z}$), 第一类间断点;

(10) $x = 0$, 第二类间断点; $x = \left(n\pi + \dfrac{\pi}{2}\right)^{-1}$ ($n \in \mathbf{Z}$), 第一类间断点. **4.** 提示: (2) 运用习题 1.2

第 1 题的公式; (4) $u(x) = f(x) + g(x) + h(x) - \max\{f(x), g(x), h(x)\} - \min\{f(x), g(x), h(x)\}$;

(5) 对任意 $x_0 \in I$, 分 $|f(x_0)| < c$, $|f(x_0)| > c$ 和 $|f(x_0)| = c$ 三种情况讨论 f_c 在点 x_0 的连续性. **6.** 提示: (1) 先证明 $|\mathrm{d}(x,S) - \mathrm{d}(x_0,S)| \leqslant |x - x_0|$, 这只需证明 $\mathrm{d}(x,S) \leqslant \mathrm{d}(x_0,S) + |x - x_0|$ 且 $\mathrm{d}(x_0,S) \leqslant \mathrm{d}(x,S) + |x - x_0|$. **8.** 提示: 反证法. **10.** 提示: 函数 $g_+(x) = \dfrac{f(x) - f(x_0)}{x - x_0}$ $(x > x_0)$ 是单增函数且有下界, 从而 $\lim\limits_{x \to x_0^+} g_+(x)$ 存在, 类似地 $\lim\limits_{x \to x_0^-} g_-(x)$ 存在, 其中 $g_-(x) = \dfrac{f(x) - f(x_0)}{x - x_0}$ $(x < x_0)$. **11.** 提示: 设 $x, y \in I$ 且 $x < y$, 对任意 $0 \leqslant \theta \leqslant 1$, 当 $\theta = \dfrac{m}{2^n}$ 时, 其中 m, n 是非负整数且 $0 \leqslant m \leqslant 2^n$, 易知成立 $f(\theta x + (1 - \theta)y) \leqslant \theta f(x) + (1 - \theta)f(y)$, 对其他的 $0 \leqslant \theta \leqslant 1$, 用形如 $\dfrac{m}{2^n}$ 的数逼近. **12.** 提示: 应用习题 2.4 第 12(1) 题的结论.

习题 3.4 **2.** 提示: 由 $c > m = \inf\limits_{x \in I} f(x)$ 知存在 $a \in I$ 使 $f(a) < c$, 又由 $c < M = \sup\limits_{x \in I} f(x)$ 知存在 $b \in I$ 使 $f(b) > c$, 在以 a, b 为端点的闭区间上应用介值定理. **3.** 提示: 设 $P(x)$ 是奇数次的实系数多项式, 则 $m = \inf\limits_{x \in \mathbf{R}} P(x) = -\infty$, $M = \sup\limits_{x \in \mathbf{R}} P(x) = +\infty$, 从而由上题知存在 $\xi \in \mathbf{R}$ 使 $P(\xi) = 0$. **4.** 提示: 考虑辅助函数 $g(x) = f(x) - x$. **5.** 提示: 考虑辅助函数 $g(x) = f(x + l) - f(x)$. **7.** 提示: 任取一点 $\bar{x} \in \mathbf{R}$, 则由所给条件知存在 $a < \bar{x}$ 使当 $x < a$ 时 $f(x) > f(\bar{x})$, 且存在 $b > \bar{x}$ 使当 $x > b$ 时 $f(x) > f(\bar{x})$; 在区间 $[a, b]$ 上应用最大最小值定理. **14.** 提示: 充分性显然, 必要性应用柯西收敛准则证明 f 在两个端点处有极限. **15.** 提示: 对任意给定的 $\varepsilon > 0$, 由所给的条件 (1) 和 (2) 都可推知存在 $A > a$ 和 $\delta > 0$ 使对任意 $x, y > A$, 只要 $|x - y| < \delta$ 就有 $|f(x) - f(y)| < \varepsilon$, 然后在区间 $[a, A + 1]$ 上应用康托尔一致连续性定理. **16.** 提示: (1) 由所给条件知, 存在 $\delta > 0$ 使对任意 $x, y \geqslant c$, 只要 $|x - y| \leqslant \delta$, 就有 $|f(x) - f(y)| \leqslant 1$. 注意 $[c, +\infty) = \bigcup\limits_{n=0}^{\infty} [c + n\delta, c + (n+1)\delta]$. **19.** 提示: 应用有限覆盖定理.

第 3 章综合习题 **3.** 提示: (2) 为证必要性, 考虑函数 $\omega(\delta) = \sup\limits_{|x - x_0| \leqslant \delta} |f(x) - f(x_0)|$, $0 \leqslant \delta < \delta_0$. **4.** 提示: 首先注意 $f(0) = 0$, 其次设 $|f(x)| \leqslant M$, $\forall x \in (-1, 1)$, 则由所给条件易知对任意正整数 n 和任意 $|x| < a^{-n}$ 成立 $|f(x)| \leqslant M b^{-n}$, 据此应用函数极限的 ε-δ 定义便可证明 $\lim\limits_{x \to 0} f(x) = 0 = f(0)$. **5.** 提示: 如果 $a > 1$, 则由所给条件可知, 对任意 $x \in (0, +\infty)$ 和任意正整数 n 成立 $f(x) = f(x^{\frac{1}{a^n}})$, 令 $n \to \infty$ 取极限, 应用 f 的连续性即得 $f(x) = f(1)$; 如果 $0 < a < 1$, 则由所给条件可知对任意 $x \in (0, +\infty)$ 和任意正整数 n 成立 $f(x) = f(x^{a^n})$, 令 $n \to \infty$ 取极限, 应用 f 的连续性仍然得 $f(x) = f(1)$. **6.** 提示: 应用习题 1.1 第 11 题和习题 3.3 第 4 题. **7.** 提示: 对于 (1), 由所给条件可知对任意 $x \in \mathbf{R}$ 和任意正整数 m, n 成立 $f\left(\dfrac{m}{n}x\right) = \dfrac{m}{n}f(x)$, 据此并应用 f 的连续性和有理数在实数域中的稠密性即知 $f(x) = ax$, 其中 $a = f(1)$; 其余各小题思想类似. **8.** 提示: 由所给条件可知 f 是连续函数且方程 $f(x) = x$ 在 $[a, b]$ 上有唯一的根, 记之为 c, 则易见 $|x_n - c| < |x_{n-1} - c|$, $n = 2, 3, \cdots$, 所以数列 $\{|x_n - c|\}$ 有极限, 由递推公式和条件 (ii) 易知 $x_n - c$ 和 $x_{n-1} - c$ 符号相同, 故数列 $\{x_n\}$ 有极限, 进而易知其极限为 c. **10.** 提示: 易知该方程有唯一正根 x_n 且此根位于区间 $(0, 1]$ 中, 不难知道有 $x_n^{n+1} = 2x_n - 1$ 以及 $0 < x_n^n \leqslant \dfrac{1}{n}$, 进而 $\lim\limits_{n \to \infty} x_n^{n+1} = 0$, 便得 $\lim\limits_{n \to \infty} x_n = \dfrac{1}{2}$. **11.** 提示: 对函数

$g(x) = f\left(x+\frac{1}{2}(b-a)\right)-f(x)$ $(a \leqslant x \leqslant \frac{1}{2}(a+b))$ 应用介值定理. **13.** 提示: (1) 反证: 若 x_n 不存

在, 则函数 $f\left(x+\frac{1}{n}\right)-f(x)$ 在区间 $\left[0, 1-\frac{1}{n}\right]$ 上有正的最小值或负的最大值, 记之为 c 或 $-c$,

据此可推得 $f(1) \geqslant f(0)+nc$ 或 $f(1) \leqslant f(0)-nc$, 与所设条件矛盾. (2) 当 $\frac{1}{2} < l < 1$ 时, 令曲线

$y = f(x)$ 为 Oxy 平面上连接点 $O(0,0)$, $E\left(\frac{1}{4}, \frac{1}{4}\right)$, $F\left(\frac{3}{4}, -\frac{1}{4}\right)$ 和 $A(1,0)$ 的折线; 当 $\frac{1}{3} < l < \frac{1}{2}$

时, 令曲线 $y = f(x)$ 为 Oxy 平面上连接点 $O(0,0)$, $E'\left(\frac{1}{6}, \frac{1}{6}\right)$, $G\left(\frac{5}{12}, -\frac{1}{12}\right)$, $H\left(\frac{7}{12}, \frac{1}{12}\right)$,

$F'\left(\frac{5}{6}, -\frac{1}{6}\right)$ 和 $A(1,0)$ 的折线. 其他情况可类似构作. **14.** 提示: 证明方程 $f(x) = \bar{x}$ 至少有

两个解. **15.** 提示: 反证: 若 $f(x)$ 在区间 $[a,b]$ 上不连续, 则存在 $x_0 \in [a,b]$, 使得 $\lim\limits_{x \to x_0} f(x)$

不存在或 $\lim\limits_{x \to x_0} f(x) \neq f(x_0)$, 两种情况都会导致与所设条件矛盾. **16.** 提示: 取 $\bar{x}$ 为 $\{x_n\}$ 的

任意收敛子列的极限. **17.** 提示: (i) 与 (iii) 等价显然; (i) 蕴含 (ii) 显然; (ii) 蕴涵 (i) 用反证

法. **18.** 提示: 证明反过来的结论用反证法. **19.** 提示: 反证而设结论不成立, 则存在 $c > 0$ 使

或者 $f(x) \geqslant g(x) + c$, $\forall x \in [a,b]$, 或者 $f(x) \leqslant g(x) - c$, $\forall x \in [0,1]$, 不妨设是前一种情况, 令

$S = \{x \in [0,1] : g(x) = x\}$, S 显然非空且 $f(S) \subseteq S$, 运用数学归纳法可推知对任意 $x \in S$ 和

任意正整数 n 都成立 $g(f^n(x)) \geqslant x + nc$, 其中 $f^n(x) = f(f(\cdots f(x)))$ (复合 n 次), 由于数

列 $\{f^n(x)\}$ 有子列收敛, 便得到了矛盾. **20.** 提示: 反证而设存在 $x_0 \in (0,1)$ 使得 $f(x_0) \neq x_0$,

不妨设 $f(x_0) > x_0$, 令 $(c,d) \subseteq (0,1)$ 是包含 x_0 且使 $f(x) \neq x$ 对所有 $x \in (c,d)$ 都成立的

最大开区间, 则 $f(x) > x$, $\forall x \in (c,d)$, 且 $f(c) = c$, $f(d) = d$, 据此可知对充分小的 $\varepsilon > 0$ 有

$f(f(c+\varepsilon)) > c+\varepsilon$, 与所设条件的矛盾. **22.** 提示: 采用与定理 3.4.3 和定理 3.4.4 的证明类似

的方法.

第 4 章

习题 4.1　　**1.** (1) $3x^2 + 2$; (2) $-\dfrac{1}{(x-1)^2}$; (3) $\dfrac{2}{3\sqrt[3]{x}}$; (4) $\dfrac{1}{\cos^2 x}$; (5) $-\dfrac{1}{\sin^2 x}$.

2. 提示: (2) 应用三角公式 $\arctan x - \arctan y = \arctan\left(\dfrac{x-y}{1+xy}\right)$; (3) 应用三角公式 $\arcsin x -$

$\arcsin y = \arcsin(x\sqrt{1-y^2} - y\sqrt{1-x^2})$; (4) 应用习题 3.2 第 6 题 (7). **3.** (1) $f'(0) = 1$,

$f'(1) = 0$, $f'(-1) = 0$; (2) $f'(1) = \mathrm{e}$; (3) $f'(1) = 2 + \dfrac{\pi}{2}$. **4.** (1) 0, 用放大法求极限;

(2) 0, 求左、右导数; (3) 0, 用放大法求极限. **5.** (1) 当 $a > 0$ 时连续, 当 $a \geqslant 1$ 时可

导; (2) 当 $a > 0$ 时连续, 当 $a > 1$ 时可导; (3) 当 $a > 0$ 时连续, 当 $a > 1$ 时可导.

6. (1) $6(x^2+x+1)$; (2) $\dfrac{1}{2\sqrt{x}}+\dfrac{1}{3\sqrt[3]{x^2}}+\dfrac{5}{6\sqrt[6]{x}}$; (3) $-\dfrac{1}{2x\sqrt{x}}-\dfrac{1}{3x\sqrt[3]{x}}-\dfrac{5}{6x\sqrt[6]{x^5}}$; (4) $(x^2+1)\cos x +$

$x\sin x$; (5) $x^2+x-1+(3x^2+2x-1)\ln x$; (6) $\dfrac{x^2(3\ln x + 1)}{\ln 2}+\dfrac{x(2\ln x + 1)}{\ln 3}$; (7) $20x^3(1+x+9x^5)$;

(8) $x^{n-1}(n\ln x + 1)\tan x + \dfrac{x^n \ln x}{\cos^2 x}$; (9) $\dfrac{x^4 + 2x^3 - 5x^2 - 2x + 1}{(x^3 + x^2 - 1)^2}$; (10) $\dfrac{(x^2 - \ln^2 x)(\ln x - 1)}{x^2 \ln^2 x}$;

(11) $\dfrac{x^2}{(\cos x + x\sin x)^2}$; (12) $-\dfrac{2(\ln x + 1)}{(x\ln x + 1)^2}$. **8.** (1) 切线方程: $y = 3(x_0^2 - 1)x - 2x_0^3 + 1$, 法线方程:

$y = -\dfrac{x - x_0}{3(x_0^2 - 1)} + x_0^3 - 3x_0 + 1$; (2) 切线方程: $y = -\dfrac{x}{x_0^2} + \dfrac{2}{x_0}$, 法线方程: $y = x_0^2 x + \dfrac{1}{x_0} - x_0^3$;

(3) 切线方程: $y = \dfrac{x}{x_0} + \ln x_0 - 1$, 法线方程: $y = -x_0 x + \ln x_0 + x_0^2$; (4) 切线方程:

$y = (\cos x_0)x + \sin x_0 - x_0\cos x_0$, 法线方程: $y = -\dfrac{x}{\cos x_0} + \sin x_0 + \dfrac{x_0}{\cos x_0}$. **14.** 提示:

分段函数求导数, 在连接点以外用求导公式计算, 在连接点处则必须用导数定义计算, 表达式含绝对值的函数应先改写为分段表示的形式, 然后再按分段函数求导数: (1) $f'(x) = 3x^2$ (当 $x < 0$), $2x$ (当 $0 \leqslant x \leqslant 2$), $\dfrac{3}{2}x^2 - 2$ (当 $x > 2$); (2) $f'(x) = -2x$ (当 $x < 0$), $-\sin x$ (当 $0 \leqslant x \leqslant \pi$), $2(x - \pi)$ (当 $x > \pi$); (3) $f'(x) = 2(x - 2)(x - 3)^2(3x^2 - 11x + 9)$ (当 $x < 1$ 或 $x > 3$), $-2(x - 2)(x - 3)^2(3x^2 - 11x + 9)$ (当 $1 < x \leqslant 3$), 在 $x = 1$ 没有导数. **15.** 提示: 由所给条件推知对 $\forall \varepsilon > 0$, $\exists \delta > 0$, 使当 $0 < x < \delta$ 时, $c - \dfrac{a - 1}{2}\varepsilon < \dfrac{f(ax) - f(x)}{x} < c + \dfrac{a - 1}{2}\varepsilon$,

从而当 $0 < x < a^{-1}\delta$ 时, $\left(1 - \dfrac{1}{a^n}\right)\left(\dfrac{c}{a - 1} - \dfrac{\varepsilon}{2}\right) < \dfrac{f(x) - f\left(\dfrac{x}{a^n}\right)}{x} < \left(1 - \dfrac{1}{a^n}\right)\left(\dfrac{c}{a - 1} + \dfrac{\varepsilon}{2}\right)$,

$n = 1, 2, \cdots$ (以下略). **16.** (1) 当 $p \leqslant 0$ 时, 对任意 $q \in \mathbf{R}$, 该方程有唯一的实根; 当 $p > 0$ 时, 如果 $q < -2\left(\dfrac{p}{2}\right)^{\frac{3}{2}}$ 或 $q > 2\left(\dfrac{p}{2}\right)^{\frac{3}{2}}$, 该方程有唯一的实根; 如果 $q = -2\left(\dfrac{p}{2}\right)^{\frac{3}{2}}$ 或 $q = 2\left(\dfrac{p}{2}\right)^{\frac{3}{2}}$, 该方程有两个实根; 如果 $-2\left(\dfrac{p}{2}\right)^{\frac{3}{2}} < q < 2\left(\dfrac{p}{2}\right)^{\frac{3}{2}}$, 该方程有三个实根. (2) 当 $p = 0$ 时, 对任意 $q > 0$, 该方程有一正一负两个实根, 而对任意 $q \leqslant 0$, 该方程无实根; 当 $p \neq 0$ 时, 如果 $q < \dfrac{3}{2}\sqrt[3]{2p^2}$ 则该方程有唯一的实根, 如果 $q = \dfrac{3}{2}\sqrt[3]{2p^2}$ 则该方程有两个实根, 如果 $q > \dfrac{3}{2}\sqrt[3]{2p^2}$ 则该方程有三个实根. (3) 当 $p > 0$ 时, 对任意 $q \in \mathbf{R}$, 该方程有一正一负两个实根; 当 $p = 0$ 时, 对 $q \neq 0$ 该方程有唯一的实根, 对 $q = 0$ 该方程无实根; 当 $p < 0$ 时, 如果 $q < -3^{-\frac{3}{4}}4|p|^{\frac{3}{4}}$ 或 $q > 3^{-\frac{3}{4}}4|p|^{\frac{3}{4}}$, 该方程有两个实根; 如果 $q = -3^{-\frac{3}{4}}4|p|^{\frac{3}{4}}$ 或 $q = 3^{-\frac{3}{4}}4|p|^{\frac{3}{4}}$, 该方程有唯一的实根; 如果 $-3^{-\frac{3}{4}}4|p|^{\frac{3}{4}} < q < 3^{-\frac{3}{4}}4|p|^{\frac{3}{4}}$, 该方程无实根. (4) 当 $p \leqslant 0$ 时, 对任意 $q \in \mathbf{R}$, 该方程有唯一的实根; 当 $p > 0$ 时, 如果 $q > -1 - \ln p$, 该方程无实根, 如果 $q = -1 - \ln p$, 该方程有唯一的实根, 如果 $q < -1 - \ln p$, 该方程有两个实根.

习题 4.2 **1.** (1) $\dfrac{a}{a^2 + x^2}$; (2) $\dfrac{1}{\sqrt{a^2 - x^2}}$; (3) $(2 - x)\mathrm{e}^{-\frac{1}{2}x^2 + 2x}$; (4) $2^{\sin x^2 + 1}(\ln 2)x\cos x^2$;

(5) $\dfrac{1}{\sin x}$; (6) $\dfrac{1}{\cos x}$; (7) $\dfrac{3\tan^2\sqrt{x}}{2\sqrt{x}\cos^2\sqrt{x}}$; (8) $\dfrac{2(3x^2 + 2)\log_3(x^3 + 2x + 1)}{(\ln 3)(x^3 + 2x + 1)}$; (9) $-2x\tan x^2$;

(10) $\dfrac{2\,\mathrm{sgn}\,x}{1 + x^2}$; (11) $-\sin 2x\cos(\cos 2x)$; (12) $\dfrac{1}{x\sqrt{1 + \ln^2 x}}$; (13) $\dfrac{\mathrm{e}^x(1 + 2\mathrm{e}^{2x})}{\sqrt{1 + \mathrm{e}^{2x}}}$;

(14) $\dfrac{2x^2}{1 - x^6}\sqrt[3]{\dfrac{1 + x^3}{1 - x^3}}$; (15) $\dfrac{1}{x\ln x\ln(\ln x)}$; (16) $a^{a^{a^x} + a^x + x}(\ln a)^3$. **2.** (1) $-2\sec 2x$; (2) $\dfrac{2}{\cos x}$;

(3) $\dfrac{1}{\sqrt{x^2 - 1}}$; (4) $-\dfrac{1}{\sqrt{x^2 + 1}}$; (5) $\dfrac{x}{1 + x^4} - \dfrac{x^3}{1 + x^6} - \dfrac{1}{3}\arctan x^3$; (6) $-(1 + x^2)^{-\frac{3}{2}}$;

(7) $-\dfrac{1}{2x\sqrt{x^2-1}}$; (8) $\dfrac{1}{2(x^2+1)}$; (9) $\dfrac{1}{\sin^3 x}$; (10) $\dfrac{1}{\cos^3 x}$; (11) $\sqrt{a^2-x^2}$; (12) $\sqrt{x^2-a^2}$;

(13) $\dfrac{x}{1+x^3}$; (14) $\dfrac{x^2}{1+x^4}$. **3.** (1) 令 $u=\ln\sin x$, 导数 $=\dfrac{u'}{\sqrt{1+u^2}}=\dfrac{\cot x}{\sqrt{1+(\ln\sin x)^2}}$; (2) 令 $u=$

$\sqrt[4]{1+\cos^2 x}$, 导数 $=\dfrac{u^2 u'}{u^4-1}=-\dfrac{\tan x}{2\sqrt[4]{1+\cos^2 x}}$; (3) 令 $u=1+\mathrm{e}^x$, 导数 $=u'\ln^3 u=\mathrm{e}^x\ln^3(1+\mathrm{e}^x)$;

(4) 令 $u=a^x$, 导数 $=-u^{-2}u'\arccos u=-a^{-x}(\ln a)\arccos a^x$. **4.** (1) $\dfrac{1-(n+1)x^n+nx^{n+1}}{(1-x)^2}$;

(2) $\dfrac{1+x-(n+1)^2 x^n+(2n^2+2n-1)x^{n+1}-n^2 x^{n+2}}{(1-x)^3}$; (3) $\dfrac{(n+1)\sin nx-n\sin(n+1)x}{2(1-\cos x)}$;

(4) $\dfrac{4n(n+1)\sin^3\dfrac{x}{2}\sin\left(n+\dfrac{1}{2}\right)x-(n+1)\sin nx\sin x+n\sin(n+1)x\sin x}{2(1-\cos x)^2}$; (5) $\dfrac{1}{2^n}\cot\dfrac{x}{2^n}-\cot x$.

5. $y'=\dfrac{1}{3(y^2+1)}$. **6.** (1) 存在域为 $(-\infty,+\infty)$, $\dfrac{\mathrm{d}x}{\mathrm{d}y}=\dfrac{x}{x+1}$; (2) 存在域为 $(-\infty,+\infty)$, $\dfrac{\mathrm{d}x}{\mathrm{d}y}=$

$\dfrac{1}{\mathrm{e}^x+1}$; (3) 存在域为 $(-\infty,+\infty)$, $\dfrac{\mathrm{d}x}{\mathrm{d}y}=\dfrac{1}{\cosh x}$; (4) 存在域为 $(-\infty,+\infty)$, $\dfrac{\mathrm{d}x}{\mathrm{d}y}=\cosh^2 x$.

7. (1) 对任意 $y>0$, $x_1(y)=\sqrt{\sqrt{1+y}-1}$, $x_2(y)=-\sqrt{\sqrt{1+y}-1}$, 代入 $\dfrac{\mathrm{d}x}{\mathrm{d}y}=\dfrac{1}{4x(x^2+1)}$

即得各自的导数; (2) 对任意 $0<y<2$, $x_1(y)=\sqrt{\dfrac{y}{2-y}}$, $x_2(y)=-\sqrt{\dfrac{y}{2-y}}$, 代入 $\dfrac{\mathrm{d}x}{\mathrm{d}y}=$

$\dfrac{(x^2+1)^2}{4x}$ 即得各自的导数; (3) 对任意 $0<y<1$, $x_1(y)=\sqrt{\ln(1+\sqrt{1-y})-\ln y}$, $x_2(y)=$

$-\sqrt{\ln(1+\sqrt{1-y})-\ln y}$, 代入 $\dfrac{\mathrm{d}x}{\mathrm{d}y}=-\dfrac{1}{4x\mathrm{e}^{-x^2}(1-\mathrm{e}^{-x^2})}$ (易知 $\mathrm{e}^{-x^2}=1-\sqrt{1-y}$) 即得

各自的导数. **8.** (1) $\dfrac{y+x-1}{y-x}$; (2) $-\dfrac{b^2 x}{a^2 y}$; (3) $-\sqrt{\dfrac{y}{x}}$; (4) $-\sqrt[3]{\dfrac{y}{x}}$; (5) $\dfrac{y-3x^2}{3y^2-x}$; (6) $\dfrac{x+y}{x-y}$.

9. (1) $\cot\dfrac{t}{2}$ $(t\neq 2n\pi, n\in\mathbf{Z})$; (2) $\dfrac{3}{2}t+\dfrac{1}{2}t^3$; (3) $-\tan\theta$ $\left(\theta\neq n\pi+\dfrac{\pi}{2}, n\in\mathbf{Z}\right)$; (4) $-2\cos^3 t\sin t$;

(5) $\dfrac{\sin\theta+\theta\cos\theta}{\cos\theta-\theta\sin\theta}$; (6) $\tan t$. **10.** (1) $\dfrac{1-x-x^2}{1-x^2}\sqrt{\dfrac{1-x}{1+x}}$; (2) $\dfrac{2x(6+8x-x^2)}{3(2+x^2)^2\sqrt[3]{(1+x)(2+x^2)}}$;

(3) $2x^{\ln x-1}\ln x$; (4) $(1+x^2)^{\arctan x-1}[\ln(1+x^2)+2x\arctan x]$; (5) $\dfrac{1}{x}(1+x)^{\frac{1}{x}-1}-\dfrac{1}{x^2}(1+$

$x)^{\frac{1}{x}}\ln(1+x)$; (6) $x^{a^x-1}a^x(x\ln x\ln a+1)+x^{x^a+a-1}(a\ln x+1)+x^{x^x+x-1}(x\ln^2 x+x\ln x+1)$;

(7) $2x(\arccos x)^{x^2}\ln\arccos x-\dfrac{x}{\sqrt{1-x^2}}(\arccos x)^{x^2-1}$; (8) $(\sin x)^{\cos x}(\cos x)^{\sin x}[\cos x(\cot x+$

$\ln\cos x)-\sin x(\tan x+\ln\sin x)]$. **12.** 提示: 由所给条件知 $|f'(0)|\leqslant 1$.

习题 4.3 **2.** (1) $\mathrm{d}y=x(2\cos x-x\sin x)\mathrm{d}x$; (2) $\mathrm{d}y=\dfrac{1-\ln x}{x^2}\mathrm{d}x$; (3) $\mathrm{d}y=-\dfrac{1}{2}\tan\dfrac{x}{2}\mathrm{d}x$;

(4) $\mathrm{d}y=-\dfrac{\operatorname{sgn}x}{\sqrt{1-x^2}}\mathrm{d}x$, $x\neq 0,\pm 1$; (5) $\mathrm{d}y=(\cos x)^{\sin x+1}(\ln\cos-\tan^2 x)\mathrm{d}x$, $x\neq n\pi+\dfrac{\pi}{2}$

$(n\in\mathbf{Z})$; (6) $\mathrm{d}y=2\mathrm{e}^x\sqrt{1-\mathrm{e}^{2x}}\mathrm{d}x$, $x\neq 0$; (7) $\mathrm{d}y=-\cot^3 x\mathrm{d}x$; (8) $\mathrm{d}y=\dfrac{1+x^4}{1+x^6}\mathrm{d}x$;

(9) $dy = \dfrac{\cos^2 x}{\sin^3 x} dx$; (10) $dy = \dfrac{2xe^{2\arctan\sqrt{1+x^2}}}{(2+x^2)\sqrt{1+x^2}} dx$; (11) $dy = \dfrac{2\tan x}{\cos^2 x\sqrt{1+\tan^4 x}} dx$;

(12) $dy = \{2^x x^{2^x-1}[1+(\ln 2)x\ln x] + x^{x^2+1}(2\ln x+1)\}dx$. **3.** (1) $dy = \dfrac{udu+vdv}{\sqrt{u^2+v^2}}$;

(2) $dy = \dfrac{vdu-udv}{u^2+v^2}$; (3) $dy = \dfrac{udu+vdv}{u^2+v^2}$; (4) $dy = \dfrac{v^3du+u^3dv}{(u^2+v^2)\sqrt{u^2+v^2}}$; **5.** 如果把条件 (1)

换为 $x_n \neq y_n$ $(n=1,2,\cdots)$, 则结论不成立, 反例如 $f(x)=|x|^\mu\sin\dfrac{1}{x}$ (当 $x\neq 0$), $f(0)=0$,

其中 $1<\mu<2$. **6.** $a=2, b=-1$. **8.** $e^{\frac{f'(x_0)-g'(x_0)}{a}}$, 其中 $a=f(x_0)=g(x_0)$. **10.** 提示: 用

2.1 节例 7 的方法和右导数的定义. (1) $\dfrac{1}{2}$; (2) $\sqrt{e}$; (3) 1. **11.** (1) $\sin 29° = \sin\left(\dfrac{\pi}{6}-\dfrac{\pi}{180}\right) \approx$

$\sin\dfrac{\pi}{6}-\cos\dfrac{\pi}{6}\cdot\dfrac{\pi}{180}$; (2) $\cos 151° = \cos\left(\dfrac{5\pi}{6}+\dfrac{\pi}{180}\right) \approx \cos\dfrac{5\pi}{6}-\sin\dfrac{5\pi}{6}\cdot\dfrac{\pi}{180}$; (3) $\dfrac{\pi}{4}+0.025$;

(4) $1+\dfrac{\lg e}{10} \approx 1.0434$.

习题 4.4 **1.** (1) $\dfrac{(2n-1)!!}{(1-2x)^{n+\frac{1}{2}}}$; (2) $\dfrac{(-1)^{n+1}1\cdot 4\cdot\cdots\cdot(3n-5)(3n+2x)}{3^n(1+x)^{n+\frac{1}{3}}}$; (3) $(-1)^{n+1}\cdot$

$n!(x-1)^{-(n+1)}$ $(n\geqslant 3)$; (4) $(-1)^n n![x^{-(n+1)}-(x-1)^{-(n+1)}]$; (5) $(-1)^n n![5(x-2)^{-(n+1)}-3(x-$

$1)^{-(n+1)}]$; (6) $(-1)^n(n+1)!\dfrac{1}{4}[(x-1)^{-(n+2)}-(x+1)^{-(n+2)}]$; (7) $\dfrac{1}{2}\Big[(a-b)^n\sin\left((a-b)x+\dfrac{n\pi}{2}\right)+(a+$

$b)^n\sin\left((a+b)x+\dfrac{n\pi}{2}\right)\Big]$; (8) $4^{n-2}6\cos\left(4x+\dfrac{n\pi}{2}\right)$; (9) $\dfrac{a^n}{2}[e^{ax}+(-1)^n e^{-ax}]$; (10) $\dfrac{(3a)^n}{8}[e^{3ax}+$

$(-1)^{n-1}e^{-3ax}] - \dfrac{3a^n}{8}[e^{ax}+(-1)^{n-1}e^{-ax}]$. **2.** 提示: 对 n 做数学归纳. **3.** 提示: 对 n 做数

学归纳. **4.** $n!\varphi(a)$. **5.** 提示: 用数学归纳法证明: 当 $x>0$ 时 $f^{(n)}(x)=x^{-2n}P_{n-1}(x)e^{-\frac{1}{x}}$,

其中 $P_{n-1}(x)$ 为首项系数等于 $(-1)^{n-1}n!$ 的 $n-1$ 次多项式; 当 $x\leqslant 0$ 时 $f^{(n)}(x)=0$.

7. (1) $2^{n-3}[8x^3+12nx^2+6n(n-1)x+n(n-1)(n-2)]e^{2x}$; (2) $(-1)^{n-1}(n-3)!2x^{2-n}$ $(n\geqslant$

$3)$; (3) $\dfrac{1}{2}\sum\limits_{k=0}^n\binom{n}{k}a^{n-k}b^k[e^{ax}+(-1)^{n-k+1}e^{-ax}]\cos\left(bx+\dfrac{k\pi}{2}\right)$; (4) $\dfrac{1}{2}\sum\limits_{k=0}^n\binom{n}{k}a^{n-k}b^k[e^{ax}+$

$(-1)^{n-k}e^{-ax}]\sin\left(bx+\dfrac{k\pi}{2}\right)$; (5) $\Big[\sum\limits_{k=1}^n\binom{n}{k}(-1)^{k-1}(k-1)!x^{-k}+\ln x\Big]e^x$; (6) $\sum\limits_{k=0}^{n-1}\binom{n}{k}\cdot$

$(-1)^{n-k+1}(n-k-1)!x^{-(n-k)}\sin\left(x+\dfrac{k\pi}{2}\right)+\ln x\sin\left(x+\dfrac{n\pi}{2}\right)$; (7) $\Big[\sum\limits_{k=0}^n(-1)^k\dfrac{n!}{(n-k)!}x^{-k-1}\Big]e^x$;

(8) $\sum\limits_{k=0}^n(-1)^k\binom{n}{k}\dfrac{(k+1)!}{x^{k+2}}\sin\left(x+\dfrac{n-k}{2}\pi\right)$; (9) $\dfrac{2(-1)^{n-1}(n-1)!}{x^n}\left(\ln x-\sum\limits_{k=1}^{n-1}\dfrac{1}{k}\right)$ $(n\geqslant 2)$;

(10) 对方程 $(1+x^2)^2 y''+2(1+x^2)y'=2$ 两端分别求 $n-2$ 阶导数, 即得 $y^{(n)}$ 的递推公式 (略).

8. $y^{(n)}(x)=P_n(x)e^{-x^2}$, $P_{n+1}(x)=-2xP_n(x)-2nP_{n-1}(x)$, $P_0(x)=1$, $P_1(x)=-2x$.

9. 提示: (1) 和 (2) 均可用归纳法证明. **11.** (1) $y'=\dfrac{2}{2-\cos y}$, $y''=-\dfrac{4\sin y}{(2-\cos y)^3}$; (2) $y'=$

$\dfrac{y}{2(1+y^2)}$, $y''=\dfrac{y(1-y^2)}{4(1+y^2)^3}$; (3) $y'=\dfrac{ay-x^2}{y^2-ax}$, $y''=-\dfrac{2a^3xy}{(y^2-ax)^3}$; (4) $y'=-\dfrac{x^3}{y^3}$, $y''=-\dfrac{3a^4x^2}{y^7}$;

(5) $y' = \dfrac{x+y}{x-y}$, $y'' = \dfrac{2(x^2+y^2)}{(x-y)^3}$; (6) $y' = -\sqrt[3]{\dfrac{y}{x}}$, $y'' = \dfrac{\sqrt[3]{a^2}}{3x\sqrt[3]{xy}}$. **12.** (1) $x' = \dfrac{x}{x+1}$,

$x'' = \dfrac{x}{(x+1)^3}$; (2) $x' = \dfrac{1}{e^x+1}$, $x'' = -\dfrac{e^x}{(e^x+1)^3}$; (3) $x' = \dfrac{1}{4x(1-4x^2)}$, $x'' = \dfrac{12x^2-1}{16x^3(1-4x^2)^3}$;

(4) $x' = -\dfrac{1}{2xy^2}$, $x'' = \dfrac{4x^2y-1}{4x^3y^4}$. **13.** (1) $\dfrac{dy}{dx} = \dfrac{3}{2}(1+t)$, $\dfrac{d^2y}{dx^2} = \dfrac{3}{4(1-t)}$; (2) $\dfrac{dy}{dx} =$

$-\dfrac{1}{3}\tan^2 t - t\tan t$, $\dfrac{d^2y}{dx^2} = \dfrac{2}{9a\cos^5 t} + \dfrac{1}{3a\cos^3 t} + \dfrac{t}{3a\cos^4 t\sin t}$; (3) $\dfrac{dy}{dx} = \dfrac{\cos t+\sin t}{\cos t-\sin t}$, $\dfrac{d^2y}{dx^2} =$

$\dfrac{2}{e^t(\cos t-\sin t)^3}$; (4) $\dfrac{dy}{dx} = \dfrac{t}{|t|}$, $\dfrac{d^2y}{dx^2} = 0$ ($t \neq 0$). **14.** 11 题 (1): $\dfrac{d^3y}{dx^3} = \dfrac{8(1-2\cos y+2\sin^2 y)}{(2-\cos y)^5}$;

11 题 (2): $\dfrac{d^3y}{dx^3} = \dfrac{y(1-8y^2+3y^4)}{8(1+y^2)^5}$; 13 题 (1): $\dfrac{d^3y}{dx^3} = \dfrac{3}{8(1-t)^3}$; 13 题 (3): $\dfrac{d^3y}{dx^3} =$

$\dfrac{4(\cos t+2\sin t)}{e^{2t}(\cos t-\sin t)^5}$. **15.** (1) $d^2y = [2x(x^2+2)\cos^2 x - 2x(x^2-1)\sin^2 x + 4(3x^2+2)\cos x\sin x]dx^2$; (2)

$d^2y = x^{-2}e^{2x}(4x^2\ln x + 4x - 1)dx^2$; (3) $d^2y = (1+x^2)^{-\frac{3}{2}}dx^2$; (4) $d^2y = [x^x(\ln x+1)^2 + x^{x-1}]dx^2$.
17. 提示: 用数学归纳法.

    习题 4.5　**1.** (1) $\boldsymbol{\tau} = -R\sin\theta\boldsymbol{i} + R\cos\theta\boldsymbol{j}$; (2) $\boldsymbol{\tau} = -a\sin\theta\boldsymbol{i} + b\cos\theta\boldsymbol{j}$; (3) $\boldsymbol{\tau} =$
$a(\cos\theta - \theta\sin\theta)\boldsymbol{i} + a(\sin\theta + \theta\cos\theta)\boldsymbol{j}$; (4) $\boldsymbol{\tau} = ae^{b\theta}(b\cos\theta - \sin\theta)\boldsymbol{i} + ae^{b\theta}(b\sin\theta + \cos\theta)\boldsymbol{j}$;
(5) $\boldsymbol{\tau} = -a\sin\theta\boldsymbol{i} + a\cos\theta\boldsymbol{j} + b\boldsymbol{k}$; (6) $\boldsymbol{\tau} = e^{b\theta}(b\cos\theta - \sin\theta)\sin\alpha\boldsymbol{i} + e^{b\theta}(b\sin\theta + \cos\theta)\boldsymbol{j} +$
$be^{b\theta}\cos\alpha\boldsymbol{k}$; (7) $\boldsymbol{\tau} = -[a(R+r\cos\theta)\sin a\theta + r\sin\theta\cos a\theta]\boldsymbol{i} + [a(R+r\cos\theta)\cos a\theta - r\sin\theta\sin a\theta]$
$\boldsymbol{j} + r\cos\theta\boldsymbol{k}$. **6.** 提示: 质点的运动方程为 $\boldsymbol{r} = \boldsymbol{r}(t) = R\cos\theta(t)\boldsymbol{i} + R\sin\theta(t)\boldsymbol{j}$, 从而速度
$\boldsymbol{v}(t) = \boldsymbol{r}'(t) = R\theta'(t)\boldsymbol{\tau}(t)$, 加速度 $\boldsymbol{a}(t) = \boldsymbol{v}'(t) = -R|\theta'(t)|^2\boldsymbol{n}(t) + R\theta''(t)\boldsymbol{\tau}(t)$, 其中 $\boldsymbol{\tau}(t) =$
$-\sin\theta(t)\boldsymbol{i} + \cos\theta(t)\boldsymbol{j}$ 为圆周的单位切向量, $\boldsymbol{n}(t) = \cos\theta(t)\boldsymbol{i} + \sin\theta(t)\boldsymbol{j}$ 为圆周的单位法向量,
分别与这两个向量作内积, 得切向速度 (线速度)$v_\tau(t) = R\theta'(t)$, 法向速度 $v_n(t) = 0$, 切向加
速度 (线加速度)$a_\tau(t) = R\theta''(t)$, 法向加速度 $a_n(t) = -R|\theta'(t)|^2 = -v_\tau^2(t)/R$ (负号表示指向
圆心), 对于匀速圆周运动, 有 $v_\tau(t) = \theta'(t) = v$ (常数), $\theta''(t) = 0$, 从而速度 $\boldsymbol{v}(t) = \boldsymbol{r}'(t) =$
$Rv\boldsymbol{\tau}(t)$ 只有切向分量没有法向分量, 加速度 $\boldsymbol{a}(t) = -(v^2/R)\boldsymbol{n}(t)$ 只有法向分量没有切向分量.
7. (1) $v_\tau(t) = |\boldsymbol{r}'(t)| = \sqrt{|\boldsymbol{r}'(t)|^2 + r^2(t)|\theta'(t)|^2}$, $v_n(t) = 0$; (2) $a_\tau(t) = \boldsymbol{r}''(t) \cdot \dfrac{\boldsymbol{r}'(t)}{|\boldsymbol{r}'(t)|} = v_\tau'(t)$,

$a_n(t) = \left|\boldsymbol{r}''(t) - a_\tau(t)\dfrac{\boldsymbol{r}'(t)}{|\boldsymbol{r}'(t)|}\right| = \dfrac{v_\tau^2(t)}{\rho(t)}$, 其中 $\rho(t)$ 是一个数量函数, 叫做质点运动轨迹曲线的

曲率半径 (请自己推导它的计算公式). **8.** $\boldsymbol{r}(t) = v_0 t\cos\theta_0\boldsymbol{i} + \left(v_0 t\sin\theta_0 - \dfrac{1}{2}gt^2\right)\boldsymbol{j}$.

    第 4 章综合习题　**1.** $b = -\dfrac{k^2}{4}$. **3.** 提示: $f'(x) = \dfrac{\sin 8x}{2\sin x}$. **6.** (1) 对恒等式 $\sum\limits_{k=0}^{n}\dbinom{n}{k}x^k(t-$

$x)^{n-k} = t^n$ 关于 t 求导, 然后令 $t = 1$; (2) 对上述恒等式关于 t 求两次导数, 然后令 $t = 1$;
(3) 应用 (1) 和 (2) 进行简单的计算即得. **7.** 提示: 对 $f(x) = x^2g(x)$ 和 $g(x) = e^x\sin x$ 分别应
用莱布尼茨公式. **8.** $\dfrac{(-1)^n n!}{2(x-1)^{n+1}} + \dfrac{n!}{2(x+1)^{n+1}}$.

第 5 章

习题 5.1　**2.** 提示: (1) 注意 $P^{(n)}(x) = n!a_0$ 恒不等于零; (2) 证明两点: (i) $P(x)$ 的相邻不同实根之间必有 $P'(x)$ 的一个实根; (ii) $P(x)$ 的 $m \geqslant 2$ 重根必是 $P'(x)$ 的 $m - 1$ 重根.
3. 提示: (1) 对辅助函数 $f(x) = 3a(x^4 - x) + 4b(x^3 - x) + 6c(x^2 - x)$ 应用罗尔定理; (2) 反证: 若有至少两个实根, 则对辅助函数 $g(x) = x^3 + ax^2 + bx + c$ 应用罗尔定理; 便得矛盾. **4.** 提示: 由题设知 $f(x)$ 与 $g(x)$ 没有公共零点, 反证: 对辅助函数 $F(x) = \dfrac{f(x)}{g(x)}$ 应用罗尔定理. **5.** 提示: (1) 对辅助函数 $F(x) = \mathrm{e}^{ax} f(x)$ 应用罗尔定理; (2) 对辅助函数 $F(x) = x^a f(x)$ 应用罗尔定理. **6.** 提示: 取 C 为 $|f'(x)|$ 的上界. **7.** 提示: (1) 对辅助函数 $F(x) = f(x)f(a+b-x)$ 应用罗尔定理; (2) 对辅助函数 $F(x) = [f(x) - f(a)][g(b) - g(x)]$ 应用罗尔定理; (3) 对很易观察到的辅助函数应用罗尔定理. **8.** 提示: 在区间 $[a,b]$ (当 $a < b$) 或 $[b,a]$ (当 $b < a$) 上应用拉格朗日中值定理. **9.** 提示: 对 $a = k$, $b = k - 1$ 和换 p 为 $p + 1$ 应用第 8 题 (3), 再累加. **10.** 提示: 对函数 $f(t) = t^m$ 和 $q(t) = t^n$ 应用柯西中值定理. **13.** 提示: 考虑辅助函数 $g(x) = f(x) - cx$, 由所给条件推知存在 $a \in I$ 使 $g'(a) < 0$, 从而当 x 在 a 点附近变化时 $[g(x) - g(a)](x - a) < 0$, 又存在 $b \in I$ 使 $g'(b) > 0$, 从而当 x 在 b 点附近变化时 $[g(x) - g(b)](x - b) > 0$, 如果 $a < b$ 则 $g(x)$ 在 (a,b) 上有最小值, 如果 $a > b$ 则 $g(x)$ 在 (b,a) 上有最大值. **14.** 提示: 对辅助函数 $g(x) = f\left(x + \dfrac{b-a}{2}\right) - f(x)$ 应用微分中值定理. **15.** 提示: (1) 只需证明 $\exists x_1, x_2 \in (a,b)$ 使 $f'_-(x_1)f'_-(x_2) \leqslant 0$. 如果 f 在 (a,b) 上有值大于 $f(a) = f(b)$ 的点, 令 x_1 为 f 在 $[a,b]$ 上的最大值点、x_2 为 f 在 (x_1,b) 上的极小值点或任意点 (当 f 在 (x_1,b) 上单调减少时); 如果 f 在 (a,b) 上有值小于 $f(a) = f(b)$ 的点, 令 x_1 为 f 在 $[a,b]$ 上的最小值点、x_2 为 f 在 (x_1,b) 上的极大值点或任意点 (当 f 在 (x_1,b) 上单调增加时); (2) 应用从定理 5.1.2 推导定理 5.1.3 的做法; (3) 是 (2) 的直接推论. **16.** 提示: 记 $M = \max\limits_{0 \leqslant x \leqslant \frac{1}{2C}} |f(x)|$, 用中值定理和归纳法可证明对任意正整数 n 成立 $|f(x)| \leqslant MC^n x^n$, $\forall x \in \left[0, \dfrac{1}{2C}\right]$, 据此即得 $f(x) = 0$, $\forall x \in \left[0, \dfrac{1}{2C}\right]$.
18. 提示: 先证明不等式 $|f(x) - f(y)| \leqslant C'|x - y|^{1-\mu}$, $\forall x, y \in (0, \delta)$, 为此对任意 $0 < y < x < \delta$, 令 n 为使关系式 $\dfrac{x}{2^n} \leqslant y < \dfrac{x}{2^{n-1}}$ 成立的正整数, 如果 $n = 1$, 则直接应用中值定理和所给条件即得上述不等式, 下设 $n \geqslant 2$, 则 $\left|f\left(\dfrac{x}{2^k}\right) - f\left(\dfrac{x}{2^{k-1}}\right)\right| \leqslant C\left(\dfrac{x}{2^k}\right)^{1-\mu}$ $(k = 1, 2, \cdots, n-1)$ 且 $\left|f(y) - f\left(\dfrac{x}{2^{n-1}}\right)\right| \leqslant C\left(\dfrac{x}{2^n}\right)^{1-\mu}$, 把这些关系式相加即得 $|f(x) - f(y)| \leqslant C'' x^{1-\mu}$, 其中 $C'' = \dfrac{C}{2^{1-\mu} - 1}$, 再注意 $x^{1-\mu} \leqslant (x^{1-\mu} - y^{1-\mu}) + y^{1-\mu} \leqslant 2(x - y)^{1-\mu}$, 便得所需证明的不等式.

习题 5.2　**1.** (1) $-\dfrac{1}{3}$; (2) 1; (3) 1; (4) $\dfrac{a}{b}$; (5) $\dfrac{a}{b}$; (6) 1; (7) $\dfrac{2}{3}$; (8) $\dfrac{b}{a}$; (9) 1; (10) 1; (11) a^a; (12) $\dfrac{\alpha}{\beta} a^{\alpha-\beta}$; (13) $\dfrac{a}{b}$; (14) $\dfrac{1}{2}$; (15) $-\dfrac{b}{a}$; (16) -1. **2.** (1) 1; (2) $\mathrm{e}^{-\frac{1}{2}}$; (3) 1; (4) e^{-1}; (5) $\mathrm{e}^{-\frac{1}{6}}$; (6) $\mathrm{e}^{-\frac{2}{a\pi}}$; (7) $\dfrac{1}{2}$; (8) $\dfrac{1}{2}$. **3.** (1) $\ln a$; (2) $\ln a$; (3) $b^{\frac{1}{a}}$; (4) $\sqrt{ab}$; (5) $\mathrm{e}^{-(1+x)}$; (6) $\mathrm{e}^{-\pi^2}$; (7) $\mathrm{e}^{-\frac{x^2}{2}}$; (8) e^2. **4.** (1) 不能, 因为分子分母都求导后所得分式没有极限

(注意直接求极限得极限值为零); (2) 不能, 因为分子分母都求导后所得分式没有极限 (注意分子分母同除以 x 后直接求极限得极限值为 1); (3) 不能, 因为分母在 $x_n = 2n\pi + \dfrac{\pi}{4}$ $(n = 1, 2, \cdots)$ 处为零, 而 $x_n \to +\infty$ (当 $n \to +\infty$), 不满足洛必达法则的条件 (注意此极限算式无极限值, 但如果错误地应用洛必达法则计算则得极限值 0); (4) 不能, 因为分母的导数在 $x_n = 2n\pi - \dfrac{\pi}{4}$ $(n = 1, 2, \cdots)$ 处为零, 而 $x_n \to +\infty$ (当 $n \to +\infty$), 不满足洛必达法则的条件 (注意此极限算式无极限值, 但如果错误地应用洛必达法则计算则得极限值 0); **5.** $\mu = -2$. **6.** 提示: 用一次洛必达法则, 然后改用导数的定义. **7.** 提示: 用洛必达法则求极限 $\lim\limits_{x \to +\infty} \dfrac{\mathrm{e}^{bx} f(x)}{\mathrm{e}^{bx}}$. **8.** 提示: 注意
$$\theta = \frac{f(x) - f(0) - f'(0)x}{x^2} \bigg/ \frac{f'(\theta x) - f'(0)}{\theta x}.$$

习题 5.3 **1.** 提示: 由所给条件推知 $f(x)$ 在 I 上每一点可导且 $f'(x) \equiv 0$. **2.** 提示: 由所给条件推知在 I 上 $[f(x)/g(x)]' \equiv 0$; 反例如 $f(x) = x|x|$, $g(x) = x^2$. **3.** 提示: 对函数 $f(x) - ax$ 应用定理 5.3.1. **4.** 提示: 对函数 $x^a f(x)$ 应用定理 5.3.1. **5.** 提示: 对适当的辅助函数应用定理 5.3.1. **6.** 提示: 对与这些等式相关的函数应用定理 5.3.1. **7.** 提示: 对函数 $f(x) = y(x)\mathrm{e}^{-A(x)}$ 应用定理 5.3.1. **8.** 提示: (1) 应用一次定理 5.3.1, 再应用一次推论 5.3.1; (2) 对函数 $g(x) = f(x) - \dfrac{b}{a^2}\mathrm{e}^{ax}$ 应用 (1) 的结论; (3) 对函数 $g(x) = f(x) + \dfrac{a\cos\omega x + b\sin\omega x}{\omega^2}$ 应用 (1) 的结论. **9.** 提示: 注意由所给条件知 $\left(f'(x)\mathrm{e}^{ax}\right)' = 0$. **10.** 提示: 注意由所给条件知 $\left(f'(x)\sin(\sqrt{a}x) - \sqrt{a}f(x)\cos(\sqrt{a}x)\right)' = 0$ 以及 $f'(x)\sin(\sqrt{a}x) - \sqrt{a}f(x)\cos(\sqrt{a}x) = \left(\dfrac{f(x)}{\sin(\sqrt{a}x)}\right)'\sin^2(\sqrt{a}x)$. **11.** 提示: (1) 不妨设 $\lambda_1 \neq 0$, 证明函数 $g(x) = f(x)\mathrm{e}^{-\lambda_1 x}$ 满足方程 $g''(x) + (\lambda_1 - \lambda_2)g'(x) = 0$, 然后应用第 9 题的结论; (2) 对函数 $g(x) = f(x)\mathrm{e}^{-\lambda_0 x}$ 应用第 8 题 (1) 的结论; (3) 对函数 $g(x) = f(x)\mathrm{e}^{-\mu x}$ 应用第 10 题的结论.

习题 5.4 **1.** (1) 在 $(-\infty, -2]$ 和 $[1, +\infty)$ 上单增, 在 $[-2, 1]$ 上单减; (2) 在 $(-\infty, -1]$ 和 $[1, +\infty)$ 上单减, 在 $[-1, 1]$ 上单增; (3) 在 $\left[2k\pi - \dfrac{2}{3}\pi, 2k\pi + \dfrac{2}{3}\pi\right]$ $(k \in \mathbf{Z})$ 上单增, 在 $\left[2k\pi + \dfrac{2}{3}\pi, 2(k+1)\pi - \dfrac{2}{3}\pi\right]$ $(k \in \mathbf{Z})$ 上单减; (4) 当 n 是奇数时, 在 $(-\infty, n]$ 上单增, 在 $[n, +\infty)$ 上单减; 当 n 是偶数时, 在 $(-\infty, 0]$ 和 $[n, +\infty)$ 上单减, 在 $[0, n]$ 上单增. **7.** (1) 当 $p = 0$ 时, 对任意 $q \in \mathbf{R}$ 都有唯一的实根; 当 $p > 0$ 时, 对 $q < -\dfrac{4}{27}p^3$ 和 $q > 0$ 有唯一的实根, 对 $q = -\dfrac{4}{27}p^3$ 和 $q = 0$ 有两个实根, 对 $-\dfrac{4}{27}p^3 < q < 0$ 有三个实根; 当 $p < 0$ 时, 对 $q < 0$ 和 $q > -\dfrac{4}{27}p^3$ 有唯一的实根, 对 $q = 0$ 和 $q = -\dfrac{4}{27}p^3$ 有两个实根, 对 $0 < q < -\dfrac{4}{27}p^3$ 有三个实根. (2) 当 $c < -6$ 或 $c > 6$ 时有唯一的实根, 当 $c = -6$ 或 $c = 6$ 时有两个实根, 当 $-6 < c < 6$ 时有三个实根. (3) 当 $a = 0$ 时对任意 $b > 0$ 有唯一的实根, 对所有 $b \leqslant 0$ 没有实根; 当 $a < 0$ 时方程 $\mathrm{e}^x = 2ax$ 有唯一的实根, 记之为 x_a, 显然 $x_a < 0$, 对任意 $b > ax_a(2 - x_a)$ 有两个实根, 对 $b = ax_a(2 - x_a)$ 有唯一的实根, 对所有 $b < ax_a(2 - x_a)$ 没有实根; 当 $0 < a \leqslant \dfrac{\mathrm{e}}{2}$ 时, 对任意 $b \in \mathbf{R}$ 有唯一的实根; 当 $a > \dfrac{\mathrm{e}}{2}$ 时, 方程 $\mathrm{e}^x = 2ax$ 有两个实根, 分别记作 x_a' 和 x_a'', 有 $0 < x_a' < 1 < \ln(2a) < x_a''$, 且 $ax_a'(2 - x_a') > ax_a''(2 - x_a'')$, 当 $b > ax_a'(2 - x_a')$ 或

$b < ax_a''(2 - x_a'')$ 时有唯一的实根, 当 $b = ax_a'(2 - x_a')$ 或 $b = ax_a''(2 - x_a'')$ 时有两个实根, 当 $ax_a'(2 - x_a') < b < ax_a'(2 - x_a')$ 时有三个实根. (4) 当 $a \leqslant 0$ 或 $a = e^{-1}$ 时有唯一的实根, 当 $0 < a < e^{-1}$ 时有两个实根, 当 $a > e^{-1}$ 时无实根. (5) 略. **12.** 提示: 考虑辅助函数 $f(x) = (x - a)(e^x + e^a) - 2e^x + 2e^a$. **13.** (1) 在 $x = -3$ 处取到极大值 23, 在 $x = 1$ 处取到极小值 -9; (2) 在 $x = \dfrac{5 - \sqrt{13}}{6}$ 处取到最小值, 在 $x = \dfrac{5 + \sqrt{13}}{6}$ 处取到极小值, 在 $x = 1$ 处取到极大值 0; (3) 在 $x = -1$ 处取到极小值 -1, 在 $x = 1$ 处取到极大值 1; (4) 在 $x = -\dfrac{1}{\sqrt{2}}$ 处取到极小值 $-\dfrac{1}{\sqrt{2e}}$, 在 $x = \dfrac{1}{\sqrt{2}}$ 处取到极大值 $\dfrac{1}{\sqrt{2e}}$; (5) 在 $x = \pm\sqrt{\sqrt{2} - 1}$ 处取到最大值 $\dfrac{\sqrt{2} + 1}{2}$, 在 $x = 0$ 处取到极小值 1; (6) 在 $x = 1$ 处取到最大值 $\dfrac{\pi}{4} - \dfrac{1}{2}\ln 2$; (7) 在 $x = 2k\pi - \dfrac{\pi}{4}$ $(k \in \mathbf{Z})$ 处取到极小值 $-\dfrac{\sqrt{2}}{2}e^{2k\pi - \frac{\pi}{4}}$, 在 $x = 2k\pi + \dfrac{3\pi}{4}$ $(k \in \mathbf{Z})$ 处取到极大值 $\dfrac{\sqrt{2}}{2}e^{2k\pi + \frac{3\pi}{4}}$; (8) 令 c_k $(k = 1, 2, \cdots)$ 为方程 $\tan c = c$ 从小到大依次排列的全部正根, 再令 $x_k^{\pm} = \pm c_k^{-1}$ $(k = 1, 2, \cdots)$. 则 $x_{2k-1}^{\pm}$ $(k = 1, 2, \cdots)$ 是极小值点. $x_{2k}^{\pm}$ $(k = 1, 2, \cdots)$ 是极大值点.

16. (1) $\dfrac{4\sqrt{3}\pi}{9}R^3$; (2) $\dfrac{1}{2}(2 + 3\sqrt{2})\pi R^2$. **17.** 当圆柱的底面半径 r 和高 h 满足关系 $r = h = \sqrt[3]{\dfrac{3V}{5\pi}}$ 时, 表面积最小. **18.** 当扇形的中心角 $\theta = 2\pi\sqrt{\dfrac{2}{3}}$ 时, 卷成的圆锥漏斗容积最大.

习题 5.5 **1.** (1) 凸区间: $(-\infty, +\infty)$; (2) 凸区间: $(0, +\infty)$, 凹区间: $(-\infty, 0)$; (3) 凸区间: $(-1, +\infty)$, 凹区间: $(-\infty, -1)$; (4) 凸区间: $(-\infty, -2)$ 和 $(1, +\infty)$, 凹区间: $(-2, 1)$; (5) 凸区间: $(-1, 1)$, 凹区间: $(-\infty, -1)$ 和 $(1, +\infty)$; (6) 凸区间: $(-2 - \sqrt{3}, -2 + \sqrt{3})$ 和 $(1, +\infty)$, 凹区间: $(-\infty, -\sqrt{2} - \sqrt{3})$ 和 $(\sqrt{2} + \sqrt{3}, 1)$; (7) 凸区间: $((2k-1)\pi, (2k-1)\pi + \theta)$, $(2k\pi - \theta, 2k\pi)$ 和 $(2k\pi + \theta, (2k+1)\pi - \theta)$ $\left(k \in \mathbf{Z},\ \theta = \arcsin\dfrac{\sqrt{7}}{3},\ \text{下同}\right)$, 凹区间: $((2k-1)\pi + \theta, 2k\pi - \theta)$, $(2k\pi, 2k\pi + \theta)$ 和 $((2k+1)\pi - \theta, (2k+1)\pi)$; (8) 凸区间: $(-1, 1)$ 和 $(2, +\infty)$, 凹区间: $(-\infty, -1)$ 和 $(1, 2)$. **4.** 提示: 根据凸函数的定义易知 (1) 与 (2) 等价; 把 (2) 中的行列式按第三列展开便得 (3) 中分式的分子, 所以易见 (2) 与 (3) 等价. **5.** 提示: 为证明必要性, 当 $x < x_0$ 时在 (5.5.3) 中取 $x_1 = x$, $x_3 = x_0$, $x_2 = x_0 - \Delta x$, 然后令 $\Delta x \to 0^+$ 取极限, 当 $x > x_0$ 时在 (5.5.4) 中取 $x_3 = x$, $x_1 = x_0$, $x_2 = x_0 + \Delta x$, 然后令 $\Delta x \to 0^+$ 取极限, 就得到了所需证明的不等式; 为证明充分性, 对任意 $x < x_0 < y$ 由所给不等式得 $\dfrac{f(x_0) - f(x)}{x_0 - x} \leqslant f'(x_0) \leqslant \dfrac{f(y) - f(x_0)}{y - x_0}$, 据此应用定理 5.5.1 知 f 是凸函数. **6.** 提示: 对任意 $0 < x < y$, 对 $x_1 = 0$, $x_2 = x$ 和 $x_3 = y$ 应用 (5.5.4). **7.** 提示: (1) 应用 (5.5.3) (取 $x_3 = x_0$) 可知 $\dfrac{f(x) - f(x_0)}{x - x_0}$ 是 $x < x_0$ 的单增函数, 故其值不大于它当 $x \to x_0^-$ 时的极限, 就得到当 $x < x_0$ 时 $f(x) \geqslant f(x_0) + f_-'(x_0)(x - x_0)$; 类似地应用 (5.5.4) (取 $x_1 = x_0$) 得到当 $x > x_0$ 时 $f(x) \geqslant f(x_0) + f_+'(x_0)(x - x_0)$; 据此推知对任意 $m \in [f_-'(x_0), f_+'(x_0)]$ 都成立 $f(x) \geqslant f(x_0) + m(x - x_0)$. (2) 对 $\forall x_1, x_2, x_3 \in (a, b)$, $x_1 < x_2 < x_3$, 由所给条件知成立 $f(x) \geqslant f(x_2) + m(x - x_2)$, $\forall x \in (a, b)$, 取 $x = x_1$ 和 $x = x_3$, 再应用定理 5.5.1 (4). **8.** 提示:

(1) 是定理 5.5.1 的推论; (2) 是 (1) 的推论; 为证明 (3), 注意从第 7 题 (1) 的证明和本题 (1) 知对任意 $a < y < x < b$ 都成立 $f'_+(a) \leqslant f'_+(y) \leqslant \dfrac{f(x)-f(y)}{x-y} \leqslant f'_-(x) \leqslant f'_-(b)$. **9.** 提示: 先设 $f(a) = f(b)$, 则令 $\xi \in (a,b)$ 为 f 在 $[a,b]$ 上的最小值点, 并令 $\lambda = 0$ 即可: 由于 $f'_-(\xi) \leqslant 0$, $f'_+(\xi) \geqslant 0$, 所以 $\lambda = 0 \in [f'_-(\xi), f'_+(\xi)]$; 对于 $f(a) \neq f(b)$ 的一般情况, 仿照定理 5.1.3 的证明化为上述情况. **10.** 提示: 任意取定 $x_0 \in (a,b)$, 由定理 5.5.1 (3) 知函数 $\dfrac{f(x)-f(x_0)}{x-x_0}$ 是区间 (x_0,b) 上的单增函数, 它在 $\left(\dfrac{1}{2}(x_0+b), b\right)$ 上有界, 从而 $\lim\limits_{x \to b^-} \dfrac{f(x)-f(x_0)}{x-x_0}$ 存在, 再注意 $f(x) = \dfrac{f(x)-f(x_0)}{x-x_0} \cdot (x-x_0) + f(x_0)$. **12.** 提示: 注意对每个 $1 \leqslant k \leqslant n-1$, 有 $\dfrac{k}{n+1} < \dfrac{k}{n} < \dfrac{k+1}{n+1}$, 据此和凸函数的性质便可证明 $x_n > x_{n-1}$.

习题 5.6 **1.** (1) $\sum\limits_{k=0}^{n} \dfrac{e^{x_0}}{k!}(x-x_0)^k + \dfrac{e^\xi}{(n+1)!}(x-x_0)^{n+1}$, $\xi = x_0 + \theta(x-x_0)$, $0 < \theta < 1$ (下同); (2) $\sum\limits_{k=0}^{n} \dfrac{\ln^k a}{k!} x^k + \dfrac{e^{\theta x}\ln^{n+1} a}{(n+1)!} x^{n+1}$; (3) $\sin^2 x_0 - \sum\limits_{k=1}^{n} \dfrac{2^{k-1}}{k!}\cos\left(2x_0 + \dfrac{k\pi}{2}\right)(x-x_0)^k - \dfrac{2^n}{(n+1)!}\cos\left(2\xi + \dfrac{(n+1)\pi}{2}\right)(x-x_0)^{n+1}$; (4) $x_0\ln x_0 + (\ln x_0 + 1)(x-x_0) + \sum\limits_{k=2}^{n} \dfrac{(-1)^{k-2}}{k(k-1)} \dfrac{(x-x_0)^k}{x_0^{k-1}} + \dfrac{(-1)^{n-1}}{n(n+1)} \dfrac{(x-x_0)^{n+1}}{\xi^n}$; (5) $\sum\limits_{k=0}^{n} (-1)^k(2^{k+1}-1)(x-1)^k + (-1)^{n+1}\dfrac{(2\xi)^{n+1}-(2\xi-1)^{n+1}}{\xi^{n+1}(2\xi-1)^{n+1}}(x-1)^{n+1}$ $\left(\text{提示: 为求 } f(x) = \dfrac{1}{2x^2-x} \text{ 的 } n \text{ 阶导数, 改写 } f(x) = \left(x-\dfrac{1}{2}\right)^{-1} - x^{-1}\right)$;

(6) $-\dfrac{1}{16}\sum\limits_{k=0}^{n} (-1)^k 9^k[25^k + 9^k - 2]x^{2k} - \dfrac{(-1)^{n+1}}{16} 9^{n+1}[25^{n+1}\cos 15\theta + 9^{n+1}\cos 9\theta - 2\cos 3\theta]x^{2n+1}$ $\left(\text{提示: 为求 } f(x) = \sin^2 3x\cos^3 3x \text{ 的 } n \text{ 阶导数, 改写 } f(x) = \dfrac{1}{8}\cos 3x - \dfrac{1}{16}\cos 9x - \dfrac{1}{16}\cos 15x\right)$. **2.** (1) $1 - \dfrac{3}{2}x + \dfrac{7}{8}x^2 - \dfrac{11}{16}x^3 + \dfrac{5(15+\xi)}{128(1+\xi)^{\frac{9}{2}}}x^4$; (2) $x + \dfrac{1}{3}x^3 + \dfrac{(2+\sin^2\xi)\sin\xi}{3\cos^5\xi}x^4$;

(3) $\ln 2 + \dfrac{1}{2}x + \dfrac{1}{8}x^2 + \dfrac{1}{24}f^{(4)}(\xi)x^4$, $f^{(4)}(x) = u - 7u^2 + 12u^3 - 6u^4$, 其中 $u = (1+e^x)^{-1}$;

(4) $1 + x + \dfrac{1}{2}x^2 + \dfrac{1}{24}f^{(4)}(\xi)x^4$, $f^{(4)}(x) = e^{\sin x}[\cos^4 x - 6\cos^2 x\sin x - 4\cos^2 x + 3\sin^2 x + \sin x]$.

3. (1) $1 - 2x + 2x^2 - 2x^4 + o(x^4)$; (2) $\dfrac{1}{6}x^2 + x^3 + \dfrac{103}{72}x^4 + o(x^4)$; (3) $1 + 2x + x^2 - \dfrac{2}{3}x^3 - \dfrac{5}{6}x^4 + o(x^4)$; (4) $-\dfrac{1}{2}x^2 - \dfrac{1}{12}x^4 + o(x^4)$. **4.** (1) $\ln x + \sum\limits_{k=1}^{n+1} \dfrac{(-1)^{k-1}}{kx^k}h^k + o(x^{n+1})$; (2) $\sum\limits_{k=1}^{n} \dfrac{(-1)^{k-1}}{2k-1}x^{2k-1} + o(x^{2n-1})$; (3) $x + \sum\limits_{k=1}^{n} \dfrac{(2k-1)!!}{(2k)!!(2k+1)}x^{2k+1} + o(x^{2n+1})$. **5.** (1) $-\dfrac{4}{3}$;

(2) $-\dfrac{2}{3}$; (3) $-\dfrac{1}{2}$; (4) $\dfrac{1}{2}$; (5) $\dfrac{1}{2}$; (6) $\ln\dfrac{a}{b}$; (7) e^2; (8) $-\dfrac{e}{2}$; (9) $\sqrt{\dfrac{a}{b}}$; (10) $e^{\frac{3}{2}}$; (11) $\dfrac{1}{15}$; (12) $\dfrac{1}{2}$;

(13) $\frac{1}{3}$; (14) $\frac{1}{3}$; (15) $\sqrt[3]{abc}$; (16) e^{-1}; (17) $e^{-\frac{1}{2}}$; (18) 0. **7.** (1) $4x^3$; (2) x^2; (3) $-\frac{1}{3}x^4$; (4) x^3;

(5) $-\frac{e}{2}x$; (6) $\frac{1}{2}x$; (7) $\frac{1}{15}x^4$; (8) $\frac{11}{180}x^7$. **8.** (1) $\sqrt[3]{29} = 3\left(1+\frac{2}{27}\right)^{\frac{1}{3}} \approx 3.072$; (2) $\sqrt[5]{1100} =$

$4\left(1+\frac{19}{256}\right)^{\frac{1}{5}} \approx 4.059$; (3) $\sqrt[12]{4000} = 2\left(1-\frac{3}{128}\right)^{\frac{1}{12}} \approx 1.996$; (4) $\sqrt{\pi} \approx 1.77\left(1+\frac{0.0087}{3.1329}\right)^{\frac{1}{2}} \approx$

1.772478; (5) 0.309017; (6) 0.98769; (7) $\ln 3 \approx \ln(e+0.28) \approx 1 + \ln(1+0.103) \approx 1.098$;

(8) $\ln 8 \approx \ln(e^2 + 0.61) \approx 2 + \ln(1+0.083) \approx 2.0798$. **10.** 提示: 把 $f\left(\frac{a+b}{2}\right)$ 分别在 a

和 b 点做一阶泰勒展开. **11.** 提示: 把 $f(a)$ 和 $f(b)$ 都在 x 点做一阶泰勒展开. **12.** 提示: 用

M 表示 $|f(x)|, |f'(x)|, \cdots, |f^{(n-1)}(x)|$ 在 $[0,1]$ 上的公共上界, 应用泰勒展开和假设条件证明

当 $x \in [0,1]$ 时, $|f^{(k)}(x)| \leqslant \frac{CM}{(n-1)!}x^{n-k}$, $k = 0,1,\cdots,n-1$, 进而再次应用假设条件知当

$x \in [0,1]$ 时, $|f^{(n)}(x)| \leqslant \frac{nC^2M}{(n-1)!}x$, 剩余部分的推导类似于习题 5.3 第 7 题. **13.** 提示: (1) 对

$\forall x \in [a,b]$, 把 $f(a)$ 和 $f(b)$ 都在 x 点做一阶泰勒展开; (2) 对 $\forall x \in [a,b]$, 取长度等于 $2\sqrt{\frac{M_0}{M_2}}$

的区间 $[c,d] \subseteq [a,b]$ 使 $x \in [c,d]$, 在区间 $[c,d]$ 上应用 (1) 的结论; (3) 对 $\forall x \in [a,b]$, 取长度等

于 2ε 的区间 $[c,d] \subseteq [a,b]$ 使 $x \in [c,d]$, 在区间 $[c,d]$ 上应用 (1) 的结论. **14.** 提示: 对 $\forall x \in \mathbf{R}$

和 $\forall h > 0$, 作 $f(x+h)$ 和 $f(x-h)$ 在 x 点的带拉格朗日余项的一阶泰勒展开, 然后对所得含

h 的不等式关于 h 做最优化处理. **15.** 提示: (1) 对任意有限区间 $[a,b] \subseteq \mathbf{R}$, 记 $c = b-a$, 在区

间 $\left[a, a+\frac{1}{3}c\right]$ 和 $\left[b-\frac{1}{3}c, b\right]$ 上分别应用拉格朗日中值定理, 设得到的一阶中值点分别为 ξ_1 和

ξ_2, 然后在区间 $[\xi_1, \xi_2]$ 上对一阶导函数应用拉格朗日中值定理, 设得到的二阶中值点为 η, 然后

对 $\forall x \in [a,b]$, 在以 x 和 η 为端点的区间上对二阶导函数应用拉格朗日中值定理, 便可得到二

阶导函数 $|f''|$ 只依赖于 M_0, M_3 和 c 的上界估计, 由区间 $[a,b]$ 的任意性, 就得到了 $|f''|$ 的有

界性, 据此用类似的方法即可证明 $|f'|$ 的有界性; 也可采用与第 14 类似的方法证明这些结论.

(2) 由上题知 $M_1 \leqslant \sqrt{2M_0M_2}$, $M_2 \leqslant \sqrt{2M_1M_3}$. **16.** 提示: 应用 $x_{n+1} = \sin x_n$ 和泰勒展开推

导数列 $\left\{\frac{3}{nx_n^2}\right\}$ 的递推公式, 并应用 2.1 节例 7.

习题 5.7 **1.** (1) $x_{n+1} = \frac{2x_n^3 + 5}{3x_n^2 + 2}$, $x_1 = \frac{3}{2}$, $\bar{x} \approx 1.328$; (2) $x_{n+1} = \frac{x_n - 1}{1 + e^{-x_n}}$,

$x_1 = -\frac{1}{2}$, $\bar{x} \approx -0.567$ ($e^{\frac{1}{2}} \approx 1.649$, $e^{0.566} \approx 1.751$); (3) $x_{n+1} = \frac{x_n + 1}{\ln x_n + 1}$, $x_1 = 2$,

$\bar{x} \approx 1.764$ ($\ln 2 \approx 0.693$, $\ln 1.772 \approx 0.571$); (4) $x_{n+1} = \frac{\sin x_n - x_n \cos x_n + 2}{2 - \cos x_n}$, $x_1 = 2$, $\bar{x} \approx 1.5$

($\sin 2 \approx \sin 114° \approx 0.914$, $\cos 2 \approx \cos 114° \approx -\sin 24° \approx -0.407$, $\sin 1.549 \approx \sin 88°42' \approx 1$,

$\cos 1.549 \approx 0$); (5) $x_{n+1} = \frac{3x_n^4 - 20x_n^3 - 1}{4x_n^3 - 30x_n^2}$, $x_1 = \frac{1}{2}$, $\bar{x} \approx 0.472$; (6) $\bar{x}_1 \approx 4.493$, $\bar{x}_2 \approx 7.725$.

2. 提示: 令 $\bar{x}$ 为方程 $f(x) = 0$ 的根, 则 $x_{n+1} - \bar{x} = \frac{1}{2}\frac{f''(\xi_n)}{f'(x_n)}(x_n - \bar{x})^2$. **3.** 提示: 令 $\bar{x}$ 为

方程 $f(x) = 0$ 的根, 则 $x_{n+1} - \bar{x} = [1 - \theta c f'(\xi_n)](x_n - \bar{x})$. **4.** 提示: 应用数学归纳法证明

$\{x_n\}$ 是单调递减数列, $\{y_n\}$ 是单调递增数列; 为此需补充证明 $x_n > \bar{x}$ 且 $0 < y_n < \dfrac{1}{f'(x_n)}$, $n = 1, 2, \cdots$.

第 5 章综合习题　**1.** 提示: 反复应用罗尔定理. **2.** 提示: (1) 反复应用罗尔定理; (2) 对函数 $e^{-x}L_n(x)$ 反复应用罗尔定理和广义罗尔定理 (习题 5.1 第 1 题); (3) 对函数 $e^{-x^2}H_n(x)$ 反复应用罗尔定理和广义罗尔定理. **3.** 提示: (1) 对表达式 $\dfrac{f(b)-f(a)}{b^n-a^n}$ $(n = 1, 2, 3)$ 应用柯西中值定理; (2) 对 $f(x)$ 和 x^2, $f(x)$ 和 x^4, $f(x)$ 和 $\ln x$ 应用柯西中值定理. **4.** 提示: 应用微分中值定理. **6.** 提示: 记 $\lambda_k = a_k \Big/ \sum\limits_{j=1}^{n} a_j$, $k = 1, 2, \cdots, n$, 反复应用介值定理, 依次得点

$0 = c_0 < c_1 < c_2 < \cdots < c_n = 1$, 使成立 $f(c_k) = \sum\limits_{j=1}^{k} \lambda_j$, $k = 1, 2, \cdots, n$, 再反复应用微分中值

定理, 得 n 个点 $x_k \in (c_{k-1}, c_k)$ 使成立 $f'(x_k) = \dfrac{f(c_k)-f(c_{k-1})}{c_k-c_{k-1}} = \dfrac{\lambda_k}{c_k-c_{k-1}}$, $k = 1, 2, \cdots, n$,

进而得所欲证明之等式. **8.** (1) $x_3 = \dfrac{9}{8}$; (2) $x_{10000} = \dfrac{1}{200}$; (3) $x_3 = \sqrt[3]{3}$. **10.** 提示: 考虑函数

$f(x) = \dfrac{1}{\ln(1+x)} - \dfrac{1}{x}$ $(0 < x \leqslant 1)$ 的取值范围. **12.** 提示: (1) 根据泰勒展开公式, 由所设条件知,

$a_k = \dfrac{1}{k!}f^{(k)}(0)$, $k = 0, 1, \cdots, n$, 据此对 $f'(x)$ 应用泰勒展开公式即得所欲证明之等式; (2) 与

(1) 类似. **13.** (1) $a = \dfrac{1}{2}$, $b = -\dfrac{1}{2}$, $-\dfrac{1}{12}x^3$; (2) $a = \dfrac{3}{2}$, $b = 0$, $-\dfrac{1}{3}x^3$; (3) $a = \dfrac{4}{3}$, $b = -\dfrac{1}{3}$, $-\dfrac{1}{24}x^5$;

(4) $a = b = \pm\dfrac{1}{\sqrt{3}}$, $\mp\dfrac{1}{9\sqrt{3}}x^4$. **14.** 提示: 先用 n 次洛必达法则, 最后用 $n+1$ 阶导数的定义计算

极限 $\lim\limits_{\Delta x \to 0} \dfrac{1}{\Delta x^{n+1}}\Big\{f(x_0+\Delta x) - \Big[f(x_0) + f'(x_0)\Delta x + \dfrac{1}{2!}f''(x_0)\Delta x^2 + \cdots + \dfrac{1}{n!}f^{(n)}(x_0)\Delta x^n\Big]\Big\}$,

把这样得到的结果与用所给 $f(x)$ 的表达式和 $n+1$ 阶导数的定义计算此极限得到的结果比较, 应用条件 $f^{(n+1)}(x_0) \neq 0$ 即得所需证明的关系式. **15.** 提示: 对 $f(x)$ 在点 x_0 作带拉格朗日余项的 n 阶泰勒展开, 对 $f'(x_0+\theta\Delta x)$ 在点 $\Delta x = 0$ 作带拉格朗日余项的 $n-1$ 阶泰勒展开.

16. 提示: 对任意 $x \in I$ 和使 $x+r \in I$ 成立的 $r > 0$, 对 $f(x+r)$ 关于 r 作泰勒展开.

17. 提示: (1) 令 $\bar{x}$ 为 f 的最大值点, 如果 $0 < \bar{x} \leqslant \dfrac{1}{2}$, 把 $f(0)$ 在点 $\bar{x}$ 作一阶泰勒展开, 否则

把 $f(1)$ 在点 $\bar{x}$ 作一阶泰勒展开; (2) 不妨设 $0 < \bar{x} \leqslant \dfrac{1}{2}$, 把 $f(1)$ 在点 $\bar{x}$ 作一阶泰勒展开, 得

$\bar{x} < \eta < 1$ 使 $f''(\eta) \geqslant -8c$, 再应用达布定理 (习题 5.1 第 13 题). **18.** 提示: 把 $f(a)$ 和 $f(b)$ 在任意点 $x \in [a,b]$ 作带拉格朗日余项的一阶泰勒展开. **19.** 提示: 参考习题 5.6 第 14 题. **20.** 提示: (1) 对任意 $x > 0$ 和 $\theta > 0$, 令 $\Delta x = \pm\theta x$, 把 $f(x+\Delta x)$ 在 $\Delta x = 0$ 作一阶泰勒展开; (2) 应用 (1) 所得不等式. **21.** 提示: 把 $f\Big(x+\dfrac{j}{n}\Big)$ $(j = 1, 2, \cdots, n-1)$ 都在 x 点作带拉格朗日型余项的 $n-1$ 阶泰勒展开, 根据这些展开式把 $f'(x), f''(x), \cdots, f^{(n-1)}(x)$ 表为 $f(t)$ 和 $f^{(n)}(t)$ 在区间 $x \leqslant t \leqslant x+1$ 上某些点处的值的线性组合, 便得 (1); (2) 是 (1) 的推论.

第 6 章

习题 6.1　**2.** (1) $3x^3 - \frac{6}{5}x^5 + \frac{1}{7}x^7 + C$; (2) $8x - 4x^3 + \frac{6}{5}x^5 - \frac{1}{7}x^7 + C$; (3) $3\ln|x| - x +$

$3x^{-1} - \frac{1}{2}x^{-2} + C$; (4) $\frac{2}{3}x^{\frac{3}{2}} + \frac{3}{5}x^{\frac{5}{3}} + C$; (5) $\frac{3}{2}x^{\frac{2}{3}} + \frac{3}{8}x^{\frac{8}{3}} + C$; (6) $-3x^{-\frac{1}{3}} + \frac{9}{2}x^{\frac{2}{3}} + \frac{9}{5}x^{\frac{5}{3}} + \frac{3}{8}x^{\frac{8}{3}} + C$;

(7) $3x^{\frac{2}{3}} - \frac{18}{5}x^{\frac{5}{6}} + 3x^{\frac{1}{3}} + C$; (8) $\frac{1}{2}x^2 - \frac{2}{3}x^{\frac{3}{2}} + x + C$; (9) $-2x^{-\frac{1}{2}} - \frac{2}{7}x^{-\frac{7}{2}} + C$; (10) $2\arcsin x + C$;

(11) $\frac{4^x}{\ln 4} + \frac{2 \cdot 6^x}{\ln 6} + \frac{9^x}{\ln 9} + C$; (12) $\frac{3}{2^x \ln 2} - \frac{1}{16}\frac{2^x}{3^x(\ln 3 - \ln 2)} + C$; (13) $\frac{1}{2}e^{2x} - \frac{1}{2}e^{-2x} + x + C$;

(14) $\frac{1}{4}e^{4x} - \frac{1}{2}e^{2x} + x + C$; (15) $(\sin x - \cos x)\operatorname{sgn}(\sin x + \cos x) + C$; (16) $\sqrt{2}(\cos x - \sin x) + C$;

(17) $\frac{1}{2}x^4 + \frac{3}{2}x^2 + \arctan x + C$; (18) $-\frac{1}{3}x^{-3} + x^{-1} + \arctan x + C$; (19) $-x - \cot x + C$;

(20) $\frac{1}{4}(\tan x - \cot x) + C$.　**3.** (1) $-\frac{1}{3}(x-1)^3 - \frac{3}{2}(x-1)^2 - 3x - \ln|x-1| + C$; (2) $\frac{2\sqrt{2}}{5}\left(x - \frac{1}{2}\right)^{\frac{5}{2}} +$

$\frac{\sqrt{2}}{3}\left(x - \frac{1}{2}\right)^{\frac{3}{2}} + C$; (3) $\ln\left|\frac{x-1}{x+1}\right| + x + C$; (4) $-\frac{1}{2}\ln|x^2 - 1| + C$; (5) $\frac{1}{4}\ln\left|\frac{x-1}{x+3}\right| + C$; (6)

$\frac{3}{8}(x+1)^{\frac{8}{3}} - \frac{9}{5}(x+1)^{\frac{5}{3}} + \frac{9}{2}(x+1)^{\frac{2}{3}} + 3(x+1)^{-\frac{1}{3}} + C$; (7) $\frac{1}{3}[(x+1)^{\frac{3}{2}} - (x-1)^{\frac{3}{2}}] + C$;

(8) $\sqrt{x-1} - \sqrt{x+1} + C$; (9) $\arctan(x+2) + C$; (10) $\frac{1}{\sqrt{6}}\arctan\left(\sqrt{\frac{3}{2}}x\right) + C$; (11) $\arcsin\frac{x}{a} + C$;

(12) $\arcsin(x-1) + C$; (13) $\tan\frac{x}{2} + C$; (14) $-\cot\frac{x}{2} + C$; (15) $\tan\left(\frac{x}{2} - \frac{\pi}{4}\right) + C$ 或 $-\cot\left(\frac{x}{2} +\right.$

$\left.\frac{\pi}{4}\right) + C$; (16) $\tan\left(\frac{x}{2} + \frac{\pi}{4}\right) + C$ 或 $-\cot\left(\frac{x}{2} - \frac{\pi}{4}\right) + C$; (17) $\frac{1}{2}\arctan x + \frac{1}{4}\ln\left|\frac{1+x}{1-x}\right| + C$;

(18) $-\frac{1}{2}\frac{x}{x^2-1} + \frac{1}{4}\ln\left|\frac{1+x}{1-x}\right| + C$; (19) $-\frac{1}{8}\cos 2x - \frac{1}{32}\cos 4x + C$; (20) $\frac{1}{4}\tan\left(x - \frac{\pi}{3}\right) + C$.

习题 6.2　**1.** (1) $-\frac{3}{8}(1 - 2x)^{\frac{4}{3}} + C$; (2) $\frac{1}{12}\ln^4 x + C$; (3) $-\frac{1}{6}e^{-2x^3} + C$;

(4) $\arctan e^x + C$; (5) $-\frac{1}{9}\cos^9 x + C$; (6) $-\ln|\cos x| + C$; (7) $\frac{\sqrt{6}}{6}\arctan\left(\frac{\sqrt{6}}{3}x\right) + C$;

(8) $\frac{\sqrt{2}}{2}\arcsin\left(\frac{\sqrt{6}}{3}x\right) + C$; (9) $\frac{1}{2}\arctan x^2 + C$; (10) $\frac{1}{4}\ln(3 + 2x^2) + C$; (11) $2\arctan\sqrt{x} + C$;

(12) $2\arcsin\sqrt{x} + C$; (13) $\ln|x| - \ln(1 + \sqrt{1+x^2}) + C$; (14) $e^{-\frac{1}{x}} + C$; (15) $\frac{2}{3}(x+1)^{\frac{3}{2}} - 2(x+1)^{\frac{1}{2}} +$

C; (16) $\sqrt{1+x^2} + C$; (17) $\frac{1 - \cos x}{\sin x} + C$ 或 $\tan\frac{x}{2} + C$; (18) $\frac{\sin x - 1}{\cos x} + C$ 或 $-\cot\left(\frac{x}{2} + \frac{\pi}{4}\right) + C$.

2. (1) $-\frac{3}{32}(1-2x)^{\frac{4}{3}} + \frac{3}{28}(1-2x)^{\frac{7}{3}} - \frac{3}{80}(1-2x)^{\frac{10}{3}} + C$; (2) $\frac{3}{56}(1-2x^2)^{\frac{7}{3}} - \frac{3}{32}(1-2x^2)^{\frac{4}{3}} + C$;

(3) $\frac{1}{b^2 - a^2}\left(\frac{1}{a}\arctan\frac{x}{a} - \frac{1}{b}\arctan\frac{x}{b}\right) + C$; (4) $\frac{1}{2}\ln\frac{1+x^2}{2+x^2} + C$; (5) $-\frac{9}{4}(3 - 2x)^{\frac{1}{2}} + \frac{1}{2}(3 -$

$2x)^{\frac{3}{2}} - \frac{1}{20}(3 - 2x)^{\frac{5}{2}} + C$; (6) $\frac{1}{3}(1 + x^2)^{\frac{3}{2}} - \sqrt{1+x^2} + C$; (7) $\frac{x}{a} - \frac{1}{a}\ln|a + be^x| + C$;

(8) $x + 2\arctan\frac{e^x}{2} + C$; (9) $-\frac{2}{b\sqrt{e^x}} - \frac{2a}{b^2}x + \frac{2a}{b^2}\ln|ae^x + b\sqrt{e^x}| + C$; (10) $-2\arcsin e^{-\frac{x}{2}} + C$;

(11) $-\dfrac{3}{2}(\cot x)^{\frac{2}{3}}+C$; (12) $-\dfrac{1}{6}\cos^6 x+\dfrac{1}{8}\cos^8 x+C$; (13) $\dfrac{1}{2}\ln\left(\dfrac{1+\sin x}{1-\sin x}\right)+C$; (14) $2\sqrt{\sin x-\cos x}$

$+C$; (15) $-\dfrac{1}{2}(\arccos x)^2+C$; (16) $\dfrac{\sqrt{2}}{4}\arctan^4\sqrt{2x}+C$; (17) $-2\sqrt{1-\ln x}+\dfrac{4}{3}(1-\ln x)^{\frac{3}{2}}-$

$\dfrac{2}{5}(1-\ln x)^{\frac{5}{2}}+C$; (18) $\dfrac{1}{2}\ln^2(1+\sqrt{1+x^2})+C$; (19) $\dfrac{1}{2}\ln^2\sin x+C$; (20) $\dfrac{1}{2}\arctan^2 e^x+C$.

3. (1) $\dfrac{x}{a^2\sqrt{a^2-x^2}}+C$; (2) $\dfrac{a^2}{2}\arcsin\dfrac{x}{a}-\dfrac{1}{2}x\sqrt{a^2-x^2}+C$; (3) $\dfrac{a^4}{8}\arcsin\dfrac{x}{a}-\dfrac{a^2}{8}x\sqrt{a^2-x^2}+$

$\dfrac{1}{4}x^3\sqrt{a^2-x^2}+C$; (4) $\dfrac{1}{2}x\sqrt{x^2-a^2}+\dfrac{a^2}{2}\ln|x+\sqrt{x^2-a^2}|+C$; (5) $-\dfrac{x}{a^2\sqrt{x^2-a^2}}+C$;

(6) $\ln|x+\sqrt{x^2-a^2}|-\dfrac{x}{\sqrt{x^2-a^2}}+C$; (7) $\dfrac{1}{2}x\sqrt{x^2-a^2}-\dfrac{a^2}{2}\ln|x+\sqrt{x^2-a^2}|+C$;

(8) $-\dfrac{\sqrt{a^2+x^2}}{a^2 x}+C$; (9) $\dfrac{1}{2}x\sqrt{a^2+x^2}-\dfrac{a^2}{2}\ln(x+\sqrt{a^2+x^2})+C$; (10) $\ln(x+\sqrt{a^2+x^2})-$

$\dfrac{x}{\sqrt{a^2+x^2}}+C$; (11) $-\dfrac{\sqrt{a^2-x^2}}{x}-\arcsin\dfrac{x}{a}+C$; (12) $\ln|x+\sqrt{x^2-a^2}|-\dfrac{\sqrt{x^2-a^2}}{x}+C$.

4. (1) $\dfrac{1}{2}e^{2x}-2xe^x+\dfrac{1}{3}x^3+x^2+x+C$; (2) $\dfrac{1}{\mu+1}x^{\mu+1}\ln x-\dfrac{1}{(\mu+1)^2}x^{\mu+1}+C$;

(3) $\dfrac{1}{4}x^4\ln^2 x-\dfrac{1}{8}x^4\ln x+\dfrac{1}{32}x^4+C$; (4) $2\sqrt{x}\ln^2 x-8\sqrt{x}\ln x+16\sqrt{x}+C$; (5) $(x-2)^2\sin x+$

$2(x-2)\cos x-2\sin x+C$; (6) $\dfrac{1}{4}x^2-\dfrac{1}{4}x\sin 2x-\dfrac{1}{8}\cos 2x+C$; (7) $-\dfrac{3}{4}x^2\cos x-\dfrac{3}{2}x\sin x-$

$\dfrac{3}{2}\cos x+\dfrac{1}{12}x^2\cos 3x-\dfrac{1}{18}x\sin 3x-\dfrac{1}{54}\cos 3x+C$; (8) $\dfrac{1}{24}x^3-\dfrac{1}{32}x^2\sin 4x-\dfrac{1}{64}x\cos 4x+$

$\dfrac{1}{256}\sin 4x+C$; (9) $x\arctan x-\dfrac{1}{2}\ln(1+x^2)+C$; (10) $\dfrac{1}{4}(2x^2-1)\arcsin x+\dfrac{x}{4}\sqrt{1-x^2}+C$;

(11) $-\dfrac{\arcsin x}{x}-\ln(1+\sqrt{1-x^2})+\ln|x|+C$; (12) $\dfrac{1}{3}x^3\ln\left|\dfrac{2-x}{2+x}\right|-\dfrac{2}{3}x^2-\dfrac{8}{3}\ln|x^2-4|+$

C; (13) $\dfrac{1}{3}x^3\ln(x+\sqrt{1+x^2})-\dfrac{1}{9}(1+x^2)^{\frac{3}{2}}+\dfrac{1}{3}\sqrt{1+x^2}+C$; (14) $x\ln(x+\sqrt{x^2-1})-$

$\sqrt{x^2-1}+C$; (15) $(\sin x)\ln(\cos x)+\dfrac{1}{2}\ln\left(\dfrac{1+\sin x}{1-\sin x}\right)-\sin x+C$; (16) $(\cos x)\ln(1+\tan x)-$

$\dfrac{1}{2\sqrt{2}}\ln\left|\dfrac{\sqrt{2}-\sin x+\cos x}{\sqrt{2}+\sin x-\cos x}\right|+C$. **5.** (1) $-(x^2+2)e^{-\frac{1}{2}x^2}+C$; (2) $(2x\sqrt{x}-6x+12\sqrt{x}-$

$12)e^{\sqrt{x}}+C$; (3) $-\dfrac{1}{2}(x^2-2x+2)e^{2x-x^2}+C$; (4) $-(\sin x-1)^2 e^{\sin x}+C$; (5) $(e^{\sin x}-$

$1)\ln|e^{\sin x}-1|-e^{\sin x}+C$; (6) $-\dfrac{1}{2x^2}\ln\dfrac{1-x^2}{1+x^2}+\dfrac{1}{2}\ln\dfrac{1-x^4}{x^4}+C$; (7) $\dfrac{1}{2}(2x-1)(\arccos\sqrt{x})^2-$

$\sqrt{x-x^2}\arccos\sqrt{x}-\dfrac{1}{2}x+C$; (8) $\dfrac{1}{2}x^2\arctan(x^2)-\dfrac{1}{4}\ln(1+x^4)+C$; (9) $\dfrac{1}{3}x^3(\arcsin x)^2+\dfrac{2}{9}(2+$

$x^2)\sqrt{1-x^2}\arcsin x-\dfrac{2}{27}x^3-\dfrac{4}{9}x+C$; (10) $\dfrac{1}{3}x^{\frac{3}{2}}-\dfrac{1}{4}(2x-1)\sin(2\sqrt{x})-\dfrac{1}{2}\sqrt{x}\cos(2\sqrt{x})+C$; (11)

$\dfrac{x^2+x-1}{5(x^2+1)}e^{\arctan x}+C$; (12) $\dfrac{4+6x+3x^2+3x^3}{10(1+x^2)^{\frac{3}{2}}}e^{\arctan x}+C$; (13) $\dfrac{1}{2}(x-\sqrt{1-x^2})e^{\arcsin x}+C$;

(14) $\dfrac{1}{5}(2x\sqrt{1-x^2}+x^2-3)e^{\arccos x}+C$; (15) $\dfrac{4}{5}x\sin(\ln\sqrt{x})-\dfrac{2}{5}x\cos(\ln\sqrt{x})+C$; (16)

$\frac{1}{5}x\sin(2\ln x)+\frac{1}{5}x\cos^2(\ln x)+\frac{2}{5}x+C$; (17) $-\ln(\sin x)\cos x-\frac{1}{2}\ln\frac{1+\cos x}{1-\cos x}+\cos x+C$; (18) $-\frac{1}{2}(e^{-2x}+1)\arctan e^x-\frac{1}{2}e^{-x}+C$; (19) $-\sqrt{1-x^2}(\arccos x)^2-2x\arccos x+2\sqrt{1-x^2}+C$; (20) $\frac{x-\arctan x}{\sqrt{1+x^2}}+C$; (21) $-\frac{\sqrt{1-x^2}}{x}\arcsin x+\ln|x|+C$; (22) $\frac{1}{4}(\arctan x)^2+\frac{x^2+x-1}{2(1+x^2)}\arctan x+\frac{2x+1}{4(1+x^2)}+C$.

习题 6.3 **1.** (1) $5\ln|x+2|-3\ln|x+1|+C$; (2) $\frac{1}{5}x^5-\frac{1}{4}x^4+x^3-\frac{5}{2}x^2+11x-\frac{65}{3}\ln|x+2|+\frac{2}{3}\ln|x-1|+C$; (3) $\ln\frac{|x|}{\sqrt{x^2+1}}+C$; (4) $x-\frac{1}{3}\ln|x|-3\ln|x-2|+\frac{25}{3}\ln|x-3|+C$;

(5) $\frac{1}{8\sqrt{2}}\ln\left|\frac{x-\sqrt{2}}{x+\sqrt{2}}\right|-\frac{1}{4\sqrt{2}}\arctan\frac{x}{\sqrt{2}}+C$; (6) $\frac{1}{16}\ln\frac{x^2+2x+2}{x^2-2x+2}+\frac{1}{8}\arctan(x-1)+\frac{1}{8}\arctan(x+1)+C$; (7) $\frac{1}{4}\ln\left|\frac{x^2-1}{x^2+1}\right|-\frac{1}{4}\ln\left|\frac{x-1}{x+1}\right|+\frac{1}{2}\arctan x+C$; (8) $\frac{1}{5}\ln\frac{|x-1|}{\sqrt{x^2+2x+2}}+\frac{3}{5}\arctan(x+1)+C$; (9) $\ln\left|\frac{x}{x+1}\right|+\frac{2x+3}{2(x+1)^2}+C$; (10) $\frac{1}{12}\ln\frac{|x+2|}{\sqrt{x^2-2x+4}}+\frac{1}{4\sqrt{3}}\arctan\frac{x-1}{\sqrt{3}}+C$; (11) $\frac{2}{\sqrt{3}}\arctan\frac{2x-1}{\sqrt{3}}-\ln\left|\frac{x}{x+1}\right|+C$; (12) $\frac{1}{\sqrt{3}}\arctan\frac{2x+1}{\sqrt{3}}+\frac{1}{\sqrt{3}}\arctan\frac{2x-1}{\sqrt{3}}+C$; (13) $\frac{1}{3}\ln\left|\frac{x-1}{x+1}\right|+\frac{1}{6}\ln\frac{x^2-x+1}{x^2+x+1}-\frac{1}{2\sqrt{3}}\arctan\frac{2x+1}{\sqrt{3}}-\frac{1}{2\sqrt{3}}\times\arctan\frac{2x-1}{\sqrt{3}}-\frac{1}{2\sqrt{3}}\arctan\frac{x+2}{\sqrt{3}x}+\frac{1}{2\sqrt{3}}\arctan\frac{x-2}{\sqrt{3}x}+C$; (14) $\frac{1}{2\sqrt{3}}\ln\frac{x^2-\sqrt{3}x+1}{x^2+\sqrt{3}x+1}-\arctan x+C$. **2.** (1) $\ln\frac{|x+1|}{|x|}-\frac{1}{x}+\frac{1}{2x^2}-\frac{1}{3x^3}+C$; (2) $\ln\frac{|x|}{|x+1|}+\frac{1}{x+1}+C$;

(3) $\frac{1}{27}\ln\frac{|x|^9}{|2x^9+3|}+C$; (4) $\ln\frac{\sqrt{x^4+1}}{|x|}+C$; (5) $\frac{1}{4}\ln\left|\frac{x^4+4x}{x^4+4x+1}\right|+C$; (6) $\frac{2}{5}\ln|x^5+2|-\frac{1}{5}\ln|x^5+1|+C$; (7) $\frac{2}{3\sqrt{3}}\arctan\frac{2x^3-1}{\sqrt{3}}+C$; (8) $-\frac{2}{9}\ln\frac{|x^3+1|}{\sqrt{x^6-x^3+1}}+C$; (9) $\frac{1}{\sqrt{2}}\arctan\frac{x^2-1}{\sqrt{2}x}+C$; (10) $\frac{1}{2\sqrt{2}}\ln\frac{x^2-\sqrt{2}x+1}{x^2+\sqrt{2}x+1}+C$; (11) $\frac{1}{16}\frac{1}{(x+1)^2}-\frac{1}{16}\frac{1}{(x-1)^2}+\frac{3}{16}\frac{1}{x+1}+\frac{3}{16}\frac{1}{x-1}+\frac{3}{16}\ln\left|\frac{x-1}{x+1}\right|+C$; (12) $\frac{1}{2}\arctan x+\frac{1}{2}\frac{x}{x^2+1}+C$. **3.** $\frac{P_n^{(n)}(a)}{n!}x+\frac{P_n^{(n-1)}(a)}{(n-1)!}\ln|x-a|-\sum_{k=0}^{n-1}\frac{P_n^{(k)}(a)}{k!(n-k-1)}(x-a)^{k-n+1}+C$ (提示: 把 $P_n(x)$ 在 $x=a$ 点展开). **4.** $I_n=\frac{1}{(a-b)^{m+n-1}}\times\int\frac{(1-u)^{m+n-2}}{u^m}du$. **5.** $I_n=\frac{2ax+b}{(n-1)D(ax^2+bx+c)^{n-1}}+\frac{2a(2n-3)}{(n-1)D}I_{n-1}$.

6. (1) $\sin x-\frac{1}{3}\sin^3 x+C$ 或 $\frac{3}{4}\sin x+\frac{1}{12}\sin 3x+C$; (2) $-\cos x+\frac{2}{3}\cos^3 x-\frac{1}{5}\cos^5 x+C$;

(3) $\frac{1}{5}\sin^5 x-\frac{1}{7}\sin^7 x+C$; (4) $\frac{3x}{128}-\frac{\sin 4x}{128}+\frac{\sin 8x}{1024}+C$; (5) $\frac{x}{16}-\frac{\sin 4x}{64}-\frac{\sin^3 2x}{48}+C$;

(6) $-\frac{8}{7}\cos^7 x+\frac{8}{9}\cos^9 x+C$; (7) $\frac{3}{8b}\sin(bx)+\frac{1}{24b}\sin(3bx)-\frac{3}{16(2a+b)}\sin((2a+b)x)-$

$\dfrac{1}{16(2a-b)}\sin((2a-b)x)-\dfrac{1}{16(2a+3b)}\sin((2a+3b)x)-\dfrac{1}{16(2a-3b)}\sin((2a-3b)x)+C;$

(8) $-\dfrac{1}{4}\left[\dfrac{\cos((a+b+c)x)}{a+b+c}+\dfrac{\cos((a+b-c)x)}{a+b-c}+\dfrac{\cos((a-b+c)x)}{a-b+c}+\dfrac{\cos((a-b-c)x)}{a-b-c}\right]+C;$

(9) $\dfrac{1}{2\cos^2 x}+\ln|\cos x|+C;$ (10) $\tan x+\dfrac{2}{3}\tan^3 x+C;$ (11) $\dfrac{\sin x}{2\cos^2 x}+\sin x+\dfrac{3}{2}\ln\left|\tan\left(\dfrac{x}{2}+\right.\right.$

$\left.\left.\dfrac{\pi}{4}\right)\right|-\dfrac{3}{2}\ln\left(\dfrac{1+\sin x}{1-\sin x}\right)+C;$ (12) $\dfrac{1}{2\cos^2 x}+2\ln|\cos x|-\dfrac{1}{2}\cos^2 x+C;$ (13) $\dfrac{1}{2\cos^2 x}+$

$\ln|\tan x|+C;$ (14) $\dfrac{1}{3}\tan^3 x+2\tan x-\cot x+C;$ (15) $-\dfrac{1}{3}\cot^3 x-\cot x+C;$ (16) $-\dfrac{8}{3}\cot^3 2x-$

$8\cot 2x+C;$ (17) $\dfrac{1}{3}\tan^3 x-\tan x+x+C;$ (18) $-\dfrac{1}{4}\cot^4 x+\dfrac{1}{2}\cot^2 x-\dfrac{1}{2}\ln(1+\cot^2 x)+$

$C.$ **7.** (1) $\dfrac{1}{2}\ln\left|\dfrac{u+1}{u-1}\right|-\dfrac{1}{(u+1)^2}+\dfrac{1}{u+1}+C,$ 其中 $u=\tan\dfrac{x}{2};$ (2) $\dfrac{1}{2}(\sin x-\cos x)+$

$\dfrac{\sqrt{2}}{8}\ln\left|\dfrac{\sqrt{2}\sin x-1}{\sqrt{2}\sin x+1}\right|-\dfrac{\sqrt{2}}{8}\ln\left|\dfrac{\sqrt{2}\cos x-1}{\sqrt{2}\cos x+1}\right|+C;$ (3) $\dfrac{1}{5}\ln\left|\tan\dfrac{x+\theta}{2}\right|+C,$ 其中 $\theta=\arctan\dfrac{4}{3};$

(4) $\dfrac{2}{5}\ln(u^2+1)-\dfrac{4}{5}\ln|2u+1|+\dfrac{3}{5}\arctan u+C,$ 其中 $u=\tan x;$ (5) $\dfrac{1}{\sqrt{6}}\arctan\left(\sqrt{\dfrac{3}{2}}\tan x\right)+$

$C;$ (6) $-\dfrac{\sqrt{3}}{2}\ln\left|\dfrac{\sqrt{3}+\cos x}{\sqrt{3}-\cos x}\right|+\sqrt{2}\arctan\left(\dfrac{\sin x}{\sqrt{2}}\right)+C;$ (7) $\dfrac{1}{3\sqrt{2}}\ln\left|\dfrac{\sqrt{2}\sin x+1}{\sqrt{2}\sin x-1}\right|-\dfrac{1}{3\sqrt{2}}\cdot$

$\ln\left|\dfrac{\sqrt{2}\cos x+1}{\sqrt{2}\cos x-1}\right|+\dfrac{2}{3}\arctan(\sin x-\cos x)+C;$ (8) $\dfrac{1}{3}\ln\dfrac{|u+1|}{\sqrt{u^2-u+1}}+\dfrac{1}{\sqrt{3}}\arctan\dfrac{2u-1}{\sqrt{3}}+C,$

其中 $u=\tan x;$ (9) $-\dfrac{1}{16}\ln\left(\dfrac{\tan^2 x+2\tan x+2}{\tan^2 x-2\tan x+2}\right)-\dfrac{3}{8}\arctan\left(\dfrac{2\tan x}{\tan^2 x-2}\right)+C;$ (10) $\dfrac{1}{2\sqrt{2}}\cdot$

$\arctan\left(\dfrac{\tan^2 x-1}{\sqrt{2}\tan x}\right)-\dfrac{1}{2}x+C;$ (11) $\dfrac{1}{\sqrt{2}}\arctan\left(\dfrac{1}{\sqrt{2}}\tan\dfrac{x}{2}\right)+C;$ (12) $-\dfrac{1}{2}\arctan(\cos^2 x)+C.$

8. $I_n=-\dfrac{1}{n}\cos x\sin^{n-1}x+\dfrac{n-1}{n}I_{n-2},\ J_n=\dfrac{1}{n}\sin x\cos^{n-1}x+\dfrac{n-1}{n}J_{n-2}.$ **9.** $K_n=$

$-\dfrac{\cos x}{(n-1)\sin^{n-1}x}+\dfrac{n-2}{n-1}K_{n-2},\ L_n=\dfrac{\sin x}{(n-1)\cos^{n-1}x}+\dfrac{n-2}{n-1}L_{n-2}.$ **10.** (1) $\dfrac{3}{2}\sqrt[3]{x^2}-3\sqrt[3]{x}+$

$3\ln(1+\sqrt[3]{x})+C;$ (2) $\dfrac{12}{7}x\sqrt[6]{x}+\dfrac{3}{2}\sqrt[3]{x^2}+\dfrac{3}{5}\sqrt[3]{x^5}+C;$ (3) $2\ln\left|\dfrac{\sqrt{x}}{\sqrt{x}+1}\right|+C;$ (4) $3\arctan\sqrt[6]{x}-$

$\dfrac{3\sqrt[6]{x}}{1+\sqrt[3]{x}}+C;$ (5) $\dfrac{x^2}{4}-\dfrac{1}{4}x\sqrt{x^2-4}+\ln|x+\sqrt{x^2-4}|+C;$ (6) $-\sqrt{3}\arctan\dfrac{2\sqrt[6]{2x+1}-1}{\sqrt{3}}-$

$\dfrac{3}{2}\ln(\sqrt[3]{2x+1}-\sqrt[6]{2x+1}+1)-\dfrac{3}{5}\sqrt[6]{(2x+1)^5}+\sqrt{2x+1}+\dfrac{3}{2}\sqrt[3]{2x+1}+C;$ (7) $-\dfrac{1}{6}(2x^2+5x+$

$27)\sqrt{3+2x-x^2}+7\arcsin\dfrac{x-1}{2}+C;$ (8) $\sqrt{x^2-x+1}+\dfrac{1}{2}\ln\left(x-\dfrac{1}{2}+\sqrt{x^2-x+1}\right)+C;$

(9) $-\dfrac{\sqrt{x^2+2}}{4x^2}-\dfrac{1}{8\sqrt{2}}\ln\dfrac{\sqrt{x^2+2}-\sqrt{2}}{\sqrt{x^2+2}+\sqrt{2}}+C;$ (10) $\dfrac{3}{7}(4\sqrt[4]{x}-3)(1+\sqrt[4]{x})^{\frac{4}{3}}+C;$ (11) $\dfrac{3}{2}\arcsin\dfrac{x}{\sqrt{2}}-$

$\dfrac{1}{4}x(x^2+3)\sqrt{2-x^2}+C;$ (12) $\dfrac{\sqrt{x^2-1}}{x}+C;$ (13) $\dfrac{1}{8}x(2x^2-3)\sqrt{x^2+1}+\dfrac{3}{8}\ln\left(x+\sqrt{x^2+1}\right)+C;$

(14) $-\dfrac{1}{2\sqrt{3}}\ln\dfrac{2\sqrt{x^2+x+1}+\sqrt{3}}{2\sqrt{x^2+x+1}-\sqrt{3}}+C;$ (15) $-\dfrac{1}{2}\ln|x-\sqrt[3]{x^3-1}|-\dfrac{1}{\sqrt{3}}\arctan\dfrac{2\sqrt[3]{x^3-1}+x}{\sqrt{3}x}+$

C; (16) $\dfrac{1}{4\sqrt{2}}\ln\left|\dfrac{\sqrt{2}x+\sqrt[4]{1+4x^4}}{\sqrt{2}x-\sqrt[4]{1+4x^4}}\right|-\dfrac{1}{2\sqrt{2}}\arctan\dfrac{\sqrt[4]{1+4x^4}}{\sqrt{2}x}+C.$

第 6 章综合习题 **1.** (1) $\dfrac{1}{6}(2x-3)^{\frac{3}{2}}+\dfrac{3}{2}\sqrt{2x-3}+C$; (2) $-\dfrac{1}{48}(2x-3)^{-6}-\dfrac{3}{28}(2x-3)^{-7}-\dfrac{9}{64}(2x-3)^{-8}+C$; (3) $-\dfrac{1}{3}\arctan x+\dfrac{1}{3}\arctan(2x-\sqrt{3})+\dfrac{1}{3}\arctan(2x+\sqrt{3})+C$;

(4) $\dfrac{1}{6}\ln\dfrac{\sqrt{x^4-x^2+1}}{x^2+1}+\dfrac{1}{2\sqrt{3}}\arctan\dfrac{2x^2-1}{\sqrt{3}}+C$; (5) $\dfrac{5}{4}\ln|x^4-2|-\dfrac{5}{4}\ln|x^4-3|-\dfrac{1}{2}\dfrac{1}{x^4-2}-\dfrac{3}{4}\dfrac{1}{x^4-3}+C$;

(6) $-\dfrac{1}{10}\dfrac{2x^{10}+1}{x^{10}(x^{10}+1)}+\dfrac{1}{5}\ln\dfrac{x^{10}+1}{x^{10}}+C$; (7) $-\arcsin\dfrac{1}{x}+C$; (8) $-\dfrac{x}{\sqrt{x^2-1}}+C$; (9) $-\dfrac{2}{3}(x+1)^{-\frac{3}{2}}+C$;

(10) $a\arcsin\dfrac{x}{a}-\sqrt{a^2-x^2}+C$; (11) $\dfrac{1}{2}\ln(x^2+\sqrt{x^4-1})-\dfrac{1}{2}\arcsin\dfrac{1}{x^2}+C$; (12) $\dfrac{1}{2}\ln(x^2+\sqrt{x^4-1})+\dfrac{1}{2}\arcsin\dfrac{1}{x^2}+C$; (13) $2\sqrt{x}-2\ln(1+\sqrt{x})+C$; (14) $\dfrac{6}{7}x^{\frac{7}{6}}-\dfrac{6}{5}x^{\frac{5}{6}}+2\sqrt{x}-6\sqrt[6]{x}+6\arctan\sqrt[6]{x}+C$;

(15) $\dfrac{2}{3}(1+x)^{\frac{3}{2}}-x+2(1+x)^{\frac{1}{2}}-2\ln(x+\sqrt{1+x})+\dfrac{4}{\sqrt{5}}\ln\left|\dfrac{2\sqrt{1+x}+1-\sqrt{5}}{2\sqrt{1+x}+1+\sqrt{5}}\right|+C$; (16) $-\dfrac{6}{7}(1+x)^{\frac{7}{6}}+\dfrac{6}{5}(1+x)^{\frac{5}{6}}+\dfrac{3}{2}(1+x)^{\frac{2}{3}}-2(1+x)^{\frac{1}{2}}-3(1+x)^{\frac{1}{3}}+6(1+x)^{\frac{1}{6}}+3\ln(\sqrt[3]{1+x}+1)-6\arctan\sqrt[6]{1+x}+C$; (17) $-4(1+\sqrt[4]{x})^{-1}+2(1+\sqrt[4]{x})^{-2}+C$; (18) $-\dfrac{3}{2}\sqrt[3]{\dfrac{x+1}{x-1}}+C.$ **2.** (1) $\left(\dfrac{1}{3}x^2+\dfrac{2}{27}\right)(e^{3x}-e^{-3x})-\dfrac{2}{9}x(e^{3x}+e^{-3x})+C$;

(2) $-\dfrac{1}{2}(x^2+1)e^{-x^2}+C$; (3) $\dfrac{1}{\mu+1}x^{\mu+1}\ln x-\dfrac{2}{(\mu+1)^2}x^{\mu+1}\ln x+\dfrac{2}{(\mu+1)^3}x^{\mu+1}+C$; (4) $\left(\dfrac{1}{3}x^3-x^2+6x\right)\ln x+(x^2-3x)\ln^2 x+x\ln^3 x-\dfrac{1}{9}x^3+\dfrac{1}{2}x^2-6x+C$; (5) $-\dfrac{1}{2}x^3\cos 2x+\dfrac{3}{4}x^2\sin 2x+\dfrac{3}{4}x\cos 2x-\dfrac{3}{8}\sin 2x+C$; (6) $\dfrac{1}{6}x^3+\dfrac{1}{4}x^2\sin 2x+\dfrac{1}{4}x\cos 2x-\dfrac{1}{8}\sin 2x+C$; (7) $\dfrac{1}{3}x\sin^3 x+\dfrac{1}{4}\cos x-\dfrac{1}{36}\cos 3x+C$;

(8) $x\tan x+\ln|\cos x|-\dfrac{1}{2}x^2+C$; (9) $x\arccos x-\sqrt{1-x^2}+C$; (10) $\dfrac{1}{2}x^2\arccos x-\dfrac{1}{4}x\sqrt{1-x^2}+\dfrac{1}{4}\arcsin x+C$; (11) $-\dfrac{\arctan x}{x}+\ln|x|-\dfrac{1}{2}\ln(1+x^2)+C$; (12) $x\ln(x-\sqrt{x^2-1})+\sqrt{x^2-1}+C$;

(13) $\dfrac{1}{4}(2x^2-1)\ln(x+\sqrt{x^2-1})-\dfrac{1}{4}x\sqrt{x^2-1}+C$; (14) $-x^2\sqrt{a^2-x^2}-\dfrac{2}{3}(a^2-x^2)^{\frac{3}{2}}+C$;

(15) $x\ln\sqrt{\dfrac{a+x}{a-x}}+\dfrac{a}{2}\ln|a^2-x^2|+C$; (16) $\dfrac{1}{2}x^2\sqrt{a^2-x^2}+\dfrac{a^2}{2}x\arcsin\dfrac{x}{a}+\dfrac{1}{3}(a^2-x^2)^{\frac{3}{2}}+C.$

3. (1) $-\dfrac{1}{2x^2}+\ln\dfrac{\sqrt{1+x^2}}{|x|}+C$; (2) $-\dfrac{1}{2x^2}-\dfrac{1}{2}\arctan x^2+C$; (3) $\ln\left|\dfrac{x}{1+x}\right|-\dfrac{2}{\sqrt{3}}\arctan\dfrac{2x+1}{\sqrt{3}}+C$;

(4) $\dfrac{1}{1-x}+\arctan(1-x)+C$; (5) $\dfrac{1}{\sqrt{3}}\arctan\dfrac{2x^2-1}{\sqrt{3}}+C$; (6) $\dfrac{1}{4}\ln\dfrac{x^2-x+1}{x^2+x+1}+\dfrac{1}{2\sqrt{3}}\arctan\dfrac{2x-1}{\sqrt{3}}+\dfrac{1}{2\sqrt{3}}\arctan\dfrac{2x+1}{\sqrt{3}}+C$; (7) $\dfrac{1}{3}\ln\dfrac{|x-1|}{\sqrt{x^2+x+1}}-\dfrac{1}{\sqrt{3}}\arctan\dfrac{2x+1}{\sqrt{3}}+C$; (8) $\dfrac{1}{3}\ln\dfrac{\sqrt{x^2-x+1}}{|x+1|}+\dfrac{1}{\sqrt{3}}\arctan\dfrac{2x-1}{\sqrt{3}}+C$; (9) $\dfrac{2}{\sqrt{3}}\arctan\dfrac{2x-1}{\sqrt{3}}+\ln\left|\dfrac{x+1}{x}\right|+C$; (10) $\ln\left|\dfrac{\sqrt[3]{x^3-1}}{x}\right|+C$; (11) $\dfrac{1}{\sqrt{3}a}\cdot\arctan\dfrac{2x+a}{\sqrt{3}a}+\dfrac{1}{\sqrt{3}a}\arctan\dfrac{2x-a}{\sqrt{3}a}+C$; (12) $\dfrac{1}{2\sqrt{3}a^3}\arctan\dfrac{2x+a}{\sqrt{3}a}+\dfrac{1}{2\sqrt{3}a^3}\arctan\dfrac{2x-a}{\sqrt{3}a}+$

$\dfrac{1}{4a^3}\ln\dfrac{x^2+ax+a^2}{x^2-ax+a^2}+C$; (13) $\dfrac{1}{4\sqrt{3}a^5}\ln\dfrac{x^2+\sqrt{3}ax+a^2}{x^2-\sqrt{3}ax+a^2}+\dfrac{1}{2a^5}\arctan\dfrac{x}{a}+\dfrac{1}{6a^5}\arctan\dfrac{x^3}{a^3}+C$;

(14) $\dfrac{1}{3a^3}\arctan\dfrac{x^3}{a^3}+C$; (15) $-\dfrac{1}{8a(x-a)^2}-\dfrac{1}{8a^2(x+a)}+\dfrac{1}{16a^3}\ln\left|\dfrac{x+a}{x-a}\right|+C$; (16) $\dfrac{x(3x^2+5a^2)}{8a^4(x^2+a^2)^2}+$

$\dfrac{3}{8a^5}\arctan\dfrac{x}{a}+C$; (17) $\dfrac{3}{16a^7}\ln\left|\dfrac{x+a}{x-a}\right|+\dfrac{3}{8a^7}\arctan\dfrac{x}{a}-\dfrac{x}{4a^4(x^4-a^4)}+C$; (18) $\dfrac{x}{4a^4(x^4+a^4)}-$

$\dfrac{3}{8\sqrt{2}}\arctan\dfrac{\sqrt{2}ax}{x^2-a^2}+\dfrac{3}{16\sqrt{2}}\ln\dfrac{x^2+\sqrt{2}ax+a^2}{x^2-\sqrt{2}ax+a^2}+C$. **4.** (1) $\dfrac{1}{4}\ln\left|\dfrac{1-\cos x}{1+\cos x}\right|-\dfrac{1}{2}\arctan(\cos x)+C$;

(2) $\dfrac{1}{3}\ln\dfrac{|\sin x+\cos x|}{\sqrt{1-\sin x\cos x}}+\dfrac{1}{\sqrt{3}}\arctan\left(\dfrac{2\sin x-\cos x}{\sqrt{3}\cos x}\right)+C$; (3) $\dfrac{1}{\sqrt{a^2+b^2}}\ln\left|\tan\left(\dfrac{x}{2}+\dfrac{\varphi}{2}\right)\right|+C$,

$\varphi=\arctan\dfrac{b}{a}$; (4) $\dfrac{a\sin x-b\cos x}{a^2+b^2}+\dfrac{ab}{(a^2+b^2)^{\frac{3}{2}}}\ln\left|\dfrac{(\sqrt{a^2+b^2}\sin x-b)(\sqrt{a^2+b^2}\cos x+a)}{(\sqrt{a^2+b^2}\sin x+b)(\sqrt{a^2+b^2}\cos x-a)}\right|+C$;

(5) $\dfrac{1}{ab}\arctan\left(\dfrac{a\tan x}{b}\right)+C$; (6) $\dfrac{x}{a^2-b^2}-\dfrac{b}{a(a^2-b^2)}\arctan\left(\dfrac{a\tan x}{b}\right)+C$; (7) $-\dfrac{\cos x}{a(a\sin x+b\cos x)}$

$+C$; (8) $\dfrac{a+b}{2ab\sqrt{ab}}\arctan\left(\sqrt{\dfrac{a}{b}}\tan x\right)+\dfrac{(a-b)\sin x\cos x}{2ab(a\sin^2 x+b\cos^2 x)}+C$; (9) $\dfrac{1}{4\sqrt{3}}\ln\dfrac{1+\sqrt{3}\sin x\cos x}{1-\sqrt{3}\sin x\cos x}+$

$\dfrac{1}{2}\arctan(2\tan x-\sqrt{3})+\dfrac{1}{2}\arctan(2\tan x+\sqrt{3})+C$; (10) $-\dfrac{1}{2}\ln|\sin x+\cos x|-\dfrac{\cos x}{2(\sin x+\cos x)}+C$;

(11) $\dfrac{1}{4\sqrt{2}}\ln\dfrac{\sqrt{2}+\sin 2x}{\sqrt{2}-\sin 2x}+\dfrac{1}{2\sqrt{2}}\arctan\left(\dfrac{\sin 2x}{\sqrt{2}\cos 2x}\right)+C$; (12) $\dfrac{5}{34}\ln|5\sin x+3\cos x|+\dfrac{3}{34}x+C$.

5. (1) $\dfrac{1}{2}\ln(3+2e^x)+C$; (2) $-\arcsin(e^{-x})+C$; (3) $\ln\left(\ln(\ln x)\right)+C$; (4) $\ln\left|\dfrac{1+\ln x}{\ln x}\right|-\dfrac{1}{\ln x}+C$;

(5) $\arcsin\left(\dfrac{\sin x}{\sqrt{2}}\right)+C$; (6) $-2\sqrt{2\sin^2 x+3\cos^2 x}+C$; (7) $\dfrac{1}{3}\arctan^3 x+C$; (8) $\arctan^2(\sqrt{x})+C$;

(9) $-\sqrt{1-x^2}\arcsin x+x+C$; (10) $-\dfrac{1}{3}(1-x^2)^{\frac{3}{2}}\arcsin x-\dfrac{1}{9}x^3+\dfrac{1}{3}x+C$; (11) $\arctan x-$

$\dfrac{\ln(x+\sqrt{1+x^2})}{\sqrt{1+x^2}}+C$; (12) $e^{2x}\tan x+C$; (13) $\dfrac{e^x}{1+x^2}+C$; (14) $\dfrac{x-2}{2x}e^{2x}+C$.

参 考 文 献

阿黑波夫, 萨多夫尼奇, 丘巴里阔夫. 2006. 数学分析讲义. 3 版. 王昆扬, 译. 北京: 高等教育出版社.

邓东皋, 尹小玲. 2006. 数学分析简明教程 (上册). 2 版. 北京: 高等教育出版社.

方企勤. 1986. 数学分析 (第一册). 北京: 高等教育出版社.

菲赫金哥尔茨. 2006. 微积分学教程 (第一卷). 8 版. 杨弢亮, 等, 译. 北京: 高等教育出版社.

吉林大学数学系. 1978. 数学分析 (上册). 北京: 人民教育出版社.

吉米多维奇. 2010. 数学分析习题集. 李荣谏, 李植, 译. 北京: 高等教育出版社.

克莱鲍尔. 1981. 数学分析原理. 庄亚栋, 译. 上海: 上海科学技术出版社.

林源渠, 李正元, 方企勤, 等. 1986. 数学分析习题集. 北京: 高等教育出版社.

卢丁. 1979. 数学分析原理 (上册). 赵慈庚, 蒋铎, 译. 北京: 人民教育出版社.

潘承洞, 潘承彪. 1988. 素数定理的初等证明. 上海: 上海科学技术出版社.

裴礼文. 2006. 数学分析中的典型问题与方法. 2 版. 北京: 高等教育出版社.

萨多夫尼奇, 波德科尔津. 1981. 大学奥林匹克数学竞赛试题解答集. 王英新, 李世华, 译. 长沙: 湖南科学技术出版社.

徐利治, 王兴华. 1983. 数学分析的方法与例题选讲 (修订版). 2 版. 北京: 高等教育出版社.

周民强. 2010. 数学分析习题演练 (第一册). 2 版. 北京: 科学出版社.

《数学手册》编写组. 1979. 数学手册. 北京: 人民教育出版社.

Rudin W. 1987. Real and Complex Analysis. 3rd ed. New York: McGraw-Hill Book Company.

Zorich V A. 2004. Mathematical Analysis (Vol. I). Berlin, Heidelberg: Springer-Verlag.

为了把本课程的理论体系建立在严格的数学基础上, 在这个附录中我们对实数的概念作进一步的讨论.

1. 实数的公理化定义

在第 1 章, 我们在回顾中学里所学实数的四则运算与大小比较理论的基础上, 讨论了实数系的完备性, 并且应用实数是 "整数以及整数与有限或无限的十进制小数之和的总和" 的朴素定义, 给出了戴德金原理的证明. 但是实数的这一定义, 其实隐含着一些逻辑上的问题. 因为对于两个 (十进制) 无限小数, 它们的和与乘积该如何定义? 以和为例, 如果两个被加的无限小数的每位上的数都小于 5, 则只要把相同位置上的数对应相加即可; 但如果它们有无穷多个相同位上的数大于 5, 那么要按这样的方式作它们的和, 因为涉及无限次进位的问题, 就成为不可能做到的事情了, 而只能想象这样的和是存在的. 定义乘积的问题就更加复杂了.

解决这个问题的一种办法 (这种办法其实自从有了十进制小数的概念之后就一直被人们不知不觉地在使用) 是把无限小数作为其有限位截断所获得有限小数数列的极限来处理. 于是, 两个无限小数的和与积, 分别定义为对它们的这种有限小数逼近数列的对应项作和与积所得数列的极限. 如对于 $\sqrt{2} = 1.41421\cdots$ 和 $\sqrt{3} = 1.73205\cdots$ 这两个无限小数, 由于它们的有限位截断逼近数列分别为

$$1, \quad 1.4, \quad 1.41, \quad 1.414, \quad 1.4142, \quad 1.41421, \quad \cdots,$$

$$1, \quad 1.7, \quad 1.73, \quad 1.732, \quad 1.7320, \quad 1.73205, \quad \cdots,$$

这些数列对应项相加所得数列为

$$2, \quad 3.1, \quad 3.14, \quad 3.146, \quad 3.1462, \quad 3.14626, \quad \cdots.$$

所以表示 $\sqrt{2} + \sqrt{3}$ 的无限小数就是后面这个数列的极限, 即 $\sqrt{2} + \sqrt{3} = 3.14626\cdots$. 我们注意上述数列是单调递增的并且有上界, 所以根据确界原理, 它是收敛数列. 对于乘法可类似地处理.

但是采用这样的定义却在逻辑上产生了循环: 一方面定义实数的运算需要借助于数列极限的概念; 另一方面, 数列极限的定义中又无法避免地用到了实数的运算 (差 $x_n - a$).

为了解决这个问题, 19 世纪后半叶, 戴德金、康托尔、梅雷 (H.C.R. Méray, 1835~1911)、海涅等各自独立地研究了实数的定义问题. 我们知道, 实数是对有理数的扩充, 做这样的扩充的目的是填补由有理数在直线上留下的空隙. 正是基于这样的认识, 前面提到的这些数学家分别采用不同的方法对有理数进行扩充, 从而得到了对实数的不同定义. 这样一来, 似乎又产生了一个新的问题, 即实数的这些不同的定义, 会不会产生不同的实数系? 答案是不会. 因为后面我们将会看到, 对实数的各种各样不同定义所得到的各种各样不同的实数系, 虽然从表面上看互不相同, 但在数学本质上却相同. 就像 "面包" 和 "bread" 这两个词, 虽然在语言和文字上看不同, 但表达的意思相同. 实数系的这一特性, 称为**实数域的唯一性**.

由于从有理数扩充得到实数的方式多种多样, 这就引出一个问题, 应该把应用哪种方式扩充得到的实数作为实数的标准定义? 后面我们将会看到, 无论是戴德金运用有理数系的分划所定义的实数系, 还是康托尔运用有理数的基本列所定义的实数系, 或是其他人用其他方式定义的实数系, 都和实数的朴素定义——实数是 "整数以及整数与有限或无限的十进制小数之和的总和", 在表象上有很大的差别. 因此, 无论拿这些定义中的哪一个做实数的标准定义, 都不能使人感觉很自然. 换言之, 把实数的这些不同定义中的任何一个置于一个优越的地位而把其他定义置于劣等的地位, 都不合适.

其实, 只要稍微留心便不难注意到, 关于实数的整个理论体系, 实际上都是建立在第 1 章介绍的实数的三组基本性质的基础上的, 这三组基本性质是: ①关于实数的四则运算, 即 1.1 节的性质 (1)~(9); ② 关于实数的大小比较的性质 (10)~(15); ③ 关于实数完备性的戴德金原理. 有了这三组基本性质, 我们就可以推导出关于实数的全部理论, 而无须知道实数的具体表示形式是什么. 实数是 "全体整数以及整数与有限或无限的十进制小数之和的总和" 这一朴素定义即实数的具体表示形式, 除第 1 章推导戴德金原理时使用过之外, 在其他场合并没有应用过. 因此, 决定实数本质的不是它的表示形式, 而是它的这三组基本性质.

基于以上原因, 我们给出实数的公理化定义如下.

定义 A.1　设 R 是一个至少含两个互不相同的元素的集合, 满足下面三个条件:

(1) R 有两种运算 $+$ 和 $\cdot$, 这两种运算满足 1.1 节的条件 (1) $\sim$ (9);

(2) R 有序关系 $\leqslant$, 这个序关系满足 1.1 节的条件 (10) $\sim$ (15);

(3) R 满足戴德金原理.

则称 R 为**实数域**, R 中的每个元素都称为**实数**.

定义 A.1 可以简单地说成: 任何一个完备的有序域都叫做实数域, 其中的元素称为实数.

在数学上, 相同的对象往往可以有很多不同的表现方式. 再以实数为例, 前面提到的它的各种各样不同的定义方式, 因为读者尚未学习, 所以可能不能很好地理解. 这里来看一些比较熟悉的实数的表示方式. 实数既可以用十进制表示, 也可以用二进制、八进制、十六进制、六十进制等不同的进制来表示. 因此, 本质上相同的对象用表面看来互不相同的形式来表达, 的确是存在的, 而且事实上是非常普遍的. 我们把这种在表面上看互相不同, 但本质上其实是相同的对象叫做它们互相同构. 这只是对同构这个概念的形象说明, 它的严格定义因讨论的数学问题不同而有不同的数学表述. 因为实数域是有序域, 所以这里我们就有序域介绍同构的概念.

定义 A.2　设 R_1 和 R_2 是两个有序域. 如果存在映射 $\varphi : R_1 \to R_2$ 满足以下三个条件:

(1) φ 是 R_1 到 R_2 的一一对应, 即 $\varphi : R_1 \to R_2$ 是双射;

(2) 对任意 $x, y \in R_1$ 都成立

$$\varphi(x+y) = \varphi(x) + \varphi(y), \qquad \varphi(xy) = \varphi(x)\varphi(y);$$

(3) 对任意 $x, y \in R_1$, 如果 $x \leqslant y$, 则有 $\varphi(x) \leqslant \varphi(y)$,

则称这两个有序域 R_1 和 R_2 互相**同构**, 映射 φ 称为从 R_1 到 R_2 的一个**同构映射**.

如果两个有序域互相同构, 那么对这两个有序域而言, 涉及四则运算和大小比较的数学规律都是完全相同的, 即一个命题如果在一个有序域中成立, 那么它也必在任何一个与之同构的有序域中都成立. 因此这两个有序域的数学本质是完全相同的, 差别只在于表现它们的方式. 因此, 我们可以把这两个有序域看成相同的.

以下, 我们将把任何一个与有理数域同构的有序域都叫做有理数域, 而不对它们加以区别, 即不追究这个有序域中的元素具体地是些什么.

显然, 如果两个有序域互相同构, 并且其中一个完备, 那么另外一个也必完备. 这是因为, 戴德金原理只涉及大小比较, 所以如果这一原理在其中一个有序域中成立, 那么它也必在另外一个有序域中成立. 这表明, 与实数域 (完备的有序域) 同构的有序域也是实数域.

我们将要证明: 所有的实数域即完备的有序域都互相同构.

2. 实数域包含有理数域

定理 A.1　设 R 是一个实数域, 则它必包含一个有理数域作为子有序域.

这个定理的准确含义: 如果 R 是一个实数域, 则它必含有一个子有序域 Q, 它和有理数域 $\mathbf{Q}$ 作为有序域互相同构. 所谓 Q 是 R 的子有序域, 是指 $Q \subseteq R$, 且 Q 按 R 的四则运算和大小比较也构成一个有序域.

证明　粗略地说, 由于 R 包含乘法单位元 1, 所以 R 也包含正整数 2, 因为 $2 = 1 + 1$. 一般地, 应用数学归纳法, 即知 R 包含任意正整数 n. 其次, 对任意正整数 m 和 n, 由 $n \in R$ 知其关于乘法的逆元 $\dfrac{1}{n} \in R$, 进而 $\dfrac{m}{n} = m \cdot \dfrac{1}{n} \in R$ 以及 $-\dfrac{m}{n} \in R$. 所以 R 包含全体有理数. 为了严谨起见, 我们写出定理 A1 的严格证明如下:

用 $\bar{0}$ 表示 R 的加法单位元, 用 $\bar{1}$ 表示 R 的乘法单位元. 记 $\bar{2} = \bar{1} + \bar{1}$, $\bar{3} = \bar{2} + \bar{1}$. 一般地, 对任意正整数 n, 我们归纳地定义 $\bar{n} = \overline{n-1} + \bar{1}$. 其次, 对任意正整数 m, n,

我们定义 $\dfrac{\bar{m}}{\bar{n}} = \bar{m}\bar{n}^{-1}$. 现在令

$$Q_+ = \Big\{\frac{\bar{m}}{\bar{n}} : m, n \text{ 是互素的正整数}\Big\}, \quad Q_- = \Big\{-\frac{\bar{m}}{\bar{n}} : m, n \text{ 是互素的正整数}\Big\},$$

并令 $Q = Q_+ \cup Q_- \cup \{\bar{0}\}$. 不难证明, Q 关于 R 的加法和乘法运算是封闭的, 即由 $x, y \in Q$ 可推出 $x + y \in Q$ 和 $xy \in Q$. 为验证这个结论, 我们需要针对 x 和 y 属于 Q_+, Q_- 和 $\{\bar{0}\}$ 的多种不同情况进行讨论. 这里仅以 x 和 y 都属于 Q_+ 的情况为例来验证. 这时有正整数 m_1, n_1, m_2 和 n_2 使得 $x = \dfrac{\bar{m}_1}{\bar{n}_1}$, $y = \dfrac{\bar{m}_2}{\bar{n}_2}$, 从而有

$$x + y = \frac{\bar{m}_1}{\bar{n}_1} + \frac{\bar{m}_2}{\bar{n}_2} = \bar{m}_1\bar{n}_1^{-1} + \bar{m}_2\bar{n}_2^{-1} = \bar{m}_1\bar{n}_2\bar{n}_1^{-1}\bar{n}_2^{-1} + \bar{m}_2\bar{n}_1\bar{n}_1^{-1}\bar{n}_2^{-1}$$

$$= (\bar{m}_1\bar{n}_2 + \bar{m}_2\bar{n}_1) \cdot (\bar{n}_1\bar{n}_2)^{-1} = \bar{p}\bar{q}^{-1} = \frac{\bar{p}}{\bar{q}} \in Q,$$

其中 p 和 q 表示由正整数 $m_1 n_2 + m_2 n_1$ 和 $n_1 n_2$ 消去公因子之后得到的两个互素的正整数. 同理可证 $xy \in Q$. 因此 Q 关于 R 的加法和乘法运算封闭. 而由于 R 的加法和乘法运算满足 1.1 节的条件 (1)~(9), 所以容易看出, Q 关于 R 的加法和乘法运算也满足这些条件. 因此 Q 构成一个域. 其次, 由于 R 的序关系满足 1.1 节的条件 (10)~(15), 所以 Q 关于这一序关系同样满足这些条件. 因此, Q 按 R 的四则运算和大小比较构成一个有序域, 即 Q 是 R 的子有序域.

为了证明 Q 和有理数域 $\mathbf{Q}$ 作为有序域是同构的, 我们定义映射 $\varphi: \mathbf{Q} \to Q$ 如下: 首先定义 $\varphi(0) = \bar{0}$, 然后对任意互素的正整数 m 和 n 定义

$$\varphi\Big(\frac{m}{n}\Big) = \frac{\bar{m}}{\bar{n}}, \quad \varphi\Big(-\frac{m}{n}\Big) = -\frac{\bar{m}}{\bar{n}}.$$

不难验证, 对任意 $x, y \in \mathbf{Q}$ 都成立

$$\varphi(x + y) = \varphi(x) + \varphi(y), \quad \varphi(xy) = \varphi(x)\varphi(y).$$

这些等式可仿照前面的推导, 针对 x 和 y 属于 $\mathbf{Q}_+$ (全体正有理数的集合), $\mathbf{Q}_-$ (全体负有理数的集合) 和 $\{0\}$ 的多种不同情况进行验证. 细节留给读者. 我们再来证明对任意 $x, y \in \mathbf{Q}$, 当 $x < y$ 时必有 $\varphi(x) < \varphi(y)$. 为此先来证明 $\bar{1} > \bar{0}$. (反证法) 假设 $\bar{1} < \bar{0}$ (因为容易证明 $\bar{1} \neq \bar{0}$), 则有

$$\bar{0} = \bar{1} + (-\bar{1}) < \bar{0} + (-\bar{1}) = -\bar{1},$$

即有 $-\bar{1} > \bar{0}$. 从而

$$\bar{1} = (-\bar{1}) \cdot (-\bar{1}) > \bar{0},$$

这是个矛盾. 因此必有 $\bar{1} > \bar{0}$. 据此又可推知 $-\bar{1} < \bar{0}$. 从这些事实出发, 应用数学归纳法便可证明对任意正整数 m 和 n, 当 $m > n$ 时有

$$-\bar{m} < -\bar{n} < \bar{0} < \bar{n} < \bar{m}.$$

据此不难证明对任意正有理数 $\frac{m_1}{n_1}$ 和 $\frac{m_2}{n_2}$, 当 $\frac{m_1}{n_1} < \frac{m_2}{n_2}$ 时有

$$-\frac{\bar{m}_2}{\bar{n}_2} < -\frac{\bar{m}_1}{\bar{n}_1} < \bar{0} < \frac{\bar{m}_1}{\bar{n}_1} < \frac{\bar{m}_2}{\bar{n}_2}.$$

因此, 对任意 $x, y \in \mathbf{Q}$, 当 $x < y$ 时必有 $\varphi(x) < \varphi(y)$.

这就证明了 φ 满足定义 A.2 中 (换 R_1 为 $\mathbf{Q}$, R_2 为 Q) 的三个条件, 说明 Q 和 $\mathbf{Q}$ 作为有序域互相同构. $\qquad\square$

以下, 我们把 R 中属于有理数域 Q 的元素称为**有理数**, 把在同构 φ 下对应于正整数的元素也称为**正整数**.

3. 有理数在实数域中稠密

前面已经说过, 关于实数的整个理论体系, 都是建立在第 1 章介绍的实数的三组基本性质, 即定义 A.1 中的条件 (1)、条件 (2) 和条件 (3) 的基础上的, 而没有用到除此之外的更多其他性质. 因此, 本书前面各章引进的各个概念以及证明的每个命题, 都对任何一个实数域适用, 所以我们可以随时地使用这些概念和命题. 但是有一个例外, 即有理数在实数域中的稠密性这个命题, 我们是作为实数的十进制表示的一个直接推论来使用的. 下面给出这个命题的不依赖于实数的十进制表示的证明.

定理 A.2 设 R 是一个实数域, 则 R 中的全体有理数在 R 中稠密, 即对任意 $x \in R$, 必存在有理数列 $\{p_n\} \subseteq R$ 使成立 $x = \lim_{n \to \infty} p_n$, 而且还可要求这个数列是单调递增的.

证明 我们用 $\bar{n}$ 表示 R 中对应于正整数 n 的正整数. 对给定的 $x \in R$, 如果 x 是有理数, 则只要对所有 n 都取 $p_n = x$, 定理的结论显然成立. 下设 x 不是有理数. 考虑集合

$$S = \{R \text{中全体小于} x \text{的有理数}\}.$$

显然存在正整数 M 使得 $x > -\bar{M}$, 从而 $-\bar{M} \in S$. 这说明集合 S 非空. 因为 S 明显地有上界 (x 便是 S 的一个上界), 所以根据确界原理, S 有上确界. 我们断言 $x = \sup S$. (反证法) 假设 $x \neq \sup S$, 令 $y = \sup S$, 则有 $y < x$ (因为 x 是 S 的上界且 $y \neq x$), 因此存在正整数 m 使成立 $\frac{\bar{1}}{\bar{m}} < x - y$ (这只要取 $\bar{m} > \frac{\bar{1}}{x-y}$ 即可). 这样就有 $y < x - \frac{\bar{1}}{\bar{m}}$. 由 $y = \sup S$ 知存在有理数 $p \in R$ 使得

$$y - \frac{\bar{1}}{\bar{m}} < p \leqslant y.$$

由此推得

$$y < p + \frac{\bar{1}}{\bar{m}} \leqslant y + \frac{\bar{1}}{\bar{m}} < \left(x - \frac{\bar{1}}{\bar{m}}\right) + \frac{\bar{1}}{\bar{m}} = x.$$

显然 $p + \dfrac{\bar{1}}{\bar{m}}$ 是有理数. 因此由 $p + \dfrac{\bar{1}}{\bar{m}} < x$ 可知 $p + \dfrac{\bar{1}}{\bar{m}} \in S$. 这样就有 $p + \dfrac{\bar{1}}{\bar{m}} \leqslant y$, 得到了矛盾, 因此必有 $x = \sup S$.

这样对每个正整数 n, 都存在相应的 $p_n \in S$ 使成立

$$x - \frac{\bar{1}}{\bar{n}} < p_n < x.$$

采用数学归纳法, 我们还可要求 $p_n \leqslant p_{n+1}$, 即 $\{p_n\}$ 是单调递增数列, 而上式表明 $x = \lim\limits_{n\to\infty} p_n$. 由于 $p_n \in S$ 意味着 p_n 是有理数, 定理的结论便得到了证明.   □

4. 实数域的唯一性

定理 A.3   任意两个实数域都同构.

证明   设 R_1 和 R_2 是两个实数域. 我们用 $\bar{n}$ 和 $\tilde{n}$ 分别表示 R_1 和 R_2 中对应于正整数 n 的正整数, 用 Q_1 和 Q_2 分别表示 R_1 和 R_2 中有理数域.

从定理 A.1 的证明可知, Q_1 和 Q_2 都与有理数域 $\mathbf{Q}$ 同构, 因此它们也互相同构. 令 φ 为从 Q_1 到 Q_2 的同构映射. 下面我们把 φ 进行延拓, 使得对任意 $x \in R_1$, $\varphi(x)$ 都有定义, 且 φ 是从 R_1 到 R_2 的同构映射.

对任意 $x \in R_1$, 由定理 A.2 知存在单调递增的有理数列 $\{p_n\} \subseteq Q_1$ 使成立 $x = \lim\limits_{n\to\infty} p_n$. 由于 φ 是从 Q_1 到 Q_2 的同构映射, 因而是保序的, 所以 $\{\varphi(p_n)\}$ 也是单调递增数列. 断言 $\{\varphi(p_n)\}$ 有上界. 事实上, 只要取正整数 M 使得 $x < \bar{M}$, 那么就有 $p_n < \bar{M}$, $n = 1, 2, \cdots$, 从而 $\varphi(p_n) < \varphi(\bar{M}) = \tilde{M}$, $n = 1, 2, \cdots$. 因此断言成立. 这样根据确界原理, 即知极限 $\lim\limits_{n\to\infty} \varphi(p_n)$ 存在. 我们定义

$$\varphi(x) = \lim_{n\to\infty} \varphi(p_n).$$

为了说明以上定义合理, 还须证明如果 $\{q_n\}$ 是 R_1 中另外一个单调递增且趋于 x 的有理数列, 则有 $\lim\limits_{n\to\infty} \varphi(p_n) = \lim\limits_{n\to\infty} \varphi(q_n)$.

(反证法) 假设 $\lim\limits_{n\to\infty} \varphi(p_n) \neq \lim\limits_{n\to\infty} \varphi(q_n)$. 令 $y_1 = \lim\limits_{n\to\infty} \varphi(p_n)$, $y_2 = \lim\limits_{n\to\infty} \varphi(q_n)$, 不妨设 $y_1 < y_2$, 则存在正整数 m 使成立

$$\frac{\tilde{1}}{\tilde{m}} < y_2 - y_1 \tag{A.1}$$

$\left(\text{这只要取 } m \text{ 使得 } \tilde{m} > \dfrac{\tilde{1}}{y_2 - y_1}\right)$. 由于 $\lim\limits_{n\to\infty} p_n = x$, 所以存在正整数 N 使当 $n > N$ 时, $p_n > x - \dfrac{\bar{1}}{\bar{m}}$. 而由于对所有的 n 都成立 $q_n \leqslant x$, 所以有

$$q_n < p_n + \frac{\bar{1}}{\bar{m}}, \quad \text{当 } n > N.$$

由此得到

$$\varphi(q_n) < \varphi(p_n) + \frac{\tilde{1}}{\tilde{m}}, \quad \text{当 } n > N.$$

令 $n \to \infty$, 我们得到

$$y_2 \leqslant y_1 + \frac{\tilde{1}}{\tilde{m}} \tag{A.2}$$

式 (A.1) 与式 (A.2) 互相矛盾. 因此必有 $\lim\limits_{n\to\infty} \varphi(p_n) = \lim\limits_{n\to\infty} \varphi(q_n)$, 进而前面对 $\varphi(x)$ 的定义合理.

这样我们就把从 Q_1 到 Q_2 的同构映射 φ 延拓成从 R_1 到 R_2 的映射. 我们来证明延拓后的映射 $\varphi : R_1 \to R_2$ 是单射.

(反证法) 假设 φ 不是单射, 则存在 $x, y \in R_1$, $x \neq y$, 而 $\varphi(x) = \varphi(y)$. 不妨设 $x < y$, 取正整数 m 使得 $\frac{\bar{2}}{\bar{m}} < y - x$. 令 $\{p_n\}$ 和 $\{q_n\}$ 是 R_1 中的单调递增的有理数列, 使得 $x = \lim\limits_{n\to\infty} p_n$, $y = \lim\limits_{n\to\infty} q_n$. 由 $y = \lim\limits_{n\to\infty} q_n$ 知存在正整数 N, 使当 $n > N$ 时, $q_n > y - \frac{\bar{1}}{\bar{m}}$. 这样当 $n > N$ 时就有

$$p_n \leqslant x < y - \frac{\bar{2}}{\bar{m}} < \left(q_n + \frac{\bar{1}}{\bar{m}}\right) - \frac{\bar{2}}{\bar{m}} = q_n - \frac{\bar{1}}{\bar{m}}.$$

由此得到

$$\varphi(p_n) < \varphi(q_n) - \frac{\tilde{1}}{\tilde{m}}, \quad \text{当 } n > N.$$

令 $n \to \infty$, 我们得到

$$\varphi(x) \leqslant \varphi(y) - \frac{\tilde{1}}{\tilde{m}} < \varphi(y).$$

这与假设 $\varphi(x) = \varphi(y)$ 相矛盾. 因此 φ 是单射.

以上实际证明了下列结论: 对任意 $x, y \in R_1$, 当 $x < y$ 时, 必有 $\varphi(x) < \varphi(y)$, 即 φ 是保序映射.

再来证明 φ 是满射, 即对任意 $y \in R_2$, 都存在 $x \in R_1$ 使得 $\varphi(x) = y$. 由 $y \in R_2$ 知存在 R_2 中单调递增的有理数列 $\{q_n\}$, 使得 $y = \lim\limits_{n\to\infty} q_n$. 令

$$p_n = \varphi^{-1}(q_n), \quad n = 1, 2, \cdots.$$

与前面类似可以证明, $\{p_n\}$ 是 R_1 中单调递增的有理数列, 并且有上界, 因此它有极限. 我们记 $x = \lim\limits_{n\to\infty} p_n$, 则不难看出, $\varphi(x) = y$, 因此 φ 是满射.

这样就证明了延拓后的映射 $\varphi : R_1 \to R_2$ 是一一对应的, 且是保序映射.

最后再只需要证明对任意 $x, y \in R_1$ 都成立

$$\varphi(x + y) = \varphi(x) + \varphi(y), \qquad \varphi(xy) = \varphi(x)\varphi(y).$$

前一个等式的证明很简单. 事实上, 只要取 R_1 中单调递增的有理数列 $\{p_n\}$ 和 $\{q_n\}$, 使得 $x = \lim\limits_{n\to\infty} p_n,\, y = \lim\limits_{n\to\infty} q_n$, 则 $\{p_n + q_n\}$ 也是单调递增的有理数列, 且 $x + y = \lim\limits_{n\to\infty}(p_n + q_n)$. 因此

$$\varphi(x+y) = \lim_{n\to\infty}\varphi(p_n+q_n) = \lim_{n\to\infty}\varphi(p_n) + \lim_{n\to\infty}\varphi(q_n) = \varphi(x) + \varphi(y).$$

后一个等式的证明稍微复杂一些, 我们留给读者自己完成. □

5. 实数的十进制表示

前面我们以抽象的方式证明了任何两个实数域都同构. 下面具体地构造从任意一个实数域到由全体整数和全体整数与十进制小数的和的集合的一一对应.

设 R 是一个实数域. 以下将把 R 中的正整数简单地以 m, n 等符号表示. 对任意 $x \in R$, 考虑由全体小于或等于 x 的整数组成的集合 S, 这个集合显然非空且有上界, 因此其中必有最大数, 记为 m_0. 显然 $m_0 + 1 > x$, 从而

$$m_0 \leqslant x < m_0 + 1. \tag{A.3}$$

考虑下面十一个数

$$m_0 = m_0 + \frac{0}{10},\ m_0 + \frac{1}{10},\ m_0 + \frac{2}{10},\ \cdots,\ m_0 + \frac{9}{10},\ m_0 + \frac{10}{10} = m_0 + 1.$$

由式 (A.3) 知 x 必介于这十一个数中某相邻的两个数之间, 即存在介于 0 和 9 之间的正整数 m_1 使成立

$$m_0 + \frac{m_1}{10} \leqslant x < m_0 + \frac{m_1 + 1}{10}.$$

再考虑下面十一个数

$$m_0 + \frac{m_1}{10} = m_0 + \frac{m_1}{10} + \frac{0}{100},\ m_0 + \frac{m_1}{10} + \frac{1}{100},\ m_0 + \frac{m_1}{10} + \frac{2}{100},$$

$$\cdots,\ m_0 + \frac{m_1}{10} + \frac{9}{100},\ m_0 + \frac{m_1}{10} + \frac{10}{100} = m_0 + \frac{m_1 + 1}{10}.$$

类似于前面的考虑, 可知存在介于 0 和 9 之间的正整数 m_2 使成立

$$m_0 + \frac{m_1}{10} + \frac{m_2}{100} \leqslant x < m_0 + \frac{m_1}{10} + \frac{m_2 + 1}{100}.$$

这样一直做下去, 应用数学归纳法, 我们就得到两个有理数列 $\{p_n\}$ 和 $\{q_n\}$:

$$p_n = m_0 + \frac{m_1}{10} + \frac{m_2}{100} + \cdots + \frac{m_n}{10^n},\quad q_n = m_0 + \frac{m_1}{10} + \frac{m_2}{100} + \cdots + \frac{m_n + 1}{10^n},$$

其中每个 $m_k\ (1 \leqslant k \leqslant n)$ 都是介于 0 和 9 之间的正整数, 使成立

$$p_n \leqslant x < q_n,\quad n = 1, 2, \cdots. \tag{A.4}$$

显然 $\{[p_n, q_n]\}$ 形成一个长度趋于零的区间套. 因此根据区间套定理和式 (A.4) 知成

立

$$\lim_{n\to\infty} p_n = \lim_{n\to\infty} q_n = x.$$

因此, 如果我们用符号 $m_0.m_1m_2\cdots m_n\cdots$ 表示单调递增且有上界的有理数列 $\{p_n\}$ 的极限, 那么从上式就得到

$$x = m_0.m_1m_2\cdots m_n\cdots.$$

我们知道, 符号 $m_0.m_1m_2\cdots m_n\cdots$ 称为**十进制小数**. 假设存在一个正整数 n 使得 $m_n = m_{n+1} = m_{n+2} = \cdots = 0$, 则 $m_0.m_1m_2\cdots m_n\cdots$ 可简记为 $m_0.m_1m_2\cdots m_{n-1}$ (当 $n = 1$ 时为 m_0), 并称为**有限小数**, 否则称为**无限小数**.

从上面的讨论我们看到,

$$m_0.m_1m_2\cdots m_n\cdots = \lim_{n\to\infty}\left(m_0 + \frac{m_1}{10} + \frac{m_2}{100} + \cdots + \frac{m_n}{10^n}\right)$$
$$= m_0 + \frac{m_1}{10} + \frac{m_2}{100} + \cdots + \frac{m_n}{10^n} + \cdots.$$

从上面的讨论还可推知, 在把实数表示为十进制小数时, 不会发生这样的情况, 从某 N 项起, 数列 $\{m_n\}$ 的各项 m_n 全等于 9. 否则, 假设当 $n \geqslant N$ 时都有 $m_n = 9$, 那么当 $n > N$ 时就有

$$p_n = m_0.m_1m_2\cdots m_n = m_0 + \frac{m_1}{10} + \frac{m_2}{100} + \cdots + \frac{m_n}{10^n}$$
$$= \left(m_0 + \frac{m_1}{10} + \frac{m_2}{100} + \cdots + \frac{m_{N-1}}{10^{N-1}}\right) + \left(\frac{9}{10^N} + \cdots + \frac{9}{10^n}\right)$$
$$= \left(m_0 + \frac{m_1}{10} + \frac{m_2}{100} + \cdots + \frac{m_{N-1}}{10^{N-1}}\right) + \frac{9}{10^N}\cdot\frac{1 - \dfrac{1}{10^{n-N+1}}}{1 - \dfrac{1}{10}}$$
$$= \left(m_0 + \frac{m_1}{10} + \frac{m_2}{100} + \cdots + \frac{m_{N-1}}{10^{N-1}}\right) + \frac{1}{10^{N-1}}\left(1 - \frac{1}{10^{n-N+1}}\right),$$

从而

$$x = \lim_{n\to\infty} p_n = m_0 + \frac{m_1}{10} + \frac{m_2}{100} + \cdots + \frac{m_{N-1} + 1}{10^{N-1}} = q_{N-1},$$

而这与式 (A.4) 或式 (A.3) 相矛盾.

至此, 从对实数的公理化的定义, 最终又回到了实数是 "全体整数和全体整数与有限或无限的十进制小数之和的总和" 的朴素定义. 区别只在于在公理化的定义中, 我们不关心实数的具体表示方式, 只着眼于它所满足的基本规律, 而后者的表示形式很具体. 但是采用公理化的定义, 我们就避免了前面提到的把实数定义为十进制小数所产生的逻辑上不严谨的缺陷.

6. 实数域的存在性: 戴德金的证明

以上我们从实数域的抽象定义出发, 证明了实数是有理数的扩充, 而且每个不是整数的实数都可表示成整数与一个有限或无限的十进制小数的和. 但是迄今为止我们还没有说明实数域的存在性, 即是否有满足定义 A.1 条件的 R 存在? 虽然我们在第 1 章就已经知道了, 通常所说的实数, 即全体整数和全体整数与有限或无限的十进制小数之和满足定义 A.1 的全部条件, 但是前面已经指出, 采用这样的定义会在定义实数的加法和乘法运算时产生不可克服的困难, 或者在逻辑上陷入自相定义的漏洞. 我们之所以在第 1 章这么做, 只是一种为了尽快进入本课程主题的权宜做法.

虽然实数的概念早在公元前 500 年就已经产生了 (当然, 那时不叫实数, 而是叫做有理数和无理数; 实数的叫法是后来人们创造了虚数的概念之后才流行起来的), 但是人们真正意识到实数系的逻辑结构问题, 要晚很多年. 对实数系逻辑基础的研究, 最早于 19 世纪中叶由魏尔斯特拉斯进行, 他把实数定义为有理数的数列. 紧接着, 戴德金、康托尔等在 1872 年前后各自独立地发表了他们对实数的研究, 用不同的方式给出了实数的严格定义, 从而把实数的理论建立在严谨的逻辑基础上. 这一节先介绍戴德金构造实数的方法, 第 7 节将介绍康托尔的构造方法.

为了使读者能够比较容易地接受戴德金构造实数的方法, 我们先来回顾一下人们是怎样从正整数构造分数的. 我们在中小学时期学习过的分数的定义是: 分数是形如 $\dfrac{m}{n}$ 的数学符号, 其中 m 和 n 是互素的正整数. 但实际上, 严格地来说分数并不是这样定义的, 因为这样定义分数和用十进制小数定义实数一样, 将无法定义分数的运算, 因为我们知道, 两个分数 $\dfrac{m_1}{n_1}$ 和 $\dfrac{m_2}{n_2}$ 的和与积分别等于

$$\frac{m_1}{n_1} + \frac{m_2}{n_2} = \frac{m_1 n_2 + m_2 n_1}{n_1 n_2}, \quad \frac{m_1}{n_1} \cdot \frac{m_2}{n_2} = \frac{m_1 m_2}{n_1 n_2}.$$

问题在于这两个等式右端的分子和分母都可能有公因子. 如 $\dfrac{3}{2} + \dfrac{1}{2} = \dfrac{8}{4}, \dfrac{3}{4} \cdot \dfrac{2}{3} = \dfrac{6}{12}.$ 似乎这个问题很容易解决, 只要把 $\dfrac{m_1}{n_1} + \dfrac{m_2}{n_2}$ 和 $\dfrac{m_1}{n_1} \cdot \dfrac{m_2}{n_2}$ 分别定义为从 $\dfrac{m_1 n_2 + m_2 n_1}{n_1 n_2}$ 和 $\dfrac{m_1 m_2}{n_1 n_2}$ 的分子与分母消去公因子之后得到的分数就可以了. 然而这样又产生一个新的问题: 应用这样的定义很难建立分数的加法和乘法所满足的结合律、交换律、分配律和消去律等运算规律. 解决这个问题的另一个办法似乎是容许分数 $\dfrac{m}{n}$ 中的分子和分母不互素. 但是这样就产生了另一个新的问题, 一个分数不是唯一地对应着一个符号 $\dfrac{m}{n}$, 而是对应着无穷多个这样的符号

$$\frac{m}{n}, \frac{2m}{2n}, \frac{3m}{3n}, \cdots, \frac{km}{kn}, \cdots,$$

为了解决这个问题, 我们便规定这些不同的符号表示同一个数, 即它们都互相相等. 这其实是说, 一个分数是一个集合, 这个集合由全体按上述规定互相相等的数学符号 $\dfrac{m}{n}$

组成.

从以上分析可以看到, 分数其实应当这样来定义: 用 K 表示由全体正整数的有序对 (m,n) 组成的集合, 其中 m 和 n 是任意的正整数 (有序是指 m 和 n 的次序不能调换, 调换后得到的将是不同的正整数对). 在 K 的元素之间定义一个关系 $\sim$ 如下:

$$(m_1, n_1) \sim (m_2, n_2) \quad \text{当且仅当} \quad m_1 n_2 = m_2 n_1.$$

不难验证, 这个关系是一个等价关系, 即它满足以下三个性质

(1) 自反性: $(m,n) \sim (m,n)$, $\forall (m,n) \in K$.

(2) 对称性: 如果 $(m_1, n_1) \sim (m_2, n_2)$, 则 $(m_2, n_2) \sim (m_1, n_1)$.

(3) 传递性: 如果 $(m_1, n_1) \sim (m_2, n_2)$ 且 $(m_2, n_2) \sim (m_3, n_3)$, 则 $(m_1, n_1) \sim (m_3, n_3)$.

由于这些性质, 我们便可把 K 中的元素划分成一些类, 即子集, 每一个类都由彼此互相等价的元素组成. 元素 (m,n) 所在的等价类我们用符号 $\dfrac{m}{n}$ 表示, 即

$$\frac{m}{n} = \Big\{ (p,q) \in K : (p,q) \sim (m,n) \Big\}.$$

不难验证, 成立下列结论, 如果 $(m_1, n_1) \sim (p_1, q_1)$ 且 $(m_2, n_2) \sim (p_2, q_2)$, 则

$$(m_1 n_2 + m_2 n_1, n_1 n_2) \sim (p_1 q_2 + p_2 q_1, q_1 q_2) \quad \text{且} \quad (m_1 m_2, n_1 n_2) \sim (p_1 p_2, q_1 q_2).$$

据此便可定义等价类之间的加法和乘法运算如下

$$\frac{m_1}{n_1} + \frac{m_2}{n_2} = \frac{m_1 n_2 + m_2 n_1}{n_1 n_2}, \qquad \frac{m_1}{n_1} \cdot \frac{m_2}{n_2} = \frac{m_1 m_2}{n_1 n_2}$$

这两个等式的意思是元素 (m_1, n_1) 所在的等价类与元素 (m_2, n_2) 所在的等价类的和定义为元素 $(m_1 n_2 + m_2 n_1, n_1 n_2)$ 所在的等价类, 它们的积定义为元素 $(m_1 m_2, n_1 n_2)$ 所在的等价类. 现在只要令 K^* 为 K 中全体等价类组成的集合, 则很易验证 K^* 中元素的加法和乘法运算满足结合律、交换律、分配律和消去律等运算规律. K^* 就是我们所构造的全体分数的集合.

现在来介绍戴德金对实数的定义. 通常用 $\mathbf{Q}$ 表示有理数域. 对 $\mathbf{Q}$ 的两个子集 A 和 B, 如果它们满足以下四个条件

(1) 不空: $A \neq \varnothing$, $B \neq \varnothing$;

(2) 不漏: $A \cup B = \mathbf{Q}$;

(3) 不乱: 对 $\forall x \in A$ 和 $\forall y \in B$, 都成立 $x < y$;

(4) 标准性: 上类 B 中没有最小数 ($\forall x \in B$, $\exists x' \in B$, 使得 $x' < x$),

则称 (A, B) 为有理数的一个**标准戴德金分划**, 简称**标准分划**. A 叫做这个标准分划的下类, B 叫做这个分划的上类. 如果下类 A 中有最大数, 就称这个标准分划是**有理分划**, 否则称它为**无理分划**.

用 R_1 表示由所有有理数的标准分划组成的集合. 下面我们在 R_1 中定义加法、乘法和序, 使得 R_1 成为一个有序域, 然后再考虑 R_1 的完备性. 以下我们用 α, β, γ 等

表示 R_1 中的元素.

(1) 序: 对任意 $\alpha, \beta \in R_1$, 设 $\alpha = (A_1, B_1)$, $\beta = (A_2, B_2)$. 如果 $A_1 \subseteq A_2$, 则记 $\alpha \leqslant \beta$. 当 $\alpha \leqslant \beta$ 且 $\alpha \neq \beta$ 时, 我们记 $\alpha < \beta$.

不难验证, $\leqslant$ 是一个序关系, 并且对任意 $\alpha, \beta \in R_1$, 下列三个关系式中有且仅有一个成立

$$\alpha < \beta, \quad \alpha = \beta, \quad \beta < \alpha.$$

因此 R_1 按此序关系是一个全序集.

用 0^* 表示这样的标准分划, 其下类由全体负有理数和零组成, 上类由全体正有理数组成. 对 $\alpha \in R_1$, 如果 $0^* < \alpha$, 则称 α 为正的. 用 R_1^+ 表示全体正的标准分划组成的集合.

(2) 加法: 对任意 $\alpha, \beta \in R_1$, 设 $\alpha = (A_1, B_1)$, $\beta = (A_2, B_2)$. 我们定义 A_3 和 B_3 如下

$$A_3 = \{x_1 + x_2 : x_1 \in A_1, \ x_2 \in A_2\}, \qquad B_3 = \mathbf{Q} \backslash A_3.$$

不难验证 (A_3, B_3) 是一个标准分划, 记为 γ. 我们定义 $\alpha + \beta = \gamma$.

可以证明, 这样在 R_1 中定义的加法运算 $+$ 满足交换律、结合律, 0^* 是加法单位元, 并且对每个 $\alpha \in R_1$, 存在唯一的标准分划, 记为 $-\alpha$, 使得 $\alpha + (-\alpha) = 0^*$. 此外, 还可证明对任意 $\alpha, \beta, \gamma \in R_1$, 如果 $\alpha < \beta$, 则有 $\alpha + \gamma < \beta + \gamma$, 而且 $0^* < \alpha$ 当且仅当 $-\alpha < 0^*$.

(3) 乘法的定义略微复杂一些. 我们先来定义 R_1^+ 中的乘法. 对任意 $\alpha, \beta \in R_1^+$, 设 $\alpha = (A_1, B_1)$, $\beta = (A_2, B_2)$. 则定义 A_3 和 B_3 如下:

$$A_3 = \{x \in \mathbf{Q} : \exists x_1 \in A_1, \exists x_2 \in A_2, \text{ 使 } x_1 > 0, \ x_2 > 0 \text{ 且 } x \leqslant x_1 x_2\}, \quad B_3 = \mathbf{Q} \backslash A_3.$$

不难验证 (A_3, B_3) 是一个标准分划, 记为 γ. 我们定义 $\alpha\beta = \gamma$. 再在 R_1 中定义乘法如下.

首先对任意 $\alpha \in R_1$ 定义 $\alpha 0^* = 0^* \alpha = 0^*$, 再对任意 $\alpha, \beta \in R_1 \backslash \{0^*\}$, 当 α 和 β 不都是正元素时定义

$$\alpha\beta = \begin{cases} (-\alpha)(-\beta), & \text{当 } \alpha < 0^*, \ \beta < 0^*, \\ -[(-\alpha)\beta], & \text{当 } \alpha < 0^*, \ \beta > 0^*, \\ -[\alpha(-\beta)], & \text{当 } \alpha > 0^*, \ \beta < 0^*. \end{cases}$$

用 1^* 表示这样的标准分划, 其下类由全体小于或等于 1 的有理数组成, 上类由全体大于 1 的有理数组成. 可以证明, 这样在 R_1 中定义的乘法运算满足交换律、结合律, 1^* 是乘法单位元, 并且对每个 $\alpha \in R_1 \backslash \{0^*\}$, 存在唯一的标准分划, 记为 α^{-1}, 使得 $\alpha \alpha^{-1} = 1^*$. 此外, 还可证明对任意 $\alpha, \beta, \gamma \in R_1$, 如果 $\alpha < \beta$ 且 $\gamma > 0^*$, 则有 $\alpha\gamma < \beta\gamma$.

由以上这些结论, 即知 R_1 是一个有序域.

(4) 对每个有理数 $r \in \mathbf{Q}$, 用 r^* 表示它所对应的有理分划, 即下类中的最大数为 r 的那个有理分划, 并令 $\mathbf{Q}^* = \{r^* : r \in \mathbf{Q}\}$, 则易知 $\mathbf{Q}^*$ 按上述加法和乘法运算以及序关系成为一个有序域, 即 $\mathbf{Q}^*$ 是 $\mathbf{R}_1$ 的子有序域, 它和有理数域 $\mathbf{Q}$ 同构. 因此, $\mathbf{R}_1$ 是对有理数域的扩充.

(5) 最后来证明 R_1 完备. 为此我们来证明 R_1 满足确界原理. 令 S 为 R_1 的一个有下界的非空子集. 作含于 S 中的全体分划的上类的并集, 记为 B, 然后再令 $A = \mathbf{Q} \backslash B$. 则可验证 (A, B) 是一个标准分划, 它就是 S 的下确界.

由于确界原理和戴德金原理等价, 所以通过以上五个步骤, 我们就证明了 R_1 是完备的有序域, 它是对有理数域扩充而来. 现在我们只要把 R_1 中的元素 (有理数的标准戴德金分划) 改称实数, 把有理分划和无理分划分别改称有理数和无理数, 就得到了实数域.

7. 实数域的存在性: 康托尔的证明

康托尔采用了与戴德金不同的思路来构造实数域, 他的方法如下:

把每项都是有理数的数列称为**有理数列**. 一个有理数列 $\{x_n\}$ 如果满足以下条件: 对任意给定的正有理数 r, 都存在相应的正整数 N, 使对所有满足 $m, n > N$ 的项 x_m 和 x_n 都成立

$$|x_m - x_n| < r,$$

则称 $\{x_n\}$ 为基本的有理数列, 简称**基本列**.

用 M 表示由有理数的全体基本列组成的集合. 在 M 的元素间定义等价关系 $\sim$ 如下

$$\{x_n\} \sim \{y_n\} \quad \text{当且仅当} \quad \lim_{n \to \infty}(x_n - y_n) = 0.$$

这里, 对一个有理数列 $\{x_n\}$ 和一个有理数 a, $\lim_{n \to \infty} x_n = a$ 的定义是: 对任意给定的正有理数 r, 都存在相应的正整数 N, 使对所有满足 $n > N$ 的项 x_n 都成立

$$|x_n - a| < r.$$

不难验证, 这个关系是一个等价关系, 即它满足以下三个性质.

(1) 自反性: $\{x_n\} \sim \{x_n\}$, $\forall \{x_n\} \in M$.

(2) 对称性: 如果 $\{x_n\} \sim \{y_n\}$, 则 $\{y_n\} \sim \{x_n\}$.

(3) 传递性: 如果 $\{x_n\} \sim \{y_n\}$ 且 $\{y_n\} \sim \{z_n\}$, 则 $\{x_n\} \sim \{z_n\}$.

我们按此等价关系对全体基本列进行分类, 把彼此互相等价的基本列归为同一个类. 基本列 $\{x_n\}$ 所在的等价类用符号 $[x_n]$ 表示, 即

$$[x_n] = \Big\{ \{y_n\} \in M : \{y_n\} \sim \{x_n\} \Big\}.$$

现在用 R_2 表示由全体基本列的等价类组成的集合. 不难看出, 下述命题成立: 如果

$\{x_n\} \sim \{x'_n\}$ 且 $\{y_n\} \sim \{y'_n\}$, 则

$$\{x_n + y_n\} \sim \{x'_n + y'_n\} \quad \text{且} \quad \{x_n y_n\} \sim \{x'_n y'_n\}.$$

于是定义等价类的加法和乘法如下:

$$[x_n] + [y_n] = [x_n + y_n], \qquad [x_n][y_n] = [x_n y_n].$$

为了定义序关系需要先证明如果 $\{x_n\} \sim \{x'_n\}$, $\{y_n\} \sim \{y'_n\}$, 且存在有理数 $r > 0$ 和正整数 N, 使当 $n > N$ 时 $x_n + r < y_n$, 则也存在有理数 $r' > 0$ 和正整数 N', 使当 $n > N'$ 时 $x'_n + r' < y'_n$. 因此我们定义

$$[x_n] < [y_n], \quad \text{当且仅当存在有理数 } r > 0 \text{ 和正整数 } N,$$
$$\text{使当 } n > N \text{ 时, } x_n + r < y_n.$$

可以证明, R_2 按照以上定义的加法、乘法和序关系也构成一个有序域, 而且这个有序域也是完备的, 因此是实数域. 具体的证明细节这里从略.

如果一个基本列 $\{x_n\}$ 在有理数域中有极限 (这时与它等价的所有基本列都以同一有理数为极限), 就称这个基本列为**有理的基本列**, 否则称为**无理的基本列**. 在 R_2 中, 有理的基本列所在的等价类就是有理数, 无理的基本列所在的等价类就是无理数. 因此 R_2 也是有理数域的扩充.